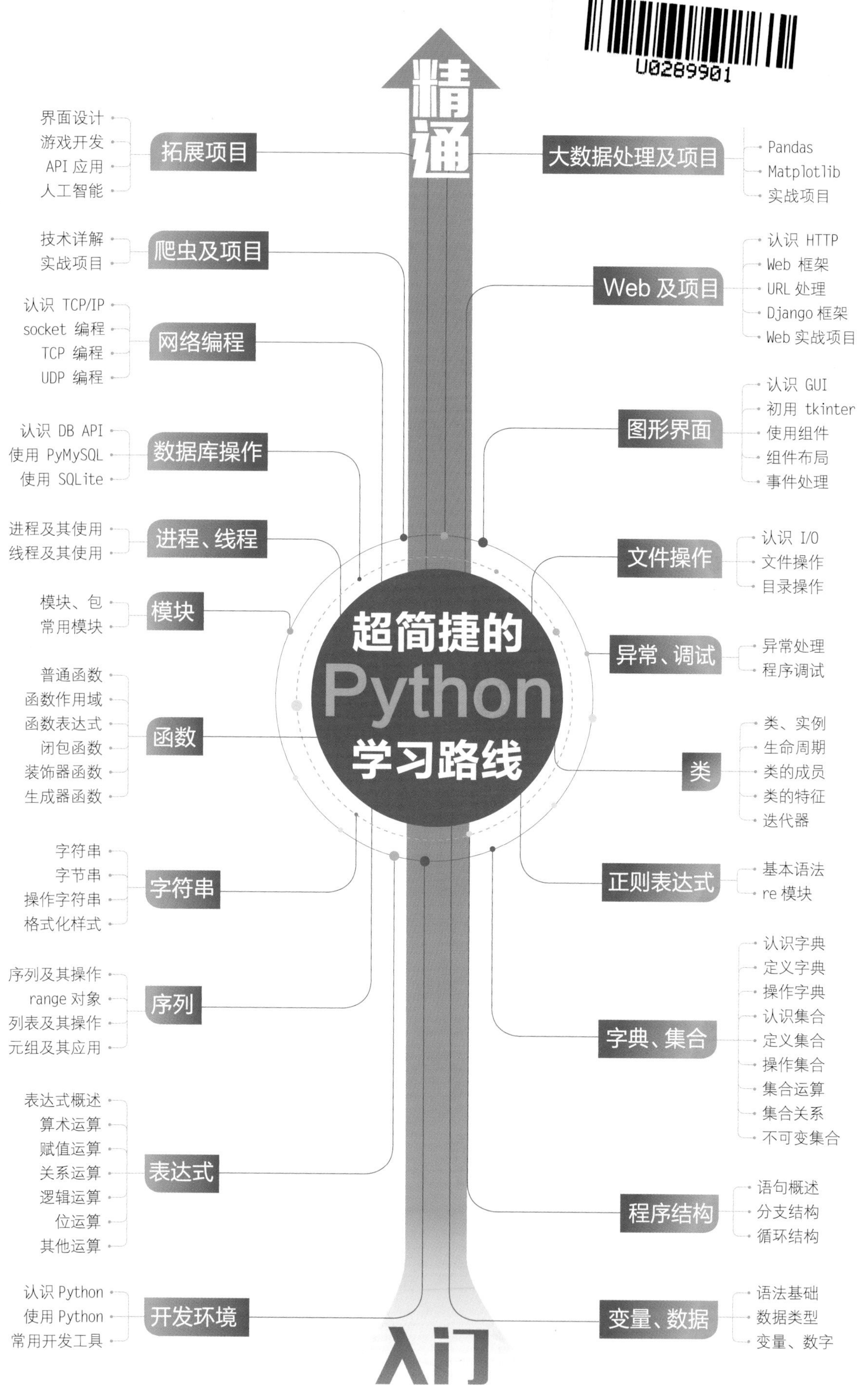

U0289901
精通
入门
超简捷的
Python
学习路线
拓展项目
界面设计
游戏开发
API 应用
人工智能
大数据处理及项目
Pandas
Matplotlib
实战项目
爬虫及项目
技术详解
实战项目
Web 及项目
认识 HTTP
Web 框架
URL 处理
Django 框架
Web 实战项目
网络编程
认识 TCP/IP
socket 编程
TCP 编程
UDP 编程
图形界面
认识 GUI
初用 tkinter
使用组件
组件布局
事件处理
数据库操作
认识 DB API
使用 PyMySQL
使用 SQLite
进程、线程
进程及其使用
线程及其使用
文件操作
认识 I/O
文件操作
目录操作
模块
模块、包
常用模块
异常、调试
异常处理
程序调试
函数
普通函数
函数作用域
函数表达式
闭包函数
装饰器函数
生成器函数
类
类、实例
生命周期
类的成员
类的特征
迭代器
字符串
字符串
字节串
操作字符串
格式化样式
正则表达式
基本语法
re 模块
序列
序列及其操作
range 对象
列表及其操作
元组及其应用
字典、集合
认识字典
定义字典
操作字典
认识集合
定义集合
操作集合
集合运算
集合关系
不可变集合
表达式
表达式概述
算术运算
赋值运算
关系运算
逻辑运算
位运算
其他运算
程序结构
语句概述
分支结构
循环结构
开发环境
认识 Python
使用 Python
常用开发工具
变量、数据
语法基础
数据类型
变量、数字

配套 13 大资源库

计算机基础知识库

- ○操作系统详解
- ○开发人员必备硬核知识大全
- …

Python 基础工具库

- ○ Python 知识导图
- ○ Python 学习指引
- ○ Python 参考文档
- ○ Python 编码规范
- ○ Python 标准库参考
- ○ Python 常见问题
- …

正则表达式工具库

- ○ 正则表达式系统教程
- ○ 正则表达式帮助文档
- ○ 常用正则表达式汇总
- ○ 正则表达式速查表
- ○ 正则表达式编写及调试工具
- …

数据库编程工具库

- ○ 数据库基础知识详解
- ○ MySQL 入门自学资料库
- ○ Oracle 入门自学资料库
- ○ PostgreSQL 入门自学资料库
- ○ Redis 入门自学资料库
- ○ MySQL 参考手册
- ○ Oracle 参考手册
- ○ PostgreSQL 中文手册
- ○ Redis 中文手册
- ○ 其他数据库参考手册
- ○ 数据库面试知识点汇总
- ○ 数据库性能优化设计
- …

网络编程工具库

- ○ HTTP 入门自学资料库
- ○ HTTPS 入门自学资料库
- ○ Linux 入门自学资料库
- ○ Git 中文手册
- ○ Nginx 中文手册
- …

前端开发工具库

- ○ HTML 参考文档
- ○ CSS 参考文档
- ○ JavaScript 参考文档
- ○ 网页配色库
- ○ 前端入门练习集
- ○ 网页设计模板大全
- ○ 网页应用分类案例大全
- ○ 前端入职面试题库
- …

Web 开发工具库

- ○ Django 入门自学资料库
- ○ Flask 入门自学资料库
- ○ Django 参考手册
- ○ Flask 中文手册
- ○ Jinja2 中文手册
- ○ Tornado 入门手册
- …

网络爬虫工具库

- ○ Beautiful Soup 参考手册
- ○ Pyspider 参考手册
- ○ Scrapy 参考手册
- ○ XPath 参考手册
- ○ XML Schema 参考手册
- ○ XQuery 参考手册
- ○ XSL-FO 参考手册
- …

界面编程工具库

- ○ Qt 入门自学资料库
- ○ wxPython 入门自学资料库
- ○ Tkinter 入门自学资料库
- ○ UML 入门自学资料库
- ○ Qt 参考手册
- ○ wxPython 参考手册
- …

大数据处理工具库

- ○ NumPy 入门自学资料库
- ○ Matplotlib 入门自学资料库
- ○ Pandas 入门自学资料库
- ○ NumPy 参考手册
- ○ Pandas 参考文档
- …

人工智能编程工具库

- ○ 数学基础知识库
- ○ 常用工具库
- ○ 机器学习入门自学资料库
- ○ 深度学习入门自学资料库
- ○ TensorFlow 入门自学资料库
- ○ PyTorch 中文教程
- ○ Keras 中文文档
- ○ Python 科学计算手册
- ○ Pyhon 数据科学速查表
- ○ Python 高级开发速查表
- …

游戏编程工具

- ○ PyGame 参考文档（英文版）
- ○ PyGame 参考文档（中文版）
- …

Python 面试题库

- ○ 50 个职场小故事
- ○ 50 道智力测试题
- ○ 110 道 Python 常见面试题
- ○ Python 面试大全
- …

扫码获取免费下载地址

前沿科技——编著

Python 从入门到精通

（微课精编版）

清華大學出版社
北京

内 容 简 介

本书使用通俗易懂的语言、丰富的案例，详细介绍了Python语言的编程知识和应用技巧。全书共24章，内容包括Python开发环境、变量和数据类型、表达式、程序结构、序列、字典和集合、字符串、正则表达式、函数、类、模块、异常处理和程序调试、进程和线程、文件操作、数据库操作、图形界面编程、网络编程、Web编程、网络爬虫、数据处理等，还详细介绍了多个综合实战项目。其中，第24章为扩展项目在线开发，是一章纯线上内容。全书结构完整，知识点与示例相结合，并配有案例实战，可操作性强，示例源代码大都给出详细注释，读者可轻松学习，快速上手。本书采用O2O教学模式，线下与线上协同，以纸质内容为基础，同时拓展更多超值的线上内容，读者使用手机微信扫一扫即可快速阅读，拓展知识，开阔视野，获取超额实战体验。

除纸质内容外，本书还配备同步视频讲解、示例源码和13大Python学习资源库，具体如下：

- ☑ **307集同步讲解视频**
- ☑ 示例源码库
- ☑ 计算机基础知识库
- ☑ **Python基础工具库**
- ☑ 正则表达式工具库
- ☑ 数据库编程工具库
- ☑ 网络编程工具库
- ☑ 前端开发工具库
- ☑ **Web开发工具库**
- ☑ 网络爬虫工具库
- ☑ 界面编程工具库
- ☑ 大数据处理工具库
- ☑ 人工智能编程工具库
- ☑ 游戏编程工具库
- ☑ **Python面试题库**

另外，本书每一章均针对性地配有在线支持，提供知识拓展、专项练习、更多实战案例等，可以让读者体验到以一倍的价格购买两倍的内容，实现超值的收获。

本书基础知识与案例实战紧密结合，既可作为Python初学者的入门教材，也可作为高等院校Python编程相关专业的教学用书和相关培训机构的培训教材。

图书在版编目（CIP）数据

Python从入门到精通：微课精编版/前沿科技编著. —北京：清华大学出版社，2022.10
（软件开发视频大讲堂）
ISBN 978-7-302-60526-3

I. ①P… II. ①前… III. ①软件工具－程序设计 IV. ①TP311.561

中国版本图书馆CIP数据核字（2022）第055784号

责任编辑：贾小红
封面设计：姜 龙
版式设计：文森时代
责任校对：马军令
责任印制：朱雨萌

出版发行：清华大学出版社
网　　址：http://www.tup.com.cn，http://www.wqbook.com
地　　址：北京清华大学学研大厦A座　　**邮　　编：**100084
社 总 机：010-83470000　　**邮　　购：**010-62786544
投稿与读者服务：010-62776969，c-service@tup.tsinghua.edu.cn
质量反馈：010-62772015，zhiliang@tup.tsinghua.edu.cn
印 装 者：三河市东方印刷有限公司
经　　销：全国新华书店
开　　本：203mm×260mm　　**印　　张：**30.5　　**插　　页：**1　　**字　　数：**877千字
版　　次：2022年11月第1版　　**印　　次：**2022年11月第1次印刷
定　　价：128.00元

产品编号：082901-01

前 言

Preface

随着人工智能、大数据处理和区块链等新技术的流行，Python 语言也开始受人关注并不断被普及。Python 语言自诞生至今经历了近 30 年时间，最近十年发展比较迅猛。一方面是因为 Python 语言的优点吸引了大量编程人员，另一方面是因为当下科学计算、人工智能需求与 Python 语言特色相契合。

Python 语言简单易学，具有开放特性，并拥有成熟而丰富的第三方库，因此适用于新兴技术领域的开发。Python 能够很轻松地把用其他语言设计的各种模块（尤其是 C/C++）连接在一起，这大大拓展了 Python 的应用范畴。现在很多学校都开设了 Python 编程课程，甚至连小学生都开始学习 Python 语言。本书从初学者的角度出发，循序渐进地讲解使用 Python 语言进行编程和应用开发的各项技术。

本书内容

本书分为四大部分，共 24 章，具体结构划分如下。

第 1 部分：语法基础（第 1～7 章）。内容包括 Python 开发环境、Python 开发工具、变量和数据类型、运算符和表达式、语句和程序结构、序列、列表、元组、字典与集合、字符串等知识。使读者能快速掌握 Python 语言的基本语法，为以后编程奠定坚实的基础。

第 2 部分：开发进阶（第 8～17 章）。内容包括正则表达式、函数、类及面向对象程序设计、模块、异常处理和程序调试、进程和线程、文件操作、数据库操作、图形界面编程、网络编程等。学习完该部分，读者可以掌握 Python 核心开发技术。

第 3 部分：项目应用（第 18～23 章）。面向 Web 开发、网络爬虫、大数据开发 3 个热门应用方向展开，讲解这 3 个应用方向的核心技术，并分类提供了这 3 个方向的常用开发项目。学习完该部分，读者能够开发简单的应用程序，解决实际问题。

第 4 部分：扩展项目在线开发（第 24 章）。该部分是纯线上内容，涉及界面设计、人工智能、游戏开发、自动化运维和 API 应用，通过 5 大类、29 个热门的完整项目引导读者学习如何使用 Python 进行项目开发，带领读者亲身体验使用 Python 开发实际应用程序的全过程。

本书特色

400 万+读者体验，畅销丛书新增精品；14 年开发教学经验，一线讲师半生心血。

☑ **内容全面**

本书由浅入深，循序渐进地讲解了 Python 语言的核心基础知识，并且适度地与当今热门的 Python 开发方向对接，知识点布局合理、结构匀称，全书内容完整、前面、详尽，适合相关院校选作教学参考用书，也适合相关培训机构用作教材。

☑ **体验超好**

配套同步视频讲解，微信扫一扫，随时随地看视频；配套在线支持，知识拓展，专项练习，更多案例，同样微信扫一扫即可学习。适应移动互联网时代的学习习惯，全面提升读者体验。

☑ 语言简练

本书语言通俗易懂，知识讲解简洁明了，重难点突出，避免专业式说教，适合初学者自学阅读。

☑ 入门容易

本书遵循学习规律，入门和实战相结合。采用“基础知识+中小案例+实战案例”的编写模式，内容由浅入深、循序渐进，从入门中学习实战应用，从实战应用中激发学习兴趣。

☑ 案例超多

通过例子学习是最好的学习方式，本书通过一个知识点、一个例子、一个结果、一段评析的模式，透彻详尽地讲述了 Python 开发的各类主流应用知识，并且几乎每一章都配有综合应用的实战案例。实例、案例丰富详尽，跟着大量案例去学习，边学边做，从做中学，学习可以更深入、更高效。

☑ 栏目贴心

本书根据需要在各章使用了很多“注意”“提示”等小栏目，让读者可以在学习过程中更轻松地理解相关知识点及概念，扫除盲点，并轻松地掌握个别技术的应用技巧。

☑ 资源丰富

本书配套 Python 学习人员（尤其是零基础学员）最需要的 13 大资源库，包括计算机基础知识库、Python 基础工具库、正则表达式工具库、数据库编程工具库、网络编程工具库、前端开发工具库、Web 开发工具库、网络爬虫工具库、界面编程工具库、大数据处理工具库、人工智能编程工具库、游戏编程工具库、Python 面试题库。这些资源，不仅学习中需要，工作中更有用。另外，本书还配有 307 集同步讲解视频和示例源码库。

☑ 在线支持

顺应移动互联网时代知识获取途径变化的潮流，本书每一章均配有在线支持，提供与本章知识相关的知识拓展、专项练习、更多案例等优质在线学习资源，并且新知识、新题目、新案例不断更新中。这样一来，在有限的纸质图书中承载了更丰富的学习内容，让读者真实体验到以一倍的价格购买两倍的学习内容，更便捷，更超值。

读者对象

本书适用于以下读者。

- 初学编程的自学者。
- Python 爱好者。
- 大、中专院校的老师和学生。
- 相关培训机构的老师和学员。
- 毕业设计的学生。
- 初、中级程序开发人员。
- 程序测试及维护人员。
- 参加实习的程序员。

本书约定

本书主要以 Windows 操作系统为学习平台，在上机练习本书示例之前，建议先安装或准备下列软件，具体说明参见第 1 章。

- Python 3.7+。
- Visual Studio Code。

➢ Windows 命令行 cmd。

针对每节示例可能需要的工具，读者可以参阅示例所在章节的详细说明进行操作。

为了方便读者学习，及时帮助读者解决学习过程中可能遇到的障碍，本书提供了答疑网站（www.qianduankaifa.cn）。有关本书的问题，读者可以登录该网站与作者团队进行交流互动，我们会在第一时间为您答疑解惑。

关于我们

本书由前沿科技 Python 程序开发团队组织编写，由于作者水平有限，书中疏漏和不足之处在所难免，欢迎读者朋友不吝赐教。广大读者如有好的建议、意见，或在学习本书时遇到疑难问题，可以联系我们，我们会尽快为您解答，联系方式为 weilaitushu@126.com。

感谢您购买本书，希望本书能成为您编程路上的领路人，祝读书快乐！

编　者

2022 年 9 月

目 录

Contents

第 1 章

Python 开发环境

Python 是一种简单易学、功能强大的编程语言， 提供了高效、高级的数据结构，能够简单有效地面向对象编程。Python 优雅的语法和动态类型，以及解释型语言的本质，使它成为多数平台上编写脚本和快速开发应用的首要语言，如人工智能、云计算、科学计算、大数据处理、互联网应用等。

视频讲解

1.1 认识 Python

1.1.1 Python 历史

Python 编程语言诞生于 20 世纪 90 年代初，创始人为荷兰人吉多·范罗苏姆（Guido van Rossum）。1989 年在阿姆斯特丹，Guido 为了打发圣诞节的无趣，决心开发一个新的脚本解释程序，作为 ABC 语言的一种继承。受英国 20 世纪 70 年代首播的电视喜剧《蒙提·派森的飞行马戏团》（*Monty Python's Flying Circus*）的启发，创始人选 Python（蟒蛇）作为该编程语言的名字。

ABC 是由 Guido 参加设计的一种教学语言，这种语言非常优美和强大，是专门为非专业程序员设计的。但是 ABC 语言并没有成功，究其原因，Guido 认为是其非开放性造成的。Guido 决心在 Python 中避免这一错误。同时，还想实现在 ABC 中闪现过但未曾实现的想法。

可以说，Python 是从 ABC 发展起来的，主要受到了 Modula-3（另一种相当优美且强大的语言）的影响，并且结合了 Unix shell 和 C 语言的编码习惯。

Python 已经成为最受欢迎的程序设计语言之一。自从 2004 年以后，Python 的使用率呈线性增长。Python 2 于 2000 年 10 月 16 日发布，稳定版本是 Python 2.7。Python 3 于 2008 年 12 月 3 日发布，不完全兼容 Python 2。在 2021 年 4 月 TIOBE 语言排行榜中，Python 位居第 3 名，受欢迎程度逼近 Java，且有望超越 Java；在 IEEE Spectrum 2020 编程语言排行榜中，Python 稳居榜首，且连续夺冠 4 年。

1.1.2 Python 语言特点

Python 的设计哲学是优雅、明确、简单。因此，它拥有如下特点。

- 简单易学：Python 语法简洁、代码清晰、结构简单，学习门槛比较低。
- 易于维护：Python 的源代码风格清晰整齐、强制缩进，容易维护。
- 跨平台：Python 程序可以在任何安装解释器的计算机环境中执行。
- 丰富的库：Python 语言本身功能有限，其最大的优势之一是丰富的库，且在 UNIX、Windows 和 Macintosh 等平台都有很好的兼容性。
- 互动模式：互动模式的支持，可以在不同的终端输入执行代码，并获得结果，实现互动测试和代码片断调试。

- 可移植：由于它的开源本质，Python 已经被移植到许多平台和设备终端上。
- 可扩展：Python 被设计为可扩充的，并非所有的特性和功能都集成到语言核心。Python 提供了丰富的 API 和工具，以便程序员能够轻松地使用 C、C++、Cython 编写扩充模块。Python 被称为胶水语言，能够黏合使用不同语言开发的功能模块。
- 可嵌入：可以将 Python 嵌入到 C/C++程序，使程序获得脚本化的能力。

现在网上流传着“人生苦短，我用 Python”的口头禅，使用 Python 进行开发速度快，可以节省时间和精力。

1.1.3 Python 应用范畴

由于 Python 语言的简洁性、易读性以及可扩展性，使用 Python 做科学计算的研究机构日益增多，一些知名大学已经采用 Python 来教授程序设计课程。例如，卡耐基梅隆大学的编程基础、麻省理工学院的计算机科学及编程导论就使用 Python 语言讲授。

众多开源的科学计算软件包都提供了 Python 的调用接口。例如，著名的计算机视觉库 OpenCV、三维可视化库 VTK、医学图像处理库 ITK。而 Python 专用的科学计算扩展库就更多了。例如，十分经典的科学计算扩展库 NumPy、SciPy 和 Matplotlib，它们分别为 Python 提供了快速数组处理、数值运算以及绘图功能。因此，Python 语言及其众多的扩展库所构成的开发环境十分适合工程技术、科研人员处理实验数据、制作图表，甚至开发科学计算应用程序。

除了常规的软件开发外，Python 主要应用于如下领域。

- 科学计算：与科学计算领域最流行的商业软件 MATLAB 相比，Python 是一门通用的程序设计语言，比 MATLAB 所采用的脚本语言的应用范围更广泛，有更多的程序库的支持。
- 自动化运维：在很多操作系统内，Python 是标准组件，可以在终端下直接运行。Python 标准库包含了多个调用操作系统功能的模块。一般说来，Python 编写的系统管理脚本在可读性、性能、代码重用度、可扩展性等方面都优于普通的 shell 脚本。
- 网络爬虫：Python 对于各种网络协议的支持很完善，因此，经常被用于编写服务器软件、网络爬虫。能够编写网络爬虫的编程语言有很多，但 Python 绝对是主流，其中 Scripy 爬虫框架应用非常广泛。
- 数据分析：Python 拥有比较完善的数据分析生态系统。
- 人工智能：得益于 Python 强大而丰富的库以及数据分析能力，而且 Python 是面向对象的动态语言，这就使得 Python 在人工智能方面备受青睐。

1.2 使用 Python

1.2.1 安装 Python

安装 Python 一般指的是安装官方提供的 CPython 解释器，下面就以 Windows 系统为例演示 Python 的安装过程。

第 1 步，下载 Python 安装包。访问 Python 官网 https://www.python.org/。

第 2 步，切换到 Downloads 下载页，下载最新版本的 Python，如图 1.1 所示。如果要下载适应不同操作系统的版本，或者其他版本，在本页单击相应的链接文本即可。

第 3 步，下载完毕，在本地双击下载的运行文件进行安装。下面以 python-3.8.exe 为例进行演示，其他版本的操作基本相同。

第 4 步，在打开的安装向导界面中，勾选 Add Python 3.8 to PATH 复选框，然后单击 Customize installation 按钮进行自定义安装，如图 1.2 所示。

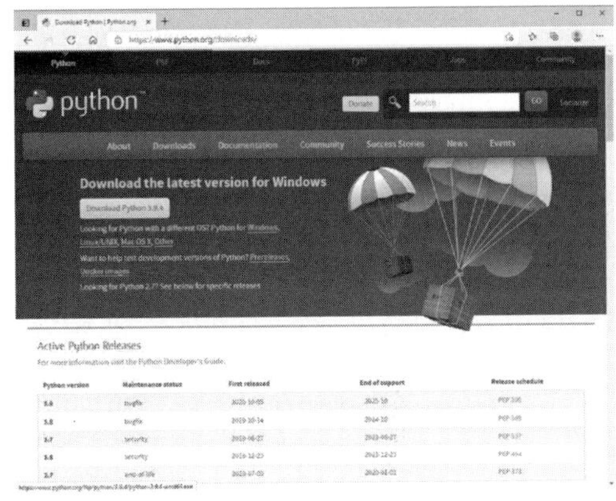

图 1.1　下载 Python 界面

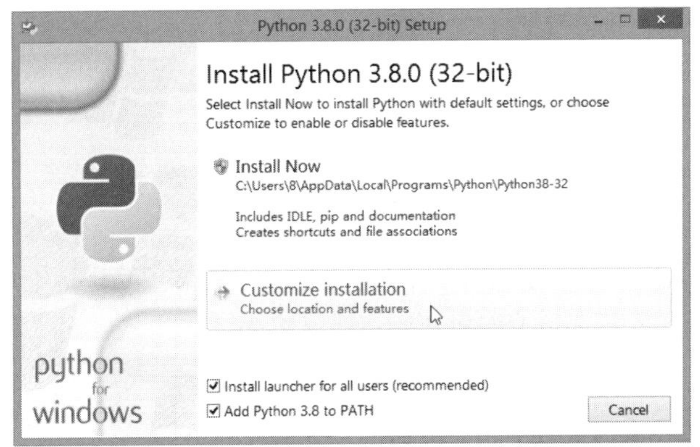

图 1.2　自定义安装 Python

提示：如果点击 Install Now 按钮进行快速安装，将同时安装 IDLE 开发工具、pip 管理工具和帮助文档，以及创建快捷方式和文件关联。

pip 是 Python 包管理工具，可以在线查找、下载、安装和卸载 Python 包。Python 2.7.9+或 Python 3.4+以上版本都自带 pip 工具。如果安装低版本 Python，就需要手动安装 pip 工具。

第 5 步，在自定义安装界面可以勾选需要安装的工具，如图 1.3 所示。建议全部勾选，因为这些工具在开发中都是必需的。各选项简单说明如下。

- Documentation：安装 Python 帮助文档。
- pip：安装 Python 包管理工具，它可以快速下载并安装其他 Python 包。
- td/tk and IDLE：安装 tkinter 和 IDLE 开发环境。tkinter 是 Python 的标准 GUI 库，使用 tkinter 可以快速创建界面应用程序。IDLE 是编写 Python 代码并进行测试的工具，IDLE 也是用 tkinter 编写而成的。
- Python test suite：安装标准库测试套件。可以组织多个测试用例，进行快速测试。
- py launcher：py 启动程序。
- for all users (requires elevation)：适用所有用户。

第 6 步，单击 Next 按钮，在下面界面中设置安装路径，以及其他高级选项，如图 1.4 所示。

各选项简单说明如下。

- Install for all users：为所有用户安装。
- Associate files with Python (requires the py launcher)：将 Python 相关文件与 Python 关联，需要安装 py 启动程序，参考上一步选项说明。
- Create shortcuts for installed applications：为已安装的应用程序创建快捷方式。
- Add Python to environment variables：将 Python 命令添加到系统环境变量中，这样可以在交互式命令窗口中直接运行 Python，建议勾选该选项。

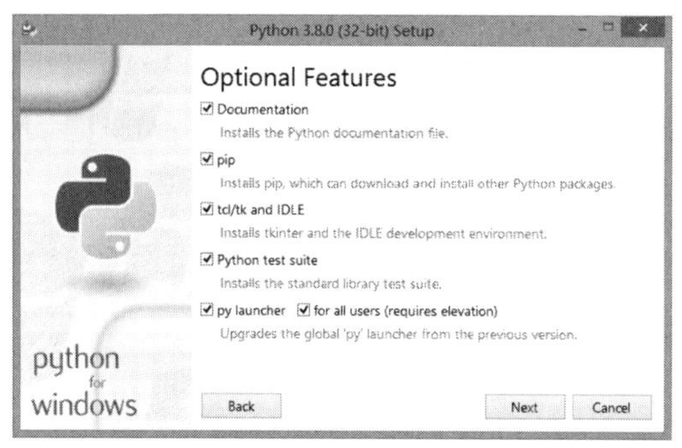

图 1.3　选择安装的工具

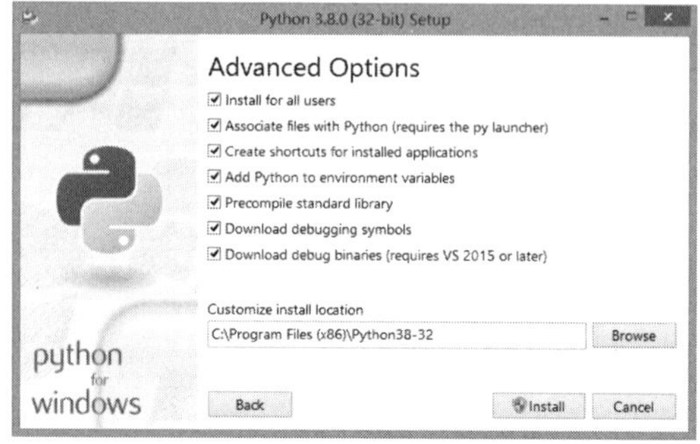

图 1.4　设置高级选项

- Precompile standard library：安装预编译标准库。预编译的目的是提升后续运行速度，如果不打算对核心库做定制，建议勾选。
- Download debugging symbols：下载调试符号。符号是为了定位调试出错的代码行数，如果用作开发环境，建议勾选；如果仅作为运行环境，可以不勾选。
- Download debug binaries (requires VS 2015 or later)：下载调试二进制文件（需要 VS 2015 或更高版本）。表示是否下载用于 VS 的调试符号，如果不使用 VS 作为开发工具，则可以不勾选。

第 7 步，勾选之后，单击 Install 按钮开始下载安装 Python 解释器及其相关组件。然后界面会显示安装进度，如图 1.5 所示，此过程根据所选择安装的组件不同会持续一段时间。

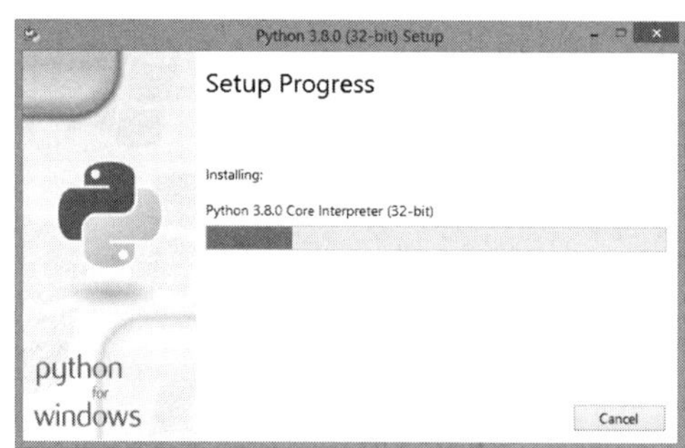

（a）安装核心解释器

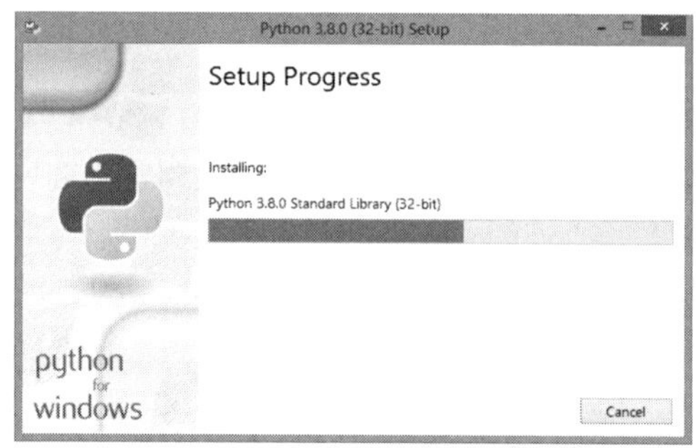

（b）安装标准库

图 1.5　Python 安装进度

第 8 步，安装过程完毕，会显示如图 1.6 所示的界面，提示安装成功。

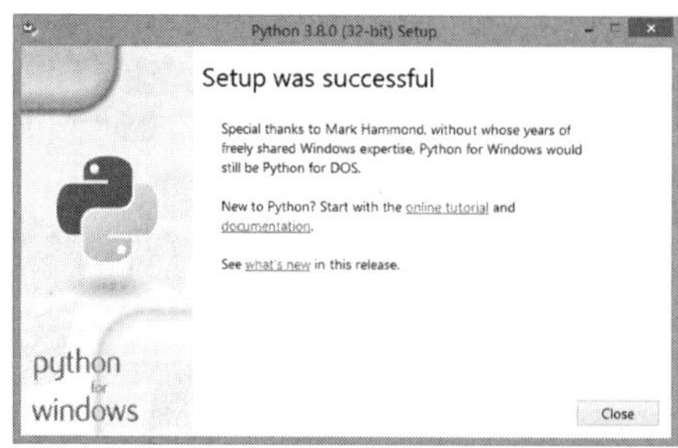

图 1.6　安装成功提示信息

1.2.2　访问 Python

安装成功之后，在 Windows 系统的开始菜单中显示下面 4 个快捷方式。具体快捷项目根据安装时所勾选的组件而确定。

➢ IDLE (Python 3.8 32-bit)：启动 Python 集成开发环境界面，如图 1.7 所示。

➢ Python 3.8 (32-bit)：进入交互式命令界面，运行 Python 3.8 解释器，如图 1.8 所示。

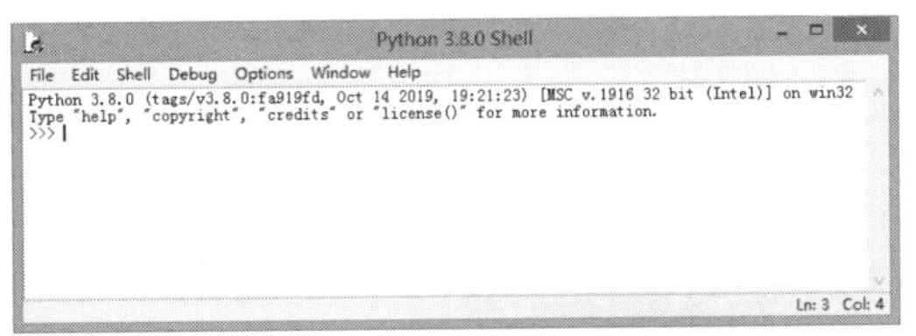

图 1.7　Python 集成开发环境界面

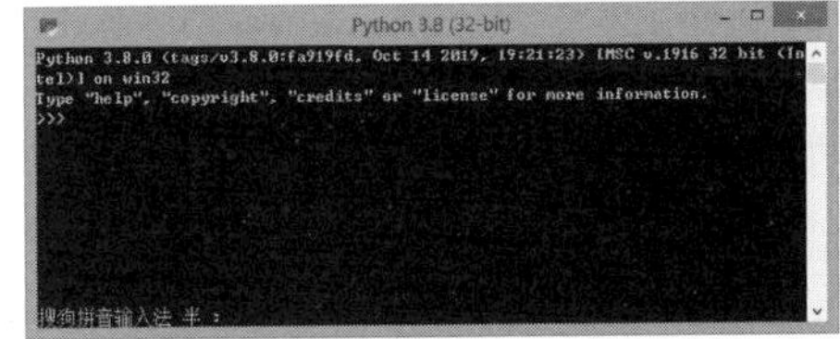

图 1.8　Python 解释器交互界面

➢ Python 3.8 Manuals (32-bit)：Python 3.8 参考手册。该界面为英文版，可以访问 https://docs.python.org/zh-cn/3.8/，在线参考中文帮助手册。

➢ Python 3.8 Module Docs (32-bit)：Python 3.8 模块参考文档。

1.2.3　测试 Python

下面以 cmd 命令行工具进行测试。

第 1 步，打开 Windows 的“运行”对话框，输入 cmd 命令，如图 1.9 所示。

第 2 步，单击“确定”按钮，打开命令行窗口，在当前命令提示符后面输入下面命令，如图 1.10 所示。

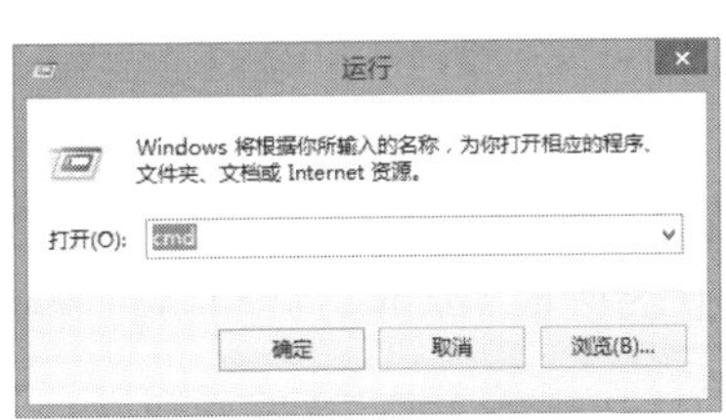

图 1.9　运行 cmd 命令

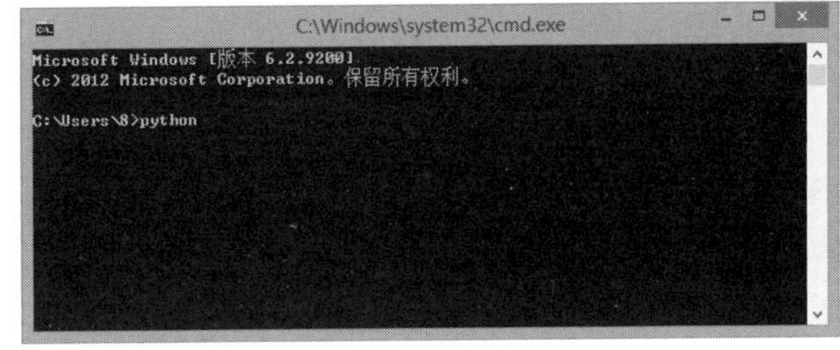

图 1.10　运行 python 命令

```
> python
```

第 3 步，按 Enter 键确定，如果显示如图 1.11 所示的提示信息，其中包括 Python 版本号、版本发行的时间、安装包的类型等信息，则说明 Python 安装成功，同时进入 Python 解释器交互模式。

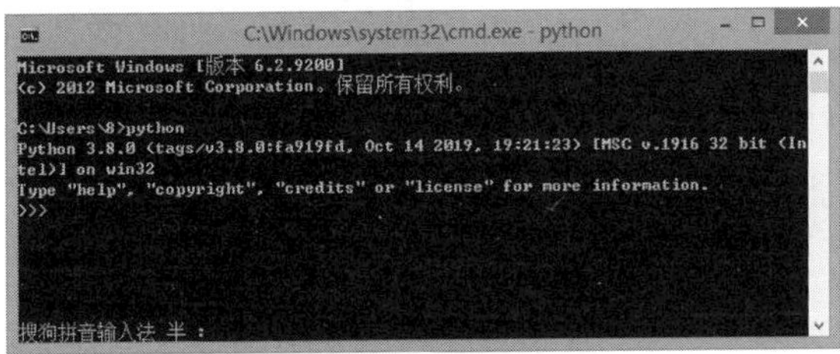

图 1.11　进入 Python 解释器

提示：在终端交互模式中，显示主提示符（primary prompt），提示输入下一条指令，通常用 3 个大于号（>>>）表示；连续输入行的时候，显示次要提示符，默认是 3 个点（...）。进入解释器时，先显示欢迎信息、版本信息、版权声明，然后出现提示符，多行指令需要在连续的多行中输入，如 if。

注意：如果 cmd 不能识别 python 命令，说明当前系统没有设置 Python 环境变量。可以在当前系统中添加 Python 安装目录的环境变量；也可以在命令行中使用 cd 命令进入 Python 安装目录，然后再使用 python 命令启动 Python 解释器，如图 1.12 所示。

```
> cd C:\Program Files (x86)\Python38-32
> python
```

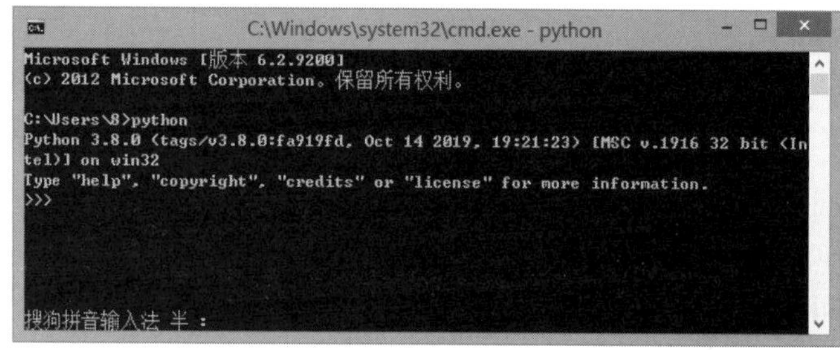

图 1.12　在安装目录中打开 Python 解释器

1.2.4　运行 Python 脚本

Python 代码可以在 Python 解释器的命令行中直接运行；也可以通过文件形式导入 Python 解释器，再批量执行。

1. 命令行运行

（1）使用 IDLE。参考 1.2.2 节内容，打开 IDLE 交互界面，在>>>命令提示符后面输入下面 Python 代码。

```
print("Hi, Python")
```

按 Enter 键确认运行，则会输出“Hi, Python”的提示信息，如图 1.13 所示。print 是 Python 的输出函数，用于在屏幕上打印信息。

（2）使用 Python 解释器。参考 1.2.2 节内容，双击 Python 3.8 (32-bit)快捷方式，直接打开 Python 解释器，在>>>命令提示符后面输入 Python 代码，按 Enter 键确认运行，如图 1.14 所示。

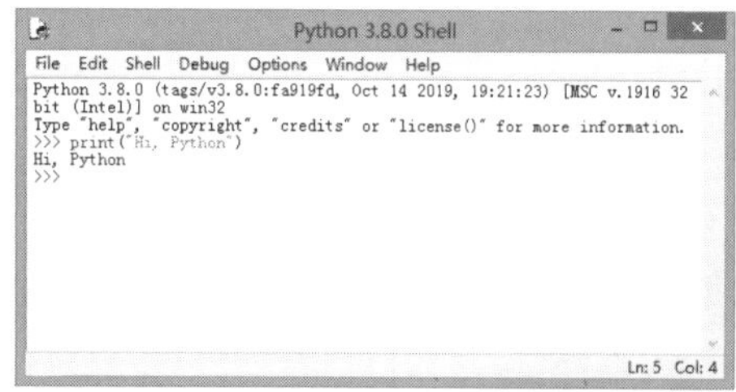

图 1.13　在 IDLE 中运行 Python 代码

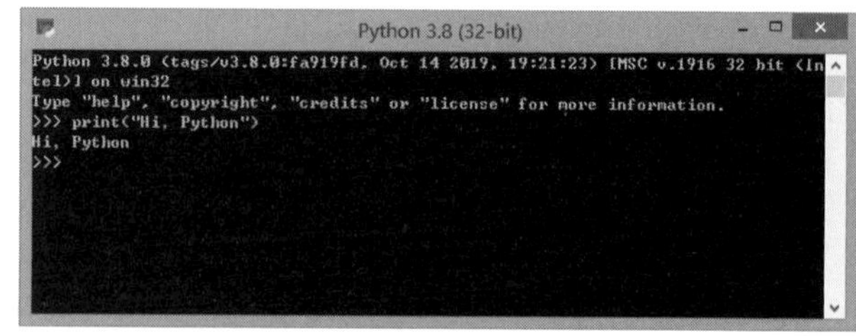

图 1.14　在 Python 解释器中运行 Python 代码

（3）使用 cmd 命令。在 cmd 窗口中，通过 python 命令，也可以打开 Python 解释器，然后在>>>命令提示符后面输入 Python 代码，按 Enter 键确认运行，如图 1.15 所示。

2. 执行 Python 文件

在命令行输入 Python 代码比较慢，仅适合简单的代码测试和快速计算，如果运行大段的 Python 代码，就应该使用 Python 文件。

Python 文件也是文本文件，扩展名为.py，可以通过任何文本编辑器打开并进行编辑。

【示例】新建文本文件，命名为 test1.py，注意扩展名为.py，而不是.txt。在文本文件中输入下面一行代码，然后保存到一个具体目录下。

```
print("Hi, Python")
```

第 1 步，参考 1.2.3 节内容，打开 cmd 窗口。

第 2 步，在命令提示符后面，输入下面命令行代码。

```
> python C:\Users\8\Documents\www\test1.py
```

提示：如果文件的路径比较长，可以通过复制/粘贴的方式快速输入，也可以通过鼠标拖入的方式，即先输入 python 命令，然后空格，再把要运行的 Python 文件拖入命令行窗口。

第 3 步，按 Enter 键，确认执行代码，则运行 test1.py 文件，并输出提示信息，如图 1.16 所示。

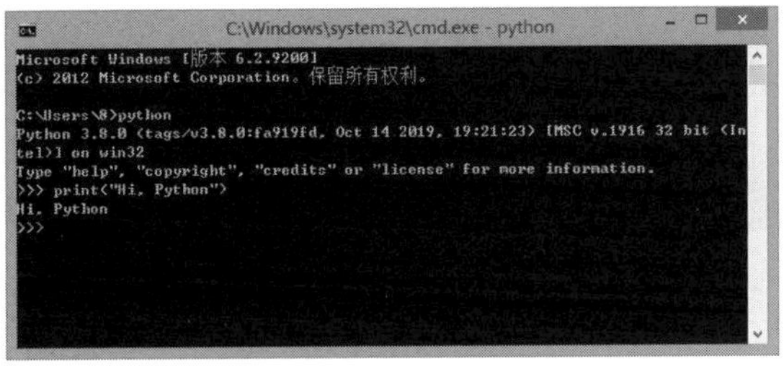

图 1.15　在 cmd 窗口中运行 Python 代码

图 1.16　运行 Python 文件

1.3　使用 Anaconda

Python 有很多开发环境可供选择，如 IPython、Jupyter Notebook 等，其中 Anaconda 集成了大部分常用开发工具，并提供环境配置和 conda 命令管理。

1.3.1　认识 Anaconda

Anaconda 是用于科学计算的 Python 发行版，支持 Linux、Mac、Windows 系统，提供了包管理与环境管理的功能，可以很方便地解决多版本 Python 并存、切换，以及各种第三方包安装问题。Anaconda 利用 conda 管理包和环境，并且已经包含了 Python 和相关的配套工具。

conda 可以理解为一个工具，也是一个可执行命令，其核心功能是包管理和环境管理。包管理与 pip 功能类似，环境管理则允许用户方便地安装不同版本的 Python，并可以快速切换。Anaconda 则是一个打包的集合，里面预装了 conda、不同版本的 Python、众多模块和包、科学计算工具等，所以也称为 Python 的一种发行版。另外，还有 Miniconda，它只包含最基本的内容：Python 和 conda，以及相关的必须依赖项，对于空间要求严格的用户，Miniconda 是一种选择。

conda 将几乎所有的工具、第三方包都当作 package 对待，甚至包括 Python 和 conda 自身。因此，conda

打破了包管理与环境管理的约束，能非常方便地安装各种版本 Python、各种 package，并方便地进行切换。

1.3.2 安装 Anaconda

访问 Anaconda 官网的个人版下载页（https://www.anaconda.com/products/individual），单击 Download 按钮，切换到 Anaconda Installers 界面。Anaconda 支持跨平台，有 Windows、Mac OS、Linux 版本，这里以 Windows 版本为例，单击 Windows 图标下的下载链接，选择下载 64-Bit Graphical Installer (457 MB)，即 64 位图形安装程序（457MB），如图 1.17 所示。

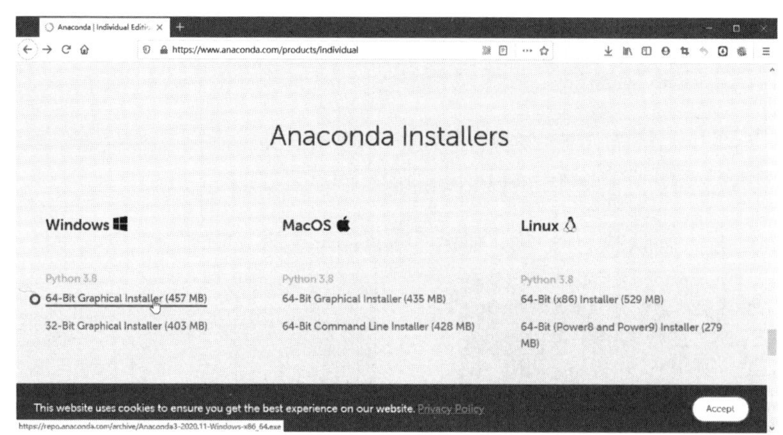

图 1.17 选择并下载 Anaconda 安装包

下载 Anaconda3-2020.11-Windows-x86_64.exe 文件完成后，就可以在本地系统中安装。安装过程比较简单，按默认设置分步向导操作即可。

完成安装之后，需要配置环境变量，方法如下：控制面板→系统和安全→系统→高级系统设置→环境变量→用户变量→PATH，添加 Anaconda 的安装目录的 Scripts 文件夹，如 D:\Anaconda3\Scripts。具体安装路径不同需要酌情调整。

打开命令行，输入下面命令：

```
>conda --version
```

如果输出类似下面的信息，则说明环境变量设置成功。

```
conda 4.10.1
```

为了避免可能发生的错误，建议在命令行中输入下面命令，先把所有工具包进行升级。

```
>conda upgrade --all
```

1.3.3 管理虚拟环境

本节介绍使用 Anaconda 创建一个独立的 Python 运行环境。所有操作都将在命令行下完成。

1. 激活虚拟环境

使用 activate 命令可以激活一个虚拟的 Python 运行环境，如果省略参数，将进入 Anaconda 自带的 base 环境，如图 1.18 所示。

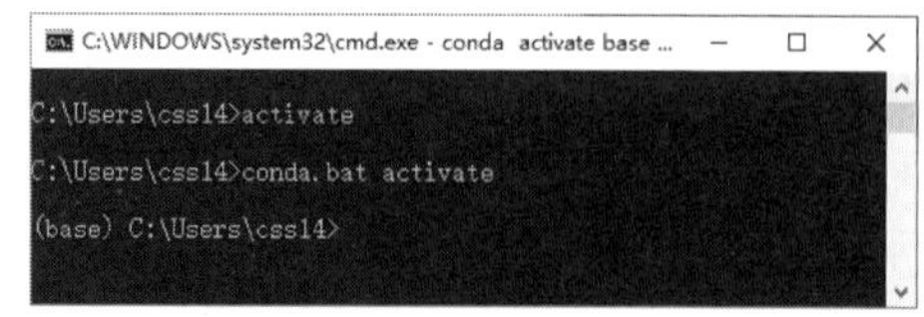

图 1.18 进入默认的 base 环境

```
>activate 虚拟环境名称
```

进入虚拟环境之后，将在命令提示符前面显示虚拟环境的名称，如(base)，说明当前处于 base 虚拟环境。

```
(base) C:\Users\css14>
```

然后，输入 python 命令，就会启动 base 环境的 Python 解释器。

```
(base) C:\Users\css14>python
Python 3.8.8 (default, Apr 13 2021, 15:08:03) [MSC v.1916 64 bit (AMD64)] :: Anaconda, Inc. on win32
Type "help", "copyright", "credits" or "license" for more information.
>>>
```

2. 创建虚拟环境

如果不满足一个 base 环境，可以为自己的程序安装单独的虚拟环境，具体命令如下：

```
conda create -n your_env_name python=x.x
```

Anaconda 命令将创建 Python 版本为 x.x，名字为 your_env_name 的虚拟环境。your_env_name 文件夹可以在 Anaconda 安装目录 envs 目录下找到，该环境下安装的所有程序和模块都位于 your_env_name 文件夹中。

例如，创建一个名称为 learn 的虚拟环境，并指定 Python 版本为 3.9，conda 会自动找 3.9 中最新的版本下载。

```
>conda create -n learn python=3.9
```

3. 切换虚拟环境

切换虚拟环境与激活虚拟环境的命令行语法相同。例如，切换到新建的 learn 的虚拟环境，命令如下：

```
(base) C:\Users\css14>activate learn
(learn) C:\Users\css14>
```

如果忘记了虚拟环境的名称，可以使用下面的命令查看：

```
>conda env list
```

或者

```
>conda info -e
```

输入 python --version 命令检查当前环境中 Python 的版本。

```
(learn) C:\Users\css14>python --version
Python 3.9.4
```

4. 安装第三方包

现在的 learn 环境比较干净，除 Python 自带的一些官方包之外是没有其他包的。例如，先输入 python 命令，打开 Python 解释器，然后导入 requests，会提示错误信息。

```
(learn) C:\Users\css14>python
Python 3.9.4 (default, Apr  9 2021, 11:43:21) [MSC v.1916 64 bit (AMD64)] :: Anaconda, Inc. on win32
Type "help", "copyright", "credits" or "license" for more information.
>>> import requests
Traceback (most recent call last):
  File "<stdin>", line 1, in <module>
ModuleNotFoundError: No module named 'requests'
>>>
```

退出 Python 解释器：

```
>>> exit()
```

然后输入如下命令行安装 requests 包：

```
>conda install requests
```

或者

```
>pip install requests
```

安装完成之后，再次输入 python 进入解释器，并导入 requests 包，这次就可以成功了。

使用下面命令可以卸载第三方包：

```
>conda remove requests
```

或者

```
>pip uninstall requests
```

如果要查看当前环境中所有安装的包，可以使用下面的命令：

```
>conda list
```

如果要导出当前环境的包信息，并将包信息存入 yaml 文件中，可以使用下面的命令：

```
>conda env export > environment.yaml
```

当需要重新创建一个相同的虚拟环境时，可以使用下面的命令：

```
>conda env create -f environment.yaml
```

5. 关闭虚拟环境

使用下面的命令可以从当前环境退出，并返回使用 PATH 环境中设置的默认 Python 版本，即 base 虚拟环境。

```
>conda deactivate
```

6. 删除虚拟环境

退出当前虚拟环境之后，输入下面的命令，可以删除虚拟环境。例如，可以删除 learn 虚拟环境。

```
(base)>conda remove -n learn --all
```

1.3.4 体验 Anaconda

安装完 Anaconda，就相当于安装了 Python、IPython、集成开发环境 Spyder 和一些包等。按 Windows 徽标键，调出 Windows 开始菜单，可以看到最近添加的 Anaconda 3(64-bit)，展开文件夹，可以看到多个子菜单。

- Anaconda Prompt：打开 Anaconda Prompt，这个窗口和 doc 窗口一样，输入命令就可以控制和配置 Python。最常用的是 conda 命令，这个与 pip 的用法一样，可以直接使用。使用命令 conda list 查看已安装的包，从这些库中可以发现 NumPy、SciPy、Matplotlib、Pandas，说明已经安装成功。还可以使用 conda install name 命令安装和更新包，其中，name 是需要安装 packages 的名字。
- Anaconda Navigtor：用于管理工具包和环境的图形用户界面，后续涉及的众多管理命令也可以在 Navigator 中手动实现。第一次启用时会初始化，需要耐心等待一段时间。加载完成后主界面如图 1.19 所示。
- Jupyter Notebook：基于 Web 的交互式计算环境，可以编辑易于阅读的文档，用于展示数据分析的过程。
- Qt Console：一个可执行 IPython 的仿终端图形界面程序。相比 Python shell 界面，Qt Console 可以直接显示代码生成的图形，实现多行代码输入执行。同时，其中内置了很多有用的功能和函数。

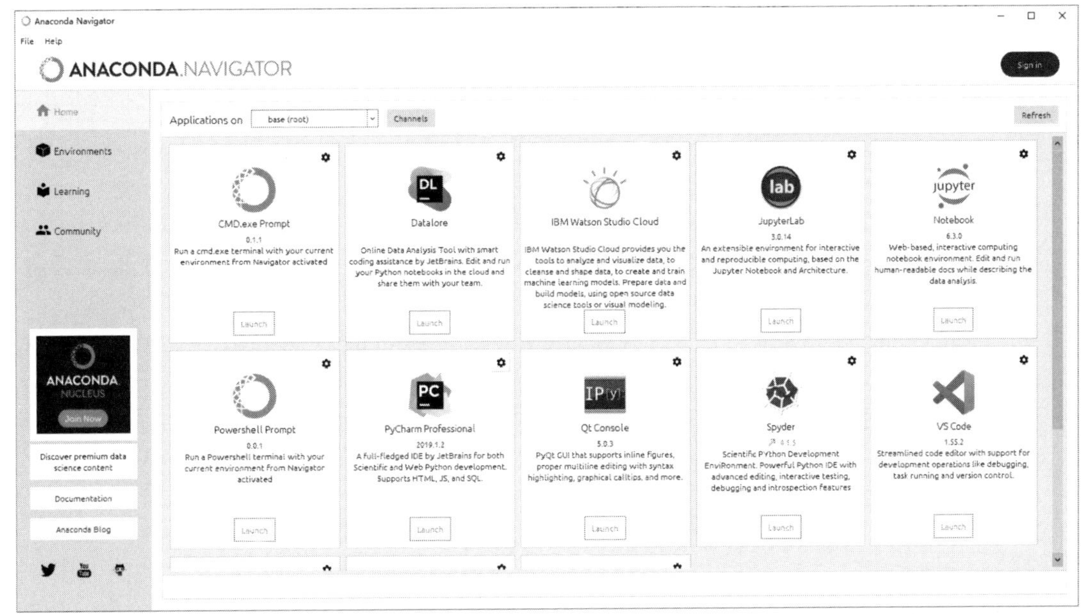

图 1.19　Anaconda Navigtor 主界面

- Spyder：一个使用 Python 语言、跨平台的、科学运算集成开发环境。Spyder 编辑器可以编写代码，它的最大优点就是模仿 MATLAB 的工作空间。spyder.exe 放在安装目录下的 Scripts 里，直接双击就能运行。也可以右键菜单发送到桌面快捷方式，以后运行就会比较方便。

1.4　使用 Jupyter Notebook

1.4.1　认识 Jupyter Notebook

Jupyter Notebook 主要用于数据分析，以网页的形式打开，可以在网页页面中直接编写代码和运行代码，代码的运行结果也会直接在代码块下显示。如果在编程过程中需要编写说明文档，可在同一个页面中直接编写，便于及时说明和解释。

提示： 访问 https://jupyter.org/try，可以在线试用 Jupyter Notebook。

Jupyter Notebook 组成部分如下。

（1）网页应用：基于网页形式，结合了编写说明文档、数学公式、交互计算和其他富媒体形式的工具。

（2）文档：Jupyter Notebook 中所有交互计算、编写说明文档、数学公式、图片以及其他富媒体形式的输入和输出，都是以文档的形式体现的。这些文档可以保存为扩展名为.ipynb 的 JSON 格式文件，不仅便于版本控制，也方便与他人共享。此外，文档还可以导出为 HTML、LaTeX、PDF 等格式。

Jupyter Notebook 的主要特点如下。

- 编程时具有语法高亮、缩进、Tab 补全的功能。
- 可直接通过浏览器运行代码，同时在代码块下方展示运行结果。
- 以富媒体格式展示计算结果。富媒体格式包括 HTML、LaTeX、PNG、SVG 等。
- 针对代码编写说明文档或语句时，支持 Markdown 语法。

- 支持使用 LaTeX 编写数学性说明。

1.4.2 安装 Jupyter Notebook

安装 Jupyter Notebook 之前，必须先安装 Python（3.3 版本及以上，或 2.7 版本）。

1. 使用 Anaconda 安装

最简单的途径是通过安装 Anaconda 来解决 Jupyter Notebook 的安装问题，因为 Anaconda 已经自动安装了 Jupter Notebook 及其他工具，以及 Python 中超过 180 个科学包及其依赖项。

如果安装的是 Miniconda，或者其他原因导致的没有自动安装 Jupter Notebook，那么在终端中输入以下命令安装：

```
conda install jupyter notebook
```

2. 使用 pip 命令安装

首先，在终端命令行中把 pip 升级到最新版本：

```
pip install --upgrade pip
```

然后，安装 Jupyter Notebook：

```
pip install jupyter
```

1.4.3 启动 Jupyter Notebook

打开命令行窗口，在终端中输入以下命令：

```
jupyter notebook
```

执行该命令之后，将在终端中显示一系列 Notebook 的服务器信息，同时浏览器将会自动启动 Jupyter Notebook。

注意： 之后在 Jupyter Notebook 中的所有操作，都必须保持终端不要关闭。因为一旦关闭终端，就会断开与本地服务器的连接，将无法在 Jupyter Notebook 中进行其他操作。

浏览器地址栏中默认会显示：http://localhost:8888。其中，“localhost”指的是本机，“8888”则是端口号。

（1）如果同时启动多个 Jupyter Notebook，由于默认端口“8888”被占用，因此，地址栏中的数字将从“8888”起，每多启动一个 Jupyter Notebook 数字就加 1，如“8889”和“8890”等。

（2）如果想自定义端口号启动 Jupyter Notebook，可以在终端中输入以下命令：

```
jupyter notebook --port <port_number>
```

其中，<port_number>是自定义端口号，直接以数字的形式写在命令中，数字两边不加尖括号<>。如 jupyter notebook --port 9999，即在端口号为 9999 的服务器启动 Jupyter Notebook。

（3）如果只想启动 Jupyter Notebook 的服务器，但不打算立刻进入主页面，那么无须立刻启动浏览器。在终端中输入如下命令。

```
jupyter notebook --no-browser
```

此时，将会在终端显示启动的服务器信息，并在服务器启动之后，显示打开浏览器页面的链接。当需要启动浏览器页面时，只需要复制链接，并粘贴在浏览器的地址栏中，按 Enter 键即可转到 Jupyter Notebook 页面。

（4）如果安装了 Anaconda，可以在开始菜单中选择 Anaconda3→Jupyter Notebook 快捷菜单快速启动。当执行完启动命令之后，浏览器将会进入 Notebook 的主页面，如图 1.20 所示。

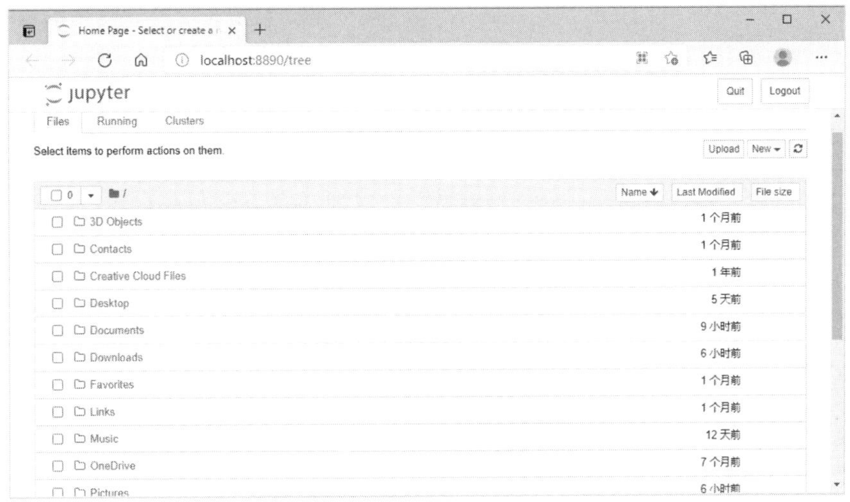

图 1.20　Notebook 的主页面

如果想修改主页面内的文件夹，可以在终端中执行 cd 命令，切换到指定文件夹，然后再输入 jupyter notebook 命令，启动 Notebook。

1.4.4　在 Jupyter Notebook 中编写代码

在 Notebook 的主页面可以看到有 3 个 Tab 页面：Files、Running 和 Clusters。简单说明如下：

1. Files

Files 页面是用于管理和创建文件相关的类目。对于现有的文件，可以通过勾选文件的方式，对选中文件进行复制、重命名、移动、下载、查看、编辑和删除的操作。

同时，也可以根据需要，在 New 下拉列表中选择想要创建文件的环境。例如，创建“ipynb”格式的笔记本、“txt”格式的文档、终端或文件夹。

2. Running

Running 页面主要展示的是当前正在运行的终端和“ipynb”格式的笔记本。若想要关闭已经打开的终端和“ipynb”格式的笔记本，仅仅关闭其页面是无法彻底退出程序的，还需要在 Running 页面单击其对应的“Shutdown”。

3. Clusters

Clusters 类目现在已由 IPython parallel 对接，且由于现阶段使用频率较低，在此不做详细说明，想要了解更多可以访问 IPython parallel 的官方网站。

下面重点介绍如何在 Files 页面编写代码。

在主页面单击 New 按钮，从弹出的下拉菜单中选择 Python 3，新建 Untitled.ipynb 文件，如图 1.21 所示。

图 1.21 展示的是 Notebook 的基本结构和功能。

（1）第一行为标题行，显示文件名称，以及时间和操作状态。

（2）第二行为菜单栏，从左到右分别为：File（文件）、Edit（编辑）、View（视图）、Insert（插入）、

Cell（单元格）、Kernel（内核）、Widgets（组件）、Help（帮助）。菜单栏涵盖了笔记本的所有功能，即便是工具栏的功能，也都可以在菜单栏的类目里找到。然而，并不是所有功能都是常用的，如 Widgets。

（3）第三行为工具栏，从左到右分别为：保存、添加单元格、删除单元格、复制单元格、粘贴单元格、上移单元格、下移单元格、运行代码、中断内核（停止运行）、重启内核、重启内核并运行整个代码、单元格状态、打开命令配置。

Kernel 主要是对内核的操作，如中断、重启、连接、关闭、切换内核等，由于在创建 Notebook 时已经选择了内核，因此，切换内核的操作便于在使用 Notebook 时，可以方便切换到想要的内核环境中去。由于其他的功能相对比较常规，根据提示简单尝试使用 Notebook 的功能已经非常便捷，因此不再做详细讲解。

单元格的状态包括 Code、Markdown、Heading、Raw NBconvert。其中，最常用的是前两个，分别是代码状态，Markdown 编写状态。Jupyter Notebook 已经取消了 Heading 状态，即标题单元格。取而代之的是 Markdown 的一级至六级标题。而 Raw NBconvert 目前极少用到。

下面在单元格中输入如下代码块，然后运行代码，绘制两条曲线，效果如图 1.22 所示。

```
import matplotlib.pyplot as plt
import numpy as np
x = np.linspace(0, 10, 100)
plt.plot(x, np.sin(x))
plt.plot(x, np.cos(x))
plt.show()
```

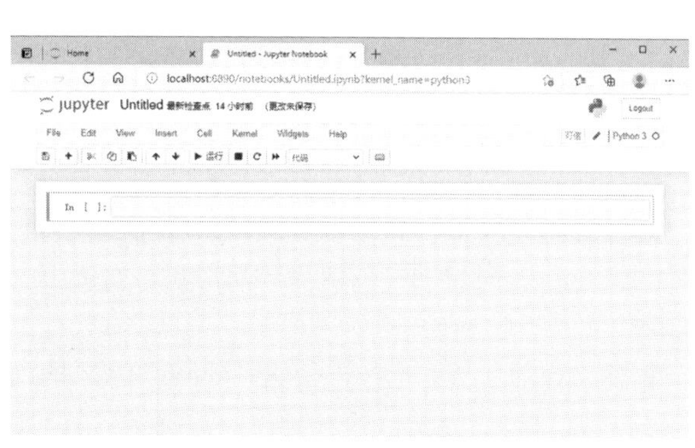

图 1.21　新建 Untitled.ipynb 文件

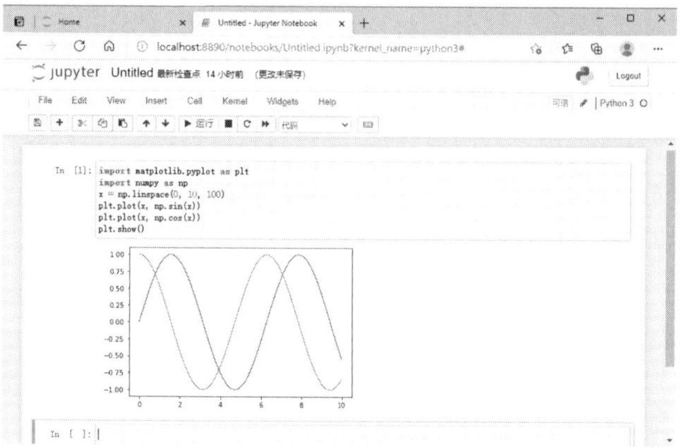

图 1.22　编写并运行代码

1.5　使用 IPython

1.5.1　认识 IPython

IPython 是一个 Python 的交互式 shell，比默认的 Python shell 更好用，支持变量自动补全、自动缩进，支持 bash shell 命令，内置很多有用的功能和函数。IPython 能够帮助用户以一种更高的效率使用 Python，同时也是利用 Python 进行科学计算和交互可视化的一个最佳的平台。

IPython 提供了两个主要的组件，具体如下。

- 一个强大的 Python 交互式 shell。
- 供 Jupyter Notebook 使用的一个 Jupyter 内核（IPython Notebook）。

IPython 的主要功能如下。

- 运行 Ipython 控制台。
- 使用 Ipython 作为系统 shell。
- 使用历史输入（history）。
- Tab 补全。
- 使用%run 命令运行脚本。
- 使用%timeit 命令快速测量时间。
- 使用%pdb 命令快速 debug（程序除错）。
- 使用 pylab 进行交互计算。
- 使用 IPython Notebook。

1.5.2　安装 IPython

IPython 支持 Python 2.7 版本，或者 Python 3.3 以上的版本。安装 Ipython 很简单，直接使用 pip 管理工具即可。在 cmd 命令行等终端输入下面命令，然后按 Enter 键即可。

```
>pip install ipython
```

这条命令自动安装 IPython 以及它的各种依赖包。

如果想在 Notebook 或 QtConsole 中使用 IPython，还需要安装 Jupyter，命令如下：

```
>pip install jupyter
```

如果已安装 Anaconda，则默认自动安装 IPython。

1.5.3　启动 IPython

启动 IPython 的方法：打开命令对话框（快捷键为 Windows + R），然后输入 ipython 命令，单击“确定”按钮之后，即可进入 IPython shell 交互界面。也可以在 cmd 命令行等终端下输入 ipython 命令直接进入 IPython shell 交互界面，如图 1.23 所示。

在命令对话框或者 cmd 命令行等终端下输入 ipython qtconsole 命令，启动 Jupyter QtConsole，可以进入 IPython 图形交互界面，如图 1.24 所示。

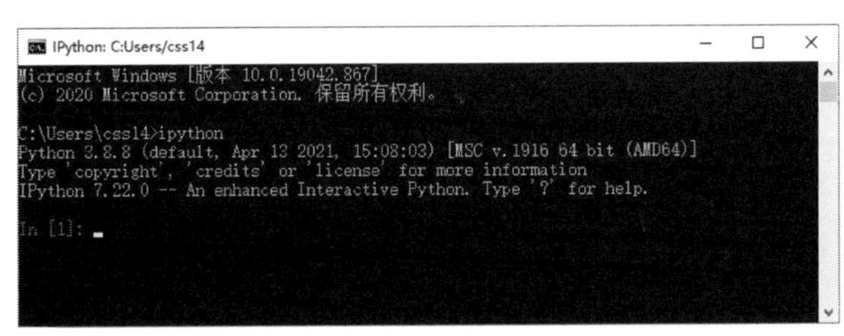

图 1.23　启动 IPython

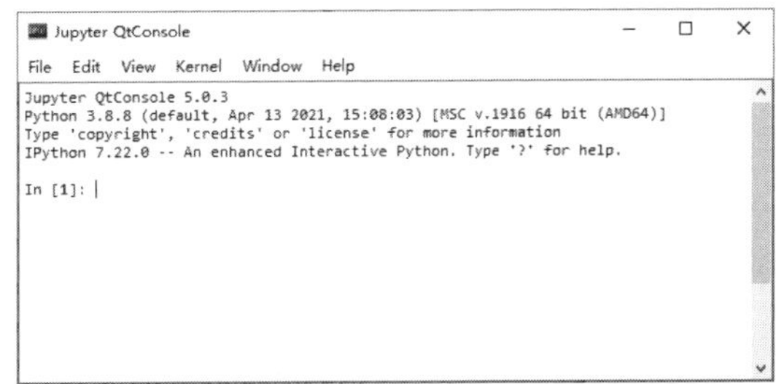

图 1.24　启动 Jupyter QtConsole

1.5.4　在 IPython 中编写代码

IPython 支持所有 Python 的标准输入输出，也就是在 IDLE 或 Python shell 中能用的，在 IPython 中都能够使用，唯一不同之处就是 IPython 使用 In [x]和 Out [x]表示输入、输出，并表示相应的序号。实际上，In

和 Out 是两个保存历史信息的变量。

IPython 有很多 Python 交互没有的功能，如 Tab 补全、对象自省、强大的历史机制、内嵌的源代码编辑、集成 Python 调试器、断点调试等。

第 1 步，在命令提示符后面输入：x = [1,2,3]，然后按 Enter 键换行。

第 2 步，输入变量 x，然后按 Tab 键，则会提示与输入的字符串相匹配的变量，如对象或者函数等，通过键盘方向键找到需要的对象，如图 1.25 所示。

第 3 步，在变量的前面或者后面加上一个问号（?），然后按 Enter 键，就可以将有关该对象的一些通用信息显示出来，这就是对象内省，如图 1.26 所示。

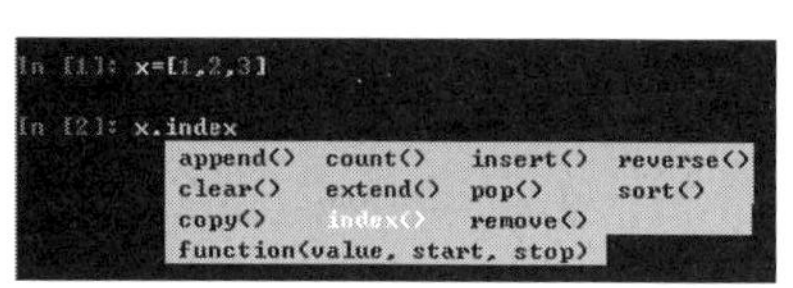

图 1.25　Tab 键自动补全

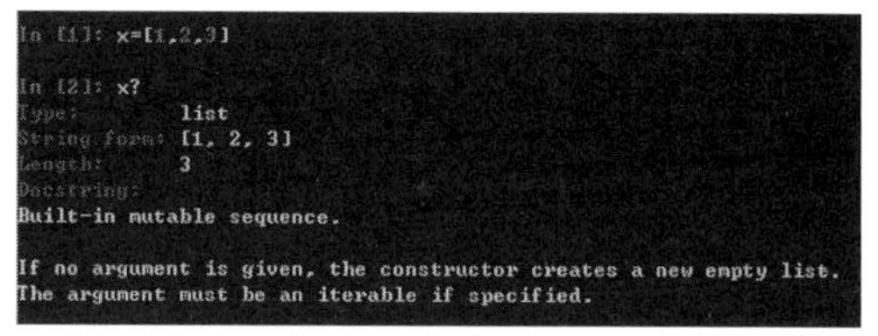

图 1.26　对象内省

第 4 步，如果对象是一个函数或者实例方法，则它的 docstring（文档字符串）也会被显示出来，如图 1.27 所示。

第 5 步，如果使用两个问号（??），还可以显示该方法的源代码，如图 1.28 所示。

图 1.27　显示 docstring 信息

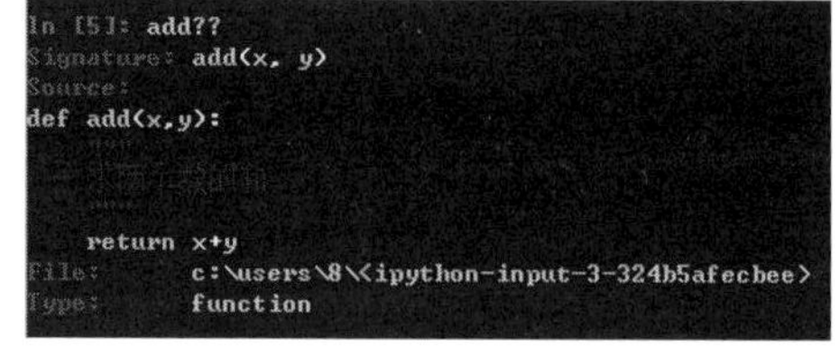

图 1.28　显示源代码

第 6 步，使用通配符字符串可以查找所有与该通配符字符串相匹配的名称。例如，查找 re 模块中所有包含 find 的函数，如图 1.29 所示。

第 7 步，使用 hist 或者 history 命令可以查看历史输入。如果在 hist 命令之后加上-n，也可以显示输入的序号，如图 1.30 所示。

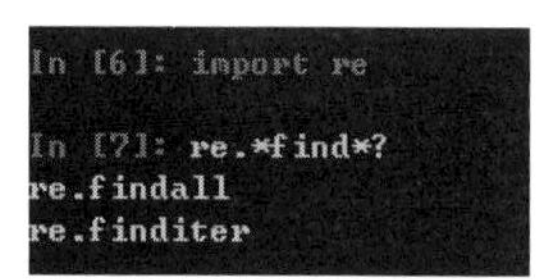

图 1.29　使用通配符进行查找

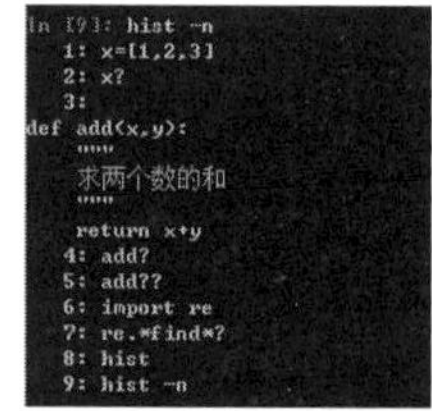

图 1.30　显示历史输入

提示：在任何的交互会话中，用户的输入历史和输出历史都被保存在 In 和 Out 变量中，并被序号进行索引。另外，_、__、___和_i、_ii、_iii 变量保存着最后三次输出和输入对象。_n 和_in（n 表示具体的数字）变量返回第 n 个输出和输入的历史命令，如图 1.31 所示。

第 8 步，使用 run 命令运行外部 Python 程序，输入格式为：run 路径+Python 文件名称，如图 1.32 所示运行上一节创建的示例 test1.py。

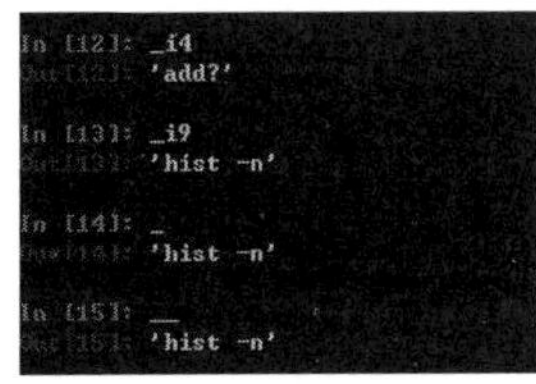

图 1.31　显示具体的输入和输出

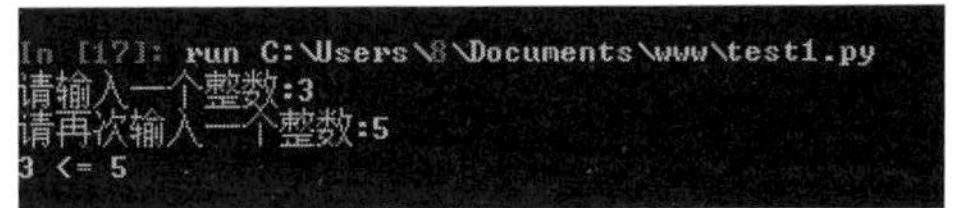

图 1.32　运行外部 Python 程序

提示：IPython 常用魔术命令如下。

- %magic：显示所有魔术命令的详细文档。
- %hist：打印命令的输入（可选输出）历史。
- %time statement：报告 statement 的执行时间。
- %timeit statement：多次执行 statement 以计算系统平均运行时间。
- %reset：删除全部变量。
- %xdel variable：删除 variable，并尝试清除其在 IPython 中对象的一切引用。
- %cd directory：将系统工作目录更改成 directory。
- %pwd：返回系统的当前工作目录。
- %env：以 dict 形式返回系统环境变量。
- %bookmark：使用 IPython 目录书签系统。
- %paste：可以承载剪贴板中的一切文本，并在 shell 中以整体形式执行。
- %cpaste：与%paste 功能类似，只是多了一个用于粘贴代码的特殊提示符。
- %run script.py：所有文件都可以通过%run 命令当作 Python 程序来运行。

IPython 标准键盘快捷键如下。

- 向上方向键：向后搜索历史命令。
- 向下方向键：向前搜索历史命令。
- Ctrl+R：部分增量搜索。
- Ctrl+C：终止当前正在执行的代码。
- Ctrl+A：将光标移动到行首。
- Ctrl+E：将光标移动到行尾。
- Ctrl+K：删除从光标开始至行尾的文本。
- Ctrl+U：清除当前行的所有文本。
- Ctrl+L：清屏。

1.5.5　使用 Jupyter QtConsole

Jupyter QtConsole 的前身叫作 IPython QtConsole，与 IPython Notebook 一样，后来改成了 Jupyter，Jupyter QtConsole 是 IPython 团队基于 Qt 框架开发的一个 GUI 控制台，但是这个控制台很特殊，它具有富文本编辑功能，即能够在里面实现内嵌图片、多行编辑、语法高亮等富文本功能。QtConsole 是一个具有菜单的富文本编辑的控制台，IPython 具有的功能它都有，它是 IPython 的进一步改进版。

例如，在 QtConsole 里面输入如下代码，直接得到一个结果，如图 1.33 所示。

```
import matplotlib.pyplot as plt
x=[1,2,3,4,5]
y=[2,4,6,8,10]
plt.plot(x,y)
```

通过图 1.33 可以看到，代码所绘制的图像直接显示在 QtConsole 里面，不需要设置，非常人性化。这样的功能对于编写一个大型软件，使用 QtConsole 进行小模块的测试和试验，是特别有帮助的，这就是 QtConsole 的简单强大之处。

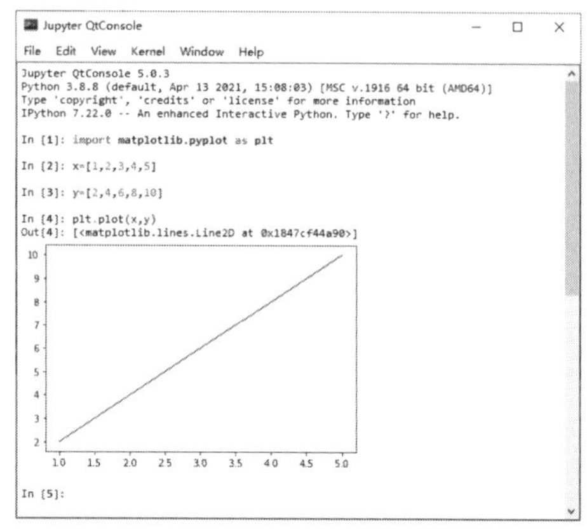

图 1.33　直接绘图

注意：上面的操作是基于新版本的 Jupyter QtConsole，默认已经将 matplotlib 集成到 QtConsole 中，但是对于老版本的 IPython QtConsole，并没有集成，因此不能直接打开 IPython QtConsole，而是要在 cmd 中使用命令 ipython qtconsole --pylab=inline 来打开才行。

1.6　使用 Visual Studio Code

Visual Studio Code 是现代 Web 和云应用的跨平台源代码编辑器，由微软公司在 2015 年 4 月发布。它结合了轻量级文本编辑器的易用性和大型 IDE（集成开发环境）的开发功能，具有强大的扩展能力和社区支持，是目前最受欢迎的编程工具。下面介绍基于 Visual Studio Code 搭建 Python 开发环境。

第 1 步，安装 Visual Studio Code。访问官网下载 Visual Studio Code，下载地址：https://code. visualstudio. com/Download，注意系统和版本。

第 2 步，安装成功之后，启动 Visual Studio Code，在界面左侧单击第 5 个图标按钮，打开扩展面板，然后输入关键词：Python，搜索 Python 插件，如图 1.34 所示。

图 1.34　安装 Python 插件

第 3 步，选择列表中第一个 Python 插件，单击 Install 按钮，安装 Python 插件。

第 4 步，配置 Python 插件。在菜单栏选择 File → Preferences → Settings 选项，打开 Settings 控制页面。

第 5 步，在窗口右上角单击 Open Settings 按钮，如图 1.35 所示。打开 Settings.json 文件，然后添加如下配置代码，设置调用 Python 解释器进行调试的安装路径。

```
"python.pythonPath": "D:\\Anaconda3\\python.exe",
```

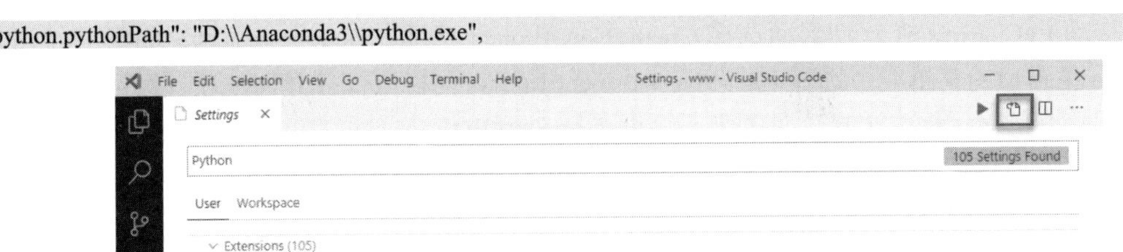

图 1.35　切换到 Settings.json 文件

第 6 步，新建 test1.py 文件，然后输入下面代码，使用 help 函数查看字符串方法 title 的用法，然后把帮助信息打印到控制台。

```
print( help(str.title) )
```

第 7 步，按 F5 键运行文件，弹出“选择调试配置”选项面板，按 Enter 键以默认的“Python 文件调试打开的 Python 文件”选项进行调试，则在控制台输出如图 1.36 所示的信息。

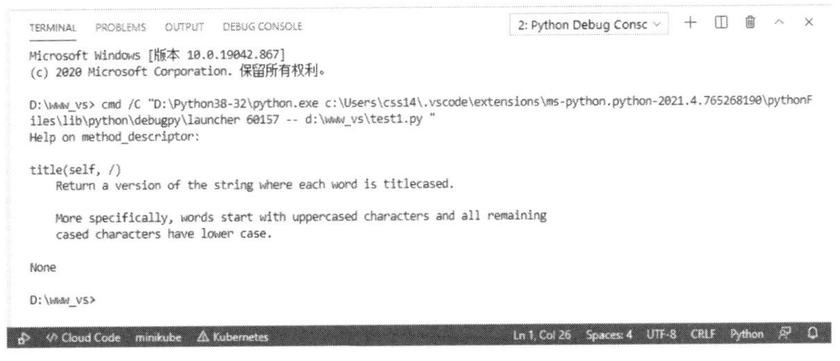

图 1.36　在控制台输出帮助信息

1.7　使用 PyCharm

1.7.1　认识 PyCharm

PyCharm 是一款功能强大的 Python 编辑器（IDE），具有跨平台性，带有一整套可以帮助用户在使用 Python 语言开发时提高其效率的工具，如调试、语法高亮、Project 管理、代码跳转、智能提示、自动完成、单元测试、版本控制。此外，该 IDE 提供了一些高级功能，用于支持 Django 框架下的专业 Web 开发。

1.7.2　安装 PyCharm

PyCharm 官网下载地址：http://www.jetbrains.com/pycharm/。PyCharm 提供了 2 个版本：一个是社区版，免费并且提供源代码程序；另一个是专业版，可以免费试用。

专业版功能丰富，是专业的开发工具。社区版是压缩的专业版，除了基本功能外，专业版的部分功能不能使用，如 Web 开发、Python Web 框架、Python 的探查、远程开发能力、数据库和 SQL 支持。

1.7.3　创建项目和应用

为了方便管理，PyCharm 要求创建项目，然后再新建应用，下面结合一个简单的示例演示如下。

第 1 步，启动 PyCharm，在欢迎界面选择 Create New Project 选项，创建一个项目，如图 1.37 所示。也可以在 PyCharm 主窗口的菜单栏中选择 File→New Project 命令，同样可以打开创建项目对话框。

第 2 步，在打开的对话框中选择项目类型，这里选择 Pure Python，即纯 Python 代码程序，设置项目路径，如 D:\test，如图 1.38 所示。

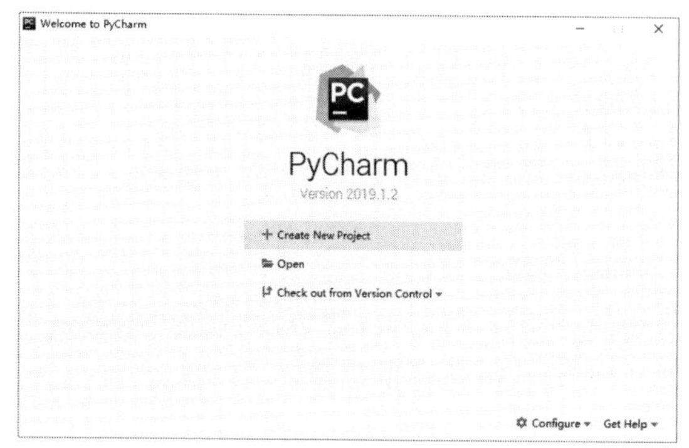

图 1.37　欢迎界面

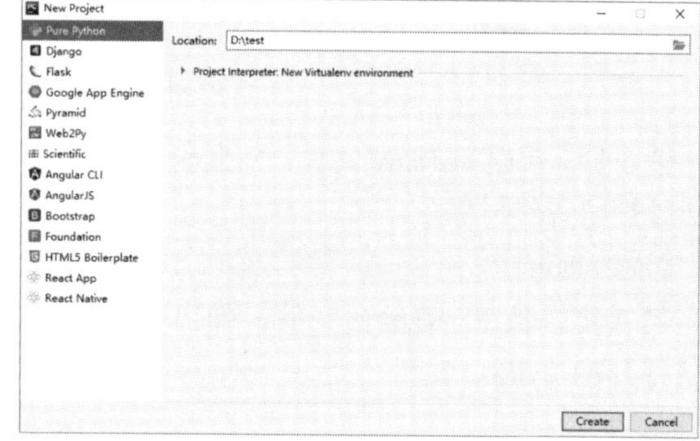

图 1.38　设置项目类型和路径

第 3 步，在项目主界面中选择 File→New 命令，然后在弹出的快捷菜单中选择 Python File 选项，在打开的对话框中设置文件名，如图 1.39 所示。

第 4 步，单击 OK 按钮，确定之后，在主界面中显示新建的 Python 文件，输入下面代码。

```
print (dir(str))
```

第 5 步，设置执行程序的编译器和环境变量。在 PyCharm 中，选择 Files→Settings→Build, Execution, Deployment→Console→Python Console 选项，单击 Environment variables 选项的文件夹符号，单击+号，增加新的 Environment Variables，在 name 选项中输入 PATH，value 中复制在命令行中输入 echo %PATH%命令之后显示的路径列表。在 Python interpreter 中设置编译器的路径，如图 1.40 所示。

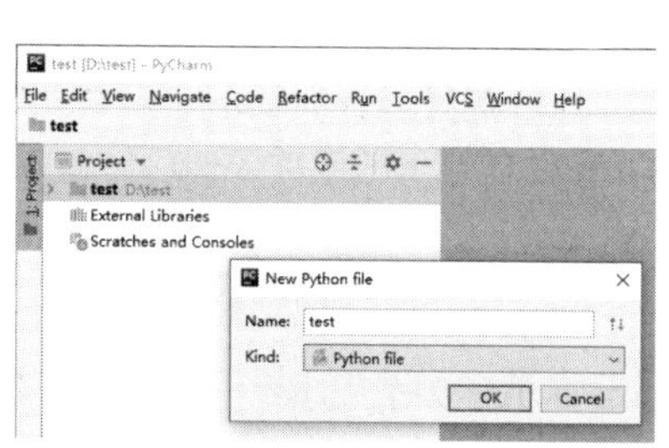

图 1.39　新建 Python 文件

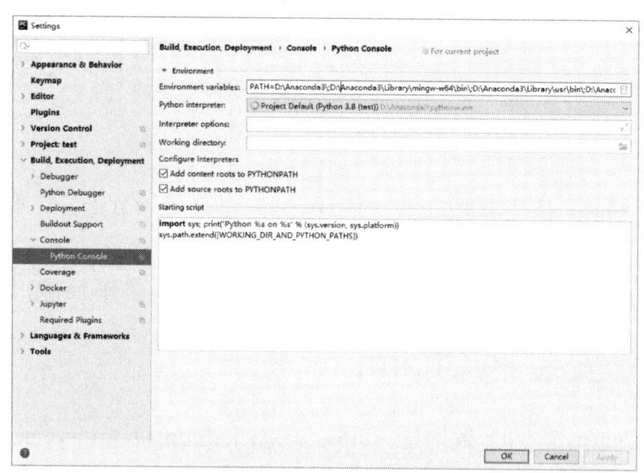

图 1.40　配置运行环境

第 6 步，在主窗口工具栏右侧，单击“执行”按钮，或者在菜单栏选择 Run→Run 'test'命令，运行程序，则在控制台打印 str 类型包含的全部函数、方法、类、变量等信息，如图 1.41 所示。

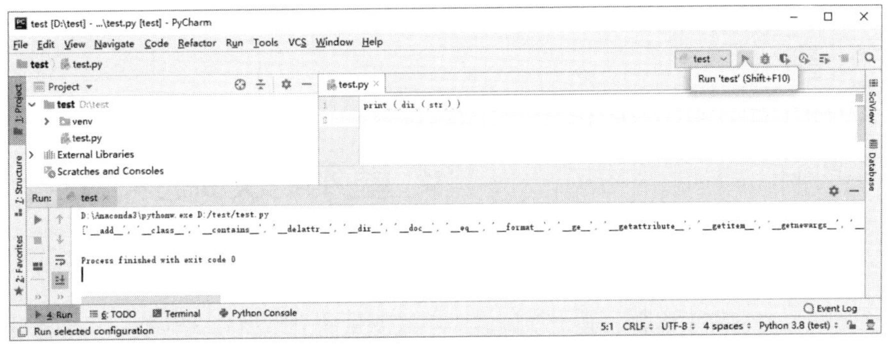

图 1.41　运行程序

1.8　在线支持

扫码免费学习更多实用技能

一、补充知识

☑ 程序设计基本方法

二、学习路线图

☑ Python 学习路线图（参考 1）

☑ Python 学习路线图（参考 2）

☑ Python 学习路线图（参考 3）

三、版本问题

☑ Python3.x 和 Python2.x 的区别

☑ Python3.x 和 Python2.x 的区别（新）

☑ Python 3.5 正式退役，不再受支持

☑ 选择 Python3.6 还是 Python3.7

☑ 多版本 Python 共存的配置和使用

四、答疑解惑

☑ Python 常见问题

☑ 初学者最困惑的问题

新知识、新案例不断更新中……

第 2 章

变量和数据类型

Python 是强类型、动态脚本语言。强类型倾向于不对变量的类型做隐式转换，动态意味着在运行时可以改变变量的类型，脚本表示代码直接被解释，不需要编译。Python 程序经词法分析器生成形符流，Python 将读取的程序文本转为 Unicode 码点，即十六进制的字节码，再由解析器读取形符流，解析为二进制数据流并执行。本章介绍 Python 词法基础，重点讲解变量和数据类型。

视频讲解

2.1　Python 语法基础

2.1.1　代码缩进

Python 没有像其他语言那样采用{}或者 begin……end 来分隔代码块，而是采用“冒号+缩进”的语法格式来区分代码之间的层级，缩进语法是 Python 语言最鲜明的特点，这种语法风格的优点概括如下。

- 代码足够精简、干净，没有冗余的字符。
- 程序的可读性大大增强，随时可以轻松阅读和理解曾经写过的代码。

提示：在 Python 语言中，代码块主要包括程序结构（如分支结构、循环结构）、函数体、类结构、异常处理和上下文管理等。

【示例 1】新建 test1.py 文件，输入下面代码：要求用户输入姓名，然后打印欢迎信息，演示效果如图 2.1 所示。

```
while True:                                         # 无限循环
    name = input("你叫什么？ \n>>>")                # 要求输入姓名
    if name:                                        # 显示欢迎信息
        print("%s，欢迎学习 Python 语言。" % name)
        break                                       # 结束循环
    else:                                           # 如果为空，则返回提示输入
        print("不要匿名。\n%s" %("-"*50) )
        continue                                    # 返回继续询问
```

代码缩进量没有明确限制，但是相同代码块的代码必须保持相同的缩进量。如果相同代码块中各行代码缩进不统一，Python 将抛出 IndentationError 异常。

【示例 2】下面示例中 print ("Hello!")和 print ("Python")两句同属一个代码块，但是 print ("Hello!")缩进 4 个空格，print ("Python")缩进 3 个空格，执行时将抛出 IndentationError 异常，如图 2.2 所示。

```
if True:
    print ( "Hello!" )
   print ( "Python" )
```

```
PS D:\www_vs> & D:/python-3.9.0-amd64/python.exe d:/www_vs/test1.py
你叫什么?
>>>
不要匿名。
--------------------------------------------------
你叫什么?
>>>张三
张三，欢迎学习Python语言。
```

图 2.1　简单的交互程序

```
PS D:\www_vs> & D:/python-3.9.0-amd64/python.exe d:/www_vs/test2.py
  File "d:\www_vs\test2.py", line 3
    print("Python")
                   ^
IndentationError: unindent does not match any outer indentation level
PS D:\www_vs>
```

图 2.2　抛出 IndentationError 异常

代码块的首行为命令行，以冒号结束，代码块的主体必须缩进显示。缩进结束，表示一个代码块的结束。同理，嵌套代码块采用相同的语法，进一步缩进显示。

```
命令行:
    缩进代码块
    嵌套命令行:
        嵌套代码块
        …
    嵌套代码块结束
    …
缩进代码块结束
```

【示例 3】不同代码块的缩进量可以不同。在下面示例中，while 代码块缩进 1 个空格，if 代码块缩进 2 个空格，而 else 代码块缩进 4 个空格。为了方便代码阅读和维护，建议 Python 程序中所有代码块都应保持相同的缩进量，特别是相同层级的代码块，必须保持相同的缩进量，如 if 和 else 两个代码块，这样才能够更好地区分代码的层级。

```
while True:                                   # while 代码块缩进 1 个空格
 name = input("你叫什么? \n>>>")
 if name:                                     # if 代码块缩进 2 个空格
   print("%s，欢迎学习 Python 语言。" % name)
   break
 else:                                        # else 代码块缩进 4 个空格
     print("不要匿名。\n%s" %("-"*50) )
     continue
```

缩进可以使用空格键、Tab 键表示。一个 Tab 键默认等于 4 个空格宽度，在 IDLE 中可以修改这个默认宽度。一般建议使用 4 个空格表示一个层级的缩进宽度。

2.1.2　代码行

在 Python 源代码中，行是一个重要概念，所谓的一行代码表示一条语句，这里的行是逻辑行，而非物理行。两者区分如下。

- 物理行：在窗口中所见的一行行代码，它通过回车符（CR）或换行符（LF）终止，在嵌入式源代码中则通过“\n”终止。
- 逻辑行：表示一条语句，通过 NEWLINE（新行）形符终止。

一般情况下，一个物理行就是一个逻辑行。当然，多个物理行也可以构成一个逻辑行，这样一条语句可以分多行显示。实现方法有如下两种。

1. 显式连接

在一个物理行的末尾添加续行符（\）。续行符后面不能附加任何代码，必须直接换行，行内也不能包含任何注释。通过续行符把多个物理行连接为一个逻辑行，其中的缩进也没有任何语法意义。

【示例 1】下面示例定义一个字符串，通过续行符把它分多行显示。

```
hi = 'Hello' \
        ', '\
        'Python'
print(hi)                                                    # 输出为  Hello，Python
```

2. 隐式连接

在小括号（()）、中括号（[]）、大括号（{}）内包含多行代码，不需要添加续行符，Python 能够自动把它们视为一个逻辑行。在隐式连接中，行内可以添加注释。

【示例 2】针对示例 1，也可以按如下方式编写。

```
hi = ('Hello'                                                # 物理行 1
        ', '                                                 # 物理行 2
        'Python')                                            # 逻辑行
print(hi)                                                    # 输出为 Hello，Python
```

如果多条相邻语句属于同一个代码块，可以合并在一个物理行内显示，语句之间使用分号（;）分隔。例如：

```
while True:
    name = input("你叫什么？\n>>>")
    if name: print("%s，欢迎学习 Python 语言。" % name); break      # 代码块全部并行显示
    else:
        print("不要匿名。\n%s" %("-"*50) ); continue               # 代码块内，局部两条语句并行
        pass                                                       # 最后一句，单独一行缩进显示
```

从上面示例代码可以看出：如果代码块首行与代码块主体合并一行显示，则不能包含缩进的语句；如果仅是代码块主体语句，则可以局部语句合并一行显示。

注意：一般不建议在同一行内编写多条语句，这不符合 Python 推荐的编码习惯。

2.1.3 代码注释

Python 解析器不解析注释字符，注释字符有两种格式：单行注释和多行注释。

（1）单行注释以#开头，从符号#开始，直到物理换行符为止的所有字符将被忽略。例如：

```
print("Hello, Python")                                       # 打印提示信息
```

（2）多行注释使用 3 个引号'''和"""定义。例如：

```
'''多行
注释信息'''
"""多行注释
信息"""
```

单行注释可以出现在源代码中任意位置，可以灵活地为某条语句进行注解；多行注释一般位于程序的开头，或者代码块的开头，用于对 Python 模块、类、函数等添加说明。

注意：在多行注释中，开头 3 个引号必须顶格书写，由于 Python 允许使用 3 个引号定义字符串，如果 3 个引号出现在语句之中，那么它包含的信息就不是注释，而是字符串。

例如，下面语句中 3 个单引号包含的信息是字符串。

```
print('''Hello, Python''')
```

2.1.4　空字符和空行

空字符表示各种不可见字符，如空格、Tab 字符、换行符等。这些空字符在逻辑行的开头具有语法意义，表示缩进。在字符串中具有实际字符的含义。但是，在其他位置，空字符没有任何语义，不会被解析，主要作用是区分不同的形符。

1 个空字符和 10 个空字符没有本质区别，都具有相同的作用：分隔两个形符。例如，abc 表示 1 个形符，而 a b c 表示 3 个形符。

空行表示一个只包含空格符、制表符、进纸符或者注释的逻辑行。空行将被 Python 解析器忽略，不被解析。空行的作用：分隔两段不同功能的代码块，便于代码阅读和维护。例如，函数体、类结构、类方法之间可以使用空行分隔，表示一段新代码的开始。

提示：在交互模式中，一个完全空白的逻辑行，不包含空格或注释，能够结束一条多行复合语句。如函数、循环、条件等。

2.1.5　形符

形符是各种名称、符号、字符序列或抽象概念的统称，主要包括：标识符、关键字、保留字、运算符、分隔符、字面值、NEWLINE（新行）、INDENT（缩进）和 DEDENT（突出）。

注意：除了行终止符外，其他空字符不是形符，而是形符之间的分界符。

1. 标识符

标识符就是各种有效的名称，如关键字、保留字、变量、类、函数、方法等。标识符的第一个字符是字母或下画线（_），其余部分由字母、数字或下画线组成。标识符的长度没有限制，对大小写敏感。

提示：Python 3.0 开始引入了 ASCII 范围外的字符定义标识符，如双字节汉字。例如：

```
变量 = "Python"                                  # 使用汉字定义变量名
print(变量)                                      # 引用变量，打印为 Python
```

2. 关键字

关键字是 Python 预定义的、具有特殊功能的标识符。

使用 keyword 模块的 kwlist 集合可以查看当前 Python 版本支持的关键字。例如：

```
import keyword
print(keyword.kwlist)                            # Python 3.9.0 版本支持的关键字
```

输出为：

```
['False', 'None', 'True', '__peg_parser__', 'and', 'as', 'assert', 'async', 'await', 'break', 'class', 'continue', 'def', 'del', 'elif', 'else', 'except', 'finally', 'for', 'from', 'global', 'if', 'import', 'in', 'is', 'lambda', 'nonlocal', 'not', 'or', 'pass', 'raise', 'return', 'try', 'while', 'with', 'yield']
```

3. 保留字

保留字以下画线开头或结尾，是包含特殊含义的标识符。

- _*：开头包含单下画线，表示模块私有名称。不会被 from module import *导入。
- __*__：开头和结尾包含双下画线，表示 Python 预定义名称，也称魔法变量或魔术方法。
- __*：开头包含双下画线，表示类的私有名称，仅在当前类中使用，不能在类外访问，也不能够被继承。

4. 运算符

运算符就是执行各种运算的符号，如+、−、*、**、/、//、%、@等，详细说明见参 3.1.2 节。

5. 分隔符

分隔符不执行运算，仅表示语法分隔的作用，如小括号（()）、中括号（[]）、大括号（{}）、逗号（,）、冒号（:）、点号（.）、分号（;）、单引号（'）、双引号（"）、井号（#）、反斜杠（\）等。

6. 字面值

字面值表示一些内置类型的常量。字面值一旦声明，就不再变化。例如：

```
123                                    # 数字字面值
"python"                               # 字符串字面值
```

7. 特殊符

NEWLINE（新行）、INDENT（缩进）和 DEDENT（突出）是 3 个抽象的概念，没有具体的名字，仅在解析时表示特定的语法标志。例如，NEWLINE 表示一个逻辑行的结束，INDENT 表示一个缩进层级，DEDENT 表示一个缩进层级的结束。

2.2 变　　量

2.2.1 认识变量

在 C/C++语言中，变量的概念是面向内存的，需要先声明一个变量，定义存储空间大小、存储的格式（如整数、浮点数等），以及一个永久不变的名称指向这个变量。而在 Python 语言中，变量是一个仅有名称的标签，记录了对一个对象的引用，变量自身没有空间大小和类型的概念。

与变量相关的 4 个概念简单区别如下。

- 变量名称。
- 变量的值，指引用对象包含的数据。
- 变量类型，指引用对象的类型，使用内置函数 type()可以查看变量的类型。
- 变量地址，指引用对象的内存地址，使用内置函数 id()可以查看变量的地址。

因此，变量被赋值后才能确定类型。例如，n=1，数字 1 是整数，那么变量 n 的类型就是整型；s="hi"，"hi"是字符串，那么变量 s 的类型就是字符串型；b=False，False 是布尔值，那么变量 b 的类型就是布尔型。

在 Python 中，不需要声明变量，也不需要定义变量类型，但是变量在使用前必须要赋值，然后才能使用。使用赋值运算符，直接把对象赋值给变量就可以定义一个变量。语法格式如下：

```
变量名称 = 对象
```

等号左侧是一个变量名称，右侧是一个对象。在赋值时，不管这个对象是新创建的，还是一个已经存在的，都是将该对象的引用赋值给变量。

注意：赋值是一条语句，不是一个表达式，因此，赋值不能当作表达式参与运算。例如，下面写法将抛出语法错误。

```
y = (x = 1)
```

【示例 1】下面示例中 a 和 b 属于不同的类型，不能执行比较运算，在运行时 Python 不会隐式转换其中一个变量的类型，而是直接抛出 TypeError 异常。

```
a = 1
b = "1"
a < b
```

【示例 2】运行下面代码时不会报错，因为 Python 动态改变变量的类型。

```
n = 10
print(type(n))                          # 输出  <class 'int'>
n = "10"
print(type(n))                          # 输出  <class 'str'>
```

2.2.2　命名变量

变量名字是有效标识符，第一个字符必须是字母或下画线（_），其余字符可以由字母、数字或下画线组成，并严格区分大小写。例如：

```
abc_123 = 10                            # 变量命名正确
123_abc=10                              # 变量命名不合法
_abc123=10                              # 变量命名正确
```

变量名没有长度限制，但是不能使用 Python 关键字和保留字，也不建议使用 Python 内置函数，这样会导致内置函数被覆盖，例如：

```
if = 10                                 # if 是关键字
print=10                                # 给 print 函数赋值，编译可以通过
print(print)                            # 函数被覆盖，编译报错
```

变量命名原则：能够见名知意。例如，表示名称的变量可命名为 name，表示性别的变量可以命名为 sex，表示学生的变量可以命名为 student 等。

变量命名的一般方法是驼峰式命名法。包括如下两种形式。

（1）小驼峰式命名法：第一个单词以小写字母开始，第二个单词的首字母大写。例如：

```
firstName
lastName
```

（2）大驼峰式命名法：每一个单词的首字母都采用大写字母。例如：

```
FirstName
LastName
```

也可以使用下画线（_）连接多个单词，例如：

```
first_name
last_name
```

【示例】下面示例演示了一个简单的购物车计算过程。

```
price = 10                              # 商品价格
weight = 20                             # 商品重量
money = price * weight                  # 购买金额
money -= 5                              # 促销返款
print(money)                            # 显示实际金额，输出为  195
```

2.2.3　变量赋值

除了直接为单个变量赋值外，Python 也允许同时为多个变量赋值。具体有如下两种形式。

1. 链式赋值

【示例】下面示例为变量 a、b、c 同时赋值字符串"abc"。

```
a = b = c = "abc"                                  # a、b、c 分别为"abc"、"abc"和"abc"
```

这种形式也称为多重赋值。

2. 解包赋值

解包就是将容器的元素逐一赋值给多个元素。例如：

```
a, b, c = [1,2,3]                                  # 列表解包，a、b、c 分别为 1、2、3
```

列表中有 3 个元素，刚好可以分配给 3 个变量。除了列表对象可以解包之外，任何可迭代对象都支持解包，如元组、字典、集合、字符串、生成器等，也就是实现了__next__()方法的一切对象。例如：

```
a,b,c = (1,2,3)                                    # 元组解包，a、b、c 分别为 1、2、3
a,b,c = "abc"                                      # 字符串解包，a、b、c 分别为"a"、"b"和"c"
a,b,c = {"a":1, "b":2, "c":3}                      # 字典解包，a、b、c 分别为"a"、"b"和"c"
```

字典解包后，只把字典的键取出来，值则丢掉。

另外，如果是元组，则可以省略小括号，类似多变量赋值操作，例如：

```
a,b,c = 1,2,3                                      # 多变量赋值，a、b、c 分别为 1、2、3
```

其本质上也是自动解包过程，等号右边其实是一个元组对象(1,2,3)。如果是下面写法，就变成了元组对象。

```
a = 1,                                             # a 为元组对象(1,)
```

在 Python 中，交换两个变量非常方便，本质上也是自动解包过程。

```
a, b = 1, 2
a, b = b, a                                        # 元组解包，a、b 分别为 2、1
```

注意：在解包过程中，如果遇到左边变量个数小于右边可迭代对象中元素的个数时，可以在某个变量前添加星号前缀。例如：

```
a, b, *c = [1,2,3,4]                               # a、b、c 分别为 1、2、[3, 4]
```

星号可以放在任意变量前，它表示每个变量都分配一个元素后，剩下的元素都分配给这个带星号的变量。例如：

```
a, *b, c = [1,2,3,4]                               # a、b、c 分别为 1、[2, 3]、4
```

在解包过程中，如果遇到左边变量的个数大于右边可迭代对象中元素的个数时，可以在某个变量前面添加星号前缀。例如：

```
a, b, *c = [1,2]                                   # a、b、c 分别为 1、2、[]
```

但是，没有星号的变量必须保证能够分配一个元素值，否则将抛出异常。

2.3 数 据 类 型

2.3.1 认识类型

在 Python 中，所有数据都是由对象或对象间关系来表示的。每个对象都拥有 3 个基本特性。

➢ 编号：ID 身份标识。一个对象被创建后，它的编号就不会改变，可以理解为该对象在内存中的地址。使用内置函数 id(obj)可以获取对象 obj 的 ID 编号，编号为一组整型的数字。使用 is 运算符可

以比较两个对象的编号是否相同。

- 类型：类型决定对象所支持的操作，并且定义了该类型的对象可能的取值。使用内置函数 type(obj)可以获取对象 obj 的类型。注意，类型本身也是对象，一个对象的类型也是不可改变的。
- 值：对象拥有的具体数据。值可以改变的被称为可变对象，值不可以改变的被称为不可变对象。一个对象的可变性是由类型决定的。例如，数字、字符串和元组是不可变的，而字典、列表和集合是可变的。

提示：一个不可变容器对象如果包含对可变对象的引用，当后者的值改变时，前者的值也会改变。但是该容器仍属于不可变对象，因为它所包含的对象集是不会改变的。因此，不可变并不严格等同于值不能改变。

对象不会被显式地销毁，当无法访问时，它们可能会作为垃圾在恰当时机被回收。

Python 内置类型可以分为 2 类，具体如下。

- 标准数据类型：如数字（int、float、complex）、序列（list、tuple、range）、文本序列（str）、二进制序列（bytes、bytearray、memoryview）、集合（set、frozenset）、映射（dict）、迭代器、上下文管理器等。
- 其他内建类型：包括模块、类和实例、函数、方法、类型（type）、空对象（None）、省略符对象、代码对象、布尔值、未实现对象、内部类型等。其中，内部类型包括栈帧对象、回溯对象、切片对象。

2.3.2　类型检测

1. 使用 isinstance()

isinstance()函数能够检测一个值是否为指定类型的实例。语法格式如下：

```
isinstance(object, type)
```

参数 object 为一个对象，参数 type 为类型名（如 int），或者是类型名的列表，如(int,list,float)。返回值为布尔值。

【示例 1】下面代码检测变量 n 的类型。

```
n = 1
print(isinstance(n, int))                       # 输出为 True
print(isinstance(n, str))                       # 输出为 False
print(isinstance(n, (str, int, float)))         # 输出为 True
print(isinstance(n, (str, list, dict)))         # 输出为 False
```

2. 使用 type()

type()函数可以返回对象的类型。

【示例 2】下面代码使用 type()函数检测几个值的类型。

```
print(type(1))                                  # 输出为 <class 'int'>
print(type(1.0))                                # 输出为 <class 'float'>
print(type('1'))                                # 输出为 <class 'str'>
print(type(True))                               # 输出为 <class 'bool'>
print(type([2]))                                # 输出为 <class 'list'>
print(type({0: '2'}))                           # 输出为 <class 'dict'>
```

【示例 3】可以通过 type()函数返回值与类型是否相等，判断一个值的类型。

```
val = 23
if type(val) == int :
    print("检测通过，值为整数")
else:
    print("变量的值非法")
```

提示：isinstance()函数考虑继承关系，而 type()函数不考虑继承关系。

【示例 4】下面示例定义两个类型，创建一个 A 对象，再创建一个继承 A 对象的 B 对象，使用 isinstance()和 type()来比较 A()和 A 时，由于它们的类型都是一样的，所以都返回 True。而 B 对象继承 A 对象，在使用 type()函数来比较 B()和 A 时，不会考虑 B()继承自哪里，所以返回 False。

```
class A:
    pass
class B(A):
    pass
print(isinstance(A(), A))                    # 输出为 True
print(type(A()) == A)                        # 输出为 True
print(isinstance(B(), A))                    # 输出为 True
print(type(B()) == A)                        # 输出为 False
```

提示：如果要判断两个类型是否相同，推荐使用 isinstance()函数。

2.4 数　　字

本节重点讲解 Python 中与数字相关的类型，其他内置类型将在后续各章中专题讲解。

2.4.1 认识数字

Python 包含 3 种不同类型的数字：整数（int）、浮点数（float）和复数（complex）。另外，布尔值（bool）属于整数的子类型。

创建数字有两种方法，简单说明如下。

（1）数字字面值，具体可分为以下 3 类。

- 不带修饰的整数字面值会生成整数，包括十进制、十六进制、八进制和二进制数。
- 包含小数点或幂运算符的数字字面值会生成浮点数。
- 在数字字面值末尾加上'j'或'J'生成虚数，也就是实部为零的复数。将其与整数或浮点数相加生成具有实部和虚部的复数。

（2）调用内置函数。

Python 支持数字的混合运算。当一个二元算术运算符的操作数有不同类型的数值时，位数“较窄”类型的数值会被转换为另一个操作数的类型，如整数转换为浮点数，浮点数转换为复数等。除了复数外，所有数字类型都支持表 2.1 所示的运算。

注意：数字字面值有 3 种类型：整型数、浮点数和虚数。没有复数字面值，复数由“实数+虚数”合成。数字字面值并不包含正负号，如-1 实际上是由一元运算符-和字面值 1 合成的。

表 2.1　所有数字类型都支持的运算

运　算	说　明
x + y	x 和 y 的和
x - y	x 和 y 的差
x * y	x 和 y 的乘积
x / y	x 和 y 的商
x // y	x 和 y 的商数
x % y	x / y 的余数
-x	x 取反
+x	x 不变
abs(x)	x 的绝对值
int(x)	将 x 转换为整数
float(x)	将 x 转换为浮点数
complex(re, im)	一个带有实部 re 和虚部 im 的复数。im 默认为 0
c.conjugate()	复数 c 的共轭
divmod(x, y)	(x // y, x % y)
pow(x, y)	x 的 y 次幂
x ** y	x 的 y 次幂

2.4.2　整数

整数（int）字面值有 4 种类型，具体如下。

（1）十进制整数，不能以 0 开头，中间可以包含“_”符号，表示对数字进行分组。

（2）二进制整数，由 0 和 1 组成，逢二进一，以 0b 或 0B 开头的数字。中间可以包含“_”符号，表示对数字进行分组。例如：

```
n = 0b101                                  # 二进制数字
print(n)                                   # 输出十进制数字 5
```

（3）八进制整数，由 0~7 组成，逢八进一，以 0o 或 0O 开头的数字。中间可以包含“_”符号，表示对数字进行分组。例如：

```
n = 0o23                                   # 八进制数字
print(n)                                   # 输出十进制数字 19
```

（4）十六进制整数，由 0~9 和 a~f 组成，逢十六进一，以 0x 或 0X 开头的数字。中间可以包含“_”符号，表示对数字进行分组。例如：

```
n = 0x23                                   # 十六进制数字
print(n)                                   # 输出十进制数字 35
```

整数包括正整数、0 和负整数。整数最大值仅与系统位数有关，简单说明如下。

- 32 位：maxInt == 2**(32-1)-1。
- 64 位：maxInt == 2**(64-1)-1。

【示例】可以通过 sys.maxsize 查看系统最大整数值。

```
import sys                                 # 导入 sys 系统模块
print(sys.maxsize)                         # 输出 9223372036854775807
print(2**(32-1)-1)                         # 输出 2147483647
```

```
print(2**(64-1)-1)                          # 输出 9223372036854775807
```

2.4.3 布尔值

布尔值（bool）是整数的子类，它仅包含两个常量对象：False 和 True，分别表示逻辑上的假和真。不过其他值也可被当作假值或真值使用。

例如，当参与布尔运算时，下面内置对象将被解释为 False，也称为假值。

- 假值常量：None 和 False。
- 任何数值类型的零：0、0.0、0j、Decimal(0)、Fraction(0, 1)。
- 空的序列和多项集：''、""、''''''、""""""、()、[]、{}、set()、range(0)。

产生布尔值结果的运算和内置函数总是返回 0 或 False 作为假值，1 或 True 作为真值，除了假值外，其他的值都被解释为真值，有关假值和真值的更详细说明参见 2.5.3 节。

提示：虽然[]和()都是假值，但是它们并不相等。对于其他不同类型的假值也是如此。

注意：在布尔运算中，不需要显式转换值的类型，Python 自动转换为布尔值。

在数字运算中，False 和 True 的行为分别类似于整数 0 和 1。

使用内置函数 bool()可以将任意值转换为布尔值，只要该值可被解析为布尔值。

2.4.4 浮点数

浮点数（float）通常使用 C 语言的 double 来实现。浮点数字面值有如下两种类型。

（1）点数浮点，常称之为小数，包括 3 种形式：“整型数部分.整型数部分”“.整型数部分”“整型数部分.”。

（2）指数浮点，包括 2 种形式：整型数部分+指数部分、点数浮点+指数部分。

整型数部分和指数部分在解析时都是以 10 为基数，即十进制数字，具体说明如下。

- 整型数部分：是以数字开头，中间允许包含下画线（_）组成的整数，如 123、1_2 等。下画线主要功能是对数字进行分组。
- 指数部分：是由字母 e 或 E 开头，然后跟随+或-符号，后面是整型数部分，如 e+12、e-1_2 等。

例如，下面定义 4 个小数浮点。

```
3.14                                        # 标准浮点数
3.14_15_93                                  # 分组小数，等效于 3.141593
10.                                         # 整数式小数，等效于 10
.001                                        # 纯小数，等效于 0.001
```

指数浮点也称为科学计数法。例如：

```
0e0                                         # 等效于 0.0
2.5e2                                       # 等效于 2.5×10² = 250
2.5e-2                                      # 等效于 2.5×10⁻² = 0.025
```

其中 e（或 E）表示底数，其值为 10，而 e（或 E）后面跟随的是 10 的指数。指数是一个整型数，可以取正负值。

提示：程序运行所在机器上浮点数的精度和内部表示法可以在 sys.float_info 中查看。例如，使用 sys.float_info.max 可以查看本地系统支持最大浮点数。

```
import sys                                   # 导入 sys 系统模块
print(sys.float_info.max)                    # 输出 1.7976931348623157e+308
```

在浮点数运算中，出现精度丢失现象，因此，不建议使用浮点数进行高精度计算。例如：

```
print(0.2+0.4)                               # 输出 0.6000000000000001
```

2.4.5　复数

复数（complex）是对普通实数系统的扩展，它表示一个实部和一个虚部的和，虚部带有一个 j 后缀，可以使用 a + bj 表示，复数的实部 a 和虚部 b 都是浮点型。

如果要从一个复数 z 中提取实部和虚部，可使用 z.real 和 z.imag。复数相关的操作函数与 cmath 模块相似。

复数之间的运算是实部与实部相运算，虚部与虚部相运算，然后求实部和虚部的和。例如：

```
a = 1.56+1.2j
b = 1 - 1j
print(a.real)                                # 输出实部 1.56
print(a.imag)                                # 输出虚部 1.2
print(a-b)                                   # 实部相减，虚部相减，输出 0.56+2.2j
```

2.5　案 例 实 战

2.5.1　转为字符串

1. 使用 str()

使用内置函数 str()可以把任意类型的对象转换为字符串表示。语法格式如下：

```
str(object='')
str(object=b'', encoding='utf-8', errors='strict')
```

返回 object 的字符串版本。如果未提供 object，则返回空字符串。

如果 encoding 或 errors 均未给出，str(object)返回 object.__str__()方法，对于字符串对象，将返回字符串本身。如果 object 没有__str__()方法，则 str()将返回 repr(object)。

例如，将一个 bytes 对象传入 str()，而不设置 encoding 或 errors 参数，将返回非正式的字符串表示。

```
print(str(b'Zoot!'))                         # 输出为 b'Zoot!'
```

如果 encoding 或 errors 至少给出其中之一，则 object 应该是一个 bytes（字节串）或 bytearray（字节数组）。在此情况下，如果 object 是一个 bytes 或 bytearray 对象，则 str(bytes,encoding, errors) 等价于 bytes.decode(encoding, errors)。否则，在调用 bytes.decode()之前获取缓冲区对象下层的 bytes 对象。

【示例 1】下面示例设计自定义类 Person，定义__str__()方法，返回该类实例的字符串表示，同时定义__init__()方法，初始化类型实例。最后，使用 str()函数转换 Person 实例为字符串表示。

```
class Person:                                # 自定义类
    def __init__(self,name,age):             # 构造函数，初始化信息
        self.name=name
        self.age=age
    def __str__(self):                       # 字符串表示函数
        return "%s 今年有%s 岁"%(self.name,self.age)
person=Person("小张",25)                     # 实例化对象
print(str(person))                           # 输出为 小张今年有 25 岁
```

2. 使用 repr()

repr()函数的用法与 str()函数类似，都可以接收一个任意类型的对象，返回一个 String 类型的对象，但两者有着本质的不同。

str()函数返回一个更适合阅读的字符串，而 repr()函数返回一个更适合 Python 解析器阅读的字符串，同时返回 Python 解析器能够识别的数据细节，这些细节对一般用户没有用。另外，repr()函数转换后的字符串对象可以通过 eval()函数，还原为转换之前的对象，而 str()函数一般不需要 eval()处理。

> 注意：类可以通过定义__repr__()方法控制该函数为实例所返回的内容。

3. 使用 chr()

chr(x)函数能够将一个整数转换为 Unicode 字符。参数 x 可以是十进制或十六进制形式的数字，范围为 Unicode 字符集。例如：

```
print(chr(0x30))                                    # 参数为十六进制数，输出字符 0
print(chr(90))                                      # 参数为十进制数，输出字符 Z
```

4. 使用 hex()、bin()和 oct()函数

hex(x)函数能够将一个整数转换为十六进制字符串；bin(x)函数能够将一个整数转换为二进制字符串；而 oct(x)函数能够将一个整数转换为八进制字符串。

【示例 2】下面示例要求输入 Unicode 编码起始值和终止值，然后打印该范围内所有字符，同时使用 oct()函数和 hex()函数，显示八进制编码和十六进制编码，演示效果如图 2.3 所示。

```
beg = int(input("请输入起始值："))
end = int(input("请输入终止值："))
print("十进制\t 八进制\t 十六进制\t 字符")
for i in range(beg,end+1):
    print("{}\t{}\t{}\t\t{}".format(i,oct(i),hex(i),chr(i)))
```

```
请输入起始值: 100
请输入终止值: 110
十进制  八进制  十六进制        字符
100     0o144   0x64            d
101     0o145   0x65            e
102     0o146   0x66            f
103     0o147   0x67            g
104     0o150   0x68            h
105     0o151   0x69            i
106     0o152   0x6a            j
107     0o153   0x6b            k
108     0o154   0x6c            l
109     0o155   0x6d            m
110     0o156   0x6e            n
>>>
```

图 2.3　输出指定范围的 Unicode 编码字符

2.5.2　转为整数

使用内置函数 int()可以把数字或数字字符串转换为整数对象，语法格式如下：

```
int([x])
int(x, base=10)
```

如果参数 x 为数字，则直接返回该数字表示的整数对象。如果没有传递参数，则返回 0。

如果参数 x 不是数字，或者设置 base 参数，则 x 必须是字符串、bytes（字节串）、bytearray（字节数组，表示进制为 base 的整数字面值）。字符串 x 前面可以包含+或-，符号与数字中间不能有空格，但是字符串前后可以有空格。

> 提示：一个进制为 n 的数字包含 0～n-1 的数，其中 a～z（或 A～Z）表示 10～35。参数 base 默认为 10，Python 允许的进制有 0 和 2～36。
>
> 二、八、十六进制的数字可以在代码中用 0b/0B、0o/0O、0x/0X 前缀来表示。进制为 0，将按照代码字面量来精确解释，最后的结果会是二、八、十、十六进制中的一个。例如，int('010',0)是非法的，但 int('010')和 int('010', 8)是合法的。

1. 浮点数转换为整数

浮点型转为整型进行向下取整。例如：

```
print(int(10.9))                        # 输出 10
```

2. 字符串转换为整数

字符型数字在转换为整数时，需要指定进制。例如：

```
print(int("0xa", 16))                   # 输出 10
print(int("1010", 2))                   # 输出 10
```

参数 16 表示字符串"0xa"为十六进制数，int()转换以后获得十进制数。

3. 布尔值转换为整数

布尔值 True 将转换为 1，False 将转换为 0。例如：

```
print(int(True))                        # 输出 1
print(int(False))                       # 输出 0
```

4. 使用 ord()

ord(x)函数与 chr()函数相反，它能够将一个字符转换为整数值。参数 x 是一个 Unicode 编码的字符，返回对应的十进制整数。例如：

```
print(ord('a'))                         # 输出 97
print(ord('b'))                         # 输出 98
print(ord('c'))                         # 输出 99
```

当使用 int(x)把一个普通的对象 x 转换为整数时，如果 x 定义了__int__()方法，则调用__index__()方法，如果 x 定义了__index__()方法，则调用__index__()方法；如果 x 定义了__trunc__()方法，则调用__trunc__()方法。

【示例】下面示例设计自定义类 N，定义__str__()方法，返回该类实例的字符串表示，然后定义__int__()方法，返回一个整数。最后，使用 int()函数转换 N 的实例为整数。

```
class N:                                # 自定义类
    def __str__(self):                  # 定义字符串表示
        return 'Python'
    def __int__(self):                  # 定义转换为整数时的返回值
        return 3
n= N()                                  # 实例化对象
print(n)                                # 输出为 Python
print(int(n))                           # 输出为 3
```

2.5.3　转为布尔值

任何对象都可以进行逻辑值的检测，以便在 if 或 while 语句中作为条件，或者作为布尔运算的操作数使用。

在默认情况下，当一个对象被调用时，均被视为真值，除非对象所属类满足下面条件之一。

- 定义了__bool__()方法，且返回 False。
- 定义了__len__()方法，且返回 0。

如果满足上述条件之一，则被视为假值。

使用内置函数 bool()可以将任意类型的对象转换为布尔值。语法格式如下：

```
bool([x])
```

参数 x 对象将调用__bool__()或__len__()方法测试真值。如果 x 是假或者被省略，则返回 False；其他情况均返回 True。

提示： bool 是 int 的子类，只有 False 和 True 两个实例，其他类不能继承 bool。

【示例】 下面示例设计自定义类 A，定义__bool__()方法返回值为 False。则使用 bool()函数转换 A 的实例为布尔值时，总是返回 False。

```
class A:                                # 自定义类
    def __bool__(self):                 # 重写__bool__()方法
        return False
a = A()                                 # 实例化
print(bool(a))                          # 转换 a 为布尔值，返回 False
```

提示： 有关类的详细讲解参见第 10 章。

2.5.4 转为浮点数

使用内置函数 float()可以把数字或数字字符串转换为浮点数。语法格式如下：

```
float([x])
```

参数 x 只能是十进制整型数字和一个点号的任意组合，如果出现多个点号，则会抛出异常。

如果实参是字符串，则必须是包含十进制数字的字符串，字符串前面可以有符号，之前也可以有空格。可选的符号有'+'和'-'，'+'对创建的值没有影响。实参也可以是 NaN（非数字）、正负无穷大的字符串。如果去除首尾的空格后，输入的字符串格式必须遵循以下语法：

```
["+" | "-"] floatnumber | "Infinity" | "inf" | "nan"
```

floatnumber 是 Python 浮点数的字符串形式，字母大小写都可以，如"inf"、"Inf"、"INFINITY"和"iNfINity"都可以表示正无穷大。

如果实参是整数或浮点数，则返回具有相同值的浮点数；如果没有实参，则返回 0.0；如果实参超出浮点精度范围，则抛出 OverflowError 异常。例如：

```
print(float('+1.23'))                   # 输出 1.23
print(float(' -12345\n'))               # 输出 -12345.0
print(float('1e-003'))                  # 输出 0.001
print(float('+1E6'))                    # 输出 1000000.0
print(float('-Infinity'))               # 输出 -inf
print(float('.98.'))                    # 抛出 ValueError 异常
```

当使用 float(x)把一个普通的对象 x 转换为浮点数时，实际调用 x.__float__()方法。如果__float__()未定义，则调用__index__()方法。

【示例】 假设圆的半径为 r，圆柱的高为 h，求圆周长、圆面积、圆球表面积、圆球体积、圆柱体积。本例设计使用 input()函数要求用户输入数据，然后使用 print()函数输出计算结果，并附加文字说明。

```
pi = 3.14                               # 定义一个变量，赋值为π
r = float(input("请输入圆的半径："))     # 输入圆的半径
h = float(input("请输入圆柱的高："))     # 输入圆柱的高
c = 2*pi*r                              # 计算圆的周长
sa = pi*r**2                            # 计算圆的面积
```

```
sb = 4*pi*r**2                           # 计算球的表面积
va = 4/3*pi*r**3                         # 计算球的体积
vb = sa*h                                # 计算圆柱的体积
print("圆的周长为：", c)                  # 打印圆的周长
print("圆的面积为：", sa)                 # 打印圆的面积
print("球的表面积为：", sb)               # 打印球的表面积
print("球的体积为：", va)                 # 打印球的体积
print("圆柱的体积为：", vb)               # 打印圆柱的体积
```

2.5.5　转为复数

使用内置函数 complex()可以把一个字符串或数字转换为复数。语法格式如下：

```
complex([real[, imag]])
```

参数 real 可以是整数、浮点数或字符串，imag 可以是整数或浮点数。

- 如果第一个形参是字符串，则不能设置第二个形参，字符串将被解释为一个复数，
- 第二个形参不能是字符串。
- complex()的两个实参都可以是任意的数值类型，包括复数。
- 如果省略了实参 imag，则 imag 默认值为零，像 int 和 float 一样进行数值转换。
- 如果两个实参都省略，则返回复数 0j。

【**示例 1**】下面示例演示把数字、数字字符串转换为复数。

```
print(complex(1.2, 2.3))                 # 2 个数字实参，输出为 (1.2+2.3j)
print(complex(1.23))                     # 1 个数字实参，输出为 (1.23+0j)
print(complex("1"))                      # 数字字符串，输出为 (1+0j)
print(complex("1+2j"))                   # 复数格式字符串，输出为 (1+2j)
print(complex(1+2j))                     # 复数，输出为 (1+2j)
```

注意： 当转换字符串时，字符串在+或-的周围必须不能有空格，如 complex('1+2j')是合法的，但 complex('1 + 2j')触发 ValueError 异常。

当使用 complex(x)把一个普通的对象 x 转换为复数时，实际调用 x.__complex__()方法。如果__complex__()未定义，则调用__float__()方法。如果__float__()未定义，则调用__index__()方法。

【**示例 2**】下面示例设计自定义类 P，定义__init__ ()方法，设计构造函数，初始化坐标点的 x 轴和 y 轴值，然后定义__complex__()方法，返回 x 轴值和 y 轴值构成的复数。最后，使用 complex()函数转换 P 的实例为复数。

```
class P:                                 # 自定义屏幕坐标点类型
    def __init__(self, x, y):            # 初始化构造函数
        self.x = x                       # 保存 x 轴坐标点
        self.y = y                       # 保存 y 轴坐标点
    def __complex__(self):               # 转换为复数的方法
        return complex(self.x, self.y)   # 返回 x 轴值和 y 轴值构成的复数
p = P(3.4, 5)                            # 实例化坐标点
print(complex(p))                        # 输出为 (3.4+5j)
```

2.6 在 线 支 持

扫码免费学习
更多实用技能

一、补充知识

- ☑ Python 语言基本语法元素
- ☑ 基本数据类型
- ☑ format 格式化输出语法详解

二、专项练习

- ☑ 专项练习（一）
- ☑ 专项练习（二）
- ☑ Python 格式化输出

三、参考

- ☑ Python3 字符编码
- ☑ Python 中空格和缩进问题小结
- ☑ Python 编码规范（Google）
- ☑ Python PEP8 编码规范中文版

四、知识拓展

- ☑ Python 编译过程和执行原理
- ☑ 【设计哲学】Python 之禅

新知识、新案例不断更新中……

第 3 章

表 达 式

Python 代码主要由表达式和语句组成，表达式表示一个值，当 Python 编译器计算表达式的时候，总会返回一个值，表示一个计算结果，在 Python 中任何计算结果都被视为对象，包括数字、字符串、复杂结构的数据等。语句是一条命令，它不需要返回值，而是执行指令，完成任务。本章重点讲解 Python 表达式，下一章再详细介绍 Python 语句。

视频讲解

3.1 表达式概述

3.1.1 认识表达式

表达式就是计算的式子，由运算符和操作数组成。表达式必须返回一个值。操作数是参与运算的对象，包括字面值、变量、对象、表达式等。

使用运算符把多个简单的表达式连接在一起，构成一个复杂的表达式。复杂的表达式还可以嵌套组成更复杂的表达式。但是，不管表达式的形式怎么复杂，最后都要求返回一个值。

简单的表达式可以是一个字面值或变量。例如：

```
"python"                                      # 字符串，返回字符串 python
n                                             # 变量，返回变量的值
```

Python 在解析复杂的表达式时，先计算最小单元的表达式，然后把返回值投入到外围表达式（上一层表达式）的运算，依次逐级上移。

Python 表达式严格遵循从左到右的顺序执行运算，但是也会受到每个运算符的优先级和结合性的影响。为了控制计算，可以使用小括号进行分组，以便提升子表达式的优先级。例如：

```
(3-2-1)*(1+2+3)/(2*3*4)                       # 提升子表达式的优先级
```

通过分组，表达式也更容易阅读。例如：

```
(a + b > c and a - b < c or a > b > c)        # 未分组
((a + b > c) and ((a - b < c) or (a > b > c)))  # 分组
```

3.1.2 认识运算符

运算符表示特定算法的符号，大部分由标点符号表示（如+、-、=等），少数运算符由单词表示（如 in、is、and、or 和 not 等）。运算符必须与操作数配合使用，组成表达式，才能够发挥作用。根据操作数的数量，运算符可以分为 3 种类型。

- 一元运算符：只有 1 个操作数，如按位取反~、逻辑非 not、一元减号-。
- 二元运算符：有 2 个操作数，大部分都是二元运算符，需要结合 2 个操作数。

➢ 三元运算符：有 3 个操作数，如条件表达式。

Python 运算符列表说明如表 3.1 所示。表中运算符根据优先级从高到低向下排列，同一行内运算符等级相同。当运算符的优先级相同时，再根据结合性决定先执行哪个运算符。如果结合性再相同，则最后根据先后顺序决定运算优先级。

表 3.1　Python 运算符优先级和结合性

运　算　符	描　　述	结　合　性
(expressions……)、[expressions……]、{key:value ……}、{expressions……}	绑定或元组显示、列表显示、字典显示、集合显示。注意，绑定即分组的意思。把多个运算符绑定在一起，通过分组实现优先运算	无
x[index]、x[index:index]、x(arguments……)、x.attribute	下标、切片、函数调用、属性引用，x 表示对象	左
await x	await 表达式	左
**	指数、乘方。注意，幂操作符**比其右侧的一元算术或位操作符号优先级弱，如 2**-1 是 0.5	右
~、+、-	按位取反（位非，NOT 布尔运算）、一元加（正）、一元减（负）	右
*、@、/、//、%	乘、矩阵乘法、除、取模和整除。注意，%操作符也用于字符串格式化；适用相同的优先级	左
+、-	加法、减法	左
>>、<<	右移位、左移位	左
&	位与（AND 布尔运算）	右
^	位异或	左
|	位或（OR 布尔运算）	左
in、not、in、is、is、not、<、<=、>、>=、!=、==	比较，包括成员资格测试和身份测试	左
not	布尔 NOT	右
and	布尔 AND	左
or	布尔 OR	左
if - else	条件表达式	右
lambda	lambda 表达式，创建匿名函数	左
:=	赋值	右

优先级就是当多个运算符同时出现在一个表达式中时，先执行哪个运算符。例如，对于表达式 4+4*2，Python 先计算乘法，再计算加法，说明*的优先级高于+，而在表达式 4+4<<2 中，+的优先级高于<<，先执行 4+4，再执行 8<<2。

提示：在表达式中可以使用( )改变运算顺序，例如，4+(4<<2)，则先执行 4<<2，再执行 4+16。

注意：把表达式设计得简单，对于复杂的表达式，可以尝试拆分编写。不要过度依赖运算符的优先级来控制表达式的执行顺序，这样可读性较差，应尽量使用( )来控制表达式的执行顺序。

结合性就是当一个表达式中出现多个优先级相同的运算符时，先执行哪个运算符。先执行左边的叫左结合性，先执行右边的叫右结合性。例如，对于表达式 100 /25*16，/和*的优先级相同，再参考运算符的结合性，/和*具有左结合性，因此先执行左边的除法，再执行右边的乘法。

Python 大部分运算符都具有左结合性，也就是从左到右执行。只有**乘方运算符、一元运算符（如 not）、赋值运算符和三元运算符例外，它们具有右结合性，也就是从右向左执行。

3.1.3 条件表达式

条件语句（参见 4.2 节）无法参与表达式运算，如果在表达式中应用条件检测，可以选择条件表达式。条件表达式是 Python 唯一的三元运算符，语法格式如下：

```
<True 表达式> if <条件表达式> else <False 表达式>
```

如果条件表达式为 True，则执行 True 表达式，否则执行 False 表达式。

【示例 1】将变量 n 的绝对值赋值给变量 x。

```
n = int(input("请输入一个数字："))        # 接收一个数字
x = n if n>= 0 else -n                    # 条件表达式，对用户输入的数字进行判断
print(x)                                  # 打印 x 值
```

其中 x = n if n>= 0 else -n 表达式等效于下面条件语句：

```
if n>= 0:
    x = n
else:
    x = -n
```

提示：可以使用列表结构来模拟条件表达式，语法格式如下：

```
[False 表达式, True 表达式][条件表达式]
```

针对示例 1 中的 x = n if n>= 0 else -n 一行代码，使用二维列表来表示，代码如下。

```
x = [-n, n][n>= 0]
```

如果 n>= 0 成立，返回 True，转换为数字 1，则从列表中读取第二个元素；如果 n>= 0 不成立，返回 False，转换为数字 0，则从列表中读取第一个元素。

【示例 2】提示输入用户名和密码，如果用户名和密码都输入正确，则提示“欢迎登录！”，如果用户名或密码输入错误，则提示“用户名或密码输入错误！”，假定用户名为 test，密码为 123456。

```
username = input("请输入用户名：")
password = input("请输入密码：")
result = "欢迎登录！" if username =="test" and password == "123456" else "用户名或密码输入错误！"
print(result)
```

3.2 算 术 运 算

算术运算符包括：加（+）、减（-）、乘（*）、除（/）、求余（%）、求整（//）和求幂（**），说明如表 3.2 所示。

表 3.2 Python 算术运算符

运　算　符	描　　述	示　　例
+	两个数字相加 两个字符串连接 两个集合对象合并	7 + 2　　# 返回 9 True + 1　　# 返回 2 "7" + "2"　　# 返回 "72" [1, 2] + ["a", "b"]　　# 返回 [1, 2, 'a', 'b'] (1, 2) + ("a", "b")　　# 返回 (1, 2, 'a', 'b')
-	两个数相减	7 - 2　　# 返回 5 7 - True　　# 返回 6
*	两个数相乘 返回一个被重复若干次的字符串	7*2　　# 返回 14 "7" * 2　　# 返回 "77"
/	两个数相除，右侧操作数不能为 0	7 / 2　　# 返回 3.5
%	取模运算，返回除法的余数，右侧操作数不能为 0	7 % 2　　# 返回 1
**	幂运算，返回 x 的 y 次幂	7 ** 2　　# 返回 49
//	取整除运算，返回商的整数部分（向下取整），右侧操作数不能为 0	7 // 2　　# 返回 3

【示例 1】随机抽取 4 个 1～10 之间的数字，编写表达式，使用算术运算让它们总是等于 24。注意，每个数字必须使用，且只能使用一次。示例代码如下：

```
print(((1 + 4) * 4) + 4)
print(4 * ((5 * 3) - 9))
print((2 * (3 + 10)) - 2)
print(((5 * 6) + 1) - 7)
```

【示例 2】设计一个表达式，求一个数字连续运算 2 次，运算结果总等于 6，如 2+2+2=6。如果这个数字为（1）～（9）时，请编写表达式，确保每个表达式的值都为 6。

（1）当数字为 2 时，则表达式为：2+2+2。

```
print(2+2+2)
```

（2）当数字为 3 时，则表达式为：3*3-3。

```
print(3*3-3)
```

（3）当数字为 5 时，则表达式为：5/5+5。

```
print(5/5+5)
```

（4）当数字为 6 时，则表达式为：6-6+6。

```
print(6-6+6)
```

（5）当数字为 7 时，则表达式为：7-7/7。

```
print(7-7/7)
```

（6）当数字为 4 时，则表达式为：$\sqrt{4}+\sqrt{4}+\sqrt{4}$ 。

```
print(4**0.5+4**0.5+4**0.5)
```

（7）当数字为 8 时，则表达式为：$\sqrt[3]{8}+\sqrt[3]{8}+\sqrt[3]{8}$ 。

```
print(8**(1/3)+8**(1/3)+8**(1/3))
print(pow(8, 1/3)+pow(8, 1/3)+pow(8, 1/3))
```

（8）当数字为 9 时，则表达式为：$\sqrt{9}*\sqrt{9}-\sqrt{9}$ 。

```
print(9**(1/2)*9**(1/2)-9**(1/2))
```

```
print(pow(9, 1/2)*pow(9, 1/2)-pow(9, 1/2))
```

（9）当数字为 1 时，可以使用阶乘，则表达式为：(1+1+1)!，3!=3*2*1。

```
import math                                    # 导入数学运算模块
print(math.factorial(1+1+1))                   # 调用阶乘函数
```

或者使用递归函数定义一个求阶乘函数，代码如下：

```
def factorial(n):                              # 阶乘函数
    if n == 0:                                 # 设置终止递归的条件
        return 1
    else:
        return n * factorial( n - 1)           # 递归求积
print(factorial(1+1+1))
```

【示例 3】计算 100 以内所有偶数和。

```
sum=0                                          # 临时汇总变量
for i in range(101):                           # 迭代 100 以内所有数字
    if i%2 == 0:                               # 如果与 2 相除的余数为 0，则是偶数
        sum=sum+i                              # 叠加偶数和
print(sum)                                     # 输出为 2550
```

3.3　赋 值 运 算

赋值运算符共计 8 个，与算术运算符存在对应关系，简单说明如表 3.3 所示。

表 3.3　Python 赋值运算符

运　算　符	描　　述	示　　例	
=	直接赋值	c = 10	# 变量 c 的值为 10
+=	先相加、后赋值	c += a	# 等效于 c = c + a
-=	先相减、后赋值	c -= a	# 等效于 c = c - a
*=	先相乘、后赋值	c *= a	# 等效于 c = c * a
/=	先相除、后赋值	c /= a	# 等效于 c = c / a
%=	先取模、后赋值	c %= a	# 等效于 c = c % a
**=	先求幂、后赋值	c **= a	# 等效于 c = c ** a
//=	先整除、后赋值	c //= a	# 等效于 c = c // a

【示例】要求用户输入字符，然后计算有多少个数字和字母。

```
content = input('请输入内容：　')              # 输入内容
num = 0                                        # 定义变量 num 统计数字个数
str = 0                                        # 定义变量 str 统计字母个数
for n in content:                              # 循环遍历字符串
    if n.isdecimal() == True:                  # 是数字
        num+=1                                 # 累加数字个数
    elif n.isalpha() == True:                  # 是字母
        str+=1                                 # 累加字母个数
    else:                                      # 不是数字和字母
        pass                                   # 空语句，不做任何事情
print ('数字个数 ',num)                        # 输出数字个数
print ('字母个数',str)                         # 输出字母个数
```

3.4 关系运算

3.4.1 大小关系

大小关系包含 4 个运算符，说明如表 3.4 所示。用于比较两个相同类型的操作数。所有比较运算符返回 1 表示 True，返回 0 表示 False。

操作数可以是字符串或数字。如果是数字，则直接比较大小；如果是字符串，则根据每个字符编码的大小，从左到右按顺序逐个比较。字符比较区分大小写，一般小写字符大于大写字符。如果不区分大小写，可以使用 upper()或 lower()方法统一字符串的大小写形式。如果操作数是布尔值，则先转换为数字，True 为 1，False 为 0，再进行比较。

表 3.4　Python 大小关系运算符

运 算 符	描　　述	示　　例
>	大于	(10 > 20)　　　# 返回 False
<	小于	(10 < 20)　　　# 返回 True
>=	大于等于	(10 >= 20)　　　# 返回 False
<=	小于等于	(10 <= 20)　　　# 返回 True

【示例 1】要求输入字符串，将小写字符转换为大写字符，将大写字符转换为小写字符。

```
str = input("请输入字符：")                        # 接收一个字符串
str1 = ''                                          # 定义一个空字符串，用于存储转换后的结果
for cha in str:                                    # 循环遍历字符串
    if "a" <= cha <= "z":                          # 判断字符是否是小写
        cha1 = ord(cha) - 32                       # 将字符转为 ASCII 值，该值减去 32 变为大写
    elif "A" <= cha <= "Z":                        # 判断字符是否是大写
        cha1 = ord(cha) + 32                       # 转换为小写字符对应的 ASCII 值
    str1 += chr(cha1)                              # 将 ASCII 值转为字符型
print(str1)                                        # 打印转换后的结果
```

【示例 2】要求用户输入 3 个字符串，并比较 3 个字符串的大小。2 个字符串进行大小比较时，是按照从左到右的顺序，依次比较相应位置字符的 ASCII 码值的大小。

```
str1 = input('input string:')                      # 接收字符串
str2 = input('input string:')
str3 = input('input string:')
print('before sorted:',str1, str2, str3)           # 打印排序前的字符串的顺序
if str1 > str2:                                    # 判断两个字符的大小
    str1, str2 = str2, str1                        # 交换两个字符串(第 5 章中元组解包方式交换)
if str1 > str3:
    str1, str3 = str3, str1
if str2 > str3:
    str2, str3 = str3, str2
print('after sorted:',str1, str2, str3)            # 打印排序后的字符串顺序
```

3.4.2 相等关系

相等关系包括 2 个运算符，说明如表 3.5 所示。

表 3.5　Python 相等关系运算符

运 算 符	描　　述	示　　例
==	比较两个对象是否相等	(10 == 20)　　# 返回 False
!=	比较两个对象是否不相等	(10 != 20)　　# 返回 True

相等关系的两个操作数没有类型限制。如果类型不同，则不相等，直接返回 False；如果类型相同，再比较值是否相同，如果相同，则返回 True，否则返回 False。如果操作数是布尔值，则先转换为数字，True 为 1，False 为 0，再进行比较。

【示例】假设有一 筐鸡蛋，准备取出，如果：1 个 1 个拿，正好拿完；2 个 2 个拿，还剩 1 个；3 个 3 个拿，正好拿完；4 个 4 个拿，还剩 1 个；5 个 5 个拿，还剩 1 个；6 个 6 个拿，还剩 3 个；7 个 7 个拿，正好拿完；8 个 8 个拿，还剩 1 个；9 个 9 个拿，正好拿完。问框里最少有多少个鸡蛋。

```
for i in range(1, 1000):                    # 测试 1000 以内有没有符合条件的
    if i % 2 == 1 and i % 3 == 0 and i % 4 == 1 and i % 5 == 1 and i % 6 == 3 and i % 7 == 0 and i % 8 == 1 and i % 9 == 0:
                                            # 设置限制条件
        print(i)                            # 输出为 441
```

3.5　逻 辑 运 算

逻辑运算符包括：逻辑与（and）、逻辑或（or）和逻辑非（not）。

3.5.1　逻辑与运算

and 表示只有当两个操作数都为 True 时，才返回 True，否则返回 False。说明如表 3.6 所示。

表 3.6　逻辑与运算

第一个操作数	第二个操作数	运 算 结 果
True	True	True
True	False	False
False	True	False
False	False	False

逻辑与是一种短路逻辑：如果左侧表达式为 False，则直接短路返回结果，不再运算右侧表达式。因此，在设计逻辑运算时，应确保逻辑运算符左侧的表达式返回值是一个可以预测的值。右侧表达式不应该包含有效运算，如函数调用等，因为当左侧表达式为 False 时，则直接跳过右侧表达式，给正常运算带来不确定性。

【示例】设计用户管理模块，对用户身份进行判断。使用多分支结构设计如下。

```
grade = int(input("请输入你的级别："))
if grade == 1:
    print("游客")
elif grade == 2:
    print("普通会员")
elif grade == 3:
    print("高级会员")
elif grade == 4:
    print("管理员")
```

```
else:
    print("无效输入")
```

使用逻辑运算来设计，则实现代码如下：

```
grade = int(input("请输入你的级别："))
str =( grade == 1 and ["游客"] or
     grade == 2 and ["普通会员"] or
     grade == 3 and ["高级会员"] or
     grade == 4 and ["管理员"] or
                   ["无效输入"] )[0]
print(str)
```

3.5.2 逻辑或运算

or 表示两个操作数中只要有一个为 True，就返回 True；否则返回 False。说明如表 3.7 所示。

表 3.7 逻辑或运算符

第一个操作数	第二个操作数	运 算 结 果
True	True	True
True	False	True
False	True	True
False	False	False

逻辑或也是一种短路逻辑：如果左侧表达式为 True，则直接短路返回结果，不再运算右侧表达式。

【示例】假设某校招特长生，设定如下 3 个招生标准：

第一类，如果钢琴等级在 9 级或以上，且计算机等级在 4 级或以上，则直接通过；

第二类，如果文化课非常优秀，可以适当降低特长标准，钢琴等级在 5 级或以上，且计算机等级在 2 级或以上；

第三类，如果文化课及格，则按正常标准录取，钢琴等级在 7 级或以上，且计算机等级在 3 级或以上。

根据上述设定条件，编写简单的特招录取检测程序如下。

```
id = int(input("请输入考号："))
whk = float(input("文化课成绩："))
gq = int(input("  钢琴等级："))
jsj =  int(input("计算机等级："))
if id > 20180100  and id < 20181000 :
    if (whk >= 60 and gq >= 7 and jsj >=3) or (gq >= 9 and jsj >=4)
      or (whk >= 90 and gq >= 5 and jsj >=2) :
        print("恭喜，您被我校录取。")
    else:
        print("很遗憾，您未被我校录取。")
else:
    print("考号输入有误，请重新输入。")
```

3.5.3 逻辑非运算

not 仅包含一个操作数，表示把操作数转换为布尔值，然后返回取反后的布尔值。逻辑与和逻辑或运算的返回值不必是布尔值，但是逻辑非运算的返回值一定是布尔值，而不是表达式的原值。

【示例】逻辑非运算。如果执行两次逻辑非运算操作，相当于把操作数转换为布尔值。

```
print( not 0)                                   # 返回 True
print( not not 0)                               # 转换为布尔值，返回 False
print( not ())                                  # 空元对象，则返回 True
print( not False)                               # 特殊值，返回 True
print( not None)                                # 特殊值，返回 True
print( not "")                                  # 特殊值，返回 True
```

3.6 位 运 算

位运算符共有 6 个，分为如下两类。

- 逻辑位运算符：位与（&）、位或（|）、位异或（^）和位非（~）。
- 移位运算符：左移（<<）和右移（>>）。

3.6.1 逻辑位运算

&运算符表示位与，对两个二进制操作数逐位进行比较，根据表 3.8 所示关系返回结果。在位运算中数值 1 表示 True，0 表示 False。

表 3.8　&运算符

第一个数的位值	第二个数的位值	运 算 结 果
1	1	1
1	0	0
0	1	0
0	0	0

|运算符表示位或，对两个二进制操作数逐位进行比较，根据表 3.9 所示关系返回结果。

表 3.9　|运算符

第一个数的位值	第二个数的位值	运 算 结 果
1	1	1
1	0	1
0	1	1
0	0	0

^运算符表示位异或，对两个二进制操作数逐位进行比较，根据表 3.10 所示关系返回结果。

表 3.10　^运算符

第一个值的数位值	第二个值的数位值	运 算 结 果
1	1	0
1	0	1
0	1	1
0	0	0

~运算符表示位非，对一个二进制操作数逐位进行取反操作。

【示例】使用位运算符对用户输入的数字进行加密。加密过程如下。

第 1 步，先接收用户输入的数字（仅接收整数）。

第 2 步，对数字执行左移 5 位运算。

第 3 步，再对移位后的数字执行按位取反运算。

第 4 步，去掉负号。

```
password = int(input("请输入密码："))
print("你输入的密码是：%s" % password)
new_pass = -(~(password << 5))
print("加密后的密码是：%s" % new_pass)
old_pass = (~(-new_pass)) >> 5
print("解密后的密码是：%s" % old_pass)
```

3.6.2 移位运算

<<运算符执行左移位运算。在移位运算过程中，符号位始终保持不变，如果右侧空出位置，则自动填充为 0；如果超出 32 位的值，则自动丢弃。

>>运算符执行有符号右移位运算。与左移运算操作相反，它把 32 位的二进制数中的所有有效位整体右移，再使用符号位的值填充空位。移动过程中超出的值将被丢弃。

【示例】设计输入一个正整数，求这个正整数转化成二进制数后 1 的个数。

设计思路：假设一个整数变量 number，number&1 有两种可能：1 或 0。当结果为 1 时，说明最低位为 1；当结果为 0 时，说明最低位为 0。可以通过>>运算符右移一位，再求 number&1，直到 number 为 0。

```
while True:
    count = 0                                          # 定义变量统计 1 的个数
    number = int(input("请输入一个正整数："))           # 输入一个正整数
    temp = number                                      # 备份输入的数字
    if number > 0:                                     # 输入正整数时
        while True:                                    # 无限次循环
            if number & 1 == 1:                        # 最后一位为 1
                count += 1                             # 统计 1 的个数
            number >>= 1                               # 右移一位，并赋值给自己
            if number == 0:                            # 数为 0
                break                                  # 退出循环
        print(temp, "的二进制数中 1 的个数为：", count)  # 打印结果
    else:                                              # 输入非正整数时
        print("输入的数不符合规范")                      # 打印提示语句
```

3.7 其他运算

3.7.1 成员运算

成员运算符包含 2 个，说明如表 3.11 所示。

表 3.11 成员运算符

运　算　符	描　　述	示　　例
in	如果在指定的对象中找到元素值，则返回 True，否则返回 False	str = "abcdef" print("a" in str)　　　# 返回 True

续表

运 算 符	描　　述	示　　例
not in	如果在指定的对象中没有找到元素值，则返回 True，否则返回 False	str = "abcdef" print("a" not in str)　　# 返回 False

【示例】下面示例检测用户输入的数字是否已经存在指定的列表中。不存在，则附加到列表中；已经存在，则可以继续输入，或者退出。

```
list = [1, 2, 3, 4, 5, 6, 7, 8, 9]                  # 定义列表
while True:                                          # 允许连续输入
    num = int(input("请输入一个数字："))              # 接收用户输入的数字
    if num in list:                                  # 如果已经存在，则提示
        print("输入的数字已存在。")
    else:                                            # 如果不存在，则添加到列表
        list.append(num)
        print("输入的数字被添加到列表中。")
    print("是否继续输入？(y/n)")                      # 询问是否继续输入
    ok = input()                                     # 接收指令
    if ok == "y":                                    # 继续输入
        continue
    elif ok == "n":                                  # 停止输入
        print(list)                                  # 输出最新列表数据
        break
    else:                                            # 否则提示错误
        print("输入错误。")
        break
```

3.7.2　身份运算

身份运算符包含 2 个，说明如表 3.12 所示，主要用于比较两个对象的内存地址是否相同。is 用于判断变量的引用地址是否相等，==运算符判断变量的类型和值是否相等。使用 id()函数可以获取引用地址，因此，a is b 相当于 id(a)==id(b)。

表 3.12　身份运算符

运 算 符	描　　述	示　　例
is	判断两个标识符是否引用同一个对象	a = 1 b = 1 print(a is b)　　# 输出 True
is not	判断两个标识符是否引用不同的对象	a = 1 b = 1 print(a is not b)　　# 输出 False

出于性能考虑，凡是不可变对象，只要值相同，Python 就不会重复创建，而是引用已存在的对象。因此，对于不可变对象来说，如果两个值相同，使用 is 可以判断它们是否是同一个对象。例如：

```
a = "1"                      # 定义字符串 a
b = "1"                      # 定义字符串 b
print(a is b)                # 输出为 True
print(id(a))                 # 输出为 590312977552
print(id(b))                 # 输出为 590312977552
print(a == b)                # 输出为 True
```

【示例】假设 n 是一任意自然数，若将 n 的各位数字反向排列所得自然数 n1 与 n 相等，则称 n 为回文数。例如，若 n=1234321，则称 n 为回文数；但若 n=1234567，则 n 不是回文数。

```
num1 = num2 = int(input("请输入一个自然数："))                 # 输入数据
t = 0                                                          # 设置中间变量
while num2 > 0:                                                # 输入数据大于 0 时
    t = t*10+num2 % 10                                         # 将数据尾数依次存入 t 中
    num2 //= 10                                                # 数据取整
if num1 == t:                                                  # 反向排列的数与原数相等
    print(num1, "是一个回文数")                                 # 输出是回文数
else:                                                          # 反向排列的数与原数不相等
    print(num1, "不是一个回文数")                               # 输出不是回文数
```

3.8 案 例 实 战

3.8.1 模拟进度条

通过格式化输出的方式，可以模拟加载进度条。本例主要使用 time 模块的 sleep()函数模拟加载的进度，然后使用 for 语句逐步打印进度显示条。代码如下，演示效果如图 3.1 所示。

```
import time                                                    # 导入 time 模块
length = 100                                                   # 定义长度变量
for i in range(1, length + 1):                                 # 循环遍历 1～100 中的数
    percentage = i / length                                    # 求进度条的百分比
    block = '#' * int(i // (length / 20))                      # 计算进度条的个数
    time.sleep(0.1)                                            # 线程挂起 0.1s
    print('\r 加载条：|{:<20}|{:>6.1%}'.format(block, percentage), end='')   # 格式化输出
```

```
PS D:\www_vs> & D:/Python38-32/python.exe d:/www_vs/test1.py
加载条：|##                  | 14.0%

PS D:\www_vs> & D:/Python38-32/python.exe d:/www_vs/test1.py
加载条：|####################|100.0%
PS D:\www_vs>
```

图 3.1 加载进度条的输出效果

注意：本例在 IDLE 下运行时不支持进度条显示效果，建议在 PyCharm 或 Visual Studio Code 等模拟环境中运行。可以看出，\r 真正实现了回行的功能，回到某行开头，把前面的输出覆盖掉。

3.8.2 统计学生成绩

设计程序计算学生语文成绩的平均分，筛选出优秀生名单，输出最高分。在本例中，使用字典结构记录学生成绩，通过 len()函数获取字典包含学生总人数。

```
china = {                                                      # 学生语文成绩表，字典结构
    "张三": 89,
    "李四": 76,
    "王五": 95,
    "赵六": 64,
    "侯七": 86
}
sum = 0                                                        # 总分，初始为 0
```

```
max = 0                                                    # 最高分，初始为 0
max_name = ""                                              # 最高分学生姓名，初始为空
print("语文优秀生名单：")
for i in china:                                            # 迭代成绩表
    sum += china[i]                                        # 汇总分数
    if china[i] >= 85:                                     # 如果成绩大于等于 85，则过滤出优秀生
        print("      %s(%.2f)" % (i, china[i]))
    if china[i] > max:                                     # 过滤最高分
        max = china[i]                                     # 记录最高分
        max_name = i                                       # 记录最高分的学生姓名
print()                                                    # 空行
print("语文平均分：%.2f" % (sum/len(china)))               # 输出平均分
print("语文最高分：%.2f(%s)" % (max, max_name))            # 输出最高分
```

3.8.3　逐位推算

如果输入一个尾数是 3 或者 9 的数字，判断至少需要用含有多少个 9 的数字才能整除该数。

```
divisor = int(input('输入一个数字[末尾是 3 或 9]: '))     # 接收一个尾数为 3 或者 9 的数字
flag = True                                                # 定义标记变量，初始值设置为 True
count = 1                                                  # 定义统计变量，需要使用 9 的个数
num = 9                                                    # 定义常数 9
dividend = 9                                               # 定义被除数
while flag:                                                # 循环判断
    if dividend % divisor == 0:                            # 当被除数能够整除该数时
        flag = False                                       # 设置标记变量为 False，跳出循环
    else:
        num *= 10                                          # 扩大 10 倍，并赋值给自己
        dividend += num                                    # 重新设置被除数
        count += 1                                         # 统计需要 9 的个数
print('{}个 9 可以被{}整除'.format(count, divisor))        # 打印结果
r = dividend / divisor                                     # 整除
print('{}/{} ={}'.format(dividend, divisor, r))            # 打印整除的结果
```

3.8.4　数字运算器

设计一个简单的四则运算器，允许用户输入两个数字和四则运算符，然后返回运算结果。

```
while True:                                                # 无限循环计算
    x = int(input("   number1: "))                         # 输入数字 1
    o = input("[+ - * /]: ")                               # 输入运算符
    y = int(input("   number2: "))                         # 输入数字 2
    operator = {                                           # 字典结构，根据运算符返回不同运算结果
        '+': x+y,
        '-': x-y,
        '*': x*y,
        '/': x/y
    }
    result = operator.get(o, '输入运算符 + - * /')         # 根据用户输入的运算符，执行运算
    print("     result: %d" % result)                      # 显示输出结果
    print()                                                # 空行
    Continue = input("是否继续?y/n：")                     # 是否继续玩
    if Continue == 'y':                                    # 如果输入字符 y，则继续玩
        print()                                            # 空行
```

```
        continue                                            # 返回继续
    elif Continue == 'n':                                   # 如果输入字符 n，则跳出循环
        break
    else:                                                   # 提示意外错误
        print("输入错误")
```

在上面代码中，operator 变量引用一个字典对象，它包含 4 个元素，然后调用字典对象的 get()方法，返回用户输入的键的值，即四则运算表达式，并计算表达式的值，如果用户输入的字符不匹配字典的键，则返回默认值，即返回'输入运算符 +－* /'的字符串。

3.9 在线支持

扫码免费学习
更多实用技能

一、补充知识

☑ Python 运算符列表及其优先顺序、结合性

二、专项练习

☑ Python 基础练习 100 例（一）
☑ Python 基础练习 100 例（二）
☑ Python 基础练习 100 例（三）
☑ Python 基础练习 100 例（四）
☑ Python 基础练习 100 例（五）

新知识、新案例不断更新中……

第 4 章

程序结构

结构化程序设计是对面向过程编程的优化，它采用自上而下、逐步求精的设计方法，把系统划分为若干功能模块，各模块按要求单独编程，再通过顺序、分支、循环的控制结构进行连接。该方法强调程序的结构性，编写的代码易读、易懂、思路清晰，深受设计者青睐。本章将结合 Python 语句相关知识点，讲解如何进行流程控制，如 if、for、while、break 和 continue 语句等。

视频讲解

4.1 语句概述

语句是可执行的命令，用来完成特定的任务。多条语句能够组成一段程序，而完整的项目可能需要成千上万条语句。从结构上分析，Python 语句可以分为简单语句和复合语句。

4.1.1 简单语句

简单语句简称单句，是由一个单独的逻辑行构成的。多条简单语句可以存在于同一行内，并以分号分隔。简单语句主要包括如下方面。

- 表达式语句：用于计算和写入一个值（大多是在交互模式下），或者调用过程（返回值为 None 的函数）。
- 赋值语句：用于将名称绑定到值，以及修改属性或可变对象的成员项。
- assert 语句：在程序中插入调试性断言的简便方式。
- pass 语句：空语句，不执行任何操作。适合在语法上用来临时占位。
- del 语句：从指定名字空间中移除绑定。
- return 语句：仅用在函数体内，表示离开当前函数调用。如果其后提供了表达式列表，则对其进行求值，然后返回；如果没有表达式，则返回 None。
- yield 语句：仅用在生成器函数体内，功能类似 return 语句，返回一个值，且记住返回的位置，不结束函数调用，而是挂起函数。
- raise 语句：主动抛出一个异常。
- break 语句：仅出现于 for 或 while 循环内，终结最近的外层循环。
- continue 语句：仅出现于 for 或 while 循环内，继续执行最近的外层循环的下一个轮次。
- import 语句：查找一个模块，如果需要则加载并初始化模块。然后，在局部命名空间中为 import 语句发生位置所处的作用域定义一个或多个名称。
- future 语句：是一种针对编译器的指令，指明某个特定模块应当使用在特定的未来某个 Python 发行版中成为标准特性的语法或语义。

- global 语句：作用于整个当前代码块的声明。它意味着所列出的标识符将被解读为全局变量。
- nonlocal 语句：使所列出的名称指向最近的包含作用域中绑定的除全局变量以外的变量。它意味着在内层函数中可以修改外层函数中的同名变量。

4.1.2 复合语句

复合语句简称复句，是包含其他语句或语句组的语句，以某种方式影响或控制所包含其他语句或语句组的执行。通常，复合语句跨越多行。在某些简单形式下整个复合语句也可能位于一行之内。

一条复合语句由一个或多个子句组成。一个子句包含一个句头和一个句体。一个复合语句的多个子句头都应处于相同的缩进层级。

（1）子句头：以一个关键字开始，并以一个冒号结束。

（2）子句体：由一个子句控制的一组语句或语句块。可以有如下两种书写形式，一般都采用第二种书写格式编写复句。

- 子句体可以在冒号之后，与子句头并行书写，多条单句使用分号分隔。
- 也可以换行缩进书写，多条单句保持多行、相同层级缩进。

Python 复合语句分类说明如下。

（1）if、while 和 for 语句：设计程序结构，实现流程控制，详情参见 4.2、4.3 节。

（2）try 语句：设计异常处理器，实现异常处理，详情参见 12.1 节。

（3）with 语句：设计上下文管理器，实现特殊异常处理，详情参见第 14.2.1 节。

（4）def、class 语句：创建函数体和类结构，详情参见第 9、10 章。

（5）async 语句：定义协程，可以在多个位置上挂起和恢复执行，详情参见第 13 章。

4.2 分 支 结 构

Python 程序默认自上而下有序执行。分支结构表示程序的执行步骤出现了分支，需要根据某一特定的条件选择其中的一个分支执行。分支结构有 3 种形式：单分支、二分支和多分支。

4.2.1 单分支

单分支结构使用 if 语句设计，if 语句用于有条件的执行。语法格式如下：

```
if <条件表达式>:
    <语句块>
```

如果条件表达式为真，则执行语句块；否则，忽略语句块。流程控制示意如图 4.1 所示。

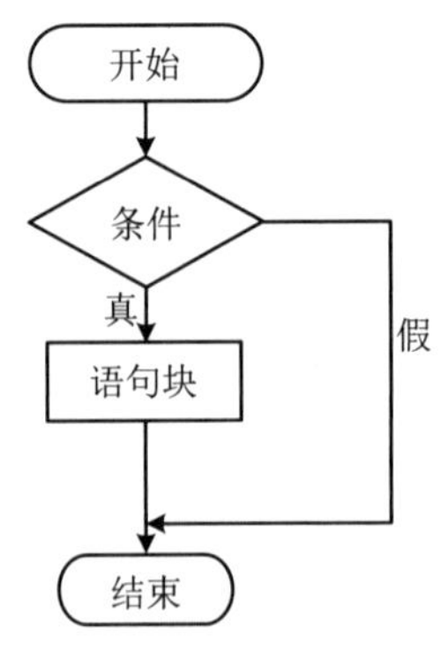

图 4.1 单分支结构流程控制示意图

提示： 如果语句块仅有一条语句，可以与条件表达式并行书写，语法格式如下：

```
if <条件表达式>: <单句>
```

【示例 1】随机生成一个 100 以内的整数，然后打印出所有偶数。

```
import random                              # 导入 random 模块
num = random.randint(1, 100)               # 随机生成一个 1～100 的数字
print( num )                               # 输出随机数
if num % 2 == 0 :                          # 判断变量 num 是否为偶数
    print(str(num) + "是偶数。")
```

【示例 2】假设警察抓住 4 名嫌疑犯，其中一人是小偷，审讯口供如下：

- a 说："我不是小偷。"
- b 说："c 是小偷。"
- c 说："小偷肯定是 d。"
- d 说："c 胡说！"

在上面陈述中，已知有 3 个人说的是实话，一个人说的是假话，编写程序推断谁是小偷。

```
for i in range(1, 5):
    if 3 == ((i != 1) + (i == 3) + (i == 4) + (i != 4)):
        str = chr(96 + i)                  # 将 1、2、3、4 转化为 a、b、c、d
print(str + '是小偷')                      # 打印结果
```

将 a、b、c、d 分别表示为 1、2、3、4，循环遍历每个嫌疑犯。假设循环变量 i 为小偷，则使用变量 i 代入表达式，分别判断每个嫌疑人的口供，判断是否为真，且为真的只能有 3 个。

4.2.2　二分支

二分支结构使用 if 和 else 语句配合来设计。else 语句仅在 if 或 elif 语句的条件表达式为假时执行，且必须配合使用，不能够单独使用。语法格式如下：

```
if <条件表达式>:
    <语句块 1>
else:
    <语句块 2>
```

如果条件表达式的值为真，则执行语句块 1；否则，将执行语句块 2。流程控制示意如图 4.2 所示。

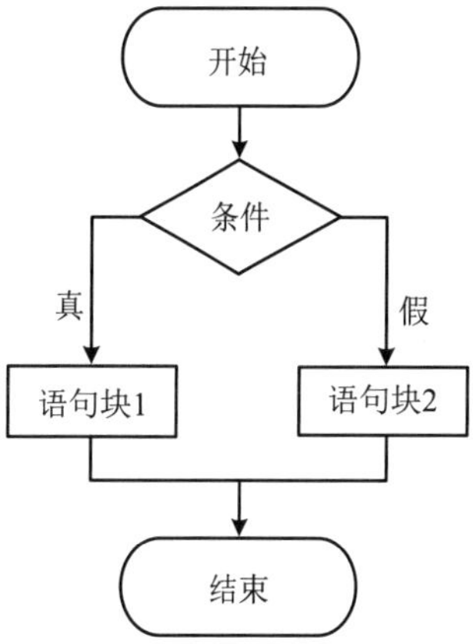

图 4.2　二分支结构流程控制示意图

【示例 1】筛选 10 以内偶数，并打印出来，同时使用 pass 语句定义占位符，方便日后补充。

```
for i in range(1, 10):
    if i % 2 == 0:                         # 如果是偶数，打印出来
        print(i, end=" ")                  # 输出 2 4 6 8
    else:                                  # 如果是奇数，则忽略
        pass
```

【示例 2】假设有一个小球，从 100 m 高空自由落下，每次落地后反跳回原高度的一半再落下，求当小球第 10 次落地时，共运行了多少米，第 10 次反弹的高度是多少？

```
sum = 0                                    # 定义反弹经过的总距离
hei = 100.0                                # 定义起始高度
tim = 10                                   # 定义反弹次数
for i in range(1, tim + 1):                # 遍历反弹的次数
    if i == 1:
        sum = hei                          # 第一次开始时，落地的距离
```

```
    else:
        sum += 2 * hei                              # 从第二次开始，落地时的距离
                                                    # 应该是反弹到最高点的高度乘以 2
    hei /= 2                                        # 计算下次的高度
print('总距离：sum = {0}'.format(sum))               # 打印反弹经过的总距离
print('第 10 次反弹高度：height = {0}'.format(hei))   # 打印第 10 次反弹的高度
```

【示例 3】分支结构可以相互嵌套，以便设计多条件分支结构。

```
import random                                       # 导入 random 模块
num = random.randint(1, 100)                        # 随机生成一个 1～100 的数字
if   num < 60:
    print( "不及格" )
else:
    if ( num < 70 ):
        print( "及格" )
    else :
        if ( num < 85 ):
            print( "良好" )
        else :
            print( "优秀" )
```

提示：二分支结构还有一种更简洁的表达方式：条件表达式，第 3 章已介绍。例如：

```
s = eval(input("请输出一个整数："))                      # 判断输入数字的某个属性
token = "" if s % 3 == 0 and s % 5 == 0 else "不"
print("这个数字{}能够同时被 3 和 5 整除 ".format(token))
```

4.2.3　多分支

上一节示例 3 演示了使用嵌套条件语句设计多分支结构，这种方法不够简洁，执行效率较低。推荐使用 if-elif-else 语句组合设计多分支结构，语法格式如下：

```
if <条件表达式 1>:
    <语句块 1>
elif <条件表达式 2>:
    <语句块 2>
…
else
    <语句块 n>
```

多分支结构通常用于判断同一个条件，或同一类条件的多个执行路径。Python 按照多分支结构的代码顺序依次判断条件，寻找并执行第一个结果为 True 的条件表达式对应的语句块，当前语句块执行后，跳出整个 if-elif-else 结构。因此，在设计时要注意多个逻辑条件的先后关系。多分支结构流程控制示意如图 4.3 所示。

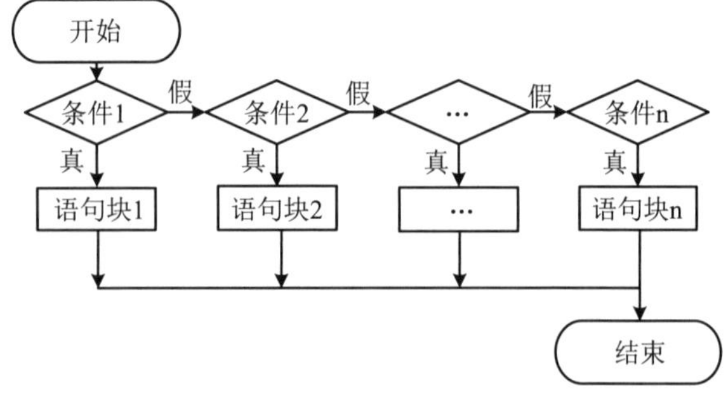

图 4.3　多分支结构流程控制示意图

注意：elif 语句必须与 if 语句结合使用，不能够单独使用。

【示例 1】输入一个百分制成绩，要求输出成绩等级 A、B、C、D、E。90 分及以上为 A，80~89 分为 B，

70~79 分为 C，60~69 分为 D，60 分以下为 E。

```
score = int(input("请输入你的成绩："))                    # 输入百分制成绩
if score >= 0 and score <= 100:                            # 成绩符合规范
    if score < 60:                                         # 成绩在 60 分以下
        print("你的成绩等级为 E")                          # 输出成绩等级 E
    elif score < 70:                                       # 成绩在 60～69 分
        print("你的成绩等级为 D")                          # 输出成绩等级 D
    elif score < 80:                                       # 成绩在 70～79 分
        print("你的成绩等级为 C")                          # 输出成绩等级 C
    elif score < 90:                                       # 成绩在 80～89 分
        print("你的成绩等级为 B")                          # 输出成绩等级 B
    else :                                                 # 成绩在 90 分及以上
        print("你的成绩等级为 A")                          # 输出成绩等级 A
else :                                                     # 成绩不符合规范
    print("你输入的成绩不符合规范！")
```

【示例 2】假设某城市的出租车计费方式为：起步 2km 内 5 元，2km 以上每千米收费 1.3 元，9km 以上每千米收费 2 元，不足 1km 的算 1km，燃油附加费 1 元。编写程序，输入距离，计算所需的出租车费用。

```
import math                                                # 导入 math 函数
distance = math.ceil(float(input("请输入行驶路程：")))    # 向上取整距离
cost = 0                                                   # 定义费用
if distance >= 0:                                          # 输入距离合法
    if distance <= 2:                                      # 2km 内
        cost = 5+1                                         # 计算费用
        print("需要的费用为：", cost)
    elif distance <= 9:                                    # 2km 以上，9km 以内
        cost = 5 + (distance-2)*1.3 + 1                    # 计算费用
        print("需要的费用为：", cost)
    else:                                                  # 9km 以上
        cost = 5 + (9-2)*1.3 + (distance-9)*2 + 1          # 计算费用
        print("需要的费用为：", cost)
else:                                                      # 距离不合法
    print("输入的数据不符合规范！")
```

4.3 循 环 结 构

循环结构表示程序反复执行某个或某些操作，直到循环条件为假时才可终止循环。Python 语言的循环结构包括两种：无限循环和遍历循环。

4.3.1 无限循环

无限循环使用 while 语句根据判断条件执行程序。语法格式如下：

```
while <循环条件>:
    <语句块>
```

当循环条件表达式的值为真时，将执行语句块，执行结束后，再返回循环条件表达式继续求值，然后进行判断。直到循环条件表达式的值为假时，才跳出循环。无限循环流程控制示意图如图 4.4 所示。

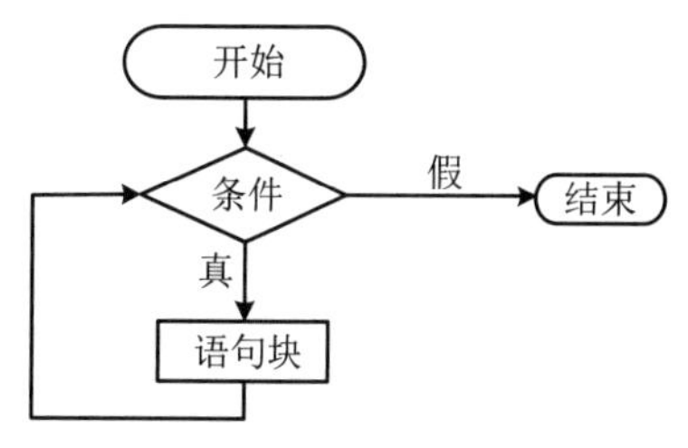

图 4.4 无限循环流程控制示意图

提示： 如果语句块只有一条语句，可以与条件表达式并行书写，语法格式如下：
while <循环条件>: <单句>

【示例 1】打印 1000 以内的所有水仙花数，所谓水仙花数是指一个三位数，其各位数字立方和等于该数本身。例如，153 是一个水仙花数，表示为 $153=1^3+5^3+3^3$。

```
n = 100                                  # 初始值
while n < 1000:                          # 循环 100～1000 间的数
    i = n % 10                           # 取个位数
    j = n // 10 % 10                     # 取十位数
    k = n // 100                         # 取百位数
    if n == i**3 + j**3 + k**3:          # 是否满足水仙花数
        print(n, "是水仙花数")            # 打印水仙花数
    n = n + 1
```

【示例 2】设置条件表达式为 True，可以设计 7 天 24 小时不间断响应服务。本例要求用户不断尝试输入年份数字，然后打印出闰年数字。

```
while True:
    year = int(input("输入年份："))
    if (year % 4 == 0 and year % 100 != 0) or (year % 4 == 0 and year % 400 == 0):
        print(year, "是闰年。")
```

判断闰年的方法：四年一闰，百年不闰，四百年再闰。可以使用 Ctrl+C 组合键强制退出当前的无限循环。

注意： while 可以与 else 语句配合使用，设计当 while 条件表达式为 False 时，执行 else 语句块。

【示例 3】循环输出小于 5 的正整数，如果大于等于 5，则提示信息。

```
count = 0
while count < 5:
    print(count, " 小于 5")
    count = count + 1
else:
    print(count, " 大于或等于 5")
```

4.3.2 遍历循环

遍历循环使用 for 语句依次提取可迭代对象内各个元素进行处理。语法格式如下：

```
for <循环变量> in <可迭代对象>:
    <语句块>
```

for 语句从可迭代对象中逐一提取元素，传递给循环变量，然后执行一次语句块，在语句块中可以引用循环变量。for 语句的循环执行次数是根据可迭代对象中元素个数确定的。遍历循环的流程控制示意图如图 4.5 所示。

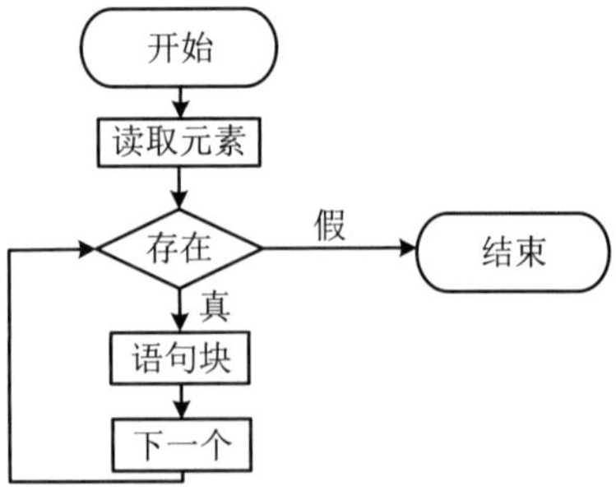

开始 → 读取元素 → 存在？ —假→ 结束；真 → 语句块 → 下一个 → 存在？

图 4.5　遍历循环流程控制示意图

提示： 可迭代对象可以是字符串、字节串、列表、元组、字典、集合、文件、range 对象、生成器、迭代器等。

【示例 1】求可被 17 整除的所有三位数。

```
for num in range(100, 1000):
```

```
    if num % 17 == 0:
        print(num, end=" ")
```

注意：for 可以与 else 语句配合使用，设计当迭代的元素不存在时，执行 else 的语句块。

【示例 2】下面示例使用 for 嵌套结构，设计复杂的数据处理程序：求 100 以内所有素数。素数又称质数，指只能被 1 和自身整除的整数。

```
for i in range(2, 100):                 # 遍历 2～99 之间的所有整数
    for j in range(2, i):               # 遍历 2 到当前数字之间的所有整数
        if(i % j == 0):                 # 如果被左侧任意一个数字整除，则不是素数
            break
    else:                               # 不被任意一个左侧数字整除，则打印素数
        print(i, end=" ")
```

输出为：

```
2 3 5 7 11 13 17 19 23 29 31 37 41 43 47 53 59 61 67 71 73 79 83 89 97
```

【示例 3】假设有 1、2、3、4 四个数字，下面设计三重嵌套的循环结构，求能组成多少个互不相同且无重复数字的三位数。

```
cnt = 0                                         # 汇总个数
for i in range(1, 5):                           # 百位数
    for j in range(1, 5):                       # 十位数
        for k in range(1, 5):                   # 个位数
            if i != j and i != k and j != k:    # 如果百位数、十位数和个位数都不相同
                print(i*100+j*10+k, end=" ")    # 输出结果
                cnt += 1                        # 计数
print()
print(cnt, "个")
```

【示例 4】假设有一对兔子，从出生后第 3 个月起每个月都生一对兔子，小兔子长到第 3 个月后每个月又生一对兔子，假如兔子都不死，请输出前 20 个月每个月有多少对兔子。

设计思路：兔子每个月的规律数是：1、1、2、3、5、8、13、21、34…该数列是一个斐波那契数列，即第三个数是前两个数的和。

```
first = second = 1                                  # 定义前 2 个月的个数
for month in range(1,21):                           # 遍历前 20 个月
    if month > 2:                                   # 第 3 个月之后
        third = first + second                      # 当月的兔子数
        first = second                              # 前 2 月兔子数改为前 1 月兔子数
        second = third                              # 前 1 月兔子数改为当月兔子数
        print("第%d 个月有%d 对兔子"%(month,third))   # 打印当月兔子数
    else:                                           # 第 1 月和第 2 月
        print("第%d 个月有%d 对兔子"%(month,first))   # 打印兔子数
```

4.3.3 终止循环

使用 break 语句可以中途终止循环的执行，一般与 if 语句配合使用，避免无限循环，浪费资源。break 语句只能用在 for 或 while 循环语句中，语法格式如下：

```
while <循环条件>:
    if <条件表达式>:
        break
    <语句块>
```

或者

```
for <循环变量> in <可迭代对象>:
    if <条件表达式>:
        break
    <语句块>
```

其中，条件表达式作为一个监测条件，一旦该条件为 True，就会立即终止循环。break 语句流程控制示意图如图 4.6 所示。

【示例 1】求一个整数，加上 100 后是一个完全平方数，再加上 168 又是一个完全平方数。

```
import math                                          # 导入 math 模块
num = 1                                              # 从 1 开始累计推算
while True:
    if math.sqrt(num + 100)-int(math.sqrt(num + 100)) == 0 and math.sqrt(num + 268)-int(math.sqrt(num + 268)) == 0:
        print(num)                                   # 输出 21
        break
    num += 1
```

在上面代码中，当求得一个整数满足题干所设置的条件之后，使用 break 语句立即跳出循环，避免无限求值。本例调用 math 模块中的 sqrt()函数，用于开平方根。当一个数字开平方根后等于它的整数部分，说明它是一个完全平方数。

【示例 2】请求解出 1~100 之间的所有质数。

```
from math import sqrt                                # 从 math 模块导入 sqrt 函数
count = 0                                            # 定义统计变量，控制输出
flag = True                                          # 定义标记变量，判断是否是质数
for m in range(1, 101):                              # 遍历 1～100 中的数
    h = int(sqrt(m + 1))                             # 对该数开平方根，能够减少系统开支
    for i in range(2, h + 1):                        # 从 2 开始遍历，直到该数的平方根
        if m % i == 0:                               # 判断该数能否整除 2 到平方根之间的数
            flag = False                             # 如果能够整除，则设置标记变量为 False
            break                                    # 跳出内层循环，不再遍历
    if flag == True:                                 # 循环结束，判断标记变量是否为 True
        print('%-3d' % m, end=' ')                   # 为真，则打印该变量
        count += 1                                   # 统计变量自增
        if count % 5 == 0:                           # 每当有 5 个质数时，换行输出
            print()
    flag = True                                      # 遍历下一个数时，将标记变量重置为 False
```

提示： 在嵌套循环中，break 语句仅能终止当前循环，返回外层循环，继续执行。

4.3.4 结束本次循环

使用 continue 语句可以中途结束本次循环的执行，跳出循环体中下面尚未执行的语句，但不跳出当前循环。一般与 if 语句配合使用，设计符合条件时，不再执行下面的代码，在循环条件允许的情况下，继续下一次循环。语法格式如下：

```
while <循环条件>:
    if <条件表达式>:
        continue
    <语句块>
```

或者

```
for <循环变量> in <可迭代对象>:
    if <条件表达式>:
        continue
    <语句块>
```

其中，条件表达式作为一个监测条件，一旦该条件为 True，就立即停止下面代码块的执行，返回循环的起始位置，检测条件，如果为 True，则继续执行下一次循环。continue 语句流程控制如图 4.7 所示。

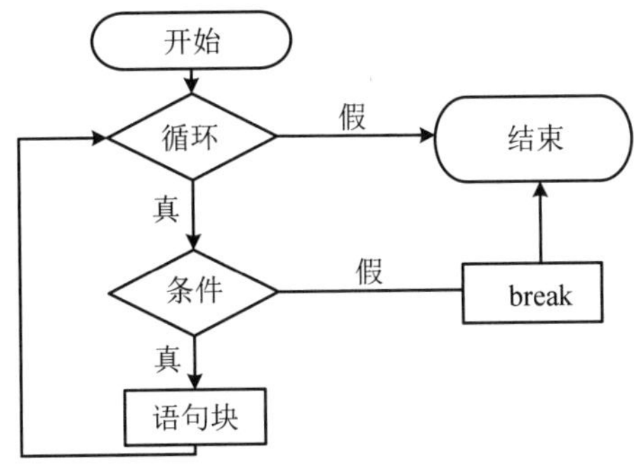

图 4.6 break 语句流程控制示意图

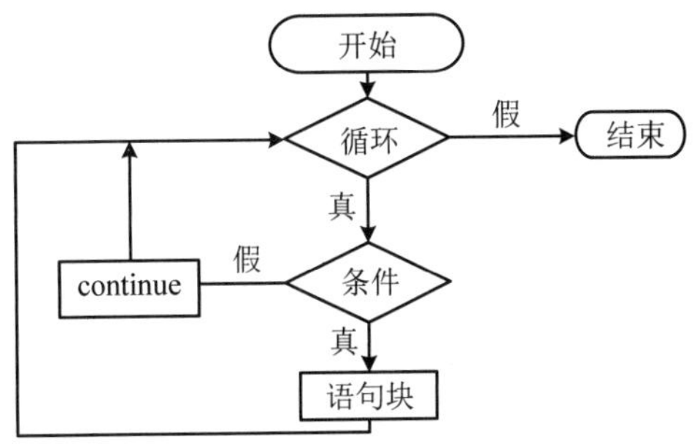

图 4.7 continue 语句流程控制示意图

【示例 1】过滤列表中所有非整数值。

```
a = [1, "hi", 2, "good", "4", "", 3, 4, 5.3, 8]     # 定义并初始化列表 a
b = []                                               # 定义临时列表 b
for i in a:                                          # 遍历列表 a
    if type(i) != int:                               # 如果为非整数
        continue                                     # 则返回继续下一次循环
    b.append(i)                                      # 把数字寄存到列表 b
print(b)                                             # 输出 [1, 2, 3, 4, 8]
```

通过上面示例可以看出，continue 语句具有筛选或删除的功能，筛选列表中的特定元素，或者删除某些不需要的成分。

【示例 2】Python 目前暂不支持标签语句，无法实现从内层循环中直接跳出外层循环，本例配合使用 continue 和 break 语句间接实现。

```
for i in range(10):                  # 循环 2：外层循环
    for j in range(10):              # 循环 1：内层循环
        print(i, j)                  # 执行代码，可以添加更多语句
        if i == 2 and j == 2:        # 跳出嵌套循环的条件
            break                    # break1：内层循环终止
    else:
        continue
    break                            # break2：外层循环终止
```

循环 1 为 for-else 模式。循环 1 的结果只有如下 2 种情况。

- 循环正常结束，执行 else 语句。
- 符合 if 判断条件，循环中断，执行 if 下的 break 语句。

如果循环 1 完成一个循环，那么继续执行 else 语句，通过 continue 进入循环 2 的下一次循环；如果循环 1 满足 if 条件，则执行 break 命令，终止循环 1，同时也不再执行 else 语句，跳出循环 1，执行循环 2 的 break 命令，进一步终止循环 2，从而实现从内层循环跳出外层循环。

4.4 案 例 实 战

4.4.1 数字判断

要求输入一个数，判断该数是否为阿姆斯特朗数。阿姆斯特朗数是指如果一个 n 位正整数等于其各位数字的 n 次方之和，则称该数为阿姆斯特朗数。其中，当 n 为 3 时是一种特殊的阿姆斯特朗数，被称为水仙花数。例如：1634 是一个阿姆斯特朗数，因为 $1634=1^4+6^4+3^4+4^4$。

```
while True:
    n = int(input("请输入一个数："))                    # 输入一个整数，其他类型的数没做异常处理
    l = len(str(n))                                    # 获取该数的长度
    s = 0                                              # 定义求和变量
    t = n                                              # 将 n 值赋值给 t，对 t 做运算
    while t > 0:                                       # 循环遍历 t，将 t 拆分
        d = t % 10                                     # 获取 t 的个位数
        s += d ** l                                    # 将 t 的个位数的 l 次方累加到 s 中
        t //= 10                                       # 对 t 做整除运算
    if n == s:                                         # 判断原来数 n 和求和后的数 s 是否相等
        print("%d 是阿姆斯特朗数" % n)                  # 打印 n 是阿姆斯特朗数
    else:
        print("%d 不是阿姆斯特朗数" % n)                # 打印 n 不是阿姆斯特朗数
```

4.4.2 求和游戏

本例设计一个简单的加法计算器，训练 100 以内快速求和运算。

```
print("100 以内快速求和运算：")
while True:                                            # 无限循环
    num1 = float(input("数字 1："))                    # 输入 num1
    num2 = float(input("数字 2："))                    # 输入 num2
    if num1 > 100 or num2 > 100:                       # 判断输入有效性
        print("咱们不玩大的，就玩 100 以内的数字，请重新输入：")
        continue                                       # 继续游戏
    else:
        sum = round(num1 + num2, 2 )                   #计算和
        print("%.2f + %.2f ="%(num1,num2), sum)        # 输出计算结果
    print("是否退出？ 退出请按 Q 键，否则按其他键继续玩")
    esc = input()                                      # 接收键盘指令
    if esc == 'Q':                                     # 如果按下 Q（大写），则退出游戏，否则继续
        break                                          # 退出循环，退出游戏
```

在上面示例代码中，通过 while True 无限循环设计重复性游戏结构，然后通过键盘指令，由用户来决定是否终止游戏。在求和运算中，使用 round(num1 + num2, 2)控制 2 位小数精度的浮点数求和运算，输出显示时，也通过%.2f 控制 2 位有效小数位的浮点数显示。

4.4.3 验证密码

设计一个用户密码验证程序，要求密码输入只有 3 次机会，且密码中不能包含"*"字符。本例需要考虑

3 个问题：验证次数、特殊限制和正误密码判断。验证次数使用无限循环实现，要注意 3 个分支的先后顺序：正确密码、特殊字符检测和错误密码。

```
count = 3                                                   # 验证次数
password = 'python'                                         # 密码
while count:                                                # 监测验证次数
    passwd = input('请输入密码：')
    if passwd == password:                                  # 如果输入正确，则进行提示，并跳出循环
        print('密码正确，进入程序')
        break
    elif '*' in passwd:                                     # 如果包含"*"字符，提示警告，要求继续输入
        print('密码中不能含有"*"号！您还有', count, '次机会！', end=' ')
        continue
    else:                                                   # 输入错误，提示信息
        print('密码输入错误！您还有', count-1, '次机会！', end=' ')
    count -= 1                                              # 次数递减
```

4.4.4　打印乘法表

九九乘法表是初级编程经典案例。本例利用嵌套循环，借助格式化输出设计长方形、左上三角形、右上三角形、左下三角形、右下三角形 5 种格式的九九乘法表。

（1）长方形格式，如图 4.8 所示。print("")表示换行，控制多行输出。

```
for i in range(1, 10):                                      # 循环 1～9，行数
    for j in range(1, 10):                                  # 循环 1～9，列数
        print("%d*%d=%2d" % (i, j, i*j), end=" ")           # 输出行数与列数相乘结果
    print("")                                               # 换行输出
```

（2）左上三角形格式，效果如图 4.9 所示。

```
for i in range(1, 10):                                      # 循环 1～9，行数
    for j in range(i, 10):                                  # 循环 i～9，列数
        print("%d*%d=%2d" % (i, j, i*j), end=" ")           # 输出行数与列数相乘结果
    print("")                                               # 换行输出
```

```
1*1= 1 1*2= 2 1*3= 3 1*4= 4 1*5= 5 1*6= 6 1*7= 7 1*8= 8 1*9= 9
2*1= 2 2*2= 4 2*3= 6 2*4= 8 2*5=10 2*6=12 2*7=14 2*8=16 2*9=18
3*1= 3 3*2= 6 3*3= 9 3*4=12 3*5=15 3*6=18 3*7=21 3*8=24 3*9=27
4*1= 4 4*2= 8 4*3=12 4*4=16 4*5=20 4*6=24 4*7=28 4*8=32 4*9=36
5*1= 5 5*2=10 5*3=15 5*4=20 5*5=25 5*6=30 5*7=35 5*8=40 5*9=45
6*1= 6 6*2=12 6*3=18 6*4=24 6*5=30 6*6=36 6*7=42 6*8=48 6*9=54
7*1= 7 7*2=14 7*3=21 7*4=28 7*5=35 7*6=42 7*7=49 7*8=56 7*9=63
8*1= 8 8*2=16 8*3=24 8*4=32 8*5=40 8*6=48 8*7=56 8*8=64 8*9=72
9*1= 9 9*2=18 9*3=27 9*4=36 9*5=45 9*6=54 9*7=63 9*8=72 9*9=81
>>> |
```

图 4.8　长方形完整格式

```
1*1= 1 1*2= 2 1*3= 3 1*4= 4 1*5= 5 1*6= 6 1*7= 7 1*8= 8 1*9= 9
2*2= 4 2*3= 6 2*4= 8 2*5=10 2*6=12 2*7=14 2*8=16 2*9=18
3*3= 9 3*4=12 3*5=15 3*6=18 3*7=21 3*8=24 3*9=27
4*4=16 4*5=20 4*6=24 4*7=28 4*8=32 4*9=36
5*5=25 5*6=30 5*7=35 5*8=40 5*9=45
6*6=36 6*7=42 6*8=48 6*9=54
7*7=49 7*8=56 7*9=63
8*8=64 8*9=72
9*9=81
>>> |
```

图 4.9　左上三角形格式

乘法算式按行输出，与完整格式相比，内层循环范围为 i~9，当外层循环的 i 逐渐递增时，每行输出的算式个数越来越少。

（3）右上三角形格式，效果如图 4.10 所示。

```
for i in range(1, 10):                                      # 循环 1～9，行数
    for k in range(1, i):                                   # 循环递增空格
        print(end="        ")
    for j in range(i, 10):                                  # 循环 i～9，列数
        print("%d*%d=%2d" % (i, j, i*j), end=" ")           # 输出行数与列数相乘结果
    print("")                                               # 换行输出
```

相比左上三角形，内层循环多了两句，如下所示，其他代码没有变化。

```
for k in range(1, i):                                    # 循环增加空格
    print(end="       ")
```

由于每个算式所占的位置为 7 个字节，所以前面空出的地方输出相应的空格数，在 Python 中不能直接使用 print(" ")输出空格，必须添加 end 关键字，表示结尾以等号右边的内容输出，与下面的右上三角形的设计方法相似。

（4）左下三角形格式，效果如图 4.11 所示。

```
for i in range(1, 10):                                   # 循环 1～9，行数
    for j in range(1, i+1):                              # 循环 1～i+1，列数
        print("%d*%d=%2d" % (i, j, i*j), end=" ")        # 输出行数与列数相乘结果
    print("")                                            # 换行输出
```

```
1*1= 1 1*2= 2 1*3= 3 1*4= 4 1*5= 5 1*6= 6 1*7= 7 1*8= 8 1*9= 9
       2*2= 4 2*3= 6 2*4= 8 2*5=10 2*6=12 2*7=14 2*8=16 2*9=18
              3*3= 9 3*4=12 3*5=15 3*6=18 3*7=21 3*8=24 3*9=27
                     4*4=16 4*5=20 4*6=24 4*7=28 4*8=32 4*9=36
                            5*5=25 5*6=30 5*7=35 5*8=40 5*9=45
                                   6*6=36 6*7=42 6*8=48 6*9=54
                                          7*7=49 7*8=56 7*9=63
                                                 8*8=64 8*9=72
                                                        9*9=81
>>>
```

图 4.10　右上三角形格式

```
1*1= 1
2*1= 2 2*2= 4
3*1= 3 3*2= 6 3*3= 9
4*1= 4 4*2= 8 4*3=12 4*4=16
5*1= 5 5*2=10 5*3=15 5*4=20 5*5=25
6*1= 6 6*2=12 6*3=18 6*4=24 6*5=30 6*6=36
7*1= 7 7*2=14 7*3=21 7*4=28 7*5=35 7*6=42 7*7=49
8*1= 8 8*2=16 8*3=24 8*4=32 8*5=40 8*6=48 8*7=56 8*8=64
9*1= 9 9*2=18 9*3=27 9*4=36 9*5=45 9*6=54 9*7=63 9*8=72 9*9=81
>>>
```

图 4.11　左下三角形格式

（5）右下三角形格式，效果如图 4.12 所示。

```
for i in range(1, 10):                                   # 循环 1～9，行数
    for k in range(1, 10-i):                             # 循环递减空格
        print(end="       ")
    for j in range(1, i+1):                              # 循环 1～i+1，列数
        print("%d*%d=%2d" % (i, j, i*j), end=" ")        # 输出行数与列数相乘结果
    print("")                                            # 换行输出
```

```
                                                        1*1= 1
                                                 2*1= 2 2*2= 4
                                          3*1= 3 3*2= 6 3*3= 9
                                   4*1= 4 4*2= 8 4*3=12 4*4=16
                            5*1= 5 5*2=10 5*3=15 5*4=20 5*5=25
                     6*1= 6 6*2=12 6*3=18 6*4=24 6*5=30 6*6=36
              7*1= 7 7*2=14 7*3=21 7*4=28 7*5=35 7*6=42 7*7=49
       8*1= 8 8*2=16 8*3=24 8*4=32 8*5=40 8*6=48 8*7=56 8*8=64
9*1= 9 9*2=18 9*3=27 9*4=36 9*5=45 9*6=54 9*7=63 9*8=72 9*9=81
>>>
```

图 4.12　右下三角形格式

4.5　在线支持

扫码免费学习
更多实用技能

一、补充知识

☑ 程序的控制结构
☑ 单句（概念）
☑ 如何跳出多重嵌套循环

二、专项练习

☑ Python 循环、判断结构练习
☑ Python 编程题：地铁票价
☑ Python 编程题：名片管理器
☑ Python 编程题：用户交互显示类似省市县 N 级联动的选择
☑ Python 编程题：购物车

新知识、新案例不断更新中……

第5章 序　列

在数学领域里，序列也称为数列，是一列有序的数。在程序设计中，序列是一类数据结构，用来存储一组有序排列的元素，并提供各种读、写操作接口。Python 提供 3 种基本的序列类型：list（列表）、tuple（元组）和 range（数字范围）对象。另外，还有二进制字符串和文本字符串。本章将重点讲解列表、元组和 range 对象，二进制字符串和文本字符串将在第 7 章详细讲解。

视频讲解

5.1 认识序列

所谓序列（sequence），是指一块可存放多个值的连续内存空间，这些值按一定顺序排列，可通过每个值所在位置的索引访问它们。这类似于旅店，每间客房就是存储数据的内存空间，每个房间号就相当于索引值，通过房间号（索引）可以找到旅店（序列）中每个房间（内存空间）。

在 Python 中，序列主要包括列表（list）、元组（tuple）和 range 对象、字符串（str）、字节串（bytes）、字节数组（bytearray），其中，list、tuple 和 range 对象是 3 种基本序列类型，也是最常用的对象。大多数序列类型，包括可变类型和不可变类型，都支持如表 5.1 所示的通用操作。

表 5.1　序列通用操作

运　算	说　明
x in s	如果 s 中的某项等于 x，则结果为 True，否则为 False
x not in s	如果 s 中的某项等于 x，则结果为 False，否则为 True
s + t	s 与 t 相拼接
s * n / n * s	相当于 s 与自身进行 n 次拼接。注意，n 小于 0 时，会被当作 0 来处理，生成一个与 s 同类型的空序列，如[1]*-5 等于[]
s[i]	s 的第 i 项，起始为 0
s[i:j]	s 从 i～j 的切片
s[i:j:k]	s 从 i～j，步长为 k 的切片
len(s)	s 的长度
min(s)	s 的最小项
max(s)	s 的最大项
s.index(x[,i[,j]])	x 在 s 中首次出现项的索引号，索引号在 i 或其后，且在 j 之前
s.count(x)	x 在 s 中出现的总次数

在表 5.1 中，s 和 t 是具有相同类型的序列，n、i、j 和 k 是整数，x 是满足 s 所规定的类型和值限制的任意对象。

根据是否允许写操作，序列可以分为如下两类。

- 可变序列类型：可读可写，主要包括列表、字节数组，支持如表 5.1、表 5.2 所示的操作。
- 不可变序列类型：只读，主要包括元组、字符串、字节串和 range 对象，仅支持如表 5.1 所示的操作。

表 5.2　可变序列专属操作

运　算	说　明
s[i] = x	将 s 的第 i 项替换为 x
s[i:j] = t	将 s 从 i～j 的切片替换为可迭代对象 t 的内容
del s[i:j]	等同于 s[i:j] = []
s[i:j:k] = t	将 s[i:j:k]的元素替换为 t 的元素
del s[i:j:k]	从列表中移除 s[i:j:k]的元素
s.append(x)	将 x 添加到序列的末尾，等同于 s[len(s):len(s)] = [x]
s.clear()	从 s 中移除所有项，等同于 del s[:]
s.copy()	创建 s 的浅复制，等同于 s[:]
s.extend(t) s += t	用 t 的内容扩展 s，基本上等同于 s[len(s):len(s)] = t
s *= n	使用 s 的内容重复 n 次对其进行更新
s.insert(i, x)	在由 i 给出的索引位置将 x 插入 s，等同于 s[i:i] = [x]
s.pop([i])	提取在 i 位置上的项，并将其从 s 中移除
s.remove(x)	删除 s 中第一个 s[i]等于 x 的项目
s.reverse()	就地将列表中的元素逆序

在表 5.2 中，s 是可变序列类型的实例，t 是任意可迭代对象，x 是符合对 s 所规定类型与值限制的任何对象，如 bytearray 仅接受满足 0≤x≤255 值限制的整数。

相同类型的序列也支持比较，tuple 和 list 可以通过字典顺序比较对应元素，只有每个元素结果都相等，且两个序列长度相同，两个序列才相等。

提示：所有可变类型都是不可 hash（哈希）的，所有不可变的类型都可以 hash。例如：

```
a = "abc"
print(hash(a)) # 哈希值为 173783441086895171
```

5.2　操作序列

5.2.1　索引

序列是以非负整数作为索引的有限有序集。使用内置函数 len(sequence)，可以获取一个序列的条目数量。当一个序列的长度为 n 时，索引集包含数字 0、1、…、n−1。

序列的条目也称为元素，序列的索引也称为下标。下标从 0 开始。编号为 0，表示第 1 个元素；编号为 1，表示第 2 个元素；编号为 2，表示第 3 个元素；编号为 n−1，表示第 n 个元素。以此类推，示意如图 5.1 所示。

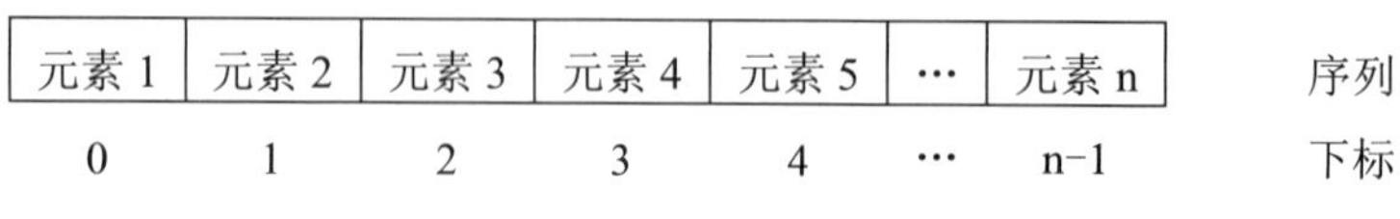

图 5.1　序列与正数索引的关系

如果下标为负值，则索引顺序是相对于序列的末尾索引号被替换为 len(sequence)+n，但要注意-0 仍然为 0。最后一个元素的下标为-1，倒数第二个元素的下标为-2，第一个元素的下标为 n，以此类推，示意如图 5.2 所示。

元素 1	元素 2	元素 3	元素 4	元素 5	…	元素 n	序列
n	n+1	n+2	n+3	n+4	…	-1	下标

图 5.2　序列与负数索引的关系

序列 a 的条目 i 可以通过 a[i]选择。读、写条目的语法格式如下：

```
variable = a[i]                                    # 读取指定元素的值
a[i] = value                                       # 为指定元素写入值
```

使用 index()方法可以获取指定条目的索引，语法格式如下：

```
sequence.index(value)
```

sequence 表示序列对象，value 表示元素的值，返回非负整数。

【示例 1】读取第一个元素的值，然后再修改其值。

```
list1 = [1, 2, 3, 4]
print( list1[0])                                   # 读取第一个元素的值，输出为 1
list1[0] = 100                                     # 重写第一个元素的值
print( list1[0])                                   # 输出为 100
```

注意：当下标超出序列的索引范围，将抛出 IndexError 异常。

【示例 2】使用 index()方法分别获取字符串"Python"中字母 n 的索引。

```
str1 = "Python"                                    # 字符串
print(str1.index("n"))                             # 输出为 5
```

5.2.2　切片

序列还支持切片操作。使用索引可以操作单个条目，而使用切片可以操作指定范围内的多个条目。切片使用中括号表示，在一对中括号内包含 1 个或 2 个冒号，并分隔 2 个或 3 个整数来表示，基本语法格式如下：

```
sequence[start_index:end_index:step]
```

sequence 表示序列对象，中括号内包含的 3 个参数说明如下。

（1）start_index：表示开始索引位置，默认为 0，包含该索引位置。如果省略或为 None，则使用 0；如果大于 len(sequence)，则使用 len(sequence)。

（2）end_index：表示结束索引位置，默认为序列长度（len(sequence)），不包含该索引位置。

- 如果省略或为 None，则使用 0。
- 如果大于 len(sequence)，则使用 len(sequence)。
- 当 step 不为负值时，如果 start_index 索引位置位于 end_index 索引位置的右侧，则返回空序列。
- 当 step 为负值时，如果 start_index 索引位置位于 end_index 索引位置的左侧，则返回空序列。

（3）step：表示步长，默认为 1，但是不能为 0。当步长省略时，可以同步省略最后一个冒号。如果 step 为 None，则当作 1 处理。

如果 start_index 或 end_index 为负值，则索引顺序相对于序列的末尾：索引号被替换为 len(s)+ start_index

或 len(s)+end_index。但要注意-0 仍然为 0。

切片操作不会因为下标越界而抛出异常，而是简单地在序列尾部截断或者返回一个空序列，因此切片操作具有更强的健壮性。

提示： 如果省略了 step 参数，则 sequence[start_index:end_index]表示所有满足 start_index<=n<end_index 条件的索引号 n 的条目组成的序列。

如果设置了 step 参数，则 sequence[start_index:end_index:step]表示所有满足 0 <= n < (end_index-start_index)/step 的索引号 m= start_index + n*step 的条目组成的序列。简单描述，就是索引号为 start_index、start_index+step、start_index+2*step、start_index+3*step，以此类推，当达到 end_index 时停止，但不包括 end_index。

【示例 1】 使用切片获取列表中不同范围的元素。

```
L = [1, 2, 3, 4, 5, 6, 7]
print(L[0:5])                                  # 输出为 [1, 2, 3, 4, 5]
print(L[4:6])                                  # 输出为 [5, 6]
print(L[2:2])                                  # 输出为 []
print(L[-1:-3])                                # 输出为 []
print(L[-3:-1])                                # 输出为 [5, 6]
```

【示例 2】 [:end_index]表示从 0～end_index-1 索引位置的所有元素；[start_index:]表示从 start_index 到后面所有的元素；obj[:]表示所有元素。

```
str = "Python"
print(str[:5])                                 # 输出为 Pytho
print(str[2:])                                 # 输出为 thon
print(str[-2:])                                # 输出为 on
print(str[:-3])                                # 输出为 Pyt
print(str[:])                                  # 输出为 Python
```

【示例 3】 下面以元组为例，演示设置不同的 step 参数所获取的切片。

```
t = (1, 2, 3, 4, 5, 6, 7, 8, 9, 10)
print(t[0:9:])                                 # 输出为 (1, 2, 3, 4, 5, 6, 7, 8, 9)
print(t[0:9:2])                                # 输出为 (1, 3, 5, 7, 9)
print(t[0:9:4])                                # 输出为 (1, 5, 9)
print(t[::4])                                  # 输出为 (1, 5, 9)
print(t[0:9:-2])                               # 输出为 ()
```

5.2.3 四则运算

1. 加法

两个相同类型的序列可以执行加法运算，等效于合并操作。

【示例 1】 合并两个列表。

```
L1 = [1, 2, 3]
L2 = [4, 5, 6]
print( L1 + L2 )                               # 输出为 [1, 2, 3, 4, 5, 6]
```

注意： 使用+运算符合并序列时，并不是在原序列上操作，而是创建一个新的序列。由于涉及元素的复制，该操作速度相对较慢，当涉及大量元素合并操作时，不建议使用这种方法。

2. 乘法

一个序列乘以一个整数 n，表示重复合并该序列 n 次。如果 n 为负数，则当作 0 处理，生成一个同类型的空序列。

【示例 2】使用*运算符可以扩展序列，生成一个新序列。

```
L = [1, 2, 3]
print(L * 4)                # 输出为 [1, 2, 3, 1, 2, 3, 1, 2, 3, 1, 2, 3]
print(L * -4)               # 输出为 []
```

注意：在序列乘法运算中，序列中的项并不会被复制，而是被多次引用。例如：

```
L = [[]] * 3
L[0].append(3)
print(L)                    # 输出为 [[3], [3], [3]]
```

[[]] *3 结果中的 3 个元素都是对这个空列表的引用，修改任何一个元素，实际上都是对这个空列表的修改。解决此类问题，可以使用列表推导式创建。例如：

```
L = [[] for i in range(3)]
L[0].append(3)
print(L)                    # 输出为 [[3], [], []]
```

提示：Python 提供下面 3 个全局函数，使用它们可以对序列执行求解运算。

- max()：获取序列包含的最大值。
- min()：获取序列包含的最小值。
- sum()：计算序列中包含元素的和（只有数字型才可以）。

5.2.4 成员检测

通常情况下，in 和 not in 运算符仅被用于简单的成员检测，判断指定的元素是否存在于指定的序列中，具体说明可以参考表 5.1 中 x in s 和 x not in s 运算。实际上，in 和 not in 功能相同，检测结果相反。

【示例 1】下面示例演示了 in 关键字的用法。

```
a = [1, 2, 3]
print(1 in a)               # 输出为 True
b = [[1], [2], [3]]
print(1 in b)               # 输出为 False
str = "Python"
print( "p" not in str)      # 输出为 True
```

【示例 2】下面示例演示使用 not in 关键字去除列表中重复的元素。

```
a = [1, 2, 3, 4, 2, 4, 3, 2, 1, 3]    # 待检测列表
b = []                                # 临时备用列表
for i in a:                           # 迭代列表 a
    if i not in b:                    # 检测当前元素是否存在于临时列表 b 中
        b.append(i)                   # 如果不存在，则添加到列表 b 中
print(b)                              # 输出为 [1, 2, 3, 4]
```

提示：Python 提供下面 2 个全局函数，使用它们可以对序列执行更高级的检测。

- any()：返回布尔值，序列中有一个元素的值为真就返回 True，都为假时才返回 False。
- all()：返回布尔值，序列中全部为真时返回 True，只要有一个假就返回 False。

5.2.5 压缩和解压

使用 zip()函数可以将多个可迭代的对象压缩为一个对象，多个对象中的元素根据对应索引位置组成一个元组，然后返回由这些元组组成的可迭代对象。语法格式如下：

```
zip([iterable, …])
```

参数 iterable 是一个或多个迭代器。返回一个可迭代的 zip 对象，使用 list()函数可以把 zip 对象转换为列表。如果各参数 iterable 的元素个数不一致，则返回 zip 对象的长度与最短的 iterable 对象相同。

【示例 1】把 a 和 b 两个列表对象压缩为一个 zip 对象，然后使用 list()函数转换列表进行显示。

```
a = [1, 2, 3]
b = [4, 5, 6]
c = zip(a, b)                    # 返回 zip 对象
print(list(c))                   # 把 zip 对象转换为列表：[(1, 4), (2, 5), (3, 6)]
```

使用*号运算符，可以对 zip 对象进行解压。语法格式如下：

```
zip(*zip)
```

参数 zip 为 zip 对象。返回值为多维矩阵式。

【示例 2】把 a1、a2、a3 三个列表对象压缩为一个 zip 对象，然后使用 zip(*)函数解压显示。

```
a1 = [1, 2, 3]
a2 = [4, 5, 6]
a3 = [7, 8, 9, 10, 11]
c = zip(a1, a2, a3)              # 返回 zip 对象
b1, b2, b3 = zip(*c)             # 与 zip 相反，zip(*)可以解压
print(list(b1))                  # 输出为 [1, 2, 3]
print(list(b2))                  # 输出为 [4, 5, 6]
print(list(b3))                  # 输出为 [7, 8, 9]
```

5.2.6 枚举函数

使用 enumerate()函数可以将一个序列对象组合为一个索引序列，常用在 for 循环中。语法格式如下：

```
enumerate(sequence, [start=0])
```

参数 sequence 表示一个序列、迭代器，或者其他支持迭代的对象；start 表示下标起始位置。enumerate()函数将返回一个 enumerate（枚举）对象。

【示例 1】先将列表转换为索引序列，然后再转换为列表对象。

```
list1 = ['a', 'b', 'c', 'b']     # 定义列表
enum = enumerate(list1)          # 转换为枚举对象
list2 = list(enum)               # 转换为列表
print(list2)                     # 输出为 [(0, 'a'), (1, 'b'), (2, 'c'), (3, 'b')]
```

从输出的信息可以看出，枚举对象的每一个元素都是一个二元元组，包含元素的下标和元素的值。在遍历可能存在重复元素的序列中，通过枚举对象可以识别重复性元素。

【示例 2】使用 for 循环遍历 enumerate 对象，通过枚举对象包含的二元信息，就能区分不同索引位置的重复元素。

```
list1 = ['a', 'b', 'c', 'b']                 # 定义列表
for index, value in enumerate(list1):        # 遍历 enumerate 对象
    list1[index] = value.upper()             # 读取每个元素，然后转换为大写形式，再写入
```

```
print(list1)                                    # 输出为 ['A', 'B', 'C', 'B']
```

在上面列表中，index 可以准确选取当前元素的下标，然后正确修改它的值。

5.2.7　排序

Python 提供 4 种方法用于对序列条目进行排序，具体说明如下。

- sequence.reverse()：翻转顺序。直接在调用对象上改动，没有返回值，因此不可变对象不能调用。
- reversed(sequence)：翻转顺序。返回翻转后的序列对象。
- sequence.sort()：自定义排序。直接在调用对象上改动，没有返回值，因此不可变对象不能调用。
- sorted(sequence)：自定义排序。返回排序后的序列对象。

其中，sequence 表示序列对象。

1. 倒序

reverse()方法没有参数，也没有返回值，仅对原对象进行反向排序。reversed()函数可以接收一个序列对象的参数，功能与 reverse()方法相同。例如：

```
a = [1, 2, 3]                                   # 定义列表对象
a.reverse()                                     # 倒序
print(a)                                        # 输出为 [3, 2, 1]
r = range(4)                                    # 创建 range 对象
print( list( reversed(r) ))                     # 倒序，输出为 [3, 2, 1, 0]
```

提示：使用切片也可以实现翻转顺序，例如：

```
a = [1, 2, 3]
b = a[::-1]                                     # 倒序切片
print(b)                                        # 输出为 [3, 2, 1]
```

2. 排序

sort()方法和 sorted()都可以对序列进行排序，用法基本相同。sorted()函数的语法格式如下：

```
sorted(sequence [, key[, reverse]])
```

参数说明如下。

- sequence：序列对象。
- key：定义进行比较的关键字，它从序列对象的每个元素中提取比较的关键字，如 key=str.lower。默认值是 None，表示直接比较元素。
- reverse：排序规则，reverse = True 降序，reverse = False 升序（默认）。

sort()方法通过序列对象调用，不需要参数 sequence，仅需要 key 和 reverse 参数，用法与 sorted()函数完全相同。例如：

```
a = [5, 2, 3, 1, 4]
b = sorted(a)                                   # 升序排序
print(b)                                        # 输出为 [1, 2, 3, 4, 5]
a.sort()                                        # 升序排序
print(a)                                        # 输出为 [1, 2, 3, 4, 5]
```

【示例 1】设置 key=str.lower，以小写形式进行排序，忽略大小写对字符串排序的影响。

```
str1 = "This is a test string from Andrew"
str2 = sorted(str1.split())                     # 大小写混排
```

```
str3 = sorted(str1.split(), key=str.lower)             # 全部小写排序
print(str2)                                            # 输出为 ['Andrew', 'This', 'a', 'from', 'is', 'string', 'test']
print(str3)                                            # 输出为 ['a', 'Andrew', 'from', 'is', 'string', 'test', 'This']
```

【示例 2】设计根据学生成绩单中年龄进行排序。

```
L1 = [
    ('zhangsan', 'A', 15),
    ('lisi', 'B', 12),
    ('wangwu', 'B', 10),
]
L2 = sorted(L1, key=lambda t: t[2])                    # 根据年龄排序
print(L2)                                              # 输出为 [('wangwu', 'B', 10), ('lisi', 'B', 12), ('zhangsan', 'A', 15)]
```

5.3 range 对象

range 表示不可变的数字序列，通常用于 for 循环中设计循环次数。与 list、tuple 相比，range 的优势为：不论表示的数字范围有多大，range 对象占用的内存空间非常小且固定，因为它只需要保存 3 个值，即 start、stop 和 step，然后根据这 3 个值计算每个元素的值。

range 对象只能通过 range 构造器创建，语法格式如下：

```
range(start, stop[, step ])
```

range()的参数必须为整数，可以是 int 或者实现了__index__方法的对象。具体说明如下：

（1）start：表示数字开始值，默认值为 0，生成的数字序列包含该值。

（2）stop：表示数字结束值，生成的数字序列不包含该值。

（3）step：表示步长，默认为 1，但是不能为 0，否则会抛出 ValueError 异常。

- 如果 step 为正值，确定 range 对象内元素的公式为：r[i]=start+step*i，其中条件为：i >= 0，且 r[i]< stop。
- 如果 step 为负值，确定 range 对象内元素的公式为：r[i]=start+step*i，其中条件为：i>= 0，且 r[i] > stop。

如果 r[0]不符合值的限制条件，则该 range 对象为空。range 对象支持负索引，但是将其解读为从正索引所确定的序列的末尾开始索引。与切片的语法类似。

【示例 1】设计不同范围和步长的数字序列。

```
print( list(range(10)) )                               # 输出为 [0, 1, 2, 3, 4, 5, 6, 7, 8, 9]
print( list(range(1, 11)) )                            # 输出为 [1, 2, 3, 4, 5, 6, 7, 8, 9, 10]
print( list(range(0, 30, 5)) )                         # 输出为 [0, 5, 10, 15, 20, 25]
print( list(range(0, 10, 3)) )                         # 输出为 [0, 3, 6, 9]
print( list(range(0, -10, -1)) )                       # 输出为 [0, -1, -2, -3, -4, -5, -6, -7, -8, -9]
print( list(range(0)) )                                # 输出为 []
print( list(range(1, 0)) )                             # 输出为 []
```

除了拼接和重复四则运算外，range 对象支持一般序列的所有操作。

【示例 2】range 对象检测、元素索引、切片操作。

```
r = range(0, 20, 2)                                    # 创建 range 对象
print( list(r))                                        # 输出为 [0, 2, 4, 6, 8, 10, 12, 14, 16, 18]
print( 11 in r )                                       # 输出为 False
print( 10 in r )                                       # 输出为 True
print( r.index(10) )                                   # 输出为 5
print( r[5] )                                          # 输出为 10
print( r[:5] )                                         # 等效于 range(0, 10, 2)，输出为 [0, 2, 4, 6, 8]
```

```
print( r[-1] )                                    # 输出为 18
```

注意：只要两个 range 对象的长度相等，且包含元素相同，则这两个对象相等，不管 start、stop 和 step 属性是否相同。例如：

```
range(0) == range(2, 1, 3)                        # 输出为 True
range(0, 3, 2) == range(0, 4, 2)                  # 输出为 True
```

5.4　认识列表

列表（list）是可变序列，是 Python 最基本的数据结构之一，常用于存放同类项目的容器。Python 对列表元素的类型没有严格的限制，每个元素可以是不同的类型。但是从代码的可读性和执行效率考虑，建议统一列表元素的数据类型。

列表具有如下特点。

- 列表是有序的数据结构。内部数据的位置排列固定。
- 通过下标索引访问内部数据。支持迭代和切片操作。
- 列表是可变的数据类型。可以随意添加、删除和更新内部数据，列表会自动伸缩，确保内部数据无缝隙有序排列。
- 内部数据统称为元素，元素的值可以重复，可以为任意类型的数据，如数字、字符串、列表、元组、字典和集合等。
- 列表的字面值：在中括号内存放所有元素，元素之间使用逗号分隔。

5.5　定义列表

5.5.1　列表字面值

列表字面值的语法格式如下：

```
[元素 1, 元素 2, 元素 3, …, 元素 n]
```

以中括号作为起始和终止标识符，其中包含零个或多个元素，元素之间通过逗号分隔。如果不包含任何元素，则表示一个空列表对象。

【示例】演示使用列表字面值定义多个列表对象。

```
list1 = [1, 2, 3]                                 # 数字列表
list2 = ['a', 'b', 'c']                           # 字符串列表
list3 = ["a", 1, 2.4]                             # 混合类型的列表
list4 = []                                        # 空列表
```

5.5.2　构造列表

使用 list 构造器可以将可迭代对象转换为列表。语法格式如下：

```
list()
list(iterable)
```

如果不包含任何参数，将创建一个空列表。构造器将构造一个列表，其中的项与 iterable 中的项具有相

同的值与顺序。iterable 可以是序列、支持迭代的容器，或者其他可迭代对象。

如果 iterable 已经是一个列表，将创建并返回其副本，类似于 iterable[:]。

【示例】使用 list 构造器把不同类型的可迭代对象转换为列表。

```
list1 = list((1, 2, 3))                              # 元组
list2 = list([1, 2, 3])                              # 列表
list3 = list({1, 2, 3})                              # 集合
list4 = list(range(1, 4))                            # 数字范围
list5 = list('Python')                               # 字符串
list6 = list({"x": 1, "y": 2, "z": 3})               # 字典
list7 = list()                                       # 空列表
print(list1, list2, list3, list4, list5, list6, list7)
```

输出显示为：

```
[1, 2, 3] [1, 2, 3] [1, 2, 3] [1, 2, 3] ['P', 'y', 't', 'h', 'o', 'n'] ['x', 'y', 'z'] []
```

5.5.3 定义列表推导式

推导式又称解析式，是可以从一个数据容器构建另一个新的数据容器的结构体，它具有语法简洁、运行速度快等优点，性能比循环要好，主要用于初始化一个列表、集合和字典，是 Python 的一种独有特性。Python 共有 3 种推导式：列表推导式、字典推导式、集合推导式。

列表推导式的语法格式如下：

```
[expr for value in iterable if condition]
```

其中，expr 表示一个表达式，value 表示与 iterable 包含元素相关的值表达式，iterable 表示一个可迭代的对象，condition 表示要过滤的条件。过滤条件可选，取决于实际应用。

列表推导式相当于下面的 for 循环结构。

```
result = []                                          # 临时列表
for value in iterable:                               # 遍历 iterable 迭代器对象
    if condition:                                    # 如果条件表达式为 True
        result.append(expression)                    # 把该元素的值添加到列表中
```

【示例 1】简单示例。

```
L = [i for i in range(10)]
print(L)                                             # 输出为 [0, 1, 2, 3, 4, 5, 6, 7, 8, 9]
```

首先，列表推导式执行 for 循环；然后，把遍历的元素或者相关的计算表达式，作为新列表的元素；最后，返回一个新的列表。

```
L = [i*i for i in range(10)]                         # 使用相关的计算表达式作为新元素
print(L)                                             # 输出为 [0, 1, 4, 9, 16, 25, 36, 49, 64, 81]
```

【示例 2】在列表推导式中设置的 expr 和 value 都为表达式。其中，value 是一个元组(i,char)，用来接收 enumerate()函数生成的索引列表的元素；expr 是一个列表，包含两个元素，分别为下标和对应的字符。

```
L = [[i, char] for i,char in enumerate("python") ]
print(L)                                             # 输出为 [[0, 'p'], [1, 'y'], [2, 't'], [3, 'h'], [4, 'o'], [5, 'n']]
```

【示例 3】使用列表推导式设计二维数组，每个元素的初始值都为 0。

```
L = [[0]*3 for i in range(3)]
print(L)                                             # 输出为 [[0, 0, 0], [0, 0, 0], [0, 0, 0]]
```

上面推导式可以转换为如下 for 嵌套结构。

```
r = []                                               # 初始化行列表
```

```
for row in range(3):
    c = []                                      # 初始化列列表
    for col in range(3):
        c.append(0)                             # 生成一行
    r.append(c)                                 # 生成一列
print(r)                                        # [[0, 0, 0], [0, 0, 0], [0, 0, 0]]
```

5.5.4 列表推导式的形式

列表推导式有多种形式，下面结合示例简单说明。

（1）for 循环前面加 if-else。这种形式生成的元素个数不会少，只是根据 for 循环的结果使用不同的表达式。

【示例 1】如果 i 是偶数，结果是 i，否则就是 0。

```
L = [i if i % 2 == 0 else 0 for i in range(10)]
print(L)                                        # 输出为 [0, 0, 2, 0, 4, 0, 6, 0, 8, 0]
```

（2）for 循环后面加 if。这种形式只选择符合条件的元素，所以元素个数与条件相关。

【示例 2】for 循环的结果只选择偶数。

```
L = [i for i in range(10) if i % 2 == 0]
print(L)                                        # 输出为 [0, 2, 4, 6, 8]
```

（3）嵌套 for。

【示例 3】使用嵌套 for 结构的列表推导式把一个二维矩阵展开为一维表示。

```
m = [[1,2,3],
     [4,5,6],
     [7,8,9]]
n = [col for row in m for col in row]           # 嵌套 for
print(n)                                        # 输出为 [1, 2, 3, 4, 5, 6, 7, 8, 9]
```

外层 for 循环得到的 row，可以在内层 for 中使用，其结构如下：

```
[col for row in m
    for col in row]
```

转换为嵌套 for 结构如下：

```
n = []                                          # 定义临时列表
for row in m:                                   # 遍历外层列表
    for col in row:                             # 遍历内层列表
        n.append(col)                           # 把元素添加到临时列表中
print(n)                                        # 输出为 [1, 2, 3, 4, 5, 6, 7, 8, 9]
```

提示：对于列表推导式的多层 for 嵌套，尤其是 3 层以上的或带复杂筛选条件的，牺牲了可读性，直接用嵌套 for 循环实现更直观。

5.5.5 列表推导式的应用

列表推导的用法比较灵活，下面结合案例演示具体应用。

【示例 1】把字典格式转换为列表表示形式。

```
dic = {"k1":"v1","k2":"v2"}                     # 字典格式
a = [k+":"+v for k,v in dic.items()]            # 获取每个项目，把键和值组成字符串元素
```

```
print(a)                                                    # 列表形式：['k1:v1', 'k2:v2']
```

【示例 2】过滤长度小于 3 的字符串列表，并将剩下的转换成大写字母。

```
names = ['Bob','Tom','alice','Jerry','Wendy','Smith']
L = [name.upper() for name in names if len(name)>3]         # 先条件过滤，然后转换为大写
print(L)                                                    # 输出为['ALICE', 'JERRY', 'WENDY', 'SMITH']
```

【示例 3】求(x,y)，其中，x 是 0~5 之间的偶数，y 是 0～5 之间的奇数组成元组的列表。

```
L = [(x,y) for x in range(5) if x%2==0 for y in range(5) if y %2==1]
print(L)                                                    # 输出为[(0, 1), (0, 3), (2, 1), (2, 3), (4, 1), (4, 3)]
```

【示例 4】求 M 中 3、6、9 组成的列表。

```
M = [[1,2,3],
     [4,5,6],
     [7,8,9]]
L = [row[2] for row in M]                                   # 直接迭代 M，取每个内层列表的最后一个元素
print(L)                                                    # 输出为 [3, 6, 9]
L = [M[row][2] for row in (0,1,2)]                          # 通过数字下标取内层列表的最后一个元素
print(L)                                                    # 输出为 [3, 6, 9]
```

【示例 5】针对示例 4 中 M，求 M 中斜线 1、5、9 组成的列表。

```
L = [M[i][i] for i in range(len(M))]                        # 通过下标取内层列表中对应下标元素
print(L)                                                    # 输出为[1, 5, 9]
```

【示例 6】求 M、N 矩阵中元素的乘积。

```
M = [[1,2,3],
     [4,5,6],
     [7,8,9]]
N = [[2,2,2],
     [3,3,3],
     [4,4,4]]
L = [M[row][col]*N[row][col] for row in range(3) for col in range(3)]     # 展开显示
print(L)                                                    # 输出为 [2, 4, 6, 12, 15, 18, 28, 32, 36]
L = [[M[row][col]*N[row][col] for col in range(3)] for row in range(3)]   # 保持原二维格式
print(L)                                                    # 输出为 [[2, 4, 6],
                                                            #        [12, 15, 18],
                                                            #        [28, 32, 36]]
L = [[M[row][col]*N[row][col] for row in range(3)] for col in range(3)]   # 行列翻转显示
print(L)                                                    # 输出为 [[2, 12, 28],
                                                            #        [4, 15, 32],
                                                            #        [6, 18, 36]]
```

【示例 7】将字典中 age 键，按照条件赋新值。

```
bob = {'pay': 3000, 'job': 'dev', 'age': 42, 'name': 'Bob Smith'}        # 职员 1 的信息
sue = {'pay': 4000, 'job': 'hdw', 'age': 45, 'name': 'Sue Jones'}        # 职员 2 的信息
people = [bob, sue]                                                      # 职员列表
L = [rec['age']+100 if rec['age'] >= 45 else rec['age'] for rec in people]   # 注意 for 位置
print(L)                                                                 # 输出为 [42, 145]
```

【示例 8】一个由男人列表和女人列表组成的嵌套列表，取出姓名中带有两个以上字母 e 的姓名，组成列表。

```
names = [['Tom','Billy','Jefferson','Andrew','Wesley','Steven','Joe'],   # 男人列表
         ['Alice','Jill','Ana','Wendy','Jennifer','Sherry','Eva']]       # 女人列表
L = [name for lst in names for name in lst if name.count('e')>=2]        # 嵌套 for，展开元素
```

```
                                               # 注意遍历顺序，这是实现的关键
print(L)                                       # 输出为 ['Jefferson', 'Wesley', 'Steven', 'Jennifer']
```

5.6　操作列表

5.6.1　访问元素

（1）访问元素的语法格式如下：

```
list[index]
```

list 表示列表对象，index 表示下标索引。index 起始值为 0，第一个元素的下标为 0，最后一个元素的下标为 len(list)-1。其中，len()函数可以统计列表元素的个数。

index 可以为负值，负值索引表示从右往左数，由-1 开始，-1 表示最后一个元素，负列表长度表示第一个元素。例如：

```
list1 = ['a', 'b', 'c']                        # 定义列表
print(list1[-1])                               # 访问最后一个元素，输出为 c
```

如果指定下标超出列表的索引范围，将抛出 IndexError 异常。

（2）使用下面语法格式可以更新元素的值：

```
list[index] = value
```

value 为要赋的值，类型不限。index 不能超出列表的索引范围，否则将抛出 IndexError 异常。

【示例 1】使用 len()函数获取列表长度，然后使用 while 语句遍历列表的所有元素，最后把每个元素的值转换为大写形式。

```
list1 = ['a', 'b', 'c']                        # 定义列表
i = 0                                          # 循环变量
while i < len(list1):                          # 遍历列表
    list1[i] = list1[i].upper()                # 读取每个元素，然后转换为大写形式，再写入
    i += 1                                     # 递增变量
print(list1)                                   # 输出为 ['A', 'B', 'C']
```

（3）使用 count()方法可以统计列表中指定元素出现的次数，如果不存在，则返回 0。例如：

```
list1 = [1, 2, 3, 4, 5, 5, 4, 3, 2, 1, 4]
print(list1.count(4))                          # 输出为 3
```

（4）使用 index()方法可以获取指定元素的下标索引。语法格式如下：

```
list.index(value, start, stop)
```

list 表示列表对象，参数 value 表示元素的值。start 和 stop 为可选参数，start 表示起始检索的位置，包含 start 所在位置，stop 表示终止检索的位置，不包含 stop 所在的位置。

index()方法将在指定范围内，从左到右查找第一个匹配的元素，然后返回它的下标索引值。

【示例 2】获取 4 在列表的位置 7 和 12 之间存在的索引，返回 10，即第 11 个元素。

```
list1 = [1, 2, 3, 4, 5, 5, 4, 3, 2, 1, 4, 2, 4]
print(list1.index(4, 7, 12))                   # 输出为 10
```

注意：如果列表对象中不存在指定的元素，将会抛出异常。

【示例 3】使用切片语法访问列表元素。

```
list1 = [3, 4, 5, 6, 7, 9, 11, 13, 15, 17]
print(list1[::])                  # 返回包含所有元素的新列表
print(list1[::-1])                # 倒序读取所有元素：[17, 15, 13, 11, 9, 7, 6, 5, 4, 3]
print(list1[::2])                 # 偶数位置，隔一个取一个：[3, 5, 7, 11, 15]
print(list1[1::2])                # 奇数位置，隔一个取一个：[4, 6, 9, 13, 17]
print(list1[3::])                 # 从下标 3 开始的所有元素：[6, 7, 9, 11, 13, 15, 17]
print(list1[3:6])                 # 下标在 3 和 6 之间的所有元素：[6, 7, 9]
print(list1[0:100:1])             # 前 100 个元素，自动截断
print(list1[100:])                # 下标 100 之后的所有元素，自动截断：[]
print(list1[100])                 # 直接使用下标访问发生越界：
                                  #   IndexError: list index out of range
```

5.6.2 遍历元素

遍历就是对列表中每个元素执行一次访问，常用于数据过滤处理。

1. 使用 while

配合使用 while 语句和 len()函数可以遍历列表。

【示例 1】把列表中每个元素转换为大写形式。

```
list1 = ['a', 'b', 'c']           # 定义列表
i = 0                             # 定义初始值
while i < len(list1):             # 遍历列表
    list1[i] = list1[i].upper()   # 读取每个元素，然后转换为大写形式，再写入
    i += 1                        # 下标自增
print(list1)                      # 输出为 ['A', 'B', 'C']
```

2. 使用 for

for 主要用于遍历可迭代对象，该语句语法简洁，且运行高效。具体语法格式如下：

```
for item in iterable:
    # 处理语句
```

item 引用每个元素，iterable 表示可迭代对象。当遍历所有元素之后，for 自动停止迭代。

【示例 2】使用 for 语句快速把列表中每个元素转换为大写形式。

```
list1 = ['a', 'b', 'c']                # 定义列表
for i in list1:                        # 遍历列表
    list1[list1.index(i)] = i.upper()  # 读取每个元素，然后转换为大写形式，再写入
print(list1)                           # 输出为 ['A', 'B', 'C']
```

注意：如果列表中出现重复元素，则 list1.index(i)返回的总是第一次出现元素的下标。

【示例 3】针对示例 2，可以使用 enumerate()函数先把列表转换为 enumerate 对象，即枚举对象，然后再使用 for 遍历 enumerate 对象，就可以避免重复元素的问题。

```
list1 = ['a', 'b', 'c', 'b']                 # 定义列表
for index, value in enumerate(list1):        # 遍历 enumerate 对象
    list1[index] = value.upper()             # 读取每个元素，然后转换为大写形式，再写入
print(list1)                                 # 输出为 ['A', 'B', 'C', 'B']
```

在上面代码中，index 可以获取当前元素的下标，value 可以获取当前元素的值。

5.6.3　添加元素

1. 使用 append()

使用 append()方法可以在当前列表尾部追加元素，该方法执行效率高。语法格式如下：

```
list.append(obj)
```

list 表示列表对象，参数 obj 表示要添加到列表末尾的值。该方法在原列表对象上执行操作，没有返回值。

【示例 1】为列表 list1 追加了一个元素'b'，追加的元素被添加在列表的尾部。

```
list1 = ['a', 'b', 'c']                    # 定义列表
list1.append("b")                          # 追加一个元素
print(list1)                               # 输出为 ['a', 'b', 'c', 'b']
```

提示：Python 采用基于值的内存自动管理模式，当为对象修改值时，并不是直接修改变量的值，而是使变量指向新的值，这对于 Python 所有类型的变量都是一样的。例如：

```
a = [1,2,3]                                # 定义变量
print(id(a))                               # 返回对象的内存地址：436677206664
a = [1,2]                                  # 修改变量的值
print(id(a))                               # 返回新值的内存地址：436707196104
```

【示例 2】列表中包含的是对值的引用，而不是直接包含值。

```
a = [1,2,4]
b = [1,2,3]
print(a == b)                              # True，值相等
print(id(a) == id(b))                      # False，地址不同
print(id(a[0]) == id(b[0]))                # True，相等，第一个元素的地址相同
print(id(a))                               # 内存地址：1287664717504
a.append(4)                                # 添加元素，列表地址不变
print(id(a))                               # 内存地址：1287664717504
```

2. 使用 extend()

使用 extend()方法可以将一个可迭代对象的所有元素添加到当前列表对象的尾部。通过 extend()方法增加列表元素也不会改变当前列表对象的内存地址，属于原址操作。

【示例 3】使用 extend()方法连续为列表 list1 添加一组元素。

```
a = [1, 2, 4]
print(id(a))                               # 内存地址：878351704712
a.extend([7, 8, 9])                        # 追加序列
print(a)                                   # 输出为 [1, 2, 4, 7, 8, 9]
print(id(a))                               # 内存地址：878351704712
```

3. 使用 insert()

使用列表对象的 insert()方法可以将元素添加到指定下标位置。语法格式如下：

```
list.insert(index, obj)
```

参数 index 表示插入的索引位置；obj 表示要插入列表中的对象。该方法没有返回值，只是在原列表指定位置插入对象。

【示例 4】为列表 a 添加一个元素 6，下标位置为 3。

```
a = [1, 2, 3, 4]
```

```
print(id(a))                                      # 内存地址：47959883021
a.insert(3, 6)                                    # 在下标为 3 的位置插入元素 6
print(a)                                          # 输出为 [1, 2, 3, 6, 4]
print(id(a))                                      # 内存地址：47959883021
```

提示：insert()方法操作的索引超出范围时，如果是正索引，等效于 append()方法，如果是负索引，等效于 insert(0, object)方法。

注意：由于列表的内存自动管理功能，insert()方法引起插入位置之后所有元素的移位，这会影响处理速度。因此，应尽量在列表尾部增加或删除元素。类似的还有后面介绍的 remove()方法，以及使用 pop()函数弹出列表非尾部元素，使用 del 命令删除列表非尾部元素的情况。

4. 使用切片

【示例 5】使用切片添加一个或多个元素，在原对象中修改列表元素。

```
list1 = [3, 5, 7]
list1[len(list1):] = [9]                          # 在尾部追加元素
print(list1)                                      # 输出为 [3, 5, 7, 9]
list1[:3] = [1, 2, 3]                             # 替换前 3 个元素
print(list1)                                      # 输出为 [1, 2, 3, 9]
list1[:3] = []                                    # 删除前 3 个元素
print(list1)                                      # 输出为 [9]
list1 = list(range(10))                           # 修改为 0～9 的数字列表
print(list1)                                      # 输出为 [0, 1, 2, 3, 4, 5, 6, 7, 8, 9]
list1[::2] = [0]*5                                # 替换偶数位置上的元素
print(list1)                                      # 输出为 [0, 1, 0, 3, 0, 5, 0, 7, 0, 9]
list1[0:0] = [1]                                  # 在索引为 0 的位置插入元素
print(list1)                                      # 输出为 [1, 0, 1, 0, 3, 0, 5, 0, 7, 0, 9]
list1[::2] = [0]*3                                # 切片不连续，两个元素个数必须一样多，
                                                  # 否则将抛出异常，本行代码将无法运行
List1[:3] = 123                                   # 切片赋值时，只能使用序列，
                                                  # 否则将会抛出 TypeError 异常
```

5.6.4 删除元素

1. 使用 del 命令

使用 del 命令可以删除列表中指定位置的元素。

【示例 1】下面示例简单演示使用 del 命令删除列表 a 中下标值为 2 的元素。

```
a = [1, 2, 3, 4]
print(id(a))                                      # 内存地址：372590994056
del a[2]                                          # 删除下标值为 2 的元素
print(a)                                          # 输出为 [1, 2, 4]
print(id(a))                                      # 内存地址：372590994056
```

2. 使用 pop()

使用 pop()方法可以删除并返回指定位置上的元素。语法格式如下：

```
list.pop([index=-1])
```

参数 index 表示要移除列表元素的索引值，默认值为-1，即删除最后一个列表值。如果给定的索引值超

出了列表的范围，将抛出异常。

【示例 2】删除列表 a 中最后一个元素，然后输出列表和删除元素的值。

```
a = [1, 2, 3, 4]
e = a.pop()                                   # 删除最后一个元素
print(a)                                      # 输出为 [1, 2, 3]
print(e)                                      # 输出为 4
```

3. 使用 remove()

使用列表对象的 remove()方法可以删除首次出现的指定元素。语法格式如下：

```
list.remove(obj)
```

参数 obj 表示列表中要移除的对象，即列表元素的值。该方法没有返回值，如果列表中不存在要删除的元素，则抛出异常。

【示例 3】试使用 remove()方法删除列表中的重复元素 2。

```
a = [1, 2, 2, 2, 2, 3, 4, 2, 3, 2, 4]
for i in a[::]:                               # 遍历切片
    if 2 == i:                                # 设置删除条件
        a.remove(i)                           # 删除元素 2
print(a)                                      # 输出为 [1, 3, 4, 3, 4]
```

在上面代码中，a[::]表示列表切片，包含列表 a 中所有元素的新列表，这样当删除列表 a 中的元素时，这个列表切片不会受到影响。也可以按下面方法来设计：

```
a = [1, 2, 2, 2, 2, 3, 4, 2, 3, 2, 4]
for i in range(len(a)-1, -1, -1):             # 从后往前检查
    if a[i] == 2:                             # 设置删除条件
        del a[i]                              # 删除元素 2
print(a)                                      # 输出为 [1, 3, 4, 3, 4]
```

在上面代码中，range(len(a)-1, -1, -1)等价于 range(10, -1, -1)，即生成一个列表[10, 9, 8, 7, 6, 5, 4, 3, 2, 1, 0]，遍历该列表，获取一个下标值，然后反向查找并删除列表 a 中的元素 2。反向操作是为了避免删除一个元素后，对后面将要被检查的元素的下标值产生影响。

4. 使用 clear()

使用列表对象的 clear()方法可以删除列表中所有的元素。该方法没有参数，也没有返回值。

【示例 4】使用 clear()方法清除列表 a 中所有元素，最后输出 a 为空列表。

```
a = [1, 2, 3, 4]
a.clear()                                     # 删除所有元素
print(a)                                      # 输出为 []
```

5. 使用切片

【示例 5】使用 del 与切片结合删除列表元素。

```
list1 = [3, 5, 7, 9, 11]
del list1[:3]                                 # 删除前 3 个元素
print(list1)                                  # 输出为 [9, 11]
list1 = [3,5,7,9,11]
list1[:3] = []                                # 删除前 3 个元素
print(list1)                                  # 输出为 [9, 11]
list1 = [3,5,7,9,11]
del list1[::2]                                # 删除偶数位置上的元素
print(list1)                                  # 输出为 [5, 9]
```

5.6.5 复制列表

1. 浅复制

浅复制就是只复制列表对象的浅层关系，不再深入复制每个值所引用的对象。

在列表对象上调用 copy()方法，可以快速复制列表，该方法没有参数，返回一个浅复制的列表对象。使用 copy 模块的 copy()函数也可以执行浅复制。

【示例 1】使用 copy.copy()函数执行浅复制。

```
import copy                                  # 导入 copy 模块
x = [1, 2, [3,4]]
y = copy.copy(x)                             # copy()函数浅复制
print(id(x[2]))                              # 内存地址：2891781245440
print(id(y[2]))                              # 内存地址：2891781245440
```

2. 深复制

深复制将会递归复制对象的所有子对象。使用 copy 模块的 deepcopy()函数可以执行深复制。

【示例 2】使用 deepcopy()函数执行深复制。

```
import copy                                  # 导入 copy 模块
x = [1, 2, [3,4]]
y = copy.deepcopy(x)                         # deepcopy()函数深复制
print(id(x[2]))                              # 内存地址：2438547638720
print(id(y[2]))                              # 内存地址：2438547682368
```

3. 使用切片

使用切片都是浅复制。

【示例 3】使用切片快速复制列表。

```
x = [1, 2, [3,4]]
y = x[:]                                     # 切片复制
print(id(x[2]))                              # 内存地址：1569161301632
print(id(y[2]))                              # 内存地址：1569161301632
```

5.6.6 删除列表

使用 del 命令可以删除列表。例如：

```
list1 = ['a', 'b', 'c']                      # 定义字符串列表
del list1                                    # 删除列表
print(list1)                                 # 再次访问列表，将抛出错误
```

如果列表对象所指向的值不再有其他对象引用，Python 将择时从内存中释放该值。

【示例】有列表 nums = [2, 7, 11, 15, 1, 8]，请找到列表中任意相加等于 9 的元素集合，如：[(2, 7), (1, 8)]。

```
nums = [2, 7, 11, 15, 1, 8]                  # 初始化列表
new_nums = []                                # 定义新的列表
for i in range(len(nums)-1):                 # 遍历列表
    for j in range(i+1, len(nums)):
        if nums[i] + nums[j] == 9:           # 比较列表中两个元素的和是否满足条件
            n = (nums[i], nums[j])           # 保存在元组中
            new_nums.append(n)               # 将元组添加在列表中
print(new_nums)
```

也可使用嵌套列表推导式设计：

```
nums = [2, 7, 11, 15, 1, 8]
new_nums = [(nums[i],nums[j]) for i in range(len(nums)-1) for j in range(i+1,len(nums)) if nums[i] + nums[j] ==9]
print(new_nums)
```

5.7　认识元组

1. 元组的特点

元组（tuple）是不可变序列，也是 Python 最基本的数据结构之一，具有如下特点。

- 元组是有序的数据结构。内部数据的位置排列固定。
- 通过下标索引访问内部数据。支持迭代和切片的读操作。
- 元组是不可变的数据类型。不能添加、删除和更新元组内的数据。
- 内部数据统称为元素，元素的值可以重复，可以为任意类型的数据，如数字、字符串、列表、元组、字典和集合等。
- 列表的字面值：使用小括号包含所有元素，元素之间使用逗号分隔。

2. 元组与列表的区别

除了只读特性外，元组与列表非常相似，可以把它视为只读列表，因此，只要学会正确操作列表，也可以很轻松地操作元组。两者具体区别如下。

- 元组字面值使用小括号表示，而列表字面值使用中括号表示。
- 与列表相比，元组不能增加元素，没有 append()和 extend()方法；也不能删除元素，没有 remove()和 pop()方法。
- 列表不能作为字典的键、集合的元素，而元组可以作为哈希值使用。

3. 元组的优点

元组比列表操作速度快。

- 如果定义一个常量集，并且仅用于读取操作，建议优先选用元组结构。
- 如果对一组数据进行“写保护”，建议使用元组，而不是列表。如果必须改变这些值，则需要执行从元组到列表的转换。

4. 相互转换

从效果上看，元组可以冻结一个列表，而列表可以解冻一个元组。

- 使用内置的 tuple()函数可以将一个列表转换为元组。
- 使用内置的 list()函数可以将一个元组转换为列表。

5.8　定义元组

5.8.1　元组字面值

元组字面值的语法格式如下：

```
(元素 1, 元素 2, 元素 3, … , 元素 n)
```

以小括号作为起始和终止标识符，其中包含零个或多个元素，元素之间通过逗号分隔。

【示例 1】使用小括号语法定义多个元组对象。

```
t1 = ('a', 'b', 'c')                    # 定义字符串元组
t2 = (1, 2, 3)                          # 定义数字元组
t3 = ("a", 1, [1, 2, 3])                # 定义混合类型的元组
t4 = ()                                 # 定义空元组
```

空元组可以应用在函数中，为函数传递一个空值，或者返回一个空值。如果在定义函数时，必须传递一个元组，但是又无法确定具体的值，这时可以使用空元组进行传递。

提示： 元组以小括号作为语法分隔符，但是小括号不是必须的，可以允许一组值使用逗号分隔来表示一个元组。例如：

```
t1 = 'a', 'b', 'c'                      # 定义字符串元组
t2 = 1, 2, 3                            # 定义数字元组
t3 = "a", 1, [1, 2, 3]                  # 定义混合类型的元组
```

【示例 2】如果要创建仅包含一个元素的数组时，则需要在元素后面附加一个逗号，表示它是一个元组，否则会被解析为一个值。

```
t1 = (1,)                               # 小括号语法
t2 = 1,                                 # 附加逗号
t3 = (1)                                # 逻辑分隔符
t4 = 1                                  # 简单值
print(type(t1))                         # 输出为 <class 'tuple'>
print(type(t2))                         # 输出为 <class 'tuple'>
print(type(t3))                         # 输出为 <class 'int'>
print(type(t4))                         # 输出为 <class 'int'>
print(t2)                               # 输出为 (1,)
```

提示： 与列表一样，Python 对元组元素的类型没有严格的限制，每个元素可以是不同的类型，但是从代码的可读性和程序的执行效率考虑，建议统一元组元素的数据类型。

5.8.2 构造元组

使用 tuple()函数可以将列表、range 对象、字符串或者其他类型的可迭代数据转换为元组。

【示例】使用 tuple()函数把常用的可迭代数据转换为元组对象。

```
t1 = tuple((1, 2, 3))                   # 元组
t2 = tuple([1, 2, 3])                   # 列表
t3 = tuple({1, 2, 3})                   # 集合
t4 = tuple(range(1, 4))                 # 数字范围
t5 = tuple('Python')                    # 字符串
t6 = tuple({"x": 1, "y": 2, "z": 3})    # 字典
t7 = tuple()                            # 空元组
print(t1, t2, t3, t4, t5, t6, t7)
```

输出显示为：

```
(1, 2, 3) (1, 2, 3) (1, 2, 3) (1, 2, 3) ('P', 'y', 't', 'h', 'o', 'n') ('x', 'y', 'z') ()
```

5.9　应 用 元 组

元组的使用场景比较多，下面结合示例介绍常用使用场景。

1. 格式化输出

```
name = 'zhangsan'
gender = 'male'
tup = (name,gender)
print('name:%s , age:%s' %(name,gender))          # 输出 name:zhangsan , age:male
print('name:%s , age:%s' %tup)                    # 输出 name:zhangsan , age:male
```

2. 多重赋值

通过元组的解包特性，可以把一个元组的多个元素快速赋值给多个变量，这是元组的常用操作。下面示例演示如何快速交换两个变量的值。

```
a = 1
b = 2
a,b = b,a                                         # 元组 b,a 解包
print ('a:',a)                                    # 输出为 a: 2
print ('b:',b)                                    # 输出为 b: 1
```

提示：解包和封包是 Python 语言的一个特性。

所谓解包，就是当把一个可迭代对象赋值给多个变量时，Python 自动把每个元素拆分给每个变量，例如，a,b,c=[1,2,3]，等效于 a=1,b=2,c=3。

所谓封包，就是当把多个值以逗号间隔赋值给一个变量时，Python 自动把多个值封装为一个元组，然后赋值给变量，变量也就变为元组，例如，a =1,2,3，等效于 a=(1,2,3)。另外，在函数的参数传递过程中，也存在封包和解包特性，详细说明参见 9.1.7 节。

3. 数据保护

元组只能读取，不能写入，如果将列表转换为元组，可以保护数据不被随意改动。

```
name_list = ["zhangsan", "lisi", "wangwu"]
name_tuple = tuple(name_list)
print(name_tuple)                                 # 输出 ('zhangsan', 'lisi', 'wangwu')
name_list = list(name_tuple)
print(name_list)                                  # 输出 ['zhangsan', 'lisi', 'wangwu']
```

4. 数据切片

```
tup = (3, 4, 5, 6, 7, 9, 11, 13, 15, 17)
print(tup[::])                                    # 返回包含所有元素的新元组
print(tup[::-1])                                  # 逆序的所有元素：(17, 15, 13, 11, 9, 7, 6, 5, 4, 3)
print(tup[::2])                                   # 偶数位置，隔一个取一个：(3, 5, 7, 11, 15)
print(tup[1::2])                                  # 奇数位置，隔一个取一个：(4, 6, 9, 13, 17)
print(tup[3::])                                   # 从下标 3 开始的所有元素：(6, 7, 9, 11, 13, 15, 17)
print(tup[3:6])                                   # 下标在[3, 6]之间的所有元素：(6, 7, 9)
print(tup[0:100:1])                               # 前 100 个元素，自动截断
print(tup[100:])                                  # 下标 100 之后的所有元素，自动截断：()
print(tup[100])                                   # 直接使用下标访问发生越界：
                                                  # IndexError: list index out of range
```

5.10 案例实战

5.10.1 进制转换

本节示例将运用栈运算求解进制转换的问题。栈运算遵循先进后出、后进先出原则。把十进制数转换为二进制数，实际上就是把数字对 2 进行取余，然后再使用相除结果对 2 继续取余。在运算过程中把每次的余数推入栈中，最后再出栈组合为字符串即可。

例如，把 10 转换为二进制数的过程为：10/2 = 5 余 0，5/2 = 2 余 1，2/2 = 1 余 0，1 小于 2 余 1，进栈后为：0101，出栈后为：1010，即 10 转换为二进制数为 1010。

定义一个函数，接收十进制的数字，然后返回一个二进制的字符串表示。

```
def d2b (num):
    a = []                                  # 定义栈
    b = ''                                  # 临时二进制字符串
    while (num>0) :                         # 逐步求余
        r = num % 2                         # 获取余数
        a.append(r)                         # 把余数推入栈中
        num = num // 2                      # 获取相除后整数部分值，准备下一步求余
    while (len(a)):                         # 依次出栈，然后拼接为字符串
        b += str(a.pop())
    return "0b" + b                         # 返回二进制字符串
```

下面调用函数，输入十进制数字，然后打印二进制数。

```
print( d2b(59))                             # 调用自定义类型转换函数，返回 0b111011
print( bin(59))                             # 使用内置函数，返回 0b111011
```

十进制数转二进制数时，余数是 0 或 1，而十进制数转八进制数时，余数为 0～7 的整数；十进制数转十六进制数时，余数为 0～15 之间的数字，10、11、12、13、14 和 15 可以映射为 A、B、C、D、E、F。因此，参考上面函数的设计思路，可以设计其他进制数转换的函数。

5.10.2 游戏运算

本节示例将设计一个小游戏：有一群猴子排成一圈，按 1、2、3、…、n 依次编号。然后从第 1 只开始数，数到第 m 只，则把它踢出圈，然后从它后面再开始数，当再次数到第 m 只时，继续把它踢出去，依此类推，直到只剩下一只猴子为止，那只猴子就叫作大王。要求编程模拟此过程，输入 m、n，输出最后那个大王的编号。

这里主要运用队列运算。队列运算遵循先进先出、后进后出的原则。定义一个函数，接收两个参数：n 表示猴子个数，m 表示踢出位置。函数返回值为最后一个剩余猴子的索引号。

```
def f(n, m):
    # 将猴子编号并放入列表
    arr = []
    for i in range(1, n+1):
        arr.append(i)
    # 当列表内只剩下一个猴子时跳出循环
    while(len(arr) > 1):
        for i in range(m-1):                # 定义排队轮转的次数
```

```
            arr.append(arr.pop(0))                  # 队列操作，完成猴子的轮转
        arr.pop(0)                                  # 踢出第 m 个猴子
    return arr[0]                                   # 返回包含最后一个猴子的位置编号
```

下面调用函数，输入猴子总数，以及要踢出的位置。

```
print(f(5, 3))                                      # 编号为 4 的猴子胜出
print(f(8, 6))                                      # 编号为 1 的猴子胜出
```

5.10.3　使用 namedtuple

tuple 表示不可变集合，常用于表示一组固定的值，如坐标点 p = (1, 2)，但是元组没有名字，使用时不是很方便。使用 namedtuple 可以命名元组，且为元组中每个元素赋予名称，这样可以方便通过名称访问字段，而不是位置索引。具体语法格式如下：

```
collections.namedtuple(typename, field_names, *, verbose=False, rename=False, module=None)
```

typename 表示元组的名称，field_names 表示元素的字段名。如果 rename=True，则无效的字段名将被自动更换为位置名称。返回 tuple 的子类，特性与 tuple 类似，可以索引，也可以迭代。

【示例 1】使用 namedtuple 创建一个坐标点元组。

```
from collections import namedtuple
Point = namedtuple('Point', ['x', 'y'])
p = Point(1, 2)
print(p.x)                                          # 字段访问，输出为 1
print(p.y)                                          # 字段访问，输出为 2
print(p[0])                                         # 索引访问，输出为 1
print(p[1])                                         # 索引访问，输出为 2
```

【示例 2】使用 RGBA（red, green, blue, alpha）四维空间描述颜色值。

```
from collections import namedtuple
from collections import Counter
Color = namedtuple("Color", "r g b alpha")          # 定义命名元组，名称为 Color，包含 4 个字段
blue = Color(0, 0, 255, 1.0)                        # 使用四维参数描述蓝色
red = Color(255, 0, 0, 1.0)                         # 使用四维参数描述红色
```

使用字典来描述 RGBA 四维空间，代码如下，存在两个缺点：键名容易被修改，字典无法存储在 set 或其他字典中。

```
blue = {"r": 0, "g": 0, "b": 255, "alpha": 1.0}
```

使用 namedtuple 描述颜色信息，使用 Counter 统计一个集合或图像中有多少种颜色。例如：

```
c = Counter([blue, blue, red])
print(c)
```

输出为：

```
Counter({Color(r=0, g=0, b=255, alpha=1.0): 2,
         Color(r=255, g=0, b=0, alpha=1.0): 1})
```

再如，根据 alpha 对集合中的颜色进行排序。

```
colors = [
    Color(r=50, g=205, b=50, alpha=0.1),
    Color(r=50, g=205, b=50, alpha=0.5),
    Color(r=50, g=0, b=0, alpha=0.3)
]
L =   sorted(colors, key=lambda t: t.alpha)
```

```
print(L)
```

输出为：

```
[Color(r=50, g=205, b=50, alpha=0.1),
Color(r=50, g=0, b=0, alpha=0.3),
Color(r=50, g=205, b=50, alpha=0.5)]
```

5.10.4 使用 deque

使用 list 存储数据时，按索引访问元素很快，但是插入和删除元素很慢，因为 list 是线性存储，数据量大的时候，插入和删除效率很低。使用 deque（双向队列）可以实现高效插入和删除操作。具体语法格式如下：

```
collections.deque([iterable[, maxlen ]])
```

参数 iterable 为可迭代对象，将根据该对象提供的数据创建一个新的双向队列对象，如果 iterable 没有指定，则新队列为空。参数 maxlen 指定队列的最大长度，一旦限定长度的 deque 已满，当加入新项时，同样数量的项就会从另一端弹出。如果 maxlen 没有指定或者是 None，deques 可以增长到任意长度。

deque 除了实现 list 的 append()和 pop()方法外，还支持 appendleft()和 popleft()，这样就可以非常高效地往头部添加或删除元素。双向队列主要操作方法如下，其他操作与 list 相似。

- append(x)：添加 x 到右端。
- appendleft(x)：添加 x 到左端。
- extend(iterable)：在队列右侧添加 iterable 中的元素。
- extendleft(iterable)：在队列左侧反序添加 iterable 中的元素。
- pop()：移除最右侧的元素。
- popleft()：移除最左侧的元素。

例如：

```
from collections import deque
d = deque(maxlen=10)                    # 定义双向队列，最大长度为 10
d.extend('123456789abcd')               # 右侧添加一组元素
d.append('e')                           # 右侧添加一个元素
print(d)                                # 输出为 deque(['5', '6', '7', '8', '9', 'a', 'b', 'c', 'd', 'e'], maxlen=10)
d.appendleft('f'                        # 左侧添加一个元素
print(d)                                # 输出为 deque(['f', '5', '6', '7', '8', '9', 'a', 'b', 'c', 'd'], maxlen=10)
```

使用 deque 数据结构可以快速解决经典的回文问题。回文是一个字符串，读取首尾相同的字符，如 radar。

【示例】定义一个函数，要求输入一个字符串，并检查它是否是一个回文。

设计思路：使用 deque 存储字符串的字符。从左到右处理字符串，并将每个字符添加到 deque 的尾部。deque 的首部保存字符串的第一个字符，deque 的尾部保存最后一个字符。直接删除并比较首尾字符，只有当它们匹配时才继续。如果可以持续匹配首尾字符，最终要么用完字符，要么留出大小为 1 的 deque，这取决于原始字符串的长度是偶数还是奇数。在任一情况下，字符串都是回文。

```
from collections import deque
def palchecker(string):                 # 回文检测函数
    d = deque()                         # 创建双向队列
    for ch in string:                   # 把字符串中字符按顺序逐个推入双向队列
        d.append(ch)
    b = True                            # 检测标志变量，初始为 True
    while len(d) > 1 and b:             # 如果队列中元素个数大于 1，同时标志变量为真
```

```
        first = d.popleft()                    # 删除首部字符
        last = d.pop()                         # 删除尾部字符
        if first != last:                      # 如果首尾字符不相等，则设置标志变量为 False
            b = False
    return b                                   # 返回标志变量的值

string = "ama"                                 # 定义字符串
print( palchecker(string) )                    # 返回 True
```

5.11 在线支持

扫码免费学习
更多实用技能

一、补充知识

☑ 组合数据类型

二、专项练习

☑ Python 基础练习
☑ Python 基础编程
☑ Python 习题-填空题
☑ Python 习题-判断题
☑ Python 习题-简答题
☑ Python 习题-编程题

新知识、新案例不断更新中……

第 6 章

字典和集合

上一章介绍了 Python 常用的序列类型：列表、元组和数字范围等。本章将介绍非序列的数据容器：字典和集合。其中，字典是映射类型的容器，类似手机通讯录，通过姓名找到电话，方便快速拨号，避免记忆一堆枯燥、易错的数字；集合是一个数学概念，它表示确定的一堆东西，这些“东西”被称为元素，集合类似表情包，包中的每一种表情都是唯一的。

视频讲解

6.1 认识字典

生活中存在大量的对应关系，如一个身份证号对应一个人，一张购物卡对应一位消费者等，映射是一种特殊的对应关系，它允许通过一个键查找对应的值。在 Python 中映射是实现了 Mapping 或 MutableMapping 抽象基类中所规定方法的容器对象，包括 dict、collections.defaultdict、collections.OrderedDict 和 collections.Counter。

映射（mapping）属于可变对象，它将哈希值（hashable）映射到任意对象。目前，Python 仅有一种标准映射类型：字典（dict）。字典的键可以是任意不可变值（也称哈希值）。对于可变对象，如列表、字典、集合或其他可变类型的值不可以用作键。

当数字类型用作键时，遵循数字比较的一般规则：如果两个数值相等，如 1 和 1.0，则两个值可以用来索引同一字典项目。注意，由于浮点数的精度问题，不建议使用浮点数作为字典的键。

作为 Python 最基本的数据类型之一，字典具有如下特点。

- 字典是无序的数据结构，内部数据随机排列。
- 字典是可变的数据类型。可以任意添加、删除或更新字典内的数据，字典对象会自动伸缩，确保内部数据无缝隙排列在一起。
- 通过映射访问内部数据，不能通过下标索引访问内部数据。支持迭代操作。
- 内部数据统称为项目，每个项目都由键和值组成。
- 键名必须是哈希值，即确保键名唯一性、不可变性。值可以为任意类型的数据。
- 字典的字面值：使用大括号包含所有元素，元素之间使用逗号分隔，每个元素的键和值之间使用冒号分隔。

6.2 定义字典

6.2.1 字典字面值

字典字面值的语法格式如下：

```
{键 1: 值 1, 键 2: 值 2, 键 3: 值 3, … , 键 n: 值 n}
```

使用大括号作为起始和终止标识符，其中包含零个或多个项目，项目之间通过逗号分隔。项目由键和值组成，键与值之间通过冒号分隔。注意事项如下。

- 键必须是唯一的，值可以不唯一。如果键重复，则最后一个键映射的值有效。
- 键必须是不可变的，如数字、字符串或者元组，不能够使用列表、字典、集合等可变类型的对象。
- 值可以是任意类型的数据，可以是简单值或复合值，也可以是不可变的值或可变的值。
- 如果不包含键和值的元素，则为空字典。

【示例】下面使用字面值定义 2 个字典对象。

```
dict1 = {'a': 1, 1: 'a'}                    # 定义字符串字典
dict2 = {}                                  # 定义空字典
```

6.2.2　构造字典

1. 使用 dict()

可以通过 dict 构造器构造字典，语法格式如下：

```
dict(**kwarg)
dict(mapping, **kwarg)
dict(iterable, **kwarg)
```

参数 mapping 和 iterable 是可选的位置参数，设置映射对象和可迭代对象；参数 kwarg 是可以为空的关键字参数。dict()函数返回一个新字典。具体说明如下：

- 如果没有参数，将创建一个空字典。例如，dict1 = dict()。
- 如果参数为映射对象，将创建一个与映射对象相同键值对的字典。
- 如果参数为可迭代对象，则可迭代对象中的每一项必须是刚好包含两个元素的可迭代对象，其中第一个元素将成为新字典的一个键，第二个元素将成为其对应的值。
- 如果一个键出现一次以上，该键的最后一个值将成为其在新字典中对应的值。
- 如果给出了关键字参数，则关键字参数及其值被加入到基于位置参数创建的字典。
- 如果要加入的键已存在，来自关键字参数的值将替代来自位置参数的值。

【示例 1】使用 dict()函数把常用的可迭代数据转换为字典对象。参数 zip 表示 zip 对象，且只能包含两个序列对象，一个用作键集，一个用作值集。

```
t1 = (1,2,3)                                # 定义键元组
t2 = ("a","b","c")                          # 定义值元组
d = dict(zip(t1,t2))                        # 把两个元组合并为一个字典
print(d)                                    # 输出为 {1: 'a', 2: 'b', 3: 'c'}
```

【示例 2】为 dict()函数传递 3 个关键字参数，定义一个字典对象。其中键名是一个变量，而不是一个字符串，必须符合标识符的命名规则。

```
dict1 = dict(a='a', b=True, c=3)
print(dict1)                                # 输出为 {'a': 'a', 'b': True, 'c': 3}
```

【示例 3】为 dict()传入一个可迭代数据集，将被转换为字典对象。其中每个元素是元组，包含两个值。

```
dict1 = dict([('one', 1), ('two', 2), ('three', 3)])   # 可迭代对象
print(dict1)                                # 输出为 {'one': 1, 'two': 2, 'three': 3}
```

【示例 4】使用 enumerate()函数将列表转换为枚举对象，然后再转换为字典对象。

```
list1 = ['a', 'b', 'c', 'b']                # 定义字典
enum = enumerate(list1)                     # 转换为索引序列
dict1 = dict(enum)                          # 转换为字典
```

```
print(dict1)                                    # 输出为 {0: 'a', 1: 'b', 2: 'c', 3: 'b'}
```

2. 使用 fromkeys()

使用 dict.fromkeys()函数可以根据一个可迭代对象创建一个新字典，语法格式如下：

```
dict.fromkeys(iterable [, value])
```

dict 表示字典对象，参数 iterable 表示一个可迭代对象，可迭代对象的元素将被设置为字典的键，value 为可选参数，设置每个键的初始值，默认值为 None。该函数返回一个新的字典对象。

【示例 5】以数字作为键，新创建一个字典，所有元素的默认值都为 False。

```
t = range(3)                                    # 定义数字范围的元组
dict1 = dict.fromkeys(t, False)                 # 以元组内数字为键，以 False 为默认值定义字典
print(dict1)                                    # 输出为 {0: False, 1: False, 2: False}
```

6.2.3 字典推导式

与列表推导式结构类似，但是字典推导式使用大括号进行标识，推导的表达式必须包含键和值两部分，并由冒号分隔，语法格式如下：

```
{键表达式:值表达式 for 一个或一组变量 in 可迭代对象}
{键表达式:值表达式 for 一个或一组变量 in 可迭代对象 if 条件表达式}
```

【示例 1】互换原字典的键和值。

```
a = {'a': 1, 'b': 2}                            # 原字典
b = {v: k for k, v in a.items()}                # 推导字典
print(b)                                        # 输出为 {1: 'a', 2: 'b'}
```

【示例 2】使用字典推导式把字典中大小写键进行合并。

```
a = {'a': 10, 'b': 34, 'A': 7, 'Z': 3}          # 原字典
b = {                                           # 推导后字典
    k.lower(): a.get(k.lower(), 0) + a.get(k.upper(), 0)    # 设计键值对组合形式
    for k in a.keys() if k.lower() in ['a', 'b']            # 设计推导式
}
print(b)                                        # 输出为 {'a': 17, 'b': 34}
```

【示例 3】使用字典推导式以字符串及其索引位置定义字典。

```
str1 = ['import', 'is', 'with', 'if', 'file', 'exception']  # 字符串列表
a = {key: val for val, key in enumerate(str1)}  # 用字典推导式以字符串及其位置定义字典
print(a)                                        # 输出为 {'import': 0, 'is': 1, 'with': 2, 'if': 3, 'file': 4, 'exception': 5}
b = {str1[i]: len(str1[i]) for i in range(len(str1))}
print(b)                                        # 输出为 {'import': 6, 'is': 2, 'with': 4, 'if': 2, 'file': 4, 'exception': 9}
c = {k: len(k)for k in str1}                    # 相比上一个写法简单很多
print(c)                                        # 输出为 {'import': 6, 'is': 2, 'with': 4, 'if': 2, 'file': 4, 'exception': 9}
```

6.3 操作字典

6.3.1 访问项目

1. 使用中括号

使用中括号语法可以直接访问字典的项目。语法格式如下：

```
dict[key]
```

dict 表示字典对象，key 表示键。

【示例 1】定义一个字典对象 dict1，然后使用中括号语法读取键为 a 的值。

```
dict1 = {'a':1, 'b':2, 'c':3}                # 定义字典
print(dict1["a"])                            # 访问键为 a 的元素，输出为 1
print(dict1["e"])                            # 如果指定键不存在，则抛出异常
```

2. 使用 get()

使用 get()方法访问项目，语法格式如下：

```
dict.get(key[, default])
```

dict 表示字典对象，参数 key 表示键，default 表示默认值。当指定的键不存在时，将返回默认值，如果没有设置默认值，将返回 None。

【示例 2】定义一个字典对象 dict1，然后使用 get()方法读取键为 d 的值。由于不存在这个键，则直接返回 None，而不是抛出异常。

```
dict1 = {'a':1, 'b':2, 'c':3}                # 定义字典
print(dict1.get("d"))                        # 访问键为 d 的元素，输出为 None
print(dict1.get("e", "你访问的键不存在"))     # 输出为 你访问的键不存在
```

6.3.2　遍历项目

1. 遍历键

使用 for 语句可以遍历字典包含的所有键，语法格式如下：

```
for key in dict:
    # 处理语句块
```

key 临时引用每个项目的键，dict 表示字典对象。在处理语句块中，可以通过 key 访问字典中每个项目的键名，以及对应的值。

【示例 1】输出字典中每个项目的键和值。其中 i 表示键，dict1[i]表示键映射的值。

```
dict1 = {'a': 1, 'b': 2, 'c': 3}             # 定义字典
for i in dict1:                              # 遍历字典
    print("%s=%s" % (i, dict1[i]))           # 输出键和值
```

输出为：

```
a=1
b=2
c=3
```

使用 list(dict)函数可以获取字典 dict 所有键的列表。使用 iter(dict)函数可以获取字典 dict 所有键作为元素的迭代器。使用 dict.keys()方法可以获取字典所有键的视图对象。

提示： 由 dict.keys()、dict.values()和 dict.items()返回的对象称为视图对象（dictview）。该对象提供字典项目的一个动态视图，当字典改变时，视图也相应改变。字典视图可以被迭代，并支持 len(dictview)、iter(dictview)、reversed(dictview)和 x in dictview 检测功能。

【示例 2】使用 keys()方法先获取键集，然后遍历键的视图对象，输出每个项目的键和值。

```
dict1 = {'a': 1, 'b': 2, 'c': 3}             # 定义字典
for key in dict1.keys():                     # 遍历键
    print("%s=%s" % (key, dict1[key]))       # 输出键和值
```

提示： 使用 len()函数可以统计字典对象包含项目的个数。例如：

```
dict1 = {'a':1, 'b':2, 'c':3}                               # 定义字典
print(len(dict1))                                           # 输出为 3
```

2. 遍历值

使用 values()方法可以获取字典所有值的视图对象。

【示例 3】使用 values()方法先获取值的视图对象，然后遍历视图对象，输出每个项目的值。

```
dict1 = {'a': 1, 'b': 2, 'c': 3}                            # 定义字典
for value in dict1.values():                                # 遍历值
    print(value, end=" ")                                   # 输出所有值 1 2 3
```

3. 遍历项目

使用 items()方法可以获取字典中全部的项目的视图对象。语法格式如下：

```
dict.items()
```

dict 表示字典对象，返回值为可遍历的项目列表，每个项目就是一个元组，每个元组的第 1 个元素为键，第 2 个元素为值。

【示例 4】使用 items()方法获取字典的所有项，并输出显示。

```
dict1 = {'a': 1, 'b': 2, 'c': 3}                            # 定义字典
for item in dict1.items():                                  # 遍历字典项目列表
    print(item)                                             # 输出显示每个项目
```

输出为：

```
('a', 1)
('b', 2)
('c', 3)
```

在 for 语句中可以使用两个变量，如 key 和 value，分别接收元组中两个元素，这个行为称为解包，for key,value in dict1.items()与 for (key,value) in dict1.items()完全等价。例如：

```
dict1 = {'a': 1, 'b': 2, 'c': 3}                            # 定义字典
for key,value in dict1.items():                             # 遍历元组列表
    print("%s=%s" %(key, value))                            # 输出显示键值对
```

6.3.3 添加项目

1. 直接赋值

使用等号运算符，可以快速为字典添加新的项目。语法格式如下：

```
dict[key] = value
```

dict 表示字典对象，参数 key 表示要添加到字典的键，value 表示要设置的值。

【示例 1】为字典 dict1 两个键 d 和 e 添加元素，被添加的项目位于字典的尾部。

```
dict1 = {'a': 1, 'b': 2, 'c': 3}                            # 定义字典
dict1["d"] = 4                                              # 添加一个元素
dict1["e"] = 5                                              # 添加一个元素
print(dict1)                                                # 输出为 {'a': 1, 'b': 2, 'c': 3, 'd': 4, 'e': 5}
```

在字典中，每个键都是唯一的。如果出现重复，则后面的值将覆盖前面的值。

2. 使用 setdefault()

使用 setdefault()方法可以添加一个项目，并设置默认值。语法格式如下：

```
dict.setdefault(key, default=None)
```

dict 表示字典对象，参数 key 表示要添加的键，default 表示要设置的默认值。如果字典中存在指定的 key，则该方法将不执行任何操作，并返回原键对应的值；如果字典中不存在指定的 key，则添加一个新键，初始化为指定的默认值，并返回这个默认值。

【示例 2】使用 setdefault()方法为字典对象添加项目。

```
dict1 = {'a': 1, 'b': 2, 'c': 3}                    # 定义字典
print( dict1.setdefault("d", 4) )                   # 添加一个元素，输出为 4
print( dict1.setdefault("d",5) )                    # 字典包含 d 键，返回 d 键的值，输出为 4
print(dict1)                                        # 输出为 {'a': 1, 'b': 2, 'c': 3, 'd': 4, 'e': 5}
```

为了确保已有键的关联值保持不变，避免覆盖原值，建议使用 setdefault()方法添加项目。

字典保留插入时的顺序，新添加的键将被放在末尾。

6.3.4　修改项目

使用等号运算符可以修改指定键的值。如果指定的键不存在，则添加一个新项目；如果指定的键存在，则修改该项目的键的值。

【示例】下面示例修改键 d 和键 e 的值。

```
dict1 = {'a': 1, 'b': 2, 'c': 3}                    # 定义字典
dict1["c"] = "c"                                    # 修改键 c 的值
dict1["d"] = "d"                                    # d 键不存在，添加 d 键，并设置新值
print(dict1)                                        # 输出为 {'a': 1, 'b': 2, 'c': 'c', 'd': 'd'}
```

6.3.5　删除项目

1. 使用 del 命令

【示例 1】使用 del 命令删除键 b 和 c 对应的项目。

```
dict1 = {'a': 1, 'b': 2, 'c': 3}                    # 定义字典
del dict1["b"]                                      # 删除键 b
del dict1["c"]                                      # 删除键 c
print(dict1)                                        # 输出为 {'a': 1}
```

2. 使用 pop()

pop()方法可以删除指定的键，以及其对应的值，返回值为被删除的值，如果没有找到指定的 key，将返回 default 参数值。语法格式如下：

```
dict.pop(key[,default])
```

dict 表示字典对象，参数 key 表示要删除的键，default 表示默认值。

【示例 2】使用 pop()方法分别删除键为 a、b、c 的项目。

```
dict1 = {'a': 1, 'b': 2, 'c': 3}                    # 定义字典
print(dict1.pop("c"))                               # 输出为 3
print(len(dict1))                                   # 项目数为 2，输出为 2
print(dict1.pop("d","d 键不存在"))                  # 输出为 d 键不存在
print(dict1.pop("d"))                               # 不指定默认值，将抛出 KeyError 异常
```

3. 使用 popitem()

popitem()方法可以随机删除项目，返回键和值组成的元组。

【示例 3】使用 while 语句循环删除字典中所有项目。

```
dict1 = {'a': 1, 'b': 2, 'c': 3}                    # 定义字典
while len(dict1) > 0:                               # 迭代字典
    print(dict1.popitem())                          # 输出删除的键值对，以元组形式返回
print(dict1)                                        # 字典为空，输出为 {}
dict1.popitem()                                     # 再次删除空字典，将抛出 KeyError 异常
```

输出为：

```
('c', 3)
('b', 2)
('a', 1)
{}
```

4. 使用 clear()

使用 clear()方法可以快速清空字典，该方法没有参数，也没有返回值。

【示例 4】使用 clear()方法快速清空字典对象。

```
dict1 = {'a': 1, 'b': 2, 'c': 3}                    # 定义字典
dict1.clear()                                       # 清空字典
print(dict1)                                        # 字典为空，输出为 {}
```

6.3.6 检测项目

使用 in 运算符可以检测指定的键是否存在于字典中。如果存在，则返回 True，否则返回 False。使用 not in 运算符也可以检测一个键是否存在于字典中，逻辑与 in 相反。

【示例】统计字符。设计一个字符串，利用字典的方法，统计每个字符出现的次数。

```
str = 'life is short i need python'                 # 定义字符串
str = str.replace(" ", "")                          # 去除字符串中的空格
dic = dict()                                        # 定义空字典
for cha in str:                                     # 遍历字符串
    if cha in dic:                                  # 字典有该字符
        dic[cha] += 1                               # 该字符的值自增
    else:                                           # 字典没有该字符
        dic[cha] = 1                                # 初始化字符值
for key in dic:                                     # 遍历字典
    print("%s=%d"%(key, dic[key]), end="   " )      # 打印结果
```

输出为：

```
l=1  i=3  f=1  e=3  s=2  h=2  o=2  r=1  t=2  n=2  d=1  p=1  y=1
```

6.3.7 合并字典

1. 使用 update()

update()方法可以更新字典对象，语法格式如下。

```
update([other ])
```

使用参数 other 的键值对更新字典，覆盖原有的键，该方法返回 None。

other 可以是一个字典对象，或者一个包含键值对的可迭代对象，可迭代对象的元素必须是包含 2 个元素的元组或其他可迭代对象。

也允许设置一组关键字参数，则以其所指定的键值对更新字典，例如：

```
d.update(red=1, blue=2)
```

【示例 1】定义两个字典对象，然后使用 update()方法合并它们。

```
dict1 = {'a': 1, 'b': 2, 'c': 3}                # 定义字典对象 1
dict2 = {'c': 'c', 'd': 'd'}                    # 定义字典对象 2
dict1.update(dict2)                             # 合并字典对象
dict1.update(e='e')                             # 合并关键字参数
dict1.update([('f', 'f')])                      # 合并可迭代对象
print(dict1)                                    # 输出为 {'a': 1, 'b': 2, 'c': 'c', 'd': 'd', 'e': 'e', 'f': 'f'}
```

如果存在相同的键，则直接覆盖原键的值，如 dict1 和 dict2 都包含 c 键，则被更新为'c'。

2. 使用|或|=运算符

使用|或|=运算符可以合并两个字典对象，语法格式如下：

```
d = d | other
d |= other
```

合并 d 和 other 中的键和值，创建一个新的字典对象，当 d 和 other 有相同键时，other 的值优先。注意，使用|运算符时，d 和 other 必须都是字典；使用|=运算符时，other 可以是映射对象或者可迭代的键值对。

【示例 2】针对示例 1 可以使用运算符进行合并。

```
dict1 = {'a': 1, 'b': 2, 'c': 3}                # 定义字典对象 1
dict2 = {'c': 'c', 'd': 'd'}                    # 定义字典对象 2
dict1 = dict1 | dict2                           # 合并字典对象
dict1 |= [('e', 'e'), ('f', 'f')]               # 合并可迭代对象
print(dict1)                                    # 输出为 {'a': 1, 'b': 2, 'c': 'c', 'd': 'd', 'e': 'e', 'f': 'f'}
```

6.3.8　复制字典

1. 浅复制

浅复制就是只复制字典对象的浅层关系，使用 copy()方法可以快速复制字典对象，该方法没有参数，返回一个字典的浅复制。

【示例 1】使用 copy()方法浅复制字典对象。

```
dict1 = {'a': 1, 'b': [2, 3]}                   # 定义字典
dict2 = dict1.copy()                            # 浅复制字典对象
print(id(dict1["b"]))                           # 地址：1502877404928
print(id(dict2["b"]))                           # 地址：1502877404928
```

字典项目的值如果是可变类型的对象，如列表、字典、集合等，则保留对原对象的引用，更新原对象，将影响复制后的字典对象。

提示：使用 copy 模块的 copy()函数也可以执行浅复制。

```
import copy                                     # 导入 copy 模块
dict1 = {'a': 1, 'b': [2, 3]}                   # 定义字典
dict2 = copy.copy(dict1)                        # 浅复制字典对象
```

2. 深复制

深复制将递归复制对象的所有子对象。使用 copy 模块的 deepcopy()函数可以执行深复制。

【示例 2】针对示例 1，使用 deepcopy()函数替换 copy()函数，执行深复制。

```
import copy                                 # 导入 copy 模块
dict1 = {'a': 1, 'b': [2, 3]}               # 定义字典
dict2 = copy.deepcopy(dict1)                # 深复制字典对象
print(id(dict1["b"]))                       # 1905310108416
print(id(dict2["b"]))                       # 1905310091968
```

深复制之后，更新原对象，不再影响复制后的字典对象。

6.3.9 删除字典

使用 del 命令可以直接删除字典。例如：

```
dict1 = {'a': 1, 'b': 2, 'c': 3}            # 定义字典
del list1                                   # 删除字典
print(list1)                                # 再次访问字典，将抛出错误
```

注意，这里删除的是变量对字典对象的引用关系。如果字典对象不再被其他变量引用，Python 启动垃圾回收程序，择机清理字典对象所占用的内存。

6.4 认识集合

集合（set）是由具有唯一性的哈希（hashable）对象所组成的无序多项集。集合的主要用途有如下 3 方面。

- 成员检测。
- 去除重复项。
- 数学中的集合类计算，如交集、并集、差集和对称差集等。

与其他多项集一样，集合支持的操作包括如下 3 方面。

- x in set：成员检测。
- len(set)：获取成员个数。
- for x in set：遍历成员。

作为一种无序的多项集，集合并不记录元素的位置，以及插入的顺序，因此也不支持索引、切片或其他序列类的操作。

目前有两种内置集合类型，具体如下。

- set 类型是可变的，其内容可以使用 add()和 remove()方法来改变。由于是可变类型，它没有哈希值，不能被用作字典的键，或其他集合的元素。
- frozenset 类型是不可变的，并且有哈希值，其内容在被创建之后不能再改变，因此，集合可以被用作字典的键或其他集合的元素。

在 Python 中，集合具有如下特点。

- 集合是无序的数据结构。集合内的数据随机排列。
- 集合是可变的数据类型。可以任意添加、删除或更新集合包含的数据。
- 内部数据统称为元素，每个元素必须是唯一的、不可变的。因此，集合是一组无序排列的可哈希的值。元素可以是数字、字符串或者元组，但不能使用列表、字典、集合等可变类型数据。
- 不能通过映射或索引访问内部元素，但可以迭代或检查元素。
- 集合的字面值：使用大括号包含所有元素，元素之间使用逗号分隔。

6.5 定义集合

6.5.1 集合字面值

集合字面值的语法格式如下：

```
{元素 1, 元素 2, 元素 3, … , 元素 n}
```

使用大括号作为起始和终止标识符，其中包含一个或多个不可变类型的元素，元素之间通过逗号分隔。

【示例】使用大括号语法定义多个集合对象的方法。

```
set1 = {'a', 'b', 'c'}                        # 定义字符串集合
set2 = {1, 2, 3}                              # 定义数字集合
set3 = {"a", 1, (1, 2, 3)}                    # 定义混合类型的集合
```

提示：集合是无序的，每次输出集合的元素时，元素的排列顺序不同，且与运行环境相关。

6.5.2 构造集合

使用 set 构造器可以构造集合，语法格式如下。

```
set([iterable ])
```

参数 iterable 为可迭代对象，返回一个新的 set 对象，其元素来自 iterable。集合的元素必须为 hashable（可哈希）的值。如果省略参数 iterable，则返回一个新的空集合。

提示：在构造集合时，需要注意以下几点：

- 如果要表示由集合对象构成的集合，所有的内层集合必须为 frozenset 对象。
- 在创建空集合时，只能使用 set()函数，不能使用字面值表示，因为大括号语法（{}）表示创建一个空字典对象。
- 在创建集合时，如果出现重复的元素，那么将只保留一个元素。
- 当把可迭代对象转换为集合时，会去掉重复的元素。
- 如果是字典对象，将使用字典对象的键作为集合的值。

【示例】使用 set()函数把多个可迭代数据转换为集合对象。

```
set1 = set((1, 2, 3))                         # 元组
set2 = set([1, 2, 3])                         # 列表
set3 = set({1, 2, 3})                         # 集合
set4 = set(range(1, 4))                       # 数字范围
set5 = set('Python')                          # 字符串
set6 = set({"x": 1, "y": 2, "z": 3})          # 字典
print(set1, set2, set3, set4, set5, set6)
```

输出为：

```
{1, 2, 3} {1, 2, 3} {1, 2, 3} {1, 2, 3} {'h', 't', 'P', 'n', 'y', 'o'} {'z', 'x', 'y'}
```

6.5.3 集合推导式

集合推导式使用大括号标识，推导的结果集中没有重复元素。具体语法格式如下：

```
{表达式 for 变量 in 可迭代对象}
{表达式 for 变量 in 可迭代对象 if 条件表达式}
```

【示例】使用集合推导式生成 10 个不重复的随机数。

```
import random                                        # 导入 random（随机数）模块
s = set()                                            # 定义空集合
while len(s) != 10 :                                 # 如果集合长度不为 10，则重复生成
    s = { random.randint(1,100)   for i in range(10)}  # 使用集合推导式随机生成 10 个数
print(s)                                             # 输出类似 {99, 37, 38, 41, 73, 75, 12, 13, 16, 89}
```

6.6 操 作 集 合

6.6.1 访问元素

集合元素是无序排列的，不可以为集合创建索引，或执行切片操作，也没有键可用来映射元素，因此无法直接访问集合元素。如果需要访问集合元素，可以先把集合转换为列表或元组，然后通过下标进行访问。例如：

```
set1 = {'a', 'b', 'c'}                               # 定义字符串集合
set1 = list(set1)                                    # 转换为列表
print(set1[0])                                       # 每次输出值是不确定的
```

注意：通过这种方式获取的元素值是随机的，每次取值未必相同，与运行环境相关。

【示例】使用 for 语句遍历集合，然后输出每个元素的值。

```
set1 = {'a', 'b', 'c'}                               # 定义集合
for i in set1:                                       # 遍历集合元素
    print(i)                                         # 输出集合元素
```

6.6.2 添加元素

使用 add()方法可以为集合添加元素，语法格式如下：

```
add(elem)
```

参数 elem 表示要添加的元素值。如果添加的元素在集合中已存在，则不执行任何操作。

【示例】要求输入想要获得不重复随机数的个数和随机数的范围，然后输出符合要求的随机数集合。

```
import random                                        # 导入随机数函数
s= set()                                             # 定义空集合
num_range = int(input('请输入随机数的范围：'))          # 数值范围
count = int(input('请输入随机数的个数：'))              # 随机数个数
while len(s) < count:                                # 循环生成随机数
    num = random.randint(1,num_range)                # 生成范围内的随机数
    s.add(num)                                       # 将不重复的随机数添加到集合中
print(s)                                             # 打印集合
```

6.6.3 删除元素

1. 使用 remove()

使用 remove()方法可以移除集合中指定的元素，语法格式如下：

```
remove(elem)
```

参数 elem 表示要删除的元素，该方法没有返回值，在原对象上操作。如果 elem 不存在于集合中，则引发 KeyError 异常。

【示例 1】使用 remove()方法删除集合中指定的元素。

```
set1 = {'a', 'b', 'c'}                    # 定义集合
set1.remove("a")                          # 删除 a 元素
set1.remove("d")                          # 删除 d 元素，抛出 KeyError 异常
```

2. 使用 discard()

使用 discard()方法也可以移除指定的集合元素，语法格式如下：

```
discard(elem)
```

参数 elem 表示要删除的元素。与 remove()方法不同，在移除一个不存在的元素时，discard()方法不执行删除操作，也不会抛出异常。

【示例 2】调用 discard()方法删除集合中的 a 和 d 元素。

```
set1 = {'a', 'b', 'c'}                    # 定义集合
set1.discard("a")                         # 删除 a 元素
set1.discard("d")                         # 删除 d 元素，没有抛出异常
print(set1)                               # 输出为 {'c', 'b'}
```

3. 使用 clear()

使用 clear()方法可以清空集合中所有元素。该方法没有参数，也没有返回值。

【示例 3】使用 clear()方法清空集合元素，变成一个空集合对象。

```
set1 = {'a', 'b', 'c'}                    # 定义集合
set1.clear()                              # 清空元素
print(set1)                               # 输出为 set()
```

4. 使用 pop()

使用 pop()方法可以随机移除一个元素。该方法没有参数，返回值为删除的元素。如果集合为空则引发 KeyError 异常。

【示例 4】使用 pop()方法随机删除集合中所有元素，然后把删除的元素生成一个新的列表对象。

```
set1 = {'a', 'b', 'c'}                    # 定义集合
list1 = []                                # 定义空列表
for i in range(len(set1)):                # 循环遍历集合
    val = set1.pop()                      # 随机删除元素
    list1.append(val)                     # 把删除元素附加到列表中
print(set1)                               # 输出为 set()
print(list1)                              # 输出为 ['a', 'b', 'c']
```

提示： 当把字典、字符串转换为集合时，pop()方法随机删除元素；当集合由列表、元组转换而成时，pop()方法从左边删除元素。

6.6.4 检测元素

使用 in 运算符可以检测指定的元素是否存在于一个集合中，如果存在，则返回 True，否则返回 False。not in 运算符也可以检测元素，返回值与 in 相反。

【示例】当使用 remove()方法删除一个不存在的元素时，会引发异常，因此在删除之前，可以使用 in 运算符先检测元素是否存在。

```
set1 = {'a', 'b', 'c'}                    # 定义集合
if "a" in set1:                           # 检测 a 是否存在
    set1.remove("a")                      # 删除 a 元素
if "d" in set1:                           # 检测 d 是否存在
    set1.remove("d")                      # 删除 d 元素
print(set1)                               # 输出为 {'c', 'b'}
```

6.6.5 合并集合

使用 update()方法可以把一个或多个元素添加到集合中，或者合并两个集合。语法格式如下：

```
update(*others)
```

参数 others 可以是一个值、元组、列表、字典，或者一个集合。

【示例 1】定义两个集合对象，然后使用 update()方法合并它们。

```
set1 = {'a', 'b', 'c', 3}                 # 定义集合对象 1
set2 = {1, 2, 3, 'c'}                     # 定义集合对象 2
set1.update(set2)                         # 合并两个集合对象
print(set1)                               # 输出为 {'b', 1, 3, 2, 'c', 'a'}
```

如果两个集合对象存在相同的元素，则重复元素只会出现一次。

【示例 2】使用 update()方法为集合对象添加多个新元素。

```
set1 = {'a', 'b', 'c'}                    # 定义集合
set1.update("d")                          # 添加 1 个新元素
set1.update({1: 1, 2: 2})                 # 以字典形式添加 2 个元素
set1.update("d", "e", "f")                # 以元组形式添加 3 个元素
set1.update(["h", "i", "j"])              # 以列表形式添加 3 个元素
print(set1)                               # 输出为 {1, 2, 'a', 'd', 'h', 'c', 'j', 'i', 'b', 'f', 'e'}
```

提示：注意参数的格式，下面两行代码的结果是不同的。

```
a = set()                                 # 定义空集合
b = set()                                 # 定义空集合
a.update({"Python"})                      # 添加集合，集合元素为字符串
b.update("Python")                        # 添加字符串
print(a)                                  # 输出为 {'Python'}
print(b)                                  # 输出为 {'t', 'P', 'n', 'y', 'o', 'h'}
```

因此，要把字符串作为一个元素添加到集合中，需要把字符串作为一个对象的元素来添加。当创建一个元素的集合时，如果参数为元组，应该使用下面格式：

```
a = set(('Python',))                      # 定义包含一个元素的集合
```

下面两种写法都是错误的：

```
b = set(('Python'))                       # 错误方法
c = set('Python')                         # 错误方法
```

6.6.6　复制集合

使用 copy()方法可以复制集合，语法格式如下：

```
set.copy()
```

该方法没有参数，返回一个集合的浅复制的副本。

【示例 1】使用 copy()方法复制集合对象。

```
set1 = {'a', 'b', 'c'}                    # 定义集合对象 1
set2 = set1.copy()                        # 复制集合对象 1
print(set2)                               # 输出为 {'b', 'c', 'a'}
```

【示例 2】使用 copy 模块的 copy()方法复制集合。

```
import copy                               # 导入 copy 模块
set1 = {'a', 'b', 'c'}                    # 定义集合对象 1
set2 = copy.copy(set1)                    # 复制集合对象 1
print(set2)                               # 输出为 {'b', 'a', 'c'}
```

6.6.7　删除集合

当集合不再使用时，可以使用 del 命令手动删除集合。例如：

```
set1 = {'a', 'b', 'c'}                    # 定义字符串集合
del set1                                  # 删除集合
print(set1)                               # 再次访问集合，将抛出错误
```

提示：如果集合对象所指向的值不再有其他对象指向，Python 将同时删除该值。

6.7　集合运算

6.7.1　并集

并集也称为合集，就是把两个集合的所有元素加在一起，组成一个新的集合。

1. 使用|运算符

【示例 1】使用|运算符求两个集合的并集。

```
a = {1, 2, 3, 4}                          # 集合 a
b = {3, 4, 5, 6}                          # 集合 b
c = a | b                                 # 并集为 {1, 2, 3, 4, 5, 6}
```

提示：使用|=运算符可以在原集合上求并集，语法格式如下：

```
set1 |= set2
```

例如，在示例 1 中，求 a 和 b 的并集，并覆盖 a。

```
a |= b
```

2. 使用 union()

使用 union()方法可以合并两个集合，语法格式如下：

```
set1.union(set2)
```

set1 和 set2 表示具体的集合对象。

提示： 使用 set.union()函数也可以实现并集操作，语法格式如下：

```
set.union(set1, set2, …, setn)
```

参数 set1, set2, …, setn 表示两个或多个集合对象，set 类型的 union()函数能够把这些集合对象合并为一个新的集合对象并返回。

【示例 2】使用 union()方法合并集合 a 和 b。

```
a = {1, 2, 3, 4}                    # 集合 a
b = {3, 4, 5, 6}                    # 集合 b
c = set.union(a, b)                 # 使用 union()函数求并集：{1, 2, 3, 4, 5, 6}
d = a.union(b)                      # 使用 union()方法求并集：{1, 2, 3, 4, 5, 6}
```

6.7.2 交集

交集也称为重叠集合，就是计算两个集合共有的元素。

1. 使用&运算符

【示例 1】使用&运算符求两个集合的交集。

```
a = {1, 2, 3, 4}                    # 集合 a
b = {3, 4, 5, 6}                    # 集合 b
c = a & b                           # 交集为 {3, 4}
```

提示： 使用&=运算符可以在原集合上求交集，语法格式如下：

```
set1 &= set2
```

等效于 intersection_update()方法，例如，在示例 1 中，求 a 和 b 的交集，并覆盖 a。

```
a &= b
```

2. 使用 intersection()

使用 intersection()方法可以求两个集合的交集，语法格式如下：

```
set1.intersection(set2)
```

set1 和 set2 表示具体的集合对象。

使用 set.intersection()函数也可以实现相同的操作，语法格式如下：

```
set.intersection(set1, set2, …, setn)
```

参数 set1, set2, …, setn 表示两个或多个集合对象，set 类型的 intersection()函数能够计算这些集合对象共有的交集并返回。

【示例 2】使用 intersection()方法求 a 和 b 两个集合的交集。

```
a = {1, 2, 3, 4}                    # 集合 a
b = {3, 4, 5, 6}                    # 集合 b
c = set.intersection(a, b)          # 使用 union()函数求交集：{3, 4}
d = a.intersection(b)               # 使用 union()方法求交集：{3, 4}
```

3. 使用 intersection_update()

使用 intersection_update()方法可以获取两个或更多集合的交集。语法格式如下：

```
set1.intersection_update(set2, set3, …, setn)
```

其中，set1, set2, set3, …, setn 都表示具体的集合对象，计算的交集将覆盖 set1 集合。

提示： intersection()方法返回一个新的集合，而 intersection_update()方法将覆盖原集合，它等效于：

```
set1 = set.intersection(set1, set2, …, setn)
```

【示例 3】使用 intersection_update()方法求 a 和 b 两个集合的交集。

```
a = {1, 2, 3, 4}                    # 集合 a
b = {3, 4, 5, 6}                    # 集合 b
a.intersection_update(b)            # 求 a 和 b 的交集，a 为 {3, 4}
```

6.7.3　差集

差集就是由所有属于集合 A，但是不属于集合 B 的元素组成的集合，也称为 A 与 B 的差集，即“我有而你没有”的元素。

1. 使用-运算符

【示例 1】使用-运算符求集合 a 与集合 b 的差集。

```
a = {1, 2, 3, 4}                    # 集合 a
b = {3, 4, 5, 6}                    # 集合 b
c = a - b                           # 求 a 与 b 的差集：{1, 2}
```

a 与 b 的差集，就是先获取 a 与 b 的交集，然后从 a 中去掉交集元素即可。反之，如果求 b 与 a 的差集，则示例 1 返回的集合应该为：{5, 6}。

提示： 使用-=运算符可以在原集合上求差集，语法格式如下：

```
set1 -= set2
```

等效于 difference_update()方法，例如，在示例 1 中，求 a 和 b 的差集，并覆盖 a。

```
a -= b
```

2. 使用 difference()

使用 difference()方法可以求差集，语法格式如下：

```
set1.difference(set2)
```

set1 和 set2 表示集合对象，返回 set1 与 set2 的差集。

【示例 2】使用 difference()方法求集合 a 与集合 b 的差集。

```
a = {1, 2, 3, 4}                    # 集合 a
b = {3, 4, 5, 6}                    # 集合 b
c = a.difference(b)                 # 求 a 与 b 的差集：{1, 2}
```

3. 使用 difference_update()

difference()方法返回一个新集合，而 difference_update()方法可以直接在原集合中进行计算。

【示例 3】使用 difference_update()方法求集合 a 与集合 b 的差集。

```
a = {1, 2, 3, 4}                    # 集合 a
b = {3, 4, 5, 6}                    # 集合 b
```

```
a.difference_update(b)                       # 求 a 与 b 的差集
print(a)                                     # 输出为 {1, 2}
```

6.7.4 对称差集

对称差集就是两个集合的差集的并集，即求 A 与 B 的差集和 B 与 A 的差集的并集，简单说就是求两个集合中不重叠元素组成的集合。

1. 使用^运算符

【示例 1】使用^运算符求集合 a 和 b 的对称差集。

```
a = {1, 2, 3, 4}                             # 集合 a
b = {3, 4, 5, 6}                             # 集合 b
c = a ^ b                                    # 求 a 与 b 的对称差集：{1, 2, 5, 6}
```

a ^ b 可以分解为：

```
c = a - b                                    # 求 a 与 b 的差集
d = b - a                                    # 求 b 与 a 的差集
e = c | d                                    # 求 c 与 d 的并集：{1, 2, 5, 6}
```

提示：使用^=运算符可以在原集合上求对称差集，语法格式如下：

```
set1 ^= set2
```

等效于 symmetric_difference_update()方法，例如，在示例 1 中，求 a 和 b 的对称差集，并覆盖 a。

```
a ^= b
```

2. 使用 symmetric_difference()

使用 symmetric_difference()方法可以求对称差集，语法格式如下：

```
set1.symmetric_difference(set2)
```

set1 和 set2 表示集合对象，返回的是 set1 与 set2 的对称差集。

【示例 2】使用 symmetric_difference()方法求两个集合的对称差集。

```
a = {1, 2, 3, 4}                             # 集合 a
b = {3, 4, 5, 6}                             # 集合 b
c = a.symmetric_difference(b)                # 求 a 与 b 的对称差集：{1, 2, 5, 6}
```

3. 使用 symmetric_difference_update()

symmetric_difference ()方法返回一个新集合，而 symmetric_difference_update()方法是直接在原集合中进行计算，没有返回值。

【示例 3】使用 symmetric_difference_update()方法求两个集合的对称差集。

```
a = {1, 2, 3, 4}                             # 集合 a
b = {3, 4, 5, 6}                             # 集合 b
a.symmetric_difference_update(b)             # 求 a 与 b 的对称差集：{1, 2, 5, 6}
```

6.8 集 合 关 系

两个集合之间的关系包括：相等、子集、父集和不相交，下面分别介绍如何检测集合关系。

6.8.1　相等

两个集合当且仅当每个集合中的每个元素均包含于另一个集合之内时，即各为对方的子集时，两个集合相等。语法格式如下：

```
A == B
```

【示例】使用==运算符，检测 a 是否等于 b。

```
a = {1, 2}                              # 集合 a
b = {1, 2}                              # 集合 b
c = a == b                              # 检测 a 是否等于 b：True
```

6.8.2　子集和真子集

如果集合 A 的任意一个元素都是集合 B 的元素，那么集合 A 就是集合 B 的子集，集合 A 和集合 B 元素个数可以相等。使用<=运算符可以检测 A 是否为 B 的子集。语法格式如下：

```
A <= B
```

如果集合 A 的任意一个元素都是集合 B 的元素，并且集合 B 中含有集合 A 中没有的元素，那么集合 A 就是集合 B 的真子集。可以使用<运算符检测 A 是否为 B 的真子集。语法格式如下：

```
A < B
```

【示例】使用<=和<运算符，检测 a 是否为 b 的子集。

```
a = {1, 2}                              # 集合 a
b = {1, 2}                              # 集合 b
c = a <= b                              # 检测 a 是否为 b 的子集：True
c = a < b                               # 检测 a 是否为 b 的真子集：False
```

提示：使用 issubset()方法可以检测当前集合是否为参数集合的子集。语法格式如下：

```
set1.issubset(set2)
```

set1 和 set2 是集合对象。如果 set1 是 set2 的子集，则返回 True，否则返回 False。例如：

```
a = {1, 2}                              # 集合 a
b = {1, 2}                              # 集合 b
c = a.issubset(b)                       # 检测 a 是否为 b 的子集：True
```

6.8.3　父集和真父集

如果集合 B 的任意一个元素都是集合 A 的元素，那么集合 A 就是集合 B 的父集。集合 A 和集合 B 元素个数可以相等。使用>=运算符检测 A 是否为 B 的父集。语法格式如下：

```
A >= B
```

如果集合 B 的任意一个元素都是集合 A 的元素，并且集合 A 中含有集合 B 中没有的元素，那么集合 A 就是集合 B 的真父集。可以使用>运算符检测 A 是否为 B 的真父集。语法格式如下：

```
A > B
```

【示例】使用>=和>运算符检测 b 是否为 a 的父集和真父集。

```
a = {1, 2}                              # 集合 a
b = {1, 2}                              # 集合 b
```

```
c = b >= a                                    # 检测 b 是否为 a 的父集：True
c = b >a                                      # 检测 b 是否为 a 的真父集：False
```

提示：使用 issuperset()方法可以检测当前集合是否为参数集合的父集。语法格式如下：

```
set1.isssuperset(set2)
```

set1 和 set2 是集合对象。如果 set1 是 set2 的父集，则返回 True，否则返回 False。例如：

```
a = {1, 2}                                    # 集合 a
b = {1, 2}                                    # 集合 b
c = b.issuperset(a)                           # 检测 b 是否为 a 的父集：True
```

6.8.4 不相交

如果集合 A 和集合 B 没有共有元素，那么它们不相交。当且仅当两个集合的交集为空集合时，两者为不相交集合。可以使用!=运算符检测两个集合 A 和 B 是否不相交。语法格式如下：

```
A != B
```

提示：使用 isdisjoint()方法可以检测两个集合是否不相交，如果没有重复的元素，则返回 True，否则返回 False。

【示例】检测 a 和 b 两个集合是否存在交集。

```
a = {1, 2}                                    # 集合 a
b = {3, 4}                                    # 集合 b
c = a.isdisjoint(b)                           # 检测 a 和 b 是否存在交集：True
d = a != b                                    # 检测 a 和 b 是否存在交集：True
```

6.9 不可变集合

frozenset（不可变集合）的结构和特点与 set（可变集合）完全相同，功能和用法也基本相同。与可变集合 set 不同点：不可变集合在创建之后，就不能再添加、修改和删除元素。

不可变集合的应用场景：使用集合参与哈希值运算，如在集合中嵌套集合，或者使用集合作为字典的键，这时就必须使用不可变集合。

使用 frozenset()函数可以创建不可变集合，该函数包含一个参数，指定一个可迭代的对象，它可以将列表、元组、字典等对象转换为不可变集合。语法格式如下：

```
frozenset([iterable ])
```

用法和说明与 set()构造函数相同。

【示例】定义一个字典，将两个城市作为键，两个城市之间的距离作为值。

这种情况下，我们希望只能修改值，而不能修改键，因此可以使用不可变集合作为键，示例代码如下，演示结果如图 6.1 所示。

```
import pprint                                 # 导入 pprint 模块
city_distance = dict()                        # 定义空字典
city_relationship1 = frozenset(['Beijin','Tianjin'])   # 不可变类型的集合作为键
city_relationship2 = frozenset(['Guangzhou','Shenzhen'])
city_relationship3 = frozenset(['Chengdu','Chongqing'])
city_relationship4 = frozenset(['Shanghai','Hangzhou'])
```

```
city_distance[city_relationship1] = 123                    # 设置键对应值
city_distance[city_relationship2] = 234
city_distance[city_relationship3] = 345
city_distance[city_relationship4] = 456
pprint.pprint(city_distance)                               # 打印结果
```

```
{frozenset({'Beijin', 'Tianjin'}): 123,
 frozenset({'Guangzhou', 'Shenzhen'}): 234,
 frozenset({'Chongqing', 'Chengdu'}): 345,
 frozenset({'Hangzhou', 'Shanghai'}): 456}
>>> |
```

图 6.1　不可变集合的使用效果

提示： pprint 是 Python 标准库模块，提供了“美化打印”任意 Python 数据结构的功能，这种美化形式可用作对解释器的输入。

6.10　案 例 实 战

6.10.1　查找多个字典公共键

传统设计思路：使用 for 语句依次遍历字典，提取每个项目的键，再使用 in 运算符，检测该键是否存在于其他字典中。

快速设计思路：使用字典的 keys()方法获取字典的键集，然后利用集合（set）的交集运算求多个键集的交集。

```
from random import randint, sample
# 随机产生 3 场球赛的 进球人和进球数
s1 = {x: randint(1,4) for x in sample('abcdefg',randint(3,6))}
s2 = {x: randint(1,4) for x in sample('abcdefg',randint(3,6))}
s3 = {x: randint(1,4) for x in sample('abcdefg',randint(3,6))}
print(s1)                                      # 输出为 {'g': 1, 'd': 2, 'e': 1, 'b': 2}
print(s2)                                      # 输出为 {'a': 4, 'd': 3, 'b': 2, 'f': 4, 'e': 3}
print(s3)                                      # 输出为 {'d': 3, 'a': 1, 'c': 4, 'f': 2}
print(s1.keys() & s2.keys() & s3.keys())       # 输出为 {'d'}
```

sample(sequence, n)函数能够从序列 sequence 中随机抽取 n 个元素，并将 n 个元素以列表形式返回。

6.10.2　根据字典项目的值进行排序

（1）使用 zip()将字典数据转换为元组。

```
from random import randint
d = {x:randint(60,100) for x in 'xyzabc'}      # 生成随机字典
print(d)                                       # 输出为 {'x': 79, 'y': 79, 'z': 76, 'a': 100, 'b': 85, 'c': 86}
# 把值放在前面，键放在后面，构成元组，每个元组为列表的一个元素
list1 = zip(d.values(), d.keys())
# 然后对列表进行排序，就会以列表中元组的第一项排序，相同时再比较第二项
print(sorted(list1))                           # 输出为 [(76, 'z'), (79, 'x'), (79, 'y'), (85, 'b'), (86, 'c'), (100, 'a')]
```

（2）使用 sorted()函数的 key 参数.

```
from random import randint
d = {x:randint(60,100) for x in 'xyzabc'}      # 生成随机字典
```

```
print(d)                                      # {'x': 93, 'y': 94, 'z': 81, 'a': 96, 'b': 64, 'c': 63}
# d.items()是一个元组的列表，元组中键在前，值在后
# 使用 key 参数设置以第二项（值）作为排序依据
print(sorted(d.items(), key = lambda x: x[1]))
# 输出为 [('c', 63), ('b', 64), ('z', 81), ('x', 93), ('y', 94), ('a', 96)]
```

6.10.3 使用 defaultdict

当使用 dict 时，如果引用的键不存在，就会抛出 KeyError 异常。如果希望键不存在时返回一个默认值，可以使用 defaultdict（默认字典）。

defaultdict 是 Python 内置字典类（dict）的一个子类，它重写了__missing__(key)方法，增加了一个实例变量 default_factory，default_factory 被 missing()方法使用。如果 default_factory 存在，则使用它初始化构造器；如果不存在，则为 None。其他功能与 dict 完全一样。

defaultdict()语法格式如下：

```
collections.defaultdict([default_factory[, …]])
```

调用第一个参数的返回值，为 default_factory 属性提供初始值，默认为 None；其余参数的用法与 dict 构造器用法一样。该函数返回一个类似字典的对象。

【示例 1】设置 default_factory 为 int，当引用不存在的键时，默认值为 0，因此使用 defaultdict 可以计数。

```
from collections import defaultdict           # 从 collections 模块中导入 defaultdict 类型
s = 'life is short i need python'             # 定义字符串
d = defaultdict(int)                          # 设置初始值为 int，则默认值为 0
for k in s:
    d[k] += 1                                 # 遍历字符串，统计每个字符出现的次数
print(d)
```

输出为：

```
defaultdict(<class 'int'>, {'l': 1, 'i': 3, 'f': 1, 'e': 3, ' ': 5, 's': 2, 'h': 2, 'o': 2, 'r': 1, 't': 2, 'n': 2, 'd': 1, 'p': 1, 'y': 1})
```

在遍历字符串时，如果字典中没有该字符，default_factory 函数将调用 int()为其提供一个默认值，函数 int()是常值函数的一种特例，总返回 0，类似的还有：str()总返回''，list()总返回[]，dict()总返回{}，tuple()总返回()等。

提示：用户可以自定义默认初始值函数，演示代码如下。

```
from collections import defaultdict           # 从 collections 模块中导入 defaultdict 类型
def default_factory(value):                   # 自定义默认初始值函数
    return lambda: value                      # 返回匿名函数
d = defaultdict(default_factory('<missing>')) # 设置初始值为 default_factory 返回的匿名函数，
# 设置默认值为'<missing>'
print(d["a"])                                 # 输出为 <missing>
```

【示例 2】使用 list 作为第一个参数，可以将键值对序列转换为列表字典。

```
from collections import defaultdict           # 从 collections 模块中导入 defaultdict 类型
s = [('yellow', 1), ('blue', 2), ('yellow', 3), ('blue', 4), ('red', 1)]   # 定义键值对序列
d = defaultdict(list)                         # 设置初始值为 list，则默认值为空列表
for k, v in s:                                # 遍历键值对序列
    d[k].append(v)                            # 把值都添加到键对应的列表中
a = sorted(d.items())                         # 提取字典项目并进行排序
```

```
print(a)                                                    # 输出为 [('blue', [2, 4]), ('red', [1]), ('yellow', [1, 3])]
```

当字典中没有的键第一次出现时，default_factory 自动为其返回一个空列表，list.append()将值添加进新列表；再次遇到相同的键时，list.append()将其他值再添加进该列表。

提示：使用 dict.setdefault()也可以实现相同的功能，但是没有 defaultdict 用法便捷。例如：

```
s = [('yellow', 1), ('blue', 2), ('yellow', 3), ('blue', 4), ('red', 1)]    # 定义键值对序列
d={}                                                        # 定义空字典
for k, v in s:                                              # 遍历键值对序列
    d.setdefault(k,[]).append(v)                            # 使用 setdefault()添加键，默认值为[]
                                                            # 再用 append()为该键对应列表添加一个元素
a = sorted(d.items())                                       # 提取字典项目并进行排序
print(a)                                                    # 输出为 [('blue', [2, 4]), ('red', [1]), ('yellow', [1, 3])]
```

6.10.4　使用 OrderedDict

在字典中，键都是无序排列的，当对 dict 执行迭代操作时，无法确定键的顺序。如果要保持键的顺序，可以使用 OrderedDict（有序字典）。OrderedDict 是 dict 的子类，它能够记住每一个键第一次插入时的顺序。例如：

```
from collections import OrderedDict                         # 导入 OrderedDict 类型
d = dict([('a', 1), ('b', 2), ('c', 3)])
print(d)                                                    # dict 的 key 是无序的：{'a': 1, 'c': 3, 'b': 2}
od = OrderedDict([('a', 1), ('b', 2), ('c', 3)])
print(od)                                                   # OrderedDict 的 key 是有序的：
                                                            # OrderedDict([('a', 1), ('b', 2), ('c', 3)])
```

如果重写一个已存在的项目，它第一次插入的顺序是不会改变的；如果要删除一个项目并重新插入，那么它的顺序将移动到末尾。

【示例】本例通过竞速比赛演示有序字典的应用。竞速比赛通常是以选手完成比赛的时间来进行排名的，因此，使用 OrderedDict 记录每一位选手比赛的名次、耗时信息，并通过有序字典确定比赛结果的先后顺序。

```
from collections import OrderedDict                         # 导入 OrderedDict 类型
import string, time, random                                 # 导入相关工具模块

player_lst = list(string.ascii_lowercase)                   # 创建 26 个选手列表，以 26 个小写字母表示
scroe_dict = OrderedDict()                                  # 创建有序字典，按名称先后顺序保存选手项目
start = time.time()                                         # 计时开始比赛
for i in range(len(player_lst)):
    input('按任意键随机产生一名参赛者成绩')
    pop_p = player_lst.pop(random.randint(0, 25 - i))       # 随机确定选手
    end = time.time()                                       # 记录完成时间
    scroe_dict[pop_p] = (i + 1, end - start)                # 把成绩添加到有序字典中
for key in scroe_dict:                                      # 打印竞赛结果
    print('第{0}名：姓名{1}，成绩为{2:.2f}'.format(scroe_dict[key][0], key, scroe_dict[key][1]))
```

输出为：

```
第 1 名：姓名 q，成绩为 1.65
第 2 名：姓名 r，成绩为 1.84
第 3 名：姓名 l，成绩为 2.01
……
```

6.10.5 使用 Counter

Counter 也是 dict 的一个子类，作为简单的计数器，主要对访问对象的出现频率进行计数，常用于统计字符出现的个数。例如：

```
from collections import Counter                 # 导入 Counter 类型
c = Counter()                                   # 定义计数器字典
for i in 'programming':                         # 遍历字符串
    c[i] = c[i] + 1                             # 统计每个字符出现次数
print(c)                                        # 输出为 Counter({'r': 2, 'g': 2, 'm': 2, 'p': 1, 'o': 1, 'a': 1, 'i': 1, 'n': 1})
```

或者直接统计：

```
from collections import Counter                 # 导入 Counter 类型
c = Counter('programming')                      # 定义计数器字典
print(c)                                        # 输出为 Counter({'r': 2, 'g': 2, 'm': 2, 'p': 1, 'o': 1, 'a': 1, 'i': 1, 'n': 1})
```

Counter 提供了多个方法：

- elements()：返回迭代器，即每个元素重复计算的个数，如果计数小于 1，则忽略。
- most_common([n])：返回一个列表，提供 n 个访问频率最高的元素和计数。
- subtract([iterable-or-mapping])：从迭代对象中减去元素，输入输出可以是 0 或者负数。
- update([iterable-or-mapping])：从迭代对象计数元素或者从另一个映射对象 (或计数器)添加。

【示例】下面示例演示了 Counter 常用方法的基本使用。

```
import collections                                              # 导入 Counter 类型
c = collections.Counter('hello world hello world hello nihao'.split())  # 创建计数器字典对象
print( c)                                                       # 输出为 Counter({'hello': 3, 'world': 2, 'nihao': 1})
print(c['hello'])                                               # 获取指定对象的访问次数，
                                                                # 也可以使用 get()方法，输出为 3
print(list(c.elements()))                                       # 查看元素
                                                                # 输出 ['hello', 'hello', 'hello', 'world', 'world', 'nihao']
d = collections.Counter('hello world'.split())                  # 创建新的计数器字典对象
print(d)                                                        # 输出为 Counter({'hello': 1, 'world': 1})
print(c + d)                                                    # 添加对象，或者使用 c.update(d)
                                                                # 输出为 Counter({'hello': 4, 'world': 3, 'nihao': 1})
print(c - d)                                                    # 减少对象，或者使用 c.subtract(d)
                                                                # 输出为 Counter({'hello': 2, 'world': 1, 'nihao': 1})
c.clear()                                                       # 清除计数器字典
print(c)                                                        # 输出为 Counter()
```

6.11 在线支持

扫码免费学习
更多实用技能

一、补充知识

☑ 深入 Python 字典

二、专项练习

☑ Python 基础练习
☑ Python 基础编程
☑ Python 编程技巧
☑ Python 字典专练

三、编程技巧

☑ 如何在列表、字典、集合中根据条件筛选数据
☑ 如何为元组中的每个元素命名以提高程序可读性
☑ 如何统计序列中元素的出现频度
☑ 如何根据字典中值的大小对字典中的项排序
☑ 如何快速找到多个字典中的公共键
☑ 如何让字典保持有序
☑ 如何实现用户的历史记录功能

新知识、新案例不断更新中……

第 7 章

字　符　串

字符串是文本序列类型的简称，它是由 Unicode 字符构成的不可变序列。在 Python 中处理文本数据主要使用 str 对象，str 实现了一般序列的所有操作，还额外提供了一些附加方法。Python 支持多种字符串格式化样式，并在标准库中提供了许多与文本相关的其他模块和工具，最大限度地提升字符串操作的灵活性和可定制性。

视频讲解

7.1　字符串基础

7.1.1　字符串字面值

字符串字面值有 3 种基本写法，语法格式如下：

（1）单引号。

```
'定义单行字符串，可以包含"双引号"'
```

（2）双引号。

```
"定义单行字符串，可以包含'单引号' "
```

（3）三引号。

```
'''三重单引号，可以定义单行字符串，或者多行字符串'''
"""三重双引号，可以定义单行字符串，或者多行字符串"""
```

使用三引号定义字符串可以跨越多行，其中，所有的空白字符都将包含在该字符串字面值中。如果在单引号或双引号定义的单行字符串中添加换行符（\n），可以间接表示多行字符串。

在三引号定义的字符串中，可以包含单引号、双引号、换行符、制表符，以及其他特殊字符，对于这些特殊字符不需要转义，此外，还可以包含注释信息。使用三引号能够确保字符串的原始格式，避免烦琐的转义，方便格式化排版。

【示例】使用三重双引号定义一个 SQL 字符串，字符串中保留源代码的排版格式，这样更容易阅读和编辑。

```
str3 = """
CREATE TABLE users (                    # 创建数据表
    name VARCHAR(8),                    # 姓名字段
    id INTEGER,                         # 编号字段
    pass INTEGER                        # 密码字段
)
"""
```

提示：如果多个字符串字面值组成一个单一表达式，之间只用空格分隔，会被隐式转换为单个字符串

字面值。例如:

```
s1 = "Hi,""Python"                    # Hi,Python
s2 = "Hi," "Python"                   # Hi,Python
s3 = ("Hi,"
    "Python")                         # 多行字符串拼接
print(s3)                             # 输出为 Hi,Python
```

7.1.2　构造字符串

字符串也可以使用 str 类型构造器从其他对象创建。str()构造函数的参数可以为任意类型的对象，也可以省略。如果省略参数，将创建一个空字符串。例如：

```
str1 = str()                          # 定义空字符串，返回：""
str2 = str([])                        # 把空列表转换为字符串，返回："[]"
str3 = str([1, 2, 3])                 # 把列表转换为字符串，返回："[1, 2, 3]"
str4 = str(None)                      # 把 None 转换为字符串，返回："None"
```

注意：str()构造函数的返回值由__str__方法决定。

【示例】下面自定义 list 类型，设计__str__方法的返回值为 list 字符串表示，同时去掉左右两侧的中括号分隔符。

```
class Mylist(list):                   # 自定义 list 类型，继承于 list
    def __init__(self, value):        # 类型初始化函数
        self.value = list(value)      # 把接收的参数转换为列表并存储起来
    def  __str__(self):               # 类型字符串表示函数
                                      # 把传入的值转换为字符串，并去掉左右两侧的中括号分隔符
        return str(self.value).replace("[", "").replace("]","")

s = str(Mylist([1,2,3]))              # 把自定义类型实例对象转换为字符串
print(s)                              # 输出为："1, 2, 3"，默认输出为："[1, 2, 3]"
```

7.1.3　转义序列

一些字符不能直接在字符串中表示，如不可见的空字符、易引发歧义的字符等。为了在字符串中表示这些特殊的字符，Python 定义了一组转义字符，转义格式如下：

```
\ +普通字符                            # 表示特殊字符
```

例如，换行符使用“\n”表示，制表符使用“\t”表示，单引号使用“\'”表示，双引号使用“\"”表示，等等。Python 可用的转义字符说明如表 7.1 所示。

表 7.1　Python 转义序列

转 义 序 列	说　　明
\newline（下一行）	忽略反斜杠和换行
\\	反斜杠（\）
\'	单引号（'）
\"	双引号（"）
\a	ASCII 响铃符（BEL）
\b	ASCII 退格符（BS）

续表

转义序列	说　明
\f	ASCII 换页符（FF）
\n	ASCII 换行符（LF）
\r	ASCII 回车符（CR）
\t	ASCII 水平制表符（TAB）
\v	ASCII 垂直制表符（VT）
\ooo	八进制值 ooo 的字符。与标准 C 中一样，最多可接受 3 个八进制数字
\xhh	十六进制值 hh 的字符。与标准 C 不同，只需要两个十六进制数字
\N{name}	Unicode 数据库中名称为 name 的字符。提示，只在字符串字面值中识别的转义序列
\uxxxx	16 位的十六进制值为 xxxx 的字符。4 个十六进制数字是必需的。提示，只在字符串字面值中识别的转义序列
\Uxxxxxxxx	32 位的十六进制值为 xxxxxxxx 的字符。任何 Unicode 字符可以以这种方式被编码。8 个十六进制数字是必需的。提示，只在字符串字面值中识别的转义序列

【示例 1】分别使用转义字符、八进制转义序列、十六进制转义序列表示换行符。

```
str1 = "Hi,\nPython"                  # 使用转义字符\n 表示换行符
str2 = "Hi,\12Python"                 # 使用八进制转义序列表示换行符
str3 = "Hi,\x0aPython"                # 使用十六进制转义序列表示换行符
```

【示例 2】如果八进制数字不满 3 位，则首位自动补 0。如果八进制超出 3 位，十六进制超出 2 位，超出数字将视为普通字符显示。

```
str1 = "Hi,\0123Python"               # 最多允许使用 3 位八进制转义序列
str2 = "Hi,\x0a0Python"               # 最多允许使用 2 位十六进制转义序列
```

输出为：

```
Hi,
3Python
Hi,
0Python
```

7.1.4　原始字符串

原始字符串就是原义字符串，以大写字母 R 或者小写字母 r 作为字符串字面值前缀。语法格式如下：

```
r"原始字符串"
R"原始字符串"
```

在原始字符串中，反斜杠不再表示转义字符的含义，所有的字符都直接按照字面的意思表示，不再支持转义序列和非打印的字符。设计原始字符串的目的：解决 Python 字符串文本表示中反复转义带来的理解问题，主要用于定义正则表达式字符串。

【示例】在定义 URL 路径字符串时，会使用很多反斜杠，如果每个反斜杠都用转义字符表示则会很麻烦，可以采用下面代码来表示。

```
str1 = "E:\\a\\b\\c\\d"               # 转义字符
str2 = r"E:\a\b\c\d"                  # 不转义，使用原始字符串
```

提示：从 Python 3.3 版本开始，再次允许在字符串字面值前面添加 u 前缀，表示 Unicode 字符串，并且

不能与 r 前缀同时出现。恢复使用 u 前缀主要目的：与 Python 2 系列兼容，对字符串字面值的含义没有任何影响。因为 Python 3 版本默认字符编码为 Unicode。语法格式如下：

```
u'Unicode 字符串'
U"Unicode 字符串"
```

7.1.5 字符串编码和解码

视觉上的字符串与字符串的实际存在是不同的，字符串以二进制格式存在硬盘或内存中，并通过二进制数据流进行传输，我们在屏幕上见到的字符串实际上是字符串的图形符号表示。二进制格式的字符流可以使用字节码表示。

在 Python 中，字符串编码就是把字符串表示转换为字节码表示，解码就是把字节码表示转换为字符串表示。具体说明如下。

1. 使用 encode()

使用字符串对象的 encode()方法可以根据参数 encoding 指定的编码格式将字符串编码为二进制数据的字节串。语法格式如下：

```
string.encode(encoding='UTF-8',errors='strict')
```

string 表示字符串对象，参数 encoding 表示编码格式，默认为"UTF-8"；参数 errors 设置不同错误的处理方案，默认为'strict'，表示遇到非法字符就抛出异常。

【示例 1】使用 encode()方法对字符串“中文”进行编码。

```
u = '中文'                              # 指定字符串类型对象 u
byte1 = u.encode('gb2312')              # 以 GB2312 进行编码，获取 bytes 类型对象
print(byte1)                            # 输出为 b'\xd6\xd0\xce\xc4'
byte2 = u.encode('gbk')                 # 以 GBK 进行编码，获取 bytes 类型对象
print(byte2)                            # 输出为 b'\xd6\xd0\xce\xc4'
byte3 = u.encode('utf-8')               # 以 UTF-8 进行编码，获取 bytes 类型对象
print(byte3)                            # 输出为 b'\xe4\xb8\xad\xe6\x96\x87'
```

2. 使用 decode()

与 encode()方法操作相反，使用 decode()方法可以解码字符串，即根据参数 encoding 指定的编码格式将字节串解码为字符串。语法格式如下：

```
byte.decode(encoding='UTF-8',errors='strict')
```

byte 表示被 encode()编码的字节串，该方法的参数与 encode()方法的参数用法相同。最后返回解码后的字符串。

【示例 2】针对示例 1，使用下面代码对编码字符串进行解码。

```
u1 = byte1.decode('gb2312')             # 以 GB2312 进行解码，获取字符串对象
print(u1)                               # 输出为 '中文'
u2 = byte1.decode('utf-8')              # 报错：因为 byte1 是 GB2312 编码的
# UnicodeDecodeError: 'utf-8' codec can't decode byte 0xd6 in position 0: invalid continuation byte
```

注意：encode()和 decode()方法的参数编码格式必须一致，否则将抛出上面代码所示的异常。

编码格式就是字符集类型，字符集也称为字符编码表，常用编码格式如下。

➢ ASCII：ASCII 全称为美国国家信息交换标准码，是最早的标准字符集，使用 7 个或 8 个二进制位

进行编码，最多可以给 256 个字符分配数值，包括 26 个大写、小写字母，10 个数字，标点符号，控制字符及其他符号。

- GB2312：GB2312 是一个简体中文字符集，由 6763 个常用汉字和 682 个全角的非汉字字符组成。GB2312 编码使用两个字节表示一个汉字，最多可以表示 256×256=65 536 个汉字。
- GBK：GBK 编码标准兼容 GB2312，并对其进行扩展，也采用双字节表示。共收录 21 003 个汉字、883 个符号，并提供 1894 个造字码位，简、繁体字融于一库。
- Unicode：Unicode 是全球通用字符编码表，为每种语言中的每个字符设定了统一且唯一的二进制编码，以满足跨语言、跨平台进行文本转换、处理的要求。采用两个字节表示一个字符，原有的英文编码从单字节变成双字节，只需要把高字节全部填为 0 即可。
- UTF-8：UTF-8 编码是针对 Unicode 的一种可变长度字符编码。它可以表示 Unicode 标准中的任何字符，并与 ASCII 完全兼容，采用 1～4 个字节来表示一个字符。

7.1.6 字符串的长度

使用 len()函数以字符为单位统计字符串的长度，每个汉字视为一个字符。例如：

```
s1 = "中国 China"                    # 定义字符串
print(len(s1))                       # 输出为 7
```

在 UTF-8 编码中，每个汉字占用 3 个字节，而在 GBK 或 GB2312 中，每个汉字占用 2 个字节。由于不同字符占用字节数并不完全相同，当计算字符串的长度时，可以考虑字节编码。例如：

```
s1 = "中国 China"                    # 定义字符串
print(len(s1.encode()))              # 输出为 11
print(len(s1.encode("gbk")))         # 输出为 9
```

在 Python 中，字母、数字、特殊字符一般占用一个字节，汉字一般占用 2～4 个字节。

7.2 字节串基础

7.2.1 认识字节串

字节串（bytes）是不可变的字节序列，存储以字节为单位的数据。bytes 类型是 Python 3 新增的一种数据类型。字节串与字符串的比较如下。

- 字符串由多个字符构成，以字符为单位进行操作。默认为 Unicode 字符，字符范围 0～65 535。字符串是字符序列，它是一种抽象的概念，不能直接存储在硬盘中，用以显示供人阅读或操作的。
- 字节串由多个字节构成，以字节为单位进行操作。字节是整型值，取值范围为 0～255。字节串是字节序列，因此可以直接存储在硬盘中，供计算机读取、传输或保存。

除了操作单元不同外，字节串与字符串的用法基本相同，它们之间的映射被称为解码或编码。

7.2.2 字节串字面值

字节串字面值是以 b 为前缀的 ASCII 字符串。语法格式如下：

```
b"ASCII 字符串"
b"转义序列"
```

字节是 0～255 之间的整数，而 ASCII 字符集范围为 0～255，因此，它们之间可以直接映射。通过转义序列可以映射更大规模的字符集。

【示例】使用字面值直接定义字节串。

```
# 创建空字节串的字面值
b''
b""
B''
B""""""
# 创建非空字节串的字面值
b'ABCD'
b'\x41\x42'
```

7.2.3 构造字节串

使用 bytes()函数可以创建一个字节串对象，简明语法格式如下：

```
bytes()                                  # 生成一个空的字节串，等效于：b''
bytes(整型可迭代对象)                    # 用可迭代对象初始化一个字节串，
                                         # 元素必须为[0,255]中的整数
bytes(整数 n)                            # 生成 n 个值为零的字节串
bytes('字符串', encoding='编码格式')     # 使用字符串的转换编码生成一个字节串
```

【示例】使用 bytes()函数创建多个字节串对象。

```
a = bytes()                              # 等效于：b''
b = bytes([10,20,30,65,66,67])           # 等效于：b'\n\x14\x1eABC'
c = bytes(range(65,65+26))               # 等效于：
      # b'ABCDEFGHIJKLMNOPQRSTUVWXYZ'
d = bytes(5)                             # 等效于：b'\x00\x00\x00\x00\x00'
e = bytes('hello  中国','utf-8')         # 等效于：b'hello \xe4\xb8\xad\xe5\x9b\xbd'
```

提示：bytes 类型与 str 类型可以相互转换。简单说明如下。

（1）str 转换为 bytes:

```
bytes = str.encode('utf-8')
bytes = bytes(str, encoding=' utf-8')
```

（2）bytes 转换为 str:

```
str = bytes.decode('utf-8')
str = str(bytes)
```

在上面两段类型转换代码中，str 和 bytes 分别表示具体的字符串和字节串对象，而不是类型。

提示：使用 bytearray()可以创建可变的字节序列，也称为字节数组（bytearray）。数组是每个元素类型完全相同的一组列表，因此，可以使用操作列表的方法操作数组。bytearray()函数的简明语法格式如下：

```
bytearray()                              # 生成一个空的可变字节串，等效于：bytearray(b'')
bytearray(整型可迭代对象)                # 用可迭代对象初始化一个可变字节串，
                                         # 元素必须为[0,255]中的整数
bytearray(整数 n)                        # 生成 n 个值为零的可变字节串
bytearray(字符串, encoding='utf-8')      # 用字符串的转换编码生成一个可变字节串
```

7.2.4 应用字节串

【示例 1】在计算 MD5 值的过程中，有一步需要使用 update()方法，而该方法只接收 bytes 类型数据。

因此，当对字符串进行加密时，需要先转换为字节串，然后再进行加密处理。

```
import hashlib
string = "123456"                                    # 定义字符串
m = hashlib.md5()                                    # 创建 MD5 对象
str_bytes = string.encode(encoding='utf-8')          # 转换为字节串
m.update(str_bytes)                                  # update()方法只接收 bytes 类型数据作为参数
str_md5 = m.hexdigest()                              # 获取散列后的字符串
print('MD5 散列前为：' + string)
print('MD5 散列后为：' + str_md5)
```

输出为：

```
MD5 散列前为：123456
MD5 散列后为：e10adc3949ba59abbe56e057f20f883e
```

【示例 2】使用二进制方式读写文件时，均要用到 bytes 类型，二进制写文件时，write()方法只接收 bytes 类型数据，因此需要先将字符串转换成字节串；读取二进制文件时，read()方法返回的是字节串，使用 decode()方法可将字节串转换成字符串。

```
f = open('data', 'wb')                               # 新建二进制文件
text = '二进制写文件'                                  # 写入字符串
text_bytes = text.encode('utf-8')                    # 转换为字节串
f.write(text_bytes)                                  # 写入字节串
f.close()                                            # 关闭文件
f = open('data', 'rb')                               # 打开二进制文件
data = f.read()                                      # 读取二进制数据流
str_data = data.decode('utf-8')                      # 转换为字符串
print(data, type(data))
print(str_data)
f.close()                                            # 关闭文件
```

输出为：

```
b'\xe4\xba\x8c\xe8\xbf\x9b\xe5\x88\xb6\xe5\x86\x99\xe6\x96\x87\xe4\xbb\xb6' <class 'bytes'>
二进制写文件
```

7.3　操作字符串

str 类型内置了丰富的实例方法，使用 dir(str)可以查看详细列表。本节重点介绍字符串的常规操作方法。

7.3.1　访问字符串

Python 访问字符串有两种方式：下标索引和切片。Python 不存在单独的“字符”类型，对字符串做索引操作将产生一个长度为 1 的字符串。

【示例 1】字符串是一种有序序列，字符串里的每一个字符都有一个数字编号，以标识其在字符串中的位置，从左至右依次是 0、1、2、…、n−1，从右至左依次是−1、−2、−3、…、−n，n 为字符串长度。

```
str1 = "Python"                                      # 定义字符串
print(str1[2])                                       # 读取第 3 个字符，输出为 t
print(str1[-2])                                      # 读取倒数第 2 个字符，输出为 o
```

【示例 2】使用切片可以获取字符串中指定范围的子字符串。当切片的第 3 个参数为负数时，表示逆序输出，即输出顺序为从右到左，而不是从左到右。

```
str = '0123456789'
print( str[0:3] )                    # 截取第 1～3 个的字符：012
print( str[:] )                      # 截取字符串的全部字符：0123456789
print( str[6:] )                     # 截取第 7 个字符到结尾：6789
print( str[:-3] )                    # 截取从开始到倒数第 3 个字符：0123456
print( str[2] )                      # 截取第 3 个字符：2
print( str[-1] )                     # 截取倒数第 1 个字符：9
print( str[::-1] )                   # 创造相反的字符串：9876543210
print( str[-3:-1] )                  # 截取倒数第 3 个到倒数第 1 个字符：78
print( str[-3:] )                    # 截取倒数第 3 个到结尾：789
print( str[:-5:-3] )                 # 逆序截取：96
```

【示例 3】通过字符串的切片操作，可以快速判断一个数是不是回文数。

```
num = input('请输入一个数：')          # 接收数值
if num == num[::-1]:                 # 通过切片反向输出该数
    print('该数是回文数')              # 输出是回文数
else:
    print('该数不是回文数')            # 输出不是回文数
```

7.3.2 遍历字符串

遍历字符串主要使用 for 语句，也可以使用 while 语句。下面结合应用场景，演示不同的遍历方法。

1. 使用 iter()

【示例 1】使用 iter()函数将字符串生成迭代器，然后逐一读取迭代器的返回值即可。

```
s1 = "Python"                        # 定义字符串
L = []                               # 定义临时备用列表
for item in iter(s1):                # 把字符串生成迭代器，然后再遍历
    L.append(item.upper())           # 把每个字符转换为大写形式
print("".join(L))                    # 输出大写字符串 PYTHON
```

有关 iter()函数和迭代器的详细介绍参见 10.5 节。

2. 使用 enumerate()

【示例 2】使用 enumerate()函数将字符串转换为索引序列，索引序列中每个元素为一个元组，包含两个值，分别为每个字符的下标索引值和每个字符。最后遍历索引序列，获取每个字符。

```
s1 = "Python"                        # 定义字符串
L = []                               # 定义临时备用列表
for i, char in enumerate(s1):        # 把字符串转换为索引序列，然后再遍历
    L.append(char.upper())           # 把每个字符转换为大写形式
print("".join(L))                    # 输出大写字符串 PYTHON
```

3. 使用 range()

【示例 3】根据字符串的长度，使用 range()函数生成一个数字列表。遍历数字列表，以每个数字为下标索引，逐个访问字符串中每个字符。

```
s1 = "Python"                        # 定义字符串
L = []                               # 定义临时备用列表
for i in range(len(s1)):             # 根据字符串长度遍历字符串下标数字，
    # 从 0 开始，直到字符串长度
    L.append(s1[i].upper())          # 把每个字符转换为大写形式
print("".join(L))                    # 输出大写字符串 PYTHON
```

4. 逆序遍历

【示例 4】逆序遍历就是从右到左反向迭代对象，有 3 种方法，演示如下。

```
s1 = "Python"                                  # 定义字符串
print("1. 通过下标逆序遍历：")
for i in s1[::-1]:                             # 取反切片
    print(i, end=" ")                          # 输出为 n o h t y P
print("\n2. 通过下标逆序遍历：")
for i in range(len(s1)-1, -1, -1):             # 从右到左按下标值反向读取字符串中每个字符
    print(s1[i], end=" ")                      # 输出为 n o h t y P
print("\n3. 通过 reversed()逆序遍历：")
for i in reversed(s1):                         # 倒序之后，再遍历输出
    print(i, end=" ")                          # 输出为 n o h t y P
```

5. 应用示例

假设给定一个字符串，找出其中不含有重复字符的最长子串长度，示例代码如下。

```
def DistinctSubstring(str):                    # 定义最长无重复子序列函数
    max_sublength = 0                          # 定义最长子序列
    char_dict = dict()                         # 定义空字典
    cur = 0                                    # 定义当前序列中字符坐标的位置
    for i in range(len(str)):                  # 遍历字符串
        # 判断当前字符是否在字典中，而且当前序列坐标小于字典中存储字符的位置
        if str[i] in char_dict and cur <= char_dict[str[i]]:
            cur = char_dict[str[i]] + 1        # 设置当前字符坐标为该字符的下标
        else:
            # 取当前最大子序列长度和最大子序列长度中最长的子串
            max_sublength = max(max_sublength, i - cur + 1)
        char_dict[str[i]] = i                  # 添加当前字符到字典中
    return max_sublength                       # 返回最大无重复子序列长度
str = 'ababcbbd'                               # 定义字符串
maxlength = DistinctSubstring(str)             # 调用函数
print(maxlength)                               # 输出为 3
```

7.3.3　连接字符串

连接字符串的方法有多种，其中常用的方法有两种，说明如表 7.2 所示。

表 7.2　Python 连接字符串的方法

方　法	说　明
+	使用加号运算符可以连接两个字符串。例如： s1 = "Hi,"　　# 字符串 1 s2 = "Python"　# 字符串 2 s3 = s1 + s2　# 输出为 Hi,Python
str.join(iterable)	返回一个由 iterable 中的字符串拼接而成的字符串。如果 iterable 中存在任何非字符串值，包括 bytes 对象，则引发 TypeError 异常。调用该方法的字符串将作为元素之间的分隔

【示例 1】使用 for 语句遍历字符串，然后把每个字符都转换为大写形式并输出。

```
s1 = "Python"                                  # 定义字符串
L = []                                         # 定义临时备用列表
for i in s1:                                   # 迭代字符串
```

```
    L.append(i.upper())                                    # 把每个字符转换为大写形式
print("".join(L))                                          # 输出大写字符串 PYTHON
```

【示例 2】使用下画线作为分隔符，把字符串中每个字符、集合中每个元素、字典中每个键名分别连接成新的字符串。注意，集合元素的排列是无序的。

```
L='Python'
s = '_'.join(L)                                            # 输出为 P_y_t_h_o_n
L = {'P', 'y', 't', 'h', 'o', 'n'}
s = '_'.join(L)                                            # 输出为 t_h_P_o_y_n
L = {'name':"张三",'gender':'male','from':'China','age':18}
s = '_'.join(L)                                            # 输出为 name_gender_from_age
```

注意：*序列对象的元素必须是字符串类型，不能包含数字或其他类型。例如，下面写法是错误的。*

```
L = (1, 2, 3)                                              # 不可以直接连接元素
L = ('ab', 2)                                              # 不可以直接连接元素
L = ('AB', {'a', 'cd'})                                    # 不可以直接连接元素
s = '_'.join(L)                                            # 抛出 TypeError 异常
```

【示例 3】假设给定两个字符串 str1、str2，判断这两个字符串中出现的字符是否一致，以及字符数量是否一致。当两个字符串的字符和数量一致时，则称这两个字符串为变形词。例如：

str1 = "python"，str2 = "thpyon"，比较两个字符串，返回 True;

str1 = "python"， str2 = "thonp"，比较两个字符串，返回 False。

本例代码如下。

```
def is_deformation(str1, str2):                            # 定义变形词函数
    if str1 is None or str2 is None or len(str1) != len(str2):  # 当条件不符合时
        return False                                       # 返回 False
    if len(str1) == 0 and len(str2) == 0:                  # 当两个字符串长度都为 0 时
        return True                                        # 返回 True
    dic = dict()                                           # 定义一个空字典
    for char in str1:                                      # 循环遍历字符串 str1
        if char not in dic:                                # 判断字符是否在字典中
            dic[char] = 1                                  # 不存在时，赋值为 1
        else:                                              # 存在时
            dic[char] = dic[char] + 1                      # 字符的值累加
    for char in str2:                                      # 循环遍历字符串 str2
        if char not in dic:                                # 当 str2 的字符不在字典中时
            return False                                   # 返回 False
        else:                                              # 当 str2 和 str1 的字符种类一致时
            dic[char] = dic[char] - 1                      # 字典中的字符值自减 1
            if dic[char] < 0:                              # 字符的值小于 0，即字符串的字符数量不一致
                return False                               # 返回 False
    return True                                            # 返回 True

str1 = 'python'                                            # 定义字符串 str1
str2 = 'thpyon'                                            # 定义字符串 str2
str3 = 'hello'                                             # 定义字符串 str3
str4 = 'helo'                                              # 定义字符串 str4
print(str1, str2, 'is deformation:', is_deformation(str1, str2))   # 返回 True
print(str3, str4, 'is deformation:', is_deformation(str3, str4))   # 返回 False
```

7.3.4　分割字符串

分割字符串有五种方法，说明如表 7.3 所示。

表 7.3　Python 分割字符串的方法

方　法	说　明
str.partition(sep)	在 sep 首次出现的位置拆分字符串，返回一个 3 元组，其中包含分隔符之前的部分、分隔符本身以及分隔符之后的部分。如果分隔符未找到，则返回的 3 元组中包含字符本身以及两个空字符串
str.rpartition(sep)	在 sep 最后一次出现的位置拆分字符串，返回一个 3 元组，其中包含分隔符之前的部分、分隔符本身以及分隔符之后的部分。如果分隔符未找到，则返回的 3 元组中包含两个空字符串以及字符串本身
str.split(sep=None, maxsplit=−1)	返回一个由字符串内单词组成的列表，使用 sep 作为分隔字符串。如果给出了 maxsplit，则最多进行 maxsplit 次拆分；如果 maxsplit 未指定或为-1，则不限制拆分次数。如果 sep 未指定或为 None，任何空白字符串都会被作为分隔符，但不包含首尾的空字符串
str.rsplit(sep=None, maxsplit=−1)	返回一个由字符串内单词组成的列表，使用 sep 作为分隔字符串。如果给出了 maxsplit，则最多进行 maxsplit 次拆分，从最右边开始。如果 sep 未指定或为 None，任何空白字符串都会被作为分隔符。除了从右边开始拆分，rsplit()的其他行为与 split()类似
str.splitlines([keepends])	返回由原字符串中各行组成的列表，在行边界的位置拆分。结果列表中不包含行边界，除非给出了 keepends，且为真值

【示例 1】使用点号分割 URL 字符串。

```
str = "www.mysite.com"
t = str.partition(".")                    # 根据第一个点号分割字符串
print(t)                                  # 输出为 ('www', '.', 'mysite.com')
```

提示：如果字符串不包含指定的分隔符，则返回一个包含 3 个元素的元组，第 1 个元素为整个字符串，第 2 个元素和第 3 个元素为空字符串。例如：

```
str = "www.mysite.com"
t = str.partition("|")                    # 根据竖线分割字符串
print(t)                                  # 输出为 ('www.mysite.com', '', '')
```

【示例 2】针对示例 1，下面使用 rpartition()方法分割 URL 字符串。

```
str = "www.mysite.com"
t = str.rpartition(".")                   # 根据最后一个点号分割字符串
print(t)                                  # 输出为 ('www.mysite', '.', 'com')
```

注意：如果在字符串中只搜索到一个 sep 时，partition()和 rpartition()方法的结果是相同的。

【示例 3】针对示例 1，下面使用 split()方法以点号为分隔符分割 URL 字符串。

```
str = "www.mysite.com"
t = str.split(".")                        # 分割字符串
print(t)                                  # 输出为 ['www', 'mysite', 'com']
```

如果设置分割次数为 1，则可以这样设计：

```
str = "www.mysite.com"
t = str.split(".", 1)                     # 分割字符串
```

```
print(t)                                              # 输出为 ['www', 'mysite.com']
```

【示例 4】splitlines()方法将根据行边界拆分字符串，行边界主要包括：\n（换行）、\r（回车）、\r\n（回车+换行）、\v 或\x0b（行制表符）、\f 或\x0c（换表单）、\x1c（文件分隔符）、\x1d（组分隔符）、\x1e（记录分隔符）、\x85［下一行（C1 控制码）］、\u2028（行分隔符）、\u2029（段分隔符）。

```
str = 'a\n\nb\rc\r\nd'
t1 = str.splitlines()                                 # 不包含换行符
t2 = str.splitlines(True)                             # 包含换行符
print(t1)                                             # 输出为 ['a', '', 'b', 'c', 'd']
print(t2)                                             # 输出为 ['a\n', '\n', 'b\r', 'c\r\n', 'd']
```

7.3.5 替换字符串

字符串是不可变序列，所有修改操作都会创建新的字符串。替换字符串有 4 种方法，说明如表 7.4 所示。

表 7.4 Python 替换字符串的方法

方　　法	说　　明
str.replace(old, new[, count])	返回字符串的副本，其中出现的所有子字符串 old 都将被替换为 new。如果给出了可选参数 count，则只替换前 count 次出现
str.expandtabs(tabsize=8)	返回字符串的副本，其中所有的制表符会由一个或多个空格替换，具体取决于当前列位置和给定的制表符宽度。每 tabsize 个字符设为一个制表位，默认值 8 设定的制表位在列 0、8、16…，以此类推
str.translate(table)	返回原字符串的副本，其中每个字符按给定的转换表进行映射
static str.maketrans(x[, y[, z]])	返回一个可供 str.translate()使用的转换对照表

【示例 1】使用 replace()方法。

```
str = "www.mysite.cn"
str1 = str.replace("mysite", "qianduankaifa")         # 替换字符串
print (str)                                           # 输出为 www.mysite.cn
print (str1)                                          # 输出为 www.qianduankaifa.cn
```

【示例 2】expandtabs(8)不是将\t 直接替换为 8 个空格，而是根据 Tab 字符前面的字符数确定替换宽度。下面演示了 expandtabs()方法的用法。

```
print(len("1\t".expandtabs(8)))                       # 输出为 8，添加 7 个空格
print(len("12\t".expandtabs(8)))                      # 输出为 8，添加 6 个空格
print(len("123\t".expandtabs(8)))                     # 输出为 8，添加 5 个空格
print(len("1\t1".expandtabs(8)))                      # 输出为 9，添加 7 个空格
print(len("12\t12".expandtabs(8)))                    # 输出为 10，添加 6 个空格
print(len("123\t123".expandtabs(8)))                  # 输出为 11，添加 5 个空格
print(len("123456781\t".expandtabs(8)))               # 输出为 16，添加 7 个空格
print(len("1234567812345678\t".expandtabs(8)))        # 输出为 24，添加 8 个空格
```

Python 根据字符串宽度，以及 Tab 键设置的宽度，确定需要填充的空格数，Tab 键之后的字符数不受影响。

translate()方法能够根据参数表翻译字符串中的字符。语法格式如下：

```
str.translate(table)
bytes.translate(table[, delete])
bytearray.translate(table[, delete])
```

str 表示字符串对象，bytes 表示字节串，bytearray 表示字节数组，参数 table 表示翻译表，翻译表通过 maketrans()函数生成。translate()方法返回翻译后的字符串，如果设置了 delete 参数，则将原来 bytes 中属于

delete 的字符删除，剩下的字符根据参数 table 进行映射。

maketrans()函数用于创建字符映射的转换表。语法格式如下：

```
str.maketrans(intab,outtab[,delchars])
bytes.maketrans(intab,outtab)
bytearray.maketrans(intab,outtab)
```

第一个参数是字符串，表示需要转换的字符，第二个参数也是字符串，表示转换的目标，两个字符串的长度必须相同，为一一对应的关系。第三个参数为可选参数，表示要删除的字符组成的字符串。

【示例 3】使用 str.maketrans()函数生成一个大小写字母映射表，然后把字符串全部转换为小写。也可以设置需要删除的字符，如"THON"。

```
a = "ABCDEFGHIJKLMNOPQRSTUVWXYZ"          # 大写字符集
b = "abcdefghijklmnopqrstuvwxyz"          # 小写字符集
d = "THON"                                # 删除字符集
t1 = str.maketrans(a,b)                   # 创建字符映射转换表
t2 = str.maketrans(a,b,d)                 # 创建字符映射转换表，并删除指定字符
s = "PYTHON"                              # 原始字符串
print(s.translate(t1))                    # 输出为 python
print(s.translate(t2))                    # 输出为 py
```

【示例 4】把普通字符串转为字节串，然后使用 translate()方法先删除，再转换。

```
a = b"ABCDEFGHIJKLMNOPQRSTUVWXYZ"         # 大写字节型字符集
b = b"abcdefghijklmnopqrstuvwxyz"         # 小写字节型字符集
d = b"THON"                               # 删除字节型字符集
t1 = bytes.maketrans(a, b)                # 创建字节型字符映射转换表
s = b"PYTHON"                             # 原始字节串
s = s.translate(None, d)                  # 若 table 参数为 None，则只删除不映射
s = s.translate(t1)                       # 执行映射转换
print(s)                                  # 输出为 b'py'
```

注意： 如果 table 参数不为 none，则先删除再映射。

7.3.6　裁切字符串

裁切字符串有 3 种方法，说明如表 7.5 所示。

表 7.5　Python 裁切字符串的方法

方　法	说　明
str.strip([chars])	返回原字符串的副本，移除其中的前导和末尾字符。chars 参数为指定要移除字符的字符串。如果省略或为 None，chars 参数默认移除空格符
str.lstrip([chars])	返回原字符串副本，移除其中的前导字符。chars 参数与 strip()方法相同
str.rstrip([chars])	返回原字符串副本，移除其中的末尾字符。chars 参数与 strip()方法相同

【示例 1】在 strip([chars])方法中，chars 参数并非指定单个前缀或后缀，而是移除参数值的所有组合。

```
str1 = 'www.example.com'.strip('cmowz.')
print(str2)                               # 输出为 'example'
```

【示例 2】不管是 strip()方法，还是 lstrip()和 rstrip()方法，都可以清除指定的字符串，字符串可以是一个字符或者多个字符，匹配时不是按照整体进行匹配，而是逐个进行匹配。

```
str1 = "234.3400000"
```

```
str2 = str1.rstrip("0")                    # 清除尾部数字 0
print(len(str1))                           # 输出为 11
print(len(str2))                           # 输出为 6
print(str2)                                # 输出为 234.34
```

7.3.7 转换大小写格式

字符串大小写格式转换有 6 种方法，说明如表 7.6 所示。

表 7.6 Python 字符串大小写转换方法

方　法	说　明
str.lower()	返回原字符串的副本，其中所有区分大小写的字符均转换为小写
str.upper()	返回原字符串的副本，其中所有区分大小写的字符均转换为大写
str.title()	返回原字符串的标题版本，每个单词第一个字母为大写，其余字母为小写
str.capitalize()	返回原字符串的副本，其首个字符大写，其余为小写
str.swapcase()	返回原字符串的副本，其中大写字符转换为小写，反之亦然
str.casefold()	返回原字符串消除大小写的副本。消除大小写的字符串可用于忽略大小写的匹配。消除大小写类似于转为小写，但是更加彻底一些

可以使用以下 3 种方法检测字符串的大小写格式，简单说明如下。

- islower()：检测字符串是否为纯小写的格式。
- isupper()：检测字符串是否为纯大写的格式。
- istitle()：检测字符串是否为“标题化”的格式。

注意：字符串中至少要包含一个字母，否则直接返回 False，如纯数字或空字符串。对于 8 位字节编码的字符串，需要根据本地环境确定大小写形式。

【示例 1】使用 istitle()方法进行判断时，会对每个单词的边界进行检测。一个完整的单词不应该包含非字母的字符，如空格、数字、连字符等各种特殊字符。当界定单词的边界后，会检测非首字母是不是全部小写，否则返回 False。

```
print("Word15word2".istitle())             # 输出为 False
print("Word15Word2".istitle())             # 输出为 True
print("Wordaword2".istitle())              # 输出为 True
print("Word1aword2".istitle())             # 输出为 False
print("Word1aWord2".istitle())             # 输出为 False
```

在上面代码中，"Word15word2"和"Word1aword2"被解析为 2 个单词，而"Wordaword2"被解析为 1 个单词。

【示例 2】Python 没有提供 iscapitalize()方法，用来检测字符串首字母是否是大写格式。下面自定义 iscapitalize()来完善字符串大小写格式。

```
def iscapitalize(s):                       # 检测函数，与 capitalize()对应
    if len(s.strip()) > 0 and not s.isdigit():   # 非空或非数字字符串，则进一步检测
        return s == s.capitalize()         # 使用 capitalize()把字符串转换为首字母大写
                                           # 形式，然后比较，如果相等，则返回 True，
                                           # 否则返回 False
    else:                                  # 如果为空，或者为数字，则直接返回 False
        return False
```

```
print(iscapitalize(" "))                  # 输出为 False
print(iscapitalize("123"))                # 输出为 False
print(iscapitalize("python"))             # 输出为 False
print(iscapitalize("Python"))             # 输出为 True
print(iscapitalize("I Love Python"))      # 输出为 False
print(iscapitalize("Python 3.9"))         # 输出为 True
```

在扩展 iscapitalize()函数时，需要考虑两个特殊情况：纯数字字符串和空字符串。对于这两种情况，return s == s.capitalize()都返回 True，所以需要先考虑条件过滤，再进行判断。

7.3.8　检测字符串类型

上一节介绍了字符串大小写格式检测的 3 个方法，本节再介绍如何检测数字、字母和特殊字符，说明如表 7.7 所示。

表 7.7　Python 数字、字母和特殊字符检测方法

方　法	说　明
str.isascii()	如果字符串为空，或字符串中的所有字符都是 ASCII，返回 True，否则返回 False。ASCII 字符范围是 U+0000～U+007F
str.isdecimal()	如果字符串中的所有字符都是十进制字符，且该字符串至少有一个字符，则返回 True，否则返回 False。十进制字符指可以用来组成十进制数的字符，如 U+0660，即阿拉伯数字 0
str.isdigit()	如果字符串中的所有字符都是数字，并且至少有一个字符，返回 True，否则返回 False。数字包括十进制字符和需要特殊处理的数字，如上标数字、Kharosthi 数等，即具有 Numeric_Type=Digit 或 Numeric_Type=Decimal 特性的字符
str.isnumeric()	如果字符串中至少有一个字符，且所有字符均为数值字符，则返回 True，否则返回 False。数值字符就是具有 Numeric_Type=Digit、Numeric_Type=Decimal 或 Numeric_Type=Numeric 特性的字符
str.isalpha()	如果字符串中的所有字符都是字母，并且至少有一个字符，返回 True，否则返回 False。字母字符是指在 Unicode 字符数据库中定义为 Letter 的字符
str.isalnum()	如果字符串中的所有字符都是字母或数字，且至少有一个字符，则返回 True，否则返回 False。如果 c.isalpha()、c.isdecimal()、c.isdigit()或 c.isnumeric()之中有一个返回 True，则字符 c 是字母或数字
str.isspace()	如果字符串中只有空白字符，且至少有一个字符则返回 True，否则返回 False
str.isprintable()	如果字符串中所有字符均为可打印字符或字符串为空，则返回 True，否则返回 False
str.isidentifier()	如果字符串是有效的标识符，返回 True，否则返回 False

isdigit()、isdecimal()和 isnumeric()方法都用来检测数字，但是也略有差异，简单比较如下。

（1）isdigit()。

- True：Unicode 数字、全角数字（双字节）、byte 数字（单字节）。
- False：汉字数字、罗马数字、小数。
- Error：无。

（2）isdecimal()。

- True：Unicode 数字、全角数字（双字节）。
- False：汉字数字、罗马数字、小数。
- Error：byte 数字（单字节）。

（3）isnumeric()。

- True：Unicode 数字、全角数字（双字节）、汉字数字。

➢ False：罗马数字、小数。

➢ Error：byte 数字（单字节）。

【示例】分别使用上述 3 个方法检测 Unicode 数字、全角数字、byte 数字、汉字数字和罗马数字。

```
n1 = "1"                          # Unicode 数字
print(n1.isdigit())               # 输出为 True
print(n1.isdecimal())             # 输出为 True
print(n1.isnumeric())             # 输出为 True
n2 = "1"                          # 全角数字（双字节）
print(n2.isdigit())               # 输出为 True
print(n2.isdecimal())             # 输出为 True
print(n2.isnumeric())             # 输出为 True
n3 = b"1"                         # byte 数字（单字节）
print(n3.isdigit())               # 输出为 True
print(n3.isdecimal())             # 输出为 AttributeError 'bytes' object has no attribute 'isdecimal'
print(n3.isnumeric())             # 输出为 AttributeError 'bytes' object has no attribute 'isnumeric'
n4 = "IV"                         # 罗马数字
print(n4.isdigit())               # 输出为 False
print(n4.isdecimal())             # 输出为  False
print(n4.isnumeric())             # 输出为 False
n5 = "四"                         # 汉字数字
print(n5.isdigit())               # 输出为 False
print(n5.isdecimal())             # 输出为 False
print(n5.isnumeric())             # 输出为 True
```

提示： 罗马数字包括：I、II、III、IV、V、VI、VII、VII、IX、X等，汉字数字包括：一、二、三、四、五、六、七、八、九、十、百、千、万、亿、兆、零、壹、貳、叁、肆、伍、陆、柒、捌、玖、拾等。

7.3.9 填充字符串

填充字符串有 4 个方法，说明如表 7.8 所示。

表 7.8 Python 填充字符串的方法

方 法	说 明
str.center(width[, fillchar])	返回长度为 width 的字符串，原字符串在其中居中显示。使用指定的 fillchar 填充两边的空位，默认使用 ASCII 空格符。如果 width 小于等于 len(s)，则返回原字符串的副本
str.ljust(width[, fillchar])	返回长度为 width 的字符串，原字符串在其中靠左对齐。使用指定的 fillchar 填充空位，默认使用 ASCII 空格符。如果 width 小于等于 len(s)，则返回原字符串的副本
str.rjust(width[, fillchar])	返回长度为 width 的字符串，原字符串在其中靠右对齐。使用指定的 fillchar 填充空位，默认使用 ASCII 空格符。如果 width 小于等于 len(s)，则返回原字符串的副本
str.zfill(width)	返回原字符串的副本，在左边填充 ASCII 格式的'0'，使其长度变为 width。正负值前缀（'+'/'−'）的处理方式是在正负符号之后填充而非在之前。如果 width 小于等于 len(s)，则返回原字符串的副本

【示例 1】分别使用 center()、ljust()和 rjust()方法设置字符串居中对齐、左对齐和右对齐显示，同时定义字符串总宽度为 20 个字符，剩余空间填充为下画线。

```
s1 = "Python"                     # 定义字符串
s2 = s1.center(20, "_")           # 输出为 _______Python_______
s3 = s1.ljust(20, "_")            # 输出为 Python______________
s4 = s1.rjust(20, "_")            # 输出为 ______________Python
```

【示例 2】设计随机生成一个 1～999 之间的整数，为了整齐显示随机数，本例使用 zfill()设置随机数总长度为 3。

```
import random                                  # 导入随机数模块
n = random.randint(1,999)                      # 随机生成一个 1～999 之间的整数
print(str(n).zfill(3))                         # 输出并设置字符串宽度固定为 3
```

【示例 3】通过对字符串的操作，打印出菱形字符输出效果。

```
n = int(input('Num:'))                         # 接收用户输入的数
for i in range(1,n):                           # 遍历菱形上半部分
    a = '*' * i                                # 需要打印的个数
    print (a.center(n,' '))                    # 居中输出
for i in range(n,0,-1):                        # 遍历菱形下半部分
    a = '*' * i                                # 需要打印的个数
    print (a.center(n,' '))                    # 居中输出
```

7.3.10　检索字符串

检索字符串有 7 个方法，说明如表 7.9 所示。

表 7.9　Python 检索字符串的方法

方　　法	说　　明
str.count(sub[, start[, end]])	返回子字符串 sub 在[start, end]范围内非重叠出现的次数。可选参数 start 和 end 被解读为切片表示法，默认值为 0 和字符串的长度 len(str)
str.endswith(suffix[, start[, end]])	如果字符串以指定的 suffix 结束，则返回 True，否则返回 False。suffix 也可以为由多个供查找的后缀构成的元组。如果有可选项 start，将从指定位置开始检查。如果有可选项 end，将在指定位置停止比较
str.startswith(prefix[, start[, end]])	如果字符串以指定的 prefix 开始，则返回 True，否则返回 False。prefix 也可以为由多个供查找的前缀构成的元组。如果有可选项 start，将从所指定位置开始检查。如果有可选项 end，将在所指定位置停止比较
str.find(sub[, start[, end]])	返回子字符串 sub 在 str[start:end]切片内被找到的最小索引。可选参数 start 与 end 被解读为切片表示法，如果 sub 未被找到则返回-1
str.rfind(sub[, start[, end]])	返回子字符串 sub 在字符串内被找到的最大（最右）索引，可选参数 start 与 end 被解读为切片表示法。如果 sub 未被找到则返回-1
str.index(sub[, start[, end]])	类似于 find()，当找不到 sub 时引发 ValueError 异常
str.rindex(sub[, start[, end]])	类似于 rfind()，当找不到 sub 时引发 ValueError 异常

【示例 1】演示表 7.9 中多个方法的简单使用。

```
str = "海水朝朝朝朝朝朝朝落，浮云长长长长长长长消"
print(str.count("长", 11, 21))                 # 输出为 7
# 检测字符串“海”是否在字符串的开头或结尾
print(str.startswith("海"))                    # 输出为 True
print(str.endswith("海"))                      # 输出为 False
# 检索“长”在字符串中的索引位置。
print(str.find("长"))                          # 在整个字符串中检索，输出为 13
print(str.find("长",14))                       # 从下标 14 位置开始检索，输出为 14
print(str.find("长",10,13))                    # 在下标 10～13 内检索，输出为 -1，没有找到
print(str.rfind("长"))                         # 在整个字符串中检索，输出为 19
print(str.rfind("长",14))                      # 从下标 14 位置开始检索，输出为 19
```

```
print(str.rfind("长",10,13))                    # 在下标 10～13 内检索，输出为 -1，没有找到
print(str.rindex("长"))                         # 在整个字符串中检索，输出为 19
print(str.rindex("长",14))                      # 从下标 14 位置开始检索，输出为 19
print(str.rindex("长",10,13))                   # 抛出 ValueError 异常
```

【示例 2】在上传文件的时候，对文件的格式有要求，如.png、.jpg、.gif 等，只有符合该格式的文件才可以上传，通过对字符串操作，模拟上传图片。

```
filename = input('请输入上传文件：')             # 接收文件
if filename != '':                              # 文件不为空
    if filename.find('.') == -1 or filename.find('.') == len(filename) - 1:
        # 文件格式不含"."或者以"."结尾
        print('文件格式不正确')                  # 输出文件格式不正确
    else:                                       # 文件格式正确
        if filename.endswith(('png', 'jpg', 'gif')):   # 符合图片文件格式
            print('图片文件可以上传')            # 输出可以上传
        else:                                   # 不符合图片文件格式
            print('文件格式不正确，不能上传!')   # 输出不可以上传
```

7.4 格式化样式

7.4.1 printf 风格字符串

字符串有一种特殊的内置操作：使用%运算符，称之为字符串的格式化或插值运算符。

```
format % values
```

其中，format 为一个字符串，在 format 中的%转换标记符将被替换为零个或多个 values 条目。其效果类似于在 C 语言中使用 sprintf()。

如果 format 要求一个单独参数，则 values 可以为一个非元组对象；否则，values 必须是一个包含项数与格式字符串中指定的转换符项数相同的元组，或者是一个单独映射对象，如字典。

转换标记符包含两个或更多个字符，并具有以下组成，且必须遵循下面的先后顺序。

➢ %：用于标记转换符的起始。
➢ 映射键（可选）：由加圆括号的字符序列组成，如(keywordname)。
➢ 转换标记（可选）：用于影响某些转换类型的结果，说明如表 7.10 所示（前 5 个指令）。
➢ 最小字段宽度（可选）：如果指定为*（星号），则实际宽度从 values 元组的下一元素中读取，要转换的对象则为最小字段宽度和可选的精度之后的元素。
➢ 精度（可选）：在 .（点号）之后加精度值的形式给出。如果指定为*（星号），则实际精度从 values 元组的下一元素中读取，要转换的对象则为精度之后的元素。
➢ 长度修饰符（可选）：包括 h、l 或 L，在 Python 中可以被忽略，如%ld 等价于%d。
➢ 转换类型：具体说明如表 7.10 所示。

当右边的 values 参数为一个字典或其他映射类型时，字符串中的格式必须包含加圆括号的映射键，对应%字符之后字典中的每一项。映射键将从映射中选取要格式化的值。例如：

```
print('%(language)s %(number)02d ' % {'language': "Python", "number": 3})
```

输出为：

这时格式中不能出现*标记符，因为其需要一个序列类的参数列表。

在格式化输出数字或字符串时，可以附加辅助指令完善格式化操作，说明如表 7.11 所示。

表 7.10　Python 格式化辅助指令

指　　令	功　　能
-	左对齐显示。提示，默认右对齐显示
" "（空格）	符号位转换产生的正数，或空字符串前将留出一个空格
+	在正数前面显示加号
#	在八进制数前面显示零（0），在十六进制前面显示 0x 或者 0X（取决于用的是 x 还是 X）
0	显示的数字前面填充'0'而不是默认的空格
%	'%%'输出一个单一的'%'
(键值名)	映射变量（通常用来处理字段类型的参数）
m.n.	m 和 n 为整数，可以组合或单独使用。其中，m 表示最小显示的总宽度，如果超出，则原样输出；n 表示可保留的小数点后的位数或者字符串的个数
*	定义最小显示宽度或者小数位数

表 7.11　Python 格式化类型列表

符　　号	描　　述
%c	格式化为字符（ASCII 码），仅适用于整数和字符
%r	使用 repr()函数格式化显示
%s	使用 str()函数格式化显示
%d / %i	格式化为有符号的十进制整数，仅适用于数字
%u	格式化为无符号的十进制整数，仅适用于数字
%o	格式化为有符号八进制数，仅适用于整数
%x	格式化为有符号的十六进制数（小写形式），仅适用于整数
%X	格式化为有符号的十六进制数（大写形式），仅适用于整数
%f / %F	格式化为浮点数，可指定小数点后的精度，仅适用于数字
%e	格式化为科学计数法表示（小写形式），仅适用于数字
%E	作用同%e，用科学计数法格式化浮点数（大写形式），仅适用于数字
%g	浮点格式。如果指数小于-4 或不小于精度，则使用小写指数格式，否则使用十进制格式
%G	浮点格式。如果指数小于-4 或不小于精度，则使用大写指数格式，否则使用十进制格式
%%	输出字符%自身

1. 格式化输出字符串和整数

【示例 1】输出字符串 Python，并计算、输出它的字符长度。

```
str1 = "%s.length = %d" % ('Python', len('Python'))
print(str1)                                    # 输出为 Python.length = 6
str1 = "Python.length = %d" % len('Python')
print(str1)                                    # 输出为 Python.length = 6
```

2. 格式化输出不同进制数

【示例 2】把数字输出为十六进制、十进制和八进制格式的字符串。

```
n = 1000
print("Hex = %x Dec = %d Oct = %o" % (n, n, n))          # 输出为 Hex = 3e8 Dec = 1000 Oct = 1750
```

3. 格式化输出浮点数

【示例 3】把数字输出为不同格式的浮点数字符串。

```
pi = 3.141592653
print('pi1 = %10.3f' % pi)                  # 总宽度为 10，小数位精度为 3
print("pi2 = %.*f" % (3, pi))               # *表示从后面元组中读取 3，定义精度
print('pi3 = %010.3f' % pi)                 # 用 0 填充空白
print('pi4 = %-10.3f' % pi)                 # 左对齐，总宽度 10 个字符，小数位精度为 3
print('pi5 = %+f' % pi)                     # 在浮点数前面显示正号
```

输出字符串如下：

```
pi1 =      3.142
pi2 =      3.142
pi3 = 000003.142
pi4 =      3.142
pi5 =  +3.141593
```

7.4.2 format 格式化

%操作符是传统格式化输出的基本方法，从 Python 2.6 版本开始，为字符串型新增了一种格式化方法 str.format()，它通过{}操作符和 : 辅助指令代替%操作符。{}语法格式如下：

```
"{" [field_name] ["!"conversion] [":" [[fill]align][sign][#][0][width] [grouping_option] [.precision] [type] "}"
```

- field_name：映射字段值。
- "!"conversion：调用转换为字符串的函数，包括'!s'（调用 str()）、'!r'（调用 repr()）、'!a'（调用 ascii()）。
- fill：设置任何填充字符。
- align：对齐方式，包括"<"（左对齐）、">"（右对齐）、"="（数字对齐）、"^"（居中）。
- sign：符号，包括"+"（正数和负数）、"−"（仅负数）、" "（正数空格，负数-）。
- width：字符宽度。
- grouping_option：针对浮点数和整数，设置千位分隔符，包括"_"、","。
- precision：小数位精度。
- type：字符类型，包括"b"（二进制）、"c"（字符）、"d"（十进制）、"e"（科学）、"E"（科学）、"f"（浮点）、"F"（浮点）、"g"（常规）、"G"（常规）、"n"（数字，同 d）、"o"（八进制）、None（类似 d 或 g）。

下面结合几个实例简单演示 format()函数具体使用。

【示例 1】通过位置索引值。

```
print('{0} {1}'.format('Python', 3.0))               # 输出为 Python 3.0
print('{} {}'.format('Python', 3.0))                 # 输出为 Python 3.0
print('{1} {0} {1}'.format('Python', 3.0))           # 输出为 3.0 Python 3.0
```

在字符串中使用{}作为格式化操作符。与%操作符不同的是，{}操作符可以通过包含的位置值自定义引用值的位置，也可以重复引用。

【示例 2】通过关键字进行索引。

```
print('{name}年龄是{age}岁。'.format(age=18, name='张三'))
```

输出如下：

```
张三年龄是 18 岁。
```

【示例 3】通过下标进行索引。

```
l = ['张三', 18]
print('{0[0]}年龄是{0[1]}岁。'.format(l))
```

输出如下：

```
张三年龄是 18 岁。
```

通过这种“映射”方式，结合使用 format()函数更便捷。list 和 tuple 可以通过“打散”成普通参数传递给 format()函数，dict 可以“打散”成关键字参数传递给函数。

format()函数包含丰富的格式限定符，可以在{}操作符中附带 : 符号。

（1）填充与对齐。

:符号后面可以附带填充的字符，默认为空格。^、<、>分别表示居中、左对齐、右对齐，后面附带宽度限定值。

【示例 4】设计输出 8 位字符，并分别设置不同的填充字符和值对齐方式。

```
print('{:>8}'.format('1'))                    # 总宽度为 8，右对齐，默认空格填充
print('{:0>8}'.format('1'))                   # 总宽度为 8，右对齐，使用 0 填充
print('{:a<8}'.format('1'))                   # 总宽度为 8，左对齐，使用 a 填充
```

输出字符串如下：

```
       1
00000001
1aaaaaaa
```

（2）精度与类型 f。

【示例 5】精度常跟 float 类型一起使用。

```
print('{:.2f}'.format(3.1415926))             # 输出为 3.14
```

其中“.2”表示小数点后面的精度为 2，f 表示浮点数输出。

（3）不同进制数字输出。

【示例 6】使用 b、d、o、x 分别表示二进制、十进制、八进制、十六进制数字。

```
n = 100
print('{:b}'.format(n))                       # 输出为 1100100
print('{:d}'.format(n))                       # 输出为 100
print('{:o}'.format(n))                       # 输出为 144
print('{:x}'.format(n))                       # 输出为 64
```

（4）千位分隔输出。

【示例 7】使用逗号（,）能够输出金额的千位分隔符。

```
print('{:,}'.format(1234567890))
```

输出字符串如下：

```
1,234,567,890
```

【示例 8】创建变量 name 保存输入的名字，变量 salary 保存输入的薪水，通过格式化字符串的方式输出"你好***,你的工资***元"。

```
name=input("请输入你的名字：")
salary=float(input("请输入你的工资："))
print("你好%s,你的工资%.2f 元"%(name,salary))
```

```
print("你好{},你的工资{}元".format(name,salary))
print("你好{},你的工资{:.1f}元".format(name,salary))
print("你好{},你的工资{:,}元".format(name,salary))
```

【示例 9】format()方法能够接收*args、**kargs 这种类型的可变参数，可变参数能够接收一个或者多个参数。

```
data = {'name': '张三', 'age': 18}                    # 定义字典变量，参见第 6 章
print('{name}年龄是{age}岁。'.format(**data))
data_1 = ['大家', '好']                               # 定义列表变量，参见第 5 章
data_2 = {'name': '张三', 'age': 18}
print('{}{}，我的名字叫{name},我今年{age}岁!'.format(*data_1, **data_2))
```

7.4.3 f-strings

f-strings 是 Python 3.6 新增的一种字符串格式化方法，语法格式如下：

```
f ' <text> { <expression> <optional !s, !r, or !a> <optional : format specifier> } <text> … '
```

在字符串前加上 f 修饰符，然后就可以在字符串中使用{}包含：表达式；输出函数，其中!s 为默认表达式输出方式，表示调用 str()函数，!r 表示调用 repr()函数，!a 表示调用 ascii()函数；各种格式化符号，如 c 表示字符、s 表示字符串、b 表示二进制数、o 表示八进制数、d 表示十进制数、x 表示十六进制数、f 表示浮点数、%表示百分比数、e 表示科学计数法等。

【示例 1】使用 f-strings 方法在字符串中嵌入变量和表达式。

```
name = "Python"                                       # 字符串
ver = 3.6                                             # 浮点数
print( f"{name}-{ver}、{ver + 0.1 }、{ver + 0.2 }" )
```

输出字符串如下：

```
Python-3.6、3.7、3.8000000000000003
```

【示例 2】在示例 1 中，表达式计算浮点数时发生溢出，可以使用特殊格式化修饰符限定只显示 1 位小数。

```
name = "Python"                                       # 字符串
ver = 3.6                                             # 浮点数
print( f"{name}-{ver}、{ver + 0.1 }、{ver + 0.2:.1f}" )
```

输出字符串如下：

```
Python-3.6、3.7、3.8
```

注意：特殊格式化修饰符通过冒号与前面的表达式相连，1f 表示仅显示 1 位小数。

【示例 3】f-strings 可以转换进制。把十六进制数 10 分别转换成十进制、十六进制、八进制和二进制数。

```
n = 0x10                                              # 十六进制数 10
print( f'dec: {n:d}, hex: {n:x}, oct: {n:o}, bin: {n:b}' )
```

输出字符串如下：

```
dec: 16, hex: 10, oct: 20, bin: 10000
```

注意：{}内不能包含反斜杠\，但可以使用不同的引号，或使用三引号。使用引号包含的变量或表达式，将不再表示一个变量或表达式，而是当作字符串来处理。如果要表示{、}，可以使用{{、}}。

【示例 4】如果要在多行中表示字符串，可以使用下面方式，在每一行子串前面都加上 f 修饰符。

```
name = "Python"                          # 字符串
ver = 3.6                                # 浮点数
s = f"{name}-" \
    f"{ver}"
print(s)                                 # 输出为 Python-3.6
```

7.5 案例实战

7.5.1 模板字符串

模板字符串提供了更简便的字符串替换方式，支持基于$的替换，使用规则如下。

- $$为转义符号，被替换为单个的$。
- $identifier：替换占位符，匹配一个名为"identifier"的映射键。
- ${identifier}：等价于$identifier。当占位符之后紧跟着有效的但又不是占位符一部分的标识符字符时使用，如"${noun}ification"。

string 模块提供了实现这些规则的 Template 类。语法格式如下：

```
string.Template(template)
```

该构造器接收一个参数作为模板字符串，返回模板对象，通过调用下面两个方法，执行模板替换，返回一个新字符串。

```
substitute(mapping={}, /, **kwds)
```

mapping 为任意字典类对象，其中的键将匹配模板中的占位符。当同时给出 mapping 和 kwds，并存在重复时，则以 kwds 中的占位符为优先。例如：

```
from string import Template
s = Template('$who  喜欢  $what')
print(s.substitute(who='张三', what='Python'))          # 输出为 张三  喜欢  Python
```

safe_substitute 方法类似于 substitute()，不同之处是如果有占位符未在 mapping 和 kwds 中找到，不是引发 KeyError 异常，而是将原始占位符不加修改地显示在结果字符串中。

```
safe_substitute(mapping={}, /, **kwds)
```

【示例】本例模拟通讯录操作，保存 3 条好友信息，分别为姓名、电话、地址。假定用户输入的格式符合如下规范：

- 输入信息顺序分别为姓名、电话、地址。
- 姓名和电话之间用“:”分隔，电话和地址之间用“,”分隔。
- 每个好友信息输入完，末尾需要加上“;”。
- 姓名、电话、地址前后可能有空格。

设计在程序开始时，输入信息：“张三:15811112222,北京;李四:18811112222,上海;”，在屏幕上输出如下信息：

```
张三    15811112222    北京
李四    18811112222    上海
```

代码如下，演示效果如图 7.1 所示。

```
from string import Template                                              # 导入模板类型
s = Template('${name}\t${phone}\t${addr}')                               # 定制模板字符串
friends = list()                                                         # 定义好友列表，存储通讯录好友信息
while True:                                                              # 无限次输入好友信息
    friendInfo = input('请输入好友信息:')
    if friendInfo !='':                                                  # 输入信息不为空
        if friendInfo.count(':') == friendInfo.count(',') == friendInfo.count(';'):    # 是否符合规范
            friendsList = friendInfo.split(';')                          # 分割好友，得到好友列表信息
            for info in friendsList:                                     # 遍历好友信息
                if info != '':                                           # 好友信息不为空
                    friendName = info.split(':')[0].strip()              # 获取并处理姓名信息
                    friendPhone = info.split(',')[0].split(':')[1].strip()    # 获取并处理电话信息
                    friendAddress = info.split(',')[1].strip()           # 获取并处理地址信息
                    if friendPhone.isdigit() and len(friendPhone) == 11:    # 电话为 11 的数字
                        friendList={"name": friendName,
   "phone":friendPhone,
   "addr":friendAddress}                                                 # 将信息保存在列表中
                        friends.append(friendList)                       # 追加信息在通讯录中
                    else:
                        print('电话格式输入不正确!')
        else:
            print('好友信息格式输入不正确!')
    else :
        print('输入信息不能为空!')
    for friend in friends:                                               # 遍历通讯录
        print( s.substitute(friend) )                                    # 打印信息
    flag = input('是否退出[y/n]:')                                       # 是否退出系统
    if flag == 'y':                                                      # 退出系统
        break
```

```
请输入好友信息:张三    :  15811112222  , 北京; 李四 :18811112222, 上海;
张三      15811112222        北京
李四      18811112222        上海
是否退出[y/n]:n
请输入好友信息:王五: 17711112222, 深圳;
张三      15811112222        北京
李四      18811112222        上海
王五      17711112222        深圳
是否退出[y/n]:y
>>> |
```

图 7.1　模拟通讯录效果

7.5.2　输出平方和立方表

本例主要练习使用 print()函数进行格式化输出，结合 while 语句，能够根据用户输入数字，循环输出从 1 到输入数字的平方和立方表，演示效果如图 7.2 所示。

```
n = int(input("请输入一个正整数："))                          # 接收用户输入数字
x = 0                                                          # 定义循环变量
print("数字\t\t 平方\t\t  立方")                               # 输出表头
while x < n:                                                   # 循环输出表格
    x += 1                                                     # 递增循环变量
    print(str(x).rjust(2), str(x*x).rjust(3), sep='\t\t', end=' ')
                                                               # 输出前两列数字，间隔 2 个 Tab 键，结尾不换行
    print('', str(x*x*x).rjust(4), sep='\t\t')
                                                               # 输入第三列数字，间隔 2 个 Tab 键，结尾换行
```

```
请输入一个正整数：10
数字            平方            立方
 1               1               1
 2               4               8
 3               9              27
 4              16              64
 5              25             125
 6              36             216
 7              49             343
 8              64             512
 9              81             729
10             100            1000
>>>
```

图 7.2　显示数字平方和立方表

提示：可以使用%格式化操作符，或者 format()函数进行格式化输出。例如，下面使用 format()函数进行设计，可以简化输出代码。

```
n = int(input("请输入一个正整数："))                     # 接收用户输入数字
x = 0                                                    # 定义循环变量
print("数字\t\t 平方\t\t  立方")                         # 输出表头
while x < n:                                             # 循环输出表格
    x += 1                                               # 递增循环变量
    print('{0:2d}\t\t{1:3d}\t\t{2:4d}'.format(x, x*x, x*x*x))    # 使用 format()格式化函数输出
```

7.5.3　输出杨辉三角

杨辉三角揭示了多次方二项式展开后各项系数的分布规律，每行开头和结尾的数字为 1，除第一行外，每个数都等于它上一行相邻两个数之和，如图 7.3 所示。

程序设计的完整代码如下，演示效果如图 7.4 所示。

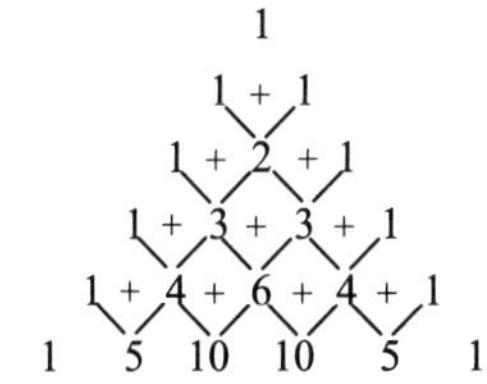

图 7.3　杨辉三角分布规律

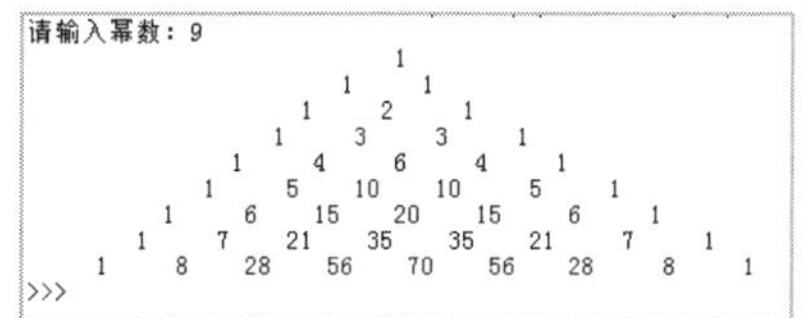

图 7.4　设计的杨辉三角图形

```
t = int(input("请输入幂数："))                           # 接收用户输入的幂数
if t <= 0:                                               # 处理用户输入值，小于等于 0，则默认为 7
    t = 7
    print("请输入正整数，下面演示为幂数为 7 的杨辉三角图形。")
w = 5                                                    # 定义数字显示宽度
# 打印第一行
print('%*s' % (int((t-1)*w/2)+9-w, " "), end=" ")        # 打印左侧空格
print('{0:^{1}}'.format(1, w))
# 打印第二行
line = [1, 1]
print('%*s' % (int((t-2)*w/2)+8-w, " "), end=" ")        # 打印左侧空格
for i in line:                                           # 打印第二行每个数字
    print('{0:^{1}}'.format(i, w), end=" ")
print("")                                                # 换行显示
# 打印从第三行开始的其他行
for i in range(2, t):
    r = []
```

```
for i in range(0, len(line)-1):                    # 按规律生成该行除两端以外的数字
        r.append(line[i]+line[i+1])
line = [1]+r+[1]                                   # 把两端的数字连上
print('%*s' % (int((t-i)*w/2)-w, " "), end=" ")    # 打印左侧空格
for i in line:                                     # 打印该行数字
        print('{0:^{1}}'.format(i, w), end=" ")
 print("")                                         # 换行显示
```

7.6 在线支持

扫码免费学习
更多实用技能

一、补充知识

☑ Python 字符编码

☑ Python 中的字符串与字符编码

二、专项练习

☑ Python 字符串

三、参考

☑ Python 字符串内建函数

新知识、新案例不断更新中……

第 8 章

正则表达式

正则表达式也称规则表达式（regular expression，RE），简称正则，是嵌入 Python 中的一种轻量、专业的编程语言，可以匹配符合指定模式的文本。Python 支持 Perl 风格的正则表达式语法，可通过 re 模块调用，第三方模块 regex 也提供了与标准库 re 模块兼容的 API 接口，同时还提供了额外的功能和更全面的 Unicode 支持。本章将详细介绍 Python 正则表达式的基本语法，以及 re 模块的基本用法。

8.1 正则表达式基本语法

正则表达式的语言规模较小，常被嵌入其他开发语言中使用，且应用有一定的限制，不是所有字符串处理任务都可以使用正则表达式完成。有一些任务可以用正则表达式完成，但表达式非常复杂，而使用 Python 代码直接处理，可能会更容易理解。

8.1.1 匹配字符

大多数字符只匹配自己，这些字符称为普通字符。例如，正则表达式 python 将完全匹配字符串"python"。有少量字符却不能匹配自己，它们表示特殊的含义，称为元字符，即：

```
. ^ $ * + ? { } [ ] \ | ( )
```

如果要匹配元字符自身，可以在元字符左侧添加反斜杠进行转义。转义字符（\）能够将元字符转义为普通字符。例如，下面字符组合将匹配元字符自身：

```
\. \^ \$ \* \+ \? \{ \} \[ \] \\ \| \( \)
```

【示例】为了匹配 IP 地址，使用转义字符（\）把元字符（.）进行转义，然后配合限定符匹配 IP 字符串。

```
import re                                   # 导入正则表达式模块
subject = "127.0.0.1"                       # 定义字符串
pattern = "([0-9]{1,3}\.?){4}"              # 正则表达式
matches = re.search(pattern, subject)       # 执行匹配操作
matches = matches.group()                   # 读取匹配的字符串
print(matches)                              # 匹配结果：127.0.0.1
```

在上面示例中，如果不使用转义字符，则点号（.）将匹配所有字符。

【拓展】

在字符串和正则表达式编程中，反斜杠（\）的用法比较混乱，不易理解。例如，正则表达式使用反斜杠来转义元字符，同时反斜杠还具有其他功能，具体说明如下。

1. 定义非打印字符

非打印字符详细说明如表 8.1 所示。

表 8.1 非打印字符

非打印字符	说 明
\cx	匹配由 x 指明的控制字符。例如，\cM 匹配一个 Control-M 或回车符。x 的值必须为 A～Z 或 a～z 之一。否则，将 c 视为一个原始的'c'字符
\f	匹配一个换页符。等价于\x0c 和\cL
\n	匹配一个换行符。等价于\x0a 和\cJ
\r	匹配一个回车符。等价于\x0d 和\cM
\s	匹配任何空白字符，包括空格、制表符、换页符等。等价于[\f\n\r\t\v]
\S	匹配任何非空白字符。等价于[^ \f\n\r\t\v]
\t	匹配一个制表符。等价于\x09 和\cI
\v	匹配一个垂直制表符。等价于\x0b 和\cK

2. 预定义字符

预定义字符详细说明如表 8.2 所示。

表 8.2 预定义字符

预定义字符	说 明
\d	匹配一个数字字符。等价于[0-9]
\D	匹配一个非数字字符。等价于[^0-9]
\s	匹配任何空白字符，包括空格、制表符、换页符等。等价于[\f\n\r\t\v]
\S	匹配任何非空白字符。等价于[^ \f\n\r\t\v]
\w	匹配包括下画线的任何单词字符。等价于[A-Za-z0-9_]
\W	匹配任何非单词字符。等价于[^A-Za-z0-9_]

3. 定义断言

断言限定符详细说明如表 8.3 所示。

这与 Python 在字符串文字中用于相同目的的相同字符的使用相冲突。例如，要编写一个与字符串"\set"相匹配的正则，则必须在反斜杠前面添加反斜杠，把"\"转义为原始字符，从而生成正则字符串"\\set"，然后传递给 re.compile()函数编译为正则表达式对象。但是，如果要将其表示为 Python 字符串文字，还必须再次转义两个反斜杠，从而定义的字符串文字为"\\\\set"。可以看到，在反复使用反斜杠的字符串中，大量重复的反斜杠让人难以理解。

表 8.3 断言限定符

断言限定符	说 明
\b	单词定界符
\B	非单词定界符
\A	字符串的开始位置，不受多行匹配模式的影响
\Z	字符串的结束位置，不受多行匹配模式的影响

【解决方法】

使用 Python 原始字符串表示法表示正则表达式：

```
r"\set"
```

r"\s"是一个包含'\'和's'的双字符字符串，而"\s"是一个包含空字符的单字符字符串。正则表达式通常使用这种原始字符串表示法，在 Python 代码中编写用于正则的字符串文字。

8.1.2　字符类

1. 定义字符类

字符类也称为字符集，表示匹配字符集中任意一个字符。使用元字符"["和"]"可以定义字符类，例如，[set]可以匹配 s、e、t 字符集中任意一个字母。

在字符类中，元字符不再表示特殊的含义。例如，[abc$]将匹配'a'、'b'、'c'或'$'中任意一个字符，'$'本是一个元字符，但在字符类中被剥夺了特殊性，仅能够匹配字符自身。

在字符类中，如果要匹配这 4 个元字符：' ['、'] '、'-'或'^'，需要在' ['、'] '、'-'或'^'字符左侧添加反斜杠进行转义，或者把' ['、'] '、'-'作为字符类中第一个字符，把'^'作为字符类中非第一个字符。

【示例 1】下面正则表达式可以匹配一些特殊字符。

```
import re                              # 导入正则表达式模块
pattern = '[-\[\]^.*]'                 # 定义特殊字符集
str = "[]-\.*^"                        # 定义字符串
print(re.findall(pattern, str))        # 匹配结果：['[', ']', '-', '.', '*', '^']
```

2. 定义字符范围

也可以使用一个范围表示一组字符，即给出两个字符，并用（-）标记将它们分开，它表示一个连续的、相同系列的字符集。连字符左侧字符为范围起点，连字符右侧字符为范围终点。例如，[a-c]可以匹配字符 a、b 或 c，它与[abc]功能相同。

注意：字符范围都是根据匹配模式指定的字符编码表中的位置来确定的。

【示例 2】下面多个字符类可以匹配任意指定范围的字符。

```
pattern = '[a-z]'                      # 匹配任意一个小写字母
pattern = '[A-Z]'                      # 匹配任意一个大写字母
pattern = '[0-9]'                      # 匹配任意一个数字
pattern = '[\u4e00-\u9fa5]'            # 匹配中文字符
pattern = '[\x00-\xff]'                # 匹配单字节字符
```

3. 定义排除范围

如果匹配字符类中未列出的字符，可以包含一个元字符'^'，并作为字符类的第一个字符。例如，[^0]将匹配除'0'以外的任何字符。但是，如果'^'在字符类的其他位置，则没有特殊含义。例如，[0^]将匹配'0'或'^'。

【示例 3】定义多个排除字符类，匹配指定范围以外的字符。

```
pattern = '[^0-9]'                     # 匹配任意一个非数字字符
pattern = '[^\x00-\xff]'               # 匹配双字节字符
```

4. 预定义字符集

预定义字符集也是一组特殊的字符类，用于表示数字集、字母集或任何非空格的集合。在默认匹配模式下，预定义字符集的匹配范围说明如下。

- \d：匹配任何十进制数，等价于类[0-9]。
- \D：匹配任何非数字字符，等价于类[^0-9]。
- \s：匹配任何空白字符，等价于类[\t\n\r\f\v]。
- \S：匹配任何非空白字符，相当于类[^ \t\n\r\f\v]。
- \w：匹配任何字母与数字字符，相当于类[a-zA-Z0-9_]。
- \W：匹配任何非字母与数字字符，相当于类[^a-zA-Z0-9_]。

上面这些集合可以包含在字符类中。例如，[\s,.]可以匹配任何空格字符的字符类，或者匹配','、'.'字符。

元字符'.'也是一个字符集，它匹配除换行符\n 之外的任何字符。如果在 re.DOTALL 模式下，还可以匹配换行符。如果要匹配点号自身，需要使用'\'进行转义。

8.1.3 重复匹配

1. 限定符

简单的字符匹配无法体现正则表达式的优势，正则表达式另一个功能是可以重复匹配。重复匹配将用到几个具有限定功能的量词，用来指定正则中一个字符、字符类，或者表达式可能重复匹配的次数。具体说明如表 8.4 所示。

{m, n}的用法较为复杂，其中 m 和 n 是十进制整数。这个限定符意味着必须至少重复 m 次，最多重复 n 次。例如，a/{1,3}b 将匹配'a/b'、'a//b'和'a///b'，但不匹配没有斜线的'ab'，或者有 4 个斜线的'a////b'。

在{m, n}限定符中，省略 m，将解释为 0 下限；省略 n，将解释为无穷大的上限。因此，{0,} 与元字符*相同，{1,}相当于元字符+，{0,1}和元字符?相同。建议选用*、+或?，这样更短、更容易阅读。

表 8.4　限定符

限　定　符	说　　明
*	匹配 0 次或多次，等价于{0,}
+	匹配 1 次或多次，等价于{1,}
?	匹配 0 次或 1 次，等价于{0,1}
{n}	n 为非负整数，匹配 n 次
{m, n}	m 和 n 均为非负整数，其中 m<=n。表示最少匹配 m 次，且最多匹配 n 次。如果省略 m，则表示最少匹配 0 次；如果省略 n，则表示最多匹配无限次

2. 贪婪匹配

在上述限定符中，*、+、?、{m, n}具有贪婪性。当重复匹配时，正则引擎将尝试尽可能多地重复它。如果模式的后续部分不匹配，则匹配引擎将回退并以较少的重复次数再次尝试。

例如，定义正则表达式 a[bcd]*b，这个正则开始匹配为字母'a'，然后匹配字符类[bcd]中的零个或多个字母，最后以字母'b'结尾。现在准备匹配字符串'abcbd'，具体运算过程如下。

第 1 步，首先匹配 a，正则中的 a 匹配。

第 2 步，引擎尽可能多地匹配[bcd]*，直到字符串结束，则匹配到'abcbd'。

第 3 步，最后引擎尝试匹配 b，但是当前位于字符串结束位置，结果匹配失败。

第 4 步，于是引擎回退一次，重新尝试，[bcd]*少匹配一个字符，匹配到'abcb'。

第 5 步，再次尝试匹配 b，但是当前位置是最后一个字符'd'，结果仍然匹配失败。

第 6 步，引擎再次回退，重新尝试，[bcd]*只匹配 bc，匹配到'abc'。

第 7 步，再试一次 b，这次当前位置的字符是'b'，则匹配成功，最后匹配到'abcb'。

这个过程简单演示了匹配引擎最初如何进行，如果没有找到匹配，它将逐步回退，并一次又一次地重试正则的其余部分，直到[bcd]*尝试零匹配；如果均失败，引擎将断定该字符串与正则完全不匹配。

【示例 1】使用 o{1,4}匹配"goooooogle"中前面 4 个字母 o，而不仅匹配第 1 个 o。

```
import re                                    # 导入正则表达式模块
subject = "goooooogle"                       # 定义字符串
pattern = "o{1,4}"                           # 正则表达式
matches = re.search(pattern, subject)        # 执行匹配操作
matches = matches.group()                    # 读取匹配的字符串
print(matches)                               # 输出为 oooo
```

3. 惰性匹配

与贪婪匹配相反的是惰性匹配，惰性匹配也称为非贪婪性匹配。在限定符后面加上?可以实现非贪婪或者最小匹配。非贪婪的限定符如下：

```
*?   +?   ??   {m,n}?
```

例如，使用正则<.*>匹配字符串'<a> b <c>'，它将找到整个字符串，而不是'<a>'。如果在*之后添加?，引擎将采用最小算法从左侧开始，而不是从右侧开始尝试匹配，这样将匹配尽量少的字符，因此使用正则<.*?>仅匹配'<a>'。

【示例 2】比较贪婪匹配与惰性匹配的不同匹配结果。

```
import re                                    # 导入正则表达式模块
s = '<html><head><title>Title</title>'       # 定义字符串
print(re.match('<.*>', s).span())            # 匹配范围：(0, 32)
print(re.match('<.*>', s).group())           # 匹配结果：<html><head><title>Title</title>
print(re.match('<.*?>', s).group())          # 匹配结果：<html>
```

在上面示例中，惰性匹配在第一次'<'匹配后，立即尝试匹配'>'，匹配失败时，引擎前进一个字符，每一步都重试'>'，第 5 次重试成功，匹配到正确的结果，于是返回'<html>'。

8.1.4　捕获组

1. 定义组

组由'('和')'元字符标记，将包含在其中的表达式组合在一起，可以使用重复限定符重复组的内容，例如，(ab)*将匹配 ab 零次或多次。

```
import re                                    # 导入正则表达式模块
p = re.compile('(ab)*')                      # 编译正则表达式
print(p.match('ababababab').span())          # 匹配范围：(0, 10)
```

正则表达式可以包含多个组，组之间可以相互嵌套。确定每个组的编号，只需从左到右计算左括号字符。第一个左括号（()的编号为 1，然后每遇到一个分组的左括号，编号就加 1。

使用'('和')'表示的组也捕获它们匹配的文本的起始和结束索引，因此组的编号实际上是从 0 开始的，组 0 始终存在，它表示整个正则，因此在匹配对象的方法中都将组 0 作为默认参数。

通过将参数传递给 group()、start()、end()或 span()方法可以获取组匹配的信息。

【示例 1】在下面表达式中，编号 1 的表达式为 abc，编号 2 的表达式为 b。

```
import re                                    # 导入正则表达式模块
p = re.compile('(a(b)c)d')                   # 编译正则表达式
```

```
m = p.match('abcd')
print(m.group())                                  # 匹配结果：' abcd'
print(m.group(0))                                 # 匹配结果：'abcd'
print(m.group(1) )                                # 匹配结果：'abc'
print(m.group(2) )                                # 匹配结果：'b'
```

group()可以一次传递多个组号，这样将返回一个包含这些组匹配结果的元组。例如：

```
print(m.group(2,1,2) )                            # 匹配结果：('b', 'abc', 'b')
```

groups()方法返回一个元组，其中包含所有分组的字符串，从 1 到最后一个子组。

```
print(m.groups())                                 # 匹配结果：('abc', 'b')
```

2. 反向引用

引擎能够临时缓存所有组表达式匹配的信息，并按照在正则表达式中从左至右的顺序进行编号，从 1 开始。每个缓冲区都可以使用'\n'访问，其中 n 为一个标识特定缓冲区的编号。反向引用在执行字符串替换时非常有用。

【示例 2】以下正则表达式检测字符串中的双字。

```
import re                                         # 导入正则表达式模块
p = re.compile(r'\b(\w+)\s+\1\b')                 # 编译正则表达式，其中\1 引用(\w+)匹配的内容
print(p.search('Paris in the the spring').group())  # 匹配结果：'the the'
```

注意： Python 字符串文字也使用“反斜杠+数字”的格式在字符串中表示特殊字符，因此，在正则中引入反向引用时，务必使用原始字符串表示法定义正则表达式。

8.1.5 命名组和非捕获组

1. 命名组

除了默认的编号外，也可以为组定义一个别名，语法格式如下：

```
(?P<name>…)                                       # 注意，字母 P 为大写
```

也可以使用别名进行引用，语法格式如下：

```
(?P=name)                                         # 注意，字母 P 为大写
```

name 是组的别名，命名组的行为与捕获组完全相同，并且将名称与组进行关联。用户可以通过别名或者数字编号两种方式检索有关组的信息。

【示例 1】命名组很有用，可以使用容易记住的名称，而不必记住数字编号。

```
import re                                         # 导入正则表达式模块
p = re.compile(r'(?P<word>\b\w+\b)')              # 编译正则表达式
m = p.search( '(((( Lots of punctuation )))' )    # 匹配对象
print( m.group('word') )                          # 使用别名检索匹配结果：'Lots'
print( m.group(1))                                # 使用编号检索匹配结果：'Lots'
```

提示： 命名组的语法是 Python 专属的扩展，Python 支持一些 Perl 的扩展，并增加了新的扩展语法。如果在问号之后的第一个字符为 P，即表明其为 Python 专属的扩展。

2. 非捕获组

如果分组的目的仅仅是重复匹配表达式的内容，那么完全可以让引擎不缓存表达式匹配的信息，这样能够节省系统资源，提升执行效率。使用下面语法可以定义非捕获组。

```
(?:…)
```

【示例 2】比较组捕获和不捕获的匹配结果。

```
import re                              # 导入正则表达式模块
m = re.match("([abc])+", "abc")        # 匹配对象，缓存组的信息
print( m.groups())                     # 匹配结果：('c',)
m = re.match("(?:[abc])+", "abc")      # 匹配对象，没有缓存组的信息
print( m.groups() )                    # 匹配结果：()
```

8.1.6　边界断言

正则表达式大多数结构匹配的文本出现在最终的匹配结果中，但是也有些结构并不真正匹配文本，仅匹配一个位置而已，或者判断某个位置左或右侧是否符合要求，这种结构被称为断言（assertion），即零宽度匹配。常见断言有 3 种：单词边界、行起始/结束位置、环视。本节重点介绍前两种断言。

1. 行定界符

（1）^：匹配行的开头。如果没有设置 MULTILINE 标志，只会在字符串的开头匹配。在 MULTILINE 模式下，^将在字符串中的每个换行符后立即匹配。

【示例 1】仅在行的开头匹配单词 From，则使用正则^From。

```
import re                                          # 导入正则表达式模块
print(re.search('^From', 'From Here to Eternity')) # <re.Match object; span=(0, 4), match='From'>
print(re.search('^From', 'Reciting From Memory'))  # None
```

提示：如果要匹配字符'^'自身，可以使用转义字符：\^。

（2）$：匹配行的末尾，定义为字符串的结尾，或者后跟换行符的任何位置。例如：

```
import re                                  # 导入正则表达式模块
print(re.search('}$', '{block}'))          # <re.Match object; span=(6, 7), match='}'>
print(re.search('}$', '{block} '))         # None
print(re.search('}$', '{block}\n'))        # <re.Match object; span=(6, 7), match='}'>
```

提示：如果要匹配字符'$'自身，可以使用转义字符：\$，或者将其包裹在字符类中，如[$]。

2. 头尾定界符

（1）\A：仅匹配字符串的开头。当不在 MULTILINE 模式下时，\A 和^匹配位置相同。在 MULTILINE 模式下，\A 仍然匹配字符串的开头，但^可以匹配在换行符之后的字符串内的任何位置。

（2）\Z：只匹配字符串末尾。

3. 单词定界符

（1）\b：匹配单词的边界，即仅在单词的开头或结尾位置匹配。单词的边界由空格或非字母的数字字符表示。

【示例 2】匹配一个完整的单词 class，当包含在另一个单词中时将不会匹配。

```
import re                                      # 导入正则表达式模块
p = re.compile(r'\bclass\b')
print(p.search('no class at all'))             # <re.Match object; span=(3, 8), match='class'>
print(p.search('the declassified algorithm'))  # None
print(p.search('one subclass is'))             # None
```

注意：Python 字符串文字和正则字符串之间存在冲突，在 Python 字符串文字中，\b 表示退格字符，ASCII 值为 8。如果不用原始字符串，那么 Python 将\b 转换为退格，正则就不会按照预期匹配。

【示例 3】省略正则字符串前面的'r'，匹配结果截然不同。

```
import re                                    # 导入正则表达式模块
p = re.compile('\bclass\b')                  # 编译正则表达式
print(p.search('no class at all'))           # None
print(p.search('\b' + 'class' + '\b'))       # <re.Match object; span=(0, 7), match='\x08class\x08'>
```

另外，在一个字符类中，这个断言不起作用，\b 表示退格字符，以便与 Python 的字符串文字兼容。

（2）\B：与\b 相反，仅在当前位置不在单词边界时才匹配。

8.1.7 环视

环视也是一种零宽断言，是指在某个位置向左或向右，保证其左或右侧必须出现某类字符，包括单词字符\w 和非单词字符\W。环视也只是一个判断，匹配一个位置，本身不匹配任何字符。

（1）正前瞻：使用下面语法可以定义表达式后面必须满足特定的匹配条件。

```
(?=…)
```

例如，下面表达式仅匹配后面包含数字的字母 a。

```
a(?=\d)
```

（2）负前瞻：使用下面语法可以定义表达式后面必须不满足特定的匹配条件。

```
(?!…)
```

例如，下面表达式仅匹配后面不包含数字的字母 a。

```
a(?!\d)
```

（3）正回顾：使用下面语法可以定义表达式前面必须满足特定的匹配条件。

```
(?<=…)
```

例如，下面表达式仅匹配前面包含数字的字母 a。

```
(?<=\d)a
```

（4）负回顾：使用下面语法可以定义表达式前面必须不满足特定的匹配条件。

```
(?<!…)
```

例如，下面表达式仅匹配前面不包含数字的字母 a。

```
(?<!\d)a
```

8.1.8 选择和条件

1. 选择匹配

|或者 or 运算符表示选择匹配。如果 A 和 B 是正则表达式，那么 A|B 将匹配任何与 A 或 B 匹配的字符串。|具有非常低的优先级，因此 A 和 B 将尽可能包含整个字符串，例如，Crow|Servo 将匹配'Crow'或'Servo'，而不是'Cro'、'w'或'S'、'ervo'。

提示：要匹配字符'|'自身，可以使用转义字符：\|，或将其放在字符类中，如[|]。

2. 条件匹配

使用下面语法可以定义条件匹配表达式。

```
(?(id/name)yes-pattern| no-pattern)
```

id 表示分组编号，name 表示分组的别名，如果对应的分组匹配到字符，则选择 yes-pattern 子表达式执行匹配；如果对应的分组没有匹配字符，则选择 no-pattern 子表达式执行匹配。|no-pattern 可以省略，直接写成下面语法：

```
(?(id/name)yes-pattern)
```

【示例】下面表达式可以匹配 HTML 标签，如<b>、<div>等。

```
import re                                         # 导入正则表达式模块
pattern = '((<)?/?\w+(?(2)>))'                    # 定义正则表达式
str = "<b>html</b><span>html</span>"              # 定义字符串
print(re.findall(pattern, str))
```

输出为：

```
[('<b>', '<'), ('html', ''), ('</b>', '<'), ('<span>', '<'), ('html', ''), ('</span>', '<')]
```

返回的结果为一个列表，每个列表元素包含分组匹配信息的元组，其中元组的第一个元素为匹配的标签信息。

8.1.9　编译标志

编译标志允许修改正则表达式的工作方式，控制匹配模式。标志在 re 模块中有两个名称：一个是长名称，如 IGNORECASE；一个是简短的单字母，如 I。多个标志可以通过按位或运算同时设置，如 re.I |re.M，设置 I 和 M 标志。Python 正则表达式编译标志说明如表 8.5 所示。

表 8.5　正则表达式编译标志

修　饰　符	长　　名	说　　明
re.I	re.IGNORECASE	执行不区分大小写的匹配，字符类和字面字符串将通过忽略大小写匹配字母。例如，[A-Z]也匹配小写字母
re.L	re.LOCALE	使\w、\W、\b、\B 和大小写敏感匹配依赖于当前区域而不是 Unicode 数据库。在 Python 3 中不鼓励使用此标志，因为语言环境机制不可靠。默认情况下，Python 3 中已经为 Unicode（str）模式启用了 Unicode 匹配，并且它能够处理不同的区域/语言
re.M	re.MULTILINE	通常^只匹配字符串的开头，$只匹配字符串的结尾，紧跟在字符串末尾的换行符（如果有）之前。当指定了这个标志时，^匹配字符串的开头和字符串中每一行的开头，紧跟在每个换行符之后；$匹配字符串的结尾和每行的结尾，紧跟在每个换行符之前
re.S	re.DOTALL	使'.'元字符匹配任何字符，包括换行符。没有这个标志，'.'将匹配除了换行符的任何字符
re.U	re.UNICODE	根据 Unicode 字符集解析字符。预定义字符类\w、\W、\b、\B、\s、\S、\d、\D 取决于 Unicode 定义的字符属性

续表

修　饰　符	长　　名	说　　明
re.A	re.ASCII	使\w、\W、\b、\B、\s 和\S 执行仅匹配 ASCII，而不是完整匹配 Unicode。这仅对 Unicode 模式有意义，并且对于字节模式将被忽略
re.X	re.VERBOSE	此标志允许编写更易读的正则表达式，提供更灵活的格式化方式。指定此标志后，将忽略正则字符串中的空格，除非空格位于字符类中或前面带有未转义的反斜杠。同时还允许将注释放在正则中，引擎将忽略该注释；注释标记为#，既不在字符类中，也不在未转义的反斜杠之前

这些标志修饰符可以用在正则表达式处理函数中的 flag 参数中，为可选参数。

【示例】设计匹配模式不区分大小写，并允许多行匹配。

```
import re                                           # 导入正则表达式模块
subject = 'My username is Css888!'                  # 定义字符串
pattern = r'css\d{3}'                               # 正则表达式
matches = re.search(pattern, subject, re.I | re.M)  # 执行匹配操作
matches = matches.group()                           # 读取匹配的字符串
print(matches)                                      # 输出为 Css888
```

在正则表达式中可以直接定义匹配模式，内联标志的语法格式如下：

```
(?aiLmsux)正则表达式字符串
```

aiLmsux 中的每个字符代表一种匹配模式，对正则表达式设置 re.A（只匹配 ASCII 字符）、re.I（忽略大小写）、re.L（语言依赖）、re.M（多行模式）、re.S（点匹配全部字符）、re.U（Unicode 匹配）、re.X（冗长模式）。直接将这些标志包含在正则表达式中，可以免去在 re.compile()中传递 flag 参数。

(?aiLmsux)只能用在正则表达式的开头，可以多选。例如，下面表达式可以匹配 a，也可以匹配 A。

```
(?i)a
```

8.1.10 注释

使用下面语法可以在正则表达式中添加注释信息，#后面的文本作为注释内容将被忽略。

```
(?#注释信息)
```

例如，在下面表达式中添加一句注释，以便于表达式阅读和维护。

```
a(?#匹配字符 abc)bc
```

上面表达式仅匹配字符串 abc，小括号内的内容将被忽略。

可以通过设置 VERBOSE 标志，允许在正则表达式中添加注释。指定此标志后，将忽略正则字符串中的空格，除非空格位于字符类中或前面带有反斜杠，将注释放在正则中，引擎将忽略该注释。注释标记为#，既不在字符类中，也不在未转义的反斜杠之前。

【示例】下面正则使用 re.VERBOSE 标志允许格式化正则表达式，这样更容易阅读。

```
charref = re.compile(r"""
        &[#]                                 # 前缀标识符
        (
                0[0-7]+                      # 八进制数
                | [0-9]+                     # 十进制数
                | x[0-9a-fA-F]+              # 十六进制数
        )
        ;                                    # 结束标志
""", re.VERBOSE)
```

如果没有注释，正则将如下所示：

```
charref = re.compile("&#(0[0-7]+|[0-9]+|x[0-9a-fA-F]+);")
```

8.2　使用 re 模块

Python 主要通过 re 模块实现对正则表达式的支持，re 模块提供了与 Perl 语言类似的正则表达式匹配操作。

8.2.1　初用 re 模块

在 Python 中使用 re 模块的一般步骤如下。

【操作步骤】

第 1 步，在 Python 中使用 import 命令导入 re 模块。re 模块属于标准库，不需要安装，但不是内置模块，因此使用前需要导入。

```
import re                                           # 导入 re 模块
```

第 2 步，定义正则表达式字符串。正则表达式字符串与 Python 字符串定义方法相同，可以使用单引号、双引号或三引号定义。

注意：对于正则表达式字符串中的反斜杠（\），在 Python 代码中表示时，需要使用\再次转义，否则会产生歧义。例如，\d 匹配任意数字，而在 Python 字符串中，'\d'被解析为字母 d，因此需要对反斜杠进行转义，如'\\d'。

考虑到正则表达式字符串中可能包含大量的特殊字符和反斜杠，在 Python 代码中表示时，可以添加 r 或 R 前缀，定义原始字符串，禁止 Python 转义特殊字符和反斜杠，例如，r'\d'或 R'\d'将表示两个原始字符'\'和'd'。

第 3 步，使用 re.compile()函数将正则表达式字符串编译为正则表达式对象（Pattern 实例）。

第 4 步，使用 Pattern 实例处理文本，并获取匹配结果（Match 实例）。

第 5 步，使用 Match 实例获取匹配信息。

【示例】下面示例演示了 re 模块的使用。

```
# 第 1 步，导入正则表达式模块
import re
# 第 2 步，设计正则表达式字符串
pattern = 'hello'
# 第 3 步，将正则表达式字符串编译成 Pattern 对象
pattern = re.compile(pattern)
# 第 4 步，使用 Pattern 实例的方法处理文本
match = pattern.match('hello world!')
# 第 5 步，使用 Match 实例获取匹配信息
if match:                                           # 获得匹配结果，无法匹配时将返回 None
    print(match.group())                            # 使用 group()方法获取匹配结果的分组信息
else:
    print("None")
```

输出为：

```
Hello
```

8.2.2 认识 re 模块

re 模块提供了两套一一对应的接口，它们名称相同、功能相同、用法相近。一套是附加在 re 类对象上的模块函数，说明如表 8.6 所示；另一套是附加在 Pattern 对象上的实例方法，说明参见 8.2.3 节的表 8.7。两套接口的语法格式比较如下：

```
re.match(pattern, string, flags=0)                    # 模块函数
Pattern.match(string[, pos[, endpos]])                # 实例方法
```

re 模块函数需要传入正则表达式字符串（pattern）以及匹配模式（flags），然后将其转换为正则表达式对象（Pattern），最后再执行匹配操作。而使用 Pattern 实例方法之前，需要使用 re.compile(pattern[, flags]) 函数将正则表达式字符串编译成 Pattern 对象，这样就可以在代码中重复使用一个正则表达式对象。有些 re 模块函数是 Pattern 实例方法的简化版本，少了一些特性。绝大部分重要的应用都是先将正则表达式编译，然后进行操作。

通过上面两行代码的语法比较，可以看到 re 模块函数把正则表达式编译和匹配两步操作封装到一个接口中，更方便使用；而 Pattern 实例方法提供更多的选项，如设置字符串匹配的起止范围等。另外，re 模块还定义了多个标志常量，具体说明如表 8.6 所示。

表 8.6 re 模块函数

re 模块函数	说　明
re.compile(pattern, flags=0)	将正则表达式字符串编译为一个正则表达式对象。参数 pattern 表示正则字符串，flags 表示标志变量，默认为 0
re.search(pattern, string, flags=0)	扫描整个字符串找到匹配样式的第一个位置
re.match(pattern, string, flags=0)	如果 string 开始匹配正则表达式，返回相应的匹配对象。如果没有匹配，则返回 None
re.fullmatch(pattern, string, flags=0)	如果整个 string 匹配到正则表达式，返回一个相应的匹配对象，否则就返回 None
re.split(pattern, string, maxsplit=0, flags=0)	使用 pattern 分开 string。参数 maxsplit 设置最多分开次数，剩下的字符返回到列表的最后一个元素
re.findall(pattern, string, flags=0)	对 string 返回一个不重复的 pattern 匹配列表，string 从左到右进行扫描，匹配按找到的顺序返回
re.finditer(pattern, string, flags=0)	pattern 在 string 里所有的非重复匹配，返回为一个迭代器 iterator 保存了匹配对象。string 从左到右扫描，匹配按顺序排列。空匹配也包含在结果里
re.sub(pattern, repl, string, count=0, flags=0)	使用 repl 替换在 string 最左边非重叠出现的 pattern 而获得的字符串。如果没有找到，则返回原 string
re.subn(pattern, repl, string, count=0, flags=0)	行为与 sub()相同，但是返回一个元组
re.escape(pattern)	转义 pattern 中的特殊字符
re.purge()	清除正则表达式的缓存
re.error(msg, pattern=None, pos=None)	抛出一个异常。错误实例有以下附加属性： （1）msg：未格式化的错误消息 （2）pattern：正则表达式的模式串 （3）pos：编译失败的 pattern 位置索引（可以是 None） （4）lineno：对应 pos (可以是 None) 的行号 （5）colno：对应 pos (可以是 None) 的列号

Pattern 不能直接实例化对象，可以使用 re.compile()函数构造对象，语法格式如下：

```
re.compile(pattern[, flags])
```

参数说明如下。

- pattern：一个正则表达式字符串。正则表达式不是 Python 核心语言的一部分，没有创建用于表达它们的特殊语法，所以在传递时，正则总是以字符串的形式进行处理。
- flags：可选，设置匹配模式，具体介绍参见 8.1.9 节。

【示例 1】匹配十六进制颜色值。十六进制颜色值字符串格式如下：#ffbbad、#Fc01DF、#FFF、#ffE。模式分析如下。

- 表示一个十六进制字符，可以用字符类[0-9a-fA-F]匹配。
- 其中字符可以出现 3 或 6 次，需要使用量词和分支结构。
- 使用分支结构时，需要注意顺序。

实现代码如下：

```
import re                                             # 导入正则表达式模块
regex = '#[0-9a-fA-F]{6}|#[0-9a-fA-F]{3}'             # 定义正则表达式字符串
pattern = re.compile(regex, re.I )                    # 生成正则表达式对象
string = "#ffbbad #Fc01DF #FFF #ffE"                  # 定义字符串
print( pattern.findall(string) )                      # 输出为 ['#ffbbad', '#Fc01DF', '#FFF', '#ffE']
```

【示例 2】匹配时间。以 24 小时制为例，时间字符串格式如下：

```
23:59
02:07
```

模式分析如下。

- 共 4 位数字，第一位数字可以为[0-2]。
- 当第 1 位为 2 时，第 2 位可以为[0-3]，其他情况时，第 2 位为[0-9]。
- 第 3 位数字为[0-5]，第 4 位为[0-9]。

实现代码：

```
import re                                             # 导入正则表达式模块
regex = '^([01][0-9]|[2][0-3]):[0-5][0-9]$'           # 定义正则表达式字符串
pattern = re.compile(regex)                           # 生成正则表达式对象
print( not not    pattern.match("23:59") )            # 输出为 True
print( not not    pattern.match("02:07") )            # 输出为 True
print( not not    pattern.match("43:12") )            # 输出为 False
```

如果要求匹配"7:9"格式，也就是说时分前面的"0"可以省略。优化后的代码如下：

```
import re                                             # 导入正则表达式模块
regex = '^(0?[0-9]|1[0-9]|[2][0-3]):(0?[0-9]|[1-5][0-9])$'   # 定义正则表达式字符串
pattern = re.compile(regex)                           # 生成正则表达式对象
print( not not    pattern.match("7:9") )              # 输出为 True
print( not not    pattern.match("02:07") )            # 输出为 True
print( not not    pattern.match("13:65") )            # 输出为 False
```

【示例 3】匹配日期。常见日期格式：yyyy-mm-dd，例如：2018-06-10。模式分析如下。

- 年，4 位数字即可，可用 19[0-9]{2}|20[0-9]{2}。
- 月，共 12 个月，分两种情况"01"、"02"、……、"09"和"10"、"11"、"12"，可用[1-9]|0[1-9]|1[0-2]。
- 日，最大 31 天，可用[1-9]|0[1-9]|[12][0-9]|3[01]。

实现代码如下：

```
import re                                                          # 导入正则表达式模块
regex = '^19[0-9]{2}|20[0-9]{2}-(0?[1-9]|1[0-2])-(0?[1-9]|[12][0-9]|3[01])$'  # 定义正则表达式字符串
pattern = re.compile(regex)                                        # 生成正则表达式对象
print( not not   pattern.match("2019-06-10") )                     # 输出为 True
print( not not   pattern.match("2019-6-1") )                       # 输出为 True
print( not not   pattern.match("2019-16-41") )                     # 输出为 False
```

8.2.3　正则表达式对象

Pattern 对象是一个编译好的正则表达式，通过 Pattern 提供的一系列方法可以对文本进行匹配操作。Pattern 不能直接实例化对象，可以使用 re.compile()函数构造。

Pattern 提供了几个可读属性用于获取正则表达式的相关信息，简单说明如下。

- pattern：正则表达式的字符串表示。
- flags：以数字形式返回匹配模式（标志）。
- groups：表达式中分组的数量。
- groupindex：以表达式中有别名的组的别名为键，以该组对应的编号为值的字典，没有别名的组不包含在内。

Pattern 提供多个实例方法，与 re 模块函数一一对应，具体说明如表 8.7 所示。

表 8.7　Pattern 对象实例方法

Pattern 对象实例方法	说　明
search(string[, pos[, endpos]])	扫描整个 string，寻找第一个匹配的位置，并返回一个匹配对象。如果没有匹配，则返回 None
match(string[, pos[, endpos]])	如果 string 的开始位置能够找到正则匹配，返回一个相应的匹配对象。如果不匹配，则返回 None。如果想定位匹配在 string 中的位置，则使用 search()替代
fullmatch(string[, pos[, endpos]])	如果整个 string 匹配正则表达式，返回一个相应的匹配对象，否则返回 None
findall(string[, pos[, endpos]])	搜索 string，以列表形式返回全部能匹配的子串
finditer(string[, pos[, endpos]])	搜索 string，返回一个顺序访问每一个匹配结果（Match 对象）的迭代器
sub(repl, string[, count])	使用参数 repl 替换 string 中每一个匹配的子串，然后返回替换后的字符串
subn(repl, string[, count])	与 re.sub()函数的功能相同，但是返回替换字符串，以及替换的次数
split(string[, maxsplit])	按照能够匹配的子串将 string 分割，返回列表。maxsplit 用于指定最大分割次数，不指定时将全部分割

在表 8.7 中，参数 pos 为开始搜索的位置索引，默认为 0；参数 endpos 限定字符串搜索的结束位置，默认为 len(string)，rx.search(string, 0, 50)等价于 rx.search(string[:50], 0)。例如：

```
pattern = re.compile("d")
print( pattern.search("dog") )          # 输出为 <re.Match object; span=(0, 1), match='d'>
print( pattern.search("dog", 1) )       # 输出为 No
pattern = re.compile("o")
print( pattern.match("dog") )           # 输出为 No
print( pattern.match("dog", 1) )        # 输出为 <re.Match object; span=(1, 2), match='o'>
```

【示例 1】 将正则表达式编译成 Pattern 对象，然后使用 finditer()查找匹配的子串，并返回一个匹配对象的迭代器，最后使用 for 语句遍历迭代器，输出每个匹配信息。

```
import re                               # 导入正则表达式模块
```

```
subject = 'Cats are smarter than dogs'                  # 定义字符串
pattern = re.compile(r'\w+', re.I)                      # 将正则表达式编译成 Pattern 对象
iter = pattern.finditer(subject)                        # 执行匹配操作
for m in iter:                                          # 遍历迭代器
    print(m.group())                                    # 读取每个匹配对象包含的匹配信息
```

输出为：

```
Cats
are
smarter
than
dogs
```

【示例 2】定义正则表达式对象，匹配字符串中非单词类字符，然后使用 subn()方法把它们替换为下画线，同时返回替换的次数。

```
import re                                               # 导入正则表达式模块
subject = 'Cats are smarter than dogs'                  # 定义字符串
pattern = re.compile(r'\W+')                            # 将正则表达式编译成 Pattern 对象
matches = pattern.subn("_", subject)                    # 执行替换操作
print(matches)                                          # 输出为 ('Cats_are_smarter_than_dogs', 4)
```

【示例 3】匹配成对的 HTML 标签。成对的 HTML 标签的格式如下：

```
<title>标题文本</title>
<p>段落文本</p>
```

模式分析如下。

- 匹配一个开标签，可以使用<[^>]+>。
- 匹配一个闭标签，可以使用 <\/[^>]+>。
- 要匹配成对标签，就需要使用反向引用，其中开标签<[\^>]+>改成<(\w+)[^>]*>，使用小括号的目的是为了后面使用反向引用，闭标签使用了反向引用<\/\1>。
- [\d\D]表示这个字符是数字或者不是数字，因此可以匹配任意字符。

实现代码如下：

```
import re                                               # 导入正则表达式模块
regex = r'<(\w+)[^>]*>[\d\D]*<\/\1>'                    # 定义正则表达式字符串
pattern = re.compile(regex, re.I)                       # 生成正则表达式对象
print( not not  pattern.match("<title>标题文本</title>") )   # 输出为 True
print( not not  pattern.match("<p>段落文本</p>") )          # 输出为 True
print( not not  pattern.match("<div>非法嵌套</p>") )        # 输出为 False
```

【示例 4】匹配物理路径。物理路径字符串格式如下：

```
F:\study\javascript\regex\regular expression.pdf
F:\study\javascript\regex\
F:\study\javascript
F:\
```

模式分析如下。

- 整体模式：盘符:\文件夹\文件夹\文件夹\。
- 其中匹配"F:\"，需要使用[a-zA-Z]:\\，盘符不区分大小写。注意，\字符需要转义。
- 文件名或者文件夹名，不能包含一些特殊字符，此时需要排除字符类[^\\:*<>|"?\r\n/]表示合法字符。
- 名字不能为空名，至少有一个字符，也就是要使用量词+。因此匹配“文件夹\”，可用[^\\:*<>|"?\r\n/]+\\。

- “文件夹\”可以出现任意次，就是([^\\:*<>|"?\r\n/]+\\)*。其中小括号表示其内部正则是一个整体。
- 路径的最后一部分可以是“文件夹”，没有“\”，因此需要添加([^\\:*<>|"?\r\n/]+)?。
- 最后拼接成一个比较复杂的正则表达式。

实现代码如下：

```
import re                                                    # 导入正则表达式模块
regex = r'^[a-zA-Z]:\\([^\\:*<>|"?\r\n/]+\\)*([^\\:*<>|"?\r\n/]+)?$'    # 定义正则表达式字符串
pattern = re.compile(regex, re.I)                            # 生成正则表达式对象
print( not not   pattern.match("F:\\python\\regex\\index.html") )    # 输出为 True
print( not not   pattern.match("F:\\python\\regex\\") )      # 输出为 True
print( not not   pattern.match("F:\\python") )               # 输出为 True
print( not not   pattern.match("F:\\") )                     # 输出为 True
```

8.2.4 匹配对象

Match 对象表示一次匹配的结果，包含了本次匹配的相关信息。匹配对象总是有一个布尔值，如果匹配到结果，则返回 True；如果没有匹配到结果，则返回 None。因此，简单使用 if 语句可以判断是否匹配。

```
match = re.search(pattern, string)                           # 执行匹配操作
if match:                                                    # 检测是否匹配到结果
    process(match)                                           # 处理匹配结果
```

可以使用 Match 对象的属性和方法获取这些信息。简单列表说明如下。

1. 属性

（1）string：匹配的文本字符串。

（2）re：匹配时使用的 Pattern 对象。

（3）pos：在文本中正则表达式开始匹配的索引位置。

（4）endpos：在文本中正则表达式结束匹配的索引位置。

（5）lastindex：最后一个被捕获的分组索引。如果没有被捕获的分组，则值为 None。

（6）lastgroup：最后一个被捕获的分组别名。如果分组没有别名或者没有被捕获的分组，则值为 None。

2. 方法

（1）group([group1,…])：获取一个或多个分组匹配的字符串，如果指定多个参数时，将以元组形式返回。参数可以使用编号，也可以使用别名。编号 0 代表整个匹配的结果。不填写参数时，返回 group(0)。如果没有匹配的分组，则返回 None；如果执行了多次匹配，则返回最后一次匹配的分组结果。

（2）groups()：以元组形式返回全部分组匹配的字符串。相当于调用 group(1,2,…last)。

（3）groupdict()：以字典的形式返回定义别名的分组信息，字典元素以别名为键、以该组匹配的子串为值，没有别名的组不包含在内。

（4）start([group])：返回指定的组截获的子串在 string 中的起始索引（子串第一个字符的索引）。group 默认值为 0。

（5）end([group])：返回指定的组截获的子串在 string 中的结束索引（子串最后一个字符的索引+1）。group 默认值为 0。

（6）span([group])：返回(start(group), end(group))。

（7）expand(template)：将匹配到的分组代入 template 中，然后返回。template 中可以使用\id 或\g<id>、\g<name>引用分组，但不能使用编号 0。\id 与\g<id>是等价的；但\10 将被认为是第 10 个分组，如果想表达\1 之后是字符'0'，只能使用\g<1>0。

【示例 1】下面示例演示了匹配对象的属性和方法的基本使用。

```
import re                                              # 导入正则表达式模块
m = re.match(r'(\w+) (\w+)(?P<sign>.*)', 'hello world!')
print("m.string:", m.string)                           # 输出为 m.string: hello world!
print("m.re:", m.re)                                   # 输出为 m.re: re.compile('(\\w+) (\\w+)(?P<sign>.*)')
print("m.pos:", m.pos)                                 # 输出为 m.pos: 0
print("m.endpos:", m.endpos)                           # 输出为 m.endpos: 12
print("m.lastindex:", m.lastindex)                     # 输出为 m.lastindex: 3
print("m.lastgroup:", m.lastgroup)                     # 输出为 m.lastgroup: sign
print("m.group(1,2):", m.group(1, 2))                  # 输出为 m.group(1,2): ('hello', 'world')
print("m.groups():", m.groups())                       # 输出为 m.groups(): ('hello', 'world', '!')
print("m.groupdict():", m.groupdict())                 # 输出为 m.groupdict(): {'sign': '!'}
print("m.start(2):", m.start(2))                       # 输出为 m.start(2): 6
print("m.end(2):", m.end(2))                           # 输出为 m.end(2): 11
print("m.span(2):", m.span(2))                         # 输出为 m.span(2): (6, 11)
print(r"m.expand(r'\2 \1\3'):", m.expand(r'\2 \1\3'))  # 输出为 m.expand(r'\2 \1\3'): world hello!
```

【示例 2】利用 re 模块中的 sub()函数，将文档语句中含有的敏感词汇替换成*。

```
import re                                              # 导入 re 模块
def filterwords(keywords,text):                        # 定义过滤函数
    return re.sub('|'.join(keywords),'**',text)        # 用**替换 text 中的 keywords
keywords = ('上海','外滩')                              # 定义敏感词
text = '上海外滩很漂亮'                                  # 测试内容
print(filterwords(keywords,text))                      # 打印结果：****很漂亮
```

【示例 3】匹配身份证号。身份证可以分为一代和二代，一代身份证号共计 15 位数字，二代身份证号码共 18 位数字，尾数可能包含特殊字符 x 或 X，例如，11010120000214842x。一代身份证比较少见，本例仅匹配二代身份证。二代身份证号组成如下：6 位数字地址码+8 位数字出生日期码+3 位顺序码+1 位校验码。

模式分析如下。

- 6 位数字地址码：根据省、市、区、县分配，各地略有不同，可以用[1-9][0-9]{5}表示。
- 8 位数字出生日期码：4 位年+2 位月+2 位日，4 位年可以用 19[0-9]{2}|20[0-9]{2}表示，2 位月可以用 0[1-9]|1[0-2]表示，2 位日可用 0[1-9]|1[0-9]|2[0-9]|3[01]表示。
- 3 位顺序码：可用[0-9]{3}表示。
- 1 位校验码：可用[0-9xX]表示。

实现代码如下：

```
import re                                              # 导入 re 模块
regex = r"^[1-9][0-9]{5}(?P<year>19[0-9]{2}|20[0-9]{2})(?P<month>0[1-9]|1[0-2])(?P<day>0[1-9]|1[0-9] |2[0-9] | 3[01])[0-9]{3}
[0-9xX]$"                                              # 定义正则表达式字符串
pattern = re.compile(regex, re.I)                      # 生成正则表达式对象
id1 = '11010120000214842x'                             # 定义字符串
id2 = '11010120000214842X'                             # 定义字符串
id3 = '110101200002148421'                             # 定义字符串
id4 = '1101012000214842'                               # 定义字符串
matches1 = pattern.match(id1)                          # 执行匹配操作
matches2 = pattern.match(id2)                          # 执行匹配操作
matches3 = pattern.match(id3)                          # 执行匹配操作
matches4 = pattern.match(id4)                          # 执行匹配操作
print(not not matches1)                                # 返回 True
print(not not matches2)                                # 返回 True
print(not not matches3)                                # 返回 True
print(not not matches4)                                # 返回 False
```

【示例 4】匹配货币的输入格式。货币的输入格式有多种情况，例如，12345、12,345 等。

模式分析如下。

- 货币可以为一个 0 或者以 0 开头，如果为负数，可用^(0|-?[1-9][0-9]*)$表示。
- 货币通常情况下不为负数，当支持小数时，小数点后至少有一位数或者两位，可用^[0-9]+(\.[0-9]{1,2})?$表示。
- 输入货币时可能使用逗号分隔，可以设置 1～3 个数字，后面跟着任意个逗号+3 个数字，其中逗号可选，可用 ^([0-9]+|[0-9]{1,3}(,[0-9]{3})*)(\.[0-9]{1,2})?$表示。

实现代码如下：

```
import re                                                   # 导入正则表达式模块
subject1 = "12,345.00"                                      # 定义字符串
subject2 = "10."                                            # 定义字符串
subject3 = "-1234"                                          # 定义字符串
subject4 = "123,456,789"                                    # 定义字符串
subject5 = "10.0"                                           # 定义字符串
subject6 = "0123"                                           # 定义字符串
pattern = "^([0-9]+|[0-9]{1,3}(,[0-9]{3})*)(\.[0-9]{1,2})?$"   # 正则表达式
print(re.findall(pattern, subject1))                        # 返回 [('12,345', ',345', '.00')]
print(re.findall(pattern, subject2))                        # 返回 []
print(re.findall(pattern, subject3))                        # 返回 []
print(re.findall(pattern, subject4))                        # 返回 [('123,456,789', ',789', '')]
print(re.findall(pattern, subject5))                        # 返回 [('10', '', '.0')]
print(re.findall(pattern, subject6))                        # 返回 [('0123', '', '')]
```

8.3 案 例 实 战

8.3.1 密码验证

密码长度一般为 6～12 位，由数字、小写字母和大写字母组成，但必须至少包括 2 种字符。如果写成多个正则表达式来判断比较容易，但要写成一个正则表达式就比较麻烦。

【操作步骤】

第 1 步，简化思路。不考虑“必须至少包括 2 种字符”的条件，可以这样实现：

```
regex = '^[0-9A-Za-z]{6,12}$'
```

第 2 步，判断是否包含某一种字符。

假设要求必须包含数字，此时可以使用(?=.*[0-9])。因此正则表达式如下：

```
regex = '(?=.*[0-9])^[0-9A-Za-z]{6,12}$'
```

第 3 步，同时包含具体 2 种字符。

假设同时包含数字和小写字母，可以用(?=.*[0-9])(?=.*[a-z])。因此正则表达式如下：

```
regex = '(?=.*[0-9])(?=.*[a-z])^[0-9A-Za-z]{6,12}$'
```

第 4 步，把原题变成下列几种情况之一。

- 同时包含数字和小写字母。
- 同时包含数字和大写字母。
- 同时包含小写字母和大写字母。

➢ 同时包含数字、小写字母和大写字母。

以上 4 种情况是或的关系，实际上可以不用第 4 条。最终实现代码如下：

```
import re                                                          # 导入正则表达式模块
regex = r'((?=.*[0-9])(?=.*[a-z])|(?=.*[0-9])(?=.*[A-Z])|(?=.*[a-z])(?=.*[AZ]))^[0-9A-Za-z]{6,12}$'
                                                                   # 定义正则表达式字符串
pattern = re.compile(regex)                                        # 生成正则表达式对象
print( not not  pattern.match("1234567") )                         # 全是数字，输出为 False
print( not not  pattern.match("abcdef") )                          # 全是小写字母，输出为 False
print( not not  pattern.match("ABCDEFGH") )                        # 全是大写字母，输出为 False
print( not not  pattern.match("ab23C") )                           # 不足 6 位，输出为 False
print( not not  pattern.match("ABCDEF234") )                       # 大写字母和数字，输出为 True
print( not not  pattern.match("abcdEF234") )                       # 三者都有，输出为 True
```

【模式分析】

上面的正则看起来比较复杂，但只要理解了第 2 步，其余就全部理解了。

```
'(?=.*[0-9])^[0-9A-Za-z]{6,12}$'
```

对于这个正则表达式，但只需要弄明白(?=.*[0-9])^即可。此正则分开来看就是(?=.*[0-9])和^。

(?=)^暗示开头前面还有一个位置，即同一个位置，表示匹配开头的位置。

(?=.*[0-9])表示该位置后面的字符匹配.*[0-9]，即有多个任意字符，后面再跟一个数字，就是接下来的字符，必须包含一个数字。

也可以这样来设计："至少包括 2 种字符"的意思就是，不能全部都是数字，也不能全部都是小写字母，也不能全部都是大写字母。

那么对于要求"不能全部都是数字"，实现的正则表达式如下：

```
regex = '(?!^[0-9]{6,12}$)^[0-9A-Za-z]{6,12}$'
```

三种"不能"的最终实现代码如下：

```
import re                                                          # 导入正则表达式模块
regex = r'(?!^[0-9]{6,12}$)(?!^[a-z]{6,12}$)(?!^[A-Z]{6,12}$)^[0-9A-Za-z]{6,12}$'
                                                                   # 定义正则表达式字符串
pattern = re.compile(regex)                                        # 生成正则表达式对象
print( not not  pattern.match("1234567") )                         # 全是数字，输出为 False
print( not not  pattern.match("abcdef") )                          # 全是小写字母，输出为 False
print( not not  pattern.match("ABCDEFGH") )                        # 全是大写字母，输出为 False
print( not not  pattern.match("ab23C") )                           # 不足 6 位，输出为 False
print( not not  pattern.match("ABCDEF234") )                       # 大写字母和数字，输出为 True
print( not not  pattern.match("abcdEF234") )                       # 三者都有，输出为 True
```

8.3.2　千分位分隔符

本例设计货币数字的千分位分隔符格式，如将 12345678 输出为 12,345,678。

【操作步骤】

第 1 步，根据千分位把相应的位置替换成","，以最后一个逗号为例，解决方法：(?=\d{3}$)。

```
import re                                    # 导入正则表达式模块
regex = r'(?=\d{3}$)'                        # 定义正则表达式字符串
pattern = re.compile(regex)                  # 生成正则表达式对象
string = "12345678"                          # 定义字符串
string = pattern.sub(',', string )           # 替换字符串
```

```
print( string )                                       # 输出为 12345,678
```

其中，(?=\d{3}$)匹配\d{3}$前面的位置，而\d{3}$匹配的是目标字符串最后 3 位数字。

第 2 步，确定所有的逗号。因为逗号出现的位置，要求后面 3 个数字一组，也就是\d{3}至少出现一次。此时可以使用量词+：

```
import re                                             # 导入正则表达式模块
regex = r'(?=(\d{3})+$)'                              # 定义正则表达式字符串
pattern = re.compile(regex)                           # 生成正则表达式对象
string = "12345678"                                   # 定义字符串
string = pattern.sub(',', string )                    # 替换字符串
print( string )                                       # 输出为 12,345,678
```

第 3 步，匹配其余数字，发现问题如下：

```
import re                                             # 导入正则表达式模块
regex = r'(?=(\d{3})+$)'                              # 定义正则表达式字符串
pattern = re.compile(regex)                           # 生成正则表达式对象
string = "123456789"                                  # 定义字符串
string = pattern.sub(',', string )                    # 替换字符串
print( string )                                       # 输出为 ,123,456,789
```

因为上面正则表达式，从结尾向前数，只要是 3 的倍数，就把其前面的位置替换成逗号。那么，如何解决匹配的位置不能是开头的问题呢？

第 4 步，匹配开头可以使用^，但要求该位置不是开头，可以考虑使用(?<!^)，实现代码如下：

```
import re                                             # 导入正则表达式模块
regex = r'(?<!^)(?=(\d{3})+$)'                        # 定义正则表达式字符串
pattern = re.compile(regex)                           # 生成正则表达式对象
string = "123456789"                                  # 定义字符串
string = pattern.sub(',', string )                    # 替换字符串
print( string )                                       # 输出为 123,456,789
```

第 5 步，如果要把 12345678 和 123456789 替换成 12,345,678 和 123,456,789，此时需要修改正则表达式，需要把里面的开头^和结尾$修改成\b。实现代码如下：

```
import re                                             # 导入正则表达式模块
regex = r'(?<!\b)(?=(\d{3})+\b)'                      # 定义正则表达式字符串
pattern = re.compile(regex)                           # 生成正则表达式对象
string = "12345678    123456789"                      # 定义字符串
string = pattern.sub(',', string )                    # 替换字符串
print( string )                                       # 输出为 12,345,678    123,456,789
```

其中，(?<!\b)表示匹配非单词边界位置。因此最终正则表达式就变成了\B(?=(\d{3})+\b)。

第 6 步，进一步格式化。千分符表示法一个常见的应用就是货币格式化。例如：

```
1888
```

格式化为：

```
$ 1888.00
```

有了前面的铺垫，可以很容易实现，具体代码如下：

```
import re                                             # 导入正则表达式模块

# 货币格式化函数
def format(num):
    string = '{:.2f}'.format(num)
    regex = r'\B(?=(\d{3})+\b)'                       # 定义正则表达式字符串
```

```
    pattern = re.compile(regex)                      # 生成正则表达式对象
    string = pattern.sub(',', string)                # 替换字符串
    return "$" + string                              # 返回格式化的货币字符串

print(format(1888))                                  # 输出为 $1,888.00
print(format(234345.456))                            # 输出为 $234,345.46
```

8.3.3　词法分析器

本例设计一个简单的词法分析器，用来分析 JavaScript 源代码，并分类成目录组。词法分析器是设计编译器或解释器的第一步。目录信息是由正则表达式匹配实现，通过将目录正则字符串合并为一个主正则表达式，然后循环匹配源代码字符串，最后实现对源代码的词法分析，输出目录信息组。

【设计思路】

把所有词法的目录及其对应的正则表达式放在一个数组中，每个元素包含目录的名称和正则表达式字符串。然后，使用|元字符拼合所有的正则表达式。设置正则表达式分组的别名为目录的名称，以便引用该组匹配的信息，同时方便访问目录名。

注意，组之间的排列顺序，复合词匹配的正则表达式应该放在前面，以便优先匹配。例如，赋值（r'='）放在最后，运算符（r'=='）放在前面，否则总是匹配到赋值字符，而没有机会匹配全等运算符。

使用 re.finditer()函数调用正则表达式，逐个检测代码字符串中每个分词，返回匹配对象。使用匹配对象的属性 lastgroup 获取目录名，使用 group()获取组匹配的信息。根据 r'\n'确定行数，每匹配一次，则递增一行。根据匹配对象的 start()和 end()方法计算每个词条在列中的位置。

最后，使用 for 语句遍历迭代器，获取每次匹配的词条，并根据匹配对象检索词条信息，然后返回，使用 Type 类型格式化输出显示。

【代码实现】

```
from typing import NamedTuple                        # 从 typing 模块中导入 NamedTuple 类型
import re                                            # 导入 re 模块
class Type(NamedTuple):                              # 自定义 NamedTuple 类型
    name: str
    value: str
    row: int
    col: int
def tokenize(code):                                  # 词法分析器函数
                                                     # JavaScript 关键字集合
    keywords = {'break', 'case', 'catch', 'continue', 'debugger', 'default', 'delete', 'do', 'else', 'finally', 'for', 'function', 'if', 'in', 'instanceof',
'new', 'return', 'switch', 'this', 'throw', 'try', 'typeof', 'var', 'void', 'while', 'with'}
    token_specification = [                          # 定义目录分析正则表达式
        ('注释', r'\/\/.*'),                          # 行内注释
        ('数字', r'\d+(\.\d*)?'),                     # 整数或小数
        ('句尾', r';(?!.*?\))'),                      # 语句终止符，排除 if(;;)中的分号
        ('标识符', r'[A-Za-z_][\w_]*'),               # 标识符
        ('运算符', r'<=|>=|\+\+|\-\-|&&|\|\||&|\!|\||\^|===|\!==|\!=|==|[+\-*/%<>]'),
                                                     # 摘取 JavaScript 主要运算符
        ('行尾', r'\n'),                              # 行尾
        ('空字符', r'[ \t]+'),                        # 跳过空格和制表符
        ('块首符', r'[{]'),                           # 代码块起始符
```

```
        ('块尾符', r'[}]'),                              # 代码块终止符
        ('表达式', r'\([^;]+?\)'),                        # 逻辑表达式，排除 if(;;)中的小括号
        ('数组', r'\[.+?,.+?\]'),                         # 数组
        ('下标', r'\[[^,]\]'),                            # 下标访问
        ('点语法', r'(?<=\w)\.(?=\w)'),                   # 点语法
        ('赋值', r'='),                                   # 赋值运算符
        ('其他', r'.'),                                   # 任何其他字符
    ]
                                                          # 使用|元字符拼合所有的目录分析正则表达式
    tok_regex = '|'.join('(?P<%s>%s)' % pair for pair in token_specification)
    row_num = 1                                           # 起始行
    row_start = 0                                         # 列差起始值
    for mo in re.finditer(tok_regex, code):               # 遍历迭代器，处理每一条匹配信息
        kind = mo.lastgroup                               # 获取分组别名，即分类名称
        value = mo.group()                                # 获取匹配的字符信息
        col = mo.start() - row_start                      # 计算列数
        if kind == '数字':                                # 根据数字是否包含点号，选择小数还是整数
            value = float(value) if '.' in value else int(value)
        elif kind == '标识符' and value in keywords:
            kind = '关键字'                               # 匹配关键字
        elif kind == '标识符' and value not in keywords:
            kind = '变量'                                 # 如果不在关键字集合中，则标识符为变量
        elif kind == '行尾':                              # 遇到换行
            row_start = mo.end()                          # 恢复起始列
            row_num += 1                                  # 递增行数
            continue
        elif kind == '空字符':                            # 跳过空格和 Tab 键
            continue
        elif kind == '其他':                              # 跳过其他内容的字符
            continue
        yield Type(kind, value, row_num, col+1)           # 返回每个词条信息
```

【代码测试】

```
f = open("test.js", encoding="utf-8")                    # 打开 JavaScript 文件
code = f.read()                                          # 读取源代码
f.close()                                                # 关闭文件
for token in tokenize(code):                             # 逐个词条分析
    print(token)                                         # 输出每个词条信息
```

输出结果如下，演示如图 8.1 所示。

```
Type(name='注释', value='//杨辉三角', row=1, col=1)
Type(name='关键字', value='var', row=2, col=1)
Type(name='变量', value='a1', row=2, col=5)
Type(name='赋值', value='=', row=2, col=8)
Type(name='数组', value='[1, 1]', row=2, col=10)
Type(name='句尾', value=';', row=2, col=16)
…
```

```
test.js
//杨辉三角
var a1 = [1, 1];    //上一行数组，初始化为[1, 1]
var a2 = [1, 1];    //下一行数组，初始化为[1, 1]
for(var i = 2; i <= n; i ++ ){  //从第3行开始遍历遍历高次方的幂数，n为幂数
    a2[0] = 1;  //定义下一行数组的第一个元素为1
    for(var j = 1; j < i - 1; j ++ ){   //遍历上一行数组，并计算下一行数组中间的数字
        a2[j] = a1[j - 1] + a1[j];
    }
    a2[j] = 1;  //定义下一行数组的最后一个元素为1
    for(var k = 0; k <= j; k ++ ){  //把数组的值传递给上一行数组，实现交替循环
        a1[k] = a2[k];
    }
}
```

（a）被分析的 JavaScript 源代码文件

```
TERMINAL  PROBLEMS  OUTPUT  DEBUG CONSOLE    1: Python

PS D:\www_vs> & D:/python-3.9.0-amd64/python.exe d:/www_vs/test1.py
Type(name='注释', value='//杨辉三角', row=1, col=1)
Type(name='关键字', value='var', row=2, col=1)
Type(name='变量', value='a1', row=2, col=5)
Type(name='赋值', value='=', row=2, col=8)
Type(name='数组', value='[1, 1]', row=2, col=10)
Type(name='句尾', value=';', row=2, col=16)
Type(name='注释', value='//上一行数组，初始化为[1, 1]', row=2, col=18)
Type(name='关键字', value='var', row=3, col=1)
Type(name='变量', value='a2', row=3, col=5)
Type(name='赋值', value='=', row=3, col=8)
Type(name='数组', value='[1, 1]', row=3, col=10)
Type(name='句尾', value=';', row=3, col=16)
Type(name='注释', value='//下一行数组，初始化为[1, 1]', row=3, col=18)
Type(name='关键字', value='for', row=4, col=1)
Type(name='关键字', value='var', row=4, col=5)
Type(name='变量', value='i', row=4, col=9)
Type(name='赋值', value='=', row=4, col=11)
Type(name='数字', value=2, row=4, col=13)
Type(name='变量', value='i', row=4, col=16)
```

（b）词法分析结果（局部）

图 8.1　运行词法分析器程序代码与演示结果

8.4　在 线 支 持

扫码免费学习
更多实用技能

一、补充知识

☑ Python 正则表达式

☑ Python 正则表达式知识梳理

二、参考

☑ 正则表达式中常用的字符含义

☑ re 模块中常用功能函数

三、专项练习

☑ Python 正则表达式专练

 **新知识、新案例不断更新中……**

第 9 章

函　　数

函数是 Python 最基本的程序结构，利用它可以最大限度地实现代码重用，最小化代码冗余，提高程序的模块化。Python 解释器可以预编译函数，大量使用函数能够提升程序执行效率。Python 提供了很多内置函数，如 print()等，同时也允许用户自定义函数。灵活使用函数可以编写功能强大、简洁、优雅的代码。

视频讲解

9.1 普通函数

9.1.1 定义函数

使用 def 语句可以创建一个函数对象，并将其赋值给一个变量。语法格式如下：

```
def <name>([arg1 [,arg2,…argN]]):
    <statements>
```

函数结构由首行和代码块两部分组成。

- 首行以 def 关键词开头，空格之后，跟随函数名（name）和小括号()，在小括号中可以包含零个或多个可选的参数，首行以冒号结束。
- 代码块是函数的主体部分，也就是函数被调用时要执行的语句。代码块一般换行、缩进显示。如果是单句，可以与首行并行显示，不需要缩进。

def 语句与其他语句一样，都是实时执行的，Python 没有独立的编译时间。当运行时，将创建一个函数对象，并赋值给函数名的变量。def 可以出现在任意语句出现的地方，甚至是嵌套在其他语句中，如 if 或 while 语句中等。

【示例 1】定义一个无参函数。函数体内仅包含一行语句，输出一条提示信息。

```
def hi():
    print("Hi,Python.")
```

【示例 2】定义一个空函数。空函数体内仅包含一条 pass 语句。

```
def no():
    pass
```

空函数的作用：定义代码占位符。如果函数的功能还没有实现，可以先定义空函数，让代码能够运行起来，事后再编写函数体代码。如果缺少了 pass 语句，执行程序将抛出语法错误。

当函数体内的代码必须与外部联系时，可以定义包含参数的函数。

【示例 3】定义一个有参函数，求两个数的和。

```
def sum(x, y):
    return x + y                          # 返回两个参数之和
```

参数放在函数名后面的小括号内，多个参数以逗号分隔。函数通过 return 语句设置返回值。

如果在函数体内第一行使用"""或'''添加注释，则调用函数时自动提示注释信息。

【示例 4】在示例 3 基础上添加一行注释，则在调用函数时，输入左括号自动显示如图 9.1 所示的提示信息。函数主体代码块中首行注释也称为文档字符串（docstring）。

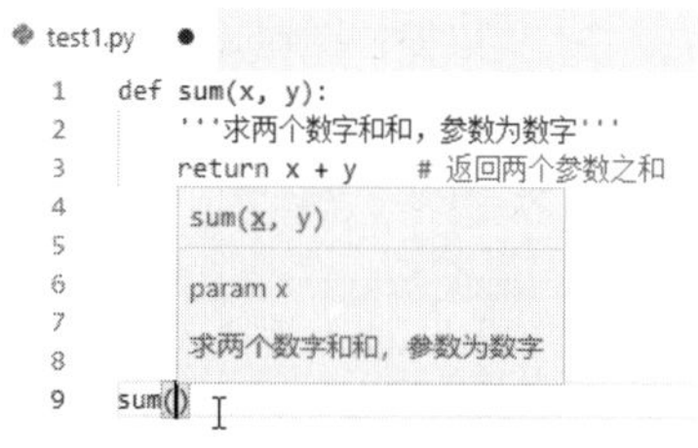

图 9.1 自动提示注释信息

```
def sum(x, y):
    '''求两个数字的和，参数为数字'''
    return x + y                          # 返回两个参数之和
```

9.1.2 调用函数

当 def 运行之后，可以在程序中使用小括号调用函数，语法格式如下：

```
<name>([arg1, arg2,…,argN])
```

函数名后面使用小括号，小括号内包含零个或多个可选的参数。

- 在定义函数时，如果没有设置参数，则调用函数时不需要传入参数，小括号为空。
- 在定义函数时，如果设置了参数，则调用函数时必须传入同等数量的参数，否则将抛出语法错误。如果传入的参数类型不一致，也会抛出语法错误。

提示： 函数体内的代码不会自动执行，只有当调用函数的时候，才会被执行。

调用函数有 3 种表现形式，简单说明如下。

（1）语句调用。

【示例 1】针对上一节示例 1 定义的函数，使用小括号直接调用。

```
hi()                                      # 无参调用
```

（2）表达式运算。

函数都有返回值，值可以参与表达式运算，因此可以在表达式中直接调用函数。

【示例 2】调用函数 abs()，然后将函数返回值（45）乘 2，最后再把表达式的运算结果（90）赋值给变量 num。

```
num = abs(-45) * 2                        # 表达式运算
```

（3）参数传递。

把函数调用作为参数传递给另一个函数。例如：

```
print( abs(-45) )                         # 传递函数调用
```

注意： 函数总是先定义，再调用。在定义阶段，Python 只检测语法，不执行代码。如果在定义阶段发现语法错误，将提示错误，但是不判断逻辑错误，只有在调用函数时，才判断逻辑错误。

9.1.3 认识形参和实参

函数的参数分为形参和实参，简单比较如下。

- 形参：在定义函数时，声明的参数变量。作为函数的私有变量，仅能在函数内部可见。

➢ 实参：在调用函数时，传入的外部对象。

【示例 1】变量 a、b 是形参，变量 x、y 是实参。在调用函数时，Python 把实参变量的值赋给形参变量，实现参数传递。

```
def sum(a, b):                          # 定义形参变量 a 和 b
    return a+b
# 定义实参变量 x 和 y
x = 1
y = 2
print(sum(x, y))                        # 调用函数并传入实参变量
```

实参又可以分为如下两种类型。

➢ 固定值：实参为不可变对象，如数字、布尔值、字符串、元组。

➢ 可变值：实参为可变对象，如列表、字典和集合。

如果是可变实参，则被传递给形参之后，形参能够影响实参。如果是不可变实参，则被传递给形参之后，形参和实参不会相互影响。

【示例 2】调用函数 fn 时分别传入数字 1 和数列[1]，可以看到实参 a 前后没有变化，而实参 b 受到形参 obj 的影响，由[1]变为[1, 1]。

```
def fn(obj):                            # 测试函数
    obj += obj                          # 修改形参变量

a = 1                                   # 固定值
fn(a)                                   # 调用函数，传入实参变量
print(a)                                # 实参变量不变，输出为 1
b = [1]                                 # 可变值
fn(b)                                   # 调用函数，传入实参变量
print(b)                                # 实参变量被修改，输出为 [1, 1]
```

9.1.4 位置参数

Python 默认将根据位置映射实现参数传递。函数的实参与形参是一一映射的关系，具体描述如下。

➢ 如果没有设置默认参数或可变参数，那么实参与形参的个数必须相同，否则将触发异常。

➢ 如果没有设置关键字参数或可变参数，那么实参和形参的位置顺序必须对应，否则将引发运行时错误。

➢ 相同位置的实参与形参的数据类型必须保持一致。

注意：Python 不自动检查函数参数的位置顺序。在自定义函数时，有必要添加参数类型检测的功能，确保实参与形参类型的一致性，避免运行时错误。

【示例】设计函数 abs()只能传入整数或浮点数。

```
def abs(x):                             # 求绝对值，参数必须为数字
    if not isinstance(x, (int, float)): # 检测参数类型是否为整数或浮点数
        raise TypeError('参数类型不正确') # 如果参数类型不对，则抛出异常
    if x >= 0:                          # 如果参数值大于等于 0，则直接返回
        return x
    else:                               # 如果参数值小于 0，则取反后再返回
        return -x
```

这样就不用担心误用，如果传入错误的参数类型，函数自动抛出异常，避免运行时错误。

```
>>> abs("a")
Traceback (most recent call last):
  File "<pyshell#0>", line 1, in <module>
    abs("a")
  File "C:\Users\8\Documents\www\test1.py", line 8, in abs
    raise TypeError('参数类型不正确')
TypeError: 参数类型不正确
```

9.1.5　关键字参数

Python 也允许以键值映射的方式实现参数传递。在调用函数时，可以直接为形参变量赋值，通过设置关键字实现传值。这样就不用考虑实参与形参的位置关系。

注意：在调用函数时，位置参数在左，关键字参数在右。一旦使用关键字参数后，其后就不能使用位置参数，避免重复为同一个形参赋值。

【示例】通过关键字参数调用函数，以不同的方式和位置顺序进行传值。

```
def comp(x, y):                                  # 比较函数
    if not isinstance(x, (int, float)):          # 检测参数类型是否为整数或浮点数
        raise TypeError('参数类型不正确')          # 如果参数类型不对，则抛出异常
    if not isinstance(y, (int, float)):          # 检测参数类型是否为整数或浮点数
        raise TypeError('参数类型不正确')          # 如果参数类型不对，则抛出异常
    if x > y:
        return x
    else:
        return y

print(comp(x=5, y=9))                            # x 通过键值映射，y 也必须通过键值映射
print(comp(y=9, x=5))                            # x 和 y 都通过键值映射，就不用考虑位置顺序
print(comp(5, y=9))                              # x 通过位置映射，y 可以通过键值映射
print(comp(9, x=5))                              # x 通过键值映射，y 就不能通过位置映射
```

输出为：

```
9
9
9
Traceback (most recent call last):
  File "d:\www_vs\test1.py", line 15, in <module>
    print(comp(9, x=5))
TypeError: comp() got multiple values for argument 'x'
```

提示：在默认情况下，函数的参数传递形式可以是位置参数或者关键字参数。为了确保可读性和运行效率，Python 3.8 新增了两个功能，简单说明如下。

（1）仅限位置参数。

定义函数时，在形参之间可以指定一个斜杠（/），斜杠之前的参数只能通过位置传参，不能使用关键字传参。例如，为本节示例定义如下形参，则调用函数时，只能传入位置参数。

```
def comp(x, y, /):                               # 比较函数
```

```
    pass
```

（2）仅限关键字参数。

定义函数时，在形参之间可以指定一个星号（*），星号之后的参数只能传入关键字参数。例如，为本节示例定义如下形参，则调用函数时，只能传入关键字参数。

```
def comp(*, x, y):                          # 比较函数
    pass
```

9.1.6 默认参数

在定义函数时，Python 允许为形参设置默认值，语法格式如下：

```
def <name>([arg1=val1, arg2=val2,…,argN=valN]):
    <statements>
```

默认参数仅需赋值一次。当调用函数时，如果没有传入实参，函数将使用默认值；如果传入实参，则使用实参变量的值覆盖掉默认值。

提示：在定义函数时，如果某个参数的值比较固定，可以考虑为其设置默认值。如果设置了默认值，在形参列表中，位置参数必须位于左侧，默认参数位于右侧。此时形参个数与实参个数可能不一致。

注意：参数的默认值应避免使用可变对象。位置参数和默认参数的个数没有限制。

【示例】设计求一个值的 n 次方的函数。该函数包含两个形参：值和多少次方。考虑到 2 次方的计算比较频繁，因此把多少次方的默认值设置为 2，这样在调用函数时，如果省略了第二个参数，则默认为求平方运算。

```
def power(x, n=2):                # 求次方函数。第一个参数 x 为要计算的原值，
                                  # 第二个参数 n 为多少次方，默认值为 2
    s = 1                         # 临时记录乘积
    while n > 0:                  # 循环计算原值的乘积
        n = n - 1                 # 递减次方的次数
        s = s * x                 # 累积乘积
    return s                      # 返回 n 次方结果
```

调用 power()函数，如果仅计算平方，就不需要传入第 2 个参数了。

```
print( power(3) )                 # 第 2 个参数使用默认值 2，输出为 9
print( power(3, 3) )              # 第 2 个参数将覆盖默认参数，输出为 27
print( power(3, 4) )              # 第 2 个参数将覆盖默认参数，输出为 81
```

9.1.7 可变参数

在 Python 中，运算符*和**有多重语义，简单说明如下。

- 算术运算：*代表乘法，**代表乘方。
- 可变形参：在定义函数时，*args 代表任意多个无名的形参，其本质类似一个元组；**kwargs 代表任意多个无名的关键字参数，其本质类似一个字典。args 和 kwargs 只是通俗命名约定，可以为任意变量名。这个过程也被称为打包参数。
- 可变实参：在调用函数时，*args 代表将一个序列 args 转换为同等长度个数的实参，**kwargs 代表将一个字典 kwargs 转换为同等长度个数的实参。这个过程也被称为解包参数。

➢ 序列解包：在赋值运算中，*val 代表任意多个元素的列表。如 a, *b, c = "python"，则 b 等于['y', 't', 'h', 'o']。

1. 打包参数

当无法确定实参的个数时，使用可变形参是一个不错的选择。

（1）可变位置参数。在函数定义中，*运算符能够收集所有的位置参数到一个新的元组，并将这个元组赋值给*运算符绑定的形参变量。其语法格式如下：

```
def <name>(*args):
    <statements>
```

形参变量 args 表示一个可变位置参数，参数类型为元组。它表示从此处开始，直到结束的所有位置参数都将被收集，并汇集到一个名为 args 的元组中。在函数体内可以使用 for 语句遍历 args 对象，读取每个元素，实现对可变位置参数的读取。

【示例 1】设计一个求和函数，把不确定参数中所有数字进行相加并返回。

```
def sum(*nums):                              # 求和函数，参数为可变形参
    i = 0                                    # 临时变量
    for n in nums:                           # 遍历可变参数
        if(isinstance(n, (int, float))):     # 如果是整数或浮点数
            i += n                           # 求和
    return i
print(sum(1, 2, 3, 4))                       # 输出为 10
print(sum(1, 2, 3, 4, "a", "b"))             # 输出为 10
print(sum(1, 2.3, 4.4, 5.67))                # 输出为 13.370000000000001
```

通过上面示例可以看到，使用可变形参设计求和函数，使求和运算变得更强大。

（2）可变关键字参数。在函数定义中，**运算符能够收集所有的关键字参数到一个新的字典，并将这个字典赋值给**运算符绑定的形参变量。其语法格式如下：

```
def <name>(**kwargs):
    <statements>
```

形参变量 kwargs 表示一个可变关键字参数，参数类型为字典。它表示从此处开始，直到结束的所有关键字参数都将被收集，并汇集到一个名为 kwargs 的字典中。在函数体内可以使用 for 语句遍历 kwargs 对象，读取每个元素，实现对可变关键字参数的读取。

【示例 2】设计一个汇总函数，能够接收关键字传递的参数，并把所有键、值进行汇总，如果值为数字，则叠加并记录，最后返回一个元组，包含可汇总的键的列表，以及汇总值的和。

```
def sum(**nums):                                # 汇总函数
    i = 0                                       # 临时变量
    temp = []                                   # 临时列表
    for key, value in nums.items():             # 遍历字典类型的可变参数
        if(isinstance(value, (int, float))):    # 如果是整数或浮点数
            i += value                          # 把值叠加到临时变量中
            temp.append(key)                    # 把键添加到临时列表中
    return (temp, i)                            # 以元组格式返回键和值的汇总
a = sum(a=1, b=2, c=3, d=4)                     # 调用函数，传入 4 个键值对
print(" + ".join(a[0]), "=", a[1])              # 输出为 a + b + c + d = 10
```

【示例 3】利用**打包功能，将传入的关键字参数打包为字典对象并返回。

```
def dict(**kwargs):                             # 创建字典对象的函数
    return kwargs
```

```
d = dict(a=1, b=2, c=3, d=4, e=5)                    # 调用函数
print(d)                                             # 输出为 {'a': 1, 'b': 2, 'c': 3, 'd': 4, 'e': 5}
```

通过这个工具函数，可以快速创建字典对象。

2. 解包参数

（1）解包可迭代对象。在函数调用中，使用*运算符能够将元组、列表等可迭代对象解包成按序排列的位置参数。

【示例 4】针对示例 1，可以使用下面方式调用函数 sum()，并传入可迭代的对象。

```
a = (2, 4, 6, 8, 10)                                 # 元组
print(sum(*a, 2, 3, 4, 1))                           # 解包元素对象，输出为 40
b = [2, 4, 6, 8, 10]                                 # 列表
print(sum(*b, 2, 3, 4, 1))                           # 解包列表对象，输出为 40
c = {2, 4, 6, 8, 10}                                 # 集合
print(sum(*c, 2, 3, 4, 1))                           # 解包集合对象，输出为 40
d = {2: "a", 4: "b", 6: "c", 8: "d", 10: "e"}        # 解包字典对象，键必须为数字，对键进行求和
print(sum(*d, 2, 3, 4, 1))                           # 输出为 40
```

（2）解包字典。在函数调用中，使用**运算符能够将字典对象解包成按序排列的关键字参数。

【示例 5】针对示例 2，先定义一个字典对象，然后调用函数 sum()，把字典对象传入并解包，也可以得到相同的结果。

```
d = {"a": 1, "b": 2, "c": 3, "d": 4}                 # 定义字典对象
a = sum(**d)                                         # 调用函数，传入字典对象
print(" + ".join(a[0]), "=", a[1])                   # 输出为 a + b + c + d = 10
```

9.1.8 混合参数

在定义或调用函数时，经常会混合使用不同的参数，混用时一定要注意它们的位置顺序。

在定义函数时，参数位置顺序如下。

- 默认参数被重置：位置参数>默认参数>可变位置参数>可变关键字参数。
- 默认参数保持默认：位置参数>可变位置参数>默认参数>可变关键字参数。

在调用函数时，参数位置顺序如下。

- 位置参数>关键字参数>可变位置参数>可变关键字参数。
- 位置参数>可变位置参数>关键字参数>可变关键字参数。
- 可变位置参数>位置参数>关键字参数>可变关键字参数。
- 位置参数>可变位置参数>可变关键字参数>关键字参数。
- 可变位置参数>位置参数>可变关键字参数>关键字参数。

【示例 1】可变位置参数在前，可变关键字参数在后。

```
def f(*args, **kwargs):
    print("args=", args, end="    ")                 # 输出可变位置参数
    print("kwargs=", kwargs)                         # 输出可变关键字参数
# 调用函数
f(1, 2, 3, 4)
f(a=1, b=2, c=3)
f(1, 2, 3, 4, a=1, b=2, c=3)
f('a', 1, None, a=1, b='2', c=3)
```

输出为：

```
args= (1, 2, 3, 4)    kwargs= {}
args= ()    kwargs= {'a': 1, 'b': 2, 'c': 3}
args= (1, 2, 3, 4)    kwargs= {'a': 1, 'b': 2, 'c': 3}
args= ('a', 1, None)    kwargs= {'a': 1, 'b': '2', 'c': 3}
```

【示例 2】可变位置参数放在位置参数后，默认参数放在最后。

```
def f(x, *args, a=4):
    print("x=", x, end="    ")
    print("a=", a, end="    ")
    print("args=", args)
# 调用函数
f(1, 2, 3, 4, 5, 6, 7, 8, 9, 10, a=100)                # 修改默认值
f(1, 2, 3, 4, 5, 6, 7, 8, 9, 10)                       # 保留默认值
```

输出为：

```
x= 1    a= 100    args= (2, 3, 4, 5, 6, 7, 8, 9, 10)
x= 1    a= 4    args= (2, 3, 4, 5, 6, 7, 8, 9, 10)
```

【示例 3】可变位置参数放在最后，默认参数放在位置参数后。

```
def f(x, a=4, *args):
    print("x=", x, end="    ")
    print("a=", a, end="    ")
    print("args=", args)
# 调用函数
f(1, 2, 3, 4, 5, 6, 7, 8, 9, 10)                       # 修改默认值
f(1, *(2, 3, 4, 5, 6, 7, 8, 9, 10))                    # 修改默认值
```

输出为：

```
x= 1    a= 2    args= (3, 4, 5, 6, 7, 8, 9, 10)
x= 1    a= 2    args= (3, 4, 5, 6, 7, 8, 9, 10)
```

【示例 4】默认参数放在位置参数后，可变关键字参数放在最后。

```
def f(x, a=4, **kwargs):
    print("x=", x, end="    ")
    print("a=", a, end="    ")
    print("kwargs=", kwargs)
# 调用函数
f(1, y=2, z=3)                                         # 使用默认参数
f(1, 5, y=2, z=3)                                      # 修改默认参数
```

输出为：

```
x= 1    a= 4    kwargs= {'y': 2, 'z': 3}
x= 1    a= 5    kwargs= {'y': 2, 'z': 3}
```

注意：默认参数不能放在可变关键字参数后，否则将抛出语法错误。

【示例 5】如果保持使用默认参数的默认值，则默认参数的位置应该位于可变位置参数之后。

```
def f(x, *args, a=4, **kwargs):                        # 注意参数位置和顺序
    print("x=", x, end="    ")
    print("a=", a, end="    ")
    print("args=", args, end="    ")
    print("kwargs=", kwargs)
```

```
# 直接传递值
f(1, 5, 6, 7, 8, y=2, z=3)                    # 调用函数，不修改默认参数
# 传递可变参数
f(1, *(5, 6, 7, 8), **{"y": 2, "z": 3})        # 调用函数，不修改默认参数
```

【示例 6】当修改默认值时，默认参数应放在可变位置参数之前，位置参数之后。

```
def f(x, a=4, *args, **kwargs):               # 注意参数位置和顺序
    print("x=", x, end="    ")
    print("a=", a, end="    ")
    print("args=", args, end="    ")
    print("kwargs=", kwargs)
# 直接传递值
f(1, 5, 6, 7, 8, y=2, z=3)                    # 调用函数，修改默认参数 a 为 5
# 传递可变参数
f(1, 5, 6, *(7, 8), **{"y": 2, "z": 3})        # 调用函数，修改默认参数 a 为 5
```

输出为：

```
x= 1    a= 4    args= (5, 6, 7, 8)    kwargs= {'y': 2, 'z': 3}
x= 1    a= 4    args= (5, 6, 7, 8)    kwargs= {'y': 2, 'z': 3}
x= 1    a= 5    args= (6, 7, 8)    kwargs= {'y': 2, 'z': 3}
x= 1    a= 5    args= (6, 7, 8)    kwargs= {'y': 2, 'z': 3}
```

9.1.9 函数的返回值

使用 return 关键字可以设置函数的返回值。语法格式如下：

```
return [表达式]
```

一旦执行 return 命令，函数将停止运行并返回结果。如果没有 return 语句，执行完函数体内所有代码后，也会返回特殊值（None）。

【示例 1】把 return 语句放在函数体内第 2 行，这将导致函数体内后面语句无法被执行，因此仅看到输出 1，第 3 行代码没有执行。

```
def f():
    print(1)
    return                                    # 结束函数调用
    print(2)                                  # 该行语句没有被执行
f()                                           # 调用函数
```

【示例 2】在函数体内可以设计多条 return 语句，但只有一条可以被执行，如果没有一条 reutrn 语句被执行，同样会隐式调用 return None 作为返回值。

```
def f(x, y):
    if(x < y):
        return 1
    elif(x > y):
        return -1
    else:
        return 0
print(f(3, 4))                                # 输出为 1
print(f(4, 3))                                # 输出为 -1
```

函数的返回值可以是任意类型，但是返回值只能是一个值，如果要返回多个值，可以考虑把它们放在列表、元组、字典等容器类对象中再返回。

【示例3】return 后面跟随多个值，Python 把它们隐式封装为一个元组对象并返回。

```
def f():
    return 1, 2, 3, 4
print(f())                                  # 返回 (1, 2, 3, 4)
```

9.2　函数的作用域

9.2.1　认识作用域

作用域（scope）是指变量在程序中可以被访问的有效范围，也称为变量的可见性。Python 的作用域是静态的，在源代码中定义变量的位置决定了该变量能被访问的范围。

在 Python 中，只有模块、类和函数才会产生作用域。作用域分为 4 种类型，简单说明如下。

- 本地作用域(local,L 层级)：每当函数被调用时都创建一个新的本地作用域，包括 def 函数和 lambda 表达式函数。
- 嵌套作用域（enclosing，E 层级）：相对上一层的函数而言，也是本地作用域。
- 全局作用域（global，G 层级）：每一个模块都是一个全局作用域。
- 内置作用域（built-in，B 层级）：在系统内置模块里定义的变量，如预定义在 builtin 模块内的变量。

注意：在条件、循环、异常处理、上下文管理器等语句块中不会创建作用域。

在作用域中定义的变量，一般只能在作用域内可以访问，不允许在作用域外访问。当在函数中使用未确定的变量名时，Python 按照优先级依次搜索 4 个作用域，以便确定变量的意义。搜索顺序如下：本地作用域>嵌套作用域>全局作用域>内置作用域

【示例】比较本地作用域、嵌套作用域和全局作用域之间的访问优先级关系。

```
n = 1                                       # 全局变量
def fn():                                   # 嵌套作用域
    n = 2                                   # 本地变量
    print(n)
    def sub():                              # 本地作用域
        print(n)
    sub()
fn()
print(n)
```

输出为：

```
2
2
1
```

对于 sub()函数，当前本地作用域中没有变量 n，所以在 L 层级找不到，然后在 E 层级搜索，当在嵌套函数 fn()中找到变量 n 后，就直接读取并打印输出，不再进一步搜索 G 层级。

9.2.2　使用 global 和 nonlocal

相对于内层作用域的变量而言，外层作用域的变量默认是只读的，不能修改。如果希望在 L 层级中修

改定义在非 L 层级的变量，Python 在当前 L 层级内创建一个新的同名变量，在 L 层级中修改新变量，不会影响非 L 层级的同名变量。如果希望在 L 层级中修改非 L 层级中的同名变量，可以使用 global、nonlocal 关键字。

（1）使用 global 关键字，可以在本地作用域中声明全局变量。

【示例 1】使用 global 关键字把 sub()函数中的 n 定义为全局变量，这样就可以在本地作用域中修改全局变量 n，而不是新建一个本地变量 n。

```
n = 1                                    # 全局变量，初始值为 1
def f():                                 # 嵌套作用域
    def sub():                           # 本地作用域
        global n                         # 声明全局变量 n
        print(n)
        n = 2                            # 修改全局变量 n 的值为 2
    return sub
f()()
print(n)
```

输出为：

```
1
2
```

（2）使用 nonlocal 关键字，可以在本地作用域中声明嵌套作用域变量。

【示例 2】针对示例 1，把全局变量 n 移到嵌套函数中，然后使用 nonlocal 关键字把 sub()函数中的 n 定义为嵌套作用域变量，这样就可以在本地作用域中修改嵌套作用域中的变量 n。

```
def f():                                 # 嵌套作用域
    n = 1                                # 嵌套变量，初始值为 1
    def sub():                           # 本地作用域
        nonlocal n                       # 声明非本地变量 n
        n = 2                            # 修改非本地变量 n 的值为 2
        print(n)
    sub()
    print(n)
f()
```

输出为：

```
2
2
```

在上面代码中，由于声明了 nonlocal，这样在 sub()函数中使用的 n 变量就是 E 层级（即 f()函数中）声明的 n 变量，所以输出两个 2。

9.2.3 使用 globals()和 locals()

使用 globals()和 locals()内置函数可以访问全局变量和本地变量，简单比较如下。

- globals()：以字典形式返回当前位置的全部全局变量。
- locals()：以字典形式返回当前位置的全部本地变量。

通过 globals()和 locals()返回的字典对象可以读、写全局变量和本地变量。

【示例】简单演示 globals()和 locals()内置函数的基本使用。

```
d = 4                                    # 定义全局变量 d
```

```
def test1(a,b):                                   # 定义函数
    c = 3                                         # 定义本地变量 c
    print('全局变量 d: ',globals()['d'])            # 直接打印全局变量 d
    print("本地变量集={0}".format(locals()))         # 打印本地变量
    print("全局变量集={0}".format(globals()))        # 打印全局变量
    d = 5                                         # 试图修改全局变量 d
test1(1,2)                                        # 调用函数
print('全局变量 d:%d'%d)                           # 打印全局变量 d
print('_'*50)
d = 4                                             # 定义全局变量 d
def test2(a,b):                                   # 定义函数
    c = 3                                         # 定义本地变量
    global d                                      # 声明 d 是全局变量
    print('全局变量 d:%d'%d)                       # 直接访问全局变量 d
    print("本地变量集={0}".format(locals()))         # 打印本地变量
    print("全局变量集={0}".format(globals()))        # 打印全局变量
    d = 5                                         # 修改全局变量
test2(1,2)                                        # 调用函数
print('全局变量 d:%d'%d)                           # 打印全局变量 d
```

打印结果如下：

```
全局变量 d: 4
本地变量集={'a': 1, 'b': 2, 'c': 3}
全局变量集={'__name__': '__main__', '__doc__': None, '__package__': None, '__loader__': <_frozen_importlib_ external.SourceFileLoader object at 0x032DF820>, '__spec__': None, '__annotations__': {}, '__builtins__': <module 'builtins' (built-in)>, '__file__': 'd:/www_vs/test1.py', '__cached__': None, 'd': 4, 'test1': <function test1 at 0x032B8808>}
全局变量 d: 4
__________________________________________________
全局变量 d: 4
本地变量集={'a': 1, 'b': 2, 'c': 3}
全局变量集={'__name__': '__main__', '__doc__': None, '__package__': None, '__loader__': <_frozen_importlib_ external.SourceFileLoader object at 0x032DF820>, '__spec__': None, '__annotations__': {}, '__builtins__': <module 'builtins' (built-in)>, '__file__': 'd:/www_vs/test1.py', '__cached__': None, 'd': 4, 'test1': <function test1 at 0x032B8808>, 'test2': <function test2 at 0x03488100>}
全局变量 d: 5
```

9.3 函数表达式

9.3.1 认识 lambda 表达式

函数表达式是一种简化的函数结构：首行没有函数名和小括号，故也称为匿名函数；函数主体部分省略了代码块，只包含一个表达式，表达式的运算结果作为函数的返回值，故也称为函数表达式。

使用 lambda 运算符，可以代替 def 命令，以表达式的形式定义函数对象。语法格式如下：

```
fn = lambda [arg1 [,arg2,…argN]]:expression
```

参数说明如下。

- [arg1 [,arg2,…argN]]：可选参数，定义匿名函数的参数，参数个数不限，参数之间通过逗号分隔。
- expression：必选参数，为一个表达式，定义函数主体，并能够访问冒号左侧的参数。
- fn：表示一个变量，用来接收 lambda 表达式的返回值，返回值为一个函数对象，通过 fn 可以调用该函数表达式。

lambda 是一个表达式，而不是一条语句，它有如下特点。

- 与 def 语法相比较，lambda 不需要小括号，冒号（:）左侧的值序列表示函数的参数；函数不需要 return 语句，冒号右侧表达式的运算结果就是返回值。
- 与 def 使用相比较，虽然两者返回的函数对象工作起来是完全一样的，但是 lambda 能够出现在 Python 语法不允许 def 出现的地方，如元素必须为简单值的列表中，或者函数调用中。
- 与 def 功能相比较，lambda 的结构单一，功能有限。lambda 的主体是一个表达式，而不是一个代码块，因此不能包含各种命令，如 for、while 等，仅能在 lambda 表达式中封装有限的运算逻辑。
- lambda 也会产生一个新的本地作用域，拥有独立的命名空间。在 def 定义的函数中嵌套 labmbda 表达式，lambda 表达式可以访问外层 def 函数作用域。

9.3.2 使用匿名函数

【示例 1】定义无参匿名函数，并返回一个值。其等价于 def func(): return True。

```
t = lambda : True                                  # 分号前无任何参数
t()                                                # 输出为 True
```

【示例 2】定义带参数的匿名函数，求两个数字的和。其中，sum = lambda a,b: a + b 就等效于 def sum(a, b): return a + b。

```
# 求和匿名函数
sum = lambda a,b: a + b                            # 直接赋值给变量，然后像普通函数一样调用
# 调用匿名函数
print(sum(10, 20))                                 # 输出为 30
print(sum(20, 20))                                 # 输出为 40
```

【示例 3】设计把字符串中的各种空字符转换为空格的函数。

```
print(   (lambda s:' '.join(s.split()))("this is\na\ttest") )     # 直接在后面传递实参
```

输出为：

```
this is a test
```

上面代码等价于：

```
s = "this is\na\ttest"                             # 根据空字符把字符串转换为列表
s = ' '.join(s.split())                            # 用 join 函数把一个列表转换为字符串
print(s)
```

【示例 4】为匿名函数的参数设置默认值。

```
c = lambda x,y=2: x+y                              # 设置默认值
print( c(10) )                                     # 仅传递一个参数，使用默认值 2，输出为 12
```

【示例 5】设计快速转换为字典对象。

```
c = lambda **arg: arg                              # arg 返回的是一个字典
d = c(a=1, b=2, c=3)
print(d)                                           # 输出为 {'a': 1, 'b': 2, 'c': 3}
```

【示例 6】使用匿名函数设置字典排序的主键。

```
infors = [
    {"name": "a", "age": 15},
    {"name": "b", "age": 20},
    {"name": "c", "age": 10}
]
infors.sort(key=lambda x: x['age'])                # 根据 age 关键字对字典进行排序
```

```
print(infors)
```

输出为：

```
[{'name': 'c', 'age': 10}, {'name': 'a', 'age': 15}, {'name': 'b', 'age': 20}]
```

【示例 7】通过匿名函数设计一个高阶函数。

```
def test(a, b, func):
    return func(a, b)
num = test(34, 26, lambda x, y: x-y)          # 接收一个函数作为参数
print(num)                                     # 输出为 8
```

【示例 8】通过匿名函数过滤能被 3 整除的元素。

```
d =[1,2,4,67,85,34,45,100,456,34]
d = filter(lambda x:x%3==0,d)
print( list(d) )                               # 输出为 [45, 456]
```

过滤器函数 filter(function,iterable)包含两个参数，参数 function 是筛选函数，参数 iterable 是可迭代对象。filter()可以从序列中过滤符合条件的元素，d = filter(lambda x:x%3==0,d)的含义就是从序列 d 中筛选符合函数 lambda x:x%3==0 的新序列。

9.4　闭包函数

9.4.1　认识闭包

闭包就是一个在函数调用时产生的、持续存在的上下文活动对象。

典型的闭包体是一个嵌套结构的函数。内层函数引用外层函数的变量，同时内层函数又被外界引用，当外层函数被调用后，就形成了闭包，这个外层函数也称为闭包函数。

```
def outer(x):                    # 外层函数
    def inner(y):                # 内层函数
        return x + y             # 访问外层函数的参数
    return inner                 # 通过返回内层函数，实现外部引用
f = outer(5)                     # 调用外层函数，获取引用内层函数
print(f(6))                      # 调用内层函数，原外层函数的参数继续存在
```

闭包的优点有如下 3 方面。

- 实现在外部访问函数内的变量。函数是独立的作用域，它可以访问外部变量，但外部无法访问内部变量。
- 避免变量污染。使用 global、nonlocal 关键字，可以开放函数内部变量，但是容易造成内部变量被外部污染。
- 使函数变量常驻内存，为可持续保存数据提供便利。

闭包的缺点有如下 3 方面。

- 常驻内存会增大内存负担。无节制地滥用闭包，容易造成内存泄露。解决方法：如果没有必要，就不要使用闭包，特别是在循环体内无限生成闭包；在退出函数之前，将不用的本地变量全部删除。
- 破坏函数作用域。闭包函数能够改变外层函数内变量的值。所以，如果把外层函数当作对象使用，把闭包函数当作公用方法，把内部变量当作私有属性时，就一定要小心。解决方法：不要随便改变外层函数内变量的值。

➢ 闭包函数所引用的外层函数的变量是延迟绑定的，只有当内层函数被调用时，才会搜索、绑定变量的值，带来不确定性。解决方法：生成闭包函数时立即绑定变量。

9.4.2 定义闭包函数

在嵌套结构的函数中，外层函数使用 return 语句返回内层函数，在内层函数中包含了对外层函数作用域中变量的引用，一旦形成闭包体，就可以利用返回的内层函数的__closure__内置属性访问外层函数闭包体。

【示例 1】定义一个闭包函数，然后使用内层函数对象的__closure__魔法变量访问外层闭包函数。

```
def outer(x):                              # 外层函数，闭包体
    def inner():                           # 内层函数
        print(x)                           # 引用外层函数的形参变量
    return inner                           # 返回内层函数
func = outer(1)                            # 调用外层函数
print(func.__closure__)                    # 访问闭包体
func()                                     # 调用内层函数
```

输出为：

```
(<cell at 0x00000011DA3CB888: int object at 0x000007FD0495E350>,)
1
```

使用闭包可以实现数据打包，定义变量寄存器。

【示例 2】通过外层函数设计一个闭包体，定义一个寄存器。当调用外层函数，生成上下文对象之后，就可以利用返回的内层函数，不断向闭包体内的变量 a 递增值，该值一直持续存在。

```
def f():                                   # 外层函数
    a = 0                                  # 私有变量初始化
    def sub(x):                            # 返回内层函数
        nonlocal a                         # 声明非本地变量 a
        a = a + x                          # 递加参数
        return a                           # 返回本地变量
    return sub
add = f()                                  # 调用外层函数，生成执行函数
add(1)                                     # 加 1
add(12)                                    # 加 12
add(23)                                    # 加 23
sum = add(34)                              # 加 34
print(sum)                                 # 输出为 70
```

9.4.3 设计 lambda 闭包体

使用 lambda 表达式定义函数与 def 函数一样，也拥有独立的作用域。当在嵌套结构的函数结构中使用 lambda 表达式替代 def 函数，有时会使代码更加简洁、易读。

【示例 1】使用 lambda 表达式设计内层函数。

```
def demo(n):                               # 定义外层函数
    return lambda s : s ** n               # 使用 lambda 表达式，并返回结果
a = demo(2)                                # 调用外层函数，获取引用内层函数
print(a(8))                                # 调用内层函数，返回 64
```

【示例 2】完全使用 lambda 表达式定义闭包结构。

```
demo = lambda n: lambda s : s**n
a = demo(2)                                # 调用外层函数，获取引用内层函数
```

```
print(a(8))                         # 调用内层函数，返回 64
```

9.4.4　立即绑定变量

前面介绍了闭包的 3 个缺点。本节结合示例重点解析第 3 个缺点：延迟绑定带来的变量污染，以及如何避免此类问题的发生。

【示例 1】使用 lambda 表达式定义内层函数，在内层函数中引用外层函数的变量 i，计算 x 的 i 次方。

```
def demo():                         # 定义外层函数
    for i in range(1,3):            # 循环生成两个内层函数
        yield lambda x : x ** i     # 求值 x 的 i 次方，企图使用外层函数的 i
demo1, demo2 = demo()               # 以生成器的形式生成两个闭包函数，并赋值
print(demo1(2), demo2(3))           # 延迟调用闭包函数，打印结果
```

由于延迟绑定的缘故，当调用闭包函数时，两个函数所搜索的外层变量 i 的值此时都为 2，打印结果如下：

```
4 9
```

【示例 2】针对示例 1 存在的问题，可以使用参数的默认值立即绑定变量。

```
def demo():                         # 定义外层函数
    for i in range(1,3):            # 循环生成两个内层函数
        yield lambda x, i = i: x ** i   # 将外层函数的 i 赋值给内层函数的形参 i
demo1, demo2 = demo()               # 以生成器的形式生成两个闭包函数，并赋值
print(demo1(2), demo2(3))           # 延迟调用闭包函数，打印结果
```

在生成内层函数时，把外层变量 i 的值赋值给内层函数的形参 i，立即绑定变量，这样在内层函数中访问的就是形参变量 i，而不是外层函数的变量 i。此时两个闭包函数引用 i 的值就与循环过程中 i 的值保持一致，分别为 1 和 2，打印结果如下：

```
2 9
```

9.5　装饰器函数

9.5.1　认识装饰器

装饰器是一个以函数作为参数，并返回一个函数的函数。装饰器可以为一个函数在不需要做任何代码变动的前提下增加额外功能，如日志、计时、测试、事务、缓存、权限校验等。

应用装饰器的语法：以@开头，接着是装饰器函数的名称和可选的参数，然后是被装饰的函数，具体语法格式如下。

```
@decorator(dec_opt_args)
def func_decorated(func_opt_args):
    pass
```

其中，decorator 表示装饰器函数，dec_opt_args 为装饰器可选的参数，func_decorated 表示被装饰的函数，func_opt_args 表示被装饰的函数的参数。

9.5.2　定义装饰器函数

下面结合示例，通过解决一个实际问题，演示如何定义装饰器函数。

【示例 1】定义一个简单的函数。

```
def foo():
    print('I am foo')
```

为函数增加新功能：记录调用函数的日志。

```
def foo():
    print('I am foo')
    print("foo is running")                    # 添加日志处理功能
```

假设现在有很多函数都需要增加这个需求：打印日志。

为了减少重复代码，可以定义一个函数：专门处理日志，日志处理完之后再执行业务代码。

```
def logging(func):                             # 日志处理函数
    print("%s is running" % func.__name__)     # 打印当前函数正在执行
    func()                                     # 调用参数函数
def foo():                                     # 业务函数
    print('I am foo')
logging(foo)                                   # 添加日志处理功能
```

【示例 2】Python 使用@作为装饰器的语法操作符，方便应用装饰函数。针对示例 1，下面使用@语法应用装饰器函数。

```
def logging(func):                             # 日志处理函数
    def sub():                                 # 嵌套函数
        print("%s is running" % func.__name__) # 打印当前函数正在执行
        func()                                 # 调用参数函数
    return sub                                 # 返回嵌套函数
@logging                                       # 应用装饰函数
def foo():                                     # 业务函数
    print('I am foo')
foo()                                          # 调用业务处理函数
```

装饰器相当于执行了装饰函数 logging 后，又返回被装饰函数 foo。因此，foo()被调用的时候相当于执行了两个函数，等价于 logging(foo)()。

9.5.3 应用装饰器

（1）装饰带参数的函数。

【示例 1】设计业务函数需要传入两个参数并计算值，因此，需要对装饰器函数内部的嵌套函数进行改动。

```
def logging(func):                             # 日志处理函数
    def sub(a, b):                             # 嵌套函数
        print("%s is running" % func.__name__) # 打印当前函数正在执行
        return func(a, b)                      # 调用参数函数
    return sub                                 # 返回嵌套函数
@logging                                       # 应用装饰函数
def foo(a, b):                                 # 业务函数
    return a + b
sum = foo(2, 5)                                # 调用业务处理函数
print(sum)                                     # 返回 7
```

（2）装饰参数不确定的函数。

【示例 2】示例 1 展示了参数个数固定的应用场景，可以使用 Python 的可变参数*args 和**kwargs 来解

决参数个数不确定的问题。

```
def logging(func):                                    # 日志处理函数
    def sub(*args,**kwargs):                          # 嵌套函数
        print("%s is running" % func.__name__)        # 打印当前函数正在执行
        return func(*args,**kwargs)                   # 调用参数函数
    return sub                                        # 返回嵌套函数
@logging                                              # 应用装饰函数
def bar(a,b):                                         # 业务函数
    print(a+b)
@logging                                              # 应用装饰函数
def foo(a,b,c):                                       # 业务函数
    print(a+b+c)
bar(1,2)                                              # 返回 3
foo(1,2,3)                                            # 返回 6
```

输出结果：

```
bar is running
3
foo is running
6
```

（3）装饰器自带参数。

【示例 3】在某些情况下，装饰器函数可能也需要参数，这时就需要使用高阶函数进行设计。针对示例 2，为 logging 装饰器再嵌套一层函数，然后在外层函数中定义一个标志参数 lock，默认参数值为 True，表示开启日志打印功能；如果为 False，则关闭日志功能。

```
def logging(lock = True):                             # 日志处理函数
    def _logging(func):                               # 2 层嵌套函数
        def sub(*args,**kwargs):                      # 3 层嵌套函数
            if lock:                                  # 如果允许打印日志
                print("%s is running" % func.__name__)  # 打印当前函数正在执行
            return func(*args,**kwargs)               # 调用参数函数
        return sub                                    # 返回 3 层嵌套函数
    return _logging                                   # 返回 2 层嵌套函数
@logging()                                            # 应用装饰函数，默认开启日志处理
def bar(a,b):                                         # 业务函数
    print(a+b)
@logging(False)                                       # 应用装饰函数，关闭日志处理
def foo(a,b,c):                                       # 业务函数
    print(a+b+c)
bar(1,2)                                              # 返回 3
foo(1,2,3)                                            # 返回 6
```

输出结果：

```
bar is running
3
6
```

在上面代码中，foo(1,2,3)等价于 logging(False)(foo)(1,2,3)。

9.5.4　恢复被装饰函数的元信息

使用装饰器可以简化代码编写，但是被装饰函数的元信息容易被覆盖，如函数的__doc__（文档字符串）、

__name__（函数名称）、__code__.co_varnames（参数列表）等。使用 functools.wraps()函数可以解决这个问题。

【示例】导入 functools 模块，然后使用 functools.wraps()函数恢复参数函数的元信息，这样当调用装饰器函数之后，被装饰函数的元信息会重新被恢复成原来的状态。

```
import functools                                    # 导入 functools 模块
def logging(lock = True):                           # 日志处理函数
    def _logging(func):                             # 2 层嵌套函数
        @functools.wraps(func)                      # 恢复参数函数的元信息
        def sub(*args,**kwargs):                    # 3 层嵌套函数
            if lock:                                # 如果允许打印日志
                print("%s is running" % func.__name__)  # 打印当前函数正在执行
            return func(*args,**kwargs)             # 调用参数函数
        return sub                                  # 返回 3 层嵌套函数
    return _logging                                 # 返回 2 层嵌套函数
@logging()                                          # 应用装饰函数，默认开启日志处理
def bar(a,b):                                       # 业务函数
    print(a+b)
@logging(False)                                     # 应用装饰函数，关闭日志处理
def foo(a,b,c):                                     # 业务函数
    print(a+b+c)
print(bar.__name__)                                 # 返回 bar
```

9.6 生成器函数

9.6.1 认识生成器

在 Python 中，能够实现一边迭代一边生成元素的机制，就称为生成器（generator）。

假设有海量数据，当前仅需要访问其中几个元素，那么绝大多数元素所占用的空间就浪费了。如果元素能够按照某种算法推算出来，那么就可以在循环的过程中不断推算出后续的元素，这样就不必创建完整的列表，从而节省大量内存空间，提高访问效率。

生成器是一种迭代器（详见 10.5 节），用于按需生成元素，它自动实现了迭代器协议（__iter__()和__next__()方法），不需要手动实现。生成器在迭代的过程中可以改变当前迭代值，而迭代器修改当前迭代值往往会触发异常，影响程序的执行。

创建生成器的方法有 3 种，简单说明如下。

➢ 生成器推导式：把一个列表推导式的[]改为()，就创建了一个生成器。
➢ 生成器函数：包含 yield 关键字的 Python 函数。
➢ 生成器工厂函数：返回生成器的函数，函数体内可以没有 yield 关键字。

【示例】使用推导式生成一个生成器，并与列表推导式进行比较。

```
L = [x * x for x in range(10)]      # 列表推导式
g = (x * x for x in range(10))      # 生成器推导式
print(L)                            # 打印：[0, 1, 4, 9, 16, 25, 36, 49, 64, 81]
print(g)                            # 打印：<generator object <genexpr> at 0x033B5990>
```

访问生成器有如下两种方式。

➢ 使用 next 方法访问下一个值，包括两种方式：通过调用生成器的 generator.__next__()魔术方法；

直接调用 next(generator)函数。

➢ 使用 for 循环迭代生成器对象，实际上就是重复调用 next()方法，读取所有元素值。

9.6.2　定义生成器函数

如果一个函数包含 yield 关键字，那么该函数就不再是一个普通函数，而是生成器函数。调用生成器函数将创建一个生成器对象。

yield 命令内部实现了迭代器协议，同时支持一个状态机，维护着挂起和继续的状态。在挂起状态时，自动保存状态，即生成器函数的本地变量将持续存在，并完整保存这些状态信息；在继续状态时，确保这些信息再度有效，能够恢复函数在挂起的位置继续运行。

yield 能够返回一个生成器。访问生成器能够返回 yield 关键字后面跟随的表达式的值。

【示例】使用 yield 关键字定义一个生成器函数。

```
def foo( n=1 ):                                     # 生成器函数
    print("starting......")                         # 提示开始执行读取操作
    while True:                                     # 无限循环
        res = yield n                               # 定义生成器的返回值
        n += 1                                      # 递加参数变量
        print("yield 表达式的值：", res)            # 打印 yield 表达式的值
g = foo()                                           # 调用生成器函数，返回生成器对象
print(next(g))                                      # 打印生成器的下一个值
```

输出为：

```
starting......
1
```

如果使用 print(next(g))继续读取生成器对象的下一个值，则输出为：

```
yield 表达式的值：None
2
```

以此类推：

```
yield 表达式的值：None
3
```

调用生成器函数时，不执行函数体内的代码，先是返回一个生成器对象。只有调用生成器对象的__next__()魔术方法，或者调用 next()接口函数，才执行函数体内的代码。

在执行过程中，如果遇到 yield 语句，将挂起函数，暂停执行，返回 yield 关键字后面表达式的值，并记住执行位置。当再次调用__next__()方法或者 next()函数时，将从 yield 表达式的返回值位置开始继续往下执行。

提示：在函数体内，yield 与 return 语句功能相似，都能够返回一个值。不同点：return 返回值之后，立即结束函数的执行；而 yield 不会结束函数的运行，只是挂起函数，并记住当前状态。

生成器函数也允许使用 return 语句，用来终止继续生成值。

9.6.3　干预生成器

生成器对象拥有一个 send()方法，该方法能够向生成器函数内部投射一个值，覆盖 yield 表达式的值。在默认情况下，yield 表达式的值总为 None。

提示：send()方法提供了一种调用者与生成器之间进行通信的方式，方便调用者随时干预生成器的运算。

【示例】在迭代生成器过程中，使用 send()方法中途改变迭代的次数，跳过 n 为 4 和 3 这两次迭代。

```
def down(n):                    # 生成器函数
    while n >= 0:               # 设置递减循环的条件
        m = yield n             # 定义每次迭代生成的值并返回
        if m:                   # 当条件为 True，则改写递减变量的值
            n = m
        else:                   # 正常情况下，m 为大于 0 的数字，则递减
            n -= 1
d = down(5)                     # 调用生成器函数
for i in d:
    print(i , end = " ")        # 打印元素
    if i == 5:                  # 当打印完第一个元素后
        d.send(3)               # 修改 yield 表达式的值为 3
```

运行结果如下：

```
5 2 1 0
```

如果不设置 if i == 5: d.send(3)，则将连续打印 6 个数字：5 4 3 2 1 0。

9.6.4 生成斐波那契数列

使用列表推导式输出斐波那契数列的前 n 个数字，主要用到元组的多重赋值：a,b = b, a+b，其实相当于 t =a+b, a =b, b =t，所以不必定义临时变量 t，就可以输出斐波那契数列的前 n 个数。列表推导式是一次生成数列中所有求值，会占用大量内容，而使用生成器函数，仅存储计算方法，这样就能节省大量空间。

```
def fib(max):                   # 生成器函数
    n, a, b = 0, 0, 1           # 初始化
    while n < max:
        yield b                 # 返回变量 b 的值
        a, b = b, a+b           # 多重赋值
        n = n+1                 # 递增值
    return 'done'

g = fib(6)                      # 创建生成器大小
while True:
    try:
        x = next(g)             # 读取下一个元素的值
        print(x , end=" ")
    except StopIteration as e:  # 不捕获异常
        print(e.value)
        break
```

运行程序，输出结果如下：

```
1 1 2 3 5 8 done
```

9.7 案例实战

本节案例设计一个功能完善的日志装饰器函数，借助本案例日志装饰器函数，可以为任意函数捆绑函数调用的日志功能。同时，本案例日志装饰器能够适应不同的应用需求，如带参数和不带参数，在装饰函

数时，可以按默认设置把日志信息写入当前目录下的 out.log 文件中，也可以指定一个文件。日志信息主要包含函数调用的时间。示例完整代码如下：

```
from functools import wraps                          # 导入 functools 模块中的 wraps 函数
import time                                          # 导入 time 模块
from os import path                                  # 导入 os 模块中的 path 子模块

def logging(arg='out.log'):                          # 日志处理函数
    if callable(arg):                                # 判断参数是否为函数，
                                                     # 不带参数的装饰器将调用这个分支
        @wraps(arg)                                  # 恢复参数函数的元信息
        def sub(*args, **kwargs):                    # 嵌套函数
            # 设计日志信息字符串
            log_string = arg.__name__ + " was called " + \
                time.strftime("%Y-%m-%d %H:%M:%S", time.localtime())
            print(log_string)                        # 打印信息
            logfile = 'out.log'                      # 指定存储的文件
            # 打开 logfile，并写入内容
            with open(logfile, 'a') as opened_file:
                # 现在将日志内容写入指定的 logfile
                opened_file.write(log_string + '\n')
            return arg(*args, **kwargs)              # 调用参数函数
        return sub                                   # 返回嵌套函数
    else:                                            # 带参数的装饰器调用这个分支
        def _logging(func):                          # 2 层嵌套函数
            @wraps(func)                             # 恢复参数函数的元信息
            def sub(*args, **kwargs):                # 3 层嵌套函数
                if isinstance(arg, str):             # 如果指定文件路径
                    if path.splitext(arg)[1] == ".log":  # 筛选 log 文件
                        logfile = arg                # 自定义文件名
                    else:
                        logfile = 'out.log'          # 默认文件名
                    # 设计日志信息字符串
                    log_string = func.__name__ + " was called " + \
                        time.strftime("%Y-%m-%d %H:%M:%S", time.localtime())
                    print(log_string)                # 打印信息
                    # 打开 logfile，并写入内容
                    with open(logfile, 'a') as opened_file:
                        # 将日志内容写入指定的 logfile
                        opened_file.write(log_string + '\n')
                return func(*args, **kwargs)         # 调用参数函数
            return sub                               # 返回 3 层嵌套函数
        return _logging                              # 返回 2 层嵌套函数

@logging                                             # 应用装饰函数，按默认文件记录日志信息
def bar(a, b):                                       # 业务函数
    print(a+b)
@logging("foo.log")                                  # 应用装饰函数，指定日志文件
def foo(a, b, c):                                    # 业务函数
    print(a+b+c)
bar(2, 3)                                            # 调用业务函数
foo(2, 3, 3)                                         # 调用业务函数
```

执行程序，输出结果如下：

```
bar was called 2021-1-10 14:02:45
5
foo was called 2021-1-10 14:02:45
8
```

在当前目录下可看到生成的日志文件：foo.log 和 out.log，打开 out.log 文件可以看到记录的每一次调用函数的日志信息，包括调用时间。

9.8 在线支持

扫码免费学习
更多实用技能

一、补充知识

☑ 函数和代码复用

二、专项练习

☑ Python 匿名函数
☑ Python 中的函数
☑ Python 函数
☑ Python 中的 Main()函数
☑ Python 内置函数
☑ Python 函数装饰器
☑ Python 函数闭包
☑ Python 内置函数（BIF）快速查询
☑ Python 中的猴子补丁

三、参考

☑ Python3 内置函数大全

四、进阶练习

☑ 上下文管理器
☑ lambda 表达式
☑ 推导式
☑ 枚举
☑ 容器

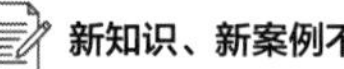

第 10 章

类

在程序设计中，经常听到两个概念：面向过程和面向对象。它们都是一种程序设计思想。其中，面向过程就是分析解决问题所需要的步骤，然后用函数把这些步骤一步一步地实现，当使用时依次调用即可；而面向对象是把构成问题的事务分门别类进行抽象，再实例化为具体的对象，最后通过对象的行为来解决问题。面向过程与函数紧密关联，而面向对象是通过类（class）和对象（object）等概念得以体现。在 Python 中，所有内容都被视为对象，类是对象的模型，拥有继承、封装和多态等基本特性。本章将重点讲解 Python 类和对象的相关知识和编程技巧。

视频讲解

10.1 类 基 础

10.1.1 定义类

使用 class 语句可以定义类，语法格式如下：

```
class <Name>:
    <statements>
```

类结构由首行和代码块两部分组成。

- 首行以 class 关键词开头，空格之后，跟随类名（Name），最后以冒号结束。根据习惯，类名一般首字母大写。在类名后面可以添加小括号()，在小括号中包含零个或多个可选的基类，具体说明可以参见 10.4.2 节。
- 代码块是类的主体部分，类主体由各种类成员构成。代码块一般换行、缩进显示。如果是单句，可以与首行并行显示，不需要缩进。

class 语句与其他语句一样，都是实时执行的，Python 没有独立的编译时间。当运行时，将创建一个类对象，并赋值给类名的变量。

与函数结构一样，在类的主体代码块第一行可以使用"""或'''添加注释，用来指定类的帮助信息，在创建类实例时，当输入类名和左括号时，显示帮助信息。

【示例 1】定义空类。空类不执行任何操作，也不包含任何成员信息，相当于类占位符。

```
class No:                               # 空类
    pass
```

上面代码可以简写为：class No: pass。

【示例 2】定义 Student 类，包含两个成员：name 属性和 hi()方法。

```
class Student:                          # 类
    name = "简单的类"                    # 类属性
    def hi(self):                       # 实例方法
        return "Hi,Python"
```

10.1.2 实例类

与函数一样，使用小括号可以调用类，返回一个实例对象。语法格式如下：

```
obj = Name()
```

Name 表示类名，obj 表示类的实例对象。

【示例】针对 10.1.1 节示例 2，可以实例化 Student 类。然后，使用实例对象访问类的成员。

```
class Student:                                # 类
    name = "张三"                              # 类属性
    def who(self):                            # 实例方法
        return self.name

obj = Student()                               # 实例类
print(obj.who())                              # 调用实例方法，输出为 张三
```

在类结构中，包含 self 参数的函数称为实例方法，实例方法的第一个参数指向实例对象，通过类或实例对象可以访问类的成员。self 代表类的实例，而不是类自身。通过 self.__class__可以访问类。

10.2 类的生命周期

Python 类都拥有一组内置函数，函数名以首尾双下画线标识，在类的生命周期的不同时间点和应用环境被自动调用，俗称类的魔术方法。灵活使用魔术方法，可以增强类的功能。

10.2.1 构造函数

__init__()表示构造函数，用于初始化类，当使用小括号语法实例化类时被自动调用。构造函数主要用于完成类的初始化配置，如设置初始值、配置运行环境等。

【示例】设计一个圆类，该类可以显示圆的位置和大小，并能够计算圆的面积和周长，同时允许对圆的位置和半径进行修改。在构造函数中，初始化圆的坐标和半径。

```
class Circle:                                 # 圆类
    def __init__(self, x, y, r):              # 初始化函数
        self.x = x                            # x 轴坐标
        self.y = y                            # y 轴坐标
        self.r = r                            # 圆的半径
    def get_position(self):                   # 获取圆位置函数
        return (self.x,self.y)                # 位置信息以元组方式返回
    def set_position(self, x, y):             # 设置圆位置函数
        self.x = x                            # 设置 x 轴坐标
        self.y = y                            # 设置 y 轴坐标
    def get_area(self):                       # 计算圆的面积方法
        return 3.14 * self.r**2
    def get_circumference(self):              # 计算圆的周长方法
        return 2 * 3.14 * self.r

circle = Circle(2,4,4)                        # 实例化圆类
area = circle.get_area()                      # 计算圆的面积
circumference = circle.get_circumference()    # 计算圆的周长
print('圆的面积：%d'%area)
```

```
print('圆的周长：%d'%circumference)
print('圆的初始位置：',circle.get_position())
circle.set_position(3,4)                              # 修改圆的位置
print('修改后圆的位置：',circle.get_position())
```

输出结果如下：

```
圆的面积：50
圆的周长：25
圆的初始位置：(2, 4)
修改后圆的位置：(3, 4)
```

10.2.2　实例化函数

__new __()表示实例化函数，该函数在类实例化时被自动调用。与__init__()函数比较如下。

- 功能不同：__new__()函数负责设计实例对象，而__init__()函数负责完善实例对象的信息。
- 执行顺序不同：类通过__new__()函数返回实例对象，在__new __()函数内再调用__init__()函数，初始化实例，因此，实例化的过程要早于初始化的过程，即先执行__new__(_)函数，再执行__init__()函数。
- 第一个参数不同：__new __()第一个参数为 cls，指向当前类，属于类级别的方法；__init__()第一个参数为 self，指向实例对象，属于实例级别的方法。
- 返回值不同：__new__()函数返回实例对象，而__init__()函数返回 None。注意，__new__()函数不能直接返回当前类的实例，否则会造成死循环，应返回父类（super()）或根类（object）的实例，也可以是其他类的实例。

【示例 1】设计一个单例类，该类可以确保不管实例化多少个对象，它们都指向同一个内存地址。在特定场景中，单例设计模式比较实用，这样能避免大量实例化占用系统资源。

```
class One(object):                                    # 定义单例类
    instance = None                                   # 定义一个类属性
    def __new__(cls, *args, **kwargs):                # 重写 new 方法
        # 判断类属性是否为空，如果为空，则调用父类的 new 方法开辟空间
        if cls.instance is None:
            # 注意，new 是静态方法，在调用时需要主动传递 cls 参数
            cls.instance = super().__new__(cls)
            return cls.instance
        else:                                         # 否则返回原实例对象
            return cls.instance

obj1 = One()                                          # 实例化
print(obj1)                                           # 输出为 <__main__.One object at 0x000002174022FF10>
obj2 = One()# 实例化
print(obj2)                                           # 输出为 <__main__.One object at 0x000002174022FF10>
```

注意：如果__new__()没有返回当前类的实例，那么当前类的__init__()函数是不会被调用的。如果__new__()返回其他类的实例，那么只调用那个类的构造函数。

【示例 2】重写__new __()函数，导致__init__()函数不能被自动执行。

```
class Test:
    def __init__(self):                               # 初始化函数
        print("__init__")
    def __new__(cls):                                 # 实例化函数
```

```
        print("__new__")

test = Test()                                    # 实例化
```

输出为：

```
__new__
```

【示例 3】在重构__new__()函数时，如果要获取当前类的实例，应当在当前类中的__new__()函数中调用父类的__new__()函数，返回当前类的实例。提示，super()函数能够返回父类的引用。

```
    def __new__(cls):                            # 实例化函数
        print("__new__")
        return super().__new__(cls)              # 返回当前类的实例
```

或者调用根类的__new__()函数，返回当前类的实例。注意，object 表示对根类的引用。

```
    def __new__(cls):                            # 实例化函数
        print("__new__")
        return object.__new__(cls)               # 返回当前类的实例
```

此时输出为：

```
__new__
__init__
```

【示例 4】在继承一些不可变的类时，也可以重写__new__()函数，如 int、str、tuple。下面创建一个永远保留两位小数的 float 类型。

```
class RoundFloat(float):
    def __new__(cls, value):
        return super().__new__(cls, round(value, 2))

print(RoundFloat(3.14159))                       # 输出为 3.14
```

10.2.3 调用实例函数

使用小括号()调用实例对象时，将触发__call__()函数。

【示例】设计一个加法类，当实例化加法类后，调用实例对象时，可以接收并汇总所有参数，并返回参数和。

```
class Add:                                       # 加法器类
    def __init__(self, *args):                   # 构造函数
        self.__sum = 0                           # 初始化本地变量
    def __call__(self, *args):                   # 当调用对象时，可以传入多个值
        for i in args:                           # 迭代参数列表
            if(isinstance(i, (int, float))):     # 检测参数值是否为数字
                self.__sum += i                  # 叠加数字
        return self.__sum                        # 最后返回数字之和

add = Add()                                      # 实例加法器类
print(add(3,4,5))                                # 执行求和运算，输出为 12
```

10.2.4 析构函数

__del__()表示析构函数，与__init__()作用相反，用于销毁实例对象。当类的实例在内存中被释放时，自

动触发析构函数。

由于 Python 能够自动管理内存，用户不用关心内存的分配和释放。Python 解释器自动执行，当解释器在进行垃圾回收时也自动执行__del__()函数。

【示例 1】为 Test 类添加析构函数，当使用 del 删除实例时，触发__del__()函数。

```
class Test:                                   # 测试类
    def __del__(self):                        # 析构函数
        print("__del__")

test = Test()                                 # 实例化
del test                                      # 删除实例对象
print("程序结束")                             # 程序结束标志
```

输出结果如下：

```
__del__
程序结束
```

Python 采用自动引用计数的方式实现垃圾回收，只有当一个 Python 对象的计数器值为 0 时，才自动调用__del__()函数回收实例对象。

【示例 2】以示例 1 为基础，添加一行代码，新增一个变量引用实例对象，这样再次执行时，会发现并没有立即调用__del__()函数回收实例，而是当程序结束后才进行回收。

```
test = Test()                                 # 实例化
a = test                                      # 新增一个引用
del test                                      # 删除实例对象
print("程序结束")                             # 程序结束标志
```

输出结果如下：

```
程序结束
__del__
```

10.3　类的成员

10.3.1　属性

属性主要用于存储值。在 Python 类中，属性可以分为类属性和实例属性。类属性位于类结构的顶层域中，不是在 def 域中；而实例属性位于类内的 def 域中。

通过赋值语句可以定义属性，语法格式如下：

```
class 类名:
    类属性名 = 属性值                          # 类属性
    …
    def 函数名(self):                          # 类的函数
        self.实例属性名 = 属性值               # 实例属性
        …
```

在类结构中，使用等号（=）运算符为变量赋值，该变量就是类变量，即类的属性。如果把变量放在 def 中，使用点语法附加在 self（第一个形参，指实例对象）上，则表示该变量为本地变量，即实例属性。

提示：在不同语境中，这种属性也被称为变量。类的变量和实例的变量，或者数据属性、静态数据、静态属性等，这些称谓都是相对于 10.3.4 节定义的函数式属性而言的。

类属性和实例属性有很多不同，简单比较如下。

- 命名空间：实例属性属于实例对象，类属性属于类对象。
- 访问方式：实例属性必须通过实例对象来访问；类属性通过类直接访问，也可以通过实例对象来访问。建议使用类访问，在必要的情况下，再使用实例对象进行访问，但是实例对象无权修改类属性。
- 存储方式：实例属性在每个实例对象中都保存一份，类属性在内存中仅保存一份。
- 加载方式：实例属性只在实例化类的时候创建，类属性在类的代码被加载时创建。
- 应用场景：如果在每个实例对象中读取的值都不相同，那么可以使用实例属性；如果在每个实例对象中读取的值都相同，那么可以使用类属性。

【示例】定义一个员工类，包含员工姓名、部门、年龄等信息，并添加统计员工总人数的功能。

```
class Employee:                                           # 定义员工类
    count = 0                                             # 类属性：统计员工数量
    def __init__(self, name, age, department):            # 构造函数
        self.name = name                                  # 实例属性：员工姓名
        self.age = age                                    # 实例属性：员工年龄
        self.department = department                      # 实例属性：所属部门
        Employee.count += 1                               # 每创建一个员工类，员工人数自增

 # 实例化类
emp1 = Employee('zhangsan', 19, 'A')
emp2 = Employee('lisi', 20, 'B')
emp3 = Employee('wangwu', 22, 'A')
emp4 = Employee('zhaoliu', 18, 'C')
# 打印员工人数
print('总共创建%d 个员工对象' % Employee.count)
```

执行程序，输出结果为：

```
总共创建 4 个员工对象
```

10.3.2 方法

方法表示行为或动作，用于完成特定的任务，解决具体的问题。定义方法的语法格式如下：

```
class 类名:
    def 方法名(self):                                     # 实例方法
        # 执行任务
        …
```

在类结构中，方法就是一个普通函数，Python 允许类对象或实例对象都可以调用方法，但不建议使用类对象直接调用实例方法。

调用对象不同，则方法的行为不同，简单说明如下。

- 当实例对象调用函数时，函数就是实例方法，实例方法的第一个实参被自动设为实例对象，习惯使用 self 作为第一个形参，也可以使用其他名称。
- 当类对象调用函数时，该函数只是类的一个行为属性，此时函数不会自动设置实参。如果已经定义了形参 self，则必须传入一个实参，否则将抛出异常，且 self 也不会指代类对象。注意，这不是类方法，因为方法内没有预置上下文运行环境。

提示：在实例方法中，可以通过 self 访问类属性，也可以访问实例属性，如果重名，则实例属性优先

级高于类属性。

【示例】设计一个 MyMath 类，定义 4 个实例方法，实现简单的加、减、乘、除四则运算。

```
class MyMath:                                    # 定义 MyMath 类
    def __init__(self ,a ,b):                    # 初始化类
        self.a = a
        self.b = b
    def addition(self):                          # 加法运算
        return self.a + self.b
    def subtraction(self):                       # 减法运算
        return self.a - self.b
    def multiplication(self):                    # 乘法运算
        return self.a * self.b
    def division(self):                          # 除法运算
        if self.b == 0:                          # 除数为 0 时不做运算，默认返回 None
            print('除数不能为 0')
        else:
            return self.a / self.b
while True:                                      # 无限次使用计算器
    a = int(input('参数 a:'))
    b = int(input('参数 b:'))
    myMath = MyMath(a , b)
    print('加法结果:',myMath.addition())
    print('减法结果:',myMath.subtraction())
    print('乘法结果:',myMath.multiplication())
    if myMath.division() != None:                # 除数不为 0 时，返回值不为 None
        print('除法结果:',myMath.division())
    flag = input('是否退出运算[y/n]:')
    if flag == 'y':
        break
```

10.3.3　方法装饰器

Python 内置了两个装饰器函数，使用它们可以把类中函数转换为专用类方法或静态方法。具体说明如下。

- classmethod：装饰为类方法。对于类方法来说，习惯上使用 cls 设置第一个形参，当然也可以使用其他名称。当调用类方法时，系统自动把类对象设置为第一个实参。
- staticmethod：装饰为静态方法。无默认实参，如果要在静态方法中访问类的属性，只能通过引用类对象来实现。

提示：使用实例对象和类对象都可以访问类方法。在类方法中，可以通过第一个形参引用类对象，进入可以访问类对象的属性和方法，其主要作用就是修改类的属性和方法。

简单比较实例方法、类方法和静态方法，总结如下。

- 实例对象可以调用 3 种方法，类对象只能调用类方法和静态方法。类对象调用实例方法时，实例方法变为普通函数，将失去默认的上下文运行环境。
- 实例方法的上下文运行环境是实例对象，而类方法的上下文运行环境是类对象。
- 调用实例方法时，可以访问实例的属性，也可以只读类的属性；调用类方法时，可以访问类的属性；调用静态方法时，只能通过参数或者类对象间接访问类的属性。

【示例 1】编写一个 Shoes 类，使用类属性保存公共信息，记录鞋子实例数，使用类方法显示类中鞋子

实例的总数，并通过实例方法修改类信息，以便核减鞋子数量。

```
class Shoes:                                              # 鞋子类
    numbers = 0                                           # 类属性
    def __init__(self, name, brand):                      # 初始化类
        self.name = name
        self.brand = brand
        Shoes.numbers += 1                                # 初始化类时，累加鞋子数量
    def useless(self):                                    # 实例方法，定义无用鞋子的行为
        Shoes.numbers -= 1                                # 鞋子数量减 1
        if Shoes.numbers == 0:                            # 鞋子数量为 0 时
            print('{} was the last one'.format(self.name))  # 打印最后一双鞋名字
        else:
            print('you have {:d} shoes'.format(Shoes.numbers))  # 打印鞋子数量
    def print_shoes(self):                                # 实例方法，打印鞋子详情
        print('you got {:s} {:s}'.format(self.name, self.brand))
    @classmethod                                          # 声明类方法
    def how_many(cls):                                    # 打印鞋子数量
        print('you have {:d} shoes.'.format(cls.numbers))

shoes1 = Shoes('三叶草','ADIDAS')                          # 实例化类
shoes1.print_shoes()                                      # 打印鞋子信息
Shoes.how_many()                                          # 打印鞋子数量
shoes2 = Shoes('AJ','NIKE')                               # 实例化类
shoes2.print_shoes()                                      # 打印鞋子信息
Shoes.how_many()                                          # 打印鞋子数量
shoes1.useless()                                          # shoes1 没用了
shoes2.useless()                                          # shoes2 没用了
Shoes.how_many()                                          # 打印鞋子数量
```

执行程序，输出结果如下：

```
you got 三叶草 ADIDAS
you have 1 shoes.
you got AJ NIKE
you have 2 shoes.
you have 1 shoes
AJ was the last one
you have 0 shoes.
```

【示例 2】下面演示实例对象如何使用类方法修改类属性的值。

```
class People():
    country = '中国'
     # 类方法，使用 classmethod 进行修饰
    @classmethod
    def get(cls):
        return cls.country
    @classmethod
    def set(cls,country):
        cls.country = country

p = People()                                              # 实例化类
print(p.get())                                            # 通过实例对象引用
print(People.get())                                       # 通过类对象引用
p.set('美国')                                              # 通过实例对象，调用类方法，修改类属性
print(p.get())                                            # 通过实例对象引用类方法
```

运行结果如下：

```
中国
中国
美国
```

【示例 3】下面演示在静态方法中如何使用类对象访问类属性。

```
class People():
    country = '中国'
    @staticmethod                                          # 静态方法
    def get():
        return People.country                              # 通过类对象访问类属性

p = People()                                               # 实例化类
print(People.get())                                        # 使用类对象调用静态方法
print(p.get())                                             # 使用实例对象调用静态方法
```

运行结果如下：

```
中国
中国
```

10.3.4　属性装饰器

静态属性存在一个缺陷：无法对用户的访问进行监控。例如，设置 price 属性，写入时要求必须输入数字，读取时显示两位小数。

Python 内置了 property 装饰器函数，使用该装饰器可以把一个普通函数转换为函数式属性。这样通过函数的行为对用户的访问进行监控，避免乱操作。

属性的访问包括：读、写、删，对应的装饰器为：@property、@方法名.setter、@方法名.deleter。

在函数的上一行添加@property 装饰器，就可以定义函数式属性。在函数式属性中，第一个实参自动被设置为实例对象，一般以 self 作为形参名，也可以使用其他名称。

当访问函数式属性时，与静态属性的用法相同，使用点语法即可，不需要使用小括号调用属性函数。这种简化的语法形式符合属性的习惯用法。

【示例】设计一个商品报价类，初始化参数为原价和折扣，然后可以读取商品实际价格，也可以修改商品原价，或者删除商品的价格属性。

```
class Goods(object):
    def __init__(self, price, discount=1):                 # 初始化函数
        self.orig_price = price                            # 原价
        self.discount = discount                           # 折扣
    @property
    def price(self):                                       # 读取属性函数
        new_price = self.orig_price * self.discount        # 实际价格=原价*折扣
        return new_price
    @price.setter
    def price(self, value):                                # 写入属性函数
        self.orig_price = value
    @price.deleter
    def price(self):                                       # 删除属性函数
        del self.orig_price

obj = Goods(120, 0.7)                                      # 实例化类
```

```
print( obj.price )                          # 获取商品价格
obj.price = 200                             # 修改商品原价
del obj.price                               # 删除商品原价
print( obj.price )                          # 不存在，将抛出异常
```

注意：如果定义只读函数式属性，则可以仅定义@property 和@price.deleter 装饰器函数。

10.3.5 构造属性

属性装饰器用法比较烦琐，使用 property()函数构造属性可以快速封装，语法格式如下：

```
class property([fget[, fset[, fdel[, doc]]]])
```

参数说明如下。

- fget：获取属性值的实例方法。
- fset：设置属性值的实例方法。
- fdel：删除属性值的实例方法。
- doc：属性描述信息。

property()构造函数的前 3 个参数分别对应获取属性、设置属性以及删除属性的方法。该函数返回一个属性，定义的属性与使用@property 装饰器定义的属性具有相同的功能。

【示例】针对 10.3.4 节示例，本例把它转换为 property()构造函数生成属性的方式进行设计。

```
class Goods(object):
    def __init__(self, price, discount=1):          # 初始化函数
        self.orig_price = price                     # 原价
        self.discount = discount                    # 折扣
    def get_price(self):                            # 读取属性
        new_price = self.orig_price * self.discount # 实际价格=原价×折扣
        return new_price
    def set_price(self, value):                     # 写入属性
        self.orig_price = value
    def del_price(self):                            # 删除属性
        del self.orig_price
    # 构造 price 属性
    price = property(get_price, set_price, del_price, "可读、可写、可删属性：商品价格")

obj = Goods(120, 0.7)                               # 实例化类
print( obj.price )                                  # 获取商品价格
obj.price = 200                                     # 修改商品原价
del obj.price                                       # 删除商品原价
print( obj.price )                                  # 不存在，将抛出异常
```

obj 是 Goods 的实例化，obj.price 将触发 get_price()方法，obj.price = 200 将触发 set_price()方法，del obj.price 将触发 del_price()方法。

实例对象通过访问 price，达到获取、设置或删除属性值的目的。如果允许用户直接调用这 3 个方法，使用体验不如点语法，同时存在安全隐患。

10.3.6 内置成员

Python 内置了一组变量和函数，习惯上称为魔法变量和魔术方法。为了方便识别，这些内置变量和函数名称首尾都带有双下画线。

1. 内置变量

大部分内置变量为类的默认成员，称为内置属性，常用内置属性说明如下。

- __doc__：当前类的描述信息，定义在类的第一行注释，通过类对象直接访问。
- __module__：当前对象属于哪个模块。
- __class__：当前对象属于哪个类。
- __dict__：当前类对象或当前实例对象包含的所有成员。
- __base__：当前类的基类。如果是单继承，使用__base__可以获取父类。
- __bases__：当前类的基类。如果是多继承，使用__bases__可以获取所有父类，并以元组类型返回。
- __name__：当前类的名字（字符串）。

【示例 1】定义 Student 类，然后实例化之后，通过实例对象访问__module__和__class__属性，获取模块名称和类的名称。

```
class Student:
    def __init__(self, name, age):
        self.name = name
        self.age= age

student = Student("张三", 19)
print( student.__class__)
print( student.__module__)
```

输出如下，其中，__main__表示当前文档。

```
<class '__main__.Student'>
__main__
```

如果使用类对象访问__module__和__class__属性，将获取如下信息。

```
print( Student.__class__)
print( Student.__module__)
```

输出为：

```
<class 'type'>
__main__
```

对于类对象和实例对象，__module__返回的值都是相同的，而 Student.__class__表示 Student 类的类，即元类，type 是所有元类的根类。

提示：下面两个内置变量不是类成员，但是比较常用，简单介绍如下。

- __file__：返回当前文件的绝对路径。注意，在终端直接运行时，则返回文件本身。因此，如果要使用绝对路径，推荐使用 os.path.abspath(__file__)，确保始终返回绝对路径。
- __name__：返回当前模块的名称。如果为 main，表示为顶层模块，能够调用其他非 main 的模块，并且可以运行；如果为非 main，则无法运行，只能用来导入使用。

2. 内置函数

在 10.2 节中已介绍过 4 个基本的魔术方法，Python 内置函数可以分为如下两大类。

- 运算符重载：大部分运算符都可以重载，通过对应的魔术方法可以重新设计指定运算符在当前类型下的运算逻辑。
- 类操作：Python 提供了一组魔术方法，在类的生命周期的不同时间节点被自动执行，用来增强类的功能。另外，Python 还提供了一组与不同类、不同行为相绑定的魔术方法，当特定行为发生时，被自动执行。详细列表请参考本章在线支持（10.7 节）。

【示例 2】下面演示使用__getattr__、__setattr__和__delattr__三个魔术方法为类 Student 设置属性操作的基本行为，它们分别定义属性的读、写、删行为，具体说明如下。

- __getattr__：当访问不存在的属性时，将执行__getattr__()方法，参数为属性，函数返回值为不存在属性的值。默认行为是抛出异常。
- __setattr__：设置属性值时，会调用该方法，参数为属性和属性值。注意，重写该方法的行为时，不要重复调用属性，这样会造成死循环，可以通过 self.__dict__[key] = value 方式写入。
- __delattr__：删除属性时，调用该方法，参数为属性。

```
class Student:        # Student 类
    def __init__(self, name, age):                          # 初始化函数
        self.name = name
        self.age = age
    def __getattr__(self, item):                            # 读取属性行为
        return "属性 %s 不存在" % item
    def __setattr__(self, key, value):                      # 写入属性行为
        if str(key) == "age":
            self.__dict__[key] = str(value) + "岁"
        else:
            self.__dict__[key] = value
    def __delattr__(self, item):                            # 删除属性行为
        self.__dict__.pop(item)                             # 删除指定属性
        print('属性 %s 已删除' % item)

student = Student('张三', 24)                               # 实例化类
print(student.age)                                          # 读取属性 age 的值
del student.age                                             # 删除属性
print(student.age)                                          # 读取属性 age 的值
```

输出为：

```
24 岁
属性 age 已删除
属性 age 不存在
```

10.4 类的特性

10.4.1 封装

封装就是信息隐藏，将类的使用和实现分开，只保留有限的接口（方法）与外部联系。对于开发人员，只要知道类的使用即可，不用关心类的实现过程和技术细节。这样可以让开发人员把更多的精力集中于应用层面开发，同时也避免了程序之间的依赖和耦合。

Python 只有模块、类和函数产生作用域。类的成员只能借助点语法，通过类对象、实例对象进行访问，语法格式如下：

```
类对象.属性名
实例对象.属性名
类对象.方法名()
实例对象.方法名()
```

在 Python 中，类的所有成员都有两种形式，具体分析如下。

➢　公有成员：在任何地方都能访问。

➢　私有成员：只能在类的内部访问。

私有成员和公有成员的定义方式不同：私有成员命名时，前两个字符必须是下画线，内置成员除外，如__init__、__call__、__str__等魔术方法或魔法变量。

【示例】在类 Test 中定义两个成员：a 是公有属性，b 是私有属性。a 可以通过实例对象直接访问，而 b 只能在类内访问，如果在外部访问 b，只能通过公有方法间接访问。

```
class Test:
    def __init__(self):                       # 初始化函数
        self.a= '公有属性'                     # 公有属性
        self.__b = "私有属性"                  # 私有属性
    def get(self):                            # 公共方法
        return self.__b                       # 返回私有属性的值

test = Test()                                 # 实例化类
print(test.a)                                 # 直接访问公有属性，输出为 公有属性
print(test.get())                             # 间接访问私有属性，输出为 私有属性
print(test.__b)                               # 直接访问私有属性，将抛出异常
```

提示：如果要访问私有属性，也可以通过如下方式访问：

```
对象._类__属性名
```

例如，针对上面示例，可以使用下面代码强制访问私有属性。

```
print(test._Test__b)                          # 强制访问私有属性，输出为 私有属性
```

10.4.2　继承

不同类之间可能存在代码重叠，如果不想重写代码，可以利用继承机制快速实现代码“复制”。继承机制简化了类的创建，提高了代码的可重用性，还可以构建类与类之间的关系。

新建类可以继承一个或者多个类，被继承的类称为父类或基类，新建类称为子类或派生类。定义继承的基本语法格式如下：

```
class 子类(基类 1, 基类 2, ..., 基类 N):
    类主体
```

基类可以是一个或多个，基类之间通过逗号分隔。如果不指定基类，则将继承 Python 对象系统的根类 object。如果只有一个父类，则称为单继承；如果有多个父类，则称为多继承。

【示例】设计两个类：矩形类 Rectangle，包含两个属性，宽度 width 和高度 height，用来计算矩形面积 area()和矩形周长 prerimeter()；普通矩形类 PlainRectangle，继承 Rectangle 类，包含两个属性，用来定义一个点的坐标，检测点是否在矩形内，其中参考位置用矩形左上角的坐标表示。

```
class Rectangle:                                        # 定义矩形类
    def __init__(self, width = 10, height = 10):        # 初始化类
        self.width = width
        self.height = height
    def area(self):                                     # 定义面积方法
        return self.width * self.height
    def perimeter(self):                                # 定义周长方法
        return 2 * (self.width + self.height)
```

```
class PlainRectangle(Rectangle):                          # 定义有位置参数的矩形类
    def __init__(self, width, height, startX, startY ):   # 初始化类
        super().__init__(width, height)                   # 调用父类构造函数，初始化宽度和高度
        self.startX = startX
        self.startY = startY
    def isInside(self, x, y):                             # 定义点与矩形位置方法
        if (x>=self.startX and x<=(self.startX+self.width)) and (y>=self.startY and y<=(self.startY+self.height)):
                                                          # 点在矩形上的条件
            return True
        else:
            return False

plainRectangle = PlainRectangle(10,5,10,10)               # 实例化类
print('矩形的面积:',plainRectangle.area())                 # 调用面积方法
print('矩形的周长:',plainRectangle.perimeter())            # 调用周长方法
if plainRectangle.isInside(15,11):                        # 判断点是否在矩形内
    print('点在矩形内')
else:
    print('点不在矩形内')
```

执行程序，输出结果如下：

```
矩形的面积：50
矩形的周长：30
点在矩形内
```

10.4.3 组合

代码重用有两种方式：继承和组合。10.4.2 节介绍了继承，下面介绍如何组合。组合是指在一个类中使用另一个类的对象作为数据属性。下面示例简单演示类的组合方式。

【示例】计算圆环的面积和周长。圆环是由两个圆组成的，圆环的面积是外圆的面积减去内圆的面积，圆环的周长是内圆的周长加上外圆的周长。

首先，实现一个圆形类，计算一个圆的周长和面积。然后，在圆环类中组合圆形的实例作为自己的属性。完整示例代码如下：

```
from math import pi
class Circle:                                             # 圆形类
    def __init__(self, radius):                           # 初始化半径
        self.radius = radius
    def area(self):                                       # 计算圆的面积
        return pi * self.radius * self.radius
    def perimeter(self):                                  # 计算圆的周长
        return 2 * pi * self.radius

circle = Circle(10)                                       # 实例化一个圆
area1 = circle.area()                                     # 计算圆面积
per1 = circle.perimeter()                                 # 计算圆周长
print(area1, per1)                                        # 打印圆面积和周长
class Ring:                                               # 圆环类
    def __init__(self, radius_outside, radius_inside):
        self.outsid_circle = Circle(radius_outside)       # 组合外圆实例
        self.inside_circle = Circle(radius_inside)        # 组合内圆实例
    def area(self):                                       # 计算圆环的面积
```

```
        return self.outsid_circle.area() - self.inside_circle.area()
    def perimeter(self):                                    # 计算圆环的周长
        return self.outsid_circle.perimeter() + self.inside_circle.perimeter()

ring = Ring(10, 5)                                          # 实例化一个圆环
print(ring.perimeter())                                     # 计算圆环的周长
print(ring.area())                                          # 计算圆环的面积
```

通过上面代码可以看出，组合与继承都能够有效利用已有类的资源，实现代码重用，但是二者使用方式不同，具体分析如下。

- 通过继承建立派生类与基类之间的关系，这是一种从属关系。
- 使用组合建立类与组合类之间的关系，这是一种交集关系。

10.4.4　扩展

基类的成员都会被派生类继承，当基类中的某个方法不完全适应派生类时，就需要在派生类中进行重写。实现方法：在子类中定义同名方法，那么该方法将覆盖从基类继承来的方法；如果不是同名方法，则能够增强基类的功能，实现类的扩展。

【示例 1】定义两个类：Bird 类定义了鸟的基本功能——吃；SongBird 是 Bird 的子类，SongBird 会唱歌。

```
class Bird:                                                 # Bird 类，基类
    def eat(self):                                          # eat()方法
        print('Bird，吃东西')
class SongBird(Bird):                                       # SongBird()类，派生类
    def eat(self):                                          # 重写基类 eat()方法
        print('SongBird，吃东西')
    def song(self):                                         # 扩展 song()方法
        print('SongBird，唱歌')
bird = Bird()
songBird = SongBird()
bird.eat()                                                  # 输出为 Bird，吃东西
songBird.eat()                                              # 输出为 SongBird，吃东西
songBird.song()                                             # 输出为 SongBird，唱歌
```

【示例 2】定义 3 个类：Fruit、Apple 和 Orange。其中，Fruit 是基类，Apple 和 Orange 是派生类，Apple 继承了 Fruit 基类的 harvest 方法，而 Orange 重写了 harvest 方法。

```
class Fruit:                                                # 基类
    color = '绿色'                                          # 属性
    def harvest(self, color):                               # 方法
        print(f"现是{color}")
        print(f"初是{Fruit.color}")
class Apple(Fruit):                                         # 派生类 1
    color = "红色"                                          # 属性
    def __init__(self):                                     # 方法
        print("苹果")
class Orange(Fruit):                                        # 派生类 1
    color = "橙色"                                          # 属性
    def __init__(self):
        print("\n 橘子")
    def harvest(self, color):                               # 重写 harvest 方法
        print(f"现是{color}")
```

```
        print(f"初是{Fruit.color}")

apple = Apple()                                    # 实例化 Apple 类
apple.harvest(apple.color)                         # 在 Apple 中调用 harvest 方法，
                                                   # 并将 Apple()的 color 变量传入
orange = Orange()                                  # 实例化 Orange 类
orange.harvest(orange.color)                       # 在 Orange 中调用 harvest 方法，
                                                   # 并将 Orange()的 color 变量传入
```

执行程序，输出结果为：

```
苹果
现是红色
初是绿色

橘子
现是橙色
初是绿色
```

10.4.5 多态

多态是指不同的类型，拥有相同的接口，可以有不同的实现。Python 是弱类型语言，支持多态，多态不关注是否符合类型，仅关注是否有可执行的接口，如果有就可以执行。

例如，A 是否为 B 的子类，不是由继承关系决定的，而是由 A 和 B 的接口决定的，当集合 B 有的，集合 A 都有，就认为 A 和 B 是一类，这种编程思想也称为鸭子类型。

【示例 1】设计一个自行车 Bike 类，包含品牌属性、颜色属性和骑行功能。然后再派生出两个子类：折叠自行车类，包含骑行功能；电动自行车类，包含电池属性、骑行功能。这 3 个类都提供了 riding 接口，但是内部实现却截然不同。

```
class Bike:                                        # 定义自行车类
    def __init__(self, brand, color):              # 初始化函数
        self.oral_brand = brand
        self.oral_color = color
    @property                                      # 属性
    def brand(self):
        return self.oral_brand                     # 返回属性值
    @brand.setter
    def brand(self,b):
        self.oral_brand = b                        # 设置属性值
    @property                                      # 属性
    def color(self):
        return self.oral_color                     # 返回属性值
    @color.setter
    def color(self,c):
        self.oral_color = c                        # 设置属性值
    def riding(self):                              # 定义骑行方法
        print('自行车可以骑行')
class Folding_Bike(Bike):                          # 定义折叠自行车类
    def __init__(self, brand, color):              # 初始化函数
        super().__init__(brand, color)             # 调用父类方法
    def riding(self):                              # 重写父类方法
        print('折叠自行车：{}{}可以折叠'.format(self.color,self.brand))
class Electric_Bike(Bike):                         # 定义电动车类
```

```
    def __init__(self,brand, color, battery):                    # 初始化函数
        super().__init__(brand, color)                           # 调用父类方法
        self.oral_battery = battery
    @property                                                    # 属性
    def battery(self):
        return self.oral_battery                                 # 返回属性值
    @battery.setter
    def battery(self,b):
        self.oral_battery = b                                    # 设置属性值
    def riding(self):                                            # 重写父类方法
        print('电动车：{}{}使用{}电池'.format(self.color,self.brand,self.battery))
f_bike = Folding_Bike('捷安特','白色')                           # 实例化折叠自行车类
f_bike.riding()
f_bike.color = '黑色'                                            # 设置属性值
f_bike.riding()
e_bike = Electric_Bike('小刀','蓝色','55V20AH')                  # 实例化电动车类
e_bike.riding()
e_bike.battery = '60V20AH'                                       # 设置属性值
e_bike.riding()
```

执行程序，输出结果为：

```
折叠自行车：白色捷安特可以折叠
折叠自行车：黑色捷安特可以折叠
电动车：蓝色小刀使用 55V20AH 电池
电动车：蓝色小刀使用 60V20AH 电池
```

Python 内置了大量魔术方法，方便用户重载运算符和内置操作，重载是 Python 类型多态化的一种体现。有关魔术方法的详细列表请参考本章在线支持（10.7 节）。

例如，Python 有一组加、减、乘、除四则运算的魔术方法，简单说明如下，借助它们可以为不同的类设计相同的接口：加、减、乘、除，但是却执行不同的运算。

- __add__(self,other)：相加（+）。
- __sub__(self,other)：相减（-）。
- __mul__(self,other)：相乘（*）。
- __truediv__(self,other)：真除法（/）。
- __floordiv__(self,other)：整数除法（//）。
- __mod__(self,other)：取余运算（%）。

【示例 2】编写一个 Vector 类，重载加法和减法行为，实现向量之间的加减运算。

```
class Vector:                                                    # 定义向量类
    def __init__(self, x, y):                                    # 初始化类
        self.x = x
        self.y = y
    def __str__(self):                                           # 输出格式
        return 'Vector(%d,%d)'%(self.x,self.y)
    def __add__(self,other):                                     # 重写加法方法，参数 other 是 Vector 类型
        return Vector(self.x + other.x, self.y+other.y)
    def __sub__(self,other):                                     # 重写减法方法，参数 other 是 Vector 类型
        return Vector(self.x - other.x, self.y - other.y)
vector1 = Vector(3,5)                                            # 实例化类
vector2 = Vector(4,-6)
print(vector1,'+',vector2,'=',vector1 + vector2)                 # 向量加法运算
print(vector1,'-' ,vector2,'=',vector1 - vector2)                # 向量减法运算
```

执行程序，输出结果如下：

```
Vector(3,5) + Vector(4,-6) = Vector(7,-1)
Vector(3,5) - Vector(4,-6) = Vector(-1,11)
```

10.5 迭 代 器

10.5.1 认识迭代器

在第 4 章学习 for 语句时，我们了解了可迭代对象。凡是能够使用 for 语句遍历的对象都是可迭代对象，如序列（字符串、列表、元组）、非序列（字典、文件）、自定义类（实现了__iter__()或__getitem__()方法）、迭代器和生成器。

for 循环与__inter__()方法的关系：调用可迭代对象的__inter__()方法返回一个迭代器对象（iterator），不断调用迭代器的__next__()方法返回元素，直到遇到 StopIteration 异常，才结束调用__next__()方法，并停止迭代。

迭代器（iterator）是访问集合元素的一种方式。迭代器对象从集合的第一个元素开始访问，直到所有的元素被访问完才结束，迭代器只能往前不会后退。

迭代器具有延迟计算或惰性求值的特性，它不要求事先准备所有的元素，仅仅在迭代至某个元素时才计算该元素，而在这之前或之后，元素可以不存在或者被销毁。这使得它特别适合用于遍历一些巨大的或是无限的集合。

提示：使用 collections 模块的 Iterable 和 Iterator 类型可以验证对象是否为可迭代对象或迭代器。

```
from collections.abc import Iterable          # 导入 Iterable 类型
from collections.abc import Iterator          # 导入 Iterator 类型
list = [1, 2, 3, 4]                           # 定义列表
it = iter(list)                               # 创建迭代器对象
print(isinstance(list, Iterable))             # 返回 True，说明 list 是可迭代类型
print(isinstance(it, Iterable))               # 返回 True，说明 it 是可迭代类型
print(isinstance(list, Iterator))             # 返回 False，说明 list 不是迭代器类型
print(isinstance(it, Iterator))               # 返回 True，说明 it 是迭代器类型
```

10.5.2 定义迭代器

如果一个类实现了__iter__()方法，且该方法返回迭代器，那么该类的实例就是可迭代的对象（iterable）。使用 iter()函数能够获取可迭代对象的迭代器。

如果没有实现__iter__()方法，但是实现了__getitem__()方法，且该方法的参数是从 0 开始的索引，那么它的实例也是可迭代的对象。

提示：__getitem__()方法允许通过中括号语法访问元素：对象[index]。

如果一个类实现了下面 2 个方法，那么它的实例就是一个迭代器（iterator）。

- __iter__( )：返回 self，即迭代器自身。
- __next__()：返回下一个可用的元素。当没有元素时抛出 StopIteration 异常。

迭代器是一个可以从可迭代的对象中取出元素，且能够记住遍历位置的对象。使用 next()函数可以不断访问迭代器中下一个元素，也就是执行该类型的__next__()方法。

【示例 1】定义一个可迭代对象类型、一个迭代器类型，然后把它们捆绑在一起，实现根据指定的上边界，迭代显示一个非负数字列表。

```
class MyList(object):                        # 可迭代对象类
    def __init__(self, num):                 # 初始化
        self.data = num                      # 设置可迭代的上边界
    def __iter__(self):                      # 迭代器
        return MyListIterator(self.data)     # 返回该可迭代对象的迭代器类的实例

class MyListIterator(object):                # 迭代器类，供 MyList 可迭代对象专用
    def __init__(self, data):
        self.data = data                     # 初始化可迭代的上边界
        self.now = 0                         # 当前迭代值，初始为 0
    def __iter__(self):
        return self                          # 返回迭代器类的实例
                                             # 因为自己就是迭代器，所以返回 self
    def __next__(self):                      # 迭代器类必须实现的方法，获取下一个元素
        while self.now < self.data:
            self.now += 1
            return self.now – 1              # 返回当前迭代值
        raise StopIteration                  # 超出上边界，抛出异常

my_list = MyList(5)                          # 创建一个可迭代的对象
print( type(my_list) )                       # 返回可迭代对象的类型
my_list_iter = iter(my_list)                 # 获取该对象的迭代器
print( type(my_list_iter) )                  # 返回迭代器的类型
for i in my_list:                            # 迭代可迭代对象 my_list
    print( i )
```

输出为：

```
<class '__main__.MyList'>
<class '__main__.MyListIterator'>
0 1 2 3 4
```

【示例 2】使用 iter()函数把列表转换为迭代器，然后通过迭代器读取每个元素值。

```
list=[1,2,3,4]                               # 定义列表
it = iter(list)                              # 创建迭代器对象
print (next(it), end=" ")                    # 输出迭代器的下一个元素
print (next(it), end=" ")                    # 输出迭代器的下一个元素
print (next(it), end=" ")                    # 输出迭代器的下一个元素
print (next(it), end=" ")                    # 输出迭代器的下一个元素
```

输出结果为：

```
1 2 3 4
```

iter()函数可以生成迭代器，语法格式如下。

```
iter(object[, sentinel])
```

参数 object 表示可迭代的对象，即类型必须包含__iter__方法，返回值是一个支持可迭代的对象；sentinel 为可选参数，表示一个监控的阀值，如果设置第二个参数，则第一个参数的类型必须包含__call__方法，每一次迭代时都会调用一次__call__方法，当__call__的返回值等于 sentinel 时，将停止迭代。例如：

```
class data:
    list: list = [1, 2, 3, 4, 5, 6]                    # 内部列表
```

```
    index = 0                                           # 计数器
    def __call__(self, *args, **kwargs):                # 回调函数
        item = self.list[self.index]                    # 获取每个元素的值
        self.index += 1                                 # 递增变量
        return item                                     # 返回元素的值
    def __iter__(self):                                 # 迭代器函数
        self.i = iter(self.list)                        # 把列表对象转换为迭代器对象
        return self.i                                   # 返回可迭代的列表对象
# 每次迭代都会调用一次__call__方法，当__call__的返回值等于 3 时停止迭代
for item in iter(data(), 3):
    print(item)                                         # 输出为 1  2
```

【示例 3】迭代器对象可以使用 for 语句进行遍历。

```
list=[1,2,3,4]                                          # 定义列表
it = iter(list)                                         # 创建迭代器对象
for x in it:                                            # 遍历迭代器对象
    print (x, end=" ")
```

10.5.3 应用迭代器

自定义迭代器类型，需要在类中实现 2 个魔术方法：__iter__()和__next__()。__iter__()方法返回一个迭代器对象，这个迭代器对象实现了__next__()方法，并通过 StopIteration 异常标识迭代的终止。__next__()方法返回下一个迭代器对象。

【示例 1】将创建一个返回数字的迭代器，初始值为 1，逐步递增 1。

```
class Add:                                              # 自定义类
    def __iter__(self):                                 # 魔术函数，当迭代器初始化时调用
        self.a = 1                                      # 初始设置 a 为 1
        return self
    def __next__(self):                                 # 魔术函数，当调用 next()函数时调用
        x = self.a                                      # 临时缓存递增变量值
        self.a += 1                                     # 递增变量 a 的值
        return x                                        # 返回递增之前的值

add = Add()                                             # 实例化 Add 类型
myiter = iter(add)                                      # 调用 iter()函数，初始化为迭代器对象
print(next(myiter))                                     # 调用 next()函数，返回 1
print(next(myiter))                                     # 调用 next()函数，返回 2
print(next(myiter))                                     # 调用 next()函数，返回 3
print(next(myiter))                                     # 调用 next()函数，返回 4
print(next(myiter))                                     # 调用 next()函数，返回 5
```

在上面示例中，如果不断调用 next()函数，将连续输出递增值。如果要限定输出的次数，可以使用 StopIteration 异常。

StopIteration 异常用于标识迭代的完成，防止出现无限循环。在__next__()方法中可以设置在完成指定循环次数后触发 StopIteration 异常结束迭代。

【示例 2】设计在 20 次迭代后停止输出。

```
class Add:                                              # 自定义类
    def __iter__(self):                                 # 魔术函数，当迭代器初始化时调用
        self.a = 1                                      # 初始设置 a 为 1
        return self
    def __next__(self):                                 # 魔术函数，当调用 next()函数时调用
```

```
        if self.a <= 20:
            x = self.a                                  # 临时缓存递增变量值
            self.a += 1                                 # 递增变量 a 的值
            return x                                    # 返回递增之前的值
        else:
            raise StopIteration                         # 抛出异常

add = Add()                                             # 实例化 Add 类型
myiter = iter(add)                                      # 调用 iter()函数，初始化为迭代器对象
for x in myiter:                                        # 遍历迭代器
    print(x, end=" ")                                   # 输出迭代器中每个元素的值
```

输出结果为：

```
1 2 3 4 5 6 7 8 9 10 11 12 13 14 15 16 17 18 19 20
```

10.6　案 例 实 战

本例模拟使用 Python 类描述房子、家具，以及其相关信息和行为。

【需求设计】

（1）房子（House）：包括户型、总面积和家具列表。提示，新房子没有家具。

接口设计如下：

```
House:
    house_type                                          # 户型
    area                                                # 总面积
    free_area                                           # 剩余面积
    item_list                                           # 家具列表
    -----------------------------------------------------------------
    __init__(self, house_type, area)                    # 构造函数
    __str__( self)                                      # 标志函数
    add_item(self, item)                                # 添加家具
```

在构建房子类时，设置一个属性用来记录房子可用剩余面积，初始值与总面积相等。当调用 add_item()方法，向房间添加家具时，动态更新剩余面积，不断减少可用面积。

（2）家具（HouseItem）：包括名称和占地面积。准备添加的家具实例说明如下。

- 床（bed）：占地 4 m^2。
- 衣柜（chest）：占地 2 m^2。
- 餐桌（table）：占地 1.5 m^2。

接口设计如下：

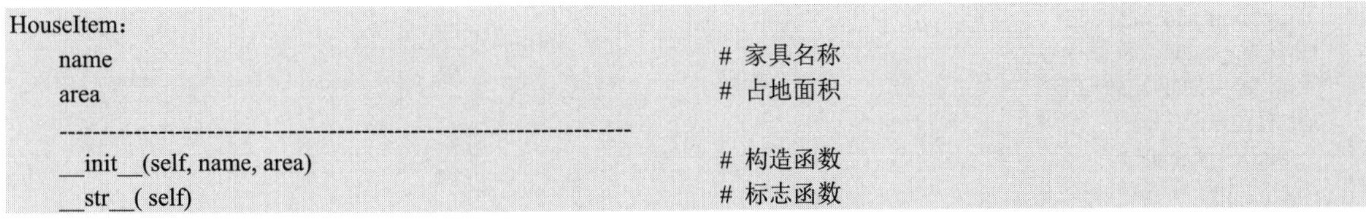

```
HouseItem:
    name                                                # 家具名称
    area                                                # 占地面积
    -----------------------------------------------------------------
    __init__(self, name, area)                          # 构造函数
    __str__( self)                                      # 标志函数
```

将以上 3 件家具添加到房子中，最后打印房子信息，设计输出：户型、总面积、剩余面积、家具实例名称列表。

【设计过程】

第 1 步，房子需要家具，家具是被使用的类，因此优先开发家具类。创建一个家具类，包含__init__和__str__两个内置函数。家具类代码如下：

```
class HouseItem:
    def __init__(self, name, area):                # 初始化
        self.name = name                           # 家具名称
        self.area = area                           # 占地面积
    def __str__(self):                             # 字符串表示
        return "[%s]  占地面积  %.2f" % (self.name, self.area)
```

第 2 步，创建家具。使用家具类创建 3 个家具实例，并且输出家具实例的信息。

```
bed = HouseItem("床", 4)                           # 实例化家具
chest = HouseItem("衣柜", 2)                       # 实例化家具
table = HouseItem("餐桌", 1.5)                     # 实例化家具
print(bed)                                         # 打印实例的字符串表示
print(chest)                                       # 打印实例的字符串表示
print(table)                                       # 打印实例的字符串表示
```

输出结果为：

```
[床]  占地面积  4.00
[衣柜]  占地面积  2.00
[餐桌]  占地面积  1.50
```

第 3 步，创建一个房子类，包含__init__和__str__两个内置函数，设计一个 add_item()方法，该方法用于向房子添加家具。

```
class House:                                       # 房子类
    def __init__(self, house_type, area):          # 构造函数
        self.house_type = house_type               # 户型
        self.area = area                           # 总面积
        self.free_area = area                      # 剩余面积默认和总面积一致
        self.item_list = []                        # 默认没有任何家具
    def __str__(self):                             # 实例的字符串表示：输出房子详细信息
        return ("户型：%s\n 总面积：%.2f[剩余：%.2f]\n 家具：%s"
                % (self.house_type, self.area, self.free_area, self.item_list))
    def add_item(self, item):                      # 实例方法：添加家具
        print("要添加  %s" % item)                 # 打印行为提示
        …
```

第 4 步，使用房子类创建一个房子对象，再使用房子对象调用 add_item 方法，将 3 件家具以实参形式传递给 add_item 方法，逐一添加到房子中。

```
my_home = House("两室一厅", 60)                    # 实例化房子
# 添加家具
my_home.add_item(bed)
my_home.add_item(chest)
my_home.add_item(table)
# 打印信息
print(my_home)
```

输出为：

```
[床]  占地面积  4.00
[衣柜]  占地面积  2.00
[餐桌]  占地面积  1.50
要添加  [床]  占地面积  4.00
```

```
要添加 [衣柜] 占地面积 2.00
要添加 [餐桌] 占地面积 1.50
户型：两室一厅
总面积：60.00[剩余：60.00]
家具：[]
```

第 5 步，添加家具。主要任务包括：判断家具的面积是否超过剩余面积，如果超过，则提示不能添加这件家具；将家具的名称添加到家具名称列表中；计算剩余面积，用房子的剩余面积减去家具面积。

```
def add_item(self, item):                              # 扩展方法的行为
        print("要添加 %s" % item)
        if item.area > self.free_area:                 # 判断家具面积是否大于剩余面积
            print("%s 的面积太大，不能添加到房子中" % item.name)
            return
        self.item_list.append(item.name)               # 将家具的名称添加到名称列表中
        self.free_area -= item.area                    # 计算剩余面积
```

第 6 步，主程序只负责创建房子对象和家具对象，让房子对象调用 add_item 方法 将家具添加到房子中。相关面积计算、剩余面积、家具列表等处理都被封装到房子类的内部。

10.7　在 线 支 持

扫码免费学习
更多实用技能

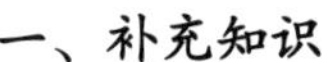

一、补充知识

☑ Python 计算生态

二、专项练习

☑ Python 面向对象编程
☑ Python 面向对象高级编程
☑ Python 面向对象示例演示
☑ Python 面向对象封装案例
☑ Python 面向对象编程实战
☑ 案例：设计扑克牌发牌程序

三、参考

☑ Python 魔术方法大全

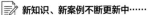

新知识、新案例不断更新中……

第 11 章 模　块

Python 是基于模块化进行开发的，并通过海量的模块实现无限的功能扩展。当掌握了 Python 语言的基本用法之后，在开发中大部分时间都是与各种模块打交道。模块是 Python 用来组织代码的一种方法，包是 Python 用来组织模块的一种方法。本章将详细介绍 Python 模块和包的基本使用。

视频讲解

11.1 使用模块

11.1.1 认识模块

当程序的代码量很大时，一般需要把代码分成一些有组织的代码段，这些代码段之间有一定的联系，可能是一个包含数据成员和方法的类，也可能是一组相关但彼此独立的函数。这些代码段可以共享，通过允许导入实现代码重用。Python 把这些能够相互包含，且有组织的代码段称为模块（module）。模块是按照逻辑来组织 Python 代码的方法。使用模块的好处如下。

- 提高代码的可维护性。
- 提高代码的可重用性。
- 避免命名冲突和代码污染。

文件能够在物理层面组织模块，一个文件被看作是一个独立模块，一个模块也可以被看作是一个文件。模块的文件名就是模块的名字加上扩展名.py。在.py 文件中可以包含类、函数、变量、可运行的代码等。模块可以被其他模块、脚本、交互式解析器导入（import），也可以被其他程序引用。

模块也是一级名字空间，一个名字空间就是一个从名字到对象的关系映射集合。例如，random 模块中的 random()就是 random.random()。每个模块都有一个唯一的名字空间。如果在个人模块 mymodule 中创建 random()函数，那么它的名字应该是 mymodule.random()。虽然存在名字冲突，但它们属于各自的名字空间，这样可以防止名字冲突。

Python 模块一般都位于安装目录下 Lib 文件夹中，执行 help("modules")命令，可以查看已经安装的所有模块列表。Python 模块可以分为如下 3 种类型。

- 内置标准模块：Python 预安装了很多标准模块，如 sys、time、json 模块等。
- 第三方开源模块：由第三方商业公司或个人开发，并免费分享到网络上的模块。用户使用的大部分模块都是这种类型。
- 自定义模块：由开发者自己开发的模块，方便在脚本中使用。

注意： 自定义模块的名字不能与系统模块重名，否则有覆盖内置模块的风险。例如，自定义一个 sys.py 模块后，就不能够再使用系统的 sys 模块。

内置模块不需要安装，第三方模块和自定义模块需要手动安装。访问 http://pypi.python.org/pypi，可以查看 Python 开源模块库。也可以访问 https://www.lfd.uci.edu/~gohlke/pythonlibs/，下载 Python 扩展包的 Windows 二进制文件。

使用第三方模块时，需要先下载并安装该模块，然后就可以像使用标准模块一样导入并使用。

（1）下载模块并安装。在 PyPI 首页搜索模块，找到需要的模块后，单击 Download files 进入下载页面。然后，选择下载二进制安装文件（.whl），或者源代码压缩包（.gz）。最后，使用 pip 命令进行安装，安装时把模块名替换为二进制安装文件即可。注意，在命令行下改变当前目录到安装文件的目录下。

（2）使用 pip 命名安装。直接通过 Python 提供的 pip 命令安装。pip 命令的语法格式如下：

```
> pip install 模块名
```

pip 命令自动下载模块包并完成安装。pip 命令默认连接 Python 官方服务器下载，下载后就可以直接导入使用，如图 11.1 所示。

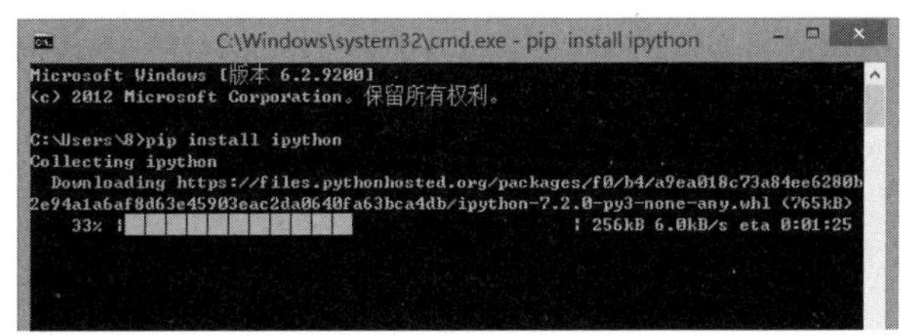

图 11.1 使用 pip 命令安装 Python 第三方模块库

提示：使用下面命令可以卸载指定模块：

```
> pip uninstall 模块名
```

使用下面命令可以显示已经安装的第三方模块：

```
> pip list
```

11.1.2 导入模块

使用 import 语句可以导入模块，语法格式如下：

```
import module1
import module2
…
import moduleN
```

module1、module2 和 moduleN 等表示模块名，模块名就是 Python 文件名，不包含.py 扩展名。也可以在一行内导入多个模块，语法格式如下：

```
import module1[, module2[,… moduleN]]
```

import 关键字后面是一组模块的列表，多个模块之间使用逗号分隔。但是这种格式的代码可读性不如多行的导入语句。而且在性能上和生成 Python 字节码时，这两种做法没有什么不同，一般推荐使用第一种格式。

提示：所有的模块在 Python 模块的开头部分导入，建议遵循如下顺序。

- Python 标准模块。
- Python 第三方模块。
- 自定义模块。

一个模块无论被导入多少次，它只被加载一次，当 Python 解释器在源代码中遇到 import 关键字时，自动在搜索路径（sys.path）中搜寻对应的模块，如果发现是初次导入，就加载并执行这个 Python 文件。如果在一个模块的顶层导入，那么它的作用域就是全局的；如果在函数中导入，那么它的作用域是局部的。

提示： 搜索路径是一个目录列表，被存储在 sys 模块中的 path 变量中，供 Python 解释器在导入模块时参考，可以事先配置，或者在源代码中设置。

【示例 1】使用 import 语句从 Python 标准库中导入 sys 模块。

```
import sys                                    # 导入 sys 模块
for i in sys.modules:                         # 遍历所有导入的模块
    print(i, end="、")
```

sys 是 Python 内置模块，当执行 import sys 命令后，Python 在 sys.path 变量所列目录中寻找 sys 模块文件的路径。导入成功后，运行这个模块的源码并进行初始化，然后就可以使用该模块了。导入 sys 模块之后，可以使用 dir(sys)方法查看该模块中可用的成员。sys.modules 是一个字典对象，每当导入新的模块，sys.modules 都会自动记录该模块。

如果模块名比较长，在导入模块时可以给它起一个别名，语法格式如下：

```
import module as 别名
```

别名的命名原则是简单、易记。使用别名可以方便编写和代码识别。还可以兼容不同的版本或模块差异，这样在运行时可以根据当前环境选择最合适的模块。

【示例 2】在 Python 2.6 之前，simplejson 是独立的第三方库，从 2.6 版本开始被内置，如果要兼容不同的版本，可以采用下面写法进行兼容。

```
try:
    import json                               # python 2.6 版本后
except ImportError:
    import simplejson as json                 # python 2.5 版本前
```

这样就可以优先导入 json，如果用户使用的是老版本 Python，就可以降级使用 simplejson。当导入 simplejson 时，使用 as 指定别名为 json，确保后续代码引用 json 都可以正常工作。

由于 Python 是动态语言，只要在脚本中保持相同的函数接口和用法，无论导入哪个模块，后续代码都能正常工作，不需要大范围修改源代码。

11.1.3 导入成员名称

使用 from-import 语句可以将指定模块中的成员名称导入当前作用域中，如函数、类或变量等，语法格式如下：

```
from module import name1[, name2[,... nameN]
```

模块内成员名称代表变量、函数、类等，可以同时导入多个成员名称，多个成员名称之间使用逗号进行分隔，如果想要导入全部成员名称，可以使用通配符，语法格式如下：

```
from module import *
```

注意： 使用 from…import 语句时，要确保当前作用域内不存在与导入名字一致的名字，否则将会覆盖掉已存在的名字。因此，如果无法确定这种风险，则建议使用 import 语句直接导入模块，不直接导入模块内名字。

【示例】把 time 模块中所有成员都导入到当前作用域中。

```
from time import *                    # 导入 time 模块中所有成员名称
print(dir())                          # 显示当前命名空间中所有成员
```

使用 print(dir())函数查看导入的所有成员名称，输出为：

```
['__annotations__', '__builtins__', '__cached__', '__doc__', '__file__', '__loader__', '__name__', '__package__', '__spec__', 'altzone', 'asctime', 'clock', 'ctime', 'daylight', 'get_clock_info', 'gmtime', 'localtime', 'mktime', 'monotonic', 'monotonic_ns', 'perf_counter', 'perf_counter_ns', 'process_time', 'process_time_ns', 'sleep', 'strftime', 'strptime', 'struct_time', 'thread_time', 'thread_time_ns', 'time', 'time_ns', 'timezone', 'tzname']
```

在上面输出列表中，除了系统默认的内置变量外，如下所示，其他为 time 模块包含的成员名称。

```
['__annotations__', '__builtins__', '__cached__', '__doc__', '__file__', '__loader__', '__name__', '__package__', '__spec__']
```

11.2 使　用　包

11.2.1 认识包

在实际开发中，一个大型项目往往需要成百上千个 Python 模块，如何有效管理模块，如何避免模块之间相互干扰？Python 提出了包（package）的概念。

包是 Python 组织模块的一种逻辑方法，是一个有层次的目录结构，它定义了由多个模块或多个子包组成的 Python 应用程序运行环境。一个文件夹就是一个包，包的名称就是文件夹的名称，包可以相互嵌套。使用包的好处如下。

- 为名称空间加入有层次的组织结构。
- 允许开发人员把有联系的模块组合到一起。
- 允许分发者使用目录结构而不是一大堆混乱的文件。
- 解决同一个运行环境中导入模块重名问题。

在 Python 2 版本中，包文件夹下必须存在一个名为__init__.py 的文件，用于标识当前文件夹是一个包。在 Python 3 版本中可以省略__init__.py，不过建议创建包时都添加__init__.py 文件，其作用就是告诉 Python 解释器将该文件夹当成包来处理。当一个包被导入时，首先加载并执行它的__init__.py 文件。__init__.py 可以是一个空文件，也可以包含一些初始化设置代码。

__init__.py 不同于其他模块文件，该模块名不是__init__，而是所在的包名。例如，在 settings 包中，__init__.py 文件的模块名就是 settings。

包是一个包含多个模块的文件夹，但是本质上依然是模块，因此包中也可以包含包。例如，在 numpy 包（模块）中，包含__init__.py 文件，也包含 matlib.py 等模块，以及 core 等子包，core 也是模块。

提示：相对于模块和包，库又是一个更高层级的概念，在 Python 标准库中每个库都有多个包，而每个包中都有若干个模块。

类、模块都是一级名字空间，包也是一级名字空间，用于管理模块。Python 允许使用点语法访问包的元素，使用标准的 import 和 from-import 语句导入包中的模块。例如，一个模块的名字是 A.B，则表示一个包 A 中的子模块 B。采用点语法形式访问包中的模块，就不用担心不同库之间的模块重名问题。

11.2.2　导入包

导入一个包的本质就是解释该包下的__init__.py 文件。导入包内模块有两种方式：绝对路径导入和相对路径导入。

（1）绝对路径导入：通过指定“包.模块.名字”的完整路径进行导入。

（2）相对路径导入：在一个包（package）的内部，模块之间可以使用相对路径导入。

- 在导入路径前面添加 1 个点号（.），表示当前目录。
- 在导入路径前面添加 2 个点号（..），表示父级目录。

【示例 1】设计一套声音处理模块，储存多种不同的音频格式，通过后缀名区分，如.wav、.aiff、.au 等，需要有一组不断增加的模块，用来在不同的格式之间转换。并且针对这些音频数据，提供各种不同的操作，如添加混音、回声、均衡器等功能，创建人造立体声等特效，所以还需要一组声音处理模块。

在分层目录结构中，设计一种可行的包结构：

```
sound/                          # 顶层包
    __init__.py                 # 初始化 sound 包
    formats/                    # 文件格式转换子包
        __init__.py             # 初始化 formats 子包
        wavread.py              # 读取 wav 音频模块
        wavwrite.py             # 存储 wav 音频模块
        aiffread.py             # 读取 aiff 音频模块
        aiffwrite.py            # 存储 aiff 音频模块
        auread.py               # 读取 au 音频模块
        auwrite.py              # 存储 au 音频模块
        …
    effects/                    # 声音效果子包
        __init__.py             # 初始化 effects 子包
        echo.py                 # 回声模块
        surround.py             # 环绕音模块
        reverse.py              # 混音模块
        …
    filters/                    # filters 子包
        __init__.py             # 初始化 filters 子包
        equalizer.py            # 均衡器模块
        vocoder.py              # 合成器模块
        karaoke.py              # 卡拉 OK 模块
        …
```

在导入一个包的时候，Python 根据 sys.path 中的目录寻找这个包中包含的子目录。

（3）导入一个包内指定模块：

```
import sound.effects.echo
```

导入子模块 sound.effects.echo，使用时必须全名访问：

```
sound.effects.echo.echofilter(input, output, delay=0.7, atten=4)
```

或者

```
from sound.effects import echo
```

导入子模块 echo，使用时不需添加冗长的前缀，可以按如下方式使用：

```
echo.echofilter(input, output, delay=0.7, atten=4)
```

（4）从模块中导入一个成员名称：

```
from sound.effects.echo import echofilter
```

这样可以直接使用 echofilter()函数：

```
echofilter(input, output, delay=0.7, atten=4)
```

注意：当使用 from package import item 格式导入时，item 可以是子模块（子包），也可以是模块中的名称，如函数、类或变量。import 首先把 item 当作一个包的模块，如果没找到，再试图按照一个模块的名称导入，如果还没找到，将抛出异常。

当使用 import item.subitem.subsubitem 格式导入时，除了最后一项，都必须是包，而最后一项则可以是模块或者包，但是不可以是类、函数或者变量等名称。

【示例 2】以示例 1 为例，练习使用相对路径导入。当前在 vocoder 模块中，想从相邻的 karaoke 模块导入 Class 类，就可以使用下面相对路径导入。

```
from .karaoke import Class                    # 点号表示使用当前目录中的 karaoke 模块
```

如果 vocoder 包含子包 sub_vocoder，需要引用父包中的 karaoke 模块，就可以使用下面相对路径导入。

```
from ..database import Class                  # 使用两个点号表示访问上一级的目录
```

注意：使用相对路径导入模块或成员时，必须从项目入口程序开始执行，不能直接执行，否则 Python 解释器将以当前模块作为入口程序，当前目录作为工作目录，就无法理解整个项目的目录结构关系。因此，如果不以一个完整的项目运行，就不要使用相对路径导入内容。

【示例 3】从一个包中导入所有模块。

```
from sound.effects import *
```

Python 解释器进入文件系统，找到这个包中所有的子模块，并逐个把它们都导入进来。为了避免把所有 Python 文件都导入进来，可以精确设置包的索引。在包的__init__.py 文件中设置__all__变量，代码如下：

```
__all__ = ["echo", "surround", "reverse"]
```

这样，当使用 from sound.effects import *时，只导入包内指定的 3 个子模块。

另外，包还有一个__path__变量，用来设置目录列表，指定包的搜索路径。

11.3　常用模块

根据开发需要，本节简单介绍几款使用频率较高的模块，同时还会在其他章节中专题讲解多个实用模块。

11.3.1　日期和时间

Python 提供了多个内置模块用于操作日期和时间，如 time、datetime、calendar。time 是基础模块，可满足对时间类型数据的基本处理，提供的接口与 C 标准库 time.h 基本一致；datetime 模块是对 time 模块进行高级封装，功能更强大，使用更方便；calendar 模块用于处理日历相关。

1. time 模块

时间也是一种数据类型，这种类型的数据一般分为 3 种形式：时间戳（timestamp）、结构化时间

（struct_time）、格式化的时间字符串（format string）。

（1）时间戳：在计算机中时间是用数字来表示的，1970 年 1 月 1 日 00:00:00 UTC+00:00 时区的时刻称为新纪元时间（epoch time），记为 0。以前的时间，时间戳为负数；以后的时间，时间戳为正数。

【示例 1】使用 time 模块的 time()函数获取当前时间的时间戳。

```
import time                        # 导入 time 模块
now = time.time()                  # 返回当前时间的时间戳，浮点数
print(now)                         # 输出为 1613868007.1715765
```

（2）结构化时间：结构化时间是一个 struct_time 元组，包含 9 个字段，具体说明如表 11.1 所示。

表 11.1　时间元组结构说明

序　　号	属　　性	字　　段	值
0	tm_year	4 位数年	2008
1	tm_mon	月	1～12
2	tm_mday	日	1～31
3	tm_hour	小时	0～23
4	tm_min	分钟	0～59
5	tm_sec	秒	0～61（60 或 61 是闰秒）
6	tm_wday	一周的第几日	0～6（0 是周一）
7	tm_yday	一年的第几日	1～366（儒略历）
8	tm_isdst	夏令时	1 表示夏令时，0 表示非夏令时，-1 表示未知，默认为-1

【示例 2】使用 localtime()函数获取当前时间的元组。

```
import time                        # 导入时间模块
print( time.localtime() )          # 获取当前本地时间的元组
```

输出为：

```
time.struct_time(tm_year=2021, tm_mon=2, tm_mday=21, tm_hour=9, tm_min=14, tm_sec=37, tm_wday=6, tm_yday=52, tm_isdst=0)
```

（3）格式化的时间字符串：格式化的时间字符串就是使用字符串表示时间，如'2021-02-08 23:13:23'。

【示例 3】使用 ctime()函数获取当前时间的字符串。

```
import time                        # 导入时间模块
print( time.ctime() )              # 获取当前本地时间的字符串表示
```

输出为：

```
Sun Feb 21 09:20:44 2021
```

提示：3 种时间形式相互转换关系如图 11.2 所示。时间字符串和时间戳之间无法直接转换。

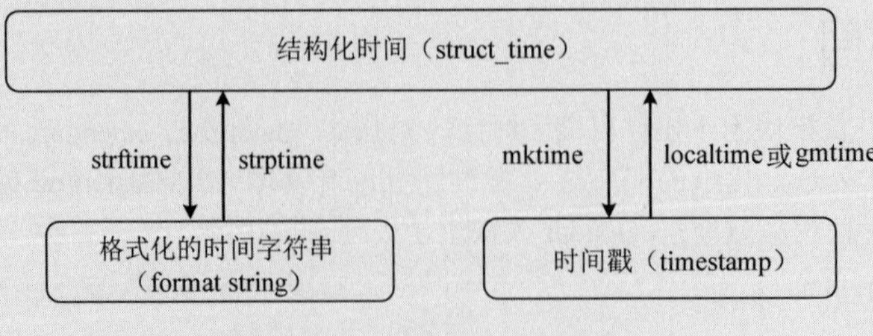

图 11.2　时间的 3 种形式相互转换

2. datetime 模块

datetime 是 Python 处理日期和时间的标准库，定义了 6 个类，简单说明如下。

- datetime.date：表示日期，常用的属性有 year、month 和 day。
- datetime.time：表示时间，常用属性有 hour、minute、second、microsecond。
- datetime.datetime：表示日期时间。
- datetime.timedelta　表示两个 date、time、datetime 实例之间的时间间隔，分辨率（最小单位）可达到微秒。
- datetime.tzinfo：时区相关信息对象的抽象基类。它们由 datetime 和 time 类使用，以提供自定义时间的调整。
- datetime.timezone：Python 3.2 中新增的功能，实现 tzinfo 抽象基类的类，表示与 UTC 的固定偏移量。

下面结合 datetime 模块中 datetime 类进行举例说明。

【示例 4】获取当前时间。

```
import datetime
print( datetime.datetime.now() )
```

使用 date()、time()、today()函数可以分别获取日期、时间和日期格式信息。

【示例 5】datetime 和结构化时间之间相互转换。

```
import datetime
# 从结构化时间到 datetime，在实例化 datetime 类时，指定各个参数
# 无法实现从 time.struct_time 到 datetime 的直接转换
print( datetime.datetime(year=2021, month=1, day=14, hour=10, minute=49, second=50) )
# 从 datetime 到结构化时间
print( datetime.datetime.now().timetuple() )
```

【示例 6】datetime 和时间戳之间相互转换。

```
import time
import datetime
# 从时间戳到 datetime
print( datetime.datetime.fromtimestamp(10) )                    # 当前时区
# 根据当前时间戳获取 datetime
print( datetime.datetime.fromtimestamp(time.time()) )
# 从 datetime 到时间戳
print( datetime.datetime.timestamp(datetime.datetime.now()) )
```

【示例 7】datetime 和时间字符串之间相互转换。

```
import datetime
# 从 datetime 到时间字符串
dt = datetime.datetime.now()
print( dt.strftime('%Y-%m-%d %H:%M:%S') )
# 从时间字符串到 datetime
print( datetime.datetime.strptime('2021-2-21 11:32:49', '%Y-%m-%d %H:%M:%S') )
```

【示例 8】获取时间差。使用 now()函数获取当前时间，然后计算一个 for 循环执行 10 万次所花费的时间，单位为毫秒。

```
import datetime                                    # 导入日期和时间模块
start = datetime.datetime.now()                    # 获取起始时间
sum = 0
for i in range(100000):
```

```
    sum += i
print(sum)
end = datetime.datetime.now()                       # 获取结束时间
len= (end - start).microseconds                     # 计算时间差，并获取毫秒时间
print(len)                                          # 输出为 31022
```

差值不只是可以查看相差多少秒，还可以查看天（days）、秒（seconds）和微秒（microseconds）。

【示例 9】计算当前时间向后 8 个小时的时间。

```
import datetime                                     # 导入日期和时间模块
d1 = datetime.datetime.now()                        # 获取现在时间
d2 = d1 + datetime.timedelta(hours = 8)             # 获取 8 小时后的时间戳
print(d2)                                           # 输出为 2020-04-06 16:48:57.475166
```

timedelta 类是用来计算 2 个 datetime 对象的差值的，构造函数的语法格式如下：

```
datetime.timedelta(days=0, seconds=0, microseconds=0, milliseconds=0, minutes=0, hours=0, weeks=0)
```

其中参数都是可选的，默认值为 0。使用这种方法可以计算：天（days）、小时（hours）、分钟（minutes）、秒（seconds）、微秒（microseconds）。

11.3.2 伪随机数

random 是 Python 内置模块，能够实现各种分布的伪随机数。常用函数说明如下。

- random.random()：用于生成一个 0～1.0 范围内的随机浮点数（0≤n＜1.0）。
- random.uniform(a, b)：用于生成一个指定范围内的随机浮点数（a≤n＜b）。
- random.randint(a, b)：用于生成一个指定范围内的随机整数（a ≤n≤b）。
- random.randrange([start=0], stop[, step=1])：从指定范围内，按指定步长递增的集合中获取一个随机数。其中，参数 start 表示范围起点，包含在范围内；参数 stop 表示范围终点，不包含在范围内；参数 step 表示递增的步长。
- random.choice(sequence)：从序列 sequence 对象中获取一个随机元素。注意，choice ()函数抽取的元素可能出现重复。
- random.shuffle(x[, random])：用于将一个列表中的元素打乱。
- random.sample(sequence, k)：从指定序列 sequence 中随机获取指定长度的片断，参数 k 表示关键字参数，必须设置，获取元素的个数。注意，sample()函数抽取的元素是不重复的，同时不修改原有序列。

【示例】使用 random 模块生成各种类型的随机数。

```
import random
print( random.randint(1,10) )                       # 产生 1～10 的一个整数型随机数
print( random.random() )                            # 产生 0～1 的随机浮点数
print( random.uniform(1.1,5.4) )                    # 产生 1.1～5.4 的随机浮点数
print( random.choice([1, 2, 3, 4, 5, 6, 7, 8, 9, 0]) )   # 从序列中随机选取一个元素
print( random.randrange(1,100,2) )                  # 生成从 1～100 的间隔为 2 的随机整数
a=[1,3,5,6,7]
random.shuffle([1,3,5,6,7])                         # 将序列 a 中的元素顺序打乱
print(a)
```

11.3.3 摘要算法

hashlib 是 Python 内置模块，提供常用的摘要算法库。hash 音译为哈希，表示把任意长度的输入，通过

某种 hash 算法，转换成固定长度的输出，这个输出就是散列值，也称摘要值，该算法就是哈希函数，也称摘要函数。

MD5 是最常见的摘要算法，速度快，生成结果是固定的 16 字节，通常用一个 32 位的十六进制字符串表示。SHA1 算法较安全，它的结果是 20 字节长度，通常用一个 40 位的十六进制字符串表示。而比 SHA1 更安全的算法是 SHA256 和 SHA512 等，不过越安全的算法，速度越慢，并且摘要长度越长。

在大部分操作系统中，hashlib 模块支持 md5()、sha1()、sha224()、sha256()、sha384()、sha512()、blake2b()、blake2s()、sha3_224()、sha3_256()、sha3_384()、sha3_512()、shake_128()、shake_256()等多种 hash 构造方法。这些构造方法在使用上通用，返回带有相同接口的 hash 对象，对算法的选择，区别只在于构造方法的选择。

例如，sha1()能创建一个 SHA-1 对象，sha256()能创建一个 SHA-256 对象。然后就可以使用通用的 update()方法将 bytes 类型的数据添加到对象里，最后通过 digest()或 hexdigest()方法获得当前的摘要。

注意：update()方法现在只接收 bytes 类型的数据，不接收 str 类型。

【示例】简单加密。

```
import hashlib                                  # 导入加密模块
string = "Python"                               # 待加密的字符串
md5 = hashlib.md5()                             # MD5 加密
md5.update(string.encode('utf-8'))              # 注意转码
res = md5.hexdigest()                           # 返回十六进制数据字符串值
print("MD5 加密结果：", res)
```

输出为：

```
MD5 加密结果：a7f5f35426b927411fc9231b56382173
```

注意：摘要算法应用广泛，但是它不是加密算法，不能用于数据加密，因为无法通过摘要解密数据，只能用于防篡改。但是它的单向计算特性决定了它可以在不存储明文口令的情况下验证用户口令。

11.3.4 JSON 处理

JSON（JavaScript Object Notation）是一种广泛应用的数据交换格式。JSON 格式就是 Python 字典格式，其中包含方括号括起来的数组，也就是 Python 的列表。

Python 内置 json 和 picle 模块，专门用于 JSON 格式数据的处理，这两个模块都有 4 种方法，而且用法一样。不同的是，json 模块序列化出来的是通用格式，其他编程语言都认识，就是普通的字符串，而 picle 模块序列化出来的格式只有 Python 可以认识，不过 picle 可以序列化函数。

- dumps()：将 Python 对象序列化为 JSON 字符串表示。
- dump()：将 Python 对象序列化为 JSON 字符串，然后保存到文件中。
- loads()：把 JSON 格式的字符串反序列化为 Python 对象。
- load()：读取文件内容，然后反序列化为 Python 对象。

【示例】使用 dump()方法，将字典对象序列化为字符串，然后保存到 test.json 文件中，再使用 load()方法从 test.json 文件中读取字符串，并转换为字典对象。

```
import json                                     # 导入 JSON 模块
a = {"name":"Tom", "age":23}                    # 定义字典对象
with open("test.json", "w", encoding='utf-8') as f:
    # indent 表示格式化保存字符串，默认为 None，小于 0 为零个空格
    json.dump(a,f,indent=4)                     # 将字典对象序列化为字符串，
```

```
                                                    # 然后保存到 test.json 文件中
    # f.write(json.dumps(a, indent=4))              # 与 json.dump()效果一样
with open("test.json", "r", encoding='utf-8') as f:
    b = json.load(f)                                # 从 test.json 中读取内容，
                                                    # 然后把内容转换为 Python 对象
    f.seek(0)                                       # 重新把文件指针移到文件开头
    c = json.loads(f.read())                        # 与 json.load(f)执行效果一样
print(b)                                            # 输出为 {'name': 'Tom', 'age': 23}
print(c)                                            # 输出为 {'name': 'Tom', 'age': 23}
```

11.3.5 图像处理

Python Imaging Library（PIL）是 PythonWare 公司提供的免费的图像处理工具包，是 Python 平台上的图像处理标准库。PIL 提供强大的图形、图像处理功能，API 使用简单，主要功能概括如下。

- 支持数十种格式，如 JPEG、PNG、BMP、GIF、TIFF 等。
- 支持黑白、灰阶、RGB、CMYK 等多种色彩模式。
- 图像基本操作，如裁切、平移、旋转、改变尺寸、调置、剪切、粘贴等。
- 图像色彩处理，如亮度、色调、对比、锐利度等。
- 支持十多种滤镜。
- 在图像中绘图制点、线、面、几何形状、文字等。

PIL 仅支持到 Python 2.7，Pillow 是 PIL 的一个派生分支，但如今已经发展成比 PIL 更具活力的图像处理库，支持 Python 3 版本，并增加更多新特性。

1. 安装 Pillow

在命令行下通过 pip 命令安装：

```
pip install pillow
```

2. 操作图像

PIL 包含十多个模块，常用模块包括：Image（图像基本操作）、ImageDraw（图形绘制）、ImageEnhance（增强工具箱）、ImageColor（图像颜色处理）、ImageFile（图像文件操作）、ImageFilter（滤镜）、ImageFont（字体）。下面结合 2 个示例简单演示 PIL 的使用。

【示例 1】打开并显示图像。

```
from PIL import Image
img = Image.open("test.jpg")
img.show()
```

【示例 2】调整图像大小。保存为 new_img.jpg，调整后大小为 128×128。

```
from PIL import Image
img = Image.open("test.jpg")
new_img = img.resize((128, 128), Image.BILINEAR)
new_img.save("new_img.jpg")
```

【示例 3】在示例 2 基础上，旋转图像，然后转换图像格式。

```
rot_img = new_img.rotate(45)
rot_img.save("con_img.bmp")
```

【示例 4】使用 ImageDraw 模块绘制图形和文字。本例设计生成一个验证码图片，命名为 code.jpg，然后保存到当前目录中。

```
# 第 1 步，从 PIL 模块中导入图像类、绘图类、图像字体类和图像特效类
from PIL import Image, ImageDraw, ImageFont, ImageFilter
# 第 2 步，初始化设置
import random                                          # 导入随机数模块
def rndChar():                                         # 随机字母
    return chr(random.randint(65, 90))
def rndColor():                                        # 随机颜色 1
    return (random.randint(64, 255), random.randint(64, 255), random.randint(64, 255))
def rndColor2():                                       # 随机颜色 2
    return (random.randint(32, 127), random.randint(32, 127), random.randint(32, 127))
width = 60 * 4                                         # 初始化图像宽度，单位为像素
height = 60                                            # 初始化图像高度，单位为像素
# 第 3 步，创建图像对象、字体对象、绘图对象
# 创建对象
image = Image.new('RGB', (width, height), (255, 255, 255))   # 创建 Image 对象
font = ImageFont.truetype('arialuni.ttf', 36)   # 创建 Font 对象
draw = ImageDraw.Draw(image)                           # 创建 Draw 对象
# 生成麻点背景
for x in range(width):                                 # 使用随机颜色绘图
    for y in range(height):
        draw.point((x, y), fill=rndColor())
# 在画布上生成随机字符
for t in range(4):                                     # 输出 4 个随机字符
    draw.text((60 * t + 10, 10), rndChar(), font=font, fill=rndColor2())
image = image.filter(ImageFilter.BLUR)                 # 模糊化处理
# 第 4 步，保存图像
image.save('code.jpg', 'jpeg')                         # 保存图像
```

11.4　案 例 实 战

本节案例演示如何自定义模块。自定义模块的一般步骤如下。

第 1 步，新建 Python 文件，文件命名格式如下：

```
模块名 + .py
```

文件名就是模块名，因此不能与 Python 内置模块重名。该文件名必须符合标识符规范。

第 2 步，在该文件中编写 Python 源码，可以是变量、函数、类等功能代码。

第 3 步，把 Python 文件置于搜索路径中，如当前目录下。

第 4 步，在脚本中使用 import 语句导入模块，然后就可以使用模块代码了。

【示例】下面演示一个简单的自定义模块设计过程。

新建 test1.py 模块文件，然后输出下面代码：

```
#!/usr/bin/env python3
# -*- coding: utf-8 -*-

' test1 模块'

__author__ = '张三'

import sys

def saying():
```

```
    args = sys.argv
    if len(args)==1:
        print('Hello, world!')
    elif len(args)==2:
        print('Hello, %s!' % args[1])
    else:
        print('参数太多!')

if __name__=='__main__':
    saying()
```

【解析】

第 1 行注释指定由哪个解释器执行脚本。在脚本中，第一行以#!开头的代码表示命令项。这里设计 test1.py 文件可以直接在 Unix/Linux/Mac 上运行。

第 2 行注释表示 test1.py 文件使用标准 UTF-8 编码。因为 Python 2 默认使用 ASCII 编码，不支持中文，Python 3 默认支持 UTF-8 编码，支持中文。如果要兼容 Python 2 版本，在模块的开头应该加入#coding=utf-8 声明。

第 4 行是一个字符串，表示模块的文档注释，任何模块代码的第一个字符串都被视为模块的文档注释。

第 6 行使用__author__变量设置作者信息，这样当公开源代码后可以署名版权。

以上是 Python 模块的标准文件模板，当然也可以不写。下面才是模块的功能代码部分。

第 8 行导入 sys 内置模块，因为下面代码需要用到 sys 模块的属性。

```
import sys
```

导入 sys 模块后，使用 sys 名可以访问 sys 模块中的所有功能。sys.argv 变量以列表的格式存储了命令行的所有参数，其中第一个参数永远是该.py 文件的名字。

最后两行代码：

```
if __name__=='__main__':
    saying()
```

当在命令行直接运行模块文件时，Python 解释器把一个魔术变量__name__设置为'__main__'，而如果在其他地方导入该模块时，__name__变量值等于模块名字，所以就不会调动 saying()函数。因此，这个条件语句可以让一个模块通过命令行运行时执行一些额外的代码，如做一些简单测试等。

【测试】

在命令行运行 test1.py 模块文件。

```
>python hello.py
Hello, world!
>python hello.py a
Hello, a!
>python hello.py a b c
参数太多!
```

在 Python 交互环境中导入 test1 模块，然后再调用模块中函数 saying()。

```
>>> import test1
>>> test1.saying()
Hello, world!
>>>
```

在交互环境中，导入 test1 模块之后，没有直接打印 Hello, world!，因为__name__=='__main__'为 False，

无法执行条件语句中的 saying()代码。只有调用 test1.saying()函数时，才打印 Hello，world!

11.5　在 线 支 持

扫码免费学习
更多实用技能

一、补充知识

- ☑ Python 标准库概览
- ☑ Python 第三方库概览
- ☑ Python 第三方库纵览

二、专项练习

- ☑ 猜单词（控制台小游戏）

三、参考

- ☑ Python 标准库
- ☑ Python 常用模块
- ☑ Python 常用系统模块整理

四、进阶学习

- ☑ 深入理解 Python 中的 if __name__ == '__main__':条件结构
- ☑ 使用 Python 模块
- ☑ 使用 Python3 模块
- ☑ 自定义 Python 模块
- ☑ Python 从新手到高手的 100 个思维模块

新知识、新案例不断更新中……

第 12 章

异常处理和程序调试

在程序开发中，错误不可避免，有些错误是致命的，有些可以忽略，但是对于开发人员来说，任何错误都需要认真对待，仔细分析，反思开发中的细节疏忽，预见用户可能存在的不当操作，以及预测程序运行时可能出现的异常情况。Python 内置了一套异常处理机制，利用它可以降低程序开发的复杂度，避免因为各种异常而终止程序运行。本章介绍 Python 对异常的支持，以及如何生成异常、创建自定义异常等知识。

视 频 讲 解

12.1 异 常 处 理

12.1.1 认识异常

异常就是在程序执行过程中发生的超出预期的事件。一般情况下，当程序无法正常执行时，都会抛出异常。异常发生的原因简单概括如下。

- 在开发过程中，由于疏忽或者考虑不周，出现的设计错误。因此，在后期程序调试中应该根据错误信息，找到出错位置，并对错误代码进行分析和排错。
- 难以避免的运行问题，如读写权限不一致、网络异常、文件不存在、内存溢出、数据类型不一致等。针对这类异常，在设计时可以主动捕获异常，防止程序意外终止。
- 主动抛出异常。在程序设计中，可以根据设计需要主动抛出异常，引导程序按照预先设计的逻辑运行，防止用户不恰当地操作。

当发生异常时，一般应该捕获异常，并妥善处理。如果异常未被处理，程序将终止运行，因此为程序添加异常处理，能使程序更健壮。

在 Python 中，异常也是一种类型，所有的异常实例都继承自 BaseException 基类。使用 except 语句不但可以捕获该类型的错误，还可以捕获所有子类型的错误。用户自定义的异常不直接继承 BaseException，所有异常类都是从 Exception 继承，且都在 exceptions 模块中定义。Python 自动将所有异常名称放在内建名称空间中，所以程序不必导入 exceptions 模块即可使用异常。

Python 内置了很多异常，可以准确反馈出错信息。Python 内置异常类型说明请看本章在线支持（12.4 节）内容。

12.1.2 捕获异常

使用 try…except 语句可以捕获和处理异常，语法格式如下：

```
try:                                        # 捕获异常
    <执行语句>
except [异常类型 [ as 别名]]:                # 处理异常
```

```
    <处理语句>
```

把目标代码放在 try 语句中，在 except 关键字后面设置可选的异常类型。如果省略异常类型，则表示捕获全部异常类型。如果异常类型的名称比较长，可以使用 as 关键字设置别名，方便在异常处理中引用。如果不需要处理异常，可以在 except 代码块中使用 pass 语句忽略。

try…except 具体解析过程如下。

第 1 步，执行 try 代码块。

第 2 步，如果执行过程中出现异常，系统自动生成一个异常类型，并将该异常提交给 Python 解释器，这个过程称为捕获异常。

第 3 步，当 Python 解释器收到异常对象时，寻找能处理该异常对象的 except 语句。

第 4 步，如果找到合适的 except 语句，则把异常对象交给 except 处理，这个过程称为处理异常。

第 5 步，如果 Python 解释器找不到处理异常的 except 语句，则程序运行终止，Python 解释器也将退出。

提示： 不管代码是否处于 try 语句中，甚至包括 except 语句中的代码，只要执行时出现了异常，系统都会自动生成对应类型的异常，由于 Python 解释器无法直接处理，程序将停止运行。如果异常经 try 语句捕获，并由 except 语句处理完成，则程序可以继续执行。

【示例 1】 在 try 中测试一个表达式运算，然后在 except 中捕获错误，并在控制台打印错误信息。

```
try:
    "1" + 0                                           # 设置错误运算
except:                                               # 捕获所有的异常
    print('发生错误')                                 # 提示错误信息
```

输出结果为：

```
发生错误
```

【示例 2】 在 try 中尝试打开文件，然后在 except 中捕获 IOError 类型异常。

```
try:
    f = open("test.txt", "r")                         # 打开不存在的文件
except IOError as e:                                  # 捕获 IOError 类型异常
    print("错误编号：%s，错误信息：%s" %(e.errno, e.strerror))  # 显示错误信息
```

输出结果为：

```
错误编号：2，错误信息：No such file or directory
```

【示例 3】 使用 Exception 捕获所有类型的异常。通过这种方式无法识别具体的异常信息，建议少用。

```
try:
    f = open("test.txt", "r")                         # 打开不存在的文件
except Exception as e:                                # 捕获 IOError 类型异常
    print("错误编号：%s，错误信息：%s" %(e.errno, e.strerror))  # 显示错误信息
```

12.1.3　处理异常

使用 except 语句可以处理异常，且一个 except 可以同时处理多个异常，语法格式如下：

```
try:                                                  # 捕获异常
    <执行语句>
except ([ Exception1[, Exception2[,…ExceptionN]]]) [ as 别名]:    # 处理异常
    <处理语句>
```

其中，Exception1、Exception2、ExceptionN 表示异常类型，多个异常类型以元组形式进行设置。当 try

代码块发生其中任一个异常，都被 except 处理。

一个 try 可以跟随多个 except，每个 except 都可以同时处理多种异常。语法格式如下：

```
try:                                                        # 捕获异常
    <执行语句>
except ( [ Exception1[, Exception2[,...]]]) [ as 别名 1]:    # 处理异常
    <处理语句 1>
except ( [ Exception3[, Exception4[,...]]]) [ as 别名 2]:    # 处理异常
    <处理语句 2>
...
except [ Exception ]:                                       # 处理异常
    <处理其他异常>
```

当程序发生不同的意外时，会对应特定的异常类型，Python 解释器根据该异常类型选择对应的 except 处理异常。多个异常按优先顺序分别进行处理，具体解析过程如下。

第 1 步，执行 try 代码块，如果引发异常，则跳转到第一个 except 语句。

第 2 步，如果第一个 except 异常与抛出的异常匹配，则执行该 except 代码块。

第 3 步，如果抛出异常不匹配，则跳转到第二个 except 异常，以此类推。Python 允许编写的 except 数量没有限制。

第 4 步，如果所有的 except 异常都不匹配，则向上进行传递。

【示例 1】根据错误类型捕获不同的异常。

```
li = []                                          # 定义空列表
try:
    print(c)                                     # 发生 NameError 异常
    print (3 / 0)                                # 发生 ZeroDivisionError 异常
    li[2]                                        # 发生 IndexError 异常
    a = 123 + 'hello world'                      # 发生 TypeError 异常
except NameError as e:                           # 处理 NameError 异常
    print('出现 NameError 异常！',e)              # 打印异常信息
except ZeroDivisionError as e:                   # 处理 ZeroDivisionError 异常
    print('出现 ZeroDivisionError 异常！',e)      # 打印异常信息
except IndexError as e:                          # 处理 IndexError 异常
    print('出现 IndexError 异常！',e)             # 打印异常信息
except TypeError as e:                           # 处理 TypeError 异常
    print('出现 TypeError 异常！',e)              # 打印异常信息
except Exception as e:                           # 处理所有异常
    print('其他异常!',e)                          # 打印异常信息
```

在一个 try 语句中只能捕获一个异常，不能同时捕获所有异常。在上面代码中，当注释 print(c)的 NameError 异常时，将捕获 print (3 / 0)下的 ZeroDivisionError 异常；当注释 NameError 异常和 ZeroDivisionError 异常时，捕获 li[2]下的 IndexError 异常；当注释 NameError 异常、ZeroDivisionError 异常和 IndexError 异常，捕获 a = 123 + 'hello world'下的 TypeError 异常。

如果只有 except 关键字，或者指定 Exception 类型，它表示可捕获所有类型的异常，一般作为异常处理的最后一个 except 块。

每种异常类型都提供了如下几个属性和方法，通过它们可以获取当前异常类型的相关信息。

- args：返回异常的错误编号和描述字符串。
- str(e)：返回异常信息，但不包括异常信息的类型。
- repr(e)：返回较全的异常信息，包括异常信息的类型。

【示例 2】访问异常的错误编号和详细信息。

```
try:
    1/0
except Exception as e:
    print(e.args)
    print(str(e))
    print(repr(e))
```

输出结果为：

```
('division by zero',)
division by zero
ZeroDivisionError('division by zero',)
```

提示：此外，如果想要更多详细的异常信息，可以使用 traceback 模块。

12.1.4　异常传递

Python 允许 try 嵌套使用，在 try 代码块中可以嵌入一个 try…except 结构，这样可以设计多层嵌套的异常处理结构。异常对象可以从内向外逐层向上传递，具体解析过程如下。

第 1 步，当发生异常时，在 try 中异常发生点后的代码永远不会被执行，Python 解释器将寻找最近的 except 语句进行处理。

第 2 步，如果没有找到合适的 except，那么异常就向上一级 except 传递。

第 3 步，如果在上一级中也没找到合适的 except，该异常继续向上传递，直到找到合适的处理器。

第 4 步，如果到达最顶层仍然没有找到合适的处理器，那么就认为这个异常是未处理的，Python 解释器就抛出异常，同时终止程序运行。

【示例】设计一个多层嵌套的异常处理结构，演示异常传递的过程。

```
try:
    try:
        try:
            f = open("test.txt", "r")                # 打开并不存在的文件
        except NameError as e:                       # 捕获未声明的变量的异常
            print("NameError")                       # 显示错误信息
    except IndexError as e:                          # 捕获索引超出列表范围的异常
        print("IndexError")                          # 显示错误信息
except IOError as e:                                 # 捕获输入/输出的异常
    print("IOError")                                 # 显示错误信息
```

输出结果如下：

```
IOError
```

12.1.5　正常处理

try…except 异常处理结构允许附带一个可选的 else 子句，用来设计当没有发生异常时，正常处理的代码块。else 子句在异常发生时，不会被执行，只有当异常没有发生时才会执行。语法格式如下所示：

```
try:                                                 # 捕获异常
    <执行语句>
except [异常类型  [as  别名]]:                        # 处理异常
    <异常处理语句>
```

```
else:                                          # 当异常未发生时执行
    <正常处理语句>
```

【示例】设计在 try 中打开文件。如果打开失败，则捕获异常，并在 except 中进行处理；如果顺利打开文件，则在 else 中读取文件内容。通过 else 子句把文件打开和读取操作分隔开，这样可以使程序结构设计更严谨。

```
try:
    f = open("test.txt","r")                   # 打开文件
except:
    print("出错了")
else:
    print(f.read())                            # 读取文件内容
```

如果不使用 else 子句，把文件读取操作放在 f = open("test.txt","r")代码行的后面，代码如下所示，也能够实现相同的设计目标。当打开文件发生异常时，停止执行 print(f.read())代码行，直接跳转到 except 代码块。但是，程序结构没有上面代码严谨。

```
try:
    f = open("test.txt","r")                   # 打开文件
    print(f.read())                            # 读取文件内容
except:
    print("出错了")
```

12.1.6 善后处理

try…except 异常处理结构还可以附带一个可选的 finally 子句，它表示无论异常是否发生，最后都要执行 finally 语句块。语法格式如下所示：

```
try:                                           # 捕获异常
    <执行语句>
except [异常类型 [as 别名]]:                    # 处理异常
    <异常处理语句>
else:                                          # 当异常未发生时执行
    <正常处理语句>
finally:                                       # 不管异常是否发生，最后都要执行
    <最后必须处理语句>
```

与 else 语句不同，finally 只要求与 try 搭配使用，至于异常处理结构中是否包含 except 和 else，对于 finally 不是必须的。它们之间的关系概括如下。

- try 可以搭配 except，或者搭配 finally，或者同时搭配。
- else 是可选的。如果设计 else，则必须至少设计一个 except。
- try、except、else、finally 的位置顺序是固定的，不可随意调换。

在整个异常处理机制中，无论 try 代码块是否发生异常，最终都要进入 finally 语句，即使程序崩溃，在崩溃之前 Python 解释器也会执行 finally 代码块。一般使用 finally 处理善后工作，如关闭已经打开的文件、断开数据库连接，释放系统资源，或者保存文件，避免数据丢失等。

提示： Python 垃圾回收机制只能回收变量、类对象等占用的内存，而无法自动完成上述工作。

【示例】在 try…finally 结构中执行 return、break 或 continue 语句时，finally 子句都在“退出时”执行。但是在 finally 子句中可以使用 return、break 或 continue 语句中途退出。

```
import time
i = 1
while True:                                    # 无限循环
    try:
        print(i)                               # 打印变量
        continue                               # 退出执行下一次循环
        print("永不执行")                       # 不执行该句
    finally:
        time.sleep(1)                          # 暂停执行 1s
        i += 1                                 # 递增变量
        continue                               # 退出执行下一次循环
        print("永不执行")                       # 不执行该句
```

12.1.7　抛出异常

Python 允许在程序中使用 raise 语句主动抛出一个异常，这样可以确保程序根据开发人员的设计逻辑执行，也可以对用户的行为进行监控，避免意外操作。raise 语句的语法格式如下：

```
raise [Exception [( args [, traceback])]]
```

Exception 表示异常的类型，如 ValueError；args 是一个异常参数，定义描述信息，该参数是可选的，默认为 None，则在抛出异常时，将不附带任何的异常描述信息；traceback 表示跟踪异常的回溯对象，也是可选参数。

raise 语句有以下 3 种用法。

➢　raise：单独一个 raise。该语句将引发当前上下文中捕获的异常，默认引发 RuntimeError 异常。

➢　raise 异常类名称：raise 后带一个异常类名称，表示引发执行指定类型的异常。

➢　raise 异常类名称(描述信息)：在引发指定类型的异常时，显示异常的描述信息。

【示例 1】当在没有引发异常的程序使用无参的 raise 语句时，它默认引发的是 RuntimeError 异常。

```
try:
    a = input("输入一个数：")
    if(not a.isdigit()):
        raise
except RuntimeError as e:
    print("引发异常：",repr(e))
```

输出结果为：

```
输入一个数：a
引发异常：RuntimeError('No active exception to reraise')
```

【示例 2】设计一个函数，要求必须输入正整数。为了避免用户任意输入值，使用 try 监测输入值，如果为非数字的值，则主动抛出 TypeError 错误；如果输入小于等于 0 的数字，则主动抛出 ValueError 错误。

```
def test(num):
    try:
        if type(num) != int :                  # 如果为非数字的值，则抛出 TypeError 错误
            raise TypeError('参数不是数字')
        if num <= 0:                           # 如果为非正整数，则抛出 ValueError 错误
            raise ValueError('参数为大于 0 的整数')
        print(num)                             # 打印数字
    except Exception as e:
        print(e)                               # 打印错误信息
test("1")
```

```
test(0)
test(2)
```

输出结果为：

```
参数不是数字
参数为大于 0 的整数
2
```

12.1.8 自定义异常

Python 异常也是一种类型，捕获异常就是获取它的一个实例。Python 内置了大量异常类型，但是依然满足不了所有需求，这时用户需要自定义异常，以适应个性化开发的需要，自定义异常使用比较灵活、方便。自定义异常类型必须直接或间接继承 Exception 类。

【示例 1】自定义异常类型，设置基类 Exception，方便在异常触发时输出更多信息。

```
class MyError(Exception):                                   # 自定义异常类型
    def __init__(self,msg):                                 # 重写类型初始化函数
        self.msg=msg
    def __str__(self):                                      # 重写类型标识函数
        return self.msg
try:
    raise MyError("自定义错误信息")                         # 主动抛出自定义错误
except MyError as e:
    print(e)                                                # 打印：自定义错误信息
```

【示例 2】自定义异常类型，使用异常处理机制，监测用户输入的字符串长度，根据字符串长度进行提示。其中，prompt()为自定义异常类的实例方法，以便获取更精确的提示信息。

```
class ArgumentError(Exception):                             # 定义字符参数异常类
    def __init__(self,string):                              # 初始化函数
        self.leng = len(string)                             # 变量赋值
    def prompt(self):                                       # 定义提示函数
        if self.leng < 5:                                   # 判断字符长度
            return "输入的字符长度至少为 5"
        else:
            return "字符长度符合要求"
string = input('请输入字符：')                              # 接收字符
try:                                                        # 捕获异常
    raise ArgumentError(string)                             # 抛出异常
except ArgumentError as e:                                  # 处理异常
    print (e.prompt())                                      # 打印异常信息
```

12.1.9 跟踪异常

使用 traceback 可以跟踪异常，记录异常发生时有关函数调用的堆栈信息。具体格式如下：

```
import traceback                                            # 导入 traceback 模块
try:
    代码块
except:
    traceback.print_exc()                                   # 打印回溯信息
```

首先，导入 traceback 模块。然后，调用 traceback 对象的 print_exc()方法可以在控制台打印详细的错误信息。

如果希望获取错误信息，可以使用 traceback 对象的 format_exc()方法，它以格式化字符串的形式返回错误信息，与 print_exc()方法打印的信息完全相同。

【示例 1】设计一个简单的异常处理代码段。

```
try:
    1/0                                  # 制造错误
except Exception as e:                   # 捕获异常
    print(e)                             # 打印异常信息
```

运行程序，输出结果如下：

```
division by zero
```

上面错误信息无法跟踪异常发生的位置：在哪个文件、哪个函数、哪一行代码出现异常。

【示例 2】针对示例 1，下面使用 traceback 来跟踪异常。

```
import traceback                         # 导入 traceback 模块
try:
    1/0                                  # 制造错误
except Exception as e:                   # 捕获异常
    traceback.print_exc()                # 打印 traceback 对象信息
```

运行程序，输出结果如下：

```
Traceback (most recent call last):
  File "d:/www_vs/test2.py", line 3, in <module>
    1/0                                  # 制造错误
ZeroDivisionError: division by zero
```

这样就可以帮助用户在程序中回溯出错点的位置。

提示： print_exc()方法可以把错误信息直接保存到外部文件中。语法格式如下：

```
traceback.print_exc(file=open('文件名', '模式', encoding='字符编码'))
```

【示例 3】以示例 2 为基础，修改最后一行代码，打开或创建一个名为 log.log 的文件，以追加形式填入错误信息。

```
traceback.print_exc(file=open('log.log', mode='a', encoding='utf-8'))
```

12.2　程序调试

12.2.1　认识错误

在编写程序中，常见错误有两种：语法错误和异常。语法错误又称解析错误，在学习 Python 时最容易遇到，例如：

```
>>> while True print('Hello world')
File "<stdin>", line 1
while True print('Hello world')
           ^
SyntaxError: invalid syntax
```

解析器输出出现语法错误的那一行，并显示一个“箭头”，指向这行里面检测到的第一个错误。错误是由箭头指示的位置上面的 token 引起的，或者至少是在这里被检测出的。在上面代码中，在 print()这个函数中检测到了错误，因为在它前面少了个冒号（：）。文件名和行号也会被输出，以便输入来自脚本文件时能够知道去何处检查。

即使语句或表达式在语法上是正确的，但在执行时也可能会引发错误。在执行时检测到的错误被称为异常，异常不一定会导致严重后果，但是大多数异常如果不被捕获，被程序处理，则会中止程序，并显示异常提示信息。

【示例】正确解读错误信息。

```
def a(s):                                    # 自定义函数 a
    return 10 / int(s)                       # 数学运算
def b(s):                                    # 自定义函数 b
    return a(s) * 2                          # 调用函数 a
def c():                                     # 自定义函数 c
    b('0')                                   # 调用函数 b
c()                                          # 调用函数 c
```

如果错误没有被捕获，它就一直往上抛出异常，最后被 Python 解释器捕获，打印错误信息，然后退出程序。执行本示例程序，输出结果如下：

```
1  Traceback (most recent call last):
2    File "d:/www_vs/test1.py", line 7, in <module>
3      c()                                   # 调用函数 c
4    File "d:/www_vs/test1.py", line 6, in c
5      b('0')                                # 调用函数 b
6    File "d:/www_vs/test1.py", line 4, in b
7      return a(s) * 2                       # 调用函数 a
8    File "d:/www_vs/test1.py", line 2, in a
9      return 10 / int(s)                    # 数学运算
10 ZeroDivisionError: division by zero
```

仔细查看错误信息，从上到下可以看到整个错误的函数调用链。

第 1 行，提示用户这是错误的跟踪信息。

第 2、3 行，调用函数 c()出错，出错位置在文件 test1.py 第 7 行。

第 4、5 行，调用函数 b('0')出错，出错位置在文件 test1.py 第 6 行。

第 6、7 行，在文件 test1.py 第 4 行，执行 return a(s) * 2 代码时出错。

第 8、9 行，在文件 test1.py 第 2 行，执行 return 10 / int(s)代码时出错。

第 10 行，打印错误信息，根据错误类型 ZeroDivisionError，可以判断 int(s)本身没有出错，但是 int(s)返回 0，在计算 10/0 时出错，除数不能为 0，至此，找到错误的源头并进行预防。

12.2.2 使用 assert

使用 assert 语句可以定义断言，断言用于判断一个表达式，在表达式条件为 False 的时候触发异常，而不必等待程序运行后出现崩溃的情况。语法格式如下：

```
assert expression [, arguments]
```

等价于

```
if not expression:
    raise AssertionError(arguments)
```

【示例】assert 检测表达式 n != 0 是否为 True，如果为 False，则诊断出错，assert 语句就抛出 AssertionError 异常。

```
def foo(s):
```

```
    n = int(s)
    assert n != 0, 'n is zero!'                    # 设置断言
    return 10 / n
def main():
    foo('0')
main()
```

执行程序后，打印信息如下：

```
Traceback (most recent call last):
  File "d:/www_vs/test1.py", line 9, in <module>
    main()
  File "d:/www_vs/test1.py", line 7, in main
    foo('0')
  File "d:/www_vs/test1.py", line 3, in foo
    assert n != 0, 'n is zero!'
AssertionError: n is zero!
```

在交互模式中，可以使用-O 参数关闭 assert，例如：

```
python -O test1.py
```

这样在 test1.py 中设置的所有断言都被当成 pass 语句忽略掉。

12.2.3　使用 pdb

pdb 是 Python 自带的一个包，为 Python 程序提供一种交互的源代码调试功能，主要特性包括：设置断点、单步调试、进入函数调试、查看当前代码、查看栈片段、动态改变变量的值等。pdb 提供了一些常用的调试命令，简单说明如表 12.1 所示。

表 12.1　pdb 常用命令

命　　令	说　　明
break 或 b	设置断点
continue 或 c	继续执行程序
list 或 l	查看当前行的代码段
step 或 s	进入函数
return 或 r	执行代码直到从当前函数返回
exit 或 q	中止并退出
next 或 n	执行下一行
pp	打印变量的值
help	帮助

【示例 1】启动 pdb 调试器，并让程序以单步方式运行，可以随时查看运行状态。

第 1 步，新建 test1.py 文件，然后输入下面代码。

```
s = '0'
n = int(s)
print(10 / n)
```

第 2 步，使用 cmd 命令打开 cmd 窗口。

第 3 步，使用 cd 命令进入到 test1.py 文件所在的目录。

第 4 步，然后输入下面一行代码，按回车键启动 pdb 调试器，如图 12.1 所示。

```
python -m pdb test1.py
```

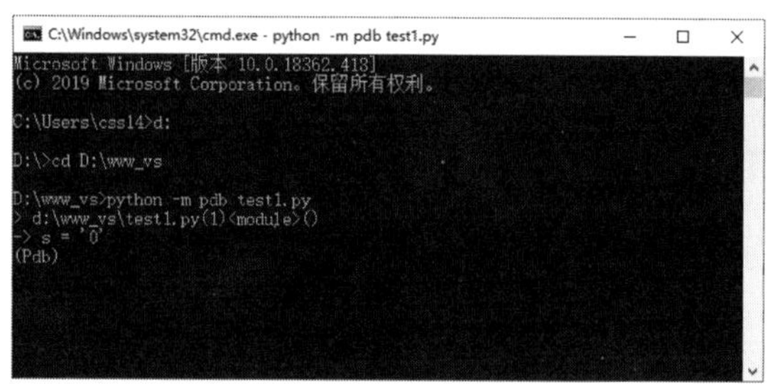

图 12.1　启动 pdb 调试器

以参数-m pdb 启动后，pdb 定位到下一步要执行的代码：

```
-> s = '0'
```

第 5 步，输入命令 l 查看示例源代码。

```
(Pdb) l
  1  -> s = '0'
  2       n = int(s)
  3       print(10 / n)
[EOF]
```

第 6 步，输入命令 n 可以单步执行代码。

```
(Pdb) n
> d:\www_vs\test1.py(2)<module>()
-> n = int(s)
(Pdb) n
> d:\www_vs\test1.py(3)<module>()
-> print(10 / n)
(Pdb) n
ZeroDivisionError: division by zero
```

第 7 步，任何时候都可以输入命令 p，然后空格再输入变量名，查看变量的值。

```
(Pdb) p s
'0'
(Pdb) p n
0
```

第 8 步，输入命令 q 可以结束调试，退出程序。

```
(Pdb) q

D:\www_vs>
```

【示例 2】如果程序代码比较多，使用单步调试会很麻烦，这时可以使用 pdb.set_trace()方法。该方法也是用 pdb，但是不需要单步执行，只需要在源代码中加入 import pdb，然后，在可能出错的地方插入 pdb.set_trace()，就可以设置一个断点。

```
import pdb

s = '0'
n = int(s)
pdb.set_trace()                         # 运行到这里会自动暂停
print(10 / n)
```

运行程序，自动在 pdb.set_trace()行暂停并进入 pdb 调试环境，如图 12.2 所示。然后，就可以用命令 p 查看变量，或者用命令 c 继续运行。

```
(Pdb) p n
0
(Pdb) c
Traceback (most recent call last):
  File "test2.py", line 6, in <module>
    print(10 / n)
ZeroDivisionError: division by zero
```

这种方式比直接启动 pdb 单步调试效率高。

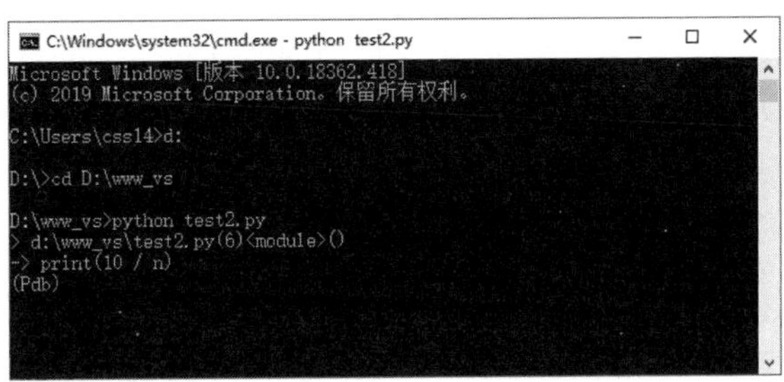

图 12.2　使用 pdb.set_trace()方法

12.3　案 例 实 战

logging 日志模块用于跟踪程序的运行状态。该模块包括如下 4 个部分。

➢ Logger：记录器，用于设置日志采集。
➢ Handler：处理器，将日志记录发送至合适的路径。
➢ Filter：过滤器，决定输出哪些日志记录。
➢ Formatter：格式化器，定义输出日志的格式。

logging 把程序运行状态划分为 5 个级别，按轻重递增排序如下。

➢ DEBUG：调试状态。
➢ INFO：正常运行状态。
➢ WARNING：警告状态。在运行时遇到意外问题，如磁盘空间不足等，但是程序将会正常运行。
➢ ERROR：错误状态。在运行时遇到严重的问题，程序已不能执行部分功能。
➢ CRITICAL：严重错误状态。在运行时遇到严重的异常，表明程序已不能继续运行。

默认等级为 WARNING，这意味着仅在这个级别或以上的事件状态发生时才反馈信息。用户也可以调整响应级别。logging 定义一组日志函数：debug()、info()、warning()、error()和 critical()。在代码中可以调用这些函数，当相应级别的事件发生时，将执行该级别或以上级别的日志函数。日志函数被执行时，将把事件发生的相关信息打印到控制台，或者写入指定的文件中，方便开发人员进行调试。

【示例 1】采用默认等级进行响应，只有 warning 的信息被输出到控制台。

```
import logging                                    # 导入日志模块
logging.debug('debug 信息')
logging.warning('只有这个会输出')
logging.info('info 信息')
```

打印信息如下：

```
WARNING:root:只有这个会输出
```

【示例 2】使用 logging.basicConfig()方法设置日志信息的格式和日志函数响应级别。

```
import logging                                              # 导入日志模块
logging.basicConfig(
format='%(asctime)s - %(pathname)s[line:%(lineno)d] - %(levelname)s: %(message)s',
level=logging.DEBUG)
logging.debug('debug 信息')
logging.info('info 信息')
logging.warning('warning 信息')
logging.error('error 信息')
logging.critical('critical 信息')
```

在 logging.basicConfig()中设置 level 的值为 logging.DEBUG，所以 debug、info、warning、error、critical 级别的日志信息都打印到控制台。打印信息如下：

```
2021-11-18 11:04:55,813 - d:/www_vs/test2.py[line:3] - DEBUG: debug 信息
2021-11-18 11:04:55,813 - d:/www_vs/test2.py[line:4] - INFO: info 信息
2021-11-18 11:04:55,814 - d:/www_vs/test2.py[line:5] - WARNING: warning 信息
2021-11-18 11:04:55,814 - d:/www_vs/test2.py[line:6] - ERROR: error 信息
2021-11-18 11:04:55,814 - d:/www_vs/test2.py[line:7] - CRITICAL: critical 信息
```

【示例 3】使用 logging 把日志信息输出到外部文件中。

```
import logging                                              # 导入 logging 模块
# 配置日志文件和日志信息的格式
logging.basicConfig( filename='test.log',
                     format='[%(asctime)s-%(filename)s-%(levelname)s:%(message)s]',
                     level=logging.DEBUG,
                     filemode='a',
                     datefmt='%Y-%m-%d%I:%M:%S %p')
s = '0'
n = int(s)
logging.info('n = %d' % n)                                  # 保存 n 的值到日志文件中
print(10 / n)
```

在上面示例中，使用 logging.basicConfig()函数设置要保存信息的日志文件，以及日志信息的输出格式、日志时间格式、事件级别等。具体参数说明如下。

- filename：指定文件名。
- format：设置日志信息的显示格式。本例设置的格式分别为：时间+当前文件名+事件级别+输出的信息。
- level：事件级别，低于设置级别的日志信息将不被保存到日志文件中。
- filemode：日志文件打开模式，'a'表示在文件内容尾部追加日志信息，'w'表示重新写入日志信息，即覆盖之前保存的日志信息。
- datefmt：设置日志的日期时间格式。

执行程序后，输出结果如下：

```
Traceback (most recent call last):
  File "d:/www_vs/test1.py", line 8, in <module>
    print(10 / n)
ZeroDivisionError: division by zero
```

在当前目录中，可以看到新建的 test.log 文件，打开可以看到已经保存的日志信息如下：

```
[2021-11-1810:23:58 AM-test1.py-INFO:n = 0]
```

【示例 4】访问 URL，当 URL 不存在时触发异常，然后捕获异常，使用 logging 设置日志信息输出格式和路径。

```
from urllib.request import urlopen                          # 导入 urlopen 函数
from urllib.error import HTTPError                          # 导入 HTTPError 异常类型
import logging                                              # 导入 logging 模块
logger = logging.getLogger()                                # 创建 logger 对象
file_handler = logging.FileHandler('error.log')             # 定义文件输出流
formatter = logging.Formatter('%(asctime)s - %(name)s - %(levelname)s - %(levelno)s - %(message)s')
# 定义日志的输出格式，%(asctime)s 字符串格式的当前日期
file_handler.setFormatter(formatter)                        # 设置日志输出格式
logger.addHandler(file_handler)                             # 将输出流添加到 logger 中
logger.setLevel(logging.INFO)                               # 设置日志输出格式
def getURL(url_list):                                       # 定义函数
    for url in url_list:                                    # 遍历 url_list
        try:                                                # 捕获异常
            html = urlopen(url)                             # 访问 URL 域名
        except Exception as e:                              # 捕获异常
            logging.error(e)                                # 将异常信息写入日志文件中
            print(url,'could not be found',e)               # 打印异常信息
        else:                                               # 打印访问成功信息
            print(url,'count be found')
getURL(["http://www.python.org","http://www.123456789.com"])  # 调用函数，传入 2 个 URL
```

12.4　在 线 支 持

扫码免费学习
更多实用技能

一、补充知识

- ☑ Python 内置异常分类
- ☑ Python 错误
- ☑ Python 异常处理
- ☑ Python 抛出和捕获异常
- ☑ 使用 pdb 进行调试

二、进阶学习

- ☑ 善用变量来改善代码质量
- ☑ 编写条件分支代码的技巧
- ☑ 使用数字与字符串的技巧
- ☑ Python 代码分析工具之 dis 模块
- ☑ 容器的门道
- ☑ 使用 Python3 的 typing 模块提高代码健壮性
- ☑ 让函数返回结果的技巧
- ☑ 异常处理的三个好习惯
- ☑ 编写地道循环的两个建议
- ☑ 使用装饰器的技巧
- ☑ 一个关于模块的小故事
- ☑ 做一个精通规则的玩家
- ☑ 高效操作文件的三个建议
- ☑ 写好面向对象代码的原则（上）
- ☑ 写好面向对象代码的原则（中）
- ☑ 写好面向对象代码的原则（下）

新知识、新案例不断更新中……

第 13 章

进程和线程

现代计算机经常在同一时间内做很多事情，无论是单核 CPU，还是多核 CPU，现代操作系统都支持多任务并发处理，可以同时执行多个程序。进程是应用程序正在执行的实体，当程序执行时，也就创建了一个主线程。进程在创建和执行时需要占用一定的资源，如内存、文件、I/O 设备等。线程是 CPU 使用的基本单元，由主线程创建，并使用这个进程的资源，因此线程创建成本低，可以实现并发处理，充分利用 CPU。Python 提供了对多线程和多进程的支持，通过标准库可以轻松使用多进程和多线程编程。

视频讲解

13.1 使用进程

13.1.1 认识进程

程序只是一堆静态的代码，而进程则是程序的运行过程。同一个程序执行两次，就是两个进程。一个进程就是一个正在运行的任务。对于单核 CPU 来说，同一时间只能处理一个任务，如果要实现多任务并发处理，可以在多任务之间轮换执行，这样可以保证在很短的时间段中每个任务都在执行，模拟出多个任务并发处理的效果。

multiprocessing 是多进程管理包，也是 Python 的标准模块，使用它可以编写多进程。也可以用来编写多线程。如果编写多线程，使用 multiprocessing.dummy 即可，用法与 multiprocessing 基本相同。

multiprocessing 常用组件及功能说明如下。

（1）管理进程模块。

- Process：用于创建进程模块。
- Pool：用于创建管理进程池。
- Queue：用于进程通信，资源共享。
- Value, Array：用于进程通信，资源共享。
- Pipe：用于管道通信。
- Manager：用于资源共享。

（2）同步子进程模块。

- Condition：条件对象。
- Event：事件通信。
- Lock：进程锁。
- RLock：递归锁。
- Semaphore：进程信号量。

如果每个子进程执行需要消耗的时间非常短，如执行递增操作等，就不必使用多进程，因为进程的启动、关闭也会耗费资源。使用多进程往往是用来处理 CPU 密集型（如科学计算）的需求，如果是 IO 密集型（如文件读取、爬虫等），则可以使用多线程去处理。

13.1.2　创建进程

Process 是 multiprocessing 的子类，也是 Multiprocessing 的核心模块，用来创建子进程。使用方式与 Threading 类似，可以实现多进程的创建、启动、关闭等操作。在 multiprocessing 中，每一个进程都用一个 Process 类表示，具体用法如下：

```
multiprocessing.Process(group=None, target=None, name=None, args=(), kwargs={})
```

参数说明如下。

- group：线程组，目前还没有实现，参数值必须为 None。
- target：表示当前进程启动时要执行的调用对象，一般为可执行的方法或函数。
- name：进程名称，相当于给当前进程取一个别名。
- args：表示传递给 target 函数的位置参数，格式为元组。例如，target 是函数 a，它有两个参数 m、n，那么 args 就传入(m, n)即可。
- kwargs：表示传递给 target 函数的关键字参数，格式为字典。

【示例 1】使用 multiprocessing.Process 创建 10 个子进程，并分别执行。

```
from multiprocessing import Process
def foo(i):                                       # 定义任务处理函数
    print ('say hi', i)
if __name__ == '__main__':                        # 主进程
    for i in range(10):                           # 连续创建 10 个子进程
        p = Process(target=foo, args=(i,))
        p.start()                                 # 执行子进程
```

提示：Process 对象包含的实例方法如下。

- is_alive()：判断进程实例是否还在执行。
- join([timeout])：阻塞进程执行，直到进程终止，或者等待一段时间，具体时间由 timeout（可选参数）设置，单位为 s。
- start()：启动进程实例。
- run()：如果没有设置 target 参数，调用 start()方法时，将执行对象的 run()方法。
- terminate()：不管任务是否完成，立即停止进程。
- Process 对象包含的常用属性如下。
- name：进程名称。
- pid：进程 ID，在进程被创造前返回 None。
- exitcode：进程的退出码，如果进程没有结束，那么返回 None；如果进程被信号 N 终结，则返回负数-N。
- authkey：进程的认证密钥，为一个字节串。当多进程初始化时，主进程被使用 os.urandom()指定一个随机字符串。当进程被创建时，从他的父进程中继承认证密钥，尽管可以通过设定密钥来更改它。
- sentinel：当进程结束时变为 ready 状态，可用于同时等待多个事件，否则用 join()更简单些。
- daemon：与线程的 setDeamon 功能一样。将父进程设置为守护进程，当父进程结束时，子进程也结束。

【示例 2】每个 Process 实例都有一个名称，在创建进程时更改其默认值。

命名进程并跟踪它们在同时运行多种类型进程的应用程序中。

```
import multiprocessing                                    # 导入 multiprocessing 模块
import time                                               # 导入 time 模块
def worker():                                             # 处理任务
    name = multiprocessing.current_process().name         # 获取进程的名称
    print(name, 'Starting')
    time.sleep(4)                                         # 睡眠 4s
    print(name, 'Exiting')
def my_service():                                         # 处理任务
    name = multiprocessing.current_process().name         # 获取进程的名称
    print(name, 'Starting')
    time.sleep(5)                                         # 睡眠 5s
    print(name, 'Exiting')
if __name__ == '__main__':                                # 主进程
    service = multiprocessing.Process(                    # 创建子进程 1
        name='my_service',                                # 修改进程名称
        target=my_service,                                # 调用对象
    )
    worker_1 = multiprocessing.Process(                   # 创建子进程 2
        name='worker 1',                                  # 修改进程名称
        target=worker,                                    # 调用对象
    )
    worker_2 = multiprocessing.Process(                   # 创建子进程 3，保持默认的进程名称
        target=worker,                                    # 调用对象
    )
    worker_1.start()                                      # 启动进程 1
    worker_2.start()                                      # 启动进程 2
    service.start()                                       # 启动进程 3
```

输出结果如下：

```
worker 1 Starting
Process-3 Starting
my_service Starting
worker 1 Exiting
Process-3 Exiting
my_service Exiting
```

13.1.3 自定义进程

对于简单的任务，直接使用 multiprocessing.Process 实现多进程，而对于复杂的任务，通常自定义 Process 类，以便扩展 Process 功能。下面结合示例演示说明如何自定义 Process 类。

【示例】自定义 MyProcess，继承于 Process，然后重写__init__和 run()函数。

```
from multiprocessing import Process                       # 导入 Process 类
import time,os                                            # 导入 time 和 os 模块
class MyProcess(Process):                                 # 自定义进程类，继承自 Process
    def __init__(self,name):                              # 重写初始化函数
        super().__init__()                                # 调用父类的初始化函数
        self.name = name                                  # 重写 name 属性值
    def run(self):                                        # 重写 run 方法
        print('%s is running'%self.name,os.getpid())      # 打印子进程信息
        time.sleep(3)
```

```
        print('%s is done' % self.name,os.getpid())                # 打印子进程信息
if __name__ == '__main__':
    p = MyProcess('子进程 1')                                       # 创建子进程
    p.start()                                                       # 执行进程
    print('主进程',os.getppid())                                    # 打印主进程 ID
```

输出结果为：

```
主进程 9868
子进程 1 is running 11580
子进程 1 is done 11580
```

提示：派生类重写基类的 run()方法完成其工作。os.getppid()可以获取父进程 ID，而 os.getpid()可以获取子进程 ID。

13.1.4　管道

Pipe 可以创建管道，用来在两个进程间进行通信，两个进程分别位于管道的两端。具体语法格式如下：

```
Pipe([duplex])
```

该方法将返回两个连接对象(conn1,conn2)，代表管道的两端。参数 duplex 为可选，默认值为 True。

- 如果 duplex 为 True，那么该管道是全双工模式，即 conn1 和 conn2 均可收发消息。
- 如果 duplex 为 False，conn1 只负责接收消息，conn2 只负责发送消息。

实例化的 Pipe 对象拥有 connection 的方法，以下为 5 种常用方法。

- send(obj)：发送数据。
- recv()：接收数据。如果没有消息可接收，recv()方法一直阻塞。如果管道已经被关闭，那么 recv()方法抛出 EOFError 错误。
- poll([timeout])：查看缓冲区是否有数据，可设置时间。如果 timeout 为 None，则无限超时。
- send_bytes(buffer[, offset[, size]])：发送二进制字节数据。
- recv_bytes([maxlength])：接收二进制字节数据。

【示例 1】使用 Pipe()方法创建两个连接对象，然后通过管道功能，一个对象可以发送消息，另一个对象可以接收消息。

```
from multiprocessing import Process, Pipe
def send(pipe):
    pipe.send(['spam'] + [42, 'egg'])                              # send 传输一个列表
    pipe.close()
if __name__ == '__main__':
    (con1, con2) = Pipe()                                          # 创建两个 Pipe 实例
    sender = Process(target=send, args=(con1, ))
                                                                   # 函数的参数，args 一定是实例化之后的 Pipe 变量，
                                                                   # 不能直接写 args=(Pip(),)
    sender.start()                                                 # Process 类启动进程
    print("con2 got: %s" % con2.recv())                            # 管道的另一端 con2 从 send 收到消息
    con2.close()                                                   # 关闭管道
```

【示例 2】管道可以同时发送和接收消息。

```
from multiprocessing import Process, Pipe
def talk(pipe):
    pipe.send(dict(name='Bob', spam=42))                           # 传输一个字典
    reply = pipe.recv()                                            # 接收传输的数据
```

```
        print('talker got:', reply)
if __name__ == '__main__':
        (parentEnd, childEnd) = Pipe()                        # 创建两个 Pipe()实例，也可以改成 (conf1, conf2)
        child = Process(target=talk, args=(childEnd,))        # 创建一个 Process 进程，名称为 child
        child.start()                                         # 启动进程
        print('parent got:', parentEnd.recv())                # parentEnd 是一个 Pip()管道，
                                                              # 可以接收 child Process 进程传输的数据
        parentEnd.send({x * 2 for x in 'spam'})               # parentEnd 是一个 Pip()管道，
                                                              # 可以使用 send 方法来传输数据
        child.join()                                          # 传输的数据被 talk 函数内的 pip 管道接收，
                                                              # 并赋值给 reply
        print('parent exit')
```

输出结果为：

```
parent got: {'name': 'Bob', 'spam': 42}
talker got: {'aa', 'mm', 'pp', 'ss'}
parent exit
```

13.1.5 队列

Queue 可以创建队列，实现在多个进程间通信。具体语法格式如下：

```
Queue([maxsize])
```

参数 maxsize 表示队列中允许的最大项数。如果省略该参数，则无大小限制。

Queue 实例对象的常用方法说明如下。

- empty()：如果队列为空，返回 True；否则返回 False。
- full()：如果队列满了，返回 True；否则返回 False。
- put(obj[, block[, timeout]])：写入数据。如果设置 block:true,timeout:None，将持续阻塞，直到有可用的空槽。timeout 表示等待时间，为正值，如果在指定时间内依然没有可用的空槽，就抛出 full 异常。
- get([block[, timeout]])：获取数据。参数说明与 put()相同，但是如果队列为空，获取数据时将抛出 empty 异常。
- put_nowait()：相当于 put(obj,False)。
- get_nowait()：相当于 get(False)。
- close()：关闭队列，不能再有数据添加进来，垃圾回收机制启动时自动调用。
- qsize()：返回队列的大小。

队列操作原则：先进先出，后进后出。

【示例 1】创建一个队列，然后向队列中添加数字，再逐一读取出来。

```
from multiprocessing import Queue                             # 导入 Queue 类
q = Queue()                                                   # 创建一个队列对象
# 使用 put 方法往队列里面放值
q.put(1)                                                      # 添加数字 1
q.put(2)                                                      # 添加数字 2
q.put(3)                                                      # 添加数字 3
# 使用 get 方法从队列里面取值
print(q.get())                                                # 打印 1
print(q.get())                                                # 打印 2
print(q.get())                                                # 打印 3
q.put(4)                                                      # 添加数字 4
```

```
q.put(5)                                          # 添加数字 5
print(q.get())                                    # 打印 4
```

提示： get()方法将从队列里取值，并且把队列内被取出来的值删掉。如果 get()没有参数的情况下就是默认一直等着取值，就算队列里面没有可取的值，程序也不会结束，就会卡在那里一直等待。

【示例 2】 通过队列从子进程向父进程发送数据。

```
from multiprocessing import Process, Queue        # 导入 Process、Queue 类
def f(q, name, age):                              # 进程函数
    q.put([name, age])                            # 调用主函数中 p 进程传递过来的进程参数，
                                                  # 使用 put 向队列中添加一条数据
if __name__ == '__main__':
    q = Queue()                                   # 创建一个 Queue 对象
    p = Process(target=f, args=(q, '张三', 18))    # 创建一个进程
    p.start()                                     # 执行进程
    print(q.get())                                # 打印消息，输出为：['张三', 18]
    p.join()                                      # 阻塞进程
```

这是一个 Queue 的简单应用，使用队列 q 对象调用 get 取得队列中最先进入的数据。

13.1.6　进程池

Pool 可以提供指定数量的进程供用户调用，当有新的请求提交到 Pool 中时，如果进程池还没有满，就会创建一个新的进程来执行请求。如果进程池已满，请求就会告知先等待，直到池中有进程结束，才会创建新的进程执行这些请求。具体语法格式如下：

```
Pool([processes[, initializer[, initargs[, maxtasksperchild[, context]]]]])
```

参数简单说明如下。

- processes：设置可工作的进程数。如果为 None，使用运行环境的 CPU 核心数作为默认值，可以通过 os.cpu_count()查看。
- initializer：如果 initializer 不为 None，那么每一个工作进程在开始的时候调用 initializer(*initargs)。
- maxtasksperchild：工作进程退出之前可以完成的任务数，完成后用一个新的工作进程替代原进程，释放让闲置的资源。maxtasksperchild 默认是 None，意味着只要 Pool 存在工作进程就一直存活。
- context：用来指定工作进程启动时的上下文，一般使用 multiprocessing.Pool()或者一个 context 对象的 Pool()方法创建一个池，两种方法都被适当地设置 context。

Pool 常用实例方法说明如下。

- apply(func[, args=()[, kwds={}]])：执行进程函数，并传递不定参数，主进程被阻塞直到函数执行结束。
- apply_async：与 apply 用法一致，但是非阻塞，且支持结果返回后进行回调。
- map(func, iterable[, chunksize=None])：使进程阻塞直到结果返回，参数 iterable 是一个迭代器。该方法将 iterable 内的每一个对象作为单独的任务提交给进程池。
- map_async()：与 map 用法一致，但它是非阻塞的。
- close()：关闭进程池，使其不再接受新的任务。
- terminal()：结束工作进程，不再处理未处理的任务。
- join()：主进程阻塞等待子进程的退出，join 方法必须在 close 或 terminate 之后使用。

【示例】 通过进程池创建多个进程并发处理，与顺序执行比较处理同一数据所花费的时间差别。

```
import time                                    # 导入时间模块
from multiprocessing import Pool               # 导入 Pool 类
def run(n):                                    # 进程处理函数
    time.sleep(1)                              # 阻塞 1 s
    return n*n                                 # 返回浮点数的平方
if __name__ == "__main__":                     # 主进程
    testFL = [1, 2, 3, 4, 5, 6]                # 待处理的数列
    print('顺序执行:')                          # 顺序执行，也就是串行执行，单进程
    s = time.time()                            # 计时开始
    for fn in testFL:
        run(fn)
    e1 = time.time()                           # 计时结束
    print("顺序执行时间：", int(e1 - s))        # 计算所用时差
    print('并行执行:')                          # 创建多个进程，并行执行
    pool=Pool(6)                               # 创建拥有 6 个进程数量的进程池
    # testFL 是要处理的数据列表，run 是处理 testFL 列表中数据的函数
    rl=pool.map(run, testFL)                   # 并发执行运算
    pool.close()                               # 关闭进程池，不再接受新的进程
    pool.join()                                # 主进程阻塞等待子进程的退出
    e2=time.time()                             # 计时结束
    print("并行执行时间：", int(e2-e1))         # 计算所用时差
    print(rl)                                  # 打印计算结果
```

输出结果为：

```
顺序执行:
顺序执行时间：  6
并行执行:
并行执行时间：  1
[1, 4, 9, 16, 25, 36]
```

从结果可以看出，并发执行的时间明显比顺序执行要快很多，但是进程是要耗资源的，所以平时工作中，进程数不能太大。

13.1.7 进程锁

当多个进程使用同一资源时，容易引发数据安全或顺序混乱问题，这时可以考虑为进程加锁，使进程产生同步，确保数据的一致性。使用 Lock 可以创建锁，语法格式如下：

```
lock = multiprocessing.Lock()
```

然后，使用 lock.acquire()可以获取锁，使用 lock.release()方法可以释放锁。

谁先抢到锁，谁先执行，等到该进程执行完成后，其他进程才能够抢锁执行。

【示例 1】定义 3 个进程，然后并发执行。

```
import os
import time
import random
from multiprocessing import Process, Lock
def work(n):
    print('%s: %s is runing' % (n, os.getpid()))
    time.sleep(random.random())
    print('%s: %s is down' % (n, os.getpid()))
if __name__ == '__main__':
    for i in range(3):                         # 利用 for 循环模拟多进程
```

```
        p = Process(target=work, args=(i,))
        p.start()
```

输出为：

```
0: 14916 is runing
1: 9640 is runing
2: 6716 is runing
2: 6716 is down
0: 14916 is down
1: 9640 is down
```

【示例 2】针对示例 1 加锁执行。

```
import os
import time
import random
from multiprocessing import Process, Lock
def work(lock, n):
    lock.acquire()
    print('%s: %s is runing' % (n, os.getpid()))
    time.sleep(random.random())
    print('%s: %s is down' % (n, os.getpid()))
    lock.release()
if __name__ == '__main__':
    lock = Lock()
    for i in range(3):
        p = Process(target=work, args=(lock, i))
        p.start()
```

输出为：

```
0: 16664 is runing
0: 16664 is down
1: 14504 is runing
1: 14504 is down
2: 9452 is runing
2: 9452 is down
```

上面这种情况虽然使用加锁的形式实现了顺序的执行，但是程序又重新变成串行了，这样确实会浪费时间，但是保证了数据的安全。这个过程类似于数据库的事务。

13.2 使用线程

13.2.1 认识线程

线程（Thread）也叫轻量级进程，是操作系统能够进行运算调度的最小单位，它被包含在进程之中，是进程中的实际运作单位。线程自己不拥有系统资源，只拥有一些在运行中必不可少的资源，但它可以与同属一个进程的其他线程共享进程所拥有的全部资源。一个线程可以创建和撤销另一个线程，同一进程中的多个线程之间可以并发执行。

线程在程序中是独立的、并发的执行流。与分隔的进程相比，进程中线程之间的隔离程度小，它们共享内存、文件句柄和其他进程应有的状态。

因为线程的划分尺度小于进程，使得多线程程序的并发性较高。进程在执行过程中拥有独立的内存单元，而多个线程共享内存，从而极大地提高了程序的运行效率。

线程比进程具有更高的性能，这是由于同一个进程中的线程都有共性，多个线程共享同一个进程的虚拟空间。线程共享的环境包括进程代码段、进程的公有数据等，利用这些共享的数据，线程之间很容易实现通信。

操作系统在创建进程时，必须为该进程分配独立的内存空间，并分配大量的相关资源，但创建线程则简单得多。因此，使用多线程实现并发比使用多进程的性能要高得多。

线程是进程内部的一个执行序列。一个进程可以有多个线程，多线程类似于同时执行多个不同程序。多线程运行优点如下。

- 进程之间不能共享内存，但线程之间可以共享内存。
- 操作系统在创建进程时，需要为该进程重新分配系统资源，但创建线程的代价则小得多。因此，使用多线程实现多任务并发执行比使用多进程的效率高。

多线程编程的优势如下。

- 使用线程可以把占据长时间程序的任务放到后台处理。
- 用户界面可以更加吸引人，如用户点击一个按钮去触发某些事件的处理，可以弹出一个进度条来显示处理的进度。
- 程序的运行速度可能加快。

在一些等待的任务实现上如用户输入、文件读写和网络收发数据等，线程的优势较明显。在这种情况下可以释放一些珍贵的资源如内存占用等。

Python 内置了多线程功能支持，而不是单纯地作为底层操作系统的调度方式，从而简化了 Python 的多线程编程。threading 是多线程管理包，也是 Python 的标准模块，使用它可以用来编写多线程。

13.2.2 创建线程

使用 Thread 构造器可以创建线程，语法格式如下。

```
Thread(group=None, target=None, name=None, args=(), kwargs={})
```

Thread 是 threading 模块最核心的类，每个 Thread 对象代表一个线程，每个线程可以独立处理不同的任务。参数简单说明如下。

- group：设置线程组，参数值必须为 None，目前还没有实现。
- target：表示当前线程启动时要执行的调用对象，一般为可执行的方法或函数。
- name：线程名称。默认形式为“Thread-N”的唯一的名字被创建，其中 N 是比较小的十进制数。
- args：表示传递给调用对象的位置参数，格式为元组，默认为空元组。
- kwargs：表示传递给调用对象的关键字参数，格式为字典，默认为空字典。

【示例 1】利用多线程执行任务。

```
import threading
import time
def run(n):
    print("task", n)
    time.sleep(1)
    print('2s')
    time.sleep(1)
    print('1s')
    time.sleep(1)
    print('0s')
```

```
        time.sleep(1)
if __name__ == '__main__':
        t1 = threading.Thread(target=run, args=("t1",))
        t2 = threading.Thread(target=run, args=("t2",))
        t1.start()
        t2.start()
```

执行程序，输入结果如下：

```
task t1
task t2
2s
2s
1s
1s
0s
0s
```

【示例 2】使用 setDaemon(True)可以把所有子线程都变成主线程的守护线程，当主进程结束后，子线程也随之结束。当主线程结束后，整个程序就退出了。

```
import threading
import time
def run(n):
        print("task", n)
        time.sleep(1)                                   # 此时子线程停 1s
        print('3')
        time.sleep(1)
        print('2')
        time.sleep(1)
        print('1')
if __name__ == '__main__':
        t = threading.Thread(target=run, args=("t1",))
        t.setDaemon(True)                               # 把子进程设置为守护线程，必须在 start()之前设置
        t.start()
        print("end")
```

设置守护线程之后，当主线程结束时，子线程也将立即结束，不再执行。输出如下：

```
task t1
end
```

13.2.3　自定义线程

继承 threading.Thread 自定义线程类，其本质是重构 Thread 类中的 run 方法。

【示例 1】自定义 Thread 类，并重写 run()方法。

```
import time                                     # 导入时间模块
import threading                                # 导入 threading 模块
class MyThread(threading.Thread):               # 以继承的方式实现线程创建
        def __init__(self, n):                  # 重写初始化函数
                super(MyThread, self).__init__()  # 重构 run 函数必须重写
                self.n = n
        def run(self):                          # 重写 run 函数
                print("task", self.n)
                time.sleep(1)
                print('2s')
```

```
            time.sleep(1)
            print('1s')
            time.sleep(1)
            print('0s')
            time.sleep(1)
if __name__ == "__main__":
    t1 = MyThread("t1")                          # 实例化线程对象
    t2 = MyThread("t2")                          # 实例化线程对象
    t1.start()                                   # 执行线程
    t2.start()                                   # 执行线程
```

执行程序，输出结果如下：

```
task t1
task t2
2s
2s
1s
1s
0s
0s
```

MyThread 类定义了__init__()初始化方法，并且在__init__()方法中调用了父类的__init__()方法，所以，当实例化 MyThread 类时自动调用父类的__init__()方法进行初始化。当然，是否使用__init__()初始化方法，取决于实例化类时是否需要传递参数而定。

【示例 2】为了让守护线程执行结束之后，主线程再结束，可以使用 join()方法，让主线程等待子线程执行。

```
import threading
import time
def run(n):
    print("task", n)
    time.sleep(1)                                # 此时子线程停 1s
    print('3')
    time.sleep(1)
    print('2')
    time.sleep(1)
    print('1')
if __name__ == '__main__':
    t = threading.Thread(target=run, args=("t1",))
    t.setDaemon(True)                            # 把子进程设置为守护线程，必须在 start()之前设置
    t.start()
    t.join()                                     # 设置主线程等待子线程结束
    print("end")
```

输出为：

```
task t1
3
2
1
end
```

13.2.4 线程锁

在多线程中，所有变量都由所有线程共享，任何一个变量都可以被任何一个线程修改。因此，线程之

间共享数据最大的危险在于多个线程同时改一个变量时会把内容改乱。

为了确保一个线程在修改变量的时候，别的线程一定不能改该变量，就需要引入锁的概念。Lock 是 threading 的子类，能够实现线程锁的功能。一旦一个线程获得一个锁，当线程正在执行更改数据时，该线程因为获得了锁，其他线程就不能同时执行修改功能，只能等待，直到锁被释放，获得该锁以后才能执行更改。Lock 对象有如下两个基本方法。

- acquire()：可以阻塞或非阻塞地获得锁。
- release()：释放一个锁。

线程锁的优点：确保某段关键代码只能由一个线程从头到尾完整地执行。

线程锁的缺点如下。

- 阻止了多线程并发执行，包含锁的某段代码实际上只能以单线程模式执行，效率就大大地下降了。
- 由于存在多个锁，不同线程持有不同的锁，并试图获取对方持有的锁时，可能会造成死锁，导致多个线程全部挂起，既不能执行，也无法结束，只能靠操作系统强制终止。

【示例】使用 Lock 锁定线程函数中修改变量的过程，避免多个线程同时操作。这样就可以保证变量 deposit 的值永远都是 0，而不是其他值。

```
import time                                    # 导入时间模块
import threading                               # 导入 threading 模块
deposit = 0                                    # 定义变量，初始为存款余额
lock = threading.Lock()                        # 创建 Lock 对象
def run_thread(n):                             # 线程处理函数
    global deposit                             # 声明为全局变量
    for i in range(1000000):                   # 无数次重复操作，对变量执行先存后取相同的值
        lock.acquire()                         # 获取锁
        try:                                   # 执行修改
            deposit = deposit + n
            deposit = deposit - n
        finally:
            lock.release()                     # 释放锁
# 创建 2 个线程，并分别传入不同的值
t1 = threading.Thread(target=run_thread, args=(5,))
t2 = threading.Thread(target=run_thread, args=(8,))
# 开始执行线程
t1.start()
t2.start()
# 阻塞线程
t1.join()
t2.join()
print(f'存款余额为：{deposit}')
```

13.2.5 递归锁

threading 提供两种类型的锁：threading.Lock 和 threading.RLock。Lock 不允许重复调用 acquire()方法获取锁，否则容易出现死锁；而 RLock 允许在同一线程中多次调用 acquire()，不会阻塞程序，这种锁也称为递归锁。acquire 和 release 必须成对出现，即调用了 n 次 acquire()方法，就必须调用 n 次 release()方法，才能真正释放所占用的锁。

【示例】针对 13.2.4 节示例，使用 RLock 锁定线程，则可以反复获取锁，而不会发生阻塞。

```
import time                                    # 导入时间模块
```

```
import threading                            # 导入 threading 模块
deposit = 0                                 # 定义变量，初始为存款余额
rlock = threading.RLock()                   # 创建递归锁
def run_thread(n):                          # 线程处理函数
    global deposit                          # 声明为全局变量
    for i in range(1000000):                # 无数次重复操作，对变量执行先存后取相同的值
        rlock.acquire()                     # 获取锁
        rlock.acquire()                     # 在同一线程内，程序不会堵塞
        try:                                # 执行修改
            deposit = deposit + n
            deposit = deposit - n
        finally:
            rlock.release()                 # 释放锁
            rlock.release()                 # 释放锁
# 创建 2 个线程，并分别传入不同的值
t1 = threading.Thread(target=run_thread, args=(5,))
t2 = threading.Thread(target=run_thread, args=(8,))
# 开始执行线程
t1.start()
t2.start()
# 阻塞线程
t1.join()
t2.join()
print(f'存款余额为：{deposit}')
```

13.2.6 条件对象

条件对象允许一个或多个线程在被其他线程通知之前处于等待中。

Condition 是 threading 模块的一个子类，用于维护多个线程之间的同步协作。其内部使用的也是 Lock 或者 RLock，同时增加了等待池功能。Condition 对象包含如下方法。

- acquire()：请求底层锁。
- release()：释放底层锁。
- wait(timeout=None)：等待直到被通知或发生超时。
- wait_for(predicate, timeout=None)：等待，直到条件计算为真。参数 predicate 为一个可调用对象，而且它的返回值可被解释为一个布尔值。
- notify(n=1)：默认唤醒一个等待这个条件的线程。这个方法可以唤醒最多 n 个正在等待这个条件变量的线程。
- notify_all()：唤醒所有正在等待这个条件的线程。

【示例】使用 Condition 协调两个线程之间的工作。

```
import threading
import time
con = threading.Condition()
num = 0
class Producer(threading.Thread):                  # 生产者
    def __init__(self):
        super(Producer, self).__init__()
    def run(self):
        # 锁定线程
        global num
```

```
        con.acquire()
        while True:
            print("开始添加！！！")
            num += 1
            print(f"火锅里面鱼丸个数：{num}")
            time.sleep(1)
            if num >= 5:
                print("火锅里面鱼丸数量已经达到 5 个，无法添加了！")
                # 唤醒等待的线程
                con.notify()                                  # 唤醒小伙伴开吃啦
                con.wait()                                    # 等待通知
        con.release()                                         # 释放锁
class Consumers(threading.Thread):                            # 消费者
    def __init__(self):
        super(Consumers, self).__init__()
    def run(self):
        con.acquire()
        global num
        while True:
            print("开始吃啦！！！")
            num -= 1
            print(f"火锅里面剩余鱼丸数量：{num}")
            time.sleep(2)
            if num <= 0:
                print("锅底没货了，赶紧加鱼丸吧！")
                con.notify()                                  # 唤醒其他线程
                # 等待通知
                con.wait()
        con.release()
```

Condition 有两层锁，一把底层锁在线程调用 wait()方法时就会释放，每次调用 wait()方法后，都创建一把锁放进 Condition 的双向队列中，等待 notify()方法的唤醒。

执行程序，输出结果如下：

```
开始添加！！！
火锅里面鱼丸个数：1
开始添加！！！
火锅里面鱼丸个数：2
开始添加！！！
火锅里面鱼丸个数：3
开始添加！！！
火锅里面鱼丸个数：4
开始添加！！！
火锅里面鱼丸个数：5
火锅里面鱼丸数量已经达到 5 个，无法添加了！
```

13.2.7　事件通信

Python 线程的事件用于主线程控制其他线程的执行，事件是一个简单的线程同步对象，其主要提供以下几个方法。

- is_set()：当且仅当内部标志为 True 时返回 True。
- set()：将内部标志设置为 True。所有正在等待这个事件的线程将被唤醒。当标志为 True 时，调用

wait()方法的线程不会被阻塞。

- clear()：将内部标志设置为 False。之后调用 wait()方法的线程将会阻塞，直到调用 set()方法将内部标志再次设置为 True。
- wait(timeout=None)：等待设置标志。

事件处理的机制：全局定义一个“Flag”，当 flag 值为 False，那么 event.wait()就会阻塞，当 flag 值为 True，那么 event.wait()便不再阻塞。

Event 是 threading 模块的一个子类，用于在线程之间进行简单通信。一个线程发出事件信号，而其他线程等待该信号。

【示例】模拟红绿灯交通。其中，标志位设置为 True，代表绿灯，直接通行；标志位被清空，代表红灯；wait()等待变绿灯。

```
import threading,time                              # 导入 threading 和 time 模块
event=threading.Event()                            # 创建 Event 对象
def lighter():                                     # 红绿灯处理线程函数
    '''0<count<2 为绿灯，2<count<5 为红灯，count>5 重置标志'''
    event.set()                                    # 设置标志位为 True
    count=0                                        # 递增变量，初始为 0
    while True:
        if count>2 and count<5:
            event.clear()                          # 将标志设置为 False
            print("\033[1;41m  现在是红灯  \033[0m")
        elif count>5:
            event.set()                            # 设置标志位为 True
            count=0                                # 恢复初始值
        else:
            print("\033[1;42m  现在是绿灯  \033[0m")
        time.sleep(1)
        count+=1                                   # 递增变量
def car(name):                                     # 小车处理线程函数
    '''红灯停，绿灯行'''
    while True:
        if event.is_set():                         # 当标志位为 True 时
            print(f"[{name}]  正在开车")
            time.sleep(0.25)
        else:                                      # 当标志位为 False 时
            print(f"[{name}]  看见了红灯，需要等几秒")
            event.wait()
            print(f"\033[1;34;40m  绿灯亮了，[{name}]继续开车  \033[0m")
# 开启红绿灯
light = threading.Thread(target=lighter,)
light.start()
# 开始行驶
car = threading.Thread(target=car,args=("张三",))
car.start()
```

13.3 案 例 实 战

本例通过多进程技术统计指定目录下文件中字符个数和行数，然后把统计信息存入 sum.txt 文件中，每个文件一行，信息格式为：文件名 行数 字符数。

```
from multiprocessing import Pool                              # 导入 Pool 类
import time                                                   # 导入时间模块
import os                                                     # 导入 os 模块
def getFile(path):                                            # 获取目录下的文件 list
    fileList = []
    for root, dirs, files in list(os.walk(path)):            # 遍历指定目录
        for i in files:
            if i.endswith('.txt') or i.endswith('.10w'):      # 过滤文件
                fileList.append(root + "\\" + i)
    return fileList
def operFile(filePath):                                       # 统计并返回每个文件中行数和字符数
    filePath = filePath
    fp = open(filePath)
    content = fp.readlines()
    fp.close()
    lines = len(content)
    alphaNum = 0
    for i in content:
        alphaNum += len(i.strip('\n'))
    return lines, alphaNum, filePath
def out(list1, writeFilePath):                                # 将统计结果写入结果文件中
    fileLines = 0
    charNum = 0
    fp = open(writeFilePath, "w", encoding="utf-8")
    for i in list1:
        fp.write(i[2] + " 行数：" + str(i[0]) + " 字符数："+str(i[1]) + "\n")
        fileLines += i[0]
        charNum += i[1]
    fp.close()
    print(fileLines, charNum)
if __name__ == "__main__":                                    # 主进程
    # 创建多个进程统计目录中所有文件的行数和字符数
    startTime = time.time()                                   # 开始计时
    filePath = "test"                                         # 操作目录为当前目录下 test 文件夹
    fileList = getFile(filePath)
    pool = Pool(5)                                            # 创建进程池
    resultList = pool.map(operFile, fileList)                 # 并行统计每个文件的行数和字符数
    pool.close()                                              # 关闭进程池
    pool.join()                                               # 阻塞进程
    writeFilePath = "sum.txt"                                 # 指定信息存储文件
    print(resultList)                                         # 打印信息
    out(resultList, writeFilePath)                            # 写入信息
    endTime = time.time()                                     # 结束计时
    print("used time is ", endTime - startTime)               # 打印并行处理花费的时间
```

在执行本示例程序之前，在当前目录下新建 test 文件夹，并放入多个测试文本文件。执行程序，在控制

台输出结果如下：

```
[(4, 11, 'test\\1.txt'), (2, 6, 'test\\2.txt'), (1, 4, 'test\\3.txt')]
7 21
used time is    0.15359091758728027
```

执行程序之后，在当前目录中看到新建的 sum.txt，打开可以看到如下统计信息：

```
test\1.txt  行数：4  字符数：11
test\2.txt  行数：2  字符数：6
test\3.txt  行数：1  字符数：4
```

13.4 在线支持

扫码免费学习
更多实用技能

一、补充知识

☑ Python 中的多线程是假的多线程
☑ Python 多线程详解
☑ Python 多线程应用

二、专项练习

☑ Python3 多线程
☑ process 模块
☑ Pool 进程池模块
☑ Queue、Pipe 进程间通信
☑ Lock、Rlock 进程同步

新知识、新案例不断更新中……

第 14 章 文件操作

文件是存储在设备上的一组字符或字节序列，可以包含任何内容，它是数据的集合和抽象。文件包括两种类型：文本文件和二进制文件。文本文件一般由单一特定编码的字符组成；二进制文件直接由二进制 0 和 1 组成，文件内部数据的组织格式与文件用途有关。二进制文件和文本文件的主要区别在于是否有统一的字符编码。文本文件和二进制文件都可以使用文本文件方式和二进制文件方式打开，但打开后的操作不同。采用文本方式打开文件，文件经过编码形成字符串；采用二进制方式打开文件，文件被解析为字节流。

视频讲解

14.1 认识 I/O

I/O 在计算机中是指 Input/Output，也就是 Stream（流）的输入和输出。这里的输入和输出是相对于内存来说的，Input Stream（输入流）是指数据从外（磁盘、网络）流进内存，Output Stream（输出流）是数据从内存流出到外面（磁盘、网络）。当程序运行时，数据都是在内存中驻留，由 CPU 这个超快的计算核心执行，涉及数据交换的地方就需要 I/O 接口，如磁盘操作、网络操作等。

操作系统屏蔽了底层硬件，向上提供通用接口。因此，操作 I/O 的能力是由操作系统提供的，每一种编程语言都会把操作系统提供的低级 C 接口封装起来供开发者使用，Python 也不例外。

由于操作 I/O 的能力是由操作系统提供的，且现代操作系统不允许普通程序直接操作磁盘，所以，读写文件时需要请求操作系统打开一个对象，通常被称为文件描述符，也就是在程序中要操作的文件对象。

通常，高级编程语言中会提供一个内置的函数，通过接收文件路径以及文件打开模式等参数来打开一个文件对象，并返回该文件对象的文件描述符。因此，通过这个函数就可以获取要操作的文件对象。在 Python 中这个内置函数的名称为 open()。

不同的编程语言读写文件的操作步骤大体一样，都分为以下几个步骤。

第 1 步，打开文件，获取文件描述符。

第 2 步，操作文件描述符，如读/写。

第 3 步，关闭文件。

只是不同的编程语言提供的读写文件的 API 是不一样的，有些提供的功能比较丰富，有些比较简陋。

注意：文件读写操作完成后，应该及时关闭。一方面，文件对象占用操作系统的资源；另一方面，操作系统对同一时间打开的文件描述符的数量是有限制的，如果不及时关闭文件，可能会造成数据丢失。因为将数据写入文件时，操作系统不会立刻把数据写入磁盘，而是先把数据放到内存缓冲区异步写入磁盘。当调用 close()方法时，操作系统保证把没有写入磁盘的数据全部写到磁盘上，否则可能丢失数据。

除了内置函数 open()外，在 Python 中还可以通过如下途径对本地文件系统进行操作。

- os 模块。

- os.path 模块。
- stat 模块。

os 模块是一个与操作系统进行交互的接口，可以直接对操作系统进行操作，直接调用操作系统的可执行文件、命令。os 模块主要包括两部分：文件系统和进程管理。本章重点介绍文件系统部分。

os.path 模块提供了一些与路径相关的操作函数。

stat 模块能够解析 os.stat()、os.fstat()、os.lstat()等函数返回的对象的信息，也就是能获取文件的系统状态信息（即文件属性）。

当使用 os 模块、os.path 模块时，需要先使用 import 语句将其导入，然后才可以调用相关函数或者变量。

```
import os                                # 导入 os 模块
from os import path                      # 从 os 模块中导入 path 子模块
```

导入 os 模块后，也可以使用 os.path 模块，因为 os.path 是 os 的子模块。

14.2 文件基本操作

14.2.1 打开文件

Python 对文本文件和二进制文件采用统一的操作步骤。首先通过 open()函数可以打开一个文件，然后返回一个文件对象，再通过文件对象实现对文件的读、写、删等操作。

使用内置函数 open()可以打开文件，如果指定文件不存在，则创建文件，语法格式如下。如果该文件无法打开，会抛出 OSError。

```
fileObj = open(   fileName,   mode='r',   buffering=-1,   encoding=None,
                  errors=None,   newline=None,   closefd=True,   opener=None )
```

open()函数共包含 8 个参数，除了第一个参数 fileName 必须设置外，其他参数都有默认值，可以省略。参数详细说明如下。

（1）fileName：设置打开的文件名，包含所在路径，也可设置文件句柄。

（2）mode：打开模式，即操作权限，使用字符串表示，'r'、'w'、'x'、'b'可以和'b'、't'、'+'组合使用，打开模式及其组合说明如表 14.1 所示。

表 14.1　open()函数主要打开模式列表

模　式	功　能	说　明
文件格式相关参数		
本组参数可以与其他模式参数组合使用，用于指定打开文件的格式，需要根据要打开文件的类型进行选择		
't'	文本模式	默认，以文本格式打开文件。一般用于文本文件
'b'	二进制模式	以二进制格式打开文件。一般用于非文本文件，如图片等
通用读写模式相关参数		
本组参数可以与文件格式参数组合使用，用于设置基本读、写操作权限，以及文件指针初始位置		
'r'	只读模式	默认。以只读方式打开一个文件，文件指针被定位到文件头的位置。如果文件不存在会报错
'w'	只写模块	打开一个文件只用于写入。如果该文件已存在，则打开文件，清空文件内容，并把文件指针定位到文件头位置开始编辑；如果该文件不存在，则创建新文件，打开并编辑
'a'	追加模式	打开一个文件用于追加，仅有只写权限，无权读操作。如果该文件已存在，文件指针被定位到文件尾位置。新内容被写入到原内容之后；如果该文件不存在，创建新文件并写入

续表

模　式	功　能	说　明
特殊读写模式相关参数		
'+'	更新模式	打开一个文件进行更新，具有可读、可写权限。注意，该模式不能单独使用，需要与 r、w、a 模式组合使用。打开文件后，文件指针的位置由 r、w、a 组合模式决定
'x'	新写模式	新建一个文件，打开并写入内容，如果该文件已存在则报错
组合模式 文件格式与通用读写模式可以组合使用，另外，通过组合+模式可以为只读、只写模式增加写、读的权限		
r 模式组合		
'r+'	文本格式读写	以文本格式打开一个文件用于读、写。文件指针被定位到文件头的位置。新写入的内容将覆盖原有文件部分或全部内容；如果文件不存在则报错
'rb'	二进制格式只读	以二进制格式打开一个文件，只能够读取。文件指针被定位到文件头的位置。一般用于非文本文件，如图片等
'rb+'	二进制格式读写	以二进制格式打开一个文件用于读、写。文件指针被定位到文件头的位置。新写入的内容将覆盖原有文件部分或全部内容；如果文件不存在则报错。一般用于非文本文件
w 模式组合		
'w+'	文本格式写读	以文本格式打开一个文件用于写、读。如果该文件已存在，则打开文件，清空原有内容，进入编辑模式；如果该文件不存在，则创建新文件，打开并执行写、读操作
'wb'	二进制格式只写	以二进制格式打开一个文件，只能够写入。如果该文件已存在，则打开文件，清空原有内容，进入编辑模式；如果该文件不存在，则创建新文件，打开并执行只写操作。一般用于非文本文件
'wb+'	二进制格式写读	以二进制格式打开一个文件用于写、读。如果该文件已存在，则打开文件，清空原有内容，进入编辑模式；如果该文件不存在，创建新文件，打开并执行写、读操作。一般用于非文本文件
a 模式组合		
'a+'	文本格式读写	以文本格式打开一个文件用于读、写。如果该文件已存在，则打开文件，文件指针被定位到文件尾的位置，新写入的内容添加在原有内容的后面；如果该文件不存在，则创建新文件，打开并执行写、读操作
'ab'	二进制格式只写	以二进制格式打开一个文件用于追加写入。如果该文件已存在，则打开文件，文件指针被定位到文件尾的位置，新写入的内容在原有内容的后面；如果该文件不存在，创建新文件，打开并执行只写操作
'ab+'	二进制格式读写	以二进制格式打开一个文件用于追加写入。如果该文件已存在，则打开文件，文件指针被定位到文件尾的位置，新写入的内容在原有内容的后面；如果该文件不存在，创建新文件，打开并执行写、读操作

【示例 1】新建文本文件 test.txt，包含文本“中国”，分别使用文本格式和二进制格式打开。以二进制模式打开，返回内容为字节序列；以文本模式打开，返回内容为解码的字符串。

```
f = open("test.txt","rt", encoding="utf-8")          # t 表示文本格式方式
print(f.readline())                                  # 输出为：中国
f.close()                                            # 文件使用结束后要关闭，释放文件的使用授权
f = open("test.txt","rb")                            # b 表示二进制格式方式
print(f.readline())                                  # 输出为：b'\xe4\xb8\xad\xe5\x9b\xbd'
f.close()                                            # 文件使用结束后要关闭，释放文件的使用授权
```

（3）buffering：设置缓冲方式。0 表示不缓冲，直接写入磁盘；1 表示行缓冲，缓冲区碰到\n 换行符时写入磁盘；如果为大于 1 的正整数，则缓冲区文件大小达到该数字大小时写入磁盘；如果为负值，则缓冲区的缓冲大小为系统默认。

（4）encoding：指定文件的编码方式，该参数只在文本模式下使用。

（5）errors：报错级别。

（6）newline：设置换行符（仅适用于文本模式）。

（7）closefd：布尔值，默认为 True，表示 fileName 参数为文件名（字符串型）；如果为 False，则 fileName 参数为文件描述符。

（8）opener：传递可调用对象。

出于安全考虑，建议使用下面两种方式打开文件。

1. 在异常处理语句中打开

使用异常处理机制打开文件的方法：在 try 语句块中调用 open()函数，在 except 语句块中妥善处理文件操作异常，在 finally 语句块中关闭打开的文件。

【示例 2】如果需要创建一个新的文件，在 open()函数中可以使用 w+模式，用 w+模式打开文件时，如果该文件不存在，则会创建该文件，而不会抛出异常。

```
fileName = "test.txt"                                    # 创建的文件名
try:
    fp = open(fileName, "w+")                            # 创建文件
    print("%s  文件创建成功" % fileName)                  # 提示创建成功
except IOError:
    print("文件创建失败，%s  文件不存在" % fileName)       # 提示创建失败
finally:
    fp.close()                                           # 关闭文件
```

在上面示例中，将打开当前目录下的 test.txt 文件。如果当前目录下没有 test.txt 文件，open()函数将创建 test.txt 文件；如果当前目录下有 test.txt 文件，open()函数会打开该文件，但文件原有内容将被清空。程序输出结果如下：

```
test.txt  文件创建成功
```

【示例 3】r 模式只能打开已存在的文件，当打开不存在的文件时，open()函数抛出异常。

```
fileName = "test1.txt"                                   # 要打开的文件名
try:
    fp = open(fileName, "r")                             # 用 r 模式打开不存在的文件
except IOError:
    print("文件打开失败，%s  文件不存在" % fileName)       # 提示打开失败
finally:
    fp.close()                                           # 关闭文件
```

当打开的文件名称不带路径时，open()函数在 Python 程序运行的当前目录寻找该文件，如果在当前目录下没有找到该文件，open()函数将抛出异常 IOError。

2. 在上下文管理器中打开

with 语句是一种上下文管理协议，也是文件操作的通用结构。它能够简化 try…except…finlally 异常处理机制的流程。使用 with 语句打开文件的语法格式如下：

```
with open(文件) as file 对象:
    操作 file 对象
```

with 语句能够自动处理异常，并在结束时自动关闭打开的文件。

【示例 4】在 with 语句中打开文件，然后逐行读取字符串并打印出来。

```
with open("test1.txt","r", encoding="utf-8") as file:              # 打开文件
    for line in file.readlines():                                   # 迭代每行字符串
        print(line)                                                 # 打印每一行字符串
```

14.2.2　读取文件

使用 file 对象的 readline()、readlines()或 read()方法可以读取文件的内容。简单说明如下。

- file.read(size=-1)： 从文件中读取整个文件内容。参数可选，如果给出，读取前 size 长度的字符串或字节流。
- file.readline(size = -1)：从文件中读取一行内容，包含换行符。参数可选，如果给出，读取该行前 size 长度的字符串或字节流。
- file.readlines(hint=-1)：从文件中读取所有行，以每行为元素形成一个列表。参数可选，如果给出，读取 hint 行。
- file.seek(offset[, whence])：改变当前文件操作指针的位置。

【示例 1】如果文件不大，可以一次性将文件内容读取，并保存到程序变量中。file.read()是常用的一次性读取文件的函数，其结果是一个字符串。

```
f = open("test.txt", "r", encoding="utf-8")
s = f.read()
print(s)
f.close()
```

【示例 2】file.readlines()也是一次性读取文件的函数，其结果是一个列表，每个元素是文件的一行。

```
f = open("test.txt", "r", encoding="utf-8")
ls = f.readlines()
print(ls)
f.close()
```

【示例 3】文件打开后，对文件的读写有一个读取指针，当从文件中读取内容后，读取指针将向前进，再次读取的内容将从指针的新位置开始。

```
f = open("test.txt", "r", encoding="utf-8")
s = f.read()
print(s)
ls = f.readlines()
print(ls)
f.close()
```

在上面示例中，ls 返回值为空，因为之前 f.read()方法已经读取了文件全部内容，读取指针在文件末尾，再次调用 f.readlines()方法已经无法从当前读取指针读取内容，因此返回结果为空。

file 对象内部将记录文件指针的位置，以便下次操作。只要 file 对象没有执行 close()方法，文件指针就不会释放。也可以使用 file 对象的 seek()方法设置当前指针位置，用法如下：

```
fileObject.seek(offset[, whence])
```

fileObject 表示文件对象。参数 offset 表示需要移动偏移的字节数。参数 whence 表示偏移参照点，默认值为 0，表示文件的开头；当值为 1 时，表示当前位置；当值为 2 时，表示文件的结尾。

【示例 4】使用 read()方法分两次从 test.txt 文件中读取第一行的 file.close()和第二行的 file.flush()。

```
f = open("test.txt","rb")                                           # 使用 b 模式选项打开文本文件
```

```
str = f.read(12)                                  # 读取 12 个字节内容
print(str)                                        # 显示内容
f.seek(15, 1)                                     # 设置指针以当前位置为参照向后偏移 15 个字节
str = f.read(12)                                  # 读取 12 个字节内容
print(str)                                        # 显示内容
print( f.tell() )                                 # 获取文件对象的当前指针位置
f.close                                           # 关闭文件对象
```

【示例 5】从文本文件中逐行读取内容并进行处理是一种基本的文件操作需求。文本文件可以看成是由行组成的序列类型，可以使用 for 循环逐行遍历文件。

```
f = open("test.txt", "r", encoding="utf-8")
for line in f:
    print(line)
f.close()
```

或者

```
f = open("test.txt", "r", encoding="utf-8")
while True:                                       # 执行无限循环
    line = f.readline()                           # 读取每行文本
    if line:                                      # 如果不是尾行，则显示读取的文本
        print(line)
    else:                                         # 如果是尾行，则跳出循环
        break
f.close                                           # 关闭文件对象
```

【示例 6】当文件信息很多时，如果一次性读取全部内容，会占用很多内存资源，而如果采用分页读取信息的方法进行显示，更友好、更高效。本例通过循环读取每一行文本，结合条件检测控制每一次读取的次数，以此方法实现分页读取文件的信息。

```
file = input('请输入文件名:')                      # 接收文件名或文件路径
with open(file ,'r') as f:                        # 打开文件
    flag = False                                  # 定义文件是否读取完毕，默认没有读完
    while True:                                   # 循环读取文件
        for i in range(20):                       # 定义一页显示 20 行
            content = f.readline()                # 读取一行
            if content:                           # 判断是否读取完毕
                print (content,end = '')          # 打印内容
            else:                                 # 读取完毕
                print('文件读取结束!')
                flag = True                       # 设置标记为 True
                break                             # 退出读取循环
        if flag:
            break                                 # 文件读取结束，退出整个循环
        choice = input('是否继续读取[y/n]:')       # 文件没有读完，判断是否继续读取
        if choice == 'n' or choice == 'N':        # 不读取
            break                                 # 退出
```

14.2.3 写入文件

使用文件对象的 write()和 writelines()方法可以为文件写入内容。简单说明如下。

- f.write(s)：向文件写入一个字符串或字节流，并返回写入的字符长度。
- f.writelines(lines)：将一个元素为字符串的列表写入文件。

writelines()方法不会换行写入每个元素，如果换行写入每个元素，就需要手动添加换行符\n。使用

writelines()方法写文件的速度更快。如果需要写入文件的字符串非常多，可以使用 writelines()方法提高效率；如果只需要写入少量的字符串，直接使用 write()方法即可。

【示例 1】采用遍历循环和字符串的 join()方法相结合，将二维列表对象输出为 CSV 格式文件。

```
ls = [
        ['指标', '2014 年', '2015 年', '2016 年'],
        ['居民消费价格指数', '102', '101.4', '102'],
        ['食品', '103.1', '102.3', '104.6'],
        ['烟酒及用品', '994', '102.1', '101.5'],
        ['衣着', '102.4', '102.7', '101.4'],
        ['家庭设备用品', '101.2', '101', '100.5'],
        ['医疗保健和个人用品', '101.3', '102', '101.1'],
        ['交通和通信', '99.9', '98.3', '98.7'],
        ['娱乐教育文化', '101.9', '101.4', '101.6'],
        ['居住', '102', '100.7', '101.6'],
    ]
f = open("cpi.csv", "w", encoding="utf-8")
for row in ls:
    f.write(",".join(row)+ "\n")
f.close()
```

提示： 逗号分割的存储格式叫作 CSV 格式，它是一种通用的、相对简单的文件格式，一维数据保存成 CSV 格式后，各元素采用逗号分隔，形成一行。二维数据由一维数据组成，CSV 文件的每一行是一维数据，整个 CSV 文件是一个二维数据。

【示例 2】从 CSV 格式文件读入二维数据，并将其表示为二维列表对象。

```
f = open("cpi.csv", "r")
ls = []
for line in f:
    ls.append(line.strip('\n').split(","))
f.close()
print(ls)
```

【示例 3】在示例 2 基础上，对二维数据进行格式化输出，打印成表格形状。

```
for row in ls:
    line = ""
    for item in row:
        line += "{:10}\t".format(item)
    print(line)
```

14.2.4　删除文件

删除文件需要使用 os 模块，调用 os.remove()方法可以删除指定的文件。

注意： 在删除文件之前需要先检测文件是否存在。如果文件不存在，直接进行删除操作，将抛出异常。调用 os.path.exists()方法可以检测指定的文件是否存在。

【示例】尝试删除当前目录下 test.txt 文件，如果存在，则直接删除，否则提示不存在。

```
import os                                   # 导入 os 模块
f = "test.txt"                              # 指定操作的文件
if os.path.exists(f):                       # 判断文件是否存在
```

```
    os.remove(f)                                    # 删除文件
    print("%s 文件删除成功" % f)
else:
    print("%s 文件不存在" % f)
```

14.2.5 复制文件

文件对象没有提供直接复制文件的方法，但是使用 read()和 write()方法，可以间接实现复制文件的操作：先使用 read()方法读取原文件的全部内容，再使用 write()写入目标文件中。

【示例】复制当前目录下的音频文件：时间都去哪儿了.mp3，播放复制后的文件。

```
music_name = '时间都去哪了.mp3'                      # 定义文件名
with open(music_name, 'rb') as music:               # 以字节流方式打开文件，赋予读权限
    new_name = 'a.mp3'                              # 定义复制后文件名
    with open(new_name, 'wb') as new_music:         # 以字节方式打开文件，赋予写权限
        buffer = 1024                               # 定义一次读 1024 字节
        while True:                                 # 循环读取
            content = music.read(buffer)            # 读取内容
            if not content:                         # 当文件读取结束
                break                               # 跳出循环
            new_music.write(content)                # 写内容
```

将上面第 4 行代码做如下修改，重新运行：

```
    with open(new_name, 'ab') as new_music:         # 以字节方式打开文件，赋予追加权限
```

提示：shutil 模块是另一个文件、目录的管理接口，提供了一些用于复制文件、目录的方法。其中，copyfile()方法可以实现文件的复制，具体用法如下：

```
copyfile(src, dst)
```

该方法把 src 指向的文件复制到 dst 指向的文件。参数 src 表示源文件的路径，参数 dst 表示目标文件的路径，两个参数都是字符串类型。

14.2.6 重命名文件

使用 os 模块的 rename()方法可以对文件或目录进行重命名。

【示例 1】演示文件重命名操作。如果当前目录下存在名为 test1.txt 的文件，则重命名为 test2.txt；如果存在 test2.txt 文件，则重命名为 test1.txt。

```
import os                                           # 导入 os 模块
path = os.listdir(".")                              # 获取当前目录下所有文件或文件夹名称列表
print(path)                                         # 显示列表
if "test1.txt" in path:                             # 如果 test1.txt 存在
    os.rename("test1.txt", "test2.txt")             # 把 test1.txt 改名为 test2.txt
elif  "test2.txt" in path:                          # 如果 test2.txt 存在
    os.rename("test2.txt", "test1.txt")             # 把 test2.txt 改名为 test1.txt
```

在上面示例中，“.”表示当前目录，os.listdir()方法能够返回指定目录包含的文件和子目录的名字列表。

提示：在实际应用中，通常需要把某一类文件修改为另一种类型，即修改文件的扩展名。这种需求可以通过 rename()方法和字符串查找函数实现。

【示例 2】把扩展名为 htm 的文件修改为以 html 为扩展名的文件。

```
import os                                        # 导入 os 模块
path = os.listdir(".")                           # 获取当前目录下所有文件或目录名称列表
for filename in path:                            # 遍历当前目录下所有文件
    pos = filename.find(".")                     # 获取文件扩展名前的点号下标位置
    if filename[pos+1:] == "htm":                # 如果文件扩展名为 htm
        newname = filename[:pos+1] + "html"      # 定义新的文件名，改扩展名为 html
        os.rename(filename,newname)              # 重命名文件
```

为获取文件的扩展名，这里先查找“."所在的位置，然后通过切片 filename[pos+1:]截取扩展名。也可以使用 os.path 模块的 splitext()方法实现，splitext()方法返回一个列表，列表中的第 1 个元素表示文件名，第 2 个元素表示文件的扩展名。

14.2.7　文件搜索和替换

文件内容的搜索和替换可以结合字符串查找和替换来实现。

【示例 1】创建敏感词文件，包含如下内容：

程序员、北京、上海

通过读取文件中敏感词与用户输入信息对比，将含有敏感词的内容用*代替。

```
def filterwords(file_name):                      # 定义敏感词过滤函数
    with open(file_name,'r') as f:               # 打开文件
        content = f.read()                       # 读取文件内容
        word_list = content.split('\n')          # 将文件内容转换成列表格式
        text = input('敏感词过滤:')               # 输入测试内容
        for word in word_list:                   # 遍历敏感词列表
            if word in text:                     # 测试内容含有敏感词
                length = len(word)               # 获取敏感词长度
                text = text.replace(word,'*'*length)  # 用*替换敏感词
        return text                              # 返回测试内容
file = 'filtered_words.txt'                      # 定义文件名
print (filterwords(file))                        # 打印结果
```

【示例 2】设计一个 test1.txt 文件，然后从中查找字符串“Python”，并统计“Python”出现的次数。

首先，新建 test1.txt 文件，包含如下字符串。

```
Python
Python    Python    Python
Python
Python
```

然后，编写 Python 代码搜索指定的“Python”字符串。

```
import re                                        # 导入正则模块
f1 = open("test1.txt", "r")                      # 以只读模式打开 test1.txt 文件
count = 0                                        # 定义计数变量
for s in f1.readlines():                         # 读取 test1.txt 文件每一行字符串，然后迭代
    li = re.findall("Python", s)                 # 在每一行字符串中搜索字符串"Python"
    if len(li)>0:                                # 如果字符串长度大于 0，说明存在指定字符串
        count = count + li.count("Python")       # 累积求和出现次数
print("查找到"+str(count) + "个 Python")          # 输出显示字符串出现次数
f1.close()                                       # 关闭打开的文本文件
```

最后，测试程序，输出结果如下：

```
查找到 6 个 Python
```

在上面示例代码中，变量 count 用于计算字符串“Python”出现的次数。第 4 行代码每次从文件 test1.txt 中读取 1 行到变量 s。然后，在 for 循环中，调用 re 模块的函数 findall()查询变量 s，把查找的结果存储到变量 li 中。如果 li 中的元素个数大于 0，则表示查找到字符串“Python”。最后，调用字符串的 count()方法，统计当前行中“Python”出现的次数。

14.2.8 获取文件基本信息

创建文件后，每个文件都包含很多元信息，如创建时间、最新更新时间、最新访问时间、文件大小等。在 Python 中，使用 os 模块的 stat()函数可以获取文件的基本信息。该函数的语法格式如下：

```
os.stat(path)
```

参数 path 表示文件的路径，可以是相对路径，也可以是绝对路径。stat()函数返回一个 stat 对象，该对象包含下面几个属性，通过访问这些属性，可以获取文件的基本信息。

- st_mode：inode 保护模式。
- st_ino：inode 节点号。
- st_dev：inode 驻留的设备。
- st_nlink：inode 的链接数。
- st_uid：所有者的用户 ID。
- st_gid：所有者的组 ID。
- st_size：普通文件以字节为单位的大小，包含等待某些特殊文件的数据。
- st_atime：最后一次访问的时间。
- st_mtime：最后一次修改的时间。
- st_ctime：最后一次状态变化的时间，即 inode 上一次变动的时间。

提示： inode 就是存储文件元信息的区域，也称为索引节点。每一个文件都有对应的 inode，里面包含了与该文件有关的基本信息。

【示例 1】使用 stat()函数获取指定目录下特定文件的基本信息。

```
import os                                   # 导入 os 模块
path = "test/0.txt"
print(os.stat(path))                        # 获取全部文件基本信息
print(os.stat(path).st_mode)                # 权限模式
print(os.stat(path).st_ino)                 # inode 节点号
print(os.stat(path).st_dev)                 # 设备
print(os.stat(path).st_nlink)               # 链接数
print(os.stat(path).st_uid)                 # 所有用户的用户 ID
print(os.stat(path).st_gid)                 # 所有用户的组 ID
print(os.stat(path).st_size)                # 文件的大小，以字节为单位
print(os.stat(path).st_atime)               # 文件最后访问时间
print(os.stat(path).st_mtime)               # 文件最后修改时间
print(os.stat(path).st_ctime)               # 文件创建时间
```

输出显示为：

```
os.stat_result(st_mode=33206, st_ino=585467951558244087, st_dev=4232052604, st_nlink=1, st_uid=0, st_gid=0, st_size=1,
```

```
st_atime=1562033172, st_mtime=1562463030, st_ctime=1562033172)
33206
585467951558244087
4232052604
1
0
0
1
1562033172.7986898
1562463030.9145854
1562033172.7986898
```

【示例 2】通过示例 1 的输出结果可以看到，直接获取的文件大小以字节为单位，获取的时间都是毫秒。下面尝试对其进行格式化，让它们更直观地进行显示。

```
import os                                          # 导入 os 模块
def timeFormat(longtime):
    '''时间格式化
          longtime:时间或毫秒数
    '''
    import time                                    # 导入 time 模块
    return time.strftime('%Y-%m-%d %H:%M:%S', time.localtime(longtime))
# 把时间转换为本地时间，然后格式化为字符串返回

def byteFormat(longbyte):
    '''字节格式化
          longbyte:字节数
    '''
    _temp = ""                                     # 临时变量
    if longbyte < 1:                               # 小于 1 字节，返回 0 字节
        return "0 字节"
    if longbyte == 1:                              # 等于 1 字节，返回 1 字节
        return "1 字节"
    if longbyte >= 1024*1024*1024:                 # 转换为吉字节 GB
        _temp = "%dGB " %( longbyte//(1024*1024*1024) )
        longbyte   = longbyte % (1024*1024*1024)
    if longbyte >= 1024*1024:                      # 转换为兆字节 MB
        _temp = _temp + "%dMB " %( longbyte//(1024*1024) )
        longbyte   = longbyte % (1024*1024)
    if longbyte >= 1024:                           # 转换为千字节 KB
        _temp = _temp + "%dKB " %( longbyte//(1024) )
        longbyte   = longbyte % (1024)
    if longbyte < 1024:                            # 转换为字节
        _temp = _temp + "%d 字节" %(longbyte)
    return   _temp

path = "test/1.jpg"
print(byteFormat(os.stat(path).st_size))           # 文件的大小，以字节为单位
print(timeFormat(os.stat(path).st_atime))          # 文件最后访问时间
print(timeFormat(os.stat(path).st_mtime))          # 文件最后修改时间
print(timeFormat(os.stat(path).st_ctime))          # 文件创建时间
```

输出显示为：

```
33KB 370 字节
2020-07-09 14:01:15
```

```
2020-07-09 14:01:06
2020-07-09 14:01:15
```

14.3 目录基本操作

14.3.1 认识路径

目录也称为文件夹，用于分层保存文件，通过目录可以分门别类地存放文件，也可以通过目录快速地找到想要的文件，在 Python 中并没有提供直接操作目录的函数或者对象，而是需要使用内置的 os 和 os.path 模块实现。

用于定位一个文件或者目录的字符串被称为一个路径，在程序开发的时候，通常会涉及两种路径：一种是相对路径，另一种是绝对路径。

1. 相对路径

在学习相对路径之前，需要先了解什么是当前工作目录，当前工作目录是指当前文件所在的目录。在 Python 中，可以通过 os 模块提供的 getcwd()函数获取当前工作目录，例如：

```
import os
print(os.getcwd())                              # 输出当前目录
```

相对路径就是依赖当前的工作目录，如果在当前工作目录下有一个名称为 message.txt 的文件，那么在打开这个文件时，就可以直接写上文件名，这时采用的就是相对路径。

提示： 在路径中，要注意下面 3 个特殊符号的语义。

- /：表示根目录，在 Windows 系统下表示某个盘的根目录，如"E:\ "。
- .：表示当前目录，也可以写成"./"。在当前目录中可以直接写文件名或者下级目录。
- ..：表示上级目录，也可以写成"../ "。

【示例 1】分别使用"/"、"./"和"../"打开文本文件，然后执行写入操作。

```
f = open("test1.txt","w")                       # 当前目录
f.write("当前目录")
f.close()
f = open("/test2.txt","w")                      # 根目录
f.write("根目录")
f.close()
f = open("./test3.txt","w")                     # 当前目录
f.write("当前目录 1")
f.close()
f = open("../test4.txt","w")                    # 上级目录
f.write("上级目录")
f.close()
```

2. 绝对路径

绝对路径是指在使用文件时指定文件的实际路径，它不依赖于当前工作目录，在 Python 中，可以通过 os.path 模块提供的 abspath()函数获取一个文件的绝对路径，abspath()函数的基本语法格式如下：

```
os.path.abspath(path)
```

其中，path 为要获取绝对路径的相对路径，可以是文件，也可以是目录。

【示例 2】使用 os.path.abspath()函数获取“.”和“..”的绝对路径。

```
import os                              # 导入 os 模块
path1 = os.path.abspath('.')           # 表示当前所处的文件夹的绝对路径
path2 = os.path.abspath('..')          # 表示当前文件夹的上一级文件夹的绝对路径
print(path1)
print(path2)
```

输出显示为：

```
c:\Users\8\Documents\www
c:\Users\8\Documents
```

提示：在字符串中，'\'字符具有转义功能，因此，在脚本中需要对路径字符串中的分隔符'\'进行转义，即使用'\\'替换'\'，也可以使用'/'代替'\'。但更简便的方法是：在路径字符串的前面加上 r 或者 R 前缀，定义原始字符串，那么路径中的分隔符可以不用转义，如 r"test\0.txt"。

14.3.2 拼接路径

当把两个路径拼接为一个路径时，不建议直接使用字符串连接。因为在 Linux、Unix 系统下，路径分隔符是斜杠'/'；在 Windows 系统下，路径分隔符是反斜杠'\'，也可以兼容斜杠'/'；在苹果 Mac OS 系统中，路径分隔符是冒号':'。使用 os.path 子模块提供的 join()函数可以将两个或多个路径正确拼接成一个新的路径。基本语法如下所示：

```
os.path.join(path1[,path2[,…]])
```

参数 path1、path2 等表示路径字符串，多个参数通过逗号分隔。

- 除了第一个参数外，如果参数的首字母不是'\'或'/'字符，则在拼接路径时会被加上分隔符'\'的前缀。
- 如果所有参数没有一个是绝对路径，那么拼接的路径将是一个相对路径。
- 如果有一个参数是绝对路径，则在它之前的所有参数均被舍弃，拼接的路径将是一个绝对路径。
- 如果有多个参数是绝对路径，则以参数列表中最后一个出现的绝对路径参数为基础，在它之前的所有参数均被舍弃，拼接的路径将是一个绝对路径。
- 如果最后一个参数为空字符串，则生成的路径将以'\'字符作为路径的后缀，表示拼接的路径是一个目录。

【示例 1】使用 os.path.join()函数连接多个路径。

```
import os                                   # 导入 os 模块
Path1 = 'home'
Path2 = 'develop'
Path3 = 'code'
Path4 = Path1 + Path2 + Path3               # 连接字符串
Path5 = os.path.join(Path1,Path2,Path3)     # 拼接路径
print ('Path4 = ',Path4)
print ('Path5 = ',Path5)
```

输出显示为：

```
Path4 =    homedevelopcode
Path5 =    home\develop\code
```

【示例 2】设计当组成参数包含根路径或者绝对路径，或者最后一个参数为空，则使用 os.path.join()函数连接多个路径后的演示效果。

```
import os                                    # 导入 os 模块
Path1 = 'home'
Path2 = '\develop'
Path3 = ''
Path4 = Path1 + Path2 + Path3                # 连接字符串
Path5 = os.path.join(Path1,Path2,Path3)      # 拼接路径
print ('Path4 = ',Path4)
print ('Path5 = ',Path5)
```

输出显示为：

```
Path4 =   home\develop
Path5 =   \develop\
```

在示例 2 中，Path1 = 'home'被舍弃，因为 Path2 = '\develop'包含了根目录，而 Path3 = ''表示最后一个参数为空，即显示为一个\分隔符。

14.3.3 检测目录

在 Python 中，有时需要判断给定的目录是否存在，这时可以使用 os.path 模块提供的 exists()函数实现，exists()函数的基本语法格式如下：

```
os.path.exists(path)
```

其中，path 为要判断的目录，可以采用绝对路径，也可以采用相对路径，

【示例 1】使用 os.path.exists()函数先检测当前目录下是否存在 test 文件夹。

```
import os                                    # 导入 os 模块
b = os.path.exists("test")                   # 判断当前目录下是否存在 test 文件夹
print(b)                                     # 输入为 True
```

提示：exists()函数不区分路径是目录还是文件，如果要区分指定路径是目录、文件、链接，或者为绝对路径，可以使用下面的专用函数。

- os.path.isabs(path)：检测指定路径是否为绝对路径。
- os.path.isdir(path)：检测指定路径是否为目录。
- os.path.isfile(path)：检测指定路径是否为文件。
- os.path.islink(path)：检测指定路径是否为链接。

【示例 2】利用字典结构的特性，把扩展名设置为键名，同类型文件的个数设置为键值，然后遍历指定目录，获取所有文件，再根据键名快速统计同类型文件的个数。

```
import os                                              # 导入 os 模块
def count_filetype(file_path):                         # 定义统计文件类型函数
        file_dict={}                                   # 定义文件类型字典
        file_list = os.listdir(file_path)              # 获取指定目录包含的文件或文件夹名字的列表
        for file in file_list:                         # 遍历列表
            pathname = os.path.join(file_path, file)   # 拼接成完整的路径
            if os.path.isfile(pathname):               # 检测是否为文件
                (file_name,file_extention)=os.path.splitext(file)   # 获取文件名和文件后缀
                if file_dict.get(file_extention) == None:          # 检测字典中是否含有该后缀文件
                    count = 0                          # 没有该后缀文件，设置值为 0
                else:
                    count = file_dict.get(file_extention)          # 有该后缀文件，获取该值
```

```
            count += 1                                       # 文件类型个数累加
            file_dict.update({file_extention:count})         # 添加到字典中
    for key,count in file_dict.items():                      # 遍历字典
            print('\"%s\"文件夹下共有类型为\"%s\"的文件%s 个'%(file_path,key,count))
count_filetype(r'D:\Python\file') # 打印信息
```

14.3.4　创建目录

在 Python 中，os 模块提供了两个创建目录的函数：一个用于创建一级目录，另一个用于创建多级目录。

1. 创建一级目录

创建一级目录是指一次只能创建一级目录，在 Python 中，可以使用 os 模块提供的 mkdir()函数实现，通过该函数只能创建指定路径的最后一级目录，如果该目录的上一级不存在，则抛出异常，语法格式为：

```
os.mkdir(path,mode=0o77)
```

其中，path 表示要创建的目录，可以使用绝对路径，也可以使用相对路径；mode 表示用于指定数值模式，默认值为 0777。

2. 创建多级目录

使用 mkdir()函数只能创建一级目录，如果想创建多级，可以使用 os 模块的 makedirs()函数，该函数用于采用递归的方式创建目录，makedirs()函数的基本语法格式如下：

```
os.makedirs(name,mode=0o77)
```

其中，name 表示用于指定要创建的目录，可以使用绝对路径，也可以使用相对路径；mode 表示用于指定数值模式，默认值为 0777。

【示例】输入需要查找的文件路径，在该路径下查找指定文件。

```
import os                                            # 导入模块
def find_file():                                     # 定义函数
    path = input('请输入查找文件目录:')                # 接收目录
    filename = input('请输入查找目标文件:')            # 接收文件名
    visit_dir(path, filename)                        # 调用遍历目录函数
def visit_dir(path, filename):                       # 定义函数
    li = os.listdir(path)                            # 获取指定目录包含的文件或文件夹名字的列表
    for p in li:                                     # 遍历列表
        pathname = os.path.join(path,p)              # 拼接成完整的路径
        if not os.path.isfile(pathname):             # 检测当前路径是否为文件夹
            visit_dir(pathname, filename)            # 递归调用函数，遍历子目录下文件
        else:
            if p == filename:                        # 查找到目标文件
                print(pathname)                      # 输出完整文件路径
            else:
                continue
find_file()                                          # 调用函数
```

14.3.5　删除目录

删除目录可以使用 os 模块提供的 rmdir()函数实现，通过 rmdir()函数删除目录，只有当要删除的目录为空时才起作用，rmdir()函数的基本语法格式如下：

```
os.rmdir(path)
```

其中，path 为要删除的目录，可以使用相对路径，也可以使用绝对路径。例如，要删除 C 盘中 demo 文件中的目录，可以使用的代码为：

```
import os
os. rmdir("c:\\demo\\mr")
```

【示例】简单调用 mkdir()、makedirs()、rmdir()、removedirs()函数创建和删除目录。

```
import os                                   # 导入 os 模块
os.mkdir("test")                            # 在当前目录下创建 test 文件夹
os.rmdir("test")                            # 在当前目录下删除 test 文件夹
os.makedirs("test/sub_test")                # 创建多级目录
os.removedirs("test/sub_test")              # 删除多级目录
```

在上面示例中，第 2 行代码创建一个名为“test”的目录；第 3 行代码删除目录“test”；第 4 行代码创建多级目录，先创建目录“test”，再创建子目录“sub_test”；第 5 行代码删除目录“test”和“sub_test”。

注意： 如果创建的目录已经存在，执行创建操作，将抛出异常。如果删除的目录不存在，执行删除操作，也将抛出异常。因此，在创建或删除目录之前，建议使用 os.path.exists(path)函数先检测指定的目录是否存在。

提示： rmdir()和 removedirs()函数只能删除空目录。如果要删除非空目录，可以使用 shutil 模块的 rmtree(path)函数实现。例如，下面代码将删除当前目录下 test 子目录，以及其包含的所有内容。

```
import shutil
shutil.rmtree("test")
```

14.3.6 遍历目录

遍历表示全部走遍、到处周游。在 Python 中，遍历就是对指定目录下的全部目录（包括子目录）及文件运行一遍。

os 模块提供了 walk()函数，可用于目录的遍历，语法格式如下：

```
os.walk(top, topdown=True, onerror=None, followlinks=False)
```

参数说明如下。

- top：设置需要遍历的目录路径，即指定要遍历的树形结构的根目录。
- topdown：可选参数，设置遍历的顺序。默认值为 True，表示自上而下遍历，先遍历根目录下的文件，然后再遍历子目录，以此类推。当值为 False 时，则表示自下而上遍历，先遍历最后一级子目录下的文件，最后才遍历根目录。
- onerror：可选参数，默认值为 None，设置一个函数或可调用的对象，当遍历出现异常时，该对象被调用，用来处理异常。
- followlinks：可选参数，默认值为 False。如果为 True，则遍历目录下的快捷方式，即在支持的系统上访问由符号链接指向的目录。

该函数返回一个元组，包含 3 个元素：每次遍历的路径名、目录列表和文件列表。

【示例】使用 os.walk()遍历上一节示例中创建的目录 test。

```
# 递归遍历目录
import os                                   # 导入 os 模块
def visitDir(path):
    for root, dirs, files in os.walk(path):     # 遍历目录
```

```
        for filepath in files:                              # 遍历文件
            print(os.path.join(root, filepath))             # 输出文件的完整路径
# 调用函数
visitDir("test")
```

使用 os 模块的函数 walk()只要提供一个参数 path，即待遍历的目录树的路径。os.walk()实现目录遍历的输出结果和递归函数实现目录遍历的输出结果相同。

14.4 案 例 实 战

14.4.1 读取 json 文件

新建 user_info.json 文件，以字典格式保存用户名、登录密码和登录时间。格式信息如下：

```
{
    "admin": {
        "password": "123",
        "login_time": "2020-08-22 14:55:42"},
    "test": {
        "password": "456",
        "login_time": "2020-08-22 14:41:39"}
}
```

编写程序，通过获取 json 文件中的数据信息，对比用户输入信息以判断用户登录是否成功，并对用户登录时间进行更新。

```
import time                                                 # 导入 time 模块
import json                                                 # 导入 json 模块
class User:                                                 # 定义 User 类
    def __init__(self,json_file):                           # 初始化函数
        self.json_file = json_file                          # 定义 json 文件名
        self.user_dict = self.read()                        # 调用 read 方法，打开 json 文件，获取数据
    def write(self):                                        # 定义写方法
        with open(self.json_file, 'w') as f:                # 打开文件，赋予写权限
            json.dump(self.user_dict,f)                     # 将 json 数据格式写入文件中
    def read(self):                                         # 定义读方法
        with open(self.json_file, 'r') as f:                # 打开文件
            user_dict = json.load(f)                        # 获取 json 格式数据信息
            return user_dict                                # 返回字典
    def login(self,username,password):                      # 定义登录方法
        if username in self.user_dict and password == self.user_dict[username]['password']:
                                                            # 判断用户名是否在文件中，密码是否正确
            print('上次登录时间:',self.user_dict[username]['login_time'])
                                                            # 文件中保存的登录时间字典信息
            time_now = time.strftime("%Y-%m-%d %H:%M:%S",time.localtime())
                                                            # 获取当地时间，并格式化日期
            self.user_dict[username]['login_time'] = time_now
                                                            # 修改字典中登录时间信息
            print('登录成功!')
            self.write()                                    # 将修改后的信息写入文件中
        else:                                               # 用户名或密码不正确
            print('登录失败!')
json_file = 'user_info.json'                                # 定义打开文件名
```

```
username = input('请输入用户名:')                # 输入用户名
password = input('请输入密码:')                  # 输入密码
user = User(json_file)                          # 实例化类
user.login(username,password)                   # 调用登录方法
```

14.4.2 读取 Excel 文件

Python 操作 Excel 主要用到两个库：xlrd 和 xlwt。其中，xlrd 负责读取 Excel 数据，xlwt 负责写入 Excel。有如下两种安装方法，可以任选。

（1）访问 https://pypi.org/project/xlrd/、https://pypi.org/project/xlwt/下载并安装模块。

（2）使用 pip 命令快速安装，代码如下：

```
pip install xlrd
pip install xlwt
```

下面以 xlrd 模块为例简单介绍 Excel 文件操作的基本方法。

第 1 步，导入模块：import xlrd。

第 2 步，打开 Excel 文件读取数据：

```
data = xlrd.open_workbook(filename)
```

提示：在 Excel 单元格中常用数据类型包括：0 empty（空值）、1 string（文本）、2 number（数字）、3 date（日期）、4 boolean（布尔）、5 error（错误）、6 blank（空白）。

第 3 步，主要针对 book 和 sheet（标签）进行操作。常用数据操作函数参考本章在线支持。

【示例】打开 Excel 文件，读取其中包含的数据，并打印出来。

```
import xlrd                                          # 导入 xlrd 包
def read_excel(file_name):                           # 定义读 Excel 文件函数
    '''读取 Excel 文件'''
    workbook = xlrd.open_workbook(file_name)         # 打开 Excel 文件
    sheet = workbook.sheet_names()[0]                # 获取所有的 sheet
    sheet = workbook.sheet_by_index(0)               # 根据 sheet 索引获取 sheet
    row_num = sheet.nrows                            # 根据 sheet 获取行数
    col_num = sheet.ncols                            # 根据 sheet 获取列数
    # 打印 Excel 表的名称、行数和列数信息
    print("Excel 表名称：%s，行数：%d，列数：%d" %(sheet.name, row_num, col_num))
    # 打印所有合并的单元格
    for (row,row_range,col,col_range) in sheet.merged_cells:
        print(sheet.cell_value(row,col))
    # 获取所有单元格内容
    excel_list = []                                  # 定义空列表，用来保存所有单元格的内容
    for i in range(row_num):                         # 遍历行
        row_list = []                                # 定义空行列表
        for j in range(col_num):                     # 遍历列
            row_list.append(sheet.cell_value(i, j))  # 将行列值对应内容追加到行列表中
        excel_list.append(row_list)                  # 将行列表的值添加到总列表中
    # 输出所有单元格的内容
    for i in range(row_num):                         # 遍历行
        for j in range(col_num):                     # 遍历列
            print(excel_list[i][j], '\t', end="")    # 根据行列值，打印单元格中的值
        print()                                      # 换行输出
read_excel('myexcel.xls')                            # 调用函数
```

14.5 在 线 支 持

扫码免费学习
更多实用技能

一、补充知识

☑ 文件和数据格式化

二、参考

☑ open()函数操作模式
☑ file 对象的方法
☑ Python File（文件）方法
☑ Python OS 文件/目录方法

三、专项练习

☑ Python 文件读写
☑ Python 文件 I/O
☑ Python 中的文件及目录操作
☑ Python 文件操作

新知识、新案例不断更新中……

第 15 章

数据库操作

文件系统是以文件为载体记录数据的，管理的是记载着这些数据的文件，而非数据本身。而数据库系统管理的是数据本身，在数据库内的任何操作都会立刻影响到数据。基于文件系统的应用不是很方便，容易造成数据的冗余和不一致性，也不支持并发访问，数据缺乏统一的管理，数据的安全和保密面临更大的挑战。而基于数据库系统的应用，为数据的使用带来极大便利，使用事务可以确保数据操作的安全性和一致性，支持并发访问、低延时访问，适应较为频繁的数据操作。本章将以 MySQL 和 SQLite 为例介绍关系型数据库的基本操作。

视频讲解

15.1 认识 DB API

在程序开发中，数据库的支持是必不可少的，但是数据库的种类繁多，每一种数据库的对外接口实现各不相同。如果一个项目为了适应不同的应用场景，需要频繁更换不同的数据库，则必须进行大量的源码修改工作，非常不方便，开发效率低、维护成本高。

为了方便对数据库进行统一的操作，大部分编程语言都提供了标准化的数据库接口，用户不需要了解每一种数据库的接口实现细节，只需要简单地设置，就能快速切换，操作不同的数据库，这样大大降低了编程难度。

在 Python Database API V2.0 中，规范了 Python 操作不同类型数据库的标准方法，以及组成部分，通过 DB API 接口可以使用相同的方法连接、操作不同的数据库。DB API 的主要作用：兼容不同类型的数据库，降低编程难度。该 API 主要包括：数据库连接对象、数据库交互对象、数据库异常类。

使用 DB API 的流程如下。

第 1 步，安装数据库驱动程序。

第 2 步，引入数据库 API 模块。

第 3 步，获取与数据库的连接。

第 4 步，执行 SQL 语句和存储过程。

第 5 步，关闭数据库连接。

所有数据库驱动程序都在一定程度上遵守 Python DB API 规范，该规范定义了一系列对象和数据库存取方式，以便为各种数据库和数据库应用程序提供一致的访问接口，用户就可以用相同的方法操作不同的数据库。

安装数据驱动之后，就可以使用 Python DB API 规范的 connect()函数连接数据库。调用 connect()函数返回一个 connection 对象，通过 connection 对象可以连接数据库，然后访问数据库。

符合规范的数据驱动接口都支持 connection 对象及其连接方法。connect()函数包含多个参数，具体设置哪些参数，取决于使用的数据库类型。常用参数说明如下。

- user：登录数据库的用户名。

- password：登录数据库的用户密码。
- host：数据库服务器的主机名，本地数据库服务器一般为 localhost。
- database：数据库名称。
- dsn：数据源名称。如果数据库支持则可以设置。

connect ()函数返回一个连接对象，该对象表示当前用户与数据库服务器建立的会话。通过连接对象支持的方法可以实现对数据库的读、写操作。connection 对象包含的主要方法说明如下。

- commit()：提交事务。在事务提交之前，所有对数据库进行的修改操作都不同步到数据库，只有在提交事务之后，才同步到数据库。
- rollback()：回滚事务。恢复数据库到操作之前的数据状态。
- cursor()：获取游标对象，通过游标对象操作数据库。
- close()：关闭数据库连接。关闭后无法再进行操作，除非再次创建连接。

使用连接对象的 cursor()方法可以返回游标对象。游标对象拥有很多属性和方法，参见本章在线支持。

提示：DB API 操作数据库的主要步骤如下。

第 1 步，使用 connect()函数创建 connection 对象。

第 2 步，使用 connection 对象创建 cursor 对象。

第 3 步，使用 cursor 对象执行 SQL 语句，查询数据库，或者执行 SQL 命令，操作数据库。

第 4 步，使用 cursor 对象从结果集中获取数据。

第 5 步，处理获取的数据。

第 6 步，关闭 cursor 对象。

第 7 步，关闭 connection 对象。

15.2　使用 PyMySQL

15.2.1　安装 PyMySQL

目前有两个 MySQL 驱动，可供选择安装，简单说明如下。

1. MySQL-python

MySQL-python 模块封装了 MySQL C 驱动，实现了 Python 数据库 API V2.0 规范。

（1）命令行安装 MySQLdb 模块的方法。

```
pip install python-mysql
```

（2）源码安装 MySQLdb 模块的方法。访问 http://www.lfd.uci.edu/~gohlke/pythonlibs/，下载 mysqlclient-1.4.2-cp37-cp37m-win_amd64.whl。输入下面命令，安装 MySQL 客户端驱动。

```
pip install mysqlclient-1.4.2-cp37-cp37m-win_amd64.whl
```

安装成功之后，在 Python 命令行中输入下面代码，导入 MySQLdb，如果没有报错，说明安装成功。

```
import MySQLdb
```

2. PyMySQL

PyMySQL 是 MySQL 官方提供的纯 Python 驱动，在 Python 3 版本中新增的用于连接 MySQL 服务器的一个库，在 Python 2 中仅能使用 MySQLdb。PyMySQL 遵循 Python 的 DB API V2.0 规范，并包含了 MySQL 客户端库。

在使用 PyMySQL 之前，需要安装 PyMySQL。PyMySQL 下载地址：https://github.com/PyMySQL/PyMySQL。安装 PyMySQL 的方法如下。

在 DOS 命令行输入下面命令，安装 PyMySQL 模块。

```
pip install PyMySQL
```

安装成功之后，在 Python 命令行中输入下面代码，导入 PyMySQL，如果没有报错，说明安装成功。

```
import pymysql
```

15.2.2 连接数据库

在连接数据库之前，应确保在 MySQL 中创建了数据库和数据表，可以使用 MySQL 命令行工具，或者使用 Navicat 等可视化操作工具实现，实现过程本节不再展开。

【示例】连接 MySQL 数据库。

第 1 步，在 MySQL 中新建数据库 python_test，再新建数据表 tb_test，表中包含两个字段：id 和 user。

第 2 步，在脚本中导入 PyMySQL 模块。

```
import pymysql
```

第 3 步，建立 Python 与 MySQL 数据库的连接。PyMySQL 遵循 Python 的 DB API V2.0 规范，可以使用模块的 connect()方法连接 MySQL 数据库。

```
db = pymysql.connect("localhost","root","11111111","python_test" )
```

第 1 个参数表示主机名，第 2、3 个参数表示用户名和密码，第 4 个参数表示要连接的数据库名称。

第 4 步，调用连接对象的 cursor()方法，获取游标对象。然后，使用游标对象的 execute()方法执行 SQL 语句，本例调用 VERSION()方法，获取数据库的版本号。最后，输出版本号信息，并关闭数据库连接。

```
import pymysql                                          # 导入 PyMySQL 模块
# 打开数据库连接
db = pymysql.connect("localhost","root","11111111","python_test" )
cursor = db.cursor()                                    # 使用 cursor()方法创建一个游标对象 cursor
cursor.execute("SELECT VERSION()")                      # 使用 execute()方法执行 SQL 查询
data = cursor.fetchone()                                # 使用 fetchone()方法获取单条数据
print ("数据库的版本号: %s " % data)
db.close()                                              # 关闭数据库连接
```

第 5 步，执行代码，输出结果如下。

```
数据库的版本号: 5.7.13-log
```

15.2.3 建立数据表

连接数据库之后，可以使用 execute()方法为数据库创建表。下面结合一个示例进行演示说明。

【示例】在 python_test 数据库中创建一个 tb_new 数据表，包含 id（主键）和 user（用户名）两个字段。

```
import pymysql                                          # 导入 PyMySQL 模块
# 打开数据库连接
db = pymysql.connect("localhost","root","11111111","python_test" )
cursor = db.cursor()                                    # 使用 cursor()方法创建一个游标对象 cursor
# 使用 execute()方法执行 SQL，如果表存在则删除
cursor.execute("DROP TABLE IF EXISTS tb_new")
```

```
# 使用预处理语句创建表
sql = """CREATE TABLE tb_new (
        id    INT NOT NULL AUTO_INCREMENT,
        user text,
        PRIMARY KEY (id) )"""
cursor.execute(sql)                              # 使用 execute()方法执行 SQL 查询
cursor.close()                                   # 关闭游标对象
db.close()                                       # 关闭数据库连接
```

在上面示例的 SQL 字符串中，先检测数据库中是否存在 tb_new 数据表，如果存在，则使用 DROP TABLE 命令先删除。然后，使用 CREATE TABLE 命令创建 tb_new 数据表。设置两个字段：id（整数，自动递增）和 user（用户名，文本）。同时设置 id 字段为主键。

执行代码，即可在 python_test 数据库中创建 tb_new 数据表。

15.2.4　事务处理

事务就是一个数据库操作序列，当一个事务被提交后，数据库要确保该事务中的所有操作都完成，如果部分未完成，则事务中的所有操作都被回滚，恢复到事务执行前的数据状态。这样可以确保数据操作的一致性和完整性。

Python 在 DB API V2.0 规范中支持事务处理机制，提供了两个基本方法：commit()和 rollback()。当执行事务时，可以使用数据库连接对象的 commit()方法进行提交，如果事务处理成功，则不可撤销；如果事务处理失败，可以使用数据库连接对象的 rollback()进行回滚，恢复数据库在操作之前的状态。在 Python 数据库编程中，当游标建立之时，就自动开始一个隐形的数据库事务。

【示例】 一般把事务处理放置于 try/except 调试语句中执行。如果事务处理失败，可以在 except 子句中使用 rollback()方法回滚操作，恢复操作前的状态。

```
import pymysql                                   # 导入 PyMySQL 模块
# 打开数据库连接
db = pymysql.connect("localhost","root","11111111","python_test" )
cursor = db.cursor()                             # 使用 cursor()方法创建一个游标对象 cursor
# 事务处理
try:                                             # 定义 SQL 插入语句
    sql = """INSERT INTO tb_new(id, user) VALUES (10, 'test')"""
    cursor.execute(sql)                          # 执行 SQL 语句
    db.commit()                                  # 提交事务，同步数据库数据
except:
    db.rollback()                                # 如果发生错误则回滚事务
cursor.close()                                   # 关闭游标对象
db.close()                                       # 关闭数据库连接
```

15.2.5　插入记录

插入记录可以在数据表中写入一条或多条数据，主要使用 SQL 的 INSERT INTO 语句实现。

【示例 1】 使用 SQL 的 INSERT INTO 语句向表 tb_new 中插入一条记录。

```
import pymysql                                   # 导入 PyMySQL 模块
# 打开数据库连接
db = pymysql.connect("localhost","root","11111111","python_test" )
cursor = db.cursor()                             # 使用 cursor()方法创建一个游标对象 cursor
# 定义 SQL 插入语句
sql = """INSERT INTO tb_new(id, user) VALUES (1, 'zhangsan')"""
```

```
try:
    cursor.execute(sql)                                 # 执行 SQL 语句
    db.commit()                                         # 提交事务，同步数据库数据
except:
    db.rollback()                                       # 如果发生错误则回滚事务
cursor.close()                                          # 关闭游标对象
db.close()                                              # 关闭数据库连接
```

提示：在执行插入记录操作中，为了避免操作失败，可以使用 try 语句进行异常跟踪，如果发生异常，则回滚操作，恢复数据库在操作之前的数据状态。

注意：在涉及数据库的写操作时，都应该使用 commit()方法提交事务，确保数据操作的完整性和一致性。

【示例 2】使用 executemany(sql, data)方法批量插入数据，代码如下。

```
import pymysql                                          # 导入 PyMySQL 模块
# 打开数据库连接
db = pymysql.connect("localhost","root","11111111","python_test" )
cursor = db.cursor()                                    # 使用 cursor()方法创建一个游标对象 cursor
sql = 'insert into tb_new(id,user) values(%s,%s)'       # 定义要执行的 SQL 语句
data = [
     (2, 'lisi'),
     (3, 'wangwu'),
     (4, 'zhaoliu')
]
try:
    cursor.executemany(sql, data)                       # 批量执行 SQL 语句
    db.commit()                                         # 提交事务，同步数据库数据
except:
    db.rollback()                                       # 如果发生错误则回滚事务
cursor.close()                                          # 关闭游标对象
db.close()                                              # 关闭数据库连接
```

15.2.6 查询记录

查询记录主要使用 SQL 的 SELECT 语句实现，使用 cursor 对象的 execute()方法执行查询后，再通过下面 4 个方法从结果集中读取数据。

- fetchall()：获取结果集中下面所有行。
- fetchmany(size=None)：获取结果集中下面 size 条记录。如果 size 大于结果集中的行数，则返回 cursor.arraysize 条记录。
- fetchone()：获取结果集中下一行记录。
- rowcount：只读属性，返回执行 execute()方法后影响的行数。

【示例】查询 tb_new 表中 id 字段大于 1 的所有数据。

```
import pymysql                                          # 导入 PyMySQL 模块
# 打开数据库连接
db = pymysql.connect("localhost","root","11111111","python_test" )
cursor = db.cursor()                                    # 使用 cursor()方法创建一个游标对象 cursor
# SQL 查询语句
sql = "SELECT * FROM tb_new    WHERE id > %s" % (1)
```

```
try:
    cursor.execute(sql)                              # 执行 SQL 语句
    results = cursor.fetchall()                      # 获取所有记录列表
    for row in results:
        id = row[0]
        user = row[1]
        print ("id=%s,user=%s" %(id, user ))         # 打印结果
except:
    print ("Error: unable to fetch data")
db.close()                                           # 关闭数据库连接
```

输出结果如下：

```
id=2,user=lisi
id=3,user=wangwu
id=4,user=zhaoliu
```

15.2.7　更新记录

更新记录可以修改数据表中的数据，主要使用 SQL 的 UPDATE 语句实现。

【示例】将 tb_new 表中 id 为 2 的 user 字段修改为'new_name'。

```
import pymysql                                       # 导入 PyMySQL 模块
# 打开数据库连接
db = pymysql.connect("localhost","root","11111111","python_test" )
cursor = db.cursor()                                 # 使用 cursor()方法创建一个游标对象 cursor
# SQL 更新语句
sql = "UPDATE tb_new SET user = 'new_name' WHERE id = 2"
try:
    cursor.execute(sql)                              # 执行 SQL 语句
    db.commit()                                      # 提交事务，同步数据库数据
except:
    db.rollback()                                    # 发生错误时回滚事务
db.close()                                           # 关闭数据库连接
```

15.2.8　删除记录

删除记录可以删除数据表中的数据，主要使用 SQL 的 DELETE FROM 语句实现。

【示例】将 tb_new 表中 id 为 2 的记录删除。

```
import pymysql                                       # 导入 PyMySQL 模块
# 打开数据库连接
db = pymysql.connect("localhost","root","11111111","python_test" )
cursor = db.cursor()                                 # 使用 cursor()方法创建一个游标对象 cursor
sql = "DELETE FROM tb_new WHERE id = 2"              # SQL 删除语句
try:
    cursor.execute(sql)                              # 执行 SQL 语句
    db.commit()                                      # 提交事务
except:
    db.rollback()                                    # 发生错误时回滚事务
db.close()                                           # 关闭数据库连接
```

15.3　使用 SQLite

15.3.1　认识 SQLite

SQLite 是一种嵌入式数据库，由 C 语言编写，因此体积很小，经常被集成到各种应用程序中，在 iOS 和 Android 的 App 中都可以集成。Python 内置了 SQLite3，在 Python 中不需要安装，可以直接使用 SQLite 3 模块操作 SQLite 数据库。SQLite 3 模块提供了一个与 DB APIV 2.0 规范兼容的 SQL 接口，操作十分方便。

SQLite 是一个基于文件的关系型数据库，数据库只是一个文件，最多能储存 140TB 的数据。SQLite 没有独立的进程，所有的维护都来自程序本身。功能相较于其他大型数据库来说比较简单，但是性能并不逊色，SQLite 实现了 SQL 92 标准的大部分功能。

SQLite 官网给出了一个判断是否适合使用 SQLite 的标准，除了下面 3 点外，可以选择 SQLite。

- 如果程序和数据分离，且它们通过互联网连接，那么不适合使用 SQLite。
- 高并发写入，不适合用 SQLite。
- 如果数据量非常大，不适合用 SQLite。

在使用 SQLite 之前，需要先了解下面几个概念。

- 表是数据库中存放关系数据的集合，一个数据库里面通常都包含多个表，如学生表、班级表、学校表等。表和表之间通过键关联。
- 要操作关系数据库，首先需要连接到数据库，一个数据库连接称为 connection。
- 连接到数据库后，需要打开游标，称之为 cursor，通过 cursor 执行 SQL 语句，然后，获得执行结果。

15.3.2　创建数据库

Python 数据库模块有统一的接口标准，所以数据库操作都有统一的模式。使用 SQLite 步骤如下。

第 1 步，导入 Python SQLite 数据库模块。

```
import sqlite3
```

第 2 步，创建或打开数据库。

```
connection = sqlite3.connect("D:/test.db")
```

SQLite 数据库文件扩展名为.db，在一个数据库文件中包含数据库中全部内容，如表、索引、数据自身等。

不需要显式创建一个 SQLite 数据库，在调用 connect()函数的时候，指定数据库的名称，如果指定的数据库存在，就直接打开这个数据库；如果不存在，就新创建一个再打开。

第 3 步，获取数据库连接对象 connection。打开数据库时，返回一个数据库连接对象，然后在该对象上调用相关方法，执行以下操作。

- commit()：事务提交。
- rollback()：事务回滚。
- close()：关闭一个数据库连接。
- cursor()：创建一个游标。

第 4 步，使用连接对象 connection 的 cursor()方法打开一个 cursor 对象。

第 5 步，调用游标对象 cursor 的方法，执行 SQL 命令，如查询、更新、删除、插入等操作。

第 6 步，使用游标对象的 fetchone()、fetchmany()或 fetchall()方法读取结果。

第 7 步，分别调用 close()方法，关闭 cursor、connection 对象，结束整个操作。

【示例】在当前目录中创建一个 test.db 数据库文件，然后新建 user 数据表，表中包含 id 和 name 两个字段。然后，在数据表中插入一条记录。最后，可以看到 cursor.rowcount 返回值为 1，同时在当前目录中新建 test.db 文件。

```
import sqlite3                                    # 导入 SQLite 模块
conn = sqlite3.connect('test.db')                 # 连接到 SQLite 数据库。数据库文件是 test.db，
                                                  # 若不存在，则自动创建
cursor = conn.cursor()                            # 创建一个 cursor
try:                                              # 执行一条 SQL 语句：创建 user 表
    cursor.execute('create table user(id varchar(20) primary key,name varchar(20))')
    # 插入一条记录
    cursor.execute('insert into user (id, name) values (\'1\', \'Michael\')')
    # 通过 rowcount 获得插入的行数
    conn.commit()                                 # 提交事务
except:
    conn.rollback()                               # 回滚事务
print(cursor.rowcount)                            # 影响的行数：1
cursor.close()                                    # 关闭 cursor
conn.close()                                      # 关闭 connection
```

提示：创建数据表之前，建议先判断是否存在，不存在则新创建一个，演示代码如下：

```
create_tb_cmd='''
CREATE TABLE IF NOT EXISTS USER
(NAME TEXT,
AGE INT,
SALARY REAL);
'''
conn.execute(create_tb_cmd)
```

15.3.3　操作数据库

1. 插入数据

在数据表中插入数据的 SQL 语法格式如下：

```
INSERT INTO 数据表 (字段 1, 字段 2,...) VALUES (值 1, 值 2,...)
```

（1）插入单行数据。

```
cur.execute('INSERT INTO 数据表 VALUES (%s)' % data)
cur.execute('INSERT INTO 数据表 VALUES(?,?,?,?,?)', (值 1, 值 2, 值 3, 值 4, 值 5))
cur.execute("INSERT INTO 数据表 (字段 1, 字段 2, 字段 3, 字段 4) values(值 1, 值 2, 值 3, 值 4);")
```

（2）插入多行数据。

```
data = []
sql_insert = "INSERT INTO 数据表 VALUES"          # SQL 语句一
sql_values = ""                                   # SQL 语句二
for i in range(0,len(data)):                      # 列表下标索引，一一提取一行数据
    sql_values += '('                             # 增加 execute 语句所需的左括号
    sql_values += data[i]                         # 插入数据
```

```
    sql_values += '),'                                          # 增加右括号
sql_values = sql_values.strip(',')                              # 去除最后一行数据的逗号
sql_todo = sql_insert + sql_values
```

【示例 1】创建或打开数据库 test.db，然后检测是否存在 company 表，如果没有，则新建 company 表，该表包含 5 个字段：id、name、age、address、salary。然后，使用 INSERT INTO 子句插入 4 条记录。最后，使用 SELECT 子句查询所有记录，并打印出来。

```
import sqlite3                                      # 导入 SQLite 模块
conn = sqlite3.connect('test.db')                   # 连接到 SQlite 数据库，数据库文件是 test.db
cursor = conn.cursor()                              # 创建一个 cursor
try:                                                # 创建数据表，如果存在则不创建
    cursor.execute('''create table  if not exists  company
        (id int primary key     not null,
        name        text        not null,
        age         int         not null,
        address     char(50),
        salary      real);''')
except:
    pass
try:                                                # 插入 4 条记录
    cursor.execute("insert into company (id,name,age,address,salary) values (1, '张三', 32, '北京', 20000.00 )")
    cursor.execute("insert into company (id,name,age,address,salary) values (2, '李四', 25, '上海', 15000.00 )")
    cursor.execute("insert into company (id,name,age,address,salary)  values (3, '王五', 23, '广州', 20000.00 )")
    cursor.execute("insert into company (id,name,age,address,salary)  values (4, '赵六', 25, '深州 ', 65000.00 )")
    conn.commit()                                   # 提交事务，完成数据写入操作
except:
    conn.rollback()                                 # 如果操作异常，则回滚事务
cursor.execute('select * from company')             # 查询所有数据
values = cursor.fetchall()                          # 使用 featchall 获得结果集（list）
print(values)                                       # 打印结果
cursor.close()                                      # 关闭游标
conn.close()                                        # 关闭连接
```

执行程序，输出结果如下：

```
[(1, '张三', 32, '北京', 20000.0), (2, '李四', 25, '上海', 15000.0), (3, '王五', 23, '广州', 20000.0), (4, '赵六', 25, '深州 ', 65000.0)]
```

2. 更新数据

更新记录可以使用 UPDATE 语句，语法格式如下：

```
UPDATE 数据表 SET 字段 1=值 1 [, 字段 2=值 2 ...] [WHERE 限定条件]
```

其中，SET 子句指定要修改的列和列的值，WHERE 子句是可选的，如果省略该子句，则将对所有记录中的字段进行更新。

【示例 2】针对示例 1 插入的 4 条记录，更新 id 为 1 的记录，修改该记录的 salary 字段值为 25000.00，然后查询修改后的该条记录，并打印出来。

```
import sqlite3                                      # 导入 SQLite 模块
conn = sqlite3.connect('test.db')                   # 连接到 SQlite 数据库，数据库文件是 test.db。
cursor = conn.cursor()                              # 创建一个 cursor
try:                                                # 更新记录
    cursor.execute("update company set salary = 25000.00 where id=1")
    conn.commit()                                   # 提交事务，执行更新操作
except:
    conn.rollback()                                 # 如果操作异常，则回滚事务
```

```
# 查询记录
results = conn.execute("select id, name, address, salary from company   where id=1")
for row in results:                                             # 打印记录
    print("id = ", row[0])
    print("name = ", row[1])
    print("address = ", row[2])
    print("salary = ", row[3], "\n")
cursor.close()                                                  # 关闭游标
conn.close()                                                    # 关闭连接
```

3. 删除数据

删除记录可以使用 DELETE 语句，语法格式如下：

```
DELETE FROM 数据表 [WHERE 限定条件]
```

在执行删除操作时，如果没有指定 WHERE 子句，则将删除所有的记录，因此在操作时务必特别慎重。

【示例 3】使用 DELETE 语句删除 company 表中 id 为 1 的记录。然后，查询所有记录，仅显示 3 条记录。

```
import sqlite3                                                  # 导入 SQLite 模块
conn = sqlite3.connect('test.db')                               # 连接到 SQLite 数据库，数据库文件是 test.db
cursor = conn.cursor()                                          # 创建一个 cursor
try:                                                            # 删除记录
    cursor.execute("delete from company where id=1")
    conn.commit()                                               # 提交事务，执行更新操作
except:
    conn.rollback()                                             # 如果操作异常，则回滚事务
# 查询记录
results = conn.execute("select id, name, address, salary from company ")
for row in results:                                             # 打印记录
    print("id = ", row[0])
    print("name = ", row[1])
    print("address = ", row[2])
    print("salary = ", row[3], "\n")
cursor.close()                                                  # 关闭游标
conn.close()                                                    # 关闭连接
```

15.3.4　查询数据库

在数据库操作中，使用最频繁的应该是 SELECT 查询语句。该语句的基本语法格式如下：

```
SELECT 列名 FROM 表名 WHERE 限制条件
```

在查询数据过程中，可以为 SQL 字符串传递变量。在 SQL 字符串中可以使用占位符，SQLite3 模块支持两种占位符：问号和命名占位符。在 execute()方法的第 2 个参数中，可以以元组的格式传递一个或多个值。

例如，下面两行代码分别使用问号和命名占位符为 SQL 字符串传入参数。

```
# 以问号格式定义占位符，传值时可以使用序列对象
cursor.execute("SELECT * FROM 产品 WHERE
                    列出价格>=? AND 标准成本<?",  (30, 20) )
# 以命名格式定义占位符（名字占位符前面要加:前缀），传值时必须使用字典进行映射
cursor.execute("SELECT * FROM 产品 WHERE
                    列出价格>=:price AND 标准成本<:cost ", {"price": 30, "cost": 20})
```

【示例】以数据库 Northwind_cn.db 的“产品”数据表为对象，练习 SELECT 查询语句的各种查询功能。

```
import sqlite3                                          # 导入 SQLite 模块
conn = sqlite3.connect('Northwind_cn.db')               # 连接到 SQLite 数据库
cursor = conn.cursor()                                  # 创建一个 cursor
cursor.execute('select * from 产品 where ID =?', ('1',))  # 执行查询语句
values = cursor.fetchall()                              # 使用 fetchall 获得结果集（list）
for i in values:
    print(i)                                            # 返回结果
cursor.close()                                          # 关闭游标
conn.close()                                            # 关闭连接
```

执行程序，输出结果如下：

```
('4', 1, 'NWTB-1', '苹果汁', None, 5.0, 30.0, 10, 40, '10 箱 x 20 包', 0, 10, '饮料', '')
```

1. 设置查询的字段

在使用 SELECT 语句时，应先确定要查询的列，多列之间通过逗号进行分隔，*表示所有列。如果针对多个数据表进行查询，则在指定的字段前面添加表名和点号前缀，这样就可以防止表之间字段重名而造成的错误。

2. 比较查询

SELECT 语句一般需要使用 WHERE 限制条件，用于达到更加精确的查询。WHERE 限制条件可以设置精确的值或者查询值的范围（=、<、>、>=、<=）。例如，查询价格高于 50 的产品。

```
"SELECT 产品名称,列出价格 FROM 产品 WHERE 列出价格>50"
```

3. 多条件查询

使用关键字 AND 和 OR 可以筛选同时满足多个限定条件，或者满足其中一个限定条件。例如，筛选价格在 30 以上，且成本小于 10 的记录。

```
"SELECT * FROM 产品 WHERE 列出价格>=30 AND 标准成本<10"
```

4. 范围查询

使用关键字 IN 和 NOT IN 可以筛选在或者不在某个范围内的结果。例如，筛选产品类别不在“调味品”和“干果和坚果”的记录。

```
"SELECT * FROM 产品 WHERE 类别 NOT IN ('调味品','干果和坚果')"
```

5. 模糊查询

使用关键字 LIKE 可以实现模糊查询，常见于搜索功能中。在模糊查询中还可以使用通配符，代表未知字符。其中，“_”代表一个未指定字符，“%”代表不定个未指定字符。例如，查询产品名称中包含“肉”字的记录。

```
"SELECT * FROM 产品 WHERE 产品名称 LIKE '%肉%'"
```

6. 结果排序

使用 ORDER BY 关键字可以排序查询的结果集。使用关键字 ASC 和 DESC 可以指定升序或降序排序，默认是升序排列。例如，筛选所有调味品，并按价格由高到低进行排序。

```
"SELECT * FROM 产品 WHERE 类别 ='调味品' ORDER BY 列出价格 DESC"
```

SELECT 语句功能强大，除了上面介绍的功能外，它还可以实现多表查询、汇总计算、限定输出、查询

分组等，限于篇幅，本节仅介绍常用的查询功能。

15.4 案例实战

本例设计一个简单的学生通讯录命令行程序。在这个程序中，可以添加、修改、删除和搜索联系人，如朋友、家人和同事等，以及它们的信息，如电子邮件地址、电话号码等。这些详细信息应该被保存下来以便以后提取。

设计思路：利用字典，名字作为 key，信息作为 value。然后储存到本地 mydb.db 中，实现 mydb.db 与字典格式的相互转换。完整代码如下：

```
import sqlite3
def opendb():                                                    # 打开数据库
    conn = sqlite3.connect("e:\mydb.db")
    cur = conn.execute(
        """create table if not exists tongxinlu(usernum integer primary key,username varchar(128), passworld varchar(128),address
varchar(125), telnum varchar(128))""")
return cur, conn

def showalldb():                                                 # 查询全部信息
    print("-------------------处理后的数据-------------------")
    hel = opendb()
    cur = hel[1].cursor()
    cur.execute("select * from tongxinlu")
    res = cur.fetchall()
    for line in res:
        for h in line:
            print(h),
        print
cur.close()

def into():                                                      # 输入信息
    usernum = input("请输入学号：")
    username1 = input("请输入姓名：")
    passworld1 = input("请输入密码：")
    address1 = input("请输入地址：")
    telnum1 = input("请输入联系电话：")
return usernum, username1, passworld1, address1, telnum1

def adddb():                                                     # 往数据库中添加内容
    welcome = """-------------------欢迎使用添加数据库功能---------------------"""
    print(welcome)
    person = into()
    hel = opendb()
    hel[1].execute("insert into tongxinlu(usernum,username, passworld, address, telnum)values (?,?,?,?,?)",
                   (person[0], person[1], person[2], person[3], person[4]))
    hel[1].commit()
    print("-----------------恭喜你，数据添加成功----------------")
    showalldb()
hel[1].close()

def deldb():                                                     # 删除数据库中的内容
```

```
    welcome = "------------------欢迎使用删除数据库功能------------------"
    print(welcome)
    delchoice = input("请输入想要删除的学号：")
    hel = opendb()                                                    # 返回游标 conn
    hel[1].execute("delete from tongxinlu where usernum ="+delchoice)
    hel[1].commit()
    print("----------------恭喜你，数据删除成功----------------")
    showalldb()
    hel[1].close()

def alter():                                                          #  修改数据库的内容
    welcome = "--------------------欢迎使用修改数据库功能-----------------"
    print(welcome)
    changechoice = input("请输入想要修改的学生的学号：")
    hel = opendb()
    person = into()
    hel[1].execute("update tongxinlu set usernum=?,username=?, passworld= ?,address=?,telnum=? where usernum=" +
                changechoice, (person[0], person[1], person[2], person[3], person[4]))
    hel[1].commit()
    showalldb()
    hel[1].close()

def searchdb():                                                       # 查询数据
    welcome = "--------------------欢迎使用查询数据库功能-----------------"
    print(welcome)
    choice = input("请输入要查询的学生的学号：")
    hel = opendb()
    cur = hel[1].cursor()
    cur.execute("select * from tongxinlu where usernum="+choice)
    hel[1].commit()
    print("-------------------恭喜你，你要查找的数据如下--------------------")
    for row in cur:
        print(row[0], row[1], row[2], row[3], row[4])
    cur.close()
    hel[1].close()

def conti(a):                                                         # 是否继续
    choice = input("是否继续？（y or n):")
    if choice == 'y':
        a = 1
    else:
        a = 0
    return a

if __name__ == "__main__":
    flag = 1
    while flag:
        welcome = "---------欢迎使用数据库通讯录---------"
        print(welcome)
        choiceshow = """
请选择您的进一步选择：
（添加）往数据库里面添加内容
（删除）删除数据库中内容
（修改）修改数据库中内容
```

```
（查询）查询数据库中内容
选择您想要进行的操作：
"""
        choice = input(choiceshow)
        if choice == "添加":
            adddb()
            conti(flag)
        elif choice == "删除":
            deldb()
            conti(flag)
        elif choice == "修改":
            alter()
            conti(flag)
        elif choice == "查询":
            searchdb()
            conti(flag)
        else:
            print("你输入错误，请重新输入")
```

15.5　在线支持

扫码免费学习
更多实用技能

一、补充知识

☑ Python sqlite3 模块

二、专项练习

☑ SQLite 基本操作

☑ 案例：学生通讯录

☑ 案例：随机问答

新知识、新案例不断更新中……

第16章

图形界面编程

人机交互是从人努力适应计算机，到计算机不断适应人的发展过程，大致经历了5个阶段：早期手工阶段、命令行用户接口（CLI）阶段、图形用户界面（GUI）阶段、网络用户界面阶段、智能人机交互阶段。前面各章所有输入和输出都只是利用命令行下简单文本，不过现代应用程序使用大量的图形界面。本章将讲解如何使用Python编写图形用户界面程序。

视频讲解

16.1 认识GUI

GUI（graphical user interface，图形用户界面）是指采用图形方式显示的用户操作界面。传统的命令行字符操作界面比较复杂。在图形用户界面中，用户不需要识记复杂的指令，只需操作图形对象即可，通过窗口、菜单、按钮、文本框等图形组件向计算机发出指令，接收指令后，再通过图形界面反馈结果。

大部分应用软件都属于图形用户界面（GUI）程序，如多媒体播放器、办公软件、网页浏览器等。一个完整的GUI程序实际包含两部分：组件和事件。

（1）组件。图形用户界面程序一般包含很多功能组件，如窗口、菜单、按钮、文本框、复选框等。主窗口包括了所有的组件，组件自身也可以作为容器，包含其他的组件，如下拉框。组件可以分为两类：容器组件和基本组件，大部分组件都是可见的、有形的对象。

- 容器组件：可以存储基本组件和容器组件的组件。
- 基本组件：可以使用的功能组件，依赖于容器组件。

（2）事件。GUI程序就是由一整套的事件所驱动的，当程序启动之后，一直监听所有组件绑定的事件。当为程序需要的每一个事件都添加回调处理函数之后，整个GUI程序就完成了。

事件就是将要发生的事情，如鼠标单击、键盘输入、页面初始化、加载完毕、移动窗口等，是图形用户交互的基础，它通过一套完整的事件监听机制实现。事件包含如下3个要素。

- 事件源：事件发生的对象，如窗口、按钮、菜单栏、文本框等。
- 事件处理器：针对可能发生的事情做出的处理方案，简单说就是事件回调函数。
- 事件监听器：把事件源和事件关联起来，如鼠标单击按钮、在文本框中输入字符等。

Python支持GUI编程。先后出现了不少优秀的GUI库。常用的GUI库有以下4种。

（1）tkinter。tkinter是TK图形用户界面工具包标准的Python接口。TK是一个轻量级的跨平台图形用户界面开发工具。tkinter是Python标准库的一部分，所以，使用它进行GUI编程时不需要另外安装第三方库。可以直接导入，导入后使用tkinter可以创建完整的GUI程序。

（2）wxPython。wxPython是Python对跨平台的GUI工具集wxWidgets的包装，作为Python的一个扩展模块实现。wxPython也是比较流行的tkinter替代品，在各种平台下表现出色。

（3）PyQt。PyQt是Python对跨平台的GUI工具集Qt的包装。作为Python的插件，其功能非常强大，用PyQt开发的界面效果与用Qt开发的界面效果相同。

（4）PySide。PySide 是另一个 Python 对跨平台的 GUI 工具集 Qt 的包装，捆绑在 Python 中。

此外，还有一些其他的 GUI 库，如 PyGTK、AnyGui 等。

16.2　初用 tkinter

使用 tkinter 创建 GUI 程序需要以下 5 步。

第 1 步，导入 tkinter 模块。

第 2 步，创建顶层窗口。

第 3 步，构建 GUI 组件。

第 4 步，将每一个组件与底层程序代码关联起来。

第 5 步，执行主循环。

【示例】设计一个包含标签和按钮组件的主窗口。

```
import tkinter                                          # 导入 tkinter 模块
root=tkinter.Tk()                                       # 生成 root 主窗口
label = tkinter.Label(root, text="第一个界面示例")        # 生成标签
label.pack()                                            # 将标签添加到 root 主窗口
buttonl = tkinter.Button(root, text="按钮 1")            # 生成 buttonl
buttonl.pack(side=tkinter.LEFT)                         # 将 buttonl 添加到 root 主窗口
button2=tkinter.Button(root, text="按钮 2")              # 生成 button2
button2.pack(side=tkinter.RIGHT)                        # 将 button2 添加到 root 主窗口
root.mainloop()                                         # 进入消息循环
```

使用 tkinter 模块之前，首先要导入 tkinter 模块，然后调用 tkinter.Tk()函数生成一个主窗口，接着为主窗口添加组件，最后调用 mainloop()方法进行消息循环，显示主窗口。

在上面示例代码中，直接实例化 tkinter 库中的一个标签（Label）组件和两个按钮组件（Button），调用 pack()方法，将它们添加至主窗口中。演示效果如图 16.1 所示，运行后的主窗口中显示了一个标签和两个按钮。

图 16.1　在界面中添加组件

Tk 使用布局包管理器管理所有的组件。当定义完组件之后，需要调用 pack()方法控制组件的显示方式，如果不调用 pack()方法，组件将不会显示，调用 pack()方法时，还可以给 pack()方法传递参数控制显示方式。

在命令行下，运行 Tk()后进入消息循环，可以显示顶层窗口。如果运行 Python 文件，要调用 mainloop()方法进入消息循环，否则窗口一闪而逝，看不到运行结果。

16.3　使用组件

组件是 GUI 程序开发的基础，tkinter 提供了比较丰富的组件，说明如表 16.1 所示。用户可以根据需要选择使用。

表 16.1　tkinter 模块包含组件

tkinter 类	组　　件	说　　明
Button	按钮	类似标签，但提供额外的功能，单击时执行一个动作，如鼠标移过、按下、释放，以及键盘操作等事件

续表

tkinter 类	组　件	说　明
Canvas	画布	提供绘图功能，如直线、椭圆、多边形、矩形等，可以包含图形或位图
Checkbutton	复选按钮	允许用户勾选或取消选择，一组复选框可以成组，允许选择任意个。类似 HTML 中的 checkbox 组件
Entry	单行文本框	单行文本域，显示一行文本，用来收集键盘输入。类似 HTML 中的 text 组件
Frame	框架	容器组件，用来放置其他 GUI 组件，实现排版功能
Label	标签	用于显示不可编辑的文本、图片等信息
LabelFrame	容器控件	是一个简单的容器控件，常用于复杂的窗口布局
Listbox	列表框	一个选项列表，用户可以从中进行选择
Menu	菜单	单击菜单按钮后弹出的一个选项列表，用户可以从中进行选择
Menubutton	菜单按钮	用来包含菜单的组件，有下拉式、层叠式等
Message	消息框	类似于标签，但可以显示多行文本
OptionMenu	选择菜单	下拉菜单的改版，弥补了 Listbox 无法定义下拉列表框的遗憾
PanedWindow	窗口布局管理	是一个窗口布局管理的插件，可以包含一个或者多个子控件
Radiobuttion	单选按钮	允许用户从多个选项中选取一个，一组按钮中只有一个可被选择。类似 HTML 中 radio 组件
Scale	滑块组件	线性“滑块”组件，可设定起始值和结束值，显示当前位置的精确值
Scrollbar	滚动条	对其支持的组件，如文本域、画布、列表框、文本框，提供滚动功能
Spinbox	输入控件	与 Entry 类似，但是可以指定输入范围值
Text	多行文本框	多行文本区域，显示多行文本，可用来收集或显示用户输入的文字。类似 HTML 中的 textarea 组件
Toplevel	顶层	容器组件，类似框架，为其他控件提供单独的容器
messageBox	消息框	用于显示应用程序的消息框。在 Python 2 中为 tkMessagebox

16.3.1　标签

Label（标签）组件用于在屏幕上显示文本或图像。Label 组件仅能显示单一字体的文本，但文本可以跨越多行。另外，还可以为其中的个别字符加上下画线，如用于表示键盘快捷键。

使用 tkinter.Label()构造函数可以创建标签组件。基本语法格式如下：

```
Label(master=None, **options)
```

参数 master 表示父组件，可变关键字参数**options 设置组件参数，关键字参数详细说明参见在线支持。

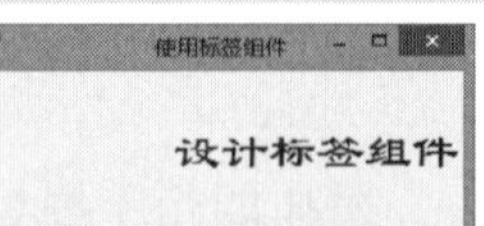

图 16.2　定义标签

【示例】使用 Label 编写一个文本显示的程序，在程序主体中显示“设计标签组件”，演示效果如图 16.2 所示。

```
from tkinter import *                                  # 导入 tkinter 模块
root = Tk()                                            # 生成主窗口
root.title('使用标签组件')                              # 定义窗口标题
label = Label(root,                                    # 定义标签并设置样式
            anchor = E,                                # 右侧显示
            bg = '#eef',                               # 浅灰背景色
```

```
        fg = 'red',                                   # 红色字体
        text = '设计标签组件',                         # 显示的文本
        font=('隶书', 24),                             # 字体类型和大小
        width = 20,                                   # 标签的宽度，单位为字体大小
        height = 3                                    # 标签的高度，单位为字体大小
)
label.pack()                                          # 调用 pack 方法，添加到主窗口
root.mainloop()                                       # 进入主循环
```

16.3.2　按钮

Button（按钮）组件用于实现各种各样的按钮。Button 组件可以包含文本或图像，可以将一个 Python 函数或方法与之相关联，当按钮被按下时，对应的函数或方法将被自动执行。

Button 组件仅能显示单一字体的文本，但文本可以跨越多行。另外，还可以为其中的个别字符加上下画线，用于表示键盘快捷键。默认情况下，Tab 按键被用于在按钮间切换。

【示例】下面代码演示了按钮的基本用法，演示界面如图 16.3 所示。

```
from tkinter import *                                 # 导入 tkinter 模块
root =Tk()                                            # 生成主窗口
root.title('使用按钮组件')                             # 定义窗口标题
# 使用 state 参数设置按钮的状态
Button(root, text='禁用', state=DISABLED).pack(side=RIGHT)
Button(root, text='取消').pack(side=LEFT)
Button(root, text='确定').pack(side=LEFT)
Button(root, text='退出', command=root.quit).pack(side=RIGHT)
root.mainloop()                                       # 进入主循环
```

在上面代码中，state=DISABLED 表示定义禁用按钮，command=root.quit 表示为按钮绑定了退出主窗口的命令。

图 16.3　定义按钮

从图 16.3 可以看出，“禁用”按钮的样式与其他按钮的样式不同，它是不能进行任何操作的。在单击“退出”按钮的时候，程序会退出，而单击“取消”和“确定”按钮则没有任何反应，这是因为“退出”按钮绑定了回调 root.quit，这是系统内置回调命令，表示退出整个主循环，即退出整个程序。而由于没有为“取消”和“确定”按钮绑定任何回调，所以单击这两个按钮没有任何事情发生。

16.3.3　文本框

Entry（输入框）组件通常用于获取用户的输入文本。Entry 组件仅允许用于输入一行文本，如果用于输入的字符串长度比该组件可显示空间更长，那内容将被滚动。这意味着该字符串将不能被全部看到。

Text（文本）组件用于显示和处理多行文本。在 tkinter 的所有组件中，Text 组件显得异常强大和灵活，适用于多种任务。虽然该组件的主要目的是显示多行文本，但它常常也被用于作为简单的文本编辑器和网页浏览器使用。

【示例】在窗口中放置两个文本框，一个是单行文本框 e，另一个是多行文本框 t。再放置两个按钮，绑定回调函数，实现当单击按钮时，读取单行文本框的值，然后分别插入到多行文本框的焦点位置和尾部位置。演示效果如图 16.4 所示。

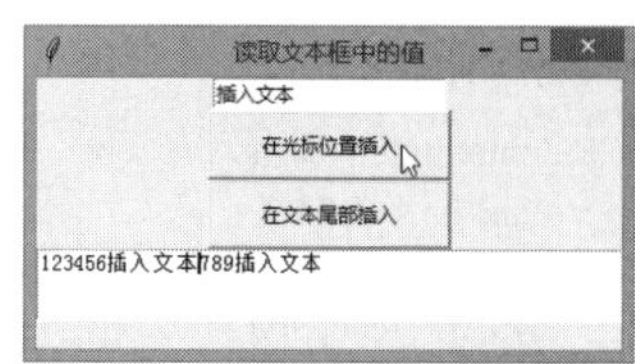

图 16.4　读取单行文本框的值并插入到多行文本框中

```
import tkinter as tk                                       # 使用 tkinter 前需要先导入
window = tk.Tk()
window.title('读取文本框中的值')
window.geometry('360x160')                                 # 设定窗口的大小（长×宽）
# 在图形界面上设定输入框控件 Entry 框
e = tk.Entry(window, show = None)                          # 显示成明文形式
e.pack()
# 定义两个触发事件时的函数 insert_point 和 insert_end
# 注意：因为 Python 的执行顺序是从上往下，所以函数一定要放在按钮的上面
def insert_point():                                        # 在鼠标焦点处插入输入内容
    var = e.get()
    t.insert('insert', var)
def insert_end():                                          # 在文本框内容最后接着插入输入内容
    var = e.get()
    t.insert('end', var)
# 创建并放置两个按钮分别触发两种情况
b1 = tk.Button(window, text='在光标位置插入', width=20, height=2, command=insert_point)
b1.pack()
b2 = tk.Button(window, text='在文本尾部插入', width=20, height=2, command=insert_end)
b2.pack()
# 创建并放置一个多行文本框 Text 用以显示，
# 指定 height=3 为文本框是 3 个字符高度
t = tk.Text(window, height=3)
t.pack()
window.mainloop()
```

16.3.4 单选按钮和复选按钮

Radiobutton（单选按钮）组件用于实现多选一的问题。Radiobutton 组件可以包含文本或图像，每一个按钮都可以与一个 Python 的函数或方法相关联，当按钮被按下时，对应的函数或方法将被自动执行。

Radiobutton 组件仅能显示单一字体的文本，但文本可以跨越多行。另外，还可以为其中的个别字符加上下画线，用于表示键盘快捷键。在默认情况下，Tab 按键被用于在按钮间切换。每一组 Radiobutton 组件应该只与一个变量相关联，然后每一个按钮表示该变量的单一值。

Checkbutton（复选按钮）组件用于实现确定是否选择的按钮。Checkbutton 组件可以包含文本或图像，可以将一个 Python 函数或方法与之相关联，当按钮被按下时，对应的函数或方法将被自动执行。

Checkbutton 组件仅能显示单一字体的文本，但文本可以跨越多行。另外，还可以为其中的个别字符加上下画线，用于表示键盘快捷键。在默认情况下，Tab 按键被用于在按钮间切换。

【示例】设计复选按钮组，使用 onvalue=1 设置被选中时的值，使用 offvalue=0 设置未被选中时的值，定义 var1 和 var2 整型变量用来存放选择行为返回值。然后为每个复选按钮绑定单击事件，定义事件处理函数为 print_selection()，该函数获取复选按钮当前的状态值，并在顶部标签组件中显示提示信息。演示效果如图 16.5 所示。

```
import tkinter as tk                                       # 使用 tkinter 前需先导入
window = tk.Tk()
window.title('设计复选按钮组')
window.geometry('300x100')                                 # 设定窗口的大小（长×宽）
# 在图形界面上创建一个标签 Label 用以显示信息
l = tk.Label(window, bg='yellow', width=20, text='')
l.pack()
def print_selection():                                     # 定义触发函数功能
```

```
    if (var1.get() == 1) & (var2.get() == 0):                # 如果选中第一个选项，未选中第二个选项
        l.config(text='勾选了 Python ')
    elif (var1.get() == 0) & (var2.get() == 1):              # 如果选中第二个选项，未选中第一个选项
        l.config(text='勾选了 C++')
    elif (var1.get() == 0) & (var2.get() == 0):              # 如果两个选项都未选中
        l.config(text='什么都没有勾选')
    else:
        l.config(text='全部勾选')                             # 如果两个选项都选中
# 定义两个 Checkbutton 选项并放置
var1 = tk.IntVar()                                           # 定义 var1 和 var2 整型变量用来存放选择行为返回值
var2 = tk.IntVar()
c1 = tk.Checkbutton(window, text='Python',variable=var1, onvalue=1, offvalue=0, command=print_selection)
                                                             # 传值原理类似于 Radiobutton 部件
c1.pack()
c2 = tk.Checkbutton(window, text='C++',variable=var2, onvalue=1, offvalue=0, command=print_selection)
c2.pack()
window.mainloop()
```

16.3.5　菜单

Menu（菜单）组件用于实现顶级菜单、下拉菜单和弹出菜单。创建一个顶级菜单，需要先使用 Menu()构造函数创建一个菜单实例，然后使用 add()方法将命令和其他子菜单添加进去。Menu()构造函数的用法如下：

```
Menu(master=None, **options)
```

参数 master 表示一个父组件，**options 用于设置组件参数，各个参数的具体含义和用法参见本章在线支持。

创建菜单实例之后，可以调用 add()方法添加具体组件，该方法用法如下：

```
add(type, **options)
```

参数 type 指定添加的菜单类型，可以是"command"（命令）、"cascade"（父菜单）、"checkbutton"（复选按钮）、"radiobutton"（单选按钮）或 "separator"（分隔线）。

【示例】设计一个右键快捷菜单，并为菜单项绑定功能：简单记录用户单击快捷菜单项目的次数，演示效果如图 16.6 所示。

```
import tkinter as tk                                         # 使用 tkinter 前需先导入
window = tk.Tk()
window.title('设计菜单')
# 设定窗口的大小（长×宽）
window.geometry('300x200')                                   # 这里的乘号使用小写字母 x
# 在图形界面上创建一个标签用以显示用户操作次数
l = tk.Label(window, text='操作次数：0', bg='yellow')
l.pack()
counter = 1                                                  # 定义一个计数器函数，代表菜单选项的功能
def callback():
    global counter
    l.config(text='操作次数：'+ str(counter))
    counter += 1
# 创建一个弹出菜单
menu = tk.Menu(window, tearoff=False)
menu.add_command(label="撤销", command=callback)
menu.add_command(label="重做", command=callback)
```

```
def popup(event):                                    # 定义弹出菜单
    menu.post(event.x_root, event.y_root)
window.bind("<Button-3>", popup)                     # 绑定鼠标右键
window.mainloop()                                    # 主窗口循环显示
```

图 16.5　设计复选按钮组

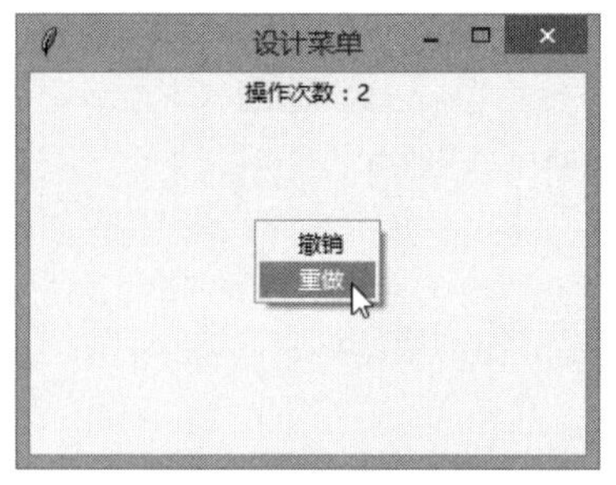

图 16.6　设计弹出菜单

16.3.6　消息

Message（消息）组件是 Label 组件的变体，用于显示多行文本消息。Message 组件能够自动换行，并调整文本的尺寸使其适应给定的尺寸。

【示例】使用 Message 组件设计一个简单的消息显示，演示效果如图 16.7 所示。

```
from tkinter import *                                # 导入 thinker 模块
window=Tk()
whatever_you_do = "消息（Message）组件用来展示一些文字短消息，与标签组件类似，但在展示文字方面比 Label 更灵活。"
                                                     # 创建一个 Message
msg = Message(window, text = whatever_you_do)        # 创建实例
msg.config(bg='lightgreen', font=('宋体', 16, 'italic'))  # 设置消息显示属性
msg.pack()                                           # 显示消息
window.mainloop()                                    # 主窗口循环显示
```

16.3.7　列表框

Listbox（列表框）组件用于显示一个选择列表。Listbox 只能包含文本项目，并且所有的项目都需要使用相同的字体和颜色。根据组件的配置，用户可以从列表中选择一个或多个选项。创建列表框组件的方法如下：

```
Listbox(master=None, **options)
```

参数 master 表示一个父组件，**options 用于设置组件参数，各个参数的具体含义和用法参见本章在线支持。

当创建一个 Listbox 组件实例之后，它是一个空的容器，所以第一件事就是添加一行或多行文本选项。可以使用 insert()方法添加文本。该方法有两个参数：第一个参数是插入的索引号，第二个参数是插入的字符串。索引号通常是项目的序号，0 表示列表中第一项的序号。

【示例】为列表项目绑定鼠标双击事件，跟踪用户的选择，并把用户的选择项目显示在窗口顶部的标签中，演示效果如图 16.8 所示。

```
from tkinter import *                                # 导入 tkinter 模块
root=Tk()                                            # 创建顶级窗口
l = Label(root, bg='yellow', width=20, text='')      # 定义一个提示信息显示的标签
l.pack()
```

```
def printList(event):                                    # 定义选项触发函数功能
    l.config(text='被选项为：' + lb.get(lb.curselection()))
lb=Listbox(root)                                         # 定义列表框
lb.bind('<Double-Button-1>',printList)                   # 绑定鼠标双击事件
for i in range(10):                                      # 插入列表项目
    lb.insert(END,str(i*100))
lb.pack()                                                # 显示列表框
root.mainloop()                                          # 主窗口循环显示
```

16.3.8　滚动条

Scrollbar（滚动条）组件用于滚动一些组件的可见范围，根据方向可分为垂直滚动条和水平滚动条。Scrollbar 组件常常被用于实现文本、画布和列表框的滚动。常与 Text 组件、Canvas 组件和 Listbox 组件一起使用，水平滚动条还可以与 Entry 组件配合。创建滚动条组件的方法如下：

```
Scrollbar (master=None, **options)
```

参数 master 表示一个父组件，**options 用于设置组件参数，各个参数的具体含义和用法参见本章在线支持。

【示例 1】 创建一个简单的滚动条，并显示在窗口中，演示效果如图 16.9 所示。

```
from tkinter import *                                    # 导入 tkinter 模块
root=Tk()                                                # 创建顶级窗口
sb=Scrollbar(root)                                       # 创建滚动条
sb.pack()                                                # 显示滚动条
root.mainloop()                                          # 主窗口循环显示
```

【示例 2】 创建一个滚动条，设置水平显示，并设置滑块的位置，演示效果如图 16.10 所示。

```
from tkinter import *                                    # 导入 tkinter 模块
root=Tk()                                                # 创建顶级窗口
sb=Scrollbar(root, orient=HORIZONTAL )                   # 创建滚动条，并设置水平显示
sb.set(0.5,1)                                            # 设置滑块的位置
sb.pack()                                                # 显示滚动条
root.mainloop()                                          # 主窗口循环显示
```

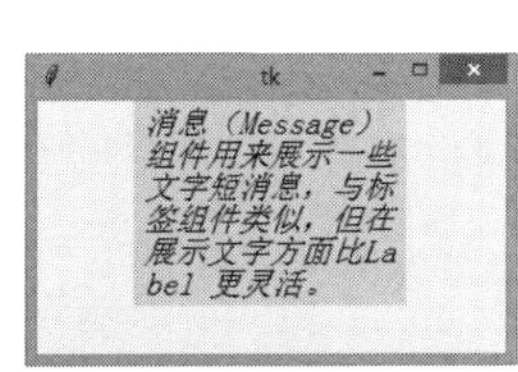

图 16.7　显示多行消息

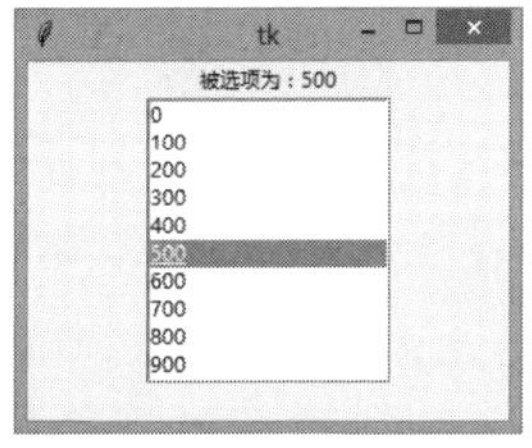

图 16.8　为列表绑定事件

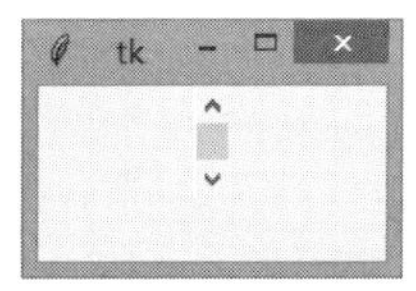

图 16.9　创建简单的滚动条

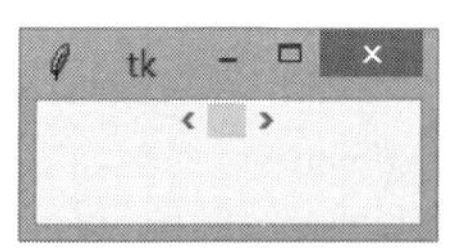

图 16.10　设置水平滚动条

在上面示例中，orient=HORIZONTAL 设置滚动条的显示方向为水平显示，取值包括"horizontal"（水平滚动条）和"vertical"（垂直滚动条），默认值为 VERTICAL。

set(*args)方法用于设置当前滚动条的位置，可以包含两个参数(first, last)，first 表示当前滑块的顶端或左端的位置，last 表示当前滑块的底端或右端的位置，取值范围为 0.0~1.0。

16.3.9　框架

Frame 组件主要用于在复杂的布局中将其他组件分组，也用于填充间距和作为实现高级组件的基类。

【示例 1】设计一个简单的框架，在框架中绑定两个标签，效果如图 16.11 所示。

```
from tkinter import *                                   # 导入 tkinter 模块
root=Tk()                                               # 创建顶级窗口
root.title('设计框架')                                   # 设置主体窗口的名称
root.geometry('600x500')                                # 设置主体窗口的大小
# 创建 Frame
# 注意：这个创建 Frame 的方法与其他创建控件的方法不同，第一个参数不是 root
fm=Frame(height=200, width=200, bg='green',border=2)
fm.pack_propagate(0)                                    # 固定 frame 大小，如果不设置，
                                                        # frame 随着标签大小改变
fm.pack()                                               # 显示框架
# 在 Frame 中添加组件
Label(fm, text='左侧标签').pack(side='left')
Label(fm, text='右侧标签').pack(side='right')
root.mainloop()                                         # 主窗口循环显示
```

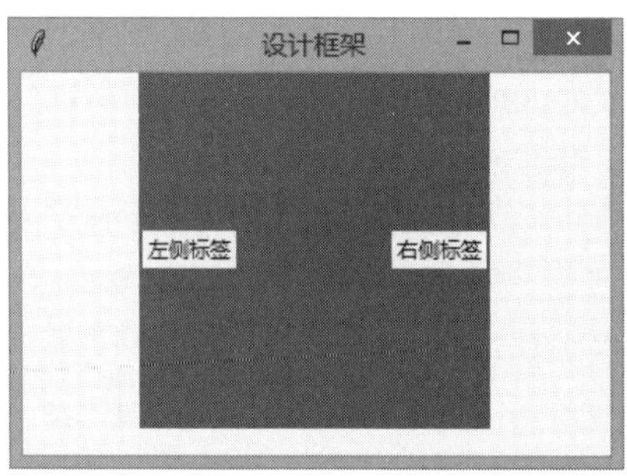

图 16.11　设计框架

【示例 2】在 tkinter 8.4 以后，Frame 又添加了一类 LabelFrame，添加了 Title 的支持。针对示例 1，可以使用 LabelFrame 快速设计。演示效果与示例 1 相同。

```
from tkinter import *                                   # 导入 tkinter 模块
root=Tk()                                               # 创建顶级窗口
root.title('设计框架')                                   # 设置主体窗口的名称
root.geometry('600x500')                                # 设置主体窗口的大小
# 创建 LabelFrame
lbfm=LabelFrame(height=200, width=200,bg='green')
lbfm.pack_propagate(0)                                  # 固定 frame 大小
                                                        # frame 随着标签大小改变
lbfm.pack()                                             # 显示框架
Label(lbfm, text='左侧标签').pack(side='left')
Label(lbfm, text='右侧标签').pack(side='right')
root.mainloop()                                         # 主窗口循环显示
```

16.3.10　画布

Canvas 是一个通用的组件，通常用于显示和编辑图形，可以用它绘制线段、圆形、多边形，甚至绘制其他组件。创建画布组件的方法如下：

```
Canvas(master=None, **options)
```

参数 master 表示一个父组件，**options 用于设置组件参数，各个参数的具体含义和用法参见本章在线支持。

在 Canvas 组件上绘制对象，可以使用 create_xxx()的方法（xxx 表示对象类型。例如，线段 line、矩形 rectangle、文本 text 等）。

【示例 1】使用 Canvas 组件绘制一块画布，然后绘制矩形和线段，演示效果如图 16.12 所示。

```
from tkinter import *                                          # 导入 tkinter 模块
root=Tk()                                                      # 创建顶级窗口
root.title('使用画布')                                         # 设置主体窗口的名称
w = Canvas(root, width =200, height = 100)                     # 创建画布
w.pack()                                                       # 显示画布
w.create_line(0, 50, 200, 50, fill = "yellow")                 # 画一条黄色的横线
w.create_line(100, 0, 100, 100, fill = "red", dash = (4, 4))   # 画一条红色的竖线（虚线）
w.create_rectangle(50, 25, 150, 75, fill = "blue")             # 中间画一个蓝色的矩形
root.mainloop()                                                # 主窗口循环显示
```

【示例 2】添加到 Canvas 上的对象会一直保留。如果希望编辑它们，可以使用 coords()、itemconfig()和 move()方法移动画布上的对象，或者使用 delete()方法删除。下面在示例 1 基础上，新添加一个按钮组件，绑定事件，设计当单击按钮时，清除画布上所有图形，演示效果如图 16.13 所示。

```
from tkinter import *                                          # 导入 tkinter 模块
root=Tk()                                                      # 创建顶级窗口
root.title('使用画布')                                         # 设置主体窗口的名称
w = Canvas(root, width =200, height = 100)                     # 创建画布
w.pack()                                                       # 显示画布
w.create_line(0, 50, 200, 50, fill = "yellow")                 # 画一条黄色的横线
w.create_line(100, 0, 100, 100, fill = "red", dash = (4, 4))   # 画一条红色的竖线（虚线）
w.create_rectangle(50, 25, 150, 75, fill = "blue")             # 中间画一个蓝色的矩形
# 定义按钮，绑定事件，单击按钮删除所有绘图
Button(root, text = "删除全部", command = (lambda x = "all" : w.delete(x))).pack()
root.mainloop()                                                # 主窗口循环显示
```

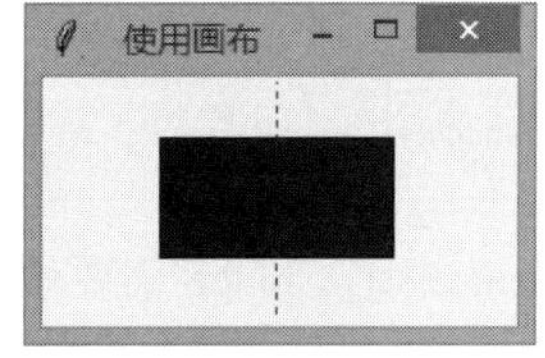

图 16.12　绘制简单的图形

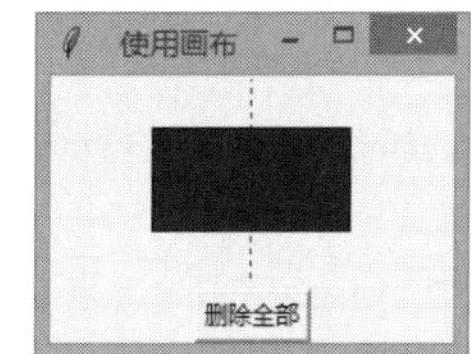

图 16.13　清除画布上的图形

16.4　组件布局

tkinter 提供了 3 个布局管理器：pack（包），按添加顺序排列组件；grid（网格），按行、列格式排列组件；place（位置），准确设置组件的大小和位置。

1. pack 布局

pack 适用于少量组件的排列，如果需要创建相对复杂的布局结构，那么建议使用多个框架（Frame）结构构成，或者使用 grid 管理器实现。

【示例 1】在窗口中插入 2 个标签，然后使用 pack()方法设置第一个标签靠左显示，第二个标签靠右显示，演示效果如图 16.14 所示。

```
from tkinter import *                                          # 把 tkinter 模块内所有函数导入全局作用域下
tk=Tk()                                                        # 生成 root 主窗口
```

```
# 标签组件，显示文本和位置
Label(tk,text="左侧对齐").pack(side="left")                    # 显示在左侧
Label(tk,text="右侧对齐").pack(side="right")                   # 显示在右侧
mainloop()                                                     # 主事件循环
```

pack(**options)常用配置参数及其取值说明参见本章在线支持。

2. grid 布局

grid 布局可以以网格化设置组件的位置，但不要在同一个父组件中混合使用 pack 和 grid。

【示例 2】在示例 1 基础上，再添加两个文本输入组件，然后使用 grid()方法设置它们分别在第一行的第二列和第二行的第二列显示，演示效果如图 16.15 所示。

```
from tkinter import *                          # 把 tkinter 模块内所有函数导入到全局作用域下
tk=Tk()                                        # 生成 root 主窗口
#标签组件，显示文本和位置
Label(tk,text="姓名").grid(row=0)              # 显示在第一行
Label(tk,text="密码").grid(row=1)              # 显示在第二行
# 设计输入组件，分别在第一行的第二列和第二行的第二列显示
Entry(tk).grid(row=0,column=1)
Entry(tk).grid(row=1,column=1)
mainloop()                                     # 主事件循环
```

grid(**options)主要配置参数说明参见本章在线支持。

3. place 布局

place 布局可以精确定义组件的位置和大小。

【示例 3】将子组件显示在父组件的正中间，演示效果如图 16.16 所示。

```
import tkinter as tk
root = tk.Tk()
def callback():
    print("正中靶心")
tk.Button(root, text="点我", command=callback).place(relx=0.5, rely=0.5, anchor="center")
root.mainloop()
```

通常情况下不建议使用 place 布局管理器，与 pack 和 grid 相比，place 需要做更多的工作。不过 place 在一些特殊的情况下可以发挥妙用。

place(**options)可用配置参数说明，可以参见本章在线支持。

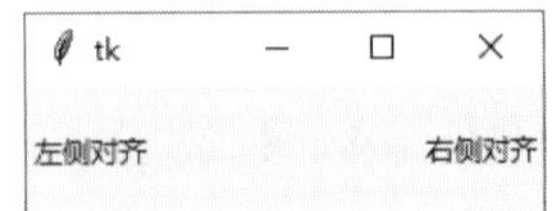

图 16.14　设置标签组件水平并列显示

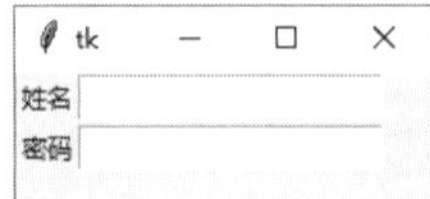

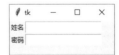

图 16.15　设置组件多行多列显示

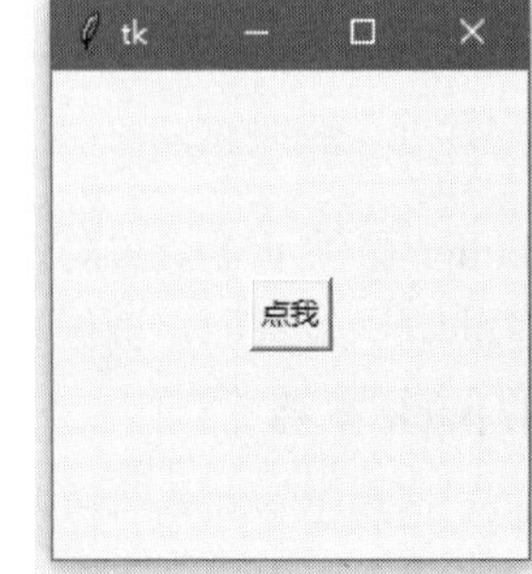

图 16.16　设置组件居中显示

16.5　事件处理

1. 事件序列

事件序列是以字符串的形式表示一个或多个相关联的事件。它包含在尖括号（< >）中，语法格式如下：

```
<modifier-type-detail>
```

- type：用于描述通用事件类型，如鼠标单击、键盘按键单击等。
- modifier：可选项，用于描述组合键，如 Ctrl+C 表示同时按 Ctrl 和 C 键。
- detail：可选项，用于描述具体的按键，如 Button-1 表示鼠标左键。

例如，下面分别定义 3 个事件序列。

```
<Button-1>                          # 用户单击鼠标左键
<KeyPress-H>                        # 用户单击 H 按键
<Control-Shift-KeyPress-H>          # 用户同时按 Ctrl+Shift+H 组合键
```

提示：也可以使用短格式表示事件。例如，<1>等同于<Button-1>、<x>等同于<KeyPress-x>。对于大多数的单字符按键，还可以忽略“<>”符号，但是空格键和尖括号键不能省略，正确表示分别为<space>、<less>。

2. 事件绑定

事件绑定的方法有如下 4 种。

（1）在创建组件对象时指定。在创建组件对象实例时，可以通过其命名参数 command 指定事件处理函数。例如，为 Button 控件绑定单击事件，当组件被单击时执行 clickhandler()处理函数。

```
b = Button(root, text='按钮', command=clickhandler)
```

（2）实例绑定。调用组件对象的 bind()方法，可以为指定组件绑定事件。语法格式如下：

```
w.bind('<event>', eventhandler, add='')
```

w 表示组件对象，参数<event>为事件类型，eventhandler 为事件处理函数，可选参数 add 默认为空''，表示事件处理函数替代其他绑定，如果为“+”，则加入事件处理队列。

例如，下面代码为 Canvas 组件实例 c 绑定鼠标右键单击事件，处理函数名称为 eventhandler。

```
c=Canvas(); c.bind('Button-3', eventhandler)
```

（3）类绑定。调用组件对象的 bind_class()方法，可以为特定类绑定事件。语法格式如下：

```
w.bind_class('Widget', '<event>', eventhandler, add='')
```

参数 Widget 为组件类，<event>为事件，eventhandler 为事件处理函数。

例如，为 Canvas 组件类绑定方法，使得所有 Canvas 组件实例都可以处理鼠标滚轮事件。

```
c = Canvas();
c.bind_class('Canvas', '<Button-2>', eventhandler)
```

（4）程序界面绑定。调用组件对象的 bind_all()方法，可以为所有组件类型绑定事件。语法格式如下：

```
w.bind_all('<event>', eventhandler, add='')
```

其中，参数<event>为事件，eventhandler 为事件处理函数。

例如，将 PrintScreen 键与所有组件绑定，使程序界面能处理打印屏幕的键盘事件。

```
c = Canvas(); c.bind('<Key-Print>', printscreen)
```

【示例 1】在窗口中定义一个文本框，然后为其绑定两个事件：鼠标经过和鼠标离开，设计当鼠标经过时，背景色为红色，鼠标离开时，背景色为白色，演示效果如图 16.17 所示。

```
import tkinter as tk                                    # 导入框架
root = tk.Tk()                                          # 创建主窗口
entry = tk.Entry(root)                                  # 单行文本输入框
# 事件处理函数
def f1(event):                                          # 通过事件对象获取得到组件
    event.widget['bg'] = 'red'                          # 鼠标进入组件变红
def f2(event):
    event.widget['bg'] = 'white'                        # 鼠标离开组件变白
# 绑定事件
entry.bind('<Enter>',f1)
entry.bind('<Leave>',f2)
entry.pack()                                            # 渲染组件
root.mainloop()                                         # 主窗口循环显示
```

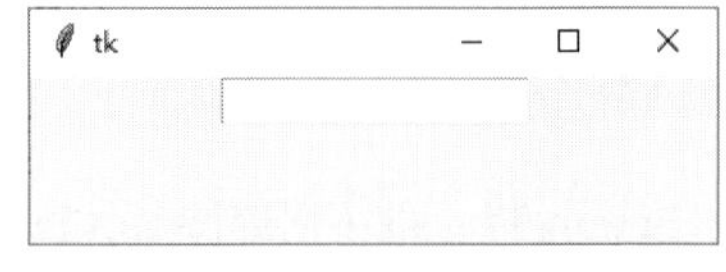

（a）鼠标离开状态

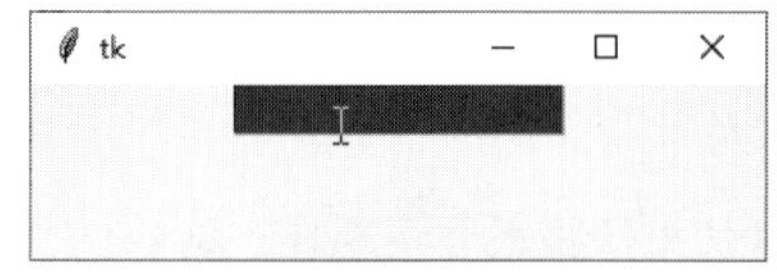

（b）鼠标经过时状态

图 16.17　设计组件交互样式

3. 事件处理

对于通过 command 传入的函数，不用指定第一个参数为 event。但是通过 bind()、bind_class()、bind_all() 方法绑定时，事件处理可以定义为函数，也可以定义为对象的方法，两者都带一个参数 event。触发事件调用处理函数时，将传递 Event 对象实例。

```
# 函数定义
def handlerName(event): # event 为默认参数，表示事件对象，传递参数
    # 事件处理
# 类中定义方法
def handlerName(self, event):    # event 为默认参数，表示事件对象，传递参数
    # 事件处理
```

【示例 2】在窗口中嵌入一个框架组件，然后为其绑定鼠标单击事件，在事件处理函数中获取鼠标点击位置的坐标，并在控制台打印出来，演示效果如图 16.18 所示。

```
import tkinter as tk                                    # 导入框架
root = tk.Tk()                                          # 创建主窗口
def callback(event):                                    # 事件处理函数，参数 event 为 Event 事件对象
    print("点击位置：", event.x, event.y)
frame = tk.Frame(root, width=200, height= 200)          # 定义框架，并嵌入到主窗口中
frame.bind("<Button-1>", callback)                      # 绑定鼠标单击事件
frame.pack()                                            # 渲染窗口
root.mainloop()                                         # 主窗口循环显示
```

4. 事件对象

通过传入的 Event 事件对象，可以访问该对象属性，获取事件发生时相关参数，以备程序使用。常用的 Event 事件参数有如下几种。

➢　widget：事件源，即产生该事件的组件。

- x, y：当前鼠标指针的坐标位置（相对于窗口左上角，以像素为单位）。
- x_root, y_root：当前鼠标指针的坐标位置（相对于屏幕左上角，以像素为单位）。
- keysym：按键名。
- keycode：按键码。
- num：按钮数字（鼠标事件专属）。
- width, height：组件的新尺寸（Configure 事件专属）。
- type：事件类型。

【示例 3】演示如何获取键盘响应。只有当组件获取焦点的时候，才能接收键盘事件（Key），使用 focus_set()方法可以获得焦点，也可以设置 Frame 的 takefocus 选项为 True，然后使用 Tab 将焦点转移，演示效果如图 16.19 所示。

```
import tkinter as tk                                  # 导入框架
root = tk.Tk()                                        # 创建主窗口
def callback(event):                                  # 事件处理函数，参数 event 为 Event 事件对象
    print("点击的键盘字符为：", event.char)
frame = tk.Frame(root, width=200, height= 200)        # 定义框架，并嵌入到主窗口中
frame.bind("<Key>", callback)                         # 绑定鼠标单击事件
frame.focus_set()                                     # 获取焦点，接收键盘响应
frame.pack()                                          # 渲染窗口
root.mainloop()                                       # 主窗口循环显示
```

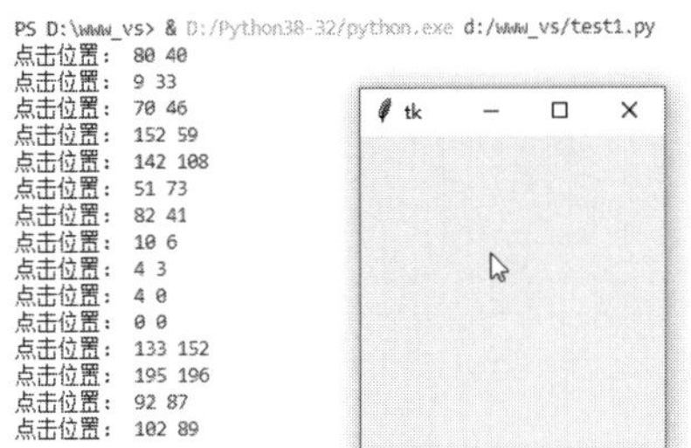

图 16.18　获取鼠标点击位置坐标

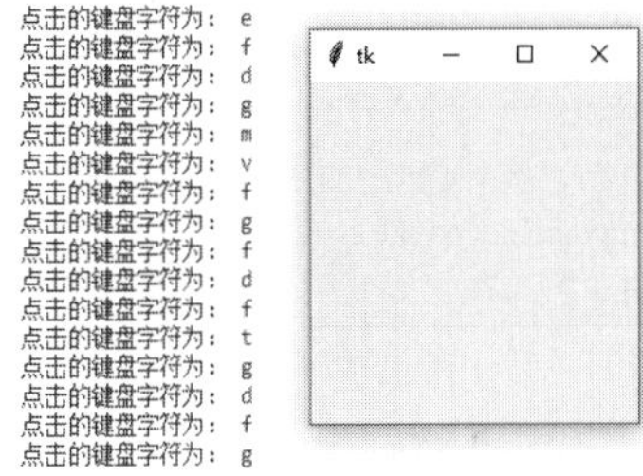

图 16.19　获取点击的键名

16.6　案 例 实 战

本例设计一个用户登录和注册模块，使用 tkinter 框架构建界面，主要用到画布、文本框、按钮等组件。涉及知识点：tkinter 界面编程、pickle 数据存储。本例实现了基本的用户登录和注册互动界面，并提供用户信息存储和验证。示例演示效果如图 16.20 所示。

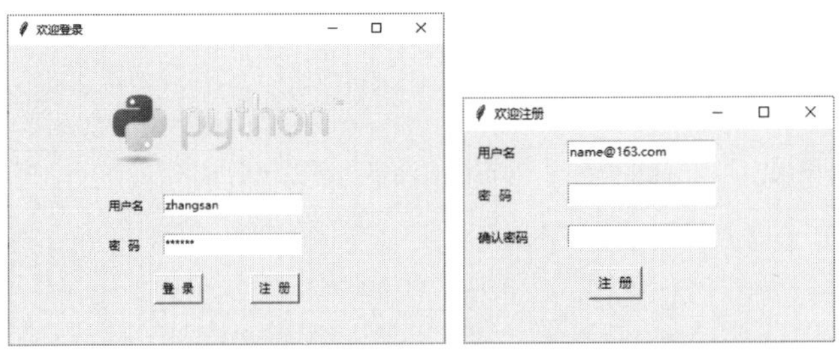

图 16.20　用户登录和注册模块

```
import tkinter as tk
import pickle
import tkinter.messagebox
from PIL import Image, ImageTk
# 设置窗口，最开始的母体窗口
window = tk.Tk()                                              # 建立一个窗口
window.title('欢迎登录')
window.geometry('450x300')                                    # 窗口大小为 300×200
canvas = tk.Canvas(window, height=200, width=900)             # 画布
im = Image.open("images/01.png")                              # 加载图片
image_file = ImageTk.PhotoImage(im)
image = canvas.create_image(100, 40, anchor='nw', image=image_file)
canvas.pack(side='top')
# 两个文字标签，用户名和密码两个部分
tk.Label(window, text='用户名').place(x=100, y=150)
tk.Label(window, text='密　码').place(x=100, y=190)
var_usr_name = tk.StringVar()                                 # 将文本框的内容定义为字符串类型
var_usr_name.set('name@163.com')                              # 设置默认值
var_usr_pwd = tk.StringVar()
# 第一个输入框用来输入用户名
# textvariable 获取文本框的内容
entry_usr_name = tk.Entry(window, textvariable=var_usr_name)
entry_usr_name.place(x=160, y=150)
# 第二个输入框用来输入密码
entry_usr_pwd = tk.Entry(window, textvariable=var_usr_pwd, show='*')
entry_usr_pwd.place(x=160, y=190)
def usr_login():
    usr_name = var_usr_name.get()
    usr_pwd = var_usr_pwd.get()
    try:
        with open('usrs_info.pickle', 'rb') as usr_file:
            usrs_info = pickle.load(usr_file)
    except FileNotFoundError:
        with open('usrs_info.pickle', 'wb') as usr_file:
            usrs_info = {'admin': 'admin'}
            pickle.dump(usrs_info, usr_file)
    if usr_name in usrs_info:
        if usr_pwd == usrs_info[usr_name]:
            tk.messagebox.showinfo(
                title='欢迎光临', message=usr_name + '：请进入个人首页，查看最新资讯')
        else:
            tk.messagebox.showinfo(message='错误提示：密码不对，请重试')
    else:
        is_sign_up = tk.messagebox.askyesno('提示', '你还没有注册，请先注册')
        print(is_sign_up)
        if is_sign_up:
            usr_sign_up()
def usr_sign_up():                                            # 注册按钮
    def sign_to_Mofan_Python():
```

```
        np = new_pwd.get()
        npf = new_pwd_confirm.get()
        nn = new_name.get()
        # 上面是获取数据，下面是查看是否重复注册过
        with open('usrs_info.pickle', 'rb') as usr_file:
            exist_usr_info = pickle.load(usr_file)
            if np != npf:
                tk.messagebox.showerror('错误提示', '密码和确认密码必须一样')
            elif nn in exist_usr_info:
                tk.messagebox.showerror('错误提示', '用户名早就注册了！ ')
            else:
                exist_usr_info[nn] = np
                with open('usrs_info.pickle', 'wb') as usr_file:
                    pickle.dump(exist_usr_info, usr_file)
                tk.messagebox.showinfo('欢迎', '你已经成功注册了')
                window_sign_up.destroy()
    # 点击注册之后，会弹出这个窗口界面
    window_sign_up = tk.Toplevel(window)
    window_sign_up.title('欢迎注册')
    window_sign_up.geometry('360x200')                    # 中间是小写字母 x，而不是*
    # 用户名框——这里输入用户名框
    new_name = tk.StringVar()
    new_name.set('name@163.com')                          # 设置的是默认值
    tk.Label(window_sign_up, text='用户名').place(x=10, y=10)
    entry_new_name = tk.Entry(window_sign_up, textvariable=new_name)
    entry_new_name.place(x=100, y=10)
    # 新密码框——这里输入注册时的密码
    new_pwd = tk.StringVar()
    tk.Label(window_sign_up, text='密　码').place(x=10, y=50)
    entry_usr_pwd = tk.Entry(window_sign_up, textvariable=new_pwd, show='*')
    entry_usr_pwd.place(x=100, y=50)
    # 密码确认框
    new_pwd_confirm = tk.StringVar()
    tk.Label(window_sign_up, text='确认密码').place(x=10, y=90)
    entry_usr_pwd_confirm = tk.Entry(
        window_sign_up, textvariable=new_pwd_confirm, show='*')
    entry_usr_pwd_confirm.place(x=100, y=90)
    btn_confirm_sign_up = tk.Button(
        window_sign_up, text=' 注　册 ', command=sign_to_Mofan_Python)
    btn_confirm_sign_up.place(x=120, y=130)
# 创建注册和登录按钮
btn_login = tk.Button(window, text=' 登　录 ', command=usr_login)
btn_login.place(x=150, y=230)                             # 用 place 来处理按钮的位置信息
btn_sign_up = tk.Button(window, text=' 注　册 ', command=usr_sign_up)
btn_sign_up.place(x=250, y=230)
window.mainloop()                                         # 渲染显示
```

pickle 是 Python 语言的一个标准模块，安装 Python 后已包含 pickle 库，不需要另单独安装。pickle 模块实现了基本的数据序列化和反序列化。通过 pickle 模块的序列化操作能够将程序中运行的对象信息保存到文件中，永久存储；通过 pickle 模块的反序列化操作，能够从文件中创建上一次程序保存的对象。

16.7 在线支持

扫码免费学习
更多实用技能

一、补充知识

☑ Tkinter GUI 编程
☑ Tkinter 组件快速掌握
☑ Tkinter 布局管理

二、参考

☑ Tkinter 组件：Label
☑ Tkinter 组件：Button
☑ Tkinter 组件：Checkbutton
☑ Tkinter 组件：Radiobutton
☑ Tkinter 组件：Frame
☑ Tkinter 组件：LabelFrame
☑ Tkinter 组件：Entry
☑ Tkinter 组件：Listbox
☑ Tkinter 组件：Scrollbar
☑ Tkinter 组件：Scale
☑ Tkinter 组件：Text
☑ Tkinter 组件：Canvas
☑ Tkinter 组件：Menu
☑ Tkinter 组件：Menubutton
☑ Tkinter 组件：OptionMenu
☑ Tkinter 组件：Message
☑ Tkinter 组件：Spinbox
☑ Tkinter 组件：PanedWindow
☑ Tkinter 组件：Toplevel
☑ Tkinter 布局管理器：pack
☑ Tkinter 布局管理器：grid
☑ Tkinter 布局管理器：place

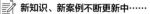

新知识、新案例不断更新中……

第 17 章 网络编程

自从互联网诞生以来，如今所有的程序基本上都是网络程序，很少有单机版的程序。计算机网络就是把各个计算机连接在一起，让网络中的计算机可以互相通信。网络编程就是如何在程序中实现两台计算机的通信。当使用浏览器访问微博时，个人计算机就和微博的某台服务器通过互联网连接起来，类似还有 QQ、抖音、支付宝、拼多多、美团、邮件客户端等，不同的程序连接的远程计算机也会不同。网络通信是两台计算机上的两个进程之间的通信。网络编程对所有开发语言都是一样的，Python 也不例外。用 Python 进行网络编程，就是在 Python 程序本身这个进程内，连接别的服务器进程的通信端口进行通信。本章将详细介绍 Python 网络编程的概念和最主要的两种网络类型的编程。

视频讲解

17.1 认识 TCP/IP

计算机网络的出现要比互联网早。计算机为了联网，必须规定通信协议，早期的计算机网络，都是由各厂商自己规定一套协议，如 IBM、Apple 和 Microsoft 都有各自的网络协议，互不兼容。这就好比一群人有的说英语，有的说中文，有的说德语，说同一种语言的人可以交流，不同的语言之间就不行了。

为了把全世界的所有不同类型的计算机都连接起来，就必须规定一套全球通用的协议，为了实现互联网这个目标，互联网协议簇（Internet protocol suite）就是通用协议标准。Internet 是由 inter 和 net 两个单词组合起来的，原意就是连接“网络”的网络，有了 Internet，任何私有网络，只要支持这个协议，就可以连入互联网。

因为互联网协议包含了上百种协议标准，但是最重要的两个协议是 TCP 和 IP 协议，所以，大家把互联网的协议简称 TCP/IP 协议。TCP/IP 协议被分为 4 层：应用层、传输层、网络层、接口层，如图 17.1 所示。

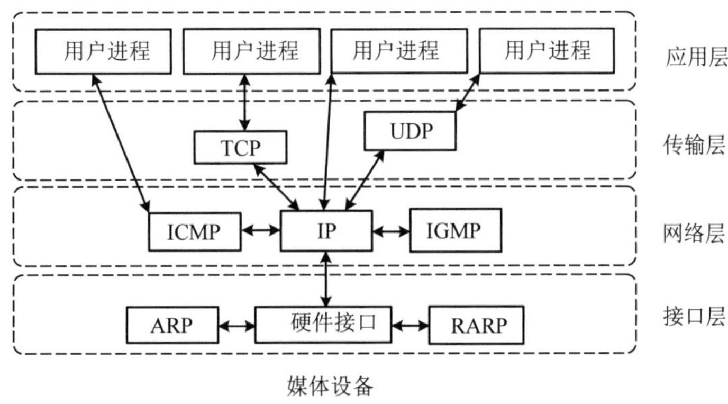

图 17.1 TCP/IP 协议族在网络中的位置及其组成

- 应用层协议有 HTTP、FTP、SMTP 等，用来接收来自传输层的数据或者按不同应用要求及方式将数据传输至传输层。
- 传输层协议有 UDP、TCP，实现数据传输与数据共享。
- 网络层协议有 ICMP、IP、IGMP，主要负责网络中数据包的传送等。
- 接口层协议有 ARP、RARP，主要提供链路管理、错误检测、对不同通信媒介有关信息细节问题进行有效处理等。

通信的时候，双方必须知道对方的标识，互联网上每个计算机的唯一标识就是 IP 地址，类似 123.123.123.123。如果一台计算机同时接入两个或更多的网络，如路由器，它就有两个或多个 IP 地址，所以，IP 地址对应的实际上是计算机的网络接口，通常是网卡。

IP 协议负责把数据从一台计算机通过网络发送到另一台计算机。数据被分割成多个小块，然后通过 IP 包发送出去。由于互联网链路复杂，两台计算机之间经常有多条线路，因此，路由器就负责决定如何把一个 IP 包转发出去。IP 包的特点是按块发送，途经多个路由，但不保证能到达，也不保证顺序到达。

IP 地址实际上是一个 32 位整数（称为 IPv4），以字符串表示的 IP 地址，如 192.168.0.1，实际上是把 32 位整数按 8 位分组后的数字表示，目的是便于阅读。

IPv6 地址实际上是一个 128 位整数，它是目前使用的 IPv4 的升级版，以字符串表示，类似于 2001:0db8:85a3:0042:1000:8a2e:0370:7334。

TCP 协议则是建立在 IP 协议之上的。TCP 协议负责在两台计算机之间建立可靠连接，保证数据包按顺序到达。TCP 协议会通过握手建立连接，然后，对每个 IP 包编号，确保对方按顺序收到，如果包丢掉了，就自动重发。

许多常用的更高级的协议都是建立在 TCP 协议基础上的，如用于浏览器的 HTTP 协议、发送邮件的 SMTP 协议等。

一个 TCP 报文除了包含要传输的数据外，还包含源 IP 地址和目标 IP 地址，源端口和目标端口。

端口有什么作用？在两台计算机通信时，只发 IP 地址是不够的，因为同一台计算机上运行着多个网络程序。一个 TCP 报文送达之后，到底是交给浏览器还是 QQ，就需要端口号来区分。每个网络程序都向操作系统申请唯一的端口号，这样，两个进程在两台计算机之间建立网络连接就需要各自的 IP 地址和各自的端口号。一个进程也可能同时与多个计算机建立链接，因此它会申请很多端口。

17.2 socket 编程

17.2.1 认识 socket

在 socket 出现之前，编写一个网络应用程序，开发人员需要花费大量的时间解决网络协议之间的衔接问题。为了从这种重复、枯燥的底层代码编写中解放出来，于是就有人专门把协议实现的复杂代码进行封装，从而诞生了 socket 接口层。

有了 socket 以后，开发人员无须自己编写代码实现 TCP 三次握手、四次挥手、ARP 请求、数据打包等任务，socket 已经封装好了，只需要遵循 socket 接口的规定，写出的应用程序自然也遵循 TCP、UDP 标准。

应用程序通过 socket 层向网络发送请求，或者应答网络请求。socket 能够区分不同的应用程序进程，当一个进程绑定了本机 IP 的某个端口，那么传送至这个 IP 地址和端口的所有数据都会被系统转送至该进程的应用程序来进行处理。

socket 原义表示孔或插座，在 Unix 的进程通信机制中被称为套接字。套接字由一个 IP 地址和一个端口

号组成。socket 正如其英文原意那样，像一个多孔插座，一台主机犹如布满各种插座（IP 地址）的房间，每个插座有很多插口（端口），通过这些插口接入电源线（进程），就可以烧水、看电视、玩电脑等。

从面向对象编程的角度来分析：socket 是应用层与传输层、网络层之间进行通信的中间软件抽象层，是一组接口，把复杂的 TCP/IP 协议隐藏在 socket 接口后面，如图 17.2 所示。对用户来说，一组简单的接口就是全部，调用 socket 接口函数去组织数据，以符合指定的协议，这样网络间的通信也就简单了许多。

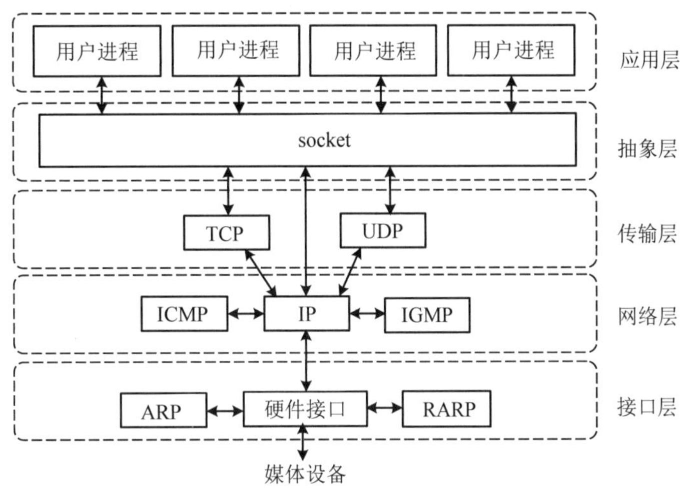

图 17.2　socket 在 TCP/IP 协议族中的位置

Python 提供了两个基本的 socket 处理模块。

- socket：提供标准的 BSD Sockets API，可以访问底层操作系统 socket 接口的全部方法。
- socketserver：提供了服务器中心类，可以简化网络服务器的开发。

提示：套接字起源于 20 世纪 70 年代加利福尼亚大学伯克利分校版本的 Unix。套接字有两个种族，分别是基于文件型和基于网络型。

- 基于文件类型的套接字家族，名字为 AF_UNIX。在 Unix 系统中，一切皆文件，基于文件的套接字，调用的就是底层的文件系统来读取数据，两个套接字进程运行在同一台主机上，可以通过访问同一个文件系统间接完成通信。
- 基于网络类型的套接字家族，名字为 AF_INET。也有 AF_INET6，被用于 IPv6 版本，还有一些其他的地址家族，不过，它们要么是只用于某个平台，要么是已经被废弃，或者是很少被使用，或者是根本没有实现。在所有地址家族中，AF_INET 是使用最广泛的一个，Python 支持很多种地址家族，但是由于大部分通信都是网络通信，所以大部分时候使用 AF_INET。

17.2.2　使用 socket

1. 服务器

服务器端进程需要申请套接字，然后绑定套接字进行监听。当有客户端发送请求，则接收数据并进行处理，处理完成后对客户端进行响应。

socket 模块的 socket()构造函数能够创建 socket 对象。语法格式如下：

```
socket.socket([family[, type[, proto]]])
```

参数说明如下。

➢ family：设置套接字种族，包括 AF_UNIX 和 AF_INET，常用 AF_INET 选项。
➢ type：设置套接字类型，包括 SOCK_STREAM（流式套接字，主要用于 TCP 协议）。或者 SOCK_DGRAM（数据报套接字，主要用于 UDP 协议）。
➢ proto：协议类型，默认为 0，一般不填。

socket()函数返回 socket 对象，调用 socket 对象的 bind()方法可以绑定套接字。

```
s1.bind(address)
```

由 AF_INET 创建的套接字，address 地址必须是一个元组：(host, port)。其中，host 表示服务器主机域名，port 表示端口号。

然后调用 socket 对象的 listen()方法监听套接字。

```
s1.listen(backlog)
```

参数 backlog 指定最多允许多少个客户端连接到服务器。参数值至少为 1。收到连接请求后，所有请求排队等待处理，如果队列已满，就拒绝请求。

再调用 accept()方法等待接受连接。

```
connection, address = s1.accept()
```

调用 accept()方法后，socket 对象进入等待状态，也就是处于阻塞状态。如果客户端发起连接请求，accept()方法将建立连接，并返回一个元组：(connection,address)。其中，connection 表示客户端的 socket 对象，服务器必须通过它与客户端进行通信；address 表示客户端网络地址。

最后，使用 connection 处理请求。

```
connection.recv(bufsize[,flag])
```

接收客户端发送的数据。数据以字节串格式返回，参数 bufsize 指定最多可以接收的数量。参数 flag 提供有关消息的其他信息，一般可以忽略。

```
connection.send(string[,flag])
```

将参数 string 包含的字节流数据发送给连接的客户端套接字。返回值是已发送的字节数量，该数量可能小于 string 的字节大小，即可能未把 string 包含的内容全部发送。

传输结束，可以根据需要选择关闭连接。

```
s1.close()
```

2. 客户端

客户端只需要申请一个套接字，然后通过套接字连接到服务器端，建立连接之后就可以通信。

首先，创建 socket 对象。

```
import socket                          # 导入 socket 模块
s2= socket.socket()                    # 实例化 socket 对象
```

使用 socket 对象连接到服务器端。

```
s2.connect(address)
```

参数 address 为元组：(host, port)，分别表示服务器端套接字绑定的主机域名和端口号。

再使用 socket 对象处理请求。

```
s2.recv(bufsize[,flag])
```

接收数据以字节串形式返回，参数 bufsize 指定最多可以接收的数量。flag 提供有关消息的其他信息，一般可以忽略。

```
s2.send(string[,flag])
```

将参数 string 包含的字节串发送到服务器端。返回值表示已经发送的字节数量，该数量可能小于 string 的字节大小，即可能未把 string 包含的内容全部发送。

最后，可以根据需要选择关闭套接字，结束连接。

```
s2.close()
```

【示例】使用 socket 模块构建一个网络通信服务。

第 1 步，新建 Python 文件，保存为 server.py。作为服务器端响应文件，然后输入下面代码：

```
import socket                                        # 导入 socket 模块
# 创建服务端服务
server = socket.socket(socket.AF_INET,socket.SOCK_STREAM)
server.bind(('localhost',6999))                      # 绑定要监听的端口，本地计算机 6999 端口
server.listen(5)                                     # 开始监听，参数表示可以使用 5 个连接排队
while True:
    # conn 表示客户端套接字对象，addr 为一个元组，包含客户端的 IP 地址和端口号。
    conn,addr = server.accept()
    print(conn,addr)                                 # 输出连接信息
    try:
        data = conn.recv(1024)                       # 接收数据
        print('recive:',data.decode())               # 打印接收到的数据，注意解码
        conn.send(data.upper())                      # 然后再发送数据
        conn.close()                                 # 关闭连接
    except:
        print('关闭了正在占线的连接！')
        break                                        # 如果出现异常，则跳出接收的状态
```

第 2 步，新建 Python 文件，保存为 client.py。作为客户端请求文件，然后输入下面代码。

```
# 客户端发送一个数据，再接收一个数据
import socket                                        # 导入 socket 模块
# 声明 socket 类型，同时生成套接字对象
client = socket.socket(socket.AF_INET,socket.SOCK_STREAM)
client.connect(('localhost',6999))                   # 建立一个连接，连接到本地的 6999 端口
msg = '欢迎新同学！'                                  # 可以使用 strip 去掉字符串的头尾空格
client.send(msg.encode('utf-8'))                     # 发送一条信息，Python 3 只接收字节流
                                                     # 应使用 encode()方法把字符串转换为字节流
data = client.recv(1024)                             # 接收信息，并指定接收的大小为 1024 字节
print('recv:',data.decode())                         # 输出接收的信息
client.close()                                       # 关闭这个连接
```

第 3 步，在“运行”对话框中执行 cmd 命令，打开命令行窗口，输入类似下面命令，进入当前程序所在的目录。提示，读者可根据实际情况调整路径。

```
cd C:\Users\8\Documents\www
```

第 4 步，输入下面命令，执行 server.py 文件，如图 17.3 所示。此时，服务器开始不断监听客户端的请求。

```
python server.py
```

第 5 步，模仿第 3、4 步操作，重新打开一个命令行窗口，使用 cd 命令进入当前程序所在的目录。然后，输入下面命令，执行 client.py 文件，如图 17.4 所示。

```
python client.py
```

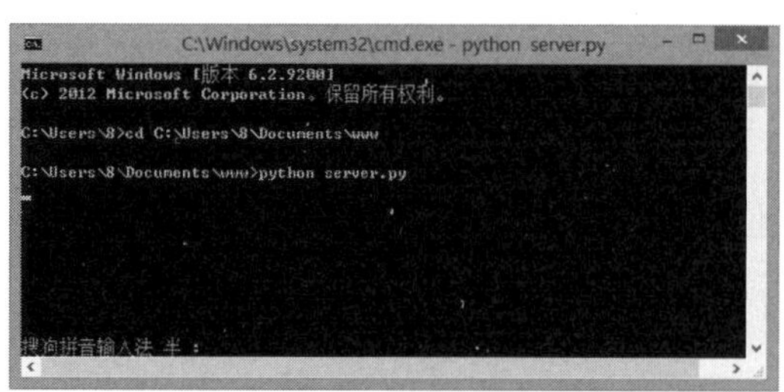

图 17.3　运行服务器端文件

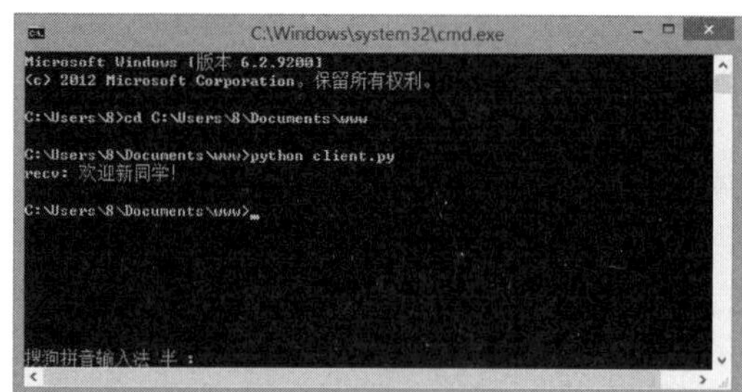

图 17.4　运行客户端文件

此时，客户端向服务器端发送一个请求，并接收响应信息。

```
C:\Users\8>cd C:\Users\8\Documents\www
C:\Users\8\Documents\www>python client.py
recv: 欢迎新同学！
```

可以看到，客户端文件 client.py 文件接收到一条字节流信息，然后把它显示在屏幕上。

第 6 步，切换到第一个打开的命令行窗口，可以看到服务器端 server.py 文件也接收到一条请求信息，并显示在屏幕上，如图 17.5 所示。

```
C:\Users\8>cd C:\Users\8\Documents\www
C:\Users\8\Documents\www>python server.py
<socket.socket fd=292, family=AddressFamily.AF_INET, type= SocketKind.SOCK_STREAM, proto=0, laddr=('127.0.0.1', 6999), raddr= ('127.0.0.1', 54714)> ('127.0.0.1',54714)
recive: 欢迎新同学！
```

图 17.5　服务器端文件接收的信息

17.2.3　使用 socketserver

socketserver 模块封装了 socket 模块和 select 模块，使用多线程处理多个客户端的连接，使用 select 模块处理高并发访问。socketserver 模块包含如下两种类型。

- 服务类：服务类提供了建立连接的过程，如绑定、监听、运行等。
- 请求处理类：专注于如何处理用户发送的数据。

socketserver 模块简化了编写网络服务程序的任务，同时也是 Python 标准库中很多服务器框架的基础。一般情况下，所有的服务都是先建立连接，即创建一个服务类的实例，然后开始处理用户请求，即创建一个请求处理类的实例。

1. 服务类

服务类包含 5 种类型，继承关系如图 17.6 所示。

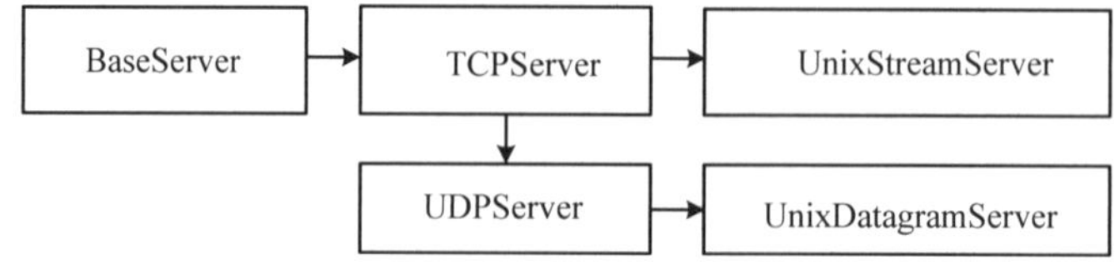

图 17.6　socketserver 服务类继承关系

- BaseServer：不直接对外服务。
- TCPServer：针对 TCP 套接字流。

➢ UDPServer：针对 UDP 数据报套接字。
➢ UnixStreamServer 和 UnixDatagramServer：针对 Unix 域套接字，不常用。

2. 请求处理类

socketserver 模块提供请求处理类 BaseRequestHandler，以及派生类 StreamRequestHandler 和 DatagramRequestHandler。其中，StreamRequestHandler 处理流式套接字，DatagramRequestHandler 处理数据报套接字。请求处理类有如下 3 个常用方法。

（1）setup()：在 handle()之前被调用，执行处理请求前的初始化操作。默认不做任何事情。

（2）handle()：执行与处理请求相关的工作。默认不做任何事情。默认实例参数包括以下 3 种。

➢ self.request：套接字对象。
➢ self.client_address：客户端地址信息。
➢ self.server：包含调用处理程序的实例。

（3）finish()：在 handle()方法之后调用，执行处理完请求后的清理操作，默认不做任何事。

使用 socketserver 创建一个服务，具体步骤如下。

第 1 步，创建一个请求处理类，选择 StreamRequestHandler 或 DatagramRequestHandler 作为父类，也可以选用 BaseRequestHandler 作为父类，并重写 handle()方法。

第 2 步，实例化一个服务类对象，并将服务的地址和第 1 步创建的请求处理类传递给它。

第 3 步，调用服务类对象的 handle_request()或 serve_forever()方法开始处理请求。

【示例】使用 socketserver 模块构建一个网络通信服务。

第 1 步，新建 Python 文件，保存为 server.py。作为服务器端响应文件，然后输入下面代码：

```
import socketserver                                                    # 导入 socketserver 模块
class MyTCPHandler(socketserver.BaseRequestHandler):                   # 自定义请求处理类
    def handle(self):                                                  # 重写 handle()方法
        try:
            while True:                                                # 无限循环
                self.data=self.request.recv(1024)                      # 接收数据
                print("{} 发送的信息：".format(self.client_address),self.data)  # 打印数据
                if not self.data:                                      # 如果没有接收到数据
                    print("连接丢失")                                   # 提示信息
                    break                                              # 结束轮询
                self.request.sendall(self.data.upper())                # 向客户端响应数据
        except Exception as e:                                         # 如果发生异常，则打印错误提示信息
            print(self.client_address,"连接断开")
        finally:                                                       # 关闭连接
            self.request.close()
    def setup(self):                                                   # 重写 setup()方法
        print("在 handle()调用前执行,连接建立：",self.client_address)
    def finish(self):                                                  # 重写 finish()方法
        print("在 handle()调用后执行，完成运行")
if __name__=="__main__":
    HOST,PORT = "localhost",9999                                       # 设置主机和端口号
    server=socketserver.TCPServer((HOST,PORT),MyTCPHandler)            # 创建 TCP 服务
    server.serve_forever()                                             # 持续循环运行，监听并开始处理请求
```

第 2 步，新建 Python 文件，保存为 client.py。作为客户端请求文件，然后输入下面代码：

```
import socket                                                          # 导入 socket 模块
client=socket.socket()                                                 # 创建 socket 对象
client.connect(('localhost',9999))                                     # 连接到服务器
```

```
while True:
    cmd=input("是否退出(y/n)>>").strip()                    # 是否退出
    if len(cmd)==0:
        continue
    if cmd=="y" or cmd=="Y":                                # 退出交流
        break
    client.send(cmd.encode())                               # 发送信息
    cmd_res=client.recv(1024)                               # 接收响应信息
    print(cmd_res.decode())                                 # 打印响应信息
client.close()                                              # 关闭连接
```

第 3 步，分别打开不同的命令行窗口，独立运行 server.py 和 client.py，然后可以在两个窗口间进行交流，演示效果如图 17.7 所示。

```
python server.py                                            # 命令行窗口 1
python client.py                                            # 命令行窗口 2
```

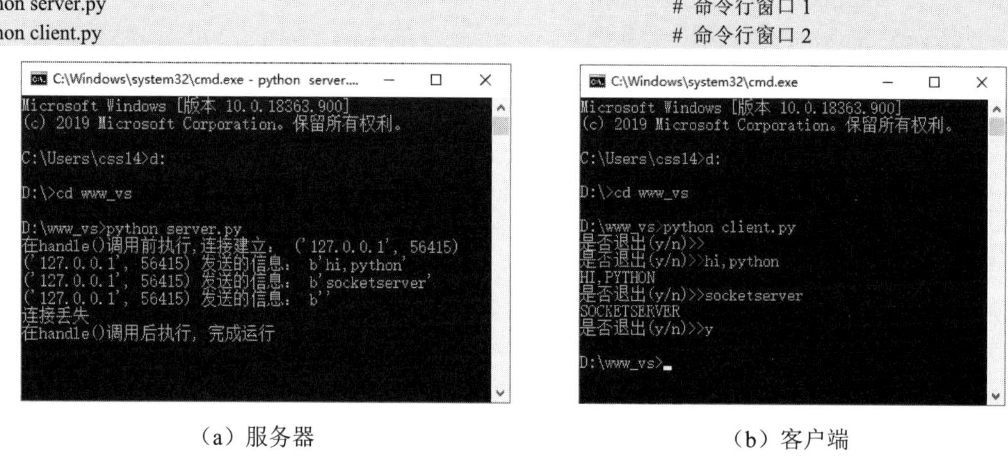

（a）服务器　　　　（b）客户端

图 17.7　服务器与客户端交互信息

17.3　TCP 编程

17.3.1　认识 TCP

IP（Internet protocol，互联网协议）属于网络层协议，为主机提供一种无连接、不可靠、尽力而为的数据报传输服务。IP 协议负责把数据从一台计算机通过网络发送到另一台计算机。数据被分割成小块，通过 IP 打包发送。由于互联网链路复杂，两台计算机之间经常有多条线路，因此，路由器就负责决定如何转送一个 IP 包。IP 包的特点是按块发送，途经多个路由，但不保证能到达，也不保证按顺序到达。

TCP（transmission control protocol，传输控制协议）是一种面向连接的、安全可靠的、基于字节流的传输层协议。IP 层仅能够提供不可靠的包交换，TCP 协议通过 3 次握手在两台计算机之间建立稳定的连接，然后对每个 IP 包编号，确保对方按顺序接收，如果包丢失，就会自动重发，最后再通过 4 次挥手结束连接。当然，这种反复确认的过程，会影响传输效率。

很多高级的协议都是建立在 TCP 协议基础上的，例如，用于浏览器的 HTTP 协议、发送邮件的 SMTP 协议、文件传输的 FTP 协议等。

17.3.2　TCP 客户端

创建 TCP 连接时，主动发起连接的一方叫客户端，被动响应连接的一方叫服务器。开发 TCP 服务可以按如下步骤实现。

第 1 步，使用 socket()创建一个套接字对象。该行为类似购买手机。

第 2 步，调用 bind()方法绑定服务器的 IP 和端口号。该行为类似绑定手机卡。

第 3 步，调用 listen()方法为套接字对象建立被动连接，监听客户请求。该行为类似待机状态。

第 4 步，使用 accept()方法等待客户端的连接。该行为类似来电显示，接受通话。

第 5 步，调用 recv()或 send()方法接收或发送数据。该行为类似通话中的听和说。

第 6 步，调用 close()方法关闭连接。该行为类似挂断电话。

【示例 1】设计一个请求/响应的 TCP 连接，由服务器向客户端发送问候语：Hello World，使用网页浏览器接收问候信息，并显示在页面中。

第 1 步，新建 test1.py 文件，输入下面代码。

```
import socket                                         # 导入 socket 模块
host = "127.0.0.1"                                    # 设置本地 IP
port = 12345                                          # 设置端口
s = socket.socket()                                   # 创建 socket 对象
s.bind((host, port))                                  # 绑定端口
s.listen(5)                                           # 等待客户端连接
print ('服务器处于监听状态中...')
while True:
    c,addr = s.accept()                               # 建立客户端连接
    data = c.recv(1024).decode()                      # 获取客户端请求数据
    print( data )                                     # 打印客户端请求数据
    head = 'HTTP/1.1 200 OK\r\n\r\n'
    body = '<html><head><title>客户端请求</title></head><body><meta charset="utf-8"><h1>Hello World</h1></body></html>'
    html = head + body
    c.sendall(html.encode())                          # 向客户端发送数据
    c.close()                                         # 关闭连接
```

注意：在发送给客户端的字符串中，需要添加'HTTP/1.1 200 OK\r\n\r\n'前缀，设置 HTTP 头部消息。同时，使用 encode()方法把字符串转换为字节流，响应给客户端浏览器。

第 2 步，在“运行”对话框中执行 cmd 命令，打开命令行窗口，输入类似下面的命令，进入当前程序所在的目录。提示，读者可根据实际情况调整路径。

```
cd C:\Users\8\Documents\www
```

第 3 步，输入下面命令，执行 test1.py 文件，此时服务器开始不断监听客户端的请求。

```
python test1.py
```

第 4 步，打开浏览器，在地址栏中输入 IP 地址和端口号，可以看到服务器发送的信息，如图 17.8 所示。

图 17.8　在浏览器中查看服务器响应信息

【示例 2】创建一个基于 TCP 的客户端 socket 对象，并向百度的 Web 服务器请求网页信息。

第 1 步，创建客户端套接字连接。

```
import socket                                              # 导入 socket 模块
s = socket.socket(socket.AF_INET, socket.SOCK_STREAM)      # 创建一个 socket 对象
s.connect(('www.baidu.com.cn', 80))                        # 建立连接，参数为元组，包含地址和端口号
```

创建 socket 对象时，AF_INET 指定使用 IPv4 协议，如果要使用更先进的 IPv6 协议，可以指定为 AF_INET6。SOCK_STREAM 指定使用面向流的 TCP 协议。

客户端要主动发起 TCP 连接，必须知道服务器的 IP 地址和端口号。百度网站的 IP 地址可以使用域名 www.baidu.com.cn，域名服务器自动把它转换为 IP 地址。

作为服务器，提供什么样的服务，端口号必须固定。百度提供网页服务的服务器端口号固定为 80，因为 80 是 Web 服务的标准端口。其他服务都有对应的标准端口号。例如，SMTP 服务是 25，FTP 服务是 21 等。端口号小于 1024 的是 Internet 标准服务的端口，端口号大于 1024 的可以自由使用。

第 2 步，建立 TCP 连接后，可以向百度 Web 服务器发送请求，要求返回首页内容。

```
s.send(b'GET / HTTP/1.1\r\n\r\n\r\n')  # 发送数据
```

TCP 创建的连接是双向通道，双方都可以同时给对方发数据。但是谁先发，谁后发，怎么协调，要根据具体的协议决定。例如，HTTP 协议规定客户端必须先发请求给服务器，服务器收到后才发数据给客户端。

第 3 步，发送的文本必须符合 HTTP 标准，如果格式没问题，就可以接收到百度服务器返回的数据。如果发送的格式不对，会接收不到响应，或者接收到其他响应内容。

```
# 接收数据
buffer = []                                    # 临时列表，初始为空
while True:
    d = s.recv(1024)                           # 每次最多接收 1 千字节
    if d:                                      # 如果接收到数据
        buffer.append(d)                       # 把数据推入列表中
    else:
        break                                  # 接收完毕，跳出循环
data = b''.join(buffer)                        # 把接收的所有数据连接为一个字符串
```

接收数据时，调用 recv(max)方法，同时设置一次最多接收的字节数，然后在 while 循环中反复接收，直到 recv()返回空数据，表示接收完毕，退出循环。

第 4 步，接收数据后，调用 close()方法关闭 socket，这样一次完整的网络通信就结束了。

```
s.close()                                      # 关闭连接
```

第 5 步，接收到的数据包括 HTTP 头和网页本身，还需要把 HTTP 头和网页分离开，把 HTTP 头打印出来，网页内容保存到文件。

```
header, html = data.split(b'\r\n\r\n', 1)      # 分割 HTTP 头和网页内容
print(header.decode('utf-8'))                  # 在控制台打印消息头
with open('baidu.html', 'wb') as f:            # 把接收的数据写入文件
    f.write(html)
```

第 6 步，在浏览器中打开这个 baidu.html 文件，就可以看到百度的首页。

17.3.3 TCP 服务器

创建 TCP 服务器时，首先要绑定一个服务器端口，然后开始监听该端口，如果接收到客户端的请求，服务器就与该客户端建立 socket 连接，接下来通过这个 socket 连接与其进行通信。

每建立一个客户端连接，服务器都创建一个 socket 连接。由于服务器有大量来自不同的客户端的请求，所以，服务器要区分每一个 socket 连接分别属于哪个客户端。

如果希望服务器并发处理多个客户端的请求，那么就需要用到多进程或多线程技术，否则，在同一个

时间内，服务器一次只能服务一个客户端。

【示例 1】设计一个简单的客户端与服务器无限聊天。客户端和服务器建立连接之后，客户端可以向服务器发送请求文字，服务器可以响应，客户端接收到响应信息之后，客户端可以继续发送请求，然后服务器可以继续响应，如此往返重复。

第 1 步，设计服务器程序。新建 server.py 文件，输入下面代码。

```
import socket                                    # 导入 socket 模块
host = socket.gethostname()                      # 获取主机地址
port = 8888                                      # 设置端口号
s = socket.socket(socket.AF_INET,socket.SOCK_STREAM)  # 创建 TCP/IP 套接字
s.bind((host,port))                              # 绑定地址到套接字
s.listen(5)                                      # 设置最多连接数量
print ('服务器处于监听状态中...\r\n')
sock,addr = s.accept()                           # 被动接受 TCP 客户端连接
print('已连接到客户端.')
print('**提示，如果要退出，请输入 esc 后回车.\r\n')
info = sock.recv(1024).decode()                  # 接收客户端数据
while info != 'esc':                             # 判断是否退出
    if info :
        print('客户端说:'+info)
    send_data = input('服务器说：')               # 发送消息
    sock.send(send_data.encode())                # 发送 TCP 数据
    if send_data =='esc':                        # 如果发送 exit，则退出
        break
    info = sock.recv(1024).decode()              # 接收客户端数据
sock.close()                                     # 关闭客户端套接字
s.close()                                        # 关闭服务器端套接字
```

第 2 步，新建 Python 文件，保存为 client.py。作为客户端请求文件，然后输入下面代码：

```
import socket                                    # 导入 socket 模块
s= socket.socket()                               # 创建套接字
host = socket.gethostname()                      # 获取主机地址
port = 8888                                      # 设置端口号
s.connect((host,port))                           # 连接 TCP 服务器
print('已连接到服务器.')
print('**提示，如果要退出，请输入 esc 后回车.\r\n')
info = ''
while info != 'esc':                             # 判断是否退出
    send_data=input('客户端说：')                 # 输入内容
    s.send(send_data.encode())                   # 发送 TCP 数据
    if send_data =='esc':                        # 判断是否退出
        break
    info = s.recv(1024).decode()                 # 接收服务器端数据
    print('服务器说:'+info)
s.close()                                        # 关闭套接字
```

第 3 步，分别打开不同的命令行窗口，独立运行 server.py 和 client.py，然后可以在两个窗口间进行交流，演示效果如图 17.9 所示。

```
python server.py                                 # 命令行窗口 1
python client.py                                 # 命令行窗口 2
```

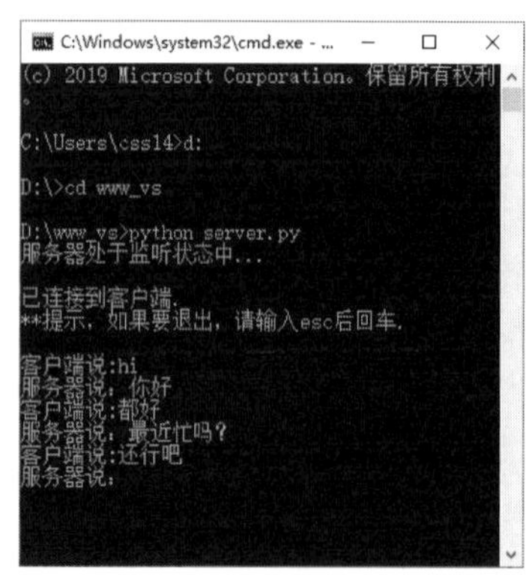

（a）服务器

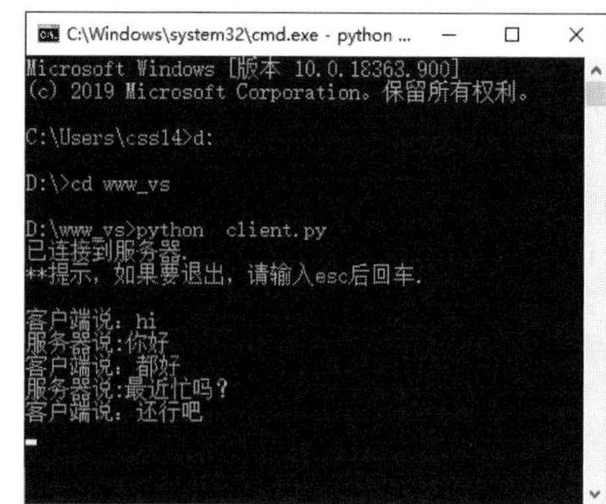

（b）客户端

图 17.9　TCP 聊天演示

【示例 2】设计服务器程序，用来接收客户端请求，把客户端发过来的字符串加上 Hello 前缀，再转发回去进行响应。

第 1 步，新建服务器文件，保存为 server.py。导入 socket、time 和 threading 模块。

```
import socket                                        # 导入 socket 模块
import time                                          # 导入时间模块
import threading                                     # 导入多线程模块
```

第 2 步，创建一个基于 IPv4 和 TCP 协议的 socket 对象。

```
s = socket.socket(socket.AF_INET, socket.SOCK_STREAM)  # 创建套接字对象
```

第 3 步，绑定监听的地址和端口。

```
s.bind(('127.0.0.1', 9999))                          # 绑定 IP 和端口
```

服务器可能有多块网卡，可以绑定到某一块网卡的 IP 地址上，也可以用 0.0.0.0 绑定到所有的网络地址，还可以用 127.0.0.1 绑定到本机地址。

 **提示：**127.0.0.1 是一个特殊的 IP 地址，表示本机地址，如果绑定到这个地址，客户端必须同时在本机运行才能连接，也就是说，外部的计算机无法连接进来。

指定端口号。因为本例服务不是标准服务，所以用 9999 这个端口号。注意，小于 1024 的端口号必须要有管理员权限才能绑定。

第 4 步，调用 listen()方法开始监听端口，传入的参数指定等待连接的最大数量。

```
s.listen(5)                                          # 监听端口
print('Waiting for connection...')                   # 打印提示信息
```

第 5 步，服务器程序通过一个无限循环不断监听来自客户端的连接，accept()等待并返回一个客户端的连接。

```
while True:
    sock, addr = s.accept()                          # 接受一个新连接
    # 创建新线程处理 TCP 连接
    t = threading.Thread(target=tcplink, args=(sock, addr))
    t.start()                                        # 开启线程
```

第 6 步，每个连接都必须创建新线程（或进程）来处理，否则，单线程在处理连接的过程中，无法接受其他客户端的连接。有关线程和进程知识参见第 13 章。

```
def tcplink(sock, addr):                                    # TCP 连接函数
    print('Accept new connection from %s:%s...' % addr)     # 打印提示信息
    sock.send(b'Welcome!')                                  # 发送问候信息
    while True:
        data = sock.recv(1024)                              # 接收信息
        time.sleep(1)                                       # 延迟片刻
        if not data or data.decode('utf-8') == 'exit':      # 如果接收到退出或者接收完毕
            break                                           # 跳出循环
        sock.send(('Hello, %s!' % data.decode('utf-8')).encode('utf-8'))  # 响应信息
    sock.close()                                            # 关闭连接
    print('Connection from %s:%s closed.' % addr)           # 提示结束信息
```

第 7 步，建立连接之后，服务器首先发一条欢迎消息，然后等待客户端数据，如果接收到客户端数据，则加上 Hello，再发送给客户端。如果客户端发送了 exit 字符串，就直接关闭连接。

第 8 步，编写一个客户端程序，保存为 client.py，用来测试服务器程序。

```
import socket                                               # 导入 socket 模块
s = socket.socket(socket.AF_INET, socket.SOCK_STREAM)       # 创建套接字对象
s.connect(('127.0.0.1', 9999))                              # 建立连接
print(s.recv(1024).decode('utf-8'))                         # 接收欢迎消息
for data in [b'Michael', b'Tracy', b'Sarah']:               # 循环请求，批量发送多个信息
    s.send(data)                                            # 发送数据
    print(s.recv(1024).decode('utf-8'))                     # 打印接收的信息，注意编码
s.send(b'exit')                                             # 发送结束命令
s.close()                                                   # 关闭连接
```

第 9 步，分别打开两个命令行窗口，一个运行服务器程序，另一个运行客户端程序，就可以进行通信了。

注意：客户端程序运行完毕可以退出，而服务器程序会永远运行下去，按 Ctrl+C 快捷键可以强制退出程序。另外，同一个端口，只能绑定一个 socket。

17.4　UDP 编程

17.4.1　认识 UDP

UDP（user datagram protocol，用户数据报协议）是一种无连接的通信协议，与 TCP 同属传输层协议，两者比较如下。

- TCP 是面向连接的传输控制协议，UDP 是无连接的数据报服务协议。在传输数据之前，客户端与服务器不需要建立稳定的连接，只需要知道对方的 IP 地址和端口号。在传输数据的时候，也不需要维护连接状态，包括收发状态等。一台服务器可以同时向多个客户端推送消息。
- TCP 具有高可靠性，确保传输数据的正确性，不出现丢失或乱序等问题；UDP 在传输数据前不建立连接，不对数据报进行检查和修改，无须等待对方的应答，所以会出现分组丢失、重复、乱序等问题。
- UDP 具有较好的实时性，工作效率比 TCP 高。在传递数据时，服务器只需要简单地抓取来自应用程序的数据，并尽可能快地把它放到网络上，不用管是哪个客户端、多少个客户端、什么时候接收到的数据。
- UDP 数据结构比 TCP 数据结构简单，因此网络开销也小。在发送端，UDP 传送数据的速度仅受

限于应用程序生成数据的速度、计算机的运算能力和传输带宽；在接收端，UDP 把每个消息包放在队列中，应用程序每次从队列中读取一个消息包。

- TCP 协议可以保证接收端毫无差错地接收到发送端发出的字节流，为应用程序提供可靠的通信服务。对可靠性要求高的通信系统往往使用 TCP 传输数据。如 HTTP 运用 TCP 进行数据的传输。
- UDP 是面向消息的协议，一般应用于多点通信和实时数据服务。因为它们即使偶尔丢失一两个数据包，也不会对接收结果产生太大影响。如视频直播，就是使用 UDP 协议进行传输的。

UDP 资源消耗小，处理速度快；传输效率高，发送前时延小；可以一对一、一对多、多对一、多对多交互通信；面向报文，尽最大努力服务，无拥塞控制。主要应用场景：视频会议、视频直播、语音通话、网络广播、TFTP（简单文件传送）、SNMP（简单网络管理协议）、RIP（路由信息协议，如股票、航班、车次信息等）、DNS（域名解析）等。

17.4.2 使用 UDP

1. 服务器

UDP 服务器首先需要绑定端口，代码如下：

```
s = socket.socket(socket.AF_INET, socket.SOCK_DGRAM)
s.bind(('127.0.0.1', 9999))                                    # 绑定端口
```

创建 socket 时，SOCK_DGRAM 指定 socket 的类型是 UDP。绑定端口和 TCP 一样，但是不需要调用 listen()方法进行监听，而是直接接收来自任何客户端的数据。

```
while True:
    data, addr = s.recvfrom(1024)                              # 接收数据
    print(addr)                                                # 打印地址
    s.sendto(b'Hello, %s!' % data, addr)                       # 发送数据
```

recvfrom()方法返回数据、客户端的地址和端口号，当服务器收到客户端的消息之后，直接调用 sendto()方法把数据发给客户端。

2. 客户端

客户端使用 UDP 时，首先创建基于 UDP 的 socket；然后，不需要调用 connect()方法连接服务器，直接调用 sendto()方法给指定的主机端口号发送数据即可。代码如下：

```
s = socket.socket(socket.AF_INET, socket.SOCK_DGRAM)
for data in [b'a', b'b', b'c']:
    s.sendto(data, ('127.0.0.1', 9999))                        # 发送数据
    print(s.recv(1024).decode('utf-8'))                        # 接收数据
s.close()                                                      # 关闭连接
```

从服务器接收数据可以调用 recv()方法，建议使用 recvfrom()方法，这样可以同时获取服务器的 IP 地址和端口号。

提示：服务器绑定 UDP 端口和 TCP 端口可以相同，但互不冲突。例如，UDP 的 8888 端口与 TCP 的 8888 端口可以各自绑定。

【示例】设计一个简单的客户端与服务器之间的网络运算。客户端接收用户输入的数字之后，向服务器发送请求，服务器根据用户输入的数字，计算该数字的阶乘，然后把计算结果返回给客户端，客户端接收到响应信息之后，输出显示，完成网络协同运算操作。

第 1 步，设计服务器程序。新建 server.py 文件，输入下面代码。

```
import socket                                                    # 导入模块
def factorial(num):                                              # 定义阶乘函数
    j = 1
    for i in range(1,num+1):
        j = j*i
    return j
s = socket.socket(socket.AF_INET, socket.SOCK_DGRAM)             # 创建 UDP 套接字
s.bind(('127.0.0.1', 8888))                                      # 绑定地址
data, addr = s.recvfrom(1024)                                    # 接收数据
data = factorial(int(data))                                      # 调用阶乘函数，计算阶乘结果
send_data = str(data)                                            # 把数字转换为字符串
print('Received from %s:%s.' % addr)                             # 打印客户端信息
s.sendto(send_data.encode(), addr)                               # 发送给客户端
s.close()                                                        # 关闭服务器端套接字
```

第 2 步，新建 Python 文件，保存为 client.py。作为客户端请求文件，输入下面代码。

```
import socket                                                    # 导入 socket 模块
s = socket.socket(socket.AF_INET, socket.SOCK_DGRAM)             # 创建 UDP 套接字
data = int(input("请输入阶乘数字："))
s.sendto(str(data).encode(), ('127.0.0.1', 8888))                # 发送数据
print("计算结果：", s.recv(1024).decode())                        # 打印接收数据
s.close()                                                        # 关闭套接字
```

第 3 步，分别打开不同的命令行窗口，独立运行 server.py 和 client.py，然后可以在两个窗口间进行交流，演示效果如图 17.10 所示。

```
python server.py                                                 # 命令行窗口 1
python client.py                                                 # 命令行窗口 2
```

```
C:\Windows\system32\cmd.exe
Microsoft Windows [版本 10.0.18363.900]
(c) 2019 Microsoft Corporation。保留所有权利。

C:\Users\css14>d:

D:\>cd www_vs

D:\www_vs>python server.py
Received from 127.0.0.1:49878.

D:\www_vs>
```

（a）服务器

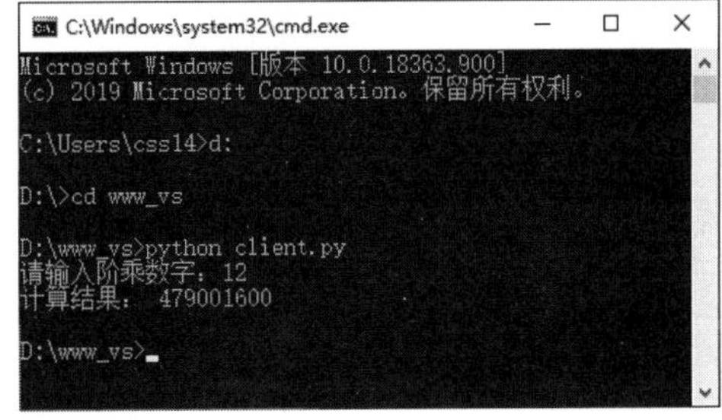

（b）客户端

图 17.10　UDP 运算

17.5　案 例 实 战

本例设计一个网络广播，实现广播的发送和接收功能，结合多线程技术，满足多用户并发收听广播，解决一对一、一对多、多对一和多对多的消息推送与共享。

【设计流程】

创建接收端 socket→创建发送端 socket→启动接收端 socket→启动发送端 socket→等待广播→接收并推送广播→广播消息的显示。

【设计过程】

第 1 步，设计服务器程序。新建 server.py 文件，输入下面代码。服务器程序使用自定义类 Broadcast，能够发送广播，也能够接收广播，结合多线程能够满足多人并发收听广播。

```
import socket, time, threading                                    # 导入 socket、time 和 threading 模块
class Broadcast:
    def __init__(self):                                           # 全局参数配置
        self.encoding = "utf-8"                                   # 字符编码
        self.broadcastPort = 7788                                 # 广播端口
        # 创建广播接收器
        self.recvSocket = socket.socket(socket.AF_INET, socket.SOCK_DGRAM)
        self.recvSocket.setsockopt(socket.SOL_SOCKET, socket.SO_REUSEADDR, 1)
        self.recvSocket.bind(("", self.broadcastPort))
        # 创建广播发送器
        self.sendSocket = socket.socket(socket.AF_INET, socket.SOCK_DGRAM)
        self.sendSocket.setsockopt(socket.SOL_SOCKET, socket.SO_BROADCAST, 1)
        self.threads = []                                         # 多线程列表
    def send(self):                                               # 发送广播
        print("UDP 发送器启动成功, 可以发送广播...\n")
        self.sendSocket.sendto("***进入广播室".encode(self.encoding), ('255.255.255.255', self.broadcastPort))
        while True:
            sendData = input("发送消息>>> ")
            self.sendSocket.sendto(sendData.encode(self.encoding), ('255.255.255.255', self.broadcastPort))
            time.sleep(1)
    def recv(self):                                               # 接收广播
        print("UDP 接收器启动成功, 可以收听广播...\n")
        while True:
            recvData = self.recvSocket.recvfrom(1024)             # 接收数据格式：(data, (ip, port))
            t =  (
                time.strftime("%Y-%m-%d %H:%M:%S", time.localtime()),
                recvData[1][0], recvData[1][1],
                recvData[0].decode(self.encoding).replace("***进入广播室", "%s  进入广播室"%recvData[1][1])
            )
            print("\n【广播时间】%s\n【广播来源】IP:%s   端口:%s\n【广播内容】\n %s \n" % t )
            time.sleep(1)
    def start(self):                                              # 启动线程
        t1 = threading.Thread(target=self.recv)                   # 创建广播接收多线程
        t2 = threading.Thread(target=self.send)                   # 创建广播发送多线程
        self.threads.append(t1)                                   # 添加到线程列表
        self.threads.append(t2)                                   # 添加到线程列表
        for t in self.threads:                                    # 排队执行队列
            t.setDaemon(True)                                     # 主线程执行完毕后将子线程回收
            t.start()                                             # 启动线程
        while True:                                               # 等待收发广播，避免程序结束
            pass
if __name__ == "__main__":
    test = Broadcast()                                            # 实例化类
    test.start()                                                  # 启动线程
```

提示： 255.255.255.255 是一个受限的广播地址，路由器不转发目的地址为受限的广播地址的数据报，这样的数据报仅出现在本地网络中。如果要实现全网广播，可以在服务器端记录每个客户端的 IP 地址、端口号及相关信息，通过循环逐一向它们推送广播信息。

第 2 步，新建 Python 文件，保存为 client.py。作为客户端收听接口，输入下面代码。客户端仅能收听广播，不能发送广播。

```
import socket, time                                    # 导入 socket、time 模块
# 创建广播接收器
recvSocket = socket.socket(socket.AF_INET, socket.SOCK_DGRAM)
recvSocket.setsockopt(socket.SOL_SOCKET, socket.SO_REUSEADDR, 1)
recvSocket.bind(('', 7788))
print("UDP 接收器启动成功, 准备收听广播…\n")
while True:
    recvData = recvSocket.recvfrom(1024)               # 接收数据格式：(data, (ip, port))
    print("【广播时间】%s"% (time.strftime("%Y-%m-%d %H:%M:%S", time.localtime()) ) )
    print("【广播来源】IP:%s   端口:%s" % (recvData[1][0], recvData[1][1]))
    print("【广播内容】\n %s\n" % recvData[0].decode("utf-8").replace("***进入广播室", "%s 进入广播室"%recvData[1][1] ))
```

第 3 步，分别打开不同的命令行窗口，独立运行 server.py 和 client.py，就可以在 server 窗口发送广播，在多个客户端 client 中同时收听广播，演示效果如图 17.11 所示。

```
python server.py                                       # 命令行窗口 1
python client.py                                       # 命令行窗口 2
python client.py                                       # 命令行窗口 3
```

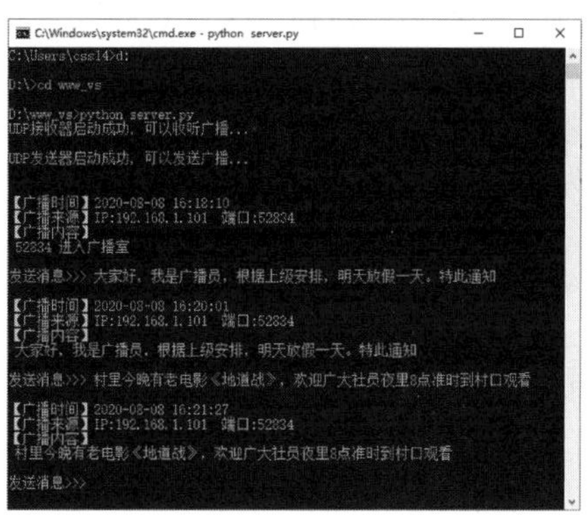

（a）服务器

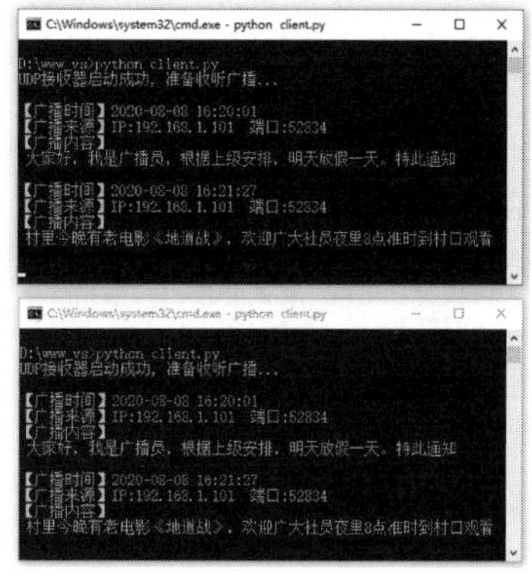

（b）多个客户端

图 17.11　UDP 广播

17.6　在 线 支 持

扫码免费学习
更多实用技能

一、补充知识

☑ 客户端 SMTP 编程
☑ 客户端 POP 编程

二、专项练习

☑ 客户端 FTP 编程

三、参考

☑ Socket 对象方法
☑ Python 网络编程模块

新知识、新案例不断更新中……

第 18 章

Web 编程

视频讲解

Python 语言简单易懂，可扩展能力强大，适合用于 Web 开发，如今越来越多的互联网公司选用 Python 作为主流技术，如知乎、豆瓣等网站。另外，Python 库中有大量的 Web 框架可供选用，使得开发一个网站变得非常简单、快速，其中，Django 框架因其易用性和功能强大而获得广泛认可。本章将重点讲解 Django 框架的初步使用。

18.1 认识 HTTP

HTTP（hyper text transfer protocol，超文本传输协议）是基于 B/S 架构进行通信的应用层协议，是一种简单的请求/响应协议，运行在 TCP 协议之上。作为万维网（WWW）的基础，是互联网上应用最为广泛的一种网络协议。HTTP 指定了浏览器发送给 Web 服务器消息的格式和规则，以及 Web 服务器响应给浏览器消息的格式和规则。

浏览器作为 HTTP 客户端通过 URL 向 HTTP 服务端（Web 服务器）发送所有请求。Web 服务器在接收到请求后，向客户端发送响应信息。HTTP 默认端口号为 80，也可以为 8080 或者其他端口。

HTTP 具有 3 个特性，简单说明如下。

（1）无连接。无连接就是限制每次连接只处理一个请求。服务器处理完客户的请求，并收到客户的应答后，即断开连接。采用这种方式可以节省传输时间。

（2）无状态。HTTP 协议是无状态协议。无状态是指协议对于事务处理没有记忆能力。缺少状态意味着如果后续处理需要前面的信息，则它必须重传，这样可能导致每次连接传送的数据量增大。另一方面，在服务器不需要先前信息时它的应答就较快。

（3）媒体独立。HTTP 要求客户端和服务器仅知道处理数据的基本方法，因此，任何类型的数据都可以通过 HTTP 发送。客户端和服务器根据 MIME 类型使用合适的应用程序对数据进行处理。

提示： Web 服务器（Web server）也称为网页服务器，主要提供网上信息浏览服务。Web 服务器可以解析 HTTP 协议。当 Web 服务器接收到一个 HTTP 请求（request），返回一个 HTTP 响应（response）。Web 服务器可以响应一个静态网页、图片，或者进行页面跳转，或者把动态响应的内容委托给其他程序，如 CGI 脚本、PHP 脚本、Python 脚本、JavaScript 脚本等，这些服务器端的程序通常生成一个 HTML 类型的文档，响应给客户端，方便浏览器进行浏览。目前，主流的三大 Web 服务器是 Apache、Nginx、IIS。

MIME 定义某种扩展名的文件用哪种应用程序来打开的方式类型，当该扩展名文件被访问时，浏览器自动使用指定应用程序打开。大多数 Web 服务器和用户代理（如浏览器）都支持。媒体类型通常通过 HTTP 协议，由 Web 服务器通知浏览器，它使用 Content-Type 头部消息字段来定义，如 Content-Type:text/HTML 表示 HTML 类型的文档。通常只有在互联网上获得广泛应用的格式才获得一个 MIME 类型，如果是某个客户端自定义的格式，一般只能以 application/x-的形式定义。

提示：网络版应用程序包含如下两种不同的开发架构。

（1）C/S 架构。C/S 就是 Client 与 Server 的缩写，即客户端与服务器端架构。这里的客户端一般泛指客户端应用程序，程序需要先安装后，才能运行在用户的计算机上，对用户的系统环境依赖较大。如 QQ、微信、网盘、优酷等软件或 App。一般应用程序多为 C/S 架构。

（2）B/S 架构。B/S 就是 Browser 与 Server 的缩写，即浏览器端与服务器端架构。Browser 浏览器其实也是一种 Client 客户端，只是这个客户端不需要用户安装什么应用程序，只需在浏览器上通过 HTTP 请求服务器端相关的资源（网页资源），客户端 Browser 浏览器就能进行浏览、编辑或通信等。

18.2　Web 框架概述

如今 Web 开发越来越难，需要花费大量的时间处理底层技术。为了帮助开发人员更加关注应用业务的逻辑，而不是底层的代码，出现了各种 Web 开发框架。Web 框架是指提供一组 Python 包，封装了网络应用底层的协议、线程、进程等内容。这样可以大大提高开发者的工作效率，同时也可以提高网络应用程序的代码质量。

Web 框架的出现使得网站开发变得更加简单、便捷。灵活运用 Web 框架能够减少工作量，缩短开发时间。目前大大小小的 Python Web 框架有上百种，逐个学习它们显然不现实。但是这些框架在系统架构和运行环境中有很多相通之处。在选择学习和应用框架时，遵循没有最好的框架，只有最适合自己的框架的原则。

下面简单介绍四大主流 Python 网络框架。

（1）Django。Django 是企业级 Web 开发框架，特点是开发速度快、代码少、可扩展性强。Django 采用 MTV（Model、Template、View）模型组织资源，框架功能丰富，模板扩展选择最多。对于专业人员来说，Django 是当之无愧的 Python 排名第一的 Web 开发框架。

（2）Tornado。Tornado 是一个基于异步网络功能库的 Web 开发框架，它能够支持几万个开放连接，Web 服务高效稳定。因此，Tornado 适合高并发场景下的 Web 系统，开发过程需要采用 Tornado 提供的框架，灵活性较差。

（3）Flask。Flask 是一个年轻的 Web 开发微框架。严格来说，它仅提供 Web 服务器支持，不提供全栈开发支持。Flask 轻量、简单，可以快速搭建 Web 系统，特别适合小微、原型系统的开发。要想花很少的时间生产可用的系统，选择 Flask 是最佳选择。

（4）Twisted。以上 3 个 Python Web 框架都是围绕着应用层 HTTP 展开的，而 Twisted 是一个例外。Twisted 是一个用 Python 语言编写的事件驱动的网络框架，对于追求服务器程序性能的应用，Twisted 框架是一个很好的选择。

Django 于 2003 年诞生于美国堪萨斯州，最初用来制作在线新闻 Web 站点，于 2005 年成为开源网络框架。Django 是根据比利时爵士音乐家 Django Reinhardt 而命名的，希望 Django 能优雅地演奏（开发）功能丰富的乐曲（Web 应用）。

相对于 Python 的其他 Web 框架，Django 的功能是最完整的，也是最成熟的网络框架。Django 的主要特点如下。

- 完善的文档：经过 10 多年的发展和完善，Django 有广泛的应用和完善的在线文档，开发者遇到问题时可以搜索在线文档寻求解决方案。

- 集成数据访问组件：Django 的 Model 层自带数据库 ORM 组件，使开发者无须学习其他数据库访问技术。
- 强大的 URL 映射技术：Django 使用正则表达式管理 URL 映射，因此给开发者带来了极高的灵活性。
- 后台管理系统自动生成：开发者只需通过简单的几行配置和代码就可以实现完整的后台数据管理 Web 控制台。
- 错误信息非常完整：在开发调试过程中如果出现运行异常，则 Django 可以提供非常完整的错误信息帮助开发者定位问题，这样可以使开发者马上改正错误。

Django 采用 MVC 模式进行设计，于 2008 年 9 月发布了第一个正式版本 1.0，目前最新版本为 Django 3.1。

注意：Django 从 2.0 版本开始放弃对 Python 2 版本的支持，Django 1.11 是最后一个支持 Python 2.7 的版本。

Django 主要由以下几部分组成。

- 管理工具（management）：一套内置的创建站点、迁移数据、维护静态文件的命令工具。
- 模型（model）：提供数据访问接口和模块，包括数据字段、元数据、数据关系等定义及操作。
- 视图（view）：Django 的视图层封装了 HTTP Request 和 Response 的一系列操作和数据流，其主要功能包括 URL 映射机制、绑定模板等。
- 模板（template）：是一套 Django 自己的页面渲染模板语言，用于若干内置的 Tags 和 Filters 定义页面的生成方式。
- 表单（form）：通过内置的数据类型和控件生成 HTML 表单。
- 管理站（admin）：通过声明需要管理的模型，快速生成后台数据管理网站。

18.3 URL 处理

18.3.1 认识 URL

在 WWW 上，每一信息资源都有统一的且在网上唯一的地址，该地址就叫 URL（uniform resource locator，统一资源定位器），也称为网络地址。常用的 URL 格式如下：

```
协议类型://服务器地址[:端口号]/路径/文件名[?参数 1=值 1&参数 2=值 2...] | [#ID]
```

在上述结构中，[]部分是可选的。如果端口号与相关协议默认值不同，则需包含端口号。常用协议类型包括 HTTP、mailto、file、FTP 等，具体说明如下。

- HTTP：超文本传输协议资源。
- HTTPS：用安全套接字层传送的超文本传输协议。
- FTP：文件传输协议。
- mailto：电子邮件地址。
- file：当地电脑或网上分享的文件。
- news：Usenet 新闻组。

【示例】利用 HTTP 协议访问万维网上的一个资源的 URL 示例。

```
http://website.com/goods/search.php?term=apple
```

其中，website.com 表示服务器的域名，search.php 是服务器端的一个脚本文件，之后紧跟脚本执行需要的参数 term，而 apple 为用户输入的与参数 term 对应的参数值。

除上述的绝对形式外，也可以相对某一特殊主机或主机上的一个特殊路径指定 URL，也称为相对路径，例如：

```
search.php?term=apple
```

在 Web 页面上常用相对路径描述 Web 站点或者应用程序中的导航。

18.3.2　解析 URL

使用 urllib.parse 模块中的 urlparse()方法可以解析 URL 字符串，语法格式如下：

```
urllib.parse.urlparse(urlstring,scheme='',allow_fragments=True)
```

参数说明如下。

- urlstring：必填项，即待解析的 URL 字符串。
- scheme：可选参数，设置默认协议，如 HTTP、HTTPS 等。
- allow_fragments：可选参数，设置是否忽略 fragment，默认值为 True。如果为 False，fragment 部分被忽略，被解析为 path、params、query 的一部分，而 fragment 为空。

该方法将返回一个包含 6 个元素的、可迭代的 ParseResult 对象，对象的属性在 URL 字符串中的位置示意如下：

```
scheme://netloc/path;params?query#fragment
```

每个属性的值都是字符串，如果在 URL 中不存在对应的元素，则属性的值为空字符串。使用 urlparse()方法返回的对象的属性说明如表 18.1 所示。

提示：有些组成部分没有进一步解析，如域名和端口仅作为一个字符串来表示。

表 18.1　使用 urlparse()方法返回的对象的属性

属　　性	索 引 值	值	如果不包含值
scheme	0	协议	空字符串
netloc	1	域名（服务器地址）	空字符串
path	2	访问路径	空字符串
params	3	参数	空字符串
query	4	查询条件	空字符串
fragment	5	锚点	空字符串
username		用户名	None
password		密码	None
hostname		主机名	None
port		端口	None

实际上 netloc 属性值包含了表 18.1 最后 4 个属性值。在解析 URL 的时候，所有的%转义符都不会被处理。另外，除了在路径当中的第一个起始斜线以外的分隔符都将被去掉。

【示例】使用 urlparse()方法进行 URL 解析，然后输出解析结果类型、结果字符串以及如何读取属性的值。

```
from urllib.parse import urlparse                                          # 导入 urlparse 方法
result=urlparse('http://www.baidu.com/index.html;user?id=5#comment')       # 解析 URL 字符串
print(type(result))                                                        # 输出解析结果的类型
print(result)                                                              # 输出解析结果
print(result[0])                                                           # 输出第 1 个元素的值
print(result.path)                                                         # 输出第 3 个元素的值
```

输出结果如下：

```
<class 'urllib.parse.ParseResult'>
ParseResult(scheme='http', netloc='www.baidu.com', path='/index.html', params='user', query='id=5', fragment='comment')
http
/index.html
```

分析 URL 字符串'http://www.baidu.com/index.html;user?id=5#comment'，可以发现，urlparse()方法将其拆分为 6 个部分。

- scheme='http'：代表协议。
- netloc='www.baidu.com'：代表域名。
- path='/index.html'：代表 path，即访问路径。
- params='user'：代表参数。
- query='id=5'：代表查询条件，一般用于 GET 方法的 URL。
- fragment='comment'：代表锚点，用于直接定位页面内的位置。

18.3.3 拼接 URL

使用加号运算符可以快速拼接 URL 字符串，但是如果两个 URL 字符串不规则，拼接时就会出错误。使用 urljoin()方法可以安全拼接各种格式的 URL 字符串。语法格式如下：

```
urljoin(base, url[, allow_fragments])
```

该方法将以参数 base 作为基地址，与参数 url 相对地址相结合，返回一个绝对地址的 url。

- 如果参数 base 不以'/'结尾，如'http://baidu.com/a'，参数 url 不以'/'开头，如'b/c'。那么 base 最右边的文件名及其后面部分被删除，然后与 url 直接连接，将返回'http://baidu.com/b/c'。
- 如果参数 base 以'/'结尾，如'http://baidu.com/a/'，参数 url 不以'/'开头，如'b/c'。那么 base 与 url 直接连接，将返回'http://baidu.com/a/b/c'。
- 如果参数 url 以'/'开头，如'/b/c'。那么 base 将删除路径部分及其后面字符串，如'http:// baidu.com/a?n=1#id'，再与 url 直接连接，将返回'http://baidu.com/b/c'。
- 如果参数 url 以'../'开头，如'../b/c'。那么 base 将删除文件名及其后面部分，以及其父目录字符串，如'http://baidu.com/sup/sub/a?n=1#id'，再与 url 直接连接，将返回'http://baidu.com/sup/b/c'。

【示例】使用 urljoin()方法演示拼接各种复杂的 URL 字符串。

```
from urllib.parse import urljoin                                           # 导入 urljoin 方法
result = urljoin("http://www.baidu.com/sub/a.html", "b.html")
print(result)
result = urljoin("http://www.baidu.com/sub/a.html", "/b.html")
print(result)
result = urljoin("http://www.baidu.com/sub/a.html", "sub2/b.html")
print(result)
result = urljoin("http://www.baidu.com/sub/a.html", "/sub2/b.html")
print(result)
result = urljoin("http://www.baidu.com/sup/sub/a.html", "/sub2/b.html")
```

```
print(result)
result = urljoin("http://www.baidu.com/sup/sub/a.html", "../b.html")
print(result)
```

输出结果如下：

```
http://www.baidu.com/sub/b.html
http://www.baidu.com/b.html
http://www.baidu.com/sub/sub2/b.html
http://www.baidu.com/sub2/b.html
http://www.baidu.com/sub2/b.html
http://www.baidu.com/sup/b.html
```

18.3.4　分解 URL

使用 urlsplit()方法可以分解 URL 字符串，返回一个包含 5 个元素的、可迭代的 SplitResult 对象，其用法和功能与 urlparse()方法相似。不同点是 urlsplit()方法在分割时，path 和 params 属性不被分割。

使用 urlparse.urlunsplit(parts)方法可以将通过 urlsplit()方法生成的 SplitResult 对象组合成一个 URL 字符串。这两个方法组合在一起可以有效地格式化 URL，特殊字符可以在这个过程中得到转换。

【示例】比较 urlsplit()和 urlparse()方法的返回值异同。

```
from urllib.parse import urlsplit, urlparse
url = "https://username:password@www.baidu.com:80/index.html;parameters?name= tom#example"
print(urlsplit(url))
print(urlparse(url))
```

输出结果如下：

```
SplitResult(
    scheme='https',
    netloc='username:password@www.baidu.com:80',
    path='/index.html;parameters',
    query='name=tom',
    fragment='example'
)
ParseResult(
    scheme='https',
    netloc='username:password@www.baidu.com:80',
    path='/index.html',
    params='parameters',
    query='name=tom',
    fragment='example'
)
```

18.3.5　编码和解码 URL

在 urllib.parse 模块中有一套可以对 URL 进行编码和解码的方法，简单说明如下。

- quote()：对 URL 字符串进行编码。
- unquote()：对 URL 字符串进行解码。
- quote_plus()：与 quote()方法相同，进一步将空格表示成+符号。
- unquote_plus()：与 unquote()方法相同，进一步将+符号变成空格。

quote()方法的语法格式如下：

```
quote(string, safe='/', encoding=None, errors=None)
```

参数说明如下。

- string：表示待编码的字符串。
- safe：设置不需要转码的字符，以字符列表的形式传递，默认不对斜杠（/）字符进行转码。
- encoding：指定转码的字符的编码类型，默认为 UTF-8。
- errors：设置发生异常时的回调函数。

【示例 1】下面代码调用 quote()对 URL 字符串进行编码，然后再解码。

```
from urllib.request import quote, unquote                # 导入 quote()和 unquote()方法
url = "https://www.baidu.com/s?wd=住院"
res1 = quote(url)                                        # 编码
print(res1)                                              # https%3A//www.baidu.com/s%3Fwd%3D%E4%BD%8F%E9%99%A2
res2 = unquote(res1)                                     # 解码
print(res2)                                              # 打印为：https://www.baidu.com/s?wd=住院
```

【示例 2】也可以仅对 URL 查询字符串进行编码，然后再解码。

```
from urllib.request import quote, unquote                # 导入 quote()和 unquote()方法
url = "https://www.baidu.com/s?wd=住院"
res1 = quote(url, safe=";/?:@&=+$,", encoding="utf-8")   # 编码
print(res1)                                              # https://www.baidu.com/s?wd=%E4%BD%8F%E9%99%A2
res2 = unquote(res1, encoding='utf-8')                   # 解码
print(res2)                                              # 打印为：https://www.baidu.com/s?wd=住院
```

18.3.6 编码查询参数

使用 urllib.parse 模块的 urlencode()方法可以对查询参数进行编码，也就是将字典类型的数据格式化为查询字符串，以“键=值”的形式返回，方便在 HTTP 中进行传递。

【示例 1】设计一个 URL 附带请求参数：http://www.baidu.com/s?k1=v1&k2=v2。如果在脚本中，请求参数为字典类型，如 data = {k1:v1, k2:v2}，且参数中包含中文或者？、=等特殊字符时，通过 urlencode()编码，将 data 格式化为 k1=v1&k2=v2，并且将中文和特殊字符编码。

```
from urllib import parse                                 # 导入 urllib.parse 模块
url = 'http://www.baidu.com/s?'                          # URL 字符串
dict1 ={'wd': '百度翻译'}                                 # 字典对象
url_data = parse.urlencode(dict1)                        # unlencode()将字典{k1:v1,k2:v2}转化为 k1=v1&k2=v2
print(url_data)                                          # wd=%E7%99%BE%E5%BA%A6%E7%BF%BB%E8%AF%91
url_org = parse.unquote(url_data)                        # 解码 url
print(url_org)                                           # 打印为：wd=百度翻译
```

urlencode()方法包含一个可选的参数，默认为 False，设置当查询参数的值为序列对象时，将调用 quote_plus()方法对序列对象进行整体编码，并作为键值对的值。如果该参数为 True 时，urlencode()方法将键名与值序列中的每个元素配成键值对，返回多个键值对的组合形式。

【示例 2】比较 urlencode()方法的可选参数为 False 和 True 时，编码的结果异同。

```
import urllib.parse                                      # 导入 urllib.parse 模块
key = 'key'                                              # 键名
val= ('val1','val2')                                     # 键值，元组数据
dvar = {                                                 # 键值对，字典类型
    key:val
}
incode = urllib.parse.urlencode(dvar)                    # 整体编码
```

```
print (incode)                                    # 打印为：key=%28%27val1%27%2C+%27val2%27%29
incode = urllib.parse.urlencode(dvar,True)        # 逐个编码
print (incode)                                    # 打印为：key=val1&key=val2
```

在上面代码中，对 val 为元组的查询数据进行了编码。从输出结果可以看出，urlencode()方法将其作为一个整体来看待，元组被 quote_plus()方法编码为一个字符串。第二次调用 urlencode()方法时，设置参数为 True。此时将 key 与元组中每个元素配成键值对，输出结果为 key=val1&key=val2。

18.4　使用 Django

18.4.1　安装 Django

Django 项目主页为 https://www.djangoproject.com/，当前最新版本为 3.1。最常见的安装方式是在其主页下载源码文件并安装。这种方式对于 Windows 和 Linux 平台都是适合的。

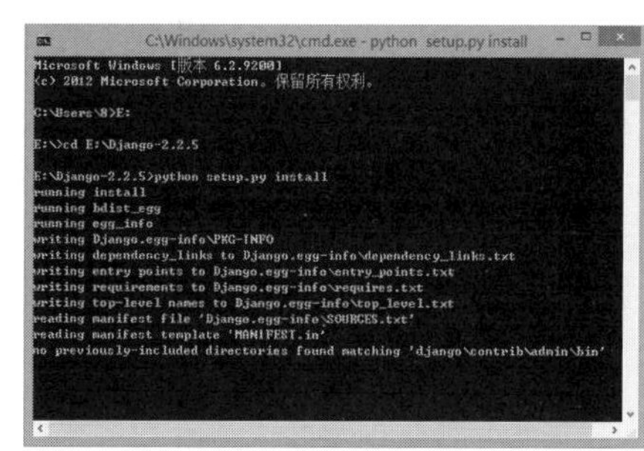

图 18.1　安装 Django

【操作步骤】

第 1 步，访问官网：https://www.djangoproject.com/download/，或者 https://github.com/django/ django.git，下载 django-master.zip。

第 2 步，将下载的源码包解压。

第 3 步，在命令行下，进入刚解压的 Django 目录。

第 4 步，输入下面命令，按回车键开始安装，如图 18.1 所示。

```
python setup.py install
```

提示：对于特定的系统平台，可以针对特定平台安装 Django。例如，在 Ubuntu 和 Debian 等发行版的 Linux 中，可以使用 apt 程序安装。如果安装在 Linux 系统下，还需要具有安装的权限。

```
apt-get install django
```

如果要使用一些新的特性，则可以安装 Django 的开发版本。可以使用如下方式获取开发版本，并按照上面源码的安装方式安装。

```
git clone https://github.com/django/django.git
```

git 为版本管理工具 Git 的命令工具，后面的 URL 地址为其开发版本的下载地址。可以从官网 https://github.com/django/下载。

注意：也可以在命令行下，使用 pip 命令快速下载和安装 Django 框架。

```
pip install Django==3.1.7
```

第 5 步，安装 Django 框架之后，可以通过如下方式测试是否安装成功。

```
import django
print(django.VERSION)
```

在上面代码中，先导入 django 模块。如果 Django 安装成功，则此语句将运行成功，否则表示安装失败。然后输出当前框架的版本号。输出结果如下：

```
(3, 1, 7, 'alpha', 0)
```

18.4.2 创建项目

一个网站可以包含多个 Django 项目，一个 Django 项目又包含一组特定的对象。创建项目的基本步骤如下。

第 1 步，在本地系统中新建文件夹用来存放项目，如 E:\test。

第 2 步，使用 cmd 命令打开命令行窗口，使用 cd 命令切换到 test 目录下，如图 18.2 所示。

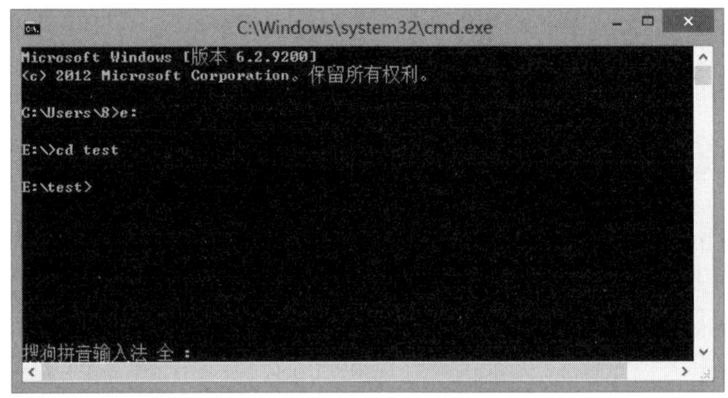

图 18.2　进入 test 目录

第 3 步，输入下面命令，在当前目录中新建一个项目，项目名称为 mysite，如图 18.3 所示。

```
django-admin startproject mysite
```

Django 框架提供了一个实用工具 django-admin，用来对 Web 应用进行管理。当 Django 安装成功后，在 Python 安装目录下的 Scripts 子目录中将包含 django-admin.exe 和 django-admin-script.py 文件。

第 4 步，打开 test 文件夹，可以看到 Django 框架将在当前目录下，使用 startproject 命令选项生成一个项目，项目名称为 mysite，如图 18.4 所示。

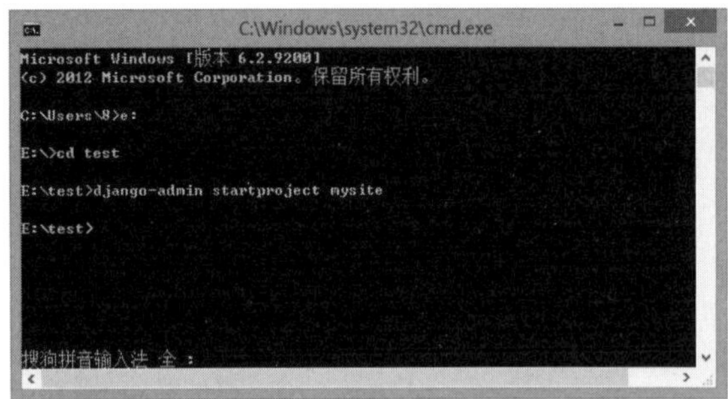

图 18.3　新建 mysite 项目

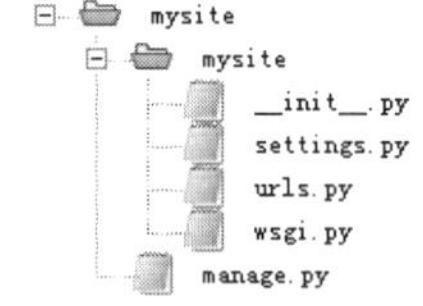

图 18.4　mysite 项目结构

从图 18.4 可以看出，使用 startproject 命令选项后，Django 框架生成一个名称为 mysite 的目录。其中包含一个与项目名称相同的子目录和 Python 文件 manage.py。在子目录 mysite 中包含一个基本 Web 应用需要的文件集合。简单介绍如下。

- mysite：表示项目名称。
- manage.py：Django 管理主程序，也是实用的命令行工具，方便管理 Django 项目，同时方便用户以各种方式与该 Django 项目进行交互。
- __init__.py：一个空文件，告诉 Python 该目录是一个 Python 包。

➢ settings.py：全局配置文件。包括 Django 模块应用配置、数据库配置、模板配置等。

➢ urls.py：路由配置文件，包含 URL 的配置文件，也是用户访问 Django 应用的方式。

➢ wsgi.py：一个与 WSGI 兼容的 Web 服务器入口，以便运行项目，相当于网络通信模块。

这些文件仅仅包含一个最简单的 Web 应用所需的代码。当 Web 应用变得复杂时，将对这些代码进行扩充。

18.4.3　启动服务器

Django 框架包含了一个轻量级的 Web 应用服务器，可以在开发时使用。启动内置的 Web 服务器的步骤如下。

【操作步骤】

第 1 步，以 18.4.2 节创建的 mysite 项目为例，使用 cmd 命令打开命令行窗口，使用 cd 命令切换到 test 目录下 mysite 项目目录中。

第 2 步，输入下面命令，启动 Web 服务器，如图 18.5 所示。

```
python manage.py runserver
```

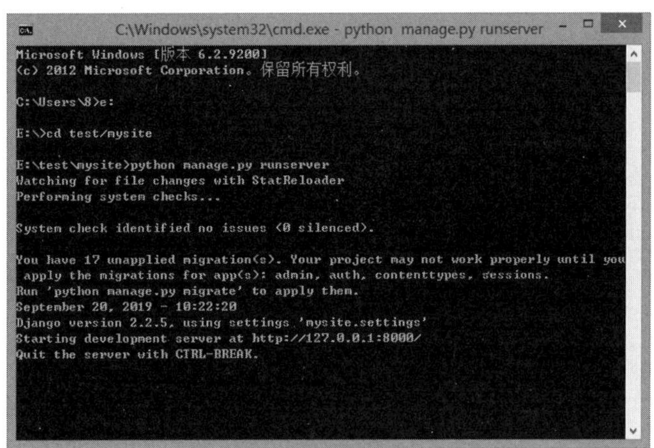

图 18.5　启动 Web 服务器

提示：在默认情况下，使用 python manage.py runserver 将在本机的 8000 端口监听。如果 8000 端口被占用，可以使用下面命令监听其他端口。

```
python manage.py runserver 8002
```

上面代码将设置本机的 8002 端口进行监听。

一般情况下，Django 只接受本机连接。如果在多人开发 Django 项目的情况下，可能需要从其他主机访问 Web 服务器。此时，可以使用下面命令来接收自其他主机的请求。

```
python manage.py runserver 0.0.0.0:8000
```

上面代码将对本机的所有网络接口监听 8000 端口，这样可以满足多人合作开发和测试 Django 项目的需求，也可以从其他主机访问该 Web 服务器。

第 3 步，在启动内置的 Web 服务器时，Django 会检查配置的正确性。如果配置正确，将使用 setting.py

文件中的配置启动服务器。此时，在命令行窗口中显示如下提示信息：

```
C:\Users\8>e:
E:\>cd test/mysite
E:\test\mysite>python manage.py runserver
Watching for file changes with StatReloader
Performing system checks...
System check identified no issues (0 silenced).
You have 17 unapplied migration(s). Your project may not work properly until you
 apply the migrations for app(s): admin, auth, contenttypes, sessions.
Run 'python manage.py migrate' to apply them.
September 20, 2019 - 10:22:20
Django version 2.2.5, using settings 'mysite.settings'
Starting development server at http://127.0.0.1:8000/
Quit the server with CTRL-BREAK.
```

第 4 步，打开浏览器，在地址栏中输入 http://127.0.0.1:8000/，连接该 Web 服务器，可以显示 Django 项目的初始化显示，如图 18.6 所示。

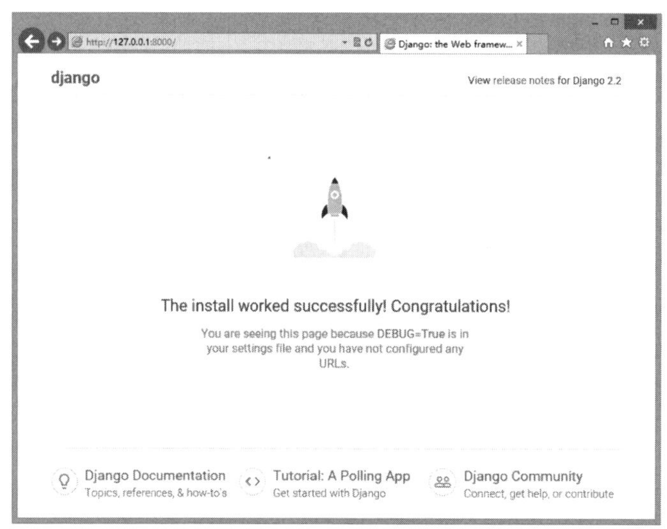

图 18.6　访问 Web 服务器

从图 18.6 可以看出，Django 已经正确安装，并且已经生成了一个项目。在这个起始页面中，还介绍了更多操作。

第 5 步，连接服务器时，在控制台中还会显示如下信息：

```
[20/Sep/2019 10:45:36] "GET / HTTP/1.1" 200 16348
```

该输出信息显示了连接的时间以及响应信息。在输出响应中，显示 HTTP 的状态码为 200，表示此连接已经成功。

第 6 步，如果要中断该服务器，使用 Ctrl+C 或者 Ctrl+Break 快捷键即可。

18.4.4　创建数据库

Django 内置 SQLite 数据库，同时支持更多数据库，如 MySQL、PostgreSQL 等。每个 Django 应用目录中都包含一个 setttings.py 文件，可以用来实现对数据库的配置。简单说明如下。

- DATABASE_ENGINE：设置数据库引擎的类型。其中可以设置的类型包括 SQLite3、MySQL、PostgreSQL 和 Ado_msSQL 等。
- DATABASE_NAME：设置数据库的名称。如果数据库引擎使用的是 SQLite，需要指定全路径。
- DATABASE_USERNAME：设置连接数据库时的用户名。
- DATABASE_PASSWORD：设置使用用户 DATABASE_USER 的密码。当数据库引擎使用 SQLite 时，不需要设置此值。
- DATABASE_HOST：设置数据库所在的主机。当此值为空时，表示数据将保存在本机中。当数据库引擎使用 SQLite 时，不需要设置此值。
- DATABASE_PORT：设置连接数据库时使用的端口号。当此值为空时，将使用默认端口。同样的，此值不需要在 SQLite 数据库引擎中设置。

【示例 1】在 setting.py 文件中配置 SQLite 数据库。

```
# Database
# https://docs.djangoproject.com/en/2.2/ref/settings/#databases
DATABASES = {
    'default': {
        'ENGINE': 'django.db.backends.sqlite3',
        'NAME': os.path.join(BASE_DIR, 'db.sqlite3'),
    }
}
```

【示例 2】下面代码配置 MySQL 数据库。

```
DATABASES = {
    'default': {
        'ENGINE':'django.db.backends.mysql',
        'NAME':'webapp',                          # 数据库名
        'USER':'test1',                           # 用户名
        'PASSWORD':'123456',                      # 密码
        'HOST':'127.0.0.1',                       # 域名
        'PORT':'3306',                            # 端口号
    }
}
```

如果使用其他数据库，还要设置 DATABASE_USER 和 DATABASE_PASSWORD 等选项。

设置数据库后，使用 manage.py 生成数据库，具体操作步骤如下。

【操作步骤】

第 1 步，运行 cmd 命令，打开命令行窗口，使用 cd 命令进入 test 目录下 mysite 子目录。

第 2 步，输入下面命令，生成数据库，如图 18.7 所示。

```
python manage.py migrate
```

或者

```
python manage.py makemigrations
```

提示：在 Django 1.9 及前面版本，应该使用如下命令生成数据库。

```
python manage.py syncdb
```

```
C:\Windows\system32\cmd.exe
Microsoft Windows [版本 6.2.9200]
(c) 2012 Microsoft Corporation。保留所有权利。

C:\Users\8>e:

E:\>cd test/mysite

E:\test\mysite>python manage.py migrate
Operations to perform:
  Apply all migrations: admin, auth, contenttypes, sessions
Running migrations:
  Applying contenttypes.0001_initial... OK
  Applying auth.0001_initial... OK
  Applying admin.0001_initial... OK
  Applying admin.0002_logentry_remove_auto_add... OK
  Applying admin.0003_logentry_add_action_flag_choices... OK
  Applying contenttypes.0002_remove_content_type_name... OK
  Applying auth.0002_alter_permission_name_max_length... OK
  Applying auth.0003_alter_user_email_max_length... OK
  Applying auth.0004_alter_user_username_opts... OK
  Applying auth.0005_alter_user_last_login_null... OK
  Applying auth.0006_require_contenttypes_0002... OK
  Applying auth.0007_alter_validators_add_error_messages... OK
  Applying auth.0008_alter_user_username_max_length... OK
  Applying auth.0009_alter_user_last_name_max_length... OK
  Applying auth.0010_alter_group_name_max_length... OK
  Applying auth.0011_update_proxy_permissions... OK
  Applying sessions.0001_initial... OK

E:\test\mysite>_
```

图 18.7　生成数据库

第 3 步，在命令行窗口可以看到数据库的迁移过程。

```
E:\test\mysite>python manage.py migrate
Operations to perform:
  Apply all migrations: admin, auth, contenttypes, sessions
Running migrations:
  Applying contenttypes.0001_initial... OK
  Applying auth.0001_initial... OK
  Applying admin.0001_initial... OK
  Applying admin.0002_logentry_remove_auto_add... OK
  Applying admin.0003_logentry_add_action_flag_choices... OK
  Applying contenttypes.0002_remove_content_type_name... OK
  Applying auth.0002_alter_permission_name_max_length... OK
  Applying auth.0003_alter_user_email_max_length... OK
  Applying auth.0004_alter_user_username_opts... OK
  Applying auth.0005_alter_user_last_login_null... OK
  Applying auth.0006_require_contenttypes_0002... OK
  Applying auth.0007_alter_validators_add_error_messages... OK
  Applying auth.0008_alter_user_username_max_length... OK
  Applying auth.0009_alter_user_last_name_max_length... OK
  Applying auth.0010_alter_group_name_max_length... OK
  Applying auth.0011_update_proxy_permissions... OK
  Applying sessions.0001_initial... OK
```

提示： Django 默认帮助用户做了很多事情。例如，User、Session 都需要创建表来存储数据，而 Django 已经把这些模块准备好，用户只需要执行数据库同步，生成相关表即可。

第 4 步，打开配置文件 mysite\mysite\settings.py，该命令在 INSTALLED_APPS 域中添加如下设置，在数据库中创建了特定的应用。

```
INSTALLED_APPS = [
    'django.contrib.admin',
    'django.contrib.auth',
```

```
    'django.contrib.contenttypes',
    'django.contrib.sessions',
    'django.contrib.messages',
    'django.contrib.staticfiles',
]
```

django.contrib 是一套庞大的功能集，也是 Django 基本代码的组成部分。

第 5 步，在执行了这个子命令之后，在 mysite 文件夹中可以看到生成的 db.sqlite3 文件。在该文件中将保存生成的数据库表，使用 SQLite 可视化工具可以看到结果。

18.4.5　创建应用

一个 Django 项目可以包含多个 Django 应用。使用 manage.py 的 startapp 子命令能够生成一个 Django 应用。一个应用中可以包含一个数据模型，以及相关的处理逻辑。创建 Django 应用的步骤如下。

第 1 步，运行 cmd 命令，打开命令行窗口。使用 cd 命令，进入 test\mysite 子目录。

第 2 步，输入下面命令，使用 startapp 子命令生成 Web 应用，TestModel 表示应用的名称，如图 18.8 所示。

```
python manage.py startapp TestModel
```

图 18.8　生成应用

第 3 步，在 mysite 目录下生成了一个 TestModel 目录，该目录中的文件信息定义了应用的数据模型信息以及处理方式。其中包含如下 1 个文件夹和 6 个文件。

- migrations：该文件夹用于在之后定义引用迁移功能。
- __init__.py：一个空文件，在这里是必须的。用来将整个应用作为一个 Python 模块加载。
- admin.py：管理站点模型，用于编写 Django 自带的后台相关操作，默认为空。
- apps.py：定义应用信息。
- models.py：设置数据模型，即定义数据表结构。
- tests.py：用于编写测试代码的文件。
- views.py：包含视图模型的相关操作，即定义业务逻辑。

18.4.6　创建模型

Django 通过 Model 操作数据库，不管数据库的类型是 MySQL 还是 SQLite 等，Django 自动生成相应数据库类型的 SQL 语句，所以不需要关注 SQL 语句和类型，Django 自动完成对数据的操作，只要能够设计 Model 即可。

Django 根据代码中定义的类自动生成数据表。其中，类表示数据库的表，如果根据这个类创建的对象是数据库表里的一行数据，则类似“对象.id”和“对象.value”分别表示每一行里的某个字段的数据。

每个模型在 Django 中的存在形式为一个 Python 类，都是 django.db.models.Model 的子类，每个类代表数据库中的一个表，类名与数据表名一一对应，一般类名首字母大写，而数据表名都是小写。模型的每个字段（属性）代表数据表的某一列，Django 将自动生成数据库访问 API。

【操作步骤】

第 1 步，在应用功能模块文件夹下（如 E:\test\mysite\TestModel），打开 models.py 文件，然后添加下面代码，可以创建数据表格对应的数据模型：

```
from django.db import models
class Test(models.Model):
    username = models.CharField(primary_key=True, max_length=20)
    password = models.CharField(max_length=20)
```

第 1 行代码表示引用数据库创建模块：

```
from django.db import models
```

从 django.db 模块中导入 models 对象。可以在后面定义多个类，每个类都表示一个类对象，也就是数据库中的一个表。

第 2 行代码定义表结构：

```
class Test(models.Model):
```

定义了一个 Test 类，此类从 models 中的 Model 类继承而来。Test 表示数据表的表名，models.Model 表示继承的类名。

第 3、4 行代码定义字段列表：

```
username = models.CharField(primary_key=True, max_length=20)
password = models.CharField(max_length=20)
```

在 Test 类的主体部分中，定义了 2 个域用来描述用户登录的相关信息，包括账号的名字和密码。username 和 password 表示数据表的字段名，models.CharField 定义字段类型（相当于 varchar），这里使用了 models 中的 CharField 域，表示该对象为字符域，其构造函数中包含的字段的设置参数；primary_key=True 表示设置主键；max_length=20 表示定义字段的最大长度限制。更多的域模型可以参看 Django 参考文档。

提示：每一个数据类型对应的都是数据库中的一张表格。数据模型相当于数据的载体，用来完成开发人员对表格数据的增加、删除、修改和查询操作。

第 2 步，当创建了数据模型之后，可以在 mysite\setting.py 文件中加入此应用。

```
INSTALLED_APPS = [
    'django.contrib.admin',
    'django.contrib.auth',
    'django.contrib.contenttypes',
    'django.contrib.sessions',
    'django.contrib.messages',
    'django.contrib.staticfiles',
    ' TestModel',                     # 添加该设置项
]
```

在 INSTALLED_APPS 最后加入'TestModel'值，将刚刚生成的应用加入 Django 项目中。

第 3 步，将该应用加入项目中之后，可以继续使用 migrate 在数据库中生成未创建的数据模型。参见 18.4.4 节操作步骤，在命令窗口中使用 cd 命令进入 E:\test\mysite 目录下，然后输入下面命令创建表结构。

```
python manage.py migrate                                    # 创建表结构
```

第 4 步，再输入下面命令，让 Django 知道在数据模型中有一些变更，如图 18.9 所示。

```
python manage.py makemigrations TestModel
```

第 5 步，输入下面命令，创建 TestModel 数据表结构。

```
python manage.py migrate TestModel
```

第 6 步，显示下面提示信息，说明数据表创建成功。

```
E:\test\mysite>python manage.py migrate TestModel
Operations to perform:
  Apply all migrations: TestModel
Running migrations:
  Applying TestModel.0001_initial... OK
```

第 7 步，使用 SQLite 可视化工具，如 SQLite Expert Personal，可以看到新创建的数据表结果，如图 18.10 所示。

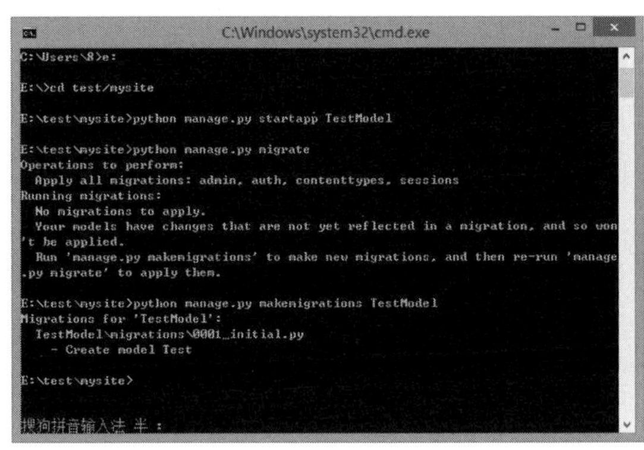

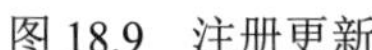
图 18.9　注册更新

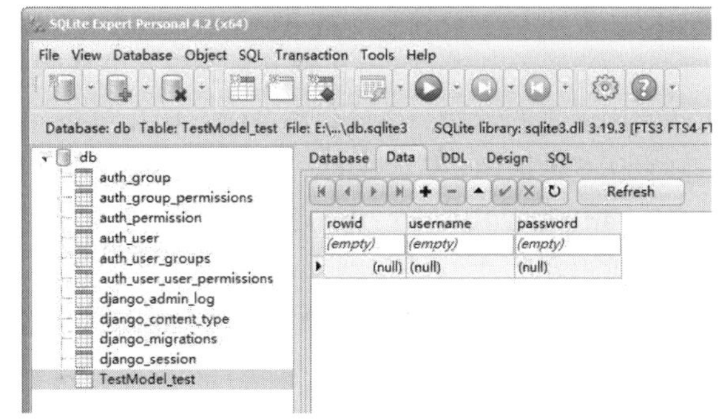

图 18.10　查看新增加的数据表

从图 18.10 可以看出，新添加的表名组成结构为：应用名_类名，如 TestModel_test，类名小写。

注意：如果没有在 models 给表设置主键，Django 自动添加一个 rowid 作为主键。

18.4.7　设计路由

当访问一个网站的时候，一般先打开浏览器，然后在浏览器的地址栏里输入一个网址（URL），然后按回车键，就可以在浏览器里看到这个网址返回的内容。这是我们能看得见的过程，还有一些我们看不见的过程，那就是当在浏览器里输入网址（URL）并按回车键后，浏览器向目标网址发送一个 HTTP 请求，服务器收到请求之后给这个请求做出一个响应，这个响应就是把对应的内容通过浏览器渲染出来，呈现给我们看。这个过程就是请求与响应。

路由就是根据不同的 URL 分发不同的信息。路由处理就是在服务器端接收到 HTTP 请求之后，能够对请求的路径字符串进行匹配处理，并根据 URL 调用相应的应用程序。

这个 URL 在 Django 中其实是由用户自己构造的，Django 约定 URL 是在项目同名目录下的 urls.py 文件里 urlpatterns 列表构造的。该模块是 URL 路径表达式与 Python 函数（视图）之间的映射。基本格式如下：

```
from django.conf.urls import url
urlpatterns = [
    url(正则表达式, views 视图函数, 参数, 别名),
]
```

参数说明如下。

- 正则表达式：一个正则表达式字符串。
- views 视图函数：一个可调用对象，通常为一个视图函数，或者一个指定视图函数路径的字符串。
- 参数：可选的要传递给视图函数的默认参数（字典形式）。
- 别名：一个可选的 name 参数。

其中，正则表达式和 views 视图函数是必须要写的，而参数和别名是可选的，在有特殊需要的时候才写。

【示例 1】在 E:\test\mysite\mysite 中打开 urls.py 文件，添加或者编辑 urlpatterns 元素值。

```
from django.conf.urls import url
from app_xx import views
urlpatterns = [
    url(r'^articles/2018/$', views.special_case_2018),
    url(r'^articles/([0-9]{4})/$', views.year_archive),
    url(r'^articles/([0-9]{4})/([0-9]{2})/$', views.month_archive),
    url(r'^articles/([0-9]{4})/([0-9]{2})/([0-9]+)/$', views.article_detail),
]
```

在 urlpatterns 元素中，将按照书写顺序从上往下逐一匹配正则表达式，一旦匹配成功则不再继续。在正则表达式中不需要添加一个反斜杠前缀，因为每个 URL 都有。例如，应该是^articles 而不是^/articles。每个正则表达式前面的'r'是可选的，但是建议加上。例如：

- /articles/2019/03/：将与列表中的第 3 个条目匹配。Django 调用 views.month_archive(request, '2019', '03')。
- /articles/2019/3/：不匹配任何 URL 模式，因为列表中的第 3 个条目需要两个月的数字。
- /articles/2018/：将匹配列表中的第 1 个模式，而不是第 2 个模式。Django 调用 views.special_case_2018(request)。
- /articles/2018：不匹配任何模式，因为每个模式都要求 URL 以斜杠结尾。
- /articles/2018/03/03/：将匹配第 4 个模式。Django 调用 views.article_detail(request, ‘2018’, ‘03’, ‘03’)。

提示：正则表达式应使用^和$严格匹配请求 URL 的开头和结尾，以便匹配唯一的字符串。

- 域名、端口、参数不参与匹配。
- 先在项目下 urls.py 进行匹配，再到应用的 urls.py 匹配。
- 自上而下进行匹配。
- 匹配成功的 URL 部分被去掉，剩下的部分继续匹配。
- 匹配不成功提示 404 错误。

【示例 2】结合一个具体完整的、可操作的案例演示路由配置的方法和步骤。本例以 18.4.5 节创建的应用为基础进行说明。

第 1 步，打开 TestModel 应用中的 views.py 文件（test\mysite\TestModel\views.py），然后输入下面代码。

```
From    jango.http import HttpResponse                # 导入 HTTP 响应模块
def hi(request):                                      # 定义视图函数
    return HttpResponse(“Hi, Python! “)               # 设计响应内容，函数的返回值为响应信息
```

第 2 步，编写路由。打开 mysite 项目中的 urls.py 文件（test\mysite\mysite\urls.py），然后添加下面代码，

绑定 URL 与视图函数。

```
From  jango.contrib import admin
from  jango.urls import path
from TestModel import views                          # 添加该行代码，导入视图模块
urlpatterns = [
    path('admin/', admin.site.urls),
    path('hi/', views.hi),                           # 添加一个元素，定义路由
]
```

正则表达式'hi/'将匹配 URL 字符串中末尾为'hi/'的请求，如果匹配成功，将调用 views.py 文件中的 hi()函数，然后把返回的内容响应给用户。

第 3 步，参考 18.4.3 节操作步骤，启动服务器。

第 4 步，在浏览器地址栏中输入下面地址进行请求。就可以看到页面响应的内容，如图 18.11 所示。

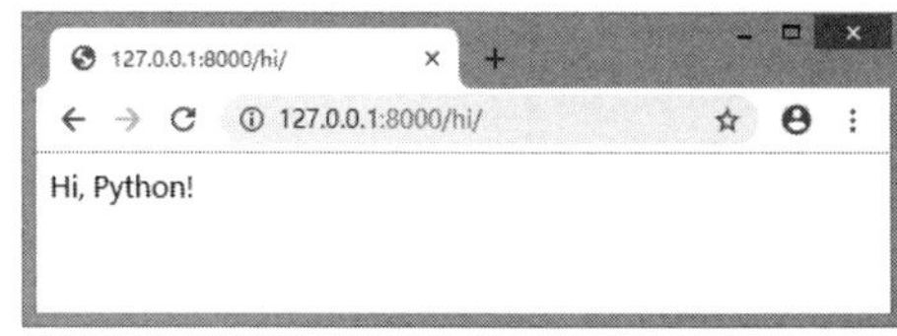

图 18.11　响应内容

```
http://127.0.0.1:8000/hi/
```

18.4.8　设计视图

每一个 URL 都对应一个 views 视图函数名，视图函数名不能相同，否则会报错。Django 约定视图函数写在 App 应用里的 views.py 文件中。然后在 urls.py 文件里通过下面方式导入：

```
from App 应用名  import views
from App 应用名.vews import  函数名或类名
```

视图函数是一个简单的Python函数，它接收Web请求并且返回Web响应。响应可以是一张网页的HTML内容、一个重定向、一个 404 错误、一个 XML 文档，或者一张图片等，无论视图本身包含什么逻辑，都要返回响应。这个视图函数代码一般约定放置在项目或应用程序目录中的名为 views.py 的文件中。

HTTP 请求中产生两个核心对象，如下所述。

- HTTP 请求：HttpRequest 对象，用户请求相关的所有信息。
- HTTP 响应：HttpResponse 对象，响应字符串。

通过 URL 对应关系匹配；找到对应的函数（或者类）；返回字符串，或者读取 HTML 之后返回渲染的字符串。这个过程就是 Django 请求的生命周期，视图函数围绕着 HttpRequest 和 HttpResponse 这两个对象进行设计。

【示例 1】设计一个动态新闻界面，新闻内容将根据捕获的 URL 中的值进行动态显示。假设请求的 URL 格式如下：

```
http://127.0.0.1:8000/show_news/1/2                  # /show_news/新闻类别/页码
```

技术问题：如何捕获 URL 中代表新闻类别和页码的值，并传给视图函数进行处理。

解决思路：把 URL 中需要获取的值设置为正则表达式的一个组。Django 在进行 URL 匹配时，自动把匹配成功的内容作为参数传递给视图函数。URL 中的正则表达式组（位置参数）与视图函数中的参数一一对应，视图函数中的参数名可以自定义。

【操作步骤】

第 1 步，继续以 18.4.5 节创建的应用为基础进行说明。打开 TestModel 应用中的 views.py 文件（test\mysite\TestModel\views.py），然后输入下面代码。

```
From  jango.http import HttpResponse                 # 导入 HTTP 响应模块
```

```
def show_news(request, a, b):
    """显示新闻界面"""
    return HttpResponse("<h1>新闻界面</h1><p>新闻类别 <b>%s</b></p><p>当前页面 <b>%s</b></p>" % (a, b))
```

第 2 步，编写路由。打开 mysite 项目中的 urls.py 文件（test\mysite\mysite\urls.py），然后添加下面代码，绑定 URL 与视图函数。

```
From    jango.conf.urls import url                    # 导入 url()函数
from TestModel import views                           # 添加该行代码，导入视图模块
urlpatterns = [
    # 位置参数：新闻查看/新闻类别/第几页
    url(r'^show_news/(\d+)/(\d+)$', views.show_news),
]
```

第 3 步，参考 18.4.3 节操作步骤，启动服务器。

第 4 步，在浏览器地址栏中输入下面地址进行请求，界面响应的内容如图 18.12 所示。

```
http://127.0.0.1:8000/show_news/5/8
```

提示：Django 内置了处理 HTTP 错误的视图（在 django.views.defaults 包下），主要错误及视图包括下面 3 类。

- 404 错误：page_not_found 视图，找不到界面。
- 500 错误：server_error 视图，服务器内部错误。
- 403 错误：permission_denied 视图，权限拒绝。

Django 视图可以分为以下两种。

- FBV：基于函数的视图。
- CBV：基于类的视图。

示例 1 演示了基于函数的视图设计。对于基于类的视图，服务器端不用判断请求方式是 GET 还是 POST。在视图类中，定义了 get 方法设计 GET 请求逻辑；定义了 post 方法设计 POST 请求逻辑。

图 18.12　新闻界面响应内容

【示例 2】通过比较演示 Django 两种视图的设计方法。

第 1 步，继续以 18.4.5 节创建的应用为基础进行说明。打开 TestModel 应用中的 views.py 文件（test\mysite\TestModel\views.py），然后输入下面代码。

```
from django.shortcuts import render                   # 导入 render 方法
from django.views import View                         # 导入 View 基类
from django.shortcuts import redirect                 # 导入 redirect 方法
class LoginView(View):                                # CBV（基于类的视图）
    def get(self,request,*args, **kwargs):            # GET 请求处理
        return render(request,"login.html")
    def post(self,request,*args, **kwargs):           # POST 请求处理
        return redirect('/index/')
def    index(request):                                # FBV（基于函数的视图）
    return render(request,"index.html")
```

第 2 步，编写路由。打开 mysite 项目中的 urls.py 文件（test\mysite\mysite\urls.py），然后添加下面代码，绑定 URL 与视图函数。

```
from django.urls import path                         # 导入 path()函数
from TestModel import views                          # 添加该行代码，导入视图模块
urlpatterns = [
    path('admin/', admin.site.urls),
    path('login/', views.LoginView.as_view()),       # CBV（基于类的视图）
    path('index/', views.index),                     # FBV（基于函数的视图）
]
```

第 3 步，设计模板页面 index.html，放置在当前应用下 templates 目录中，代码如下。

```
<!DOCTYPE html>
<html><head><meta charset="utf-8"></head>
<body>index.html</body></html>
```

第 4 步，设计模板页面 login.html，放置在当前应用下 templates 目录中，代码如下。

```
<!DOCTYPE html>
<html><head><meta charset="utf-8"></head>
<body>login.html</body></html>
```

第 5 步，参考 18.4.3 节操作步骤，启动服务器。

第 6 步，在浏览器地址栏中输入下面地址进行请求，页面响应的内容如图 18.13 所示。

```
http://127.0.0.1:8000/index/
```

第 7 步，在浏览器地址栏中输入下面地址进行请求，页面响应的内容，如图 18.14 所示。

```
http://127.0.0.1:8000/index/
```

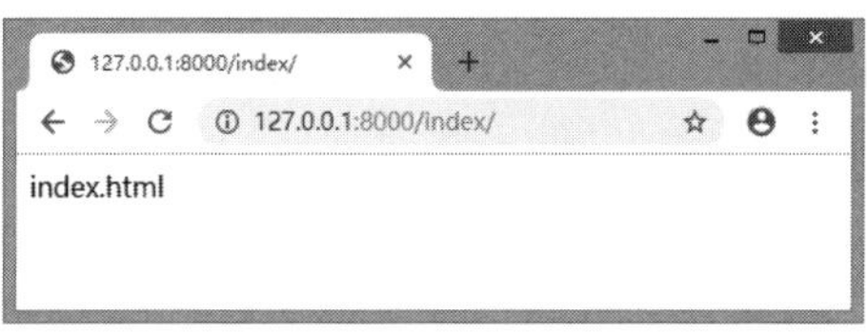

图 18.13　函数视图的响应内容

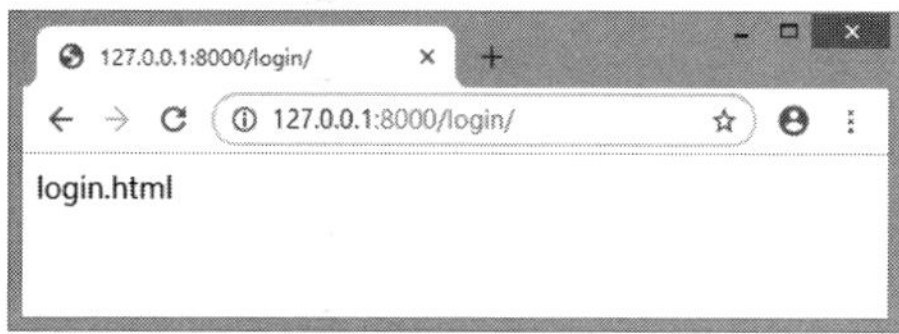

图 18.14　类视图的响应内容

18.4.9　设计模板

当用户发送请求的时候，视图返回一个响应，响应可以是一个重定向、一个 404 错误、一个 XML 文档、一张图片或者是一个 HTML 内容的网页。前面几个返回的信息比较有限，重点是 HTML 内容的网页。把这样的页面按规范写好，然后都放在项目根目录下的 templates 文件夹里，这样的页面被称为“模板”页面。

Django 作为成熟的 Web 框架，需要一种很便利的方法动态生成 HTML 网页，因此有了模板这个概念。模板页面包含一些基础的 HTML 代码和一些特殊的语法，这些特殊的语法主要用于如何将动态数据插入 HTML 页面中。

在这之前需要先设置好模板路径，把这个路径放在 settings 里（“项目名称/settings.py”），不然就无法访问模板目录。代码如下：

```
TEMPLATES = [
    {
        'BACKEND': 'django.template.backends.django.DjangoTemplates',
        'DIRS': [],
        'APP_DIRS': True,
    },
]
```

DIRS 配置项定义一个目录列表，模板引擎按列表顺序搜索这些目录，以查找模板文件，默认是在项目的根目录下创建 templates 目录。

Django 处理模板分为如下两个阶段。

➢ 加载：根据 DIRS 和路由系统给定的路径找到模板文件，编译后放在内存中。
➢ 渲染：使用上下文数据对模板插值，并返回生成的字符串。Django 使用 render()函数调用模板，进行渲染。

Django 模板语言定义在 django.template 包中，包括如下 4 种类型。

➢ 变量：{{变量}}。
➢ 标签：{%代码段%}。
➢ 过滤器：变量|过滤器:参数。在过滤器语法中，使用“|”调用过滤器，用于进行计算、转换操作，可以使用在变量、标签中。如果过滤器需要参数，则使用冒号“：”传递参数。长度 length 返回字符串包含字符的个数，或列表、元组、字典的元素个数。
➢ 注释：{#单行注释#}、{%comment%}多行注释{%endcomment%}。

1. 变量

【示例 1】设计一个静态模板，并应用到项目中。

第 1 步，继续以 18.4.5 节创建的应用为基础进行说明。在 TestModel 应用根目录下新建 templates 文件夹，用于存放模板页。

第 2 步，新建 search_form.html 页面，保存到 test\mysite\TestModel\templates 目录中。

第 3 步，打开 search_form.html 文档，设计一个简单的表单页面，HTML 代码结构如下：

```
<form action="/search" method="get">
    <input type="text" name="q">
    <input type="submit" value="搜索">
</form>
```

第 4 步，打开 TestModel 应用中的 views.py 文件（test\mysite\TestModel\views.py），然后输入下面代码，定义两个视图函数。

```
from django.shortcuts import render
from django.http import HttpResponse                    # 导入 HTTP 响应模块
def search_form(request):                               # 表单视图
    return render (request, 'search_form.html')
def search(request):                                    # 接收请求数据
    request.encoding='utf-8'
    if 'q' in request.GET and request.GET['q']:
        message = '你搜索的内容为: ' + request.GET['q']
    else:
        message = '你提交了空表单'
    return HttpResponse(message)
```

第 5 步，编写路由。打开 mysite 项目中的 urls.py 文件（test\mysite\mysite\urls.py），然后添加下面代码，绑定 URL 与视图函数。

```
from django.conf.urls import url                        # 导入 url()函数
from TestModel import views                             # 添加该行代码，导入视图模块
urlpatterns = [
    url(r'^search-form$', views.search_form),
    url(r'^search$', views.search),
]
```

第 6 步，参考 18.4.3 节操作步骤，启动服务器。

第 7 步，在浏览器地址栏中输入下面地址进行请求，将打开搜索表单模板页。然后，输入关键字之后，提交表单，显示响应内容，如图 18.15 所示。

```
http://127.0.0.1:8000/search-form
```

（a）表单模板页

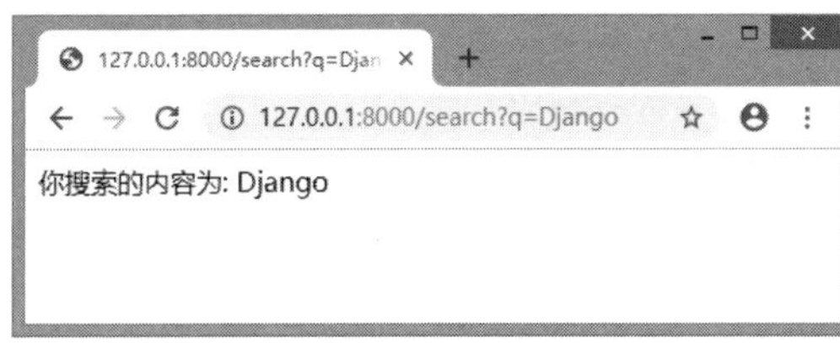

（b）响应页面

图 18.15　搜索表单互动页面

【示例 2】使用变量传递数据，实现在模板页中嵌入动态值。

第 1 步，以示例 1 的 Web 应用为基础。打开 TestModel/views.py 文件，创建视图 temp。

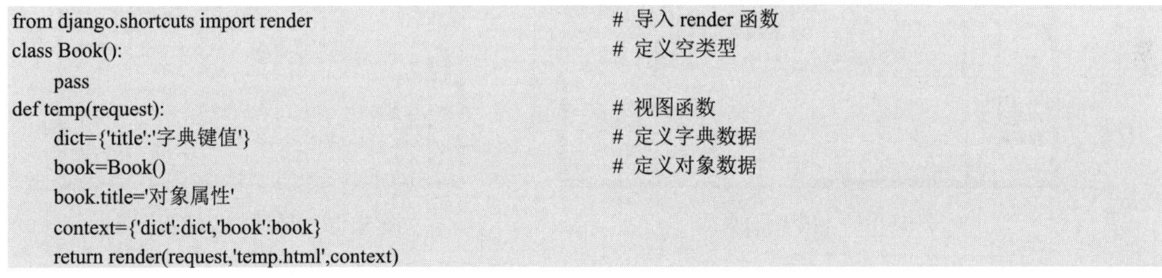

```
from django.shortcuts import render                    # 导入 render 函数
class Book():                                          # 定义空类型
    pass
def temp(request):                                     # 视图函数
    dict={'title':'字典键值'}                          # 定义字典数据
    book=Book()                                        # 定义对象数据
    book.title='对象属性'
    context={'dict':dict,'book':book}
    return render(request,'temp.html',context)
```

第 2 步，编写路由。打开 mysite 项目中的 urls.py 文件（test\mysite\mysite\urls.py），然后添加下面代码，绑定 URL 与视图函数。

```
from django.conf.urls import url                       # 导入 url()函数
from TestModel import views                            # 添加该行代码，导入视图模块
urlpatterns = [
    url(r'^temp/$', views.temp),
]
```

第 3 步，创建模板页 temp.html，使用{{dict.title}}和{{book.title}}在 HTML 文档中嵌入动态值，然后把模板文档保存到 TestModel\templates 目录下，页面主要代码如下。

```
模板变量：<br/>
{{dict.title}}<br/>
{{book.title}}<br/>
```

第 4 步，参考 18.4.3 节操作步骤，启动服务器。

第 5 步，在浏览器地址栏中输入地址进行请求，动态响应内容如图 18.16 所示。

```
http://127.0.0.1:8000/temp/
```

2. 列表或字典

【示例 3】下面练习标签语法的使用。本示例在示例 2 的基础上进行操作。

第 1 步，首先修改视图函数，打开 TestModel/views.py 文件，重置代码如下：

```
from django.shortcuts import render                    # 导入 render 函数
def temp(request):                                     # 视图函数
```

```
    books=["Python","Java","C++","Perl"]                    # 定义图书列表
    context={'books':books}
    return render(request,'temp.html',context)
```

第 2 步，再打开模板页 temp.html，使用{%代码段%}语法在 HTML 文档中嵌入 Python 代码片段，使用 for 语句循环输出图书列表，页面主要代码如下。

```
<ul>
    {%for book in books%}
        <li>{{book}}</li>
    {%empty%}
        <li>对不起，没有图书</li>
    {%endfor%}
</ul>
```

在上面代码中，{%empty%}表示如果列表 books 为空，将输出下面信息。

第 3 步，参考 18.4.3 节操作步骤，启动服务器。

第 4 步，在浏览器地址栏中输入下面地址进行请求，动态响应内容如图 18.17 所示。

```
http://127.0.0.1:8000/temp/
```

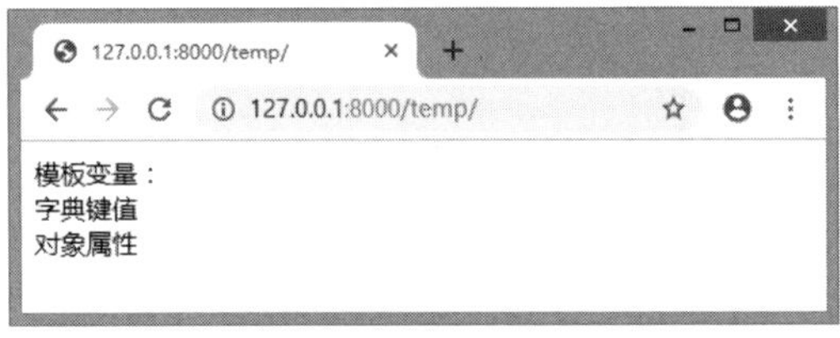

图 18.16　动态响应页面

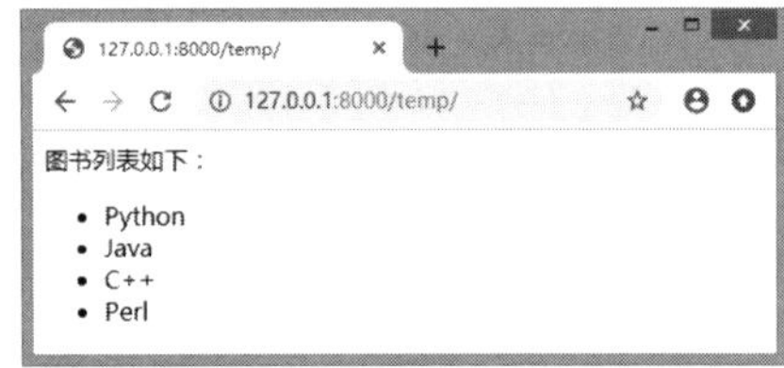

图 18.17　循环输出动态信息

3. 过滤

【示例 4】下面以示例 3 为基础练习使用过滤器语法，设计过滤大于 4 个字符的书名进行显示。演示效果如图 18.18 所示。

打开 temp.html 文档，在模板的循环代码中添加一个过滤条件。

```
图书列表如下：
{%for book in books%}
    {%if book|length > 4%}
        <li>{{book}}</li>
    {%endif%}
{%endfor%}
```

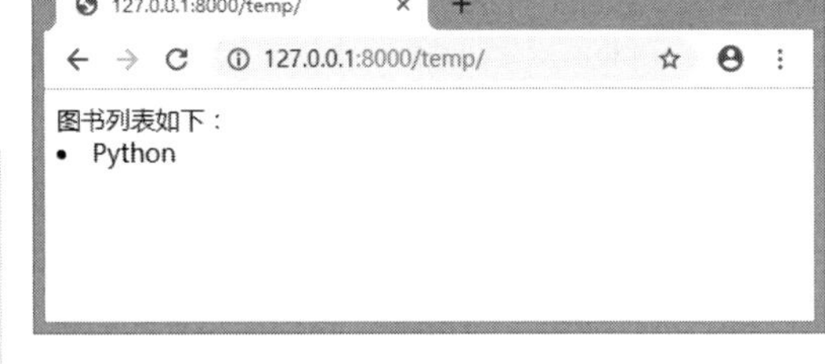

图 18.18　过滤大于 4 个字符的书名进行显示

18.5　案 例 实 战

【设计说明】

本例设计一个简单的博客项目，包含博客列表页、博客详细页、博客编辑页、添加博客页。页面设计说明如下。

- 博客列表页：所有博客文章列表，写博客按钮。路由：blog/index、index.html。

➢　博客详细页：标题、内容、编辑按钮。路由：blog/article/article_id、article_page.html。

➢　博客编辑页：form 表单、标题、内容、提交按钮。路由：blog/article/edit、article_edit_page.html。

➢　添加博客页：form 表单、标题、内容、提交按钮。

事件（Action）包括如下两种。

➢　编辑博客提交 Action：post 提交，包含博客标题、id、内容。

➢　新增博客提交 Action：post 提交，包含博客标题、内容。

【示例预览】

根据本书提示，获取本例完整源码，然后解压。打开 cmd 终端，使用 cd 命令进入 myblog 目录，然后输入下面命令：

```
python manage.py runserver
```

按提示输入 http://127.0.0.1:8000/blog/index/，按回车键访问，显示博客列表，如图 18.19 所示。

在博客列表中单击相应选项，可以浏览博客详细内容，如图 18.20 所示。

单击“编辑内容”按钮，可以切换到编辑博客内容表单，修改博客内容，如图 18.21 所示。

输入 http://127.0.0.1:8000/admin/，然后输入用户名：admin，密码：admin，可以登录后台。在后台也可以编辑博客内容、管理用户、添加博客等操作，如图 18.22 所示。

图 18.19　列表页效果

图 18.20　详细页效果

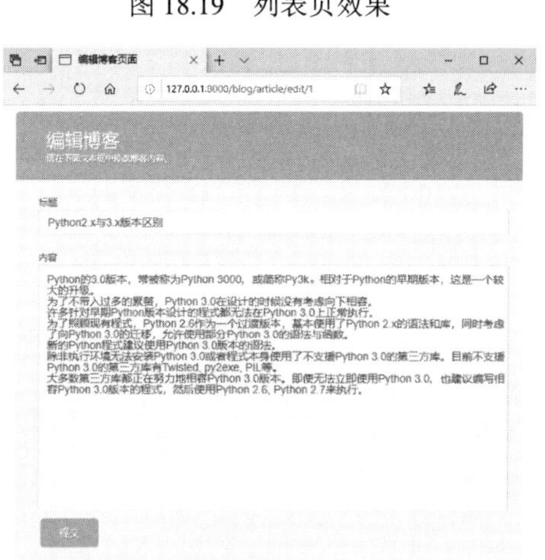

图 18.21　编辑页效果

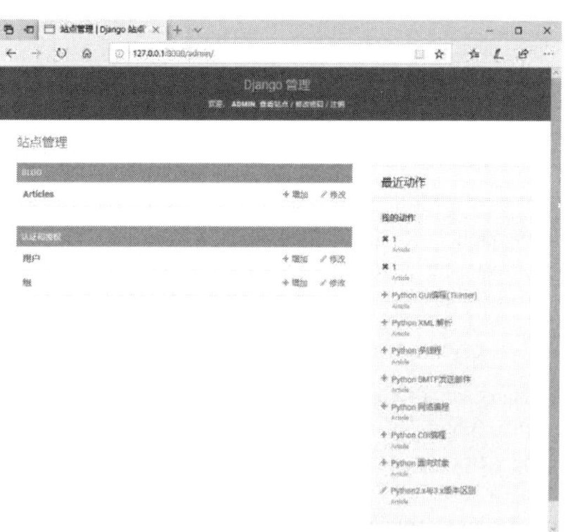

图 18.22　后台页效果

【操作步骤】

1. 创建并配置项目的基本信息

打开 cmd 终端，找到 Python 项目的目录 www（具体地址需要根据个人设备而定），然后在终端中输入下面命令。

```
django-admin startproject myblog
```

使用 cd 命令切换到 myblog 的目录下，执行以下命令。

```
python manage.py runserver
```

根据 cmd 提示，使用浏览器访问 http://127.0.0.1:8000/，显示欢迎界面，说明项目创建成功。

提示： 默认欢迎界面为英文，可以把界面改成中文。打开 settings.py，修改以下代码。

```
LANGUAGE_CODE = 'zh-hans'                    # 将'en-us'改为'zh-hans'
TIME_ZONE = 'UTC'
USE_I18N = True
USE_L10N = True
USE_TZ = True
```

再次刷新页面，界面就可以变成中文，准备工作已完成，接下来开始创建博客应用。

2. 创建博客应用

打开 cmd 终端，进入 myblog 目录下，输入以下命令创建一个名为 blog 的应用。

```
python manage.py startapp   blog
```

此时项目中新增一个名为 blog 的应用。打开 settings.py 文件，将 blog 添加到应用列表中。

```
INSTALLED_APPS = [
    'django.contrib.admin',
    'django.contrib.auth',
    'django.contrib.contenttypes',
    'django.contrib.sessions',
    'django.contrib.messages',
    'django.contrib.staticfiles',
    'blog',                                  # 添加 blog 应用到应用列表中
]
```

此时，还未创建任何页面，在 blog 下的 views.py 中定义一个 index 页，输出一行文字。

```
from django.shortcuts import render
from django.http import HttpResponse
def index(request):
    return HttpResponse('我是博客应用页面！')
```

然后，在 myblog 文件夹下的 urls.py 文件中添加一个路径。

```
from django.conf.urls import url
from django.contrib import admin
from blog.views import index
urlpatterns = [
    url(r'^admin/', admin.site.urls),
    url(r'^index/', index)                   # 添加 index 的路径
]
```

重启服务，访问 http://127.0.0.1:8000/index，界面显示正确内容，如图 18.23 所示。

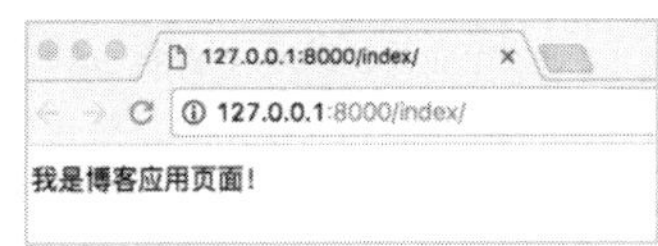

图 18.23　访问页面

设计访问 blog/index，而不是直接访问 index。在 blog 下创建一个名为 blog_urls.py 的文件，然后输入以下内容。

```
from django.conf.urls import url
from . import views
urlpatterns = [
    url(r'^index/', views.index),
]
```

将系统的 urls.py 文件修改如下。

```
from django.conf.urls import url, include
from django.contrib import admin
from blog.views import index
urlpatterns = [
    url(r'^admin/', admin.site.urls),
    url(r'^index/', include('blog.blog_urls')),
]
```

再次刷新页面，访问 http://127.0.0.1:8000/blog/index，显示正确内容。至此，blog 项目的准备工作完成，接下来创建页面。

3. 博客列表页

设计博客列表页在界面中显示数据库的文章列表。

首先，在 blog 文件夹下创建一个名为 templates 的文件夹，并添加一个 index.html 文件，然后修改 blog 下的 views.py 文件内容，让 views 返回 index.html。

```
from django.shortcuts import render
from django.http import HttpResponse
def index(request):
    return render(request, 'index.html')                    # render 函数有 3 个参数，此处只传了 2 个
```

此时，访问 http://127.0.0.1:8000/blog/index，显示的是一个空页面，这是因为既没有向 index.html 文件中传递数据，也没有在 index.html 中写显示数据的逻辑。接下来准备数据源。

在 blog 的 models.py 中创建博客对象，包含 title、content 两个字端（系统默认添加一个 id），models.py 的代码如下。

```
from django.db import models
class Article(models.Model):
    title = models.CharField(max_length=32, default='')
    # 文章正文，使用的是 TextField
    # 存储比较短的字符串可以使用 CharField，但对于文章的正文来说可能是一大段文本，因此使用 TextField 来存储大段文本
    content = models.TextField(null=True)
```

然后，在终端 cmd 中执行以下命令。

```
python manage.py makemigrations
```

成功后继续执行。

```
python manage.py migrate
```

接着，为该项目创建一个名为 admin，密码为 admin 的超级用户，在登录 Django 后台之前，需要在 blog 下的 admin.py 中配置。

```
from django.contrib import admin
```

```
from .models import Article
admin.site.register(Article)                                    # 必须增加这一行，否则进入空后台
```

登录后台，增加几篇博客，如图 18.24 所示。

该页面显示的全部是 Article object，调整一下 models.py 的代码。

```
from django.db import models
from django.contrib.auth.models import User
class Article(models.Model):
    title = models.CharField(max_length=32, default='')
    # 文章正文，使用的是 TextField
    # 存储比较短的字符串可以使用 CharField，但对于文章正文大段文本，使用 TextField 存储
    content = models.TextField(null=True)
    def __str__(self):                                          # 增加该方法
        return self.title
```

刷新界面，显示效果如图 18.25 所示。

图 18.24　后台管理页面

图 18.25　后台显示中文界面

下面将数据库中的博客数据读取出来，显示在 index.html 文件中。在 blog 下的 views.py 文件中读取数据并传递给 index.html，调整 views.py 代码如下。

```
from django.shortcuts import render
from django.http import HttpResponse
from . import models
def index(request):
    articles = models.Article.objects.all()
    # 这里是读取所有，如果读取某一个，代码为 article = models.Article.objects.get(pk=1)
    return render(request, 'index.html', {'articles': articles})
```

修改 index.html 文件，将内容显示出来。

```
<h3>我的博客列表：</h3>
    {% for article in articles %}                               # 这是 DTL 语法
        <a href=""> {{ article.title }} </a><br/>               # 此处先不添加跳转页面，稍后再添加
    {% endfor %}                                                # for 循环必须以这个结尾
```

博客首页已经完成，接下来做博客详细页。

4. 博客详细页

在 templates 文件夹下新建一个名为 article_page.html 的页面，该页面的作用就是显示博客的详细内容，这个页面的数据是上一页面传递过来的博客对象，先编写显示代码。

```
<h3>标题：{{ article.title }}</h3></br>
<h3>内容: {{ article.content }}</h3>
```

下面从 views 中将 article 对象传递给该页面，所以在 view.py 中增加如下代码。

```
from django.shortcuts import render
from django.http import HttpResponse
from . import models
def index(request):
    articles = models.Article.objects.all()
    return render(request, 'index.html', {'articles': articles})
def article_page(request, article_id):                                # 根据博客 id 获取博客内容
    article = models.Article.objects.get(pk=article_id)
    return render(request, 'article_page.html', {'article': article})
```

根据上一个页面传递的 article_id 获取 article 对象，并传递给 HTML 页面显示出来，那么这个 article_id 该怎么传递过来呢？参照前面的页面设计中，设计访问博客详细页的地址是 http://127.0.0.1:8000/blog/article/1，这个 id 可以从访问的 URL 中传递，修改传递的 url，打开 blog_urls.py 文件。

```
from django.conf.urls import url
from . import views
urlpatterns = [
    url(r'^index/', views.index),
    url(r'^article/(?P[0-9])$', views.article_page),
]
```

获取传递的 article_id，运行服务器，访问 http://127.0.0.1:8000/blog/article/1 可以显示正确的内容。

注意：models 自动生成的 id 的下标是从 1 开始的，而不是 0。

现已做好两个页面，需要在 index.html 中增加点击标题的跳转链接。

1）方式 1

```
<h3>我的博客列表：</h3>
    {% for article in articles %}
        <a href="../article/{{ article.id }}"> {{ article.title }} </a><br/>
    {% endfor %}
```

再运行程序，刷新页面，就可以正常跳转了。这种跳转逻辑是最基础的，当应用中有很多页面的时候，这种方式显得不灵活。

2）方式 2

首先，在项目的 urls.py 中为博客应用增加一个 namespace。

```
from django.conf.urls import url, include
from django.contrib import admin
from blog.views import index
urlpatterns = [
    url(r'^admin/', admin.site.urls),
    url(r'^blog/', include('blog.blog_urls', namespace='blog')),
]
```

然后，在 blog_urls.py 中为博客详细页增加一个 namespace。

```
from django.conf.urls import url
from . import views
urlpatterns = [
    url(r'^index/', views.index),
    url(r'^article/(?P[0-9]+)$', views.article_page, name='article_page'),
]
```

上面两步操作相当于给博客应用和博客详细页面增加一个别名，为后面调用提供一种快捷方式。再回

到 index.html 中，修改 href。

```
<h3>我的博客列表：</h3>
    {% for article in articles %}
        <a href="{% url 'blog:article_page' article.id %}"> {{ article.title }} </a><br/>
    {% endfor %}
```

将 href 修改成 DTL 的另外一种表达方式：href="{% url 路径 参数 %}"，其中，路径就是前面定义的不同层级 namespace 由大到小排列，如果没有参数可以不写。

至此，博客首页和详细页已经完善。现在需要在博客首页增加一个新增按钮用于跳转到发博客页面，在博客详细页增加一个编辑按钮，用于跳转到博客编辑页面。先将 index.html 修改如下。

```
<h3>我的博客列表：</h3>
    {% for article in articles %}
        <a href="{% url 'blog:article_page' article.id %}"> {{ article.title }} </a><br/>
    {% endfor %}
    </br></br>
    <a href="">写博客</a>
```

博客详细页 article_page.html 修改如下。

```
<h3>标题：{{ article.title }}</h3></br>
<h3>内容: {{ article.content }}</h3>
</br></br>
<a href="">编辑</a>
```

新增博客和编辑博客页面相似，使用同一个页面，接下来编写编辑页面。

5. 编辑博客页

首先，在 templates 下新建 article_edit_page.html 编辑页面。

```
<form action="" method="post">
    <label>博客标题<input type="text" name="title"></label></br>
    <label>博客内容<input type="text" name="content"></label></br>
    <input type="submit" value="提交">
</form>
```

设计一个表单，用于填写博客标题、内容，并提交。在 form 中定义 action，设置当提交按钮点击时触发的事件，暂时先空着。接下来，在 views 中增加编辑页面的响应函数。

```
from django.shortcuts import render
from django.http import HttpResponse
from . import models
def index(request):
    articles = models.Article.objects.all()
    return render(request, 'index.html', {'articles': articles})
def article_page(request, article_id):
    article = models.Article.objects.get(pk=article_id)
    return render(request, 'article_page.html', {'article': article})
def article_edit_page(request):
    return render(request, 'blog/article_edit_page.html')                    # 暂时不传递参数
```

然后，在 blog 下的 blog_urls.py 中增加编辑页面的访问路径。

```
from django.conf.urls import url
from . import views
urlpatterns = [
    url(r'^index/', views.index),
```

```
    url(r'^article/(?P<article_id>[0-9]+)$', views.article_page, name='article_page'),
    url(r'^article/edit/$', views.article_edit_page),
]
```

访问 http://127.0.0.1:8000/blog/article/edit/，此时编辑页面显示出来，这个页面暂时是空页面，并没有传递任何参数，如图 18.26 所示。

图 18.26 初步设计编辑页面

接着，增加提交按钮的响应事件，提交按钮点击时需要有一个响应函数，并有访问该函数的路径。在 viwes 中增加响应函数如下。

```
from django.shortcuts import render
from django.http import HttpResponse
from . import models
def index(request):
    articles = models.Article.objects.all()
    return render(request, 'index.html', {'articles': articles})
def article_page(request, article_id):
    article = models.Article.objects.get(pk=article_id)
    return render(request, 'article_page.html', {'article': article})
def article_edit_page(request):
    return render(request, 'article_edit_page.html')
def article_edit_page_action(request):
    title = request.POST.get('title', '默认标题')                    # get 根据参数名称从表单页获取内容
    content = request.POST.get('content', '默认内容')
    models.Article.objects.create(title=title, content=content)    # 保存数据
    #数据保存完成，返回首页
    articles = models.Article.objects.all()
    return render(request, 'index.html', {'articles': articles})
```

为响应函数增加访问路径，打开 blog 下的 blog_urls.py，修改如下。

```
from django.conf.urls import url
from . import views
urlpatterns = [
    url(r'^index/', views.index),
    url(r'^article/(?P[0-9]+)$', views.article_page, name='article_page'),
    url(r'^article/edit/$', views.article_edit_page, name='article_edit_page'),
    url(r'^article/edit/action$', views.article_edit_page_action, name='article_edit_page_action'),
]
```

为 action 增加一个访问路径，定义一个 namespace。接下来在 article_edit_page.html 中设置 action。

```
<form action="{% url 'blog:article_edit_page_action' %}" method="post">
    {% csrf_token %}    # 这个必须添加，否则访问时报 403 错误
    <label>博客标题<input type="text" name="title"></label></br>
    <label>博客内容<input type="text" name="content"></label></br>
    <input type="submit" value="提交">
</form>
```

为 action 增加响应函数的路径，这里不需要参数。现在需要为首页的写博客按钮增加跳转逻辑，打开 index.html 修改如下。

```
<h3>我的博客列表：</h3>
    {% for article in articles %}
        <a href="{% url 'blog:article_page' article.id %}"> {{ article.title }} </a><br/>
```

```
    {% endfor %}
    </br></br>
    <a href=" {% url 'blog:article_edit_page' %} ">写博客</a>
```

此时刷新界面，在首页点击“写博客”即可跳转到编辑博客页面，填写内容提交保存数据并跳转到首页面。

编写博客详细页编辑按钮的功能，点击编辑按钮需要将这篇文章的 id 传递到编辑页面，在编辑页面填充该博客。既然写新博客和编辑都是跳转到同一个页面，而编辑时需要传递参数，而写博客不需要传递参数，为了兼容，都传递一个参数，写新博客时传递一个 0，以便区别。

首先，修改 views 下的编辑页面响应函数。

```
from django.shortcuts import render
from django.http import HttpResponse
from . import models
def index(request):
    articles = models.Article.objects.all()
    return render(request, 'index.html', {'articles': articles})
def article_page(request, article_id):
    article = models.Article.objects.get(pk=article_id)
    return render(request, 'article_page.html', {'article': article})
def article_edit_page(request, article_id):
    # str 方法将参数转化为字符串，避免因传递类型差异引起的错误
    # 0 代表是新增博客，否则是编辑博客，编辑博客时需要传递博客对象到页面并显示
    if str(article_id) == '0':
        return render(request, 'article_edit_page.html')
    article = models.Article.objects.get(pk=article_id)
    return render(request, 'article_edit_page.html', {'article': article})
def article_edit_page_action(request):
    title = request.POST.get('title', '默认标题')                          # get 根据参数名称从表单页获取内容
    content = request.POST.get('content', '默认内容')
    models.Article.objects.create(title=title, content=content)          # 保存数据
    articles = models.Article.objects.all()                              # 数据保存完成，返回首页
    return render(request, 'index.html', {'articles': articles})
```

由于传递的是有参数的，需要在 blog_urls 下修改博客详细页的访问路径，增加参数。

```
from django.conf.urls import url
from . import views
urlpatterns = [
    url(r'^index/', views.index),
    url(r'^article/(?P<article_id>[0-9]+)$', views.article_page, name='article_page'),
    url(r'^article/edit/(?P<article_id>[0-9]+)$', views.article_edit_page, name='article_edit_page'),
                                                                         # 路径中传递页码
    url(r'^article/edit/action$', views.article_edit_page_action, name='article_edit_page_action'),
]
```

然后修改 index.html，在点击写博客时传递 0。

```
<a href=" {% url 'blog:article_edit_page' 0 %} ">写博客</a>
```

修改 article_page.html，为编辑按钮增加参数。

```
a href=" {% url 'blog:article_edit_page' article.id %} ">编辑</a>
```

修改 article_page_edit.html，当从详细页进入时显示博客内容，从首页进入时不显示内容。

```
<form action="{% url 'blog:article_edit_page_action' %}" method="post">
    {% csrf_token %}
```

```
    {% if article %}
        <label>博客标题<input type="text" name="title" value="{{ article.title }}">
        </label></br>
        <label>博客内容<input type="text" name="content", value="{{ article.content }}">
        </label></br>
        <input type="submit" value="提交">
    {% else %}
        <label>博客标题<input type="text" name="title"></label></br>
        <label>博客内容<input type="text" name="content"></label></br>
        <input type="submit" value="提交">
    {% endif %}
</form>
```

有博客就显示，没有就不显示。在编辑页面，为了区分点击提交按钮到底是新增还是保存，现在需要在 views 中修改 action 的响应函数。

```
from django.shortcuts import render
from django.http import HttpResponse
from . import models
def index(request):
    articles = models.Article.objects.all()
    return render(request, 'index.html', {'articles': articles})
def article_page(request, article_id):
    article = models.Article.objects.get(pk=article_id)
    return render(request, 'article_page.html', {'article': article})
def article_edit_page(request, article_id):
    # str 方法将参数转化为字符串，避免因传递类型差异引起的错误
    # 0 代表是新增博客，否则是编辑博客，编辑博客时需要传递博客对象到页面并显示
    if str(article_id) == '0':
        return render(request, 'article_edit_page.html')
    article = models.Article.objects.get(pk=article_id)
    return render(request, 'article_edit_page.html', {'article': article})
def article_edit_page_action(request):
    title = request.POST.get('title', '默认标题')                    # get 是根据参数名称从表单页获取内容
    content = request.POST.get('content', '默认内容')
    article_id = request.POST.get('article_id_hidden', '0')           # 隐藏参数，参数在 Web 中定义
    # 保存数据
    # 如果是 0，标记新增，使用 create 方法，否则使用 save 方法
    # 新增是返回首页，编辑是返回详细页
    if str(article_id) == '0':
        models.Article.objects.create(title=title, content=content)
        # 数据保存完成，返回首页
        articles = models.Article.objects.all()
        return render(request, 'index.html', {'articles': articles})
    article = models.Article.objects.get(pk=article_id)
    article.title = title
    article.content = content
    article.save()
    return render(request, 'article_page.html', {'article': article})
```

然后，修改 article_page_edit.html 页面，处理传递 id 和不传递 id 时提交事件的响应方法。

```
<form action="{% url 'blog:article_edit_page_action' %}" method="post">
    {% csrf_token %}
    {% if article %}
        <input type="hidden" name="article_id_hidden"    value="{{ article.id }}">
```

```
            <label>博客标题<input type="text" name="title" value="{{ article.title }}">
            </label></br>
            <label>博客内容<input type="text" name="content", value="{{ article.content }}">
            </label></br>
            <input type="submit" value="提交">
    {% else %}
            <input type="hidden" name="article_id_hidden"    value="0">
        <label>博客标题<input type="text" name="title"></label></br>
        <label>博客内容<input type="text" name="content"></label></br>
        <input type="submit" value="提交">
    {% endif %}
</form>
```

至此，整个博客项目编写完成。

18.6 在 线 支 持

扫码免费学习
更多实用技能

一、补充知识

☑ HTTP 基础

二、参考

☑ HTTP 状态码

☑ HTTP content-type 对照表

☑ HTTP 响应头信息

☑ HTTP 请求方法

 **新知识、新案例不断更新中……**

第 19 章

项目实战 1：Python 学习营网站开发

本章借助 Django 框架开发一个综合项目。项目运行环境说明如下。

- Python 环境：基于 Windows 10 + Python 3.9 开发环境。
- Web 框架：基于 Django 3.0。
- 开发工具：基于 Visual Studio Code 开发工具。
- 数据库：基于 SQLite 3。

19.1 项目概述和准备

19.1.1 项目分析

本项目的功能比较简单，以发布和浏览文章为主。主要功能包括：网站首页、文章分类、文章内容、幻灯图片、重点阅读、文章排行、难点阅读、文章搜索、友情链接、关于页面。详细说明如下。

- 网站首页：整个网站的主界面，也是网站入口，包括动态信息和功能导航。网站动态信息以文章为主，如最新文章、幻灯图片、重点阅读、文章排行、难点阅读、友情链接等。导航主要是将文章的分类链接展示在首页，方便浏览。
- 文章分类：主要展示文章分类信息及链接，方便用户按需查看。文章分类可以在后台添加或删除。
- 文章内容：主要展示文章所属分类、文章所属标签、文章内容、作者信息、发布时间信息。可以通过后台进行增、删、改操作。
- 幻灯图片：在网站首页，通过图片和文字展示一些重要信息，可以通过后台添加图片、图片描述、图片链接。
- 重点阅读：推荐一些重要文章，可以在后台进行推荐。
- 文章排行：可根据文章浏览数，按时间进行查询，然后展示出来。具体可根据需求修改。
- 难点阅读：推荐一些难点文章，可以在后台按需求或推荐位进行设置。
- 文章搜索：通过关键词搜索文章。
- 友情链接：相互链接的网站的名称与链接，可以通过后台添加与删除。
- 关于页面：网站介绍等信息，此类信息不经常变动，可以通过后台实现修改，也可以通过修改模板实现。

梳理需求之后，可以根据网站需求设计网站页面，然后再根据设计好的页面进行切图，实现 HTML 静态页面，最后再根据 HTML 页面和需求实现数据库构建和网站后台开发。

从设计方面分析，整个项目主要分为 6 个页面：网站首页、文章分类列表页、文章内容页、搜索列表页、标签列表页、关于页面。具体说明如下。

- 网站首页：信息聚合的地方，展示多种信息。
- 文章分类列表页：点击分类，进入同一分类文章展示的列表页面。
- 文章内容页：文章内容展示页面。
- 搜索列表页：通过首页搜索按钮，展示与搜索的关键词相关的文章列表。
- 标签列表页：展示同一个标签下的所有文章。
- 关于页面：展示网站相关的介绍信息。

19.1.2 数据模型设计

根据上一节的总体分析，本项目主要以文章内容为主。所以在设计数据模型的时候，主要以文章信息为核心数据，然后逐步向外扩展相关联的数据信息。项目需要用到 6 个数据表：文章分类、文章、文章标签、幻灯图、推荐位、友情链接。

文章和分类是一对多的关系，文章和标签是多对多的关系，文章和推荐位是一对多关系。

提示： 一对多就是一篇文章只能有一个分类，而一个分类里可以有多篇文章。多对多就是一篇文章可以有多个标签，一个标签里同样可以有多篇文章。

将文章表命名为 article，通过前面分析得出文章信息表 article 的数据结构如表 19.1 所示。

表 19.1　文章表结构

表字段	字段类型	备注
id	int 类型，长度为 11	主键，由系统自动生成
title	CharField 类型，长度为 100	文章标题
category	ForeignKey	外键，关联文章分类表
tags	ManyToManyField	多对多，关联标签列表
body	TextField	文章内容
user	ForeignKey	外键，文章作者关联用户模型，系统自带的
views	PositiveIntegerField	文章浏览数，正整数，不能为负
tui	ForeignKey	外键，关联推荐位表
created_time	DateTimeField	文章发布时间

从文章表关联了一个分类表，把这个分类表命名为 category，category 表的数据结构如表 19.2 所示。

表 19.2　分类表结构

表字段	字段类型	备注
id	int 类型，长度为 11	主键，由系统自动生成
name	CharField 类型，长度为 30	分类名

文章关联的标签表，命名为 tag，结构如表 19.3 所示。

表 19.3　标签表结构

表字段	字段类型	备注
id	int 类型，长度为 11	主键，由系统自动生成
name	CharField 类型，长度为 30	标签名

文章关联的推荐位表，命名为 tui，结构如表 19.4 所示。

表 19.4　推荐位表结构

表　字　段	字段类型	备　　注
id	int 类型，长度为 11	主键，由系统自动生成
name	CharField 类型，长度为 30	标签名

另外，还有两个独立的表，与文章没有关联，一个是幻灯片表，一个是友情链接表。幻灯片表，命名为 banner，数据结构如表 19.5 所示。

表 19.5　幻灯片表结构

表　字　段	字段类型	备　　注
id	int 类型，长度为 11	主键，由系统自动生成
text_info	CharField 类型，长度为 100	标题，图片文本信息
img	ImageField 类型	图片类型，保存传输图片的路径
link_url	URLField 类型	图片链接的 URL
is_active	BooleanField 布尔类型	有 True 和 False 两个值，代表是否激活

友情链接表命名为 link，结构如表 19.6 所示。

表 19.6　友情链接表结构

表　字　段	字段类型	备　　注
id	int 类型，长度为 11	主键，由系统自动生成
name	CharField 类型，长度为 70	友情链接的名称
linkurl	URLField 类型	友情链接的 URL

本例数据结构设计初步完成，后期如果还有其他需求，可以在此基础上进行增加或删除。

19.1.3　创建项目

在命令行下新建一个项目，项目名为 myblog：

```
django-admin startproject myblog
```

执行命令后，新建了一个 myblog 目录，其中还有一个 myblog 子目录，这个子目录 myblog 中包含：项目的设置文件 settings.py、总的 URL 配置文件 urls.py 以及部署服务器时用到的 wsgi.py 文件。__init__.py 是 Python 包的目录结构必须的，与调用有关。

返回外层 myblog 目录下，新建一个应用，应用名为 blog。

```
python manage.py startapp blog
```

成功执行命令之后，在 myblog 目录中创建一个 blog 文件夹，把新定义的 App 加到 myblog/myblog/settings.py 中的 INSTALL_APPS 中。

```
# Application definition
INSTALLED_APPS = [
    'django.contrib.admin',
    'django.contrib.auth',
    'django.contrib.contenttypes',
    'django.contrib.sessions',
    'django.contrib.messages',
```

```
    'django.contrib.staticfiles',
    'blog',                                  # 添加应用
]
```

注意：新建 App 如果不添加到 INSTALL_APPS 中，Django 就不能自动找到 App 中的模板文件（app-name/templates/下的文件）和静态文件（app-name/static/中的文件）。

然后，手动添加部分目录：templates 和 static。整个项目的目录结构说明如下：

```
myblog                                       # 项目目录
    blog                                     # App 应用名和目录
        migrations                           # 数据迁移、移植目录，记录数据操作，自动生成
        __init__.py                          # 包文件，初始化文件，一般情况下不用修改
        admin.py                             # 应用后台管理配置文件。
        apps.py                              # 应用配置文件。
        models.py                            # 数据模型，数据库设计
        tests.py                             # 自动化测试模块，编写自动化测试代码
        views.py                             # 视图文件，执行响应代码
    DjangoUeditor                            # 富文本编辑器插件，后期添加
    media                                    # 项目应用的所有多媒体资源存放位置
        __init__.py
    myblog                                   # 项目配置目录
        __init__.py                          # 初始化文件，一般情况下不用修改
        settings.py                          # 项目配置文件
        url.py                               # 项目 URL 设置路由文件，可以控制访问去处
        wsgi.py                              # 为 Python 服务器网关接口，
                                             # 是 Python 与 Web 服务器之间的接口
static                                       # 静态资源文件目录，可以存放 JS、CSS、字体等
templates                                    # 项目模板文件目录，用来存放模板文件
db.sqlite3                                   # 数据库文件
manage.py                                    # 命令行工具，与项目进行交互，
                                             # 在终端输入 python manege.py help 可以查看功能
```

19.1.4 配置项目

创建项目之后，需要对项目进行基本的、必要的配置。打开 myblog 目录下的 settings.py 文件。然后按下面步骤进行设置。

第 1 步，设置域名访问权限。

```
ALLOWED_HOSTS = ['*']                        # 表示任何域名都能访问，
                                             # 如果指定域名，在''里放入指定域名即可
```

第 2 步，设置 TEMPLATES 里的'DIRS'，添加模板目录 templates 的路径。

```
'DIRS': [os.path.join(BASE_DIR, 'templates')]
```

第 3 步，找到 DATABASES 设置网站数据库类型，本项目使用默认的 sqlite3。

第 4 步，在 INSTALLED_APPS 添加 App 应用名称。

```
INSTALLED_APPS = [
    'django.contrib.admin',
    ....
    'blog.apps.BlogConfig',                  # 注册 App 应用
]
```

第 5 步，修改项目语言和时区。

```
LANGUAGE_CODE = 'zh-hans'                    # 语言修改为中文
TIME_ZONE = 'Asia/Shanghai'                  # 北京时间
```

第 6 步，在项目根目录里创建 static 和 media 两个目录。static 用来存放模板 CSS、JS、图片等静态资源，media 用来存放上传的文件。

第 7 步，在 settings 文件中找到 STATIC_URL，然后在后面添加如下代码。

```
# 设置静态文件目录和名称
STATIC_URL = '/static/'
# 设置静态文件夹目录的路径
STATICFILES_DIRS = (
    os.path.join(BASE_DIR, 'static'),
)
#设置文件上传路径，图片上传、文件上传都存放在此目录里
MEDIA_URL = '/media/'
MEDIA_ROOT = os.path.join(BASE_DIR, 'media')
```

19.1.5　项目预览

解压本项目压缩包到本地计算机中，在命令行进入项目目录，然后执行下面的操作

第 1 步，在终端依次输入如下命令进行数据库迁移。本步可省略，项目已经完成。

```
python manage.py makemigrations
python manage.py migrate
```

迁移数据之后，网站目录里自动创建一个数据库文件 db.sqlite3，里面存放项目数据。

第 2 步，输入下面命令创建管理账号和密码。本步可省略，本项目已经创建用户：账号为 admin，密码为 test。

```
python manage.py createsuperuser
```

第 3 步，输入下面命令，启动 Django 项目。

```
python manage.py runserver                      # 默认使用 8000 端口
python manage.py runserver 8080                 # 指定启动端口
python manage.py runserver 127.0.0.1:9000       # 指定 IP 和端口
```

第 4 步，提示启动成功，然后在浏览器里输入 http://127.0.0.1:8000/，按回车键可以查看本项目的预览首页，如图 19.1 所示。

图 19.1　项目预览效果

第 5 步，在浏览器里面访问 http://127.0.0.1:8000/admin，进入 Django 自带的后台。输入账号与密码，点击登录。进入管理后台，这个后台功能十分强大，可以实现对数据表和数据条目的各种操作，如图 19.2 所示。

图 19.2　后台管理界面

19.2　模型和数据管理

19.2.1　定义模型

当创建 Django 应用之后，需要定义保存数据的模型，也就是数据表和表中各种字段。在 Django 中，数据模型通过一组相关的对象定义，包括类、属性以及对象之间的关系等。可以通过修改 models.py 文件实现创建数据模型，概括如下。

（1）分类表。表名：Category；分类名：name。

（2）标签表。表名：Tag；标签名：name。

（3）文章表。表名：Article；标题：title；摘要：excerpt；分类：category；标签：tags；推荐位：tui；内容：body；创建时间：created_time；作者：user；文章封面图片：img。

（4）幻灯图。表名：Banner；图片文本：text_info；图片：img；图片链接：link_url；图片状态：is_active。

（5）推荐位。表名：Tui；推荐位名：name。

（6）友情链接。表名：Link；链接名：name；链接网址：linkurl。

打开 blog/models.py，输入下面代码：

```
from django.db import models
from django.contrib.auth.models import User                    # 导入 Django 自带用户模块
class Category(models.Model):                                  # 文章分类
    name = models.CharField('博客分类', max_length=100)
    index = models.IntegerField(default=999, verbose_name='分类排序')
    class Meta:
        verbose_name = '博客分类'
```

```
        verbose_name_plural = verbose_name
    def __str__(self):
        return self.name

class Tag(models.Model):                                        # 文章标签
    name = models.CharField('文章标签',max_length=100)
    class Meta:
        verbose_name = '文章标签'
        verbose_name_plural = verbose_name
    def __str__(self):
        return self.name

class Tui(models.Model):                                        # 推荐位
    name = models.CharField('推荐位',max_length=100)
    class Meta:
        verbose_name = '推荐位'
        verbose_name_plural = verbose_name
    def __str__(self):
        return self.name

class Article(models.Model):                                    # 文章
    title = models.CharField('标题', max_length=70)
    excerpt = models.TextField('摘要', max_length=200, blank=True)
    category = models.ForeignKey(Category, on_delete=models.DO_NOTHING, verbose_name='分类', blank=True, null=True)
    # 使用外键关联分类表与分类是一对多关系
    tags = models.ManyToManyField(Tag,verbose_name='标签', blank=True)
    # 使用外键关联标签表与标签是多对多关系
    img = models.ImageField(upload_to='article_img/%Y/%m/%d/', verbose_name='文章图片', blank=True, null=True)
     body = models.TextField()
    user = models.ForeignKey(User, on_delete=models.CASCADE, verbose_name='作者')
     """
     文章作者，这里 User 是从 django.contrib.auth.models 导入的，
     这里通过 ForeignKey 把文章和 User 关联起来
     """
    views = models.PositiveIntegerField('阅读量', default=0)
    tui = models.ForeignKey(Tui, on_delete=models.DO_NOTHING, verbose_name='推荐位', blank=True, null=True)
    created_time = models.DateTimeField('发布时间', auto_now_add=True)
    modified_time = models.DateTimeField('修改时间', auto_now=True)
    class Meta:
        verbose_name = '文章'
        verbose_name_plural = '文章'
    def __str__(self):
        return self.title

class Banner(models.Model):                                     # 轮播图
    text_info = models.CharField('标题', max_length=50, default='')
    img = models.ImageField('轮播图', upload_to='banner/')
    link_url = models.URLField('图片链接', max_length=100)
    is_active = models.BooleanField('是否是 active', default=False)
    def __str__(self):
        return self.text_info
    class Meta:
        verbose_name = '轮播图'
        verbose_name_plural = '轮播图'
```

```
class Link(models.Model):                                        # 友情链接
    name = models.CharField('链接名称', max_length=20)
    linkurl = models.URLField('网址',max_length=100)
    def __str__(self):
        return self.name
    class Meta:
        verbose_name = '友情链接'
        verbose_name_plural = '友情链接'
```

这里增加一个 img 字段，用于上传文章封面图片，article_img/为上传目录，%Y/%m/%d/为自动在上传的图片上加上文件上传的时间。

在迁移之前，需要设置数据库。如果使用默认数据库，就不需要设置，Django 默认使用 SQLite3 数据库；如果使用 MySQL 数据库，则需要在 settings.py 文件中单独配置。

数据库设置完毕，依次输入下面的命令进行数据库迁移：

```
python manage.py makemigrations
python manage.py migrate
```

迁移的时候，如果抛出异常，则需要引入图片处理包，因为幻灯图使用到图片字段，输入如下命令，安装 Pillow 模块即可。

```
pip install Pillow
```

安装成功之后，再迁移数据库。数据库迁移成功之后，程序在 blog 下的 migrations 目录里自动生成几个 000 开头的文件，文件里面记录着数据库迁移记录。

19.2.2 管理数据

迁移数据库之后，可以使用可视化工具打开数据库文件 db.sqlite3，查看网站数据库，根据需要可以对数据进行增、删、改、查操作。

用户也可以使用 Django 自带的 admin 管理网站数据。Django 的 admin 后台管理可以快速、便捷地管理数据。可以在每个应用的目录下 admin.py 文件中对其进行控制，前提是要先在 settings 里注册应用，就是在 INSTALLED_APPS 里把 App 名称添加进去。

注册 App 应用之后，在 admin 后台对数据库表进行操作，还需要在应用 App 下的 admin.py 文件里对数据库表进行注册。App 应用是 blog，则在 blog/admin.py 文件里进行注册。

```
from django.contrib import admin
from .models import Banner, Category, Tag, Tui, Article, Link          # 导入需要管理的数据库表
@admin.register(Article)
class ArticleAdmin(admin.ModelAdmin):
    list_display = ('id', 'category', 'title', 'tui', 'user', 'views', 'created_time')   # 文章列表显示的字段
    list_per_page = 50                                                  # 满 50 条数据自动分页
    ordering = ('-created_time',)                                       # 后台数据列表排序方式
    list_display_links = ('id', 'title')                                # 设置哪些字段可以点击进入编辑界面
@admin.register(Banner)
class BannerAdmin(admin.ModelAdmin):
    list_display = ('id', 'text_info', 'img', 'link_url', 'is_active')
@admin.register(Category)
class CategoryAdmin(admin.ModelAdmin):
    list_display = ('id', 'name', 'index')
@admin.register(Tag)
```

```
class TagAdmin(admin.ModelAdmin):
    list_display = ('id', 'name')
@admin.register(Tui)
class TuiAdmin(admin.ModelAdmin):
    list_display = ('id', 'name')
@admin.register(Link)
class LinkAdmin(admin.ModelAdmin):
    list_display = ('id', 'name','linkurl')
```

关于 admin 定制和数据库表注册管理的方法参考官方帮助文档。

登录管理后台：http://127.0.0.1:8000/admin/，用户名：admin；密码：test。

可以在后台对这些表进行增、删、改等操作。

新建一个超级管理员：

```
python manage.py createsuperuser
```

19.2.3　文本编辑器

使用富文本编辑器可以快速添加 HTML 格式的数据。支持 Django 的富文本编辑器很多，一般推荐使用 DjangoUeditor，Ueditor 是百度开发的一个富文本编辑器，功能强大。下面介绍如何使用 DjangoUeditor。

第 1 步，首先下载 DjangoUeditor 包。下载完成后解压到项目根目录里。

第 2 步，在 myblog/settings.y 文件里注册 App，在 INSTALLED_APPS 里添加'DjangoUeditor',。

```
INSTALLED_APPS = [
    'django.contrib.admin',
    'DjangoUeditor',                                    # 注册 App 应用
]
```

第 3 步，在 myblog/urls.py 文件里添加 URL。

```
from django.urls import path, include                   # 注意多了一个 include
urlpatterns = [
    path('admin/', admin.site.urls),
    path('', views.hello),
    path('ueditor/', include('DjangoUeditor.urls')),    # 添加 DjangoUeditor 的 URL
]
```

第 4 步，修改 blog/models.py 里需要使用富文本编辑器渲染的字段。这里需要修改的是 Article 表里的 body 字段。

```
from DjangoUeditor.models import UEditorField           # 导入 UEditorField
# body = models.TextField()                             # 原来设置
body = UEditorField('内容', width=800, height=500,
                    toolbars="full", imagePath="upimg/", filePath="upfile/",
                    upload_settings={"imageMaxSize": 1204000},
                    settings={}, command=None, blank=True)
```

imagePath="upimg/", filePath="upfile/"表示图片和文件上传的路径，文件自动上传到项目根目录 media 文件夹下对应的 upimg 和 upfile 目录里，这个目录名可以自行定义，从而在项目配置中设置上传文件目录。

启动项目，进入文章发布页面。提示错误：

```
render() got an unexpected keyword argument 'renderer'
```

详细错误信息：

```
……\lib\site-packages\django\forms\boundfield.py in as_widget, line 93
```

错误原因：最新版本的 Django 3.0 所致。

解决办法：打开该文件，找到第 93 行代码，注释该行即可。修改成功之后，重新刷新页面，就可以看到富文本编辑器正常显示。

如果在编辑器内容里不显示上传的图片，那么还需要进行如下设置。打开 myblog/urls.py 文件，在里面输入如下代码：

```
from django.urls import path, include, re_path                # 上面这行多加了一个 re_path
from django.views.static import serve                         # 导入静态文件模块
from django.conf import settings                              # 导入配置文件里的文件上传配置
urlpatterns = [
    path('admin/', admin.site.urls),
    #增加下面一行代码
    re_path('^media/(?P<path>.*)$', serve, {'document_root': settings.MEDIA_ROOT}),
]
```

设置好之后，图片正常显示。这样就可以用 DjangoUeditor 富文本编辑器发布图文并茂的文章了。

19.3 模 板 设 计

19.3.1 设计思路

数据查询就是在视图函数（views.py 文件）里对模型进行实例化，并生成对象。生成的对象就是要查询的数据。然后，可以对这个对象的属性进行逐一赋值，对象的属性来自模型中定义的字段。在视图层里可以对某一个数据库表进行查询，并得到一个对象，然后，通过这个对象获取表里的所有字段的值。

如果要将数据库中的数据展现到网页上，需要由视图、模型与模板共同实现，步骤如下。

第 1 步，在 models.py 里定义数据模型，以类的方式定义数据表的字段。在数据库创建数据表时，数据表由模型定义的类生成。

第 2 步，在视图 views.py 中导入模型定义的类，把这个类称为数据表对象，然后在视图函数里使用 Django 数据库操作方法，实现数据库操作，从而获取数据表里的数据。

第 3 步，视图函数获取数据后，将数据以字典、列表或对象的方式传递给 HTML 模板，并由模板引擎接收和解析，最后生成相应的 HTML 网页，并在浏览器里展现出来。

【操作步骤】

第 1 步，在 blog/views.py 文件中，从 models.py 中导入模型（类名，表名）。例如，查询所有的文章，在 views.py 文件头部把文章数据表从数据模型中导入。

```
from .models import Article
```

第 2 步，在视图函数里对要查询的模型进行声明，并实例化，然后生成对象（blog/views.py）。

```
def index(request):
    allarticle = Article.objects.all()                        # 对 Article 实例化，生成对象 allarticle
    context = {                                               # 把查询到的对象封装到上下文
        'allarticle': allarticle,
    }
    return render(request,'index.html',context)               # 把文件上传到模板页面 index.html 里
```

第 3 步，打开 templates/index.html 页面，修改下面内容。

```
<div>
```

```
    <ul><h4>所有文章：</h4>
        {% for article in allarticle   %}
        <li>{{ article.title }}</li>
        {% endfor %}
    </ul>
</div>
```

然后访问网站首页，就能看到查询的结果。在模板里，可以对对象的属性进行赋值，如模板里的{{ article.title }}标题，就是通过{{ 对象.属性(字段) }}获取对应的值。其他字段也通过这样的方法实现。例如：

```
<div>
    <ul><h4>所有文章：</h4>
        {% for article in allarticle   %}
        <li>
            标题：{{ article.title }}<br />
            栏目：{{ article.category }}<br />
            作者：{{ article.user }}<br />
            时间：{{ article.created_time }}<br />
        </li>
        {% endfor %}
    </ul>
</div>
```

19.3.2　实现方法

1. 引入静态文件

第 1 步，在项目文件夹中创建 static 文件夹。

第 2 步，在 settings.py 中配置 STATICFILES_DIRS。

```
STATICFILES_DIRS = [
    os.path.join(BASE_DIR, 'static'),
]
```

或者

```
STATICFILES_DIRS = os.path.join(BASE_DIR, 'static')
```

第 3 步，在页面中引入静态文件。

```
{% load static %}
# 引入 CSS、JS
{% static 'xxx.css' %}
{% static 'xxx.js' %}
```

2. 设置模板

使用模板前，先设置 TEMPLATES 里的'DIRS'，添加模板目录 templates 的路径，这样 Django 才能自动找到模板页面。

```
'DIRS': [os.path.join(BASE_DIR, 'templates')]
```

Django 模板存放方式有如下两种。

- 在项目根目录下创建 templates 目录，然后把模板存入 templates 目录里。如果有多个 App 应用，直接在 templates 目录下建立与 App 名相同名称的目录即可，Django 自动查找。这种方法简单、直观，适合个人或小项目。

➢ 各个 App 下单独建立一个 templates 目录，然后再建立一个与项目名相同的目录，把模板放到对应的目录里。这种方法适合大项目多人协作，每个人只负责各自的 App 项目的时候。多样式多站点（域名）的情况也适用，不同的 App 使用不同的模板样式、不同的域名。

两种方法的模板调用方法相同：

```
return render(request, 'app/index.html', context)
```

3. 模板包含

网站所有页面的头部和尾部都一样，只有中间的部分不一样。这时就可以把这个页面分为 3 个部分，每个部分分别存放在页面 head.html、index.html、footer.html 中。其中，头部 head.html 用来放所有页面头部相同的代码、主体部分；index.html 用来放与其他页面不相同的代码、尾部；head.html 用来放与其他页面尾部相同的代码。

（1）templates/head.html。

```
<!DOCTYPE html>
<html lang="en">
<head>
    <meta charset="UTF-8">
    <title>MyBlog</title>
</head>
<body>
<div>头部</div>
```

（2）templates/index.html。

```
<div>中部</div>
```

（3）templates/footer.html。

```
<div>尾部</div>
</div>
</body>
</html>
```

合并成一个完整的首页代码如下（templates/index.html）。

```
{% include 'head.html' %}
<div>中部</div>
{% include 'footer.html' %}
```

在主体代码的头部和尾部分别用{% include 'head.html' %}和{% include 'footer.html' %}标签把头部文件和尾部文件包含进来，就能组合成一个完整的页面，这种方法就是模板包含。其他页面只要是头部和尾部都相同的，只需要把这两个文件分别包含进来。

如果所有页面的主体部分有一小块代码是相同的，在做模板的时候，如果内容需要修改，那么需要将每个页面都修改一次，比较烦琐并且浪费时间。可以把这个代码单独提取出来，放在另一个页面 xxx.html 里，在调用的时候，只需要通过这个代码{% include 'xxx.html' %}就能把页面 xxx.html 包含进来。

4. 模板继承

把所有页面相同的代码单独提取出来放在 base.html 页面里，然后在代码不同的位置，也就是主体位置用模板标签{% block content %} {% endblock %}替换。

➢ templates/base.html

```
<!DOCTYPE html>
<html lang="en">
```

```
<head>
    <meta charset="UTF-8">
    <title>MyBlog</title>
</head>
<body>
<div>头部</div>
{% block content %}
{% endblock %}
<div>尾部</div>
</div>
</body>
</html>
```

在实现首页模板的时候，通过下面的代码实现，组合成一个完整的首页（templates/index.html）。

```
{% extends "base.html" %}
{% block content %}
<div>中部</div>
{% endblock %}
```

{% extends "base.html" %}表示继承 base.html 页面的代码。

注意：使用继承方法时，这个代码一定要放页面的第一行。

两个页面里都有代码{% block xxx %}{% endblock %}，代码{% block xxx %}{% endblock %} 里的 xxx 可以自由命名，这个代码告诉模板引擎，这个位置预留给开发者放置内容。这部分子模板可以重载，每个{% block%}标签要做的就是告诉模板引擎，该模板下的这一块内容将有可能被子模板覆盖。

一般这个代码要在父模板 base.html 里先定义好，才可以在别的子模板上引用。引用的时候以{% block xxx %}开始，把代码放在这个标记对中间，最后以{% endblock %}结尾。

{% block %}标签非常有用，一般来说，基础模板中的{% block %}标签越多越好，用起来也会更灵活。例如，子页面要多引用一个 CSS 样式文件，这个样式只需要应用在当前页面。可以在 base.html 模板里多加一个{% block css %} {% endblock %}标签，然后在子模板页面加入代码。

```
{% block   css %}
# CSS 样式文件路径
<link href='{% static "css/style.css" %}' type='text/css' />
{% endblock %}
```

这个 CSS 就只在当前页面生效。这样的应用场景非常多，如不同页面要放不同的标题、关键词、描述等。不要在同一个模板中定义多个同名的{% block %}。

19.3.3　实现过程

结合项目需求分析，需要实现 6 个页面的展现：网站首页、文章分类列表页、搜索列表页、标签列表页、文章内容展示页、关于页面。其中，文章分类列表页、搜索列表页、标签列表页这 3 个页面展示结构都一样，只需要一个模板页面即可。因此，真正需要实现的只有 4 个页面，这 4 个页面分别对应模板页面：首页（index.html）、列表页（list.html）、内容页（show.html）、关于页（page.html）。

index.html、list.html、show.html、page.html4 个页面的头部和尾部是相同的，只有中间主体部分不相同，所以把这些相同的页面代码提取出来，新建一个文件 base.html，把代码放到 base.html 中，头部代码和尾部代码用下面代码替代：

```
{% block content %}
```

```
{% endblock %}
```

在 index.html、list.html、show.html、page.html4 个页面中，把头部和尾部相同代码删除，然后把剩余代码放到下面代码标志中：

```
{% block content %}
# 把头部和尾部相同代码删除之后，剩余代码放到这里
{% endblock %}
```

最后，在每个页面的第一行加上下面代码，表示继承 base.html 页面的代码。

```
{% extends "base.html" %}
```

其中，list.html 和 show.html 这 2 个页面的右侧部分和 index.html 右侧除“热门排行”部分以外都是一样的，所以把这部分也单独提取出来，放到 right.html 页面里，原来位置用下面的代码替代，表示把 right.html 包含进来。

```
{% include 'right.html' %}
```

修改 base.html 页面。先在 base.html 页面第一行加上如下代码：

```
{% load static %}
```

告诉模板引擎，要加载引入静态资源。然后将头部的 CSS 样式文件修改如下：

```
<link rel='stylesheet' id='bootstrap-css' href='{% static "css/bootstrap.min.css" %}' type='text/css' media='all'/>
<link rel='stylesheet' id='fontawesome-css' href='{% static "css/font-awesome.min.css" %}' type='text/css' media='all'/>
<link rel='stylesheet' id='stylesheet-css' href='{% static "css/style.css" %}' type='text/css' media='all'/>
<link rel='stylesheet' id='raxus-css' href='{% static "css/raxus.css" %}' type='text/css' media='all'/>
<link rel='stylesheet' id='open-social-style-css' href='{% static "css/os.css" %}' type='text/css' media='all'/>
```

同时，修改网站 LOGO 图片：

```
<img src="{% static "picture/black-logo.png" %}" alt="拓普 Python 学院,Python!"></a>
```

外有尾部的 JS 文件：

```
<script src="{% static "js/bundle.js" %}"></script>
<script type="text/javascript" src="{% static "js/view-history.js" %}"></script>
<script type='text/javascript' src="{% static "js/push.js" %}"></script>
<script type='text/javascript' src='{% static "js/jquery.min.js" %}'></script>
<script type='text/javascript' src='{% static "js/bootstrap.min.js" %}'></script>
<script type='text/javascript' src='{% static "js/raxus-slider.min.js" %}'></script>
<script type='text/javascript' src='{% static "js/loader.js" %}'></script>
<script type='text/javascript' src='{% static "js/bj-lazy-load.min.js" %}'></script>
<script type='text/javascript' src='{% static "js/os.js" %}'></script>
```

修改完成之后，由原来的 4 个页面变成 6 个页面。

因为要实现 6 个页面的展现（网站首页、文章分类列表页、搜索列表页、标签列表页、文章内容展示页、关于页面），所以需要在 urls.py 文件中给每个页面设置一个 URL，并给每个 URL 添加一个别名（myblog/urls.py）：

```
from blog import views                                             # 导入 blogAPP 下的 views
urlpatterns = [
    path('admin/', admin.site.urls),                               # 管理后台
    path('', views.index, name='index'),                           # 网站首页
    path('list-<int:lid>.html', views.list, name='list'),          # 列表页
    path('show-<int:sid>.html', views.show, name='show'),          # 内容页
    path('tag/<tag>', views.tag, name='tags'),                     # 标签列表页
    path('s/', views.search, name='search'),                       # 搜索列表页
    path('about/', views.about, name='about'),                     # 关于页面
```

```
    path('ueditor/', include('DjangoUeditor.urls')),
    re_path('^media/(?P<path>.*)$', serve, {'document_root': settings.MEDIA_ROOT}),
]
```

其中，列表页和内容页分别传入一个整型参数 lid 和 sid。

然后，在 blog/views.py 文件中添加 6 个视图函数，与 myblog/urls.py 文件里的 6 个 URL 一一对应，视图函数先用 pass 占位，之前体验的视图函数 index 删除：

```
def index(request):                                              # 首页
    pass
def list(request,lid):                                           # 列表页
    pass
def show(request,sid):                                           # 内容页
    pass
def tag(request, tag):                                           # 标签页
    pass
def search(request):                                             # 搜索页
    pass
def about(request):                                              # 关于页面
    pass
```

列表页和内容页也单独多回传了一个参数，与 urls.py 里的 URL 对应。

19.4　页 面 设 计

19.4.1　设计首页

首页套用 3 个模板组合：首页模板（index.html）、公共模板（base.html）和右侧模板（right.html）。

1. 网站导航

首先，分析导航部分，除了“首页”和“关于本站”外，其他列表项目都是文章分类名。只需要在首页视图函数（blog/views.py）中查询所有的文章分类名称，然后在模板页面上展示。

```
from .models import Category                                     # 从 models 里导入 Category 类
def index(request):
    allcategory = Category.objects.all()                         # 通过 Category 表查出所有分类
        context = {                                              # 把查询出来的分类封装到上下文里
            'allcategory': allcategory,
        }
    return render(request, 'index.html', context)                # 把上下文传到 index.html 页面
```

打开 base.html 页面（templates/base.html），找到导航代码，在<li>标签列表中只留下“首页”和“关于本站”列表项目，中间部分加入 Django 模板代码。

```
<nav class="nav fl">
    <ul id="fix-list" class="fix-list clearfix">
        <li id="menu-item-117720" class="menu-item"><a href="/">首页</a></li>
        {% for category in allcategory %}
         <li id="menu-item-117720" class="menu-item">
         <a href="{% url 'index' %}list-{{ category.id }}.html">{{ category.name }}</a>
         </li>
        {% endfor %}
        <li id="menu-item-117720" class="menu-item"><a href="/about/">关于本站</a></li>
```

```
    </ul>
</nav>
```

通过下面代码遍历输出变量的内容：

```
{% for category in allcategory %}
```

文章分类名通过下面代码获取：

```
{{ category.name }}
```

点击文章分类名，进入各个文章分类的列表页面，myblog/urls.py 里的列表页面 URL list-<int:lid>.html 是由 list-和分类 ID 组成的，所以完整的 URL 如下：

```
网站首页(网站域名)/list-分类 ID.html
```

在模板页面调用 URL 别名的代码如下：

```
{% url 'xxx' %}                                                    # xxx 为别名，网站首页是{% url 'index' %}
```

分类 ID 通过下面代码获取：

```
{{ category.id }}
```

完整的列表 URL 代码如下：

```
{% url 'index' %}list-{{ category.id }}.html
```

2. 幻灯图

首先，添加动态数据，在首页视图（blog/views.py）函数里查询出所有的幻灯图数据。通过 filrter 查询出所有激活的 is_active 幻灯图数据，并进行切换，只显示 4 条数据。

```
from blog.models import Category, Banner                                # 把 Banner 表导入
def index(request):
    allcategory = Category.objects.all()
    banner = Banner.objects.filter(is_active=True)[0:4]                 # 查询所有幻灯图数据，并进行切片
    context = {
        'allcategory': allcategory,
        'banner':banner,                                                # 把查询到的幻灯图数据封装到上下文
    }
    return render(request, 'index.html', context)
```

在 templates/index.html 文件里，找到幻灯图代码，只保留一个<li>标签，然后修改如下代码。

```
{% for b in banner %}
<li class="slide fix-width">
    <a href="{{ b.link_url }}" title="{{ b.text_info }}">
    <img src="{% url 'index' %}media/{{ b.img }}" srcset="{% url 'index' %}media/{{ b.img }}" alt="{{ b.text_info }}"
                class="wp-post-image" width="370" height="290"/></a>
        <span class="text ani-left"><strong>{{ b.text_info }}</strong></span>
    </li>
{% endfor %}
```

其中，{{ b.link_url }}表示图片链接的 URL，{{ b.text_info }}为图片的标题描述，{{ b.img }}为上传的图片名，完整的图片路径由{% url 'index' %}media/{{ b.img }}组成。media/就是前面设置的图片上传的目录。

3. 重点阅读

在发布文章的时候，需要先在推荐位选择要推荐的文章，然后再进行查询展现。在首页视图函数（blog/views.py）中进行设置。filter 查询条件里的 tui__id=1，表示通过文章里的外键推荐位进行筛选。

```
from blog.models import Category,Banner, Article  # 查询推荐的文章，导入文章 Article 表
def index(request):
```

```
    tui = Article.objects.filter(tui__id=1)[:3]                    # 查询推荐位 ID 为 1 的文章
    context = {
            'tui':tui,
        }
    return render(request, 'index.html', context)
```

在首页 templates/index.html 页面，找到重点阅读结构相同的代码，保留一个，然后修改。注意文章的 URL 构成，这和列表 URL 一样，{{ t.excerpt|truncatechars:"80" }}表示截取文章摘要的 80 个字符。

```
{% for t in tui %}
<div class="caption">
    <h4><a href="{% url 'index' %}show-{{ t.id }}.html" title="{{ t.title }}"
                rel="bookmark">{{ t.title }}</a></h4>
    <p>{{ t.excerpt|truncatechars:"80" }}</p>
    </div>
{% endfor %}
```

4. 最新文章

首页最新文章（blog/views.py）调用的是所有分类里的最新文章，这里调用 10 篇。.order_by('-id')为数据排序方式，[0:10]为只获取 10 个索引切片，即只获取最新的 10 篇文章。

```
def index(request):
    allarticle = Article.objects.all().order_by('-id')[0:10]
    context = {
        'allarticle': allarticle,
    }
    return render(request, 'index.html', context)
```

首页最新文章（templates/index.html）只保留一个文章展示代码，修改为：

```
{% for a in allarticle %}
    <div class="article-box clearfix excerpt-1">
        <div class="col-md-4">
            <div class="thumbnail">
                <a href="{% url 'index' %}show-{{ a.id }}.html" title="{{ a.title }}">
                    <img src="media/{{ a.img }}" srcset="media/{{ a.img }}" alt="{{ a.title }}" class="wp-post-image" 
width="240" height="160"/></a>
            </div>
        </div>
        <div class="col-md-8">
            <h2><a href="{% url 'index' %}show-{{ a.id }}.html" target="_blank" title="{{ a.title }}"> {{ a.title }}</a></h2>
            <p class="txtcont hidden-xs"><a href="{% url 'index' %}show-{{ a.id }}.html" target="_blank" 
title="{{ a.title }}">{{ a.excerpt }}</a></p>
            <div class="meta"><span class="label label-info"><a href="{% url 'index' %}list-{{ a.category.id }}.
html">{{ a.category.name }}</a></span>
           <time class="item"><i class="fa fa-clock-o"></i>{{ a.created_time|date:"Y 年 m 月 d 日" }}</time>
            </div>
        </div>
    </div>
{% endfor %}
```

分类名和分类 ID 是文章里的外键字段，所以通过代码{{ a.category.name }}和{{ a.category.id}}方式进行调用。时间字段进行格式化，然后通过年月日的形式展现，{{ a.created_time|date:"Y 年 m 月 d 日" }}。

5. 热门排行

热门文章的实现有多种方式，如果要在上面展示指定的文章，可以在后台通过再添加一个推荐位来实现，也可以查询所有文章，通过文章浏览数进行倒序展示，也可以查询数据库通过随机的方式展示。blog/views.py 代码如下：

```
def index(request):
    #hot = Article.objects.all().order_by('?')[:10]                # 随机推荐
    #hot = Article.objects.filter(tui__id=3)[:10]                  # 通过推荐进行查询
    hot = Article.objects.all().order_by('views')[:10]             # 通过浏览数进行排序
    context = {
            'hot':hot,
        }
    return render(request, 'index.html', context)
```

在难点阅读代码（templates/index.html）中找到<li></li>标签，只保留一个，然后修改代码：

```
{% for h in hot %}
<li><a href="{% url 'index' %}show-{{ h.id }}.html" title="{{ h.title }}">{{ h.title }}</a></li>
{% endfor %}
```

6. 难点阅读

难点阅读代码在 right.html 里，所以需要修改 right.html 页面，通过以推荐位 ID 为 2 实现。在发文章的时候进行推荐。blog/views.py 代码如下：

```
def index(request):
    remen = Article.objects.filter(tui__id=2)[:6]
    context = {
            'remen':remen,
        }
    return render(request, 'index.html', context)
```

打开 templates/right.html 页面，修改对应代码：

```
<ul class="post-hot clearfix">
{% for k in remen %}
    <li>
        <div class="img">
        <a href="{% url 'index' %}show-{{ k.id }}.html" title="{{ k.title }}">
        <img src="{% url 'index' %}media/{{ k.img }}" srcset="{% url 'index' %}media/{{ k.img }}" alt="{{ k.title }}"
class="wp-post-image" width="120" height="80"/></a>
        </div>
        <div class="text"><a href="{% url 'index' %}show-{{ k.id }}.html" title="{{ k.title }}"
                target="_blank">{{ k.title }}</a>
        </div>
       </li>
{% endfor %}
</ul>
```

7. 所有标签

blog/views.py 代码如下：

```
from blog.models import Category,Banner, Article, Tag                # 导入标签表
def index(request):
    tags = Tag.objects.all()
    context = {
            'tags':tags,
        }
    return render(request, 'index.html', context)
```

在 templates/right.html 中找到标签代码，修改为：

```
<div class="tags">
    {% for tag in tags %}
        <a href="{% url 'index' %}tag/{{ tag.name }}">{{ tag.name }}</a>
    {% endfor %}
</div>
```

右侧的二维码图片比较简单，修改一下路径即可。注意，在 right.html 头部加入{% load staticfiles %}。templates/right.html 代码如下：

```
{% load staticfiles %}                                        # 该代码要加在第一行
<img src="static/picture/weixinqr.jpg" alt="微信二维码" width="160" height="160">
```

修改如下：

```
<img src="{% static "picture/weixinqr.jpg" %}" alt="微信二维码" width="160" height="160">
```

8. 友情链接

blog/views.py 代码如下：

```
from blog.models import Category,Banner, Article, Tag, Link          # 导入友情链接表 Link
def index(request):
    link = Link.objects.all()
    context = {
            'link':link,
        }
    return render(request, 'index.html', context)
```

在 templates/index.html 中找到友情链接代码，修改为：

```
<ul class="clears">
    {% for l in link %}
        <li><a href="{{ l.linkurl }}" target="_blank">{{ l.name }}</a></li>
    {% endfor %}
</ul>
```

19.4.2　设计列表页

文章列表的 URL 为：网站域名/list-分类 ID.html。文章列表页面需要设计的代码较少。在 blog/views.py 中设计视图函数代码。

```
def list(request,lid):                                          # 文章列表
    list = Article.objects.filter(category_id=lid)              # 获取通过 URL 的 lid，筛选对应的文章
    cname = Category.objects.get(id=lid)                        # 获取当前文章的栏目名
    remen = Article.objects.filter(tui__id=2)[:6]               # 右侧的难点阅读
    allcategory = Category.objects.all()                        # 导航所有分类
    tags = Tag.objects.all()                                    # 右侧所有文章标签
    return render(request, 'list.html', locals())
```

Article.objects.filter(category_id=lid)通过 filter 查询到多个文章对象，(request,lid)中的 lid 通过 URL 传过来，表示分类的 id，然后在视图函数里接收。category_id=lid 表示筛选文章里分类 id 与传过来的 id 相等的文章。id=lid 则表示在文章分类里筛选 id 与 lid 相同的分类，然后在列表页里展现。

打开 templates/list.html 页面，修改代码如下：

```
<a itemprop="breadcrumb" href="{% url 'index' %}">首页</a> »
<span class="current">{{ cname }} </span></div>
```

打开 templates/list.html 分类页面，修改为：

```
<h4 class="post-left-title">分类：{{ cname}}</h4>
```

文章列表展示（templates/list.html）修改为：

```
{% for list in list %}
    <div class="article-box clearfix excerpt-1">
        <div class="col-md-4">
            <div class="thumbnail">
                <a href="{% url 'index' %}show-{{ list.id }}.html" title="{{ list.title }}">
                    <img src="media/{{ list.img }}" srcset="media/{{ list.img }}" alt="{{ list.title }}" class="wp-post-image"
width="240" height="160"/></a>
            </div>
        </div>
        <div class="col-md-8">
            <h2><a href="{% url 'index' %}show-{{ list.id }}.html" target="_blank" title="{{ list.title }}"> {{ list.title }}</a></h2>
            <p class="txtcont hidden-xs"><a href="{% url 'index' %}show-{{ list.id }}.html" target="_blank"
title="{{ list.title }}">{{ list.excerpt }}</a></p>
            <div class="meta"><span class="label label-info"><a href="{% url 'index' %}list-{{ list.category_id }}.
html">{{ list.category.name }}</a></span> <time class="item"><i class="fa fa-clock-o"></i> {{ list.created_ time|date:"Y 年 m 月 d 日
" }}
                </time>
            </div>
        </div>
    </div>
{% endfor %}
```

最后是文章分页（blog/views.py），如果文章数量太多，需要对查询出来的数据进行分页展示。Django自带一个强大的分页功能插件。使用时，先在视图函数里导入，然后再使用。

```
from django.core.paginator import Paginator, EmptyPage, PageNotAnInteger
def list(request,lid):                                    # 导入分页插件包
    page = request.GET.get('page')                        # 在 URL 中获取当前页面数
    paginator = Paginator(list, 5)                        # 对查询数据 list 分页，设置超过 5 条就分页
    try:
        list = paginator.page(page)                       # 获取当前页码的记录
    except PageNotAnInteger:
        list = paginator.page(1)                          # 输入页码不是整数时，显示第 1 页的内容
    except EmptyPage:
        list = paginator.page(paginator.num_pages)        # 输入页数不在页码列表中时，显示最后一页的内容
    return render(request, 'list.html', locals())
```

分页代码修改为：

```
templates/list.html
<div class="pagination">
    <ul>
        <li class="prev-page"></li>
        <li class="active"><span>1</span></li>
        <li><a href="?page=2">2</a></li>
        <li class="next-page"><a href="?page=2">下一页</a></li>
    </ul>
</div>
```

修改为：

```
<div class="pagination">
    <ul>
```

```
        {% if list.has_previous %}
        <li class="prev-page"><a href="?page={{ list.previous_page_number }}">上一页</a></li>
        {% else %}
         <li class="prev-page"></li>
        {% endif %}
            {% for num in list.paginator.page_range %}
                {% if num %}
                    {% ifequal num list.number %}
                        <li class="active"><span>{{ num }}</span></li>
                    {% else %}
                        <li><a href="?page={{ num }}">{{ num }}</a></li>
                    {% endifequal %}
                {% else %}
                    <li class="disabled"><span>...</span></li>
                {% endif %}
            {% endfor %}
            {% if list.has_next %}
                <li class="next-page"><a href="?page={{ list.next_page_number }}">下一页</a></li>
            {% else %}
                <li class="prev-page"></li>
            {% endif %}
    </ul>
</div>
```

19.4.3　设计内容页

文章内容的 URL 为：网站域名/show-文章 ID.html。文章 ID 是通过 URL 的 sid 传进来的。

视图函数代码（blog/views.py）：

```
def show(request,sid):
    show = Article.objects.get(id=sid)                    # 查询指定 ID 的文章
    allcategory = Category.objects.all()                  # 导航上的分类
    tags = Tag.objects.all()                              # 右侧所有标签
    remen = Article.objects.filter(tui__id=2)[:6]         # 右侧难点阅读
    hot = Article.objects.all().order_by('?')[:10]        # 内容下面可能感兴趣的文章，随机推荐
    previous_blog = Article.objects.filter(created_time__gt=show.created_time,category= show.category.id). first()
    netx_blog = Article.objects.filter(created_time__lt=show.created_time,category=show.category.id).last()
    show.views = show.views + 1
    show.save()
    return render(request, 'show.html', locals())
```

Article.objects.get(id=sid)使用 get 方法获取单个对象，id=sid 查询 URL 传过来的指定 id 的文章。previous_blog 和 netx_blog 指文章上一篇和下一篇，是通过发布文章时间筛选文章的，比当前文章发布的时间小就是上一篇，比当前文章发布时间大就是下一篇。category=show.category.id 则是指定查询的文章为当前分类下的文章。

文章的浏览数，先通过 show.views 查询当前浏览数，然后对这个数进行加 1 操作，就是每访问一次页面（视图函数），就进行加 1 操作。然后再通过 show.save()进行保存。

```
show.views = show.views + 1
show.save()
```

打开文章内容页模板 show.html 页面，上边“您的位置”的代码修改为：

```
<div class="breadcrumb">您的位置： <a itemprop="breadcrumb" href="{% url 'index' %}">首页</a> » <a
```

```
    href="{% url 'index' %}list-{{ show.category.id }}.html">{{ show.category.name }}</a> »
<span class="current">正文</span></div>
```

文章标题修改为：

```
<h1 class="post-title">{{ show.title }}</h1>
```

标题下的几个字段修改为：

```
<span class="item">分类：<a href="{% url 'index' %}list-{{ show.category.id }}.html" rel="category tag">{{ show.category.name }}
</a></span>
<span class="item">作者：{{ show.user }}</span>
<span class="item">浏览：{{ show.views }}</span>
<span class="item">{{ show.created_time }}</span>
```

文章内容里内容信息修改为：

```
<article class="article-content">
{{ show.body|safe }}
</article>
```

文章内容信息下面的文章标签修改为：

```
<div class="post-tag"><span class="fa fa-tags" aria-hidden="true"></span>标签：
{% for tag in show.tags.all %}
    <a href="{% url 'index' %}tag/{{ tag.name }}" rel="tag">{{ tag.name }}</a>
{% endfor %}
</div>
```

值得留意的是，标签的 URL 构造要结合 myblog/urls.py 里的结构来构造。文章的上一篇和下一篇修改为：

```
    <div>
        <div><b>上一篇：</b>
            {% if netx_blog %}
                <a href="show-{{ netx_blog.pk }}.html" class="article-tag">{{ netx_blog }}</a>
            {% else %}
                没有了
            {% endif %}
        </div>
        <div><b>下一篇：</b>
            {% if previous_blog %}
                <a href="show-{{ previous_blog.pk }}.html" class="article-tag">{{ previous_blog }}</a>
            {% else %}
                没有了
            {% endif %}
        </div>
    </div>
</div>
```

这里需要判断当前文章有没有上一篇和下一篇。有就显示，没有就输出提示：没有了。

文章内容最下面的“您可能感兴趣”列表直接随机调用文章，如果调用与文章相关联的文章，可以通过查询相同标签下文章进行展现，这样关联性会更强一些。如果想进行一些商业广告推送，也可以通过在后台添加推荐位来实现。

```
<ul>
{% for h in hot %}
<li>
 <div class="pic">
```

```
    <a href="{% url 'index' %}show-{{ h.id }}.html" title="{{ h.title }}">
    <img src="{% url 'index' %}media/{{ h.img }}"  srcset="{% url 'index' %}media/{{ h.img }}"
alt="{{ h.title }}" class="wp-post-image" width="145" height="100"/></a>
  </div>
    <a class="descript " href="{% url 'index' %}show-{{ h.id }}.html" rel="bookmark" title="{{ h.title }}"> {{ h.title }}</a>
</li>
{% endfor %}
</ul>
```

19.4.4　设计标签页

标签列表的 URL 为：网站域名/tag/标签名。标签名是 URL 里的<tag>传进来的。标签页面和列表页面展现样式是一样的，可以直接复制 list.html 页面，然后更名为 tags.html。

在 blog/views.py 中设计视图函数代码：

```
def tag(request, tag):
    list = Article.objects.filter(tags__name=tag)                # 通过文章标签进行查询文章
    remen = Article.objects.filter(tui__id=2)[:6]
    allcategory = Category.objects.all()
    tname = Tag.objects.get(name=tag)                            # 获取当前搜索的标签名
    page = request.GET.get('page')
    tags = Tag.objects.all()
    paginator = Paginator(list, 5)
    try:
        list = paginator.page(page)                              # 获取当前页码的记录
    except PageNotAnInteger:
        list = paginator.page(1)                                 # 输入页码不是整数时，显示第 1 页的内容
    except EmptyPage:
        list = paginator.page(paginator.num_pages)               # 页数不在列表中时，显示最后一页
    return render(request, 'tags.html', locals())
```

标签列表页的实现与列表页差不多，打开 templates/tags.html 页面找到下面位置进行修改。

templates/tags.html 代码如下：

```
<div class="breadcrumb">您的位置： <a itemprop="breadcrumb" href="{% url 'index' %}">首页</a> » <span
class="current">标签：{{ tname }}</span></div>
```

在 templates/tags.html 中获取当前页面查询的标签名：

```
<div class="main-title">
    <h4 class="post-left-title">标签：{{ tname }}</h4>
</div>
```

在 templates/tags.html 中显示当前标签下的所有文章：

```
{% for list in list %}
    <div class="article-box clearfix excerpt-1">
        <div class="col-md-4">
            <div class="thumbnail">
                <a href="{% url 'index' %}show-{{ list.id }}.html" title="{{ list.title }}">
                    <img src="{% url 'index' %}media/{{ list.img }}"
                         srcset="{% url 'index' %}media/{{ list.img }}"
                         alt="{{ list.title }}" class="wp-post-image" width="240" height="160"/></a>
            </div>
        </div>
        <div class="col-md-8">
```

```
            <h2><a href="{% url 'index' %}show-{{ list.id }}.html" target="_blank"
                  title="{{ list.title }}">{{ list.title }}</a></h2>
            <p class="txtcont hidden-xs"><a href="{% url 'index' %}show-{{ list.id }}.html" target="_blank"   title="{{ list.title }}">
{{ list.excerpt }}</a></p>
            <div class="meta"><span class="label label-info"><a href="{% url 'index' %}list-{{ list. category_id }}.html">
{{ list.category.name }}</a></span>
                <time class="item"><i class="fa fa-clock-o"></i>{{ list.created_time|date:"Y 年 m 月 d 日" }}
                </time>
            </div>
        </div>
    </div>
{% endfor %}
```

列表分页 templates/tags.html 修改为：

```
<div class="pagination">
    <ul>
        {% if list.has_previous %}
        <li class="prev-page"><a href="?page={{ list.previous_page_number }}">上一页</a></li>
        {% else %}
         <li class="prev-page"></li>
        {% endif %}
            {% for num in list.paginator.page_range %}
                {% if num %}
                    {% ifequal num list.number %}
                        <li class="active"><span>{{ num }}</span></li>
                    {% else %}
                        <li><a href="?page={{ num }}">{{ num }}</a></li>
                    {% endifequal %}
                {% else %}
                    <li class="disabled"><span>...</span></li>
                {% endif %}
            {% endfor %}
            {% if list.has_next %}
                <li class="next-page"><a href="?page={{ list.next_page_number }}">下一页</a></li>
            {% else %}
                <li class="prev-page"></li>
            {% endif %}
    </ul>
</div>
```

19.4.5 设计搜索页

搜索列表页的 URL 为：网站域名/s/搜索关键词，搜索页面。也可以直接复制一份 list.html 页面，然后更名为 search.html。视图函数代码如下：

```
def search(request):
    ss=request.GET.get('search')                              # 获取搜索的关键词
    list = Article.objects.filter(title__icontains=ss)        # 获取搜索关键词后通过标题进行匹配
    remen = Article.objects.filter(tui__id=2)[:6]
    allcategory = Category.objects.all()
    page = request.GET.get('page')
    tags = Tag.objects.all()
    paginator = Paginator(list, 10)
    try:
```

```
        list = paginator.page(page)                          # 获取当前页码的记录
    except PageNotAnInteger:
        list = paginator.page(1)                             # 页码不是整数时，显示第 1 页的内容
    except EmptyPage:
        list = paginator.page(paginator.num_pages)           # 用户输入的页数不在系统的页码列表中时，显示最后一页的内容
    return render(request, 'search.html', locals())
```

其中，需要注意 title__icontains=ss，此语句表示用搜索关键词 ss 和文章标题进行匹配，如果标题包含关键词 ss 就被筛选出来，__icontains 方法不区分字母大小写。

打开 tempates/base.html 页面，找到头部的搜索代码，把 action 的 URL 修改为：

```
action="{% url 'index' %}s/"
```

打开 tempates/search.html 页面，对照下面代码进行修改。

```
<div class="breadcrumb">您的位置：<a itemprop="breadcrumb" href="{% url 'index' %}">首页</a> » <span class="current">关键词：
{{ ss }}</span></div>
```

搜索的关键词（tempates/search.html）：

```
<div class="main-title">
    <h4 class="post-left-title">关键词：{{ ss }}</h4>
</div>
```

搜索出来的文章列表（tempates/search.html）：

```
{% for list in list %}
<div class="article-box clearfix excerpt-1">
<div class="col-md-4">
    <div class="thumbnail">
        <a href="{% url 'index' %}show-{{ list.id }}.html" title="{{ list.title }}">
            <img src="{% url 'index' %}media/{{ list.img }}"
                 srcset="{% url 'index' %}media/{{ list.img }}"
                 alt="{{ list.title }}" class="wp-post-image" width="240" height="160"/></a>
    </div>
</div>
<div class="col-md-8">
    <h2><a href="{% url 'index' %}show-{{ list.id }}.html" target="_blank"
          title="{{ list.title }}">{{ list.title }}</a></h2>
    <p class="txtcont hidden-xs"><a href="{% url 'index' %}show-{{ list.id }}.html" target="_blank" title="{{ list.title }}">
{{ list.excerpt }}</a></p>
    <div class="meta"><span class="label label-info"><a
            href="{% url 'index' %}list-{{ list.category_id }}.html">{{ list.category.name }}</a></span>
        <time class="item"><i
                class="fa fa-clock-o"></i>{{ list.created_time|date:"Y 年 m 月 d 日" }}
        </time>
    </div>
</div>
</div>
{% endfor %}
```

列表分页（tempates/search.html）：

```
<div class="pagination">
<ul>
    {% if list.has_previous %}
    <li class="prev-page"><a href="{% url 'index' %}s/?search={{ ss }}&page={{ list.previous_page_number }}">上一页</a></li>
    {% else %}
     <li class="prev-page"></li>
    {% endif %}
```

```
            {% for num in list.paginator.page_range %}
                {% if num %}
                    {% ifequal num list.number %}
                        <li class="active"><span>{{ num }}</span></li>
                    {% else %}
                        <li><a href="{% url 'index' %}s/?search={{ ss }}&page={{ num }}">{{ num }}</a></li>
                    {% endifequal %}
                {% else %}
                    <li class="disabled"><span>...</span></li>
                {% endif %}
            {% endfor %}
            {% if list.has_next %}
                <li class="next-page"><a href="{% url 'index' %}s/?search={{ ss }}&page= {{ list.next_page_ number }}">下一页
</a></li>
            {% else %}
                <li class="prev-page"></li>
            {% endif %}
</ul>
</div>
```

这里的分页 URL 和列表页、标签页的分页 URL 是不一样的，可以自己尝试修改和列表页面一样的 URL 结构。

19.4.6 设计相关页

单页面的 URL 为：网站域名/about/。由于相关页面内容比较少，只查询分类表获取所有文章分类即可。视图函数代码（blog/views.py）：

```
def about(request):                                            # 关于页面
    allcategory = Category.objects.all()
    return render(request, 'page.html',locals())
```

打开 templates/page.html 页面，修改二维码路径：

```
<img src="{% url 'index' %}static/picture/weixinqr.jpg" width="160" height="160">
```

19.5 在线支持

扫码免费学习
更多实用技能

一、补充知识

☑ Django 框架讲解
☑ Django 环境搭建

二、进阶学习

☑ 视图和网址
☑ Django 模板
☑ Django 模型
☑ Django QuerySet
☑ Django 数据结构
☑ Django 数据表
☑ Django 后台
☑ Django 表单
☑ Django 配置
☑ Django 静态文件
☑ Django 部署
☑ Django 数据导入
☑ Django 数据迁移
☑ Django 多数据库联用
☑ Django 缓存
☑ Django 生成静态页面
☑ Django session
☑ Django 常用命令

新知识、新案例不断更新中……

第 20 章

网 络 爬 虫

根据 We Are Social 和 Hootsuite 的 2020 年全球数字报告，全球互联网用户数量超过 45 亿，而社交媒体用户也超过 38 亿。人们正在以前所未有的速度转向互联网，互联网上的行为产生海量的“用户数据”，如访问踪迹、评论、微博、购买记录等。互联网正在成为分析市场趋势、监视竞争对手或者获取销售线索的最佳场所，网络数据采集以及分析能力已成为驱动业务决策的关键技能。而网络爬虫则是数据采集的主要方法。本章将介绍如何使用 Python 开发网络爬虫，从网页中精准提取数据。

20.1　认识网络爬虫

网络爬虫也称为网络机器人，是一种按照一定的规则，自动抓取万维网信息的程序或者脚本。一般从某个网站某个页面开始，读取网页内容，同时检索页面包含的有用链接地址，然后通过这些链接地址寻找下一个网页，再做相同的工作，这样一直循环下去，直到按照某种策略把互联网上所有的网页都抓取完为止。

1. 网络爬虫的分类

网络爬虫大致有 4 种类型的结构：通用网络爬虫、聚焦网络爬虫、增量式网络爬虫、深层网络爬虫。简单说明如下。

- 通用网络爬虫：爬取的目标数据巨大，并且爬行的范围非常广。正是由于其爬取的数据是海量数据，故而对于这类爬虫来说，其爬取的性能要求非常高。这种网络爬虫主要应用于大型搜索引擎中，有非常高的应用价值，或者应用于大型数据提供商。
- 聚焦网络爬虫：按照预先定义好的主题，有选择地进行网页爬取的一种爬虫。聚焦网络爬虫不像通用网络爬虫一样将目标资源定位在全互联网中，而是将爬取的目标网页定位在与主题相关的页面中，这样可以大大节省爬虫爬取时所需的带宽资源和服务器资源。聚焦网络爬虫主要应用在对特定信息的爬取中，为某一类特定的人群提供服务。
- 增量式网络爬虫：在爬取网页的时候，只爬取内容发生变化的网页或者新产生的网页，对于内容未变化的网页，则不会爬取。增量式网络爬虫在一定程度上能够保证爬取的页面尽可能是新页面。
- 深层网络爬虫：在互联网中，网页按存在方式可以分为表层页面和深层页面。所谓的表层页面，指的是不需要提交表单，使用静态的链接就能够到达的静态页面；而深层页面则隐藏在表单后面，不能通过静态链接直接获取，需要提交一定的关键词之后才能够获取的页面。在互联网中，深层页面的数量往往比表层页面的数量要多很多，因此，需要想办法爬取深层页面。

2. 网络爬虫的作用

（1）搜索引擎：为用户提供相关且有效的内容，创建所有访问页面的快照以供后续处理。使用聚焦网络爬虫实现任何门户网站上的搜索引擎或搜索功能，有助于找到与搜索主题具有最高相关性的网页。

（2）建立数据集：用于研究、业务和其他目的。例如：

- 了解和分析网民对公司或组织的行为。
- 收集营销信息，并在短期内更好地做出营销决策。
- 从互联网收集信息，分析它们并进行学术研究。
- 收集数据，分析一个行业的长期发展趋势。
- 监控竞争对手的实时变化。

3. 网络爬虫的工作流程

从预先设定的一个或若干个初始种子 URL 开始，以此获得初始网页上的 URL 列表，在爬行过程中不断从 URL 队列中获取 URL，进而访问并下载该页面。当页面下载后，页面解析器去掉页面上的 HTML 标记并得到页面内容，将摘要、URL 等信息保存到 Web 数据库中，同时抽取当前页面上新的 URL，推入 URL 队列，直到满足系统停止条件。通用网络爬虫工作流程示意图如图 20.1 所示。

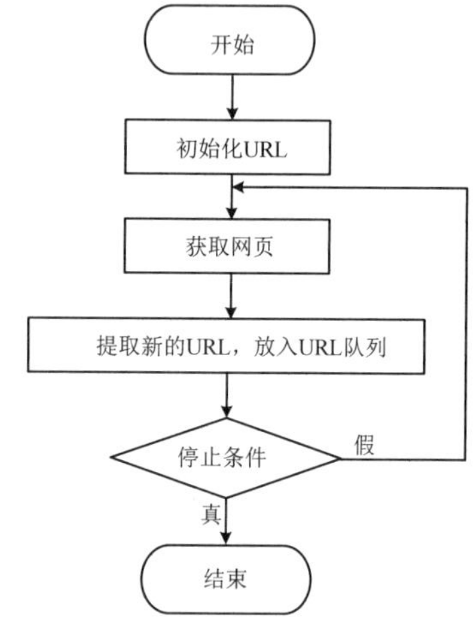

图 20.1　通用网络爬虫工作流程示意图

20.2　使用 requests

20.2.1　认识 requests 模块

urllib 是 Python 中请求 URL 连接的官方标准库，在 Python 2 中分为 urllib 和 urllib2，在 Python 3 中整合成 urllib。urllib 中一共有如下 4 个模块。

- urllib.request：主要负责构造和发起网络请求，定义了适用于各种复杂情况下打开 URL 的函数和类。
- urllib.error：异常处理。
- urllib.parse：解析各种数据格式。
- urllib.robotparser：解析 robots.txt 文件。

urllib3 是非内置模块，可以通过 pip install urllib3 快速安装，urllib3 服务于升级的 HTTP 1.1 标准，拥有高效 HTTP 连接池管理，以及 HTTP 代理服务的功能库。

requests 模块是在 urllib3 模块基础上进行了高度封装，使用更方便，网络请求也变得更加简洁和人性化。在爬取数据的时候，urllib 爬取数据之后直接断开连接，而 requests 爬取数据之后可以继续复用 socket，并没有断开连接。

20.2.2　安装 requests 模块

安装 requests 模块比较简单，在终端命令行窗口使用 pip 命令安装即可，代码如下。

```
pip install requests
```

安装完毕，在命令行窗口中输入 python 命令进入 Python 运行环境，再输入下面命令，尝试导入 requests 模块，如果没有抛出异常，则说明安装成功。

```
import requests
```

20.2.3 发起 GET 请求

使用 requests 模块发送网络请求非常简单。首先，导入 requests 模块：

```
import requests
```

然后，使用 requests 模块的 get()方法可以发送 GET 请求。具体用法如下：

```
get(url, params=None, **kwargs)
```

参数说明如下。

- url：请求的 URL 地址。
- params：字典或字节序列，作为参数增加到 URL 中。
- **kwargs：控制访问的参数。

【示例 1】GET 请求方法。

```
import requests                                             # 导入 requests 模块
response = requests.get('http://www.baidu.com')
```

【示例 2】发送带参数的请求。方法一：可以手工构建 URL，以键值对的形式附加在 URL 后面，通过问号分隔，如 www.baidu.com/?key=val。方法二：requests 允许使用 params 关键字参数，以一个字符串字典提供这些参数。

```
import requests                                             # 导入 requests 模块
payload = {'key1': 'value1', 'key2': 'value2'}              # 字符串字典
r = requests.get("http://www.baidu.com/", params=payload)
print(r.url)                                                # 输出为 http://www.baidu.com/?key1=value1&key2=value2
payload = {'key1': 'value1', 'key2': ['value2', 'value3']}  # 将一个列表作为值传入
r = requests.get('http://www.baidu.com/', params=payload)
print(r.url)                                                # 输出为 http://www.baidu.com/?key1=value1&key2=value2&key2=value3
```

【示例 3】定制请求头。如果为请求添加 HTTP 头部，只需要传递一个 dict 给 headers 参数即可。

```
import requests                                             # 导入 requests 模块
url = 'http://www.baidu.com/s?wd=python'
headers = {
        'Content-Type': 'text/html;charset=utf-8',
        'User-Agent' : 'Mozilla/5.0 (Windows NT 10.0; Win64; x64)'
    }
r = requests.get(url,headers=headers)
print(r.headers)                                            # 打印头信息
```

【示例 4】使用代理。与 headers 用法相同，使用 proxies 参数可以设置代理，代理参数也是一个 dict。

```
import requests                                             # 导入 requests 模块
url = 'http://www.baidu.com/'
proxy = {                                                   # 设置代理网站键值
    'http': '120.25.253.234:812',
    'https': '163.125.222.244:8123'
}
heads = {}
heads['User-Agent'] = 'Mozilla/5.0 (Windows NT 10.0; WOW64) AppleWebKit/537.36 (KHTML, like Gecko) Chrome/49.0.2623.221
Safari/537.36 SE 2.X MetaSr 1.0'                            # 设置请求头信息
req = requests.get(url, headers=heads,proxies=proxy)        # 发送请求
```

提示：可以使用 timeout 参数设置延时时间，使用 verify 参数设置证书验证，使用 cookies 参数传递 cookie 信息等。

20.2.4 发送 POST 请求

HTTP 协议规定 POST 提交的数据必须放在消息主体（entity-body）中，但协议并没有规定数据必须使用什么编码方式。服务端根据请求头中的 Content-Type 字段获知请求中的消息主体是用何种方式进行编码，再对消息主体进行解析。具体的编码方式包括如下 3 种。

（1）以 form 表单形式提交数据。

```
application/x-www-form-urlencoded
```

（2）以 JSON 字符串提交数据。

```
application/json
```

（3）上传文件。

```
multipart/form-data
```

发送 POST 请求，可以使用 requests 的 post()方法，该方法的用法与 get()方法完全相同，也返回一个 Response 对象。

【示例 1】 以 form 形式发送 POST 请求。reqeusts 支持以 form 表单形式发送 POST 请求，只需要将请求的参数构造成一个字典，然后传给 requests.post()的 data 参数即可。

```
import requests                                    # 导入 requests 模块
payload = {'key1': 'value1',
           'key2': 'value2'
}
r = requests.post("http://httpbin.org/post", data=payload)
print(r.text)
```

输出为：

```
{
  "args": {},
  "data": "",
  "files": {},
  "form": {
    "key1": "value1",
    "key2": "value2"
  },
  "headers": {
    "Accept": "*/*",
    "Accept-Encoding": "gzip, deflate",
    "Content-Length": "23",
    "Content-Type": "application/x-www-form-urlencoded",
    "Host": "httpbin.org",
    "User-Agent": "python-requests/2.22.0"
  },
  "json": null,
  "origin": "116.136.20.179, 116.136.20.179",
  "url": "https://httpbin.org/post"
}
```

【示例 2】以 JSON 格式发送 POST 请求可以将一个 JSON 串传给 requests.post()的 data 参数。

```
import requests                                     # 导入 requests 模块
import json                                         # 导入 json 模块
url = 'http://httpbin.org/post'
payload = {'key1': 'value1', 'key2': 'value2'}
r = requests.post(url, data=json.dumps(payload))
print(r.headers.get('Content-Type'))                # 输出为：application/json
```

在上面示例中，使用 json 模块中的 dumps()方法将字典类型的数据转换为 JSON 字符串。

以 multipart 形式发送 POST 请求。requests 也支持以 multipart 形式发送 POST 请求，只需将文件传给 requests.post()的 files 参数即可。

【示例 3】新建文本文件 report.txt，输入一行文本：Hello world，从请求的响应结果可以看出数据已上传到服务端中。

```
import requests                                     # 导入 requests 模块
url = 'http://httpbin.org/post'
files = {'file': open('report.txt', 'rb')}
r = requests.post(url, files=files)
print(r.text)
```

输出为：

```
{
  "args": {},
  "data": "",
  "files": {
    "file": "Hello world"
  },
  "form": {},
  "headers": {
    "Accept": "*/*",
    "Accept-Encoding": "gzip, deflate",
    "Content-Length": "157",
    "Content-Type": "multipart/form-data; boundary=ac7653667ac71d8b6d131d1d6dab3333",
    "Host": "httpbin.org",
    "User-Agent": "python-requests/2.22.0"
  },
  "json": null,
  "origin": "116.136.20.179, 116.136.20.179",
  "url": "https://httpbin.org/post"
}
```

提示：requests 不仅提供了 GET 和 POST 请求方式，还提供更多请求方式，用法如下。

```
import requests                                     # 导入 requests 模块
requests.get('https://github.com/timeline.json')    # GET 请求
requests.post("http://httpbin.org/post")            # POST 请求
requests.put("http://httpbin.org/put")              # PUT 请求
requests.delete("http://httpbin.org/delete")        # DELETE 请求
requests.head("http://httpbin.org/get")             # HEAD 请求
requests.options("http://httpbin.org/get" )         # OPTIONS 请求
```

GET 和 POST 都是 HTTP 常用的请求方法，GET 主要用于从指定的资源请求数据，而 POST 主要用于向指定的资源提交要被处理的数据。两者详细比较如表 20.1 所示。

表 20.1　GET 和 POST 方法比较

比 较 项 目	GET 方法	POST 方法
后退或刷新操作	无害	数据被重新提交（浏览器应该告知用户数据被重新提交）
书签	可以收藏书签	不可以收藏书签
缓存	能够被缓存	不能够被缓存
编码类型	application/x-www-form-urlencoded	application/x-www-form-urlencoded 或 multipart/form-data，为二进制数据使用多重编码
历史	参数保留在浏览器历史中	参数不保留在浏览器历史中
数据类型限制	只允许 ASCII 字符	没有限制，也可以使用二进制数据
安全性	较差，发送的数据会显示在 URL 字符串中	较安全，发送的数据不保存在浏览器历史或者 Web 服务器日志中
可见性	数据在 URL 中可见	数据不显示在 URL 中

20.2.5　设置请求头

头部消息都是以一个 Python 字典形式展示，包括客户端请求头和服务器响应头。使用 headers 属性可以访问。例如：

```
print( response.headers )
```

返回的字典结构如下：

```
{
    'content-encoding': 'gzip',
    'transfer-encoding': 'chunked',
    'connection': 'close',
    'server': 'nginx/1.0.4',
    'x-runtime': '148ms',
    'etag': '"e1ca502697e5c9317743dc078f67693f"',
    'content-type': 'application/json'
}
```

但是这个字典比较特殊，它仅适用于 HTTP 头部，大小写不敏感。因此，可以使用任意大写形式访问这些响应头字段。例如：

```
print( response.headers['Content-Type'] )                    # 输出为：'application/json'
print( response.headers.get('content-type'))                 # 输出为：'application/json'
```

同时，服务器可以多次接收同一个 header，每次都使用不同的值。但是 requests 将它们合并，这样就可以用一个映射表示出来。接收者可以合并多个相同名称的 header 字段，把它们合为一个"field-name: field-value"键值对，将每个后续的字段值依次追加到合并的字段值中，用逗号隔开即可，这样做不改变信息的语义。

如果要为请求添加 HTTP 头部，只要简单地传递一个 dict 给 headers 参数即可。

【示例】设置 content-type 头部信息。

```
url = 'https://api.github.com/some/endpoint'
headers = {'user-agent': 'my-app/0.0.1'}
r = requests.get(url, headers=headers)
```

所有的 header 值必须是 string、bytestring 或 unicode。

如果在 netrc 中设置了用户认证信息，使用 headers 设置授权就不会生效。而如果设置了 auth，netrc 的

设置就无效。如果被重定向到别的主机，授权 header 会被删除。代理授权 header 会被 URL 中提供的代理身份覆盖掉。

20.2.6　响应内容

当发送请求时，requests 主要做两件事情。其一，构建一个 Request（请求）对象，该对象将被发送到指定服务器请求或查询一些资源；其二，一旦 requests 得到一个从服务器返回的响应时就产生一个 Response（响应）对象，该响应对象包含服务器返回的所有信息，也包含原来创建的 Request 对象。

【示例】发送请求之后，requests 返回一个 Response 对象，利用该对象提供的各种属性和方法可以获取详细的响应内容。下面简单演示如何获取响应信息。

```
import requests                                  # 导入 requests 模块
response = requests.get('http://www.baidu.com')
print(response.url)                              # 请求 URL
print(response.cookies)                          # cookie 信息
print(response.encoding)                         # 获取当前的编码
print(response.encoding = 'utf-8')               # 设置编码
print(response.text)                             # 以 encoding 解析返回内容，
                                                 # 字符串方式的响应体，自动根据响应头部的
                                                 # 字符编码进行解码
print(response.content)                          # 以字节形式（二进制）返回。字节方式的响应体，
                                                 # 自动解码 gzip 和 deflate 压缩
print(response.headers)                          # 以字典对象存储服务器响应头，但是这个字典
                                                 # 比较特殊，字典键不区分大小写，
                                                 # 若键不存在则返回 None
print(response.status_code)                      # 响应状态码
print(response.raw)                              # 返回原始响应体，也就是 urllib 的 Response 对象，
                                                 # 使用 print(response.raw.read()
print(response.ok)                               # 查看 print(response.ok)的布尔值便
                                                 # 可以知道是否登录成功
print(response.requests.headers)                 # 返回发送到服务器的头信息
print(response.history)                          # 返回重定向信息，可以在请求中
                                                 # 加上 allow_redirects = false 阻止重定向
# *特殊方法* #
print(response.json())                           # Requests 中内置的 JSON 解码器，
                                                 # 以 JSON 形式返回，前提返回的内容
                                                 # 确保是 JSON 格式的，不然解析出错抛出异常
print(response.raise_for_status())               # 失败请求（非 200 响应）抛出异常
```

requests 自动解码来自服务器的内容。大多数 Unicode 字符集都能被无缝解码。请求发出后，requests 基于 HTTP 头部对响应的编码做出有根据的推测。当访问 response.text 时，requests 使用其推测的文本编码。用户可以找出 requests 使用了什么编码，并且能够使用 response.encoding 属性来改变文本编码。

如果改变了编码，每当访问 response.text，requests 都会使用 response.encoding 的新值。如果在已经使用特殊逻辑定义文本编码的情况下修改编码，如 HTTP 和 XML 自身已指定编码，这时应该使用 response.content 找到编码，然后设置 response.encoding，这样就能正确解析 response.text 了。

在需要的情况下，requests 也可以使用定制的编码。如果创建了自己的编码，并使用 codecs 模块进行注册，然后把这个解码器名称设置为 response.encoding 的值，最后由 requests 处理编码。

使用 response.content 可以获取二进制响应内容，requests 自动解码 gzip 和 deflate 传输编码的响应数据。例如，以请求返回的二进制数据创建一张图片。

```
from PIL import Image
from io import BytesIO
i = Image.open(BytesIO(response.content))
```

使用 response.json()可以获取 JSON 格式的响应内容，requests 内置一个 JSON 解码器，可以处理 JSON 数据，如果 JSON 解码失败，response.json()将抛出一个异常。当然，成功调用 response.json()并不意味着响应的成功。有的服务器在失败的响应中包含一个 JSON 对象，如 HTTP 500 的错误细节。这种 JSON 被解码返回。要检查请求是否成功，可以使用 response.raise_for_status()或者检查 response. status_code 是否和期望值相同。

使用 response.raw 可以获取原始响应内容，读取前确保在请求中设置了 stream=True。例如：

```
r = requests.get('https://api.github.com/events', stream=True)
r.rawq                                  # <requests.packages.urllib3.response.HTTPResponse object at 0x101194810>
r.raw.read(10)                          # '\x1f\x8b\x08\x00\x00\x00\x00\x00\x00\x03'
```

当流下载时，response.raw 不能够完全处理，此时使用 response.iter_content 进行处理。然后将文本流保存到文件：

```
with open(filename, 'wb') as fd:
    for chunk in r.iter_content(chunk_size):
        fd.write(chunk)
```

20.2.7　响应状态码

使用 status_code 属性可以检测响应状态码。例如：

```
r = requests.get('http://httpbin.org/get')
print(r.status_code)                    # 返回状态为 200
```

为方便引用，Requests 还附带了一个内置的状态码查询对象。例如：

```
print( r.status_code == requests.codes.ok )          # 返回状态为 True
```

如果发送了一个错误请求，如一个 4××客户端错误，或者 5××服务器错误响应，可以通过 Response.raise_for_status()抛出异常。例如：

```
bad_r = requests.get('http://httpbin.org/status/404')
print(bad_r.status_code)                # 返回状态为 404
bad_r.raise_for_status()                # requests.exceptions.HTTPError: 404 Client Error
```

如果 status_code 状态值是 200，当调用 raise_for_status()方法时返回 None。例如：

```
print(r.raise_for_status())             # 返回状态为 None
```

20.2.8　处理 Cookie

如果某个响应中包含一些 Cookie，使用 cookies()可以快速访问它们。例如：

```
url = 'http://example.com/some/cookie/setting/url'
r = requests.get(url)
print( r.cookies['example_cookie_name'] )            # 'example_cookie_value'
```

如果要发送 cookies 到服务器，可以使用 cookies 参数。例如：

```
url = 'http://httpbin.org/cookies'
cookies = dict(cookies_are='working')
r = requests.get(url, cookies=cookies)
print( r.text )                         #'{"cookies": {"cookies_are": "working"}}'
```

Cookie 的返回对象为 RequestsCookieJar，它的行为和字典类似，但接口更为完整，适合跨域名、跨路径使用。也可以把 Cookie Jar 传到 Requests 中：

```
jar = requests.cookies.RequestsCookieJar()
jar.set('tasty_cookie', 'yum', domain='httpbin.org', path='/cookies')
jar.set('gross_cookie', 'blech', domain='httpbin.org', path='/elsewhere')
url = 'http://httpbin.org/cookies'
r = requests.get(url, cookies=jar)
print( r.text )                                  # '{"cookies": {"tasty_cookie": "yum"}}'
```

20.2.9　重定向与请求历史

在默认情况下，除了 HEAD，Requests 自动处理所有重定向。可以使用响应对象的 history 方法追踪重定向。

Response.history 是一个 Response 对象的列表，为了完成请求而创建了这些对象。这个对象列表按照从最老到最近的请求进行排序。例如，Github 将所有的 HTTP 请求重定向到 HTTPS：

```
r = requests.get('http://github.com')
print(r.url)                                     # 'https://github.com/'
print(r.status_code)                             # 200
print(r.history)                                 # [<Response [301]>]
```

如果使用 GET、OPTIONS、POST、PUT、PATCH 或者 DELETE，那么可以通过 allow_redirects 参数禁用重定向处理。例如：

```
r = requests.get('http://github.com', allow_redirects=False)
print(r.status_code)                             # 301
print(r.history)                                 # []
```

如果使用了 HEAD，也可以启用重定向。例如：

```
r = requests.head('http://github.com', allow_redirects=True)
print(r.url)                                     # 'https://github.com/'
print(r.history)                                 # [<Response [301]>]
```

20.2.10　设置超时

使用 timeout 参数可以设定多长时间之后停止等待响应。如果不设置该参数，程序可能永远失去响应。例如，下面代码将抛出异常。

```
requests.get('http://github.com', timeout=0.001)
```

timeout 仅对连接过程有效，与响应体的下载无关。timeout 并不是整个下载响应的时间限制，而是如果服务器在 timeout 时间内没有应答，将会引发一个异常。

20.3　使用 BeautifulSoup

20.3.1　认识 BeautifulSoup

使用 requests 模块仅能抓取一堆网页源码，但是如何对源码进行筛选、过滤，精准找到需要的数据，就需要用到 BeautifulSoup。BeautifulSoup 是一个可以从 HTML 或 XML 文件中提取数据的 Python 库。

BeautifulSoup 支持 Python 标准库中的 HTML 解析器，还支持一些第三方的解析器，如果不安装它，则

Python 使用 Python 默认的解析器，lxml 解析器更加强大，速度更快，推荐使用 lxml 解析器。BeautifulSoup 解析器具体比较说明如表 20.2 所示。

表 20.2 BeautifulSoup 解析器类型比较

解 析 器	使 用 方 法	优 势	劣 势
Python 标准库	BeautifulSoup(html,"html.parser")	Python 的内置标准库。执行速度适中。文档容错能力强	Python 3.2.2 以前的版本文档容错能力差
lxml HTML 解析器	BeautifulSoup(html, "lxml")	速度快文档容错能力强	需要安装 C 语言库
lxml XML 解析器	BeautifulSoup(html, ["lxml","xml"]) BeautifulSoup(html, "xml")	速度快。唯一支持 XML 的解析器	需要安装 C 语言库
html5lib	BeautifulSoup(markup,"html5lib")	最好的容错性，以浏览器的方式解析文档生成 HTML5 格式的文档	速度慢但不依赖外部扩展

一般来说，对于速度或性能要求不太高的场景，可选用 html5lib 进行解析，如果解析规模达到一定程度，解析速度就会影响整体项目的快慢，此时推荐使用 lxml 进行解析。

BeautifulSoup 自动将输入文档转换为 Unicode 编码，输出文档转换为 UTF-8 编码。不需要考虑编码方式，除非文档没有指定编码方式，此时 BeautifulSoup 就无法自动识别编码方式。解决方法：仅需要说明一下原始编码方式就可以。

20.3.2 安装 BeautifulSoup

BeautifulSoup 最新版本是 BeautifulSoup 4.9.3，在命令行窗口下输入下面命令即可安装 BeautifulSoup 第三方库。

```
pip install beautifulsoup4
```

提示：如果安装最新版本的 BeautifulSoup，可以访问 https://pypi.org/project/beautifulsoup4/，下载 BeautifulSoup 4.9.3，下载后解压，在命令行下进入该目录，然后输入下面命令安装即可。

```
python setup.py install
```

注意：BeautifulSoup 需要调用 HTML 解析器，因此还需要安装解析器。命令如下：

（1）安装 html5lib 模块：

```
pip install html5lib
```

（2）安装 lxml 模块：

```
pip install lxml
```

20.3.3 使用 BeautifulSoup 模块

将一段文档传入 BeautifulSoup 的构造方法，就能得到一个文档的对象，可以传入一段字符串或一个文件句柄。

```
from bs4 import BeautifulSoup
```

```
soup = BeautifulSoup(open("index.html"))
soup = BeautifulSoup("<html>data</html>")
```

首先，文档被转换成 Unicode，并且 HTML 的实例都被转换成 Unicode 编码。

然后，Beautiful Soup 选择最合适的解析器解析这段文档，如果手动指定解析器，那么 BeautifulSoup 选择指定的解析器解析文档。

下面结合一个简单示例介绍 BeautifulSoup 模块的基本使用。

【操作步骤】

第 1 步，新建 HTML5 文档，保存到当前目录下，命名为 test.html。

第 2 步，打开 test.html 文件，输入下面代码，构建 HTML 文档结构。

```
<!doctype html>
<html>
    <head>
        <meta charset="utf-8">
        <title>Hello,Wrold</title>
    </head>
    <body>
        <div class="book">
            <span><!--这里是注释的部分--></span>
            <a href="https://www.baidu.com">百度一下，你就知道</a>
            <img src="https://a.jpg" />
            <p class="a">这是一个示例</p>
        </div>
    </body>
</html>
```

第 3 步，从 bs4 库中导入 BeautifulSoup 模块。

```
from bs4 import BeautifulSoup
```

第 4 步，继续输入下面代码，生成 BeautifulSoup 对象。

```
from bs4 import BeautifulSoup                    # 从 bs4 库中导入 BeautifulSoup 模块
f = open('test.html','r',encoding='utf-8')       # 打开 test.html
html = f.read()                                  # 读取全部源代码
f.close()                                        # 关闭文件
soup = BeautifulSoup(html, "html5lib")           # 创建 BeautifulSoup
print(type(soup))                                # 打印 BeautifulSoup 类型
```

输出为：

```
<class 'bs4.BeautifulSoup'>
```

在进行内容提取之前，需要将获取的 HTML 字符串转换成 BeautifulSoup 对象，后面所有的内容提取都基于这个对象。

在 BeautifulSoup(html, "html5lib")一行代码中，使用了 html5lib 解析器，在构造 BeautifulSoup 对象的时候，需要指定具体的解析器。

20.3.4 对象的种类

BeautifulSoup 将复杂 HTML 文档转换成一个复杂的树形结构，每个节点都是 Python 对象，所有对象可以归纳为 4 种：Tag、NavigableString、BeautifulSoup、Comment。

1. Tag

Tag对象与HTML文档中的标签相同。Tag有很多方法和属性，在遍历文档树和搜索文档树中有详细解释。下面介绍tag中最重要的属性。

1）Name

每个tag都有标签名，通过.name获取，例如：

```
tag.name
```

如果改变了tag的name，将影响所有通过当前BeautifulSoup对象生成的HTML文档。

```
tag.name = "blockquote"
```

2）Attributes

一个tag可能有很多属性。标签<b class="boldest">有一个class属性，值为boldest。tag的属性的操作方法与字典相同，例如：

```
tag['class']                                    # u'boldest'
```

也可以直接通过点语法获取属性，例如：

```
tag.attrs                                       # {u'class': u'boldest'}
```

tag的属性可以被添加、删除或修改。

```
tag['class'] = 'verybold'
tag['id'] = 1
del tag['class']
del tag['id']
```

3）多值属性

HTML4定义了一系列可以包含多个值的属性，在HTML5中移除了一些，但增加更多，最常见的多值的属性是class，还有一些属性rel、rev、accept-charset、headers、accesskey，在BeautifulSoup中多值属性的返回类型是list。例如：

```
css_soup = BeautifulSoup('<p class="body strikeout"></p>')
css_soup.p['class']                             # ["body", "strikeout"]
```

如果某个属性有多个值，但没有被定义为多值属性，那么BeautifulSoup将这个属性作为字符串返回，例如：

```
id_soup = BeautifulSoup('<p id="my id"></p>')
id_soup.p['id']                                 # 'my id'
```

2. NavigableString

NavigableString对象表示可以遍历的字符串，就是被包含在tag中的字符串。一个NavigableString字符串与Python中的Unicode字符串相同，并且还支持包含在遍历文档树和搜索文档树中的大部分特性，不支持contents、string属性和find()方法。通过unicode()方法可以直接将NavigableString对象转换成Unicode字符串。

3. BeautifulSoup

BeautifulSoup对象表示的是一个文档的全部内容。大部分时候可以把它当作Tag对象，它支持遍历文档树和搜索文档树中描述的大部分方法。

因为BeautifulSoup对象并不是真正的HTML的tag，所以没有name和attribute属性。但是BeautifulSoup对象包含了一个值为[document]的特殊属性name。

```
soup.name                                       # u'[document]'
```

4. Comment

Comment 对象是一个特殊类型的 NavigableString 对象，它表示注释及特殊字符串。Comment 对象使用特殊的格式输出。

【示例】读取 test.html 并进行解析，读取 p 元素名称、class 属性值和包含文本。

```
from bs4 import BeautifulSoup                   # 从 bs4 库中导入 BeautifulSoup 模块
f = open('test.html','r',encoding='utf-8')      # 打开 test.html
html = f.read()                                 # 读取全部源代码
f.close()                                       # 关闭文件
soup = BeautifulSoup(html, "html5lib")          # 创建 BeautifulSoup
tag = soup.p                                    # 读取 p 标签
print(tag.name)                                 # 获取 p 标签的名称，返回 p
print(tag["class"])                             # 获取 class 属性值，返回 ['a']
print(tag.get_text())                           # 获取 p 标签包含的文本，返回：这是一个示例
```

20.3.5 遍历文档树

一个 Tag 可能包含多个字符串或其他的 Tag（子节点），BeautifulSoup 提供了许多操作和遍历子节点的属性。操作文档树最简单的方法是使用 tag 的 name。例如，使用 soup.head 可以获取<head>标签，使用 soup.title 可以获取<title>标签，下面代码可以获取<body>标签中的第一个<b>标签。

```
soup.body.b
```

通过点取属性的方式只能获得当前名字的第一个 tag，如 soup.a 只能获取第一个<a>标签。如果要得到所有的<a>标签，或是通过名字得到比一个 tag 更多的内容，就需要用到搜索文档树的方法，如 find_all()。

```
soup.find_all('a')
```

Tag 是 BeautifulSoup 中重要的对象，通过 BeautifulSoup 提取数据大部分都围绕该对象进行操作。一个节点可以包含多个子节点和多个字符串。除了根节点外，每个节点都包含一个父节点。遍历节点要用到的属性说明如下。

- contents：获取所有子节点，包括里面的 NavigableString 对象。返回的是一个列表。
- children：获取所有子节点，返回的是一个迭代器。
- descendants：获得所有子孙节点，返回的是一个迭代器。
- string：获取直接包含的文本。
- strings：获取全部包含的文本，返回一个可迭代对象。
- parent：获取上一层父节点。
- parents：获取所有父辈节点，返回一个可迭代对象。
- next_sibling：获取当前节点的下一个兄弟节点。
- previous_sibling：获取当前节点的上一个兄弟节点。
- next_siblings：获取下方所有的兄弟节点。
- previous_siblings：获取上方所有的兄弟节点。

【示例】遍历<head>标签包含的所有子节点，然后输出显示。

```
from bs4 import BeautifulSoup                   # 从 bs4 库中导入 BeautifulSoup 模块
f = open('test.html','r',encoding='utf-8')      # 打开 test.html
html = f.read()                                 # 读取全部源代码
f.close()                                       # 关闭文件
```

```
soup = BeautifulSoup(html, "html5lib")          # 创建 BeautifulSoup
tags = soup.head.children                       # 获取 head 的所有子节点
print(tags)
for tag in tags:
    print(tag)
```

输出为：

```
<list_iterator object at 0x000000719B476630>
<meta charset="utf-8"/>
<title>Hello,Wrold</title>
```

20.3.6 搜索文档树

BeautifulSoup 定义了很多搜索方法，一般需要重点掌握 find()和 find_all()方法，其他方法的参数和用法类似，可以举一反三。使用这些方法可以查找要查找的文档内容，方法的参数可以为多种形式，也称之为过滤器类型，具体说明如下。

（1）字符串。最简单的过滤器是字符串，在搜索方法中传入一个字符串参数，BeautifulSoup 查找与字符串完整匹配的内容。例如，查找文档中所有的<b>标签。

```
soup.find_all('b')
```

如果传入字节码参数，BeautifulSoup 当作 UTF-8 编码，可以传入一段 Unicode 编码避免 BeautifulSoup 解析编码出错。

（2）正则表达式。如果传入正则表达式作为参数，BeautifulSoup 通过正则表达式的 match()匹配内容。例如，找出所有以 b 开头的标签，类似<body>和<b>标签都可以被找到。

```
import re
for tag in soup.find_all(re.compile("^b")):
    print(tag.name)
```

与 re 模块配合，将 re.compile 编译的对象传入 find_all()方法。

（3）列表。如果传入列表参数，BeautifulSoup 将与列表中任一元素匹配的内容返回。例如，利用下面代码可以找到文档中所有<a>标签和<b>标签。

```
soup.find_all(["a", "b"])
```

（4）True。True 可以匹配任何值。例如，下面代码可以查找所有的节点，但是不返回字符串节点。

```
for tag in soup.find_all(True):
    print(tag.name)
```

（5）方法。如果没有合适的过滤器，可以定义一个方法，方法只接收一个元素参数，如果这个方法返回 True，表示当前元素匹配并且被找到，如果不是则返回 False。

【示例 1】校验当前元素，如果包含 class 属性，却不包含 id 属性，那么将返回 True。

```
def fn(tag):
    return tag.has_attr('class') and not tag.has_attr('id')
```

将这个方法作为参数传入 find_all()方法。

```
soup.find_all(has_class_but_no_id)
```

除了使用上面 5 种通用的过滤器外，find_all()方法还支持下面几种用法。

（1）搜索属性。如果一个指定名字的参数不是搜索内置的参数名，搜索时把该参数当作指定名字 tag 的属性来搜索。例如，如果包含一个名字为 id 的参数，BeautifulSoup 搜索每个 tag 的 id 属性。

```
soup.find_all(id='link2')
```

搜索指定名字的属性时，可以使用的参数值包括：字符串、正则表达式、列表和 True。例如，在文档树中查找所有包含 id 属性的 tag，无论 id 的值是什么。

```
soup.find_all(id=True)
```

使用多个指定名字的参数可以同时过滤 tag 的多个属性，例如：

```
soup.find_all(href=re.compile("elsie"), id='link1')
```

有些 tag 属性在搜索不能使用，如 HTML5 中的 data-*属性，可以通过 attrs 参数定义一个字典参数搜索包含特殊属性的 tag，例如：

```
data_soup.find_all(attrs={"data-foo": "value"})
```

（2）搜索文本。可以通过 text 参数定义一个字典参数来搜索包含特定文本的 tag，例如：

```
soup.find_all("a", text="百度一下,你就知道")
```

（3）限制查找范围。通过 recursive 参数，设置为 False，则可以将搜索范围限制在直接子节点中，例如：

```
soup.find_all("a",recursive=False)。
```

【示例 2】使用正则表达式匹配文档中包含字母 a 的所有节点对象。

```
from bs4 import BeautifulSoup                    # 从 bs4 库中导入 BeautifulSoup 模块
import re                                        # 导入 re 模块
f = open('test.html','r',encoding='utf-8')       # 打开 test.html
html = f.read()                                  # 读取全部源代码
f.close()                                        # 关闭文件
soup = BeautifulSoup(html, "html5lib")           # 创建 BeautifulSoup
tags = soup.find_all(re.compile("a"))            # 使用正则表达式匹配所有 a 字母的对象
print(tags)
```

输出为：

```
[<head>
        <meta charset="utf-8"/>
        <title>Hello,Wrold</title>
    </head>, <meta charset="utf-8"/>, <span><!--这里是注释的部分--></span>, <a href="https://www. baidu.com"> 百度一下，你就知道
</a>]
```

20.3.7　CSS 选择器

BeautifulSoup 支持大部分的 CSS 选择器（http://www.w3.org/TR/CSS2/selector.html），在 Tag 或 BeautifulSoup 对象的 select()方法中传入字符串参数，即可使用 CSS 选择器找到节点。例如：

- 通过 tag 标签逐层查找：soup.select("body a")。
- 找到某个 tag 标签下的直接子标签：soup.select("head > title")。
- 找到兄弟节点标签：soup.select("#link1 ~ .sister")。
- 通过 CSS 的类名查找：soup.select(".sister")。
- 通过 tag 的 id 查找：soup.select("#link1")、soup.select("a#link2")。
- 同时用多种 CSS 选择器查询元素：soup.select("#link1,#link2")。
- 通过是否存在某个属性查找：soup.select('a[href]')。
- 通过属性的值查找：soup.select('a[href="http://example.com/elsie"]')。
- 通过语言设置查找：soup.select('p[lang|=en]')。
- 返回查找到的元素的第一个：soup.select_one(".sister")。

对于熟悉 CSS 选择器语法的人来说，这是个非常方便的方法。BeautifulSoup 也支持 CSS 选择器 API，如果仅需要 CSS 选择器的功能，那么直接使用 lxml 就可以，而且速度更快，支持更多的 CSS 选择器语法，但 BeautifulSoup 整合了 CSS 选择器的语法和自身方便使用 API。

【示例】使用 select()方法匹配类名为 a 的标签。

```
from bs4 import BeautifulSoup                    # 从 bs4 库中导入 BeautifulSoup 模块
import re                                        # 导入 re 模块
f = open('test.html','r',encoding='utf-8')       # 打开 test.html
html = f.read()                                  # 读取全部源代码
f.close()                                        # 关闭文件
soup = BeautifulSoup(html, "html5lib")           # 创建 BeautifulSoup
tags = soup.select(".a")                         # 使用 CSS 选择器
print(tags)
```

输出为：

```
[<p class="a">这是一个示例</p>]
```

20.4 使用网络爬虫框架

除了直接使用 requests 和 BeautifulSoup 外，也可以使用网络爬虫框架。下面简单介绍常用的 Python 网络爬虫框架。

- Scrapy：一套比较成熟的 Python 爬虫框架，使用 Python 开发，可以高效爬取 Web 页面，并提取结构化数据。
- PySpider：由国内高手开发，使用 Python 编写的一个功能强大的网络爬虫框架。
- Crawley：是使用 Python 开发的一款爬虫框架，该框架致力于改变人们从互联网中提取数据的方式，可以更高效地从互联网中爬取对应内容。

本节重点介绍如何使用 Scrapy 框架爬取网络信息。

首先，安装 Scrapy 框架，代码如下：

```
pip install scrapy
```

如果直接安装总是出错，建议下载 wheel 文件进行安装，下载地址：https://www.lfd.uci.edu/~gohlke/pythonlibs/。

【示例】将爬取美剧天堂前 100 个最新信息，爬取网址：http://www.ttjj.cc/hit.php。

第 1 步，创建工程。新建文件夹，用于存放项目，然后在命令行窗口中使用 cd 命令切换到当前目录，再输入下面命令创建 Scrapy 项目。

```
scrapy startproject movie                        # movie 表示工程名，框架自动在当前
                                                 # 目录下创建一个同名的文件夹，包含工程文件
```

第 2 步，创建爬虫程序。使用 cd 命令切换到 movie 目录，再输入下面命令创建 Scrapy 程序。

```
cd movie
scrapy genspider meiju meijutt.com               # meiju 是爬虫名字，meijutt.com 是爬取的 URL 域名
```

第 3 步，自动创建目录及文件。完成前面 2 步操作，Scrapy 自动在指定文件夹中创建一个项目，并初始化爬虫程序文件的模板，如图 20.2 所示。

文件说明如下。

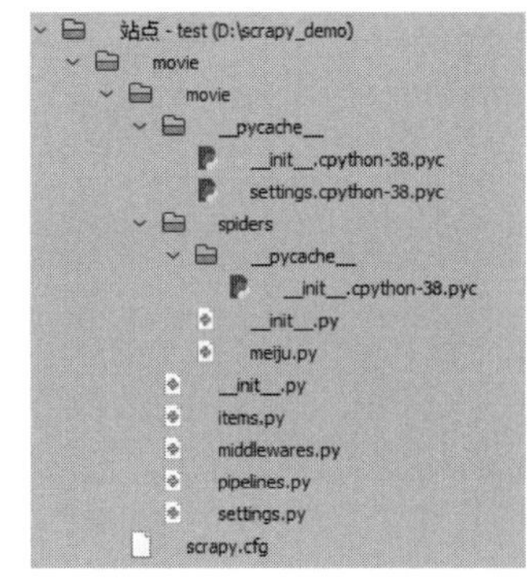

图 20.2　项目结构

- scrapy.cfg：项目的配置信息，主要为 Scrapy 命令行工具提供一个基础的配置信息。真正爬虫相关的配置信息在 settings.py 文件中。
- items.py：设置数据存储模板，用于结构化数据，类似 Django 的 Model。
- pipelines.py：数据处理行为，如一般结构化的数据持久化。
- settings.py 配置文件，如递归的层数、并发数，延迟下载等。
- spiders：爬虫目录，如创建文件、编写爬虫规则等。

注意：一般创建爬虫文件时，以网站域名命名。

第 4 步，设置数据存储模板。打开 items.py 文件，输入下面代码，设置数据存储的模板。本例仅存储项目的名称 name 字段。

```
import scrapy
class MovieItem(scrapy.Item):
    name = scrapy.Field()
```

第 5 步，编写爬虫程序。在 spiders 子目录中打开 meiju.py 文件，输入下面代码，设置下载器开始下载的页面 URL，以及爬虫要爬取的 HTML 结构片段。最后，使用 for 循环和迭代器，把每一个项目结构片段传递给 items.py 定义的字段模板。

完成本步操作之前，应该先熟悉目标页面的结构，以及要抓取的 HTML 片段，同时熟悉 XPath 基本语法。可以先使用浏览器访问该页面，使用 F12 键查看 HTML 结构。

```
import scrapy
from movie.items import MovieItem
class MeijuSpider(scrapy.Spider):
    name = "meiju"
    allowed_domains = ["meijutt.com"]
    start_urls = ['http://www.meijutt.com/new100.html']
    def parse(self, response):
        movies = response.xpath('//ul[@class="top-list    fn-clear"]/li')
        for each_movie in movies:
            item = MovieItem()
            item['name'] = each_movie.xpath('./h5/a/@title').extract()[0]
            yield item
```

第 6 步，设置配置文件。打开 settings.py 文件，然后添加下面代码。

```
ITEM_PIPELINES = {'movie.pipelines.MoviePipeline':100}
```

第 7 步，编写数据处理脚本。打开 pipelines.py 文件，输入下面代码。

```
class MoviePipeline(object):
    def process_item(self, item, spider):
        with open("my_meiju.txt",'a') as fp:
            fp.write(item['name'] + '\n')
```

第 8 步，执行爬虫。到第 7 步已经完成了爬虫程序的全部设计，下面就可以测试爬虫的工作状态了。在命令行窗口使用 cd 命令进入 mobie 目录，然后使用 scrapy crawl 命令进行测试。执行结果如图 20.3 所示。

my_meiju.txt - 记事本
文件(F) 编辑(E) 格式(O) 查看(V) 帮助(H)
在迪士尼的一天第一季
克莉丝汀·基勒的审判第一季
叉叉问问题第一季
迈罗.墨菲定律第一季
安迪·麦克第三季
不对等的爱情第二季
无声的证言第九季
法律与秩序第十六季
周六夜现场第四十五季
王室第三季
宇宙小子未来第一季
宇宙第一季
宇宙第二季
宇宙第三季
宇宙第四季
宇宙第五季
宇宙第八季
宇宙第九季
宇宙第七季
宇宙第六季
曼达洛人第二季
第 1 行，第 1 列　100%　Windows (CRLF)　ANSI

图 20.3　爬取的最新信息效果

```
cd movie
scrapy crawl meiju --nolog                        # meiju 表示程序名称，参数 nolog 表示不显示执行的 log 过程
```

20.5　案 例 实 战

在爬取博客文章的时候，一般都是先爬取列表页，然后根据列表页的爬取结果再爬取文章详情内容。而且列表页的爬取速度肯定要比详情页的爬取速度快。因此，可以设计线程 A 负责爬取文章列表页，线程 B、线程 C、线程 D 负责爬取文章详情。A 将列表 URL 结果放到一个类似全局变量的结构里，线程 B、C、D 从这个结构里获取结果。

本例使用 threading 负责线程的创建、开启等操作，使用 queue 负责维护那个类似于全局变量的结构。示例代码如下：

```
import threading                                  # 导入 threading 模块
from queue import Queue                           # 导入 queue 模块
import time                                       # 导入 time 模块
# 爬取文章详情页
def get_detail_html(detail_url_list, id):
    while True:
        url = detail_url_list.get()               # Queue 队列的 get 方法用于从队列中提取元素
        time.sleep(2)                             # 延时 2 s，模拟网络请求和爬取文章详情的过程
        print("thread {id}: get {url} detail finished".format(id=id,url=url))
                                                  # 打印线程 id 和被爬取了文章内容的 URL
# 爬取文章列表页
def get_detail_url(queue):
    for i in range(10000):
        time.sleep(1)                             # 延时 1 s，模拟比爬取文章详情要快
        queue.put("http://testedu.com/{id}".format(id=i))
                                                  # Queue 队列的 put 方法用于向 Queue 队列中
                                                  # 放置元素，由于 Queue 是先进先出队列，
                                                  # 所以先被 put 的 url 先被 get 出来
        print("get detail url {id} end".format(id=i))
                                                  # 打印得到了哪些文章的 URL
# 主函数
if __name__ == "__main__":
    # 用 Queue 构造一个大小为 1000 的线程安全的先进先出队列
```

```
detail_url_queue = Queue(maxsize=1000)
# 先创造 4 个线程，A 线程负责抓取列表 URL
thread = threading.Thread(target=get_detail_url, args=(detail_url_queue,))
html_thread= []
for i in range(3):
    thread2 = threading.Thread(target=get_detail_html, args=(detail_url_queue,i))
    html_thread.append(thread2)                          # 线程 B、C、D 抓取文章详情
start_time = time.time()
# 启动 4 个线程
thread.start()
for i in range(3):
    html_thread[i].start()
# 等待所有线程结束，thread.join()函数代表子线程完成之前，
# 其父进程一直处于阻塞状态
thread.join()
for i in range(3):
    html_thread[i].join()
# 等待 4 个线程都结束后，在主进程中计算总爬取时间
print("last time: {} s".format(time.time()-start_time))
```

在 Visual Studio Code 中测试效果如图 20.4 所示。

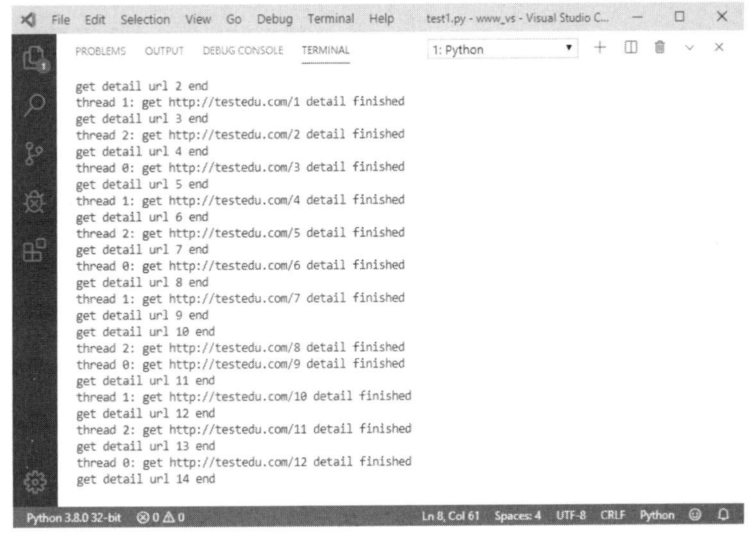

图 20.4　多线程在爬虫中应用演示效果

从运行结果可以看到各个线程之间有序地工作着，没有出现任何报错和警告的情况。可见，使用 Queue 队列实现多线程间的通信比直接使用全局变量安全，而且使用多线程比不使用多线程的爬取时间要少，在提高了爬虫效率的同时也兼顾了线程的安全。该方法在爬取测试数据的过程中是非常实用的一种方式。

提示：也可以直接使用一个全局变量来记录结果或者通信，但是全局变量并不是线程安全的。例如，全局变量里（列表类型）只有一个 URL，此时线程 B 判断全局变量为非空，还没有取出该 URL 之前，CPU 把时间片给了线程 C，线程 C 将全局变量中最后一个 URL 取走了，这时 CPU 时间片又轮到了线程 B，线程 B 就会因为在一个空的列表里取数据而报错。而 queue 模块实现了多生产者、多消费者队列，在放值、取值时是线程安全的。

20.6 在线支持

扫码免费学习
更多实用技能

一、补充知识

☑ BeautifulSoup 基本用法

☑ BeautifulSoup4 使用示例代码

二、进阶学习

☑ Requests 模块（一）

☑ Requests 模块（二）

☑ Requests 模块（三）

☑ Requests 模块（四）

☑ Requests 模块（五）

☑ Requests 模块（六）

☑ Beautiful Soup 4.4.0 文档

☑ BeautifulSoup4 快速入门

新知识、新案例不断更新中……

第 21 章

项目实战 2：网络数据爬取

本章借助 4 个综合项目练习网络数据的爬取技巧。项目运行环境说明如下。

- Python 环境：基于 Windows 10 + Python 3.9 开发环境。
- 爬虫框架：基于 Scrapy（项目四）。
- 开发工具：基于 Visual Studio Code 开发工具。
- 数据库：基于 SQLite 3（项目三）、MySQL 数据库（项目四）。

21.1 爬取主题图片

21.1.1 项目介绍

本例使用网络爬虫技术爬取百度图片，能够根据指定的关键字搜索相关主题的图片，然后把图片下载到本地指定的文件夹中。

21.1.2 设计思路

本例设计目标：通过百度图片引擎入口，抓取指定主题的图片，然后把抓取的图片保存到本地文件夹中。根据既定目标，主要思路如下。

第 1 步，需要把握抓取对象（URL）的规律。分析网页源代码和网页结构，在浏览器中配合 F12 键查看网页源代码，这一步是抓取成功的关键。

第 2 步，借助 HTTP 第三方库，获取 HTML 源代码。

第 3 步，使用正则表达式、XPath 表达式等技术，解析其结构，根据一定的逻辑分解其中的图片 URL。

第 4 步，把网上 URL 图片保存到本地，完成本例操作。

21.1.3 关键技术

把网上图片下载到本地。可以使用 request.urlretrieveO 函数；也可以使用 Python 的文件操作函数 write() 写入文件。爬取指定网页中的图片有两种选择方案，具体如下。

方案一，可以使用 urllib 库模拟浏览器访问网站的页面源代码。首先，源代码以字符串的形式返回；然后，使用正则表达式 re 库在字符串（即网页源代码）中匹配表示图片链接的子字符串，返回一个列表；最后，遍历列表，根据图片链接，下载并将图片保存到本地。

方案二，也可以使用 BeautifulSoup 抓取图片。BeautifulSoup 是一个 Python 处理 HTML 的函数库，是 Python 内置的网页分析工具，用来快速地转换被抓取的网页。它产生一个转换后 DOM 树，尽可能和原文档内容的含义一致，这种措施通常能够满足用户搜集数据的需求。BeautifulSoup 提供了一些简单的方法，以及类 Python 语法查找、定位、修改一棵转换后的 DOM 树。BeautifulSoup 自动将文档转换为 Unicode 编码，而且在输出的时候转换为 UTF-8。

使用 requests 请求 URL 和读取网页源代码。requests 库和 urllib 库的作用相似，且使用方法基本一致，都是根据 HTTP 协议操作各种消息和页面，但使用 requests 库比使用 urllib 库更简单。

21.1.4 设计过程

第 1 步，先研究百度图片的入口规律。

进入百度图片（https://image.baidu.com/），输入某个关键字，如 python，然后单击“百度一下”按钮搜索，可见如下网址：

```
https://image.baidu.com/search/index?tn=baiduimage&ipn=r&ct=201326592&cl=2&lm=-1&st=-1&fm=index&fr=&hs=0&xthttps=111111&sf=1&fmq=&pv=&ic=0&nc=1&z=&se=1&showtab=0&fb=0&width=&height=&face=0&istype=2&ie=utf-8&word=python&oq=python&rsp=-1
```

其中，word=python 查询字符串表示搜索的主题。所看见的页面是瀑布流版本，当向下滑动时可以不停刷新，这是一种动态的网页。需要按 F12 键，通过 Network 下的 XHR 分析网页的结构。

第 2 步，找到源代码规律之后，就可以编写 Python 代码。示例完整代码如下：

```
# 导入库
import requests
import os.path
import re
# 设置默认配置
MaxSearchPage = 20                                # 搜索页数
CurrentPage = 0                                   # 当前正在搜索的页数
DefaultPath = "pictures"                          # 默认储存位置
NeedSave = 0                                      # 是否需要储存
# 图片链接正则和下一页的链接正则
def imageFiler(content):                          # 通过正则获取当前页面的图片地址数组
    return re.findall('"objURL":"(.*?)"',content,re.S)
def nextSource(content):                          # 通过正则获取下一页的网址
    next = re.findall('<div id="page">.*<a href="(.*?)" class="n">',content,re.S)[0]
    print("---------" + "http://image.baidu.com" + next)
    return next
# 爬虫主体
def spidler(source):
    content = requests.get(source).text           # 通过链接获取内容
    imageArr = imageFiler(content)                # 获取图片数组
    global CurrentPage
    print("当前页： " + str(CurrentPage) )
    for imageUrl in imageArr:
        print(imageUrl)
        global  NeedSave
        if NeedSave:                              # 如果需要保存图片则下载图片，否则不下载图片
            global DefaultPath
            try:                                  # 下载图片并设置超时时间，如果图片地址错误就停止继续等待
                picture = requests.get(imageUrl,timeout=10)
            except:
                print("下载错误! errorUrl:" + imageUrl)
```

```
                continue
            # 创建图片保存的路径
            # imageUrl = imageUrl.replace('/','').replace(':','').replace('?','')
            imageUrl1 = os.path.basename(imageUrl)
            basepath = os.getcwd()
            print( imageUrl1 )
            pictureSavePath = basepath + "/" + DefaultPath + imageUrl1
            pictureSavePath = pictureSavePath.split("?")[0]
            print(pictureSavePath)
            fp = open(pictureSavePath,'wb')                  # 以写入二进制的方式打开文件
            fp.write(picture.content)
            fp.close()
    global MaxSearchPage
    if CurrentPage <= MaxSearchPage:                         # 继续下一页爬取
        if nextSource(content):
            CurrentPage += 1
            # 爬取完毕后通过下一页地址继续爬取
            spidler("http://image.baidu.com" + nextSource(content))
# 爬虫的开启方法
def  beginSearch(page=1,save=0,savePath="pictures/"):
    # page 指爬取页数，save 指是否储存，savePath 指默认储存路径
    global MaxSearchPage,NeedSave,DefaultPath
    MaxSearchPage = page
    NeedSave = save                                          # 是否保存，值为 0 时不保存，为 1 时保存
    DefaultPath = savePath                                   # 图片保存的位置
    key = input("请输入关键词： ")
    StartSource = "http://image.baidu.com/search/flip?tn=baiduimage&ie=utf-8&word=" + str(key) + "&ct=201326592&v=flip"
                                                             # 分析链接可以得到，
                                                             # 替换其'word'值后面的数据搜索关键词
    spidler(StartSource)
#调用开启的方法就可以通过关键词搜索图片了
beginSearch(page=5,save=1)                                   # page=5 是下载前 5 页，save=1 表示保存图片
```

第 3 步，运行程序之前，需要在当前目录下创建 pictures 文件夹。

第 4 步，运行程序，则 Python 自动开启搜索和下载指定图片的爬取过程，演示效果如图 21.1 所示。

第 5 步，执行完毕，打开 pictures 文件夹，可以看到爬取并保存的主题图片，效果如图 21.2 所示。

图 21.1　爬取过程

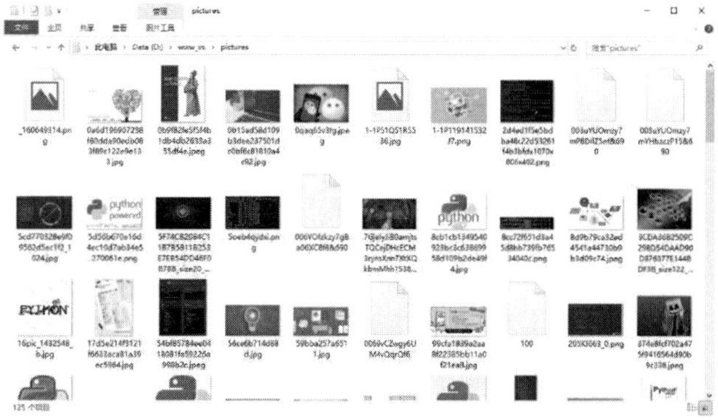

图 21.2　爬取的主题图片

21.2 爬取并地图显示房源信息

21.2.1 项目介绍

本例将从 58 同城信息网爬取相关城市的房源出租信息，然后通过高德地图把房源信息地图显示，通过地图进行浏览，点击相应热点文字，即可打开详细的信息页面。

21.2.2 项目分析

本例将通过 58 同城信息网（https://bj.58.com/）实现房源信息的获取。在获取房源信息前，需要分析URL，找到爬取信息的入口规律，获取网络请求地址。

使用浏览器打开 58 同城官方网站，选择“房产→租房”选项。然后以北京市为例，选择“品牌公寓”选项，再依次选择“位置”→“朝阳”→“望京”→“租金”→“2000—3000”，此时刷新页面后得到的网页地址如下。注意，要结合实时网址具体分析，网站可能会随时调整 URL 规则。

https://bj.58.com/wangjing/pinpaigongyu/?minprice=2000_3000&PGTID=0d3111f6-004b-3728-a9ce-945c1285c742&ClickID=1

经过不断的观察与分析，终于得到了获取 58 同城房源信息的请求地址，接下来将通过请求地址进行房源数据的分析，然后实现房源数据的爬取，并将爬取后的数据生成房源信息文件。

21.2.3 爬取数据

新建 Python 文件，保存为 crawl.py，输入下面代码，用来抓取房源信息，并保存为 renting.csv。然后，输入示例完整代码。

```
import requests                                                    # 网络请求模块
from bs4 import BeautifulSoup                                      # 网页解析模块
import csv                                                         # csv 文件模块
def get_html():
    # 网址
    url = 'https://bj.58.com/wangjing/pinpaigongyu/pn/{page}/?minprice=2000_3000'
    page = 0                                                       # 初始化页码
    # 打开 re.csv 文件，如果没有就创建一个，并设置写入模式
    csv_file = open('renting.csv', 'w', encoding='utf_8_sig', newline='')
    writer = csv.writer(csv_file, dialect='excel')                 # 创建 writer 对象
    while True:                                                    # 循环所有页面
        page += 1
        response = requests.get(url.format(page=page))             # 抓取目标页面
        response.encoding = 'utf-8'                                # 设置编码方式
        # 创建一个 BeautifulSoup 对象，获取页面正文
        html = BeautifulSoup(response.text, "html.parser")
        house_list = html.select(".list > li")                     # 获取当前页面的房子信息
        print('正在下载网页', url.format(page=page))
        page_a_list = html.find('div',class_='page')               # 查看页面中是否有切换页面的按钮
        if page_a_list !=None:                                     # 判断存在切换页面的按钮时
            page_a_list=page_a_list.select('span')                 # 查找关于按钮名称的代码
            str_page = str(page_a_list)                            # 将代码转换成字符类型
```

```
            if '<span>下一页</span>' in str_page:                  # 判断当前页面是否有“下一页”按钮
                write_file(house_list,writer)                      # 如果有就写入数据并继续循环下一页
            else:                                                  # 否则就写入当前页面的数据，跳出循环
                write_file(house_list,writer)
                csv_file.close()                                   # 关闭文件
                break
        else:                                                      # 当前页面没有切换按钮时，写入当前页面数据，跳出循环
            write_file(house_list, writer)
            csv_file.close()                                       # 关闭文件
            break
def write_file(house_list,writer):
    for house in house_list:                                       # 遍历房子信息
        if house != None:
            house_title = house.find('div', class_='img').img.get('alt')  # 获取房子标题
            house_info_list = house_title.split()                  # 对标题进行分隔
            house_location = house_info_list[1]                    # 获取房子位置
            house_url = house.select("a")[0]["href"]               # 获取房子链接地址
            writer.writerow([house_title, house_location, house_url])  # 写入一行数据
get_html()
```

运行上面文件，抓取房源信息，保存到当前目录中，如图 21.3 所示。

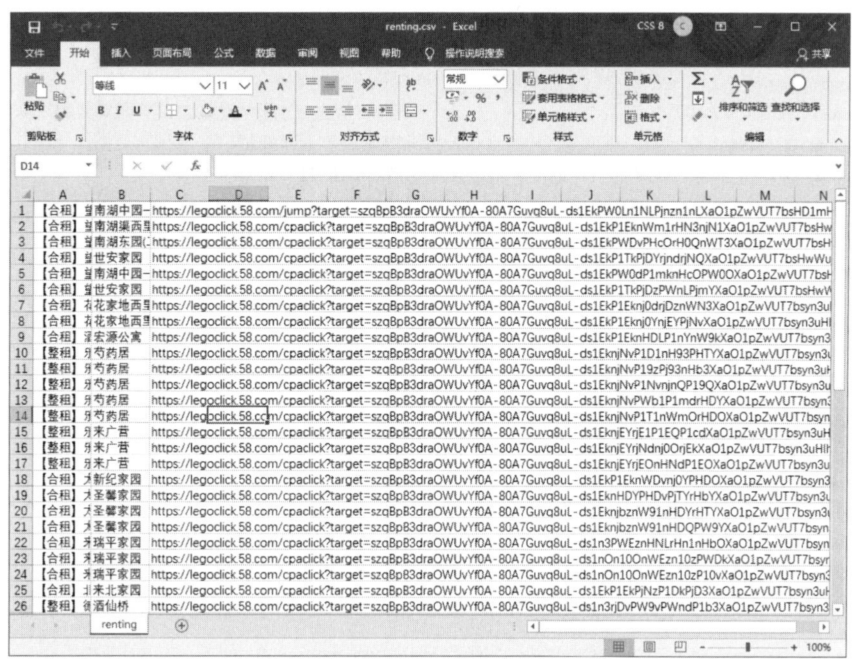

图 21.3　爬取房源信息

21.2.4　导入高德地图

新建 HTML 文档，保存为 index.html，使用 JavaScript 导入高德地图。主要 HTML 结构和 JavaScript 脚本如下，完整代码请参考本节示例源码。

```
<div id="container"></div>    <!--显示输入地址面板-->
<div class="control-panel">
    <div class="control-entry">
```

```
            <label>输入工作地点：</label>
            <div class="control-input">
                <input id="work-location" type="text">
            </div>
        </div>
        <div class="control-entry">          <!--显示导入房源的面板-->
            <label>导入房源文件：</label>
            <div class="control-input">
                <input type="file" name="file" onChange="importRentInfo(this)"/>
            </div>
        </div>
</div>
<div id="transfer-panel"></div>
<script>
    //地图部分
    var map = new AMap.Map("container", {
        resizeEnable: true,                                  //页面可调整大小
        zoomEnable: true,                                    //可缩放
        center: [116.397428, 39.90923],                      //地图中心，这里使用的是北京的经纬度
        zoom: 11                                             //缩放等级，数字越大离地球越近
    });
    var scale = new AMap.Scale();                            //添加标尺
    map.addControl(scale);
var x, y, t, vehicle = "SUBWAY,BUS";                         //经度，纬度，时间，通勤方式（默认地铁+公交）
var workAddress, workMarker;                                 //工作地点，工作标记
var rentMarkerArray = [];                                    //房源标记数组
var polygonArray = [];                                       //多边形数组，存储到达范围的计算结果
var amapTransfer;                                            //路线规划
var arrivalRange = new AMap.ArrivalRange();                  //到达范围对象
var infoWindow = new AMap.InfoWindow({                       //信息窗体对象
    offset: new AMap.Pixel(0, -30)
});
var auto = new AMap.Autocomplete({                           //地址自动补全对象
    input: "work-location"                                   //根据 id 指定输入内容
});
//添加事件监听，在选择地址以后调用 workLocationSelected
AMap.event.addListener(auto, "select", workLocationSelected);
function workLocationSelected(e) {                           //选择工作地点后触发的方法
    workAddress = e.poi.name;                                //更新工作地点，加载到达范围
    loadWorkLocation();                                      //调用加载 1 h 到达区域的方法
}
function loadWorkMarker(x, y, locationName) {                //加载工作地点标记
    workMarker = new AMap.Marker({
        map: map,
        title: locationName,
        icon: 'http://webapi.amap.com/theme/v1.3/markers/n/mark_r.png',
        position: [x, y]
    });
}
function delWorkLocation() {                                 //清除已有的到达区域
    if (polygonArray) map.remove(polygonArray);
    if (workMarker) map.remove(workMarker);
```

```
    polygonArray = [];
}
function loadWorkRange(x, y, t, color, v) {                          //加载到达范围
    arrivalRange.search([x, y], t, function(status, result) {
        if (result.bounds) {
            for (var i = 0; i < result.bounds.length; i++) {
                var polygon = new AMap.Polygon({                     //多边形对象
                    map: map,
                    fillColor: color,                                //填充色
                    fillOpacity: "0.4",                              //透明度
                    strokeWeight: 1                                  //线宽
                });
                polygon.setPath(result.bounds[i]);                   //到达范围的多边形路径
                polygonArray.push(polygon);                          //增加多边形
            }
        }
    }, {
        policy: v
    });
}
function loadWorkLocation() {                                        //加载 1 h 到达区域
    delWorkLocation();                                               //清除已有的到达区域
    var geocoder = new AMap.Geocoder({                               //创建地址坐标对象
        city: "北京",
        radius: 1000
    });
    geocoder.getLocation(workAddress, function(status, result) {      //获取位置
        if (status === "complete" && result.info === 'OK') {
            var geocode = result.geocodes[0];                        //获取地址编码
            x = geocode.location.getLng();                           //经度
            y = geocode.location.getLat();                           //纬度
            loadWorkMarker(x, y);                                    //加载工作地点标记
            //加载工作地点 1 h 内到达的范围
            loadWorkRange(x, y, 60, "#3f67a5", vehicle);
            map.setZoomAndCenter(12, [x, y]);                        //地图移动到工作地点的位置
        }
    })
}
function importRentInfo(fileInfo) {                                  //导入房源信息触发的方法
    var file = fileInfo.files[0].name;                               //获取房源文件名称
    loadRentLocationByFile(file);
}
function delRentLocation() {                                         //清除现有的房源标记
    if (rentMarkerArray) map.remove(rentMarkerArray);
    rentMarkerArray = [];
}
function loadRentLocationByFile(fileName) {                          //加载房源位置
    delRentLocation();                                               //清除现有的房源标记
    var rent_locations = new Set();                                  //所有的地点都记录在集合中
    $.get(fileName, function(data) {                                 //获取文件中的房源信息
        data = data.split("\n");                                     //分割信息
        data.forEach(function(item, index) {                         //遍历房源位置
```

```
                rent_locations.add(item.split(",")[1]);
            });
            rent_locations.forEach(function(element, index) {
                addMarkerByAddress(element);                          //加上房源标记
            });
        });
}
function addMarkerByAddress(address) {                                //添加房源标记
    var geocoder = new AMap.Geocoder({                                //地理编码对象
        city: "北京",
        radius: 1000
    });
    geocoder.getLocation(address, function(status, result) {          //获取位置
        if (status === "complete" && result.info === 'OK') {
            var geocode = result.geocodes[0];                         //获取地理编码
            rentMarker = new AMap.Marker({                            //标记对象
                map: map,                                             //显示标记的地图
                title: address,                                       //鼠标移动至标记时所显示的文字
                //标记图标地址
                icon: 'http://webapi.amap.com/theme/v1.3/markers/n/mark_b.png',
                //位置
                position: [geocode.location.getLng(), geocode.location.getLat()]
            });
            rentMarkerArray.push(rentMarker);
            //相关房源网络地址
            rentMarker.content = "<div>房源：<a target = '_blank'href='http://bj.58.com/pinpaigongyu/?key=" + address + "'>" +
address + "</a><div>"
              rentMarker.on('click', function(e) {                    //标记的事件处理
                infoWindow.setContent(e.target.content);              //设置信息窗体显示的内容
                infoWindow.open(map, e.target.getPosition());
                if (amapTransfer) amapTransfer.clear();               //路线规划是否清除
                amapTransfer = new AMap.Transfer({                    //换乘对象
                    map: map,
                    policy: AMap.TransferPolicy.LEAST_TIME,
                    city: "北京市",
                    panel: 'transfer-panel'
                });
                amapTransfer.search([{                                //根据起点、终点坐标查询换乘路线
                    keyword: workAddress
                }, {
                    keyword: address
                }], function(status, result) {})
            });
        }
    })
}
</script>
```

抓取房源信息，保存到当前目录中，然后运行上面文件，把数据导入高德地图，演示效果如图 21.4 所示。

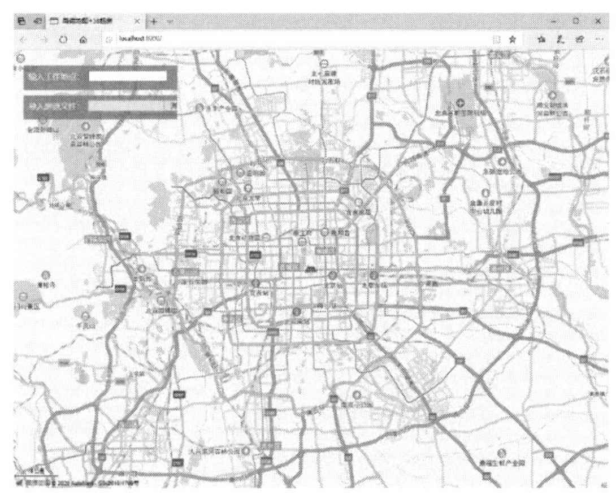

图 21.4　导入高德地图

21.2.5　在地图上显示房源信息

新建 Python 文档，保存为 ihttp_server.py，输入下面代码，设计一个临时 HTTP 运行服务器。

```
# 导入服务器模块
from http.server import HTTPServer, CGIHTTPRequestHandler
PORT = 8000                                                          # 端口
httpd = HTTPServer(("", PORT), CGIHTTPRequestHandler)                # 创建服务器对象
print("serving at port", PORT)
httpd.serve_forever()                                                # 反复处理连接请求
```

运行 http_server.py，开启一个临时的 HTTP Server 服务器。在浏览器的地址栏中输入 http://localhost:8000/，将显示高德地图的运行效果，如图 21.4 所示。

打开地图网页后，在编辑框中输入工作地点，将显示自动补全的信息提示。工作地点选择完成以后，将在地图中显示 1 h 内可以到达的范围。

单击选择文件按钮导入房源信息文件。房源文件导入后，网页中的地图将自动显示房源位置的标记，如图 21.5 所示。

单击任意房源位置的标记，地图将显示起点至终点的路线规划图，然后地图左侧将显示路线规划具体的信息。单击标记顶部的房源名称，打开该房源相关信息的网页地址，如图 21.6 所示。

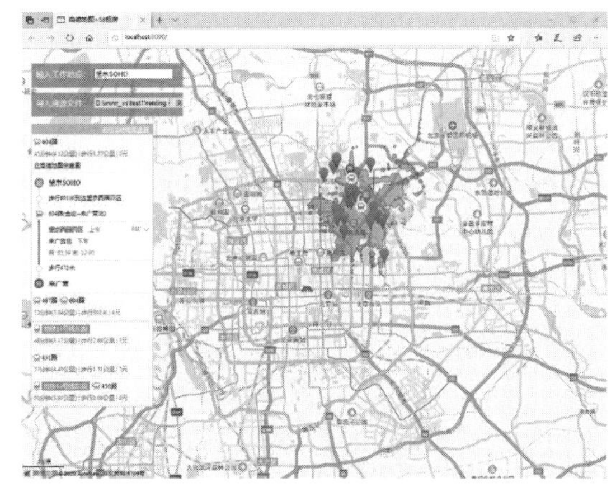

图 21.5　显示房源位置标记

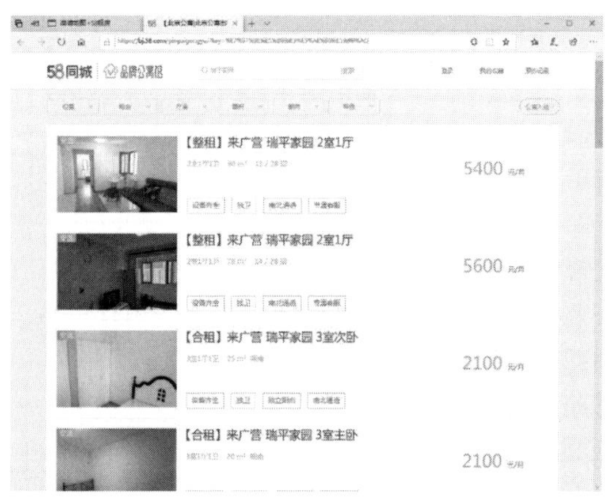

图 21.6　打开房源相关信息页面

21.3 网站分词索引

21.3.1 项目介绍

本例使用 Python 建立一个指定网站专用的 Web 搜索引擎，它能爬取所有指定的网页信息，然后准确地进行中文分词，创建网站分词索引，从而实现对网站信息的快速检索展示。

本例以清华大学官网新闻网站（http://news.tsinghua.edu.cn）为练习目标，抓取所有新闻页面，然后对其进行分词索引，构建分词索引数据库，方便用户对清华新闻资讯的快速检索。

21.3.2 设计思路

第 1 步，爬取整个网站，得到所有网页链接。

爬取的方式包括：广度优先搜索（BFS）和深度优先搜索（DFS）。本例采用广度优先搜索策略，实现完整的站内新闻检索。

第 2 步，获取网页源代码，解析新闻内容、标题等信息。

第 3 步，对获取的内容进行分词，建立分词索引库。

索引一般包括：正排索引（正向索引）和倒排索引（反向索引）两种类型。具体分析如下。

（1）正排索引（正向索引，forward index）。正排数据表是以文档的 ID 为关键字，表中记录文档（即网页）中每个字或词的位置信息，查找时扫描表中每个文档中字或词的信息，直到找出所有包含查询关键字的文档。这种组织方法在建立索引时，结构比较简单，建立比较方便，且易于维护。因为索引是根据文档建立的，若是有新的文档加入，直接为该文档建立一个新的索引块，添加在原来索引文件的后面；若是有文档删除，则直接找到该文档号对应的索引信息，将其直接删除。但是在查询的时候需要对所有的文档进行扫描，以确保没有遗漏，这样就使得搜索的时间大大延长，检索效率低下。

正排数据表的工作原理非常简单，但是由于其搜索效率太低，除非在特定情况下，否则实用价值不高。

（2）倒排索引（反向索引，inverted index）。倒排数据表以字或词为关键字进行索引，表中关键字所对应的记录表项记录了出现这个字或词的所有文档，一个表项就是一个字表段，它记录该文档的 ID 和字符在该文档中出现的位置情况。

由于每个字或词对应的文档数量在动态变化，所以倒排表的建立和维护都较为复杂，但是在查询的时候由于可以一次性得到查询关键字所对应的所有文档，所以效率高于正排数据表。

在全站搜索中，搜索的响应速度是一个关键的性能，而索引的建立由于在后台进行，尽管效率相对低一些，但不会影响整个搜索引擎的效率。

简单总结，正排索引是从文档到关键字的映射，即已知文档求关键字；倒排索引是从关键字到文档的映射，即已知关键字求文档。

在搜索引擎中，每个文件都对应一个文件 ID，文件内容被表示为一系列关键词的集合。实际上，在搜索引擎索引库中关键词已经转换为关键词 ID。

例如，“文档 1"经过分词提取了 20 个关键词，每个关键词都记录它在文档中的出现次数和出现位置，得到正向索引的结构如下：

```
“文档 1”的 ID → 关键词 1:出现次数，出现位置列表；关键词 2:出现次数，出现位置列表；关键词 3:出现次数，出现位置列表;…
“文档 2”的 ID → 关键词 1:出现次数，出现位置列表；关键词 2:出现次数，出现位置列表；关键词 3:出现次数，出现位置列表;…
```

例如，当用户搜索关键词“研究生”时，假设只存在正向索引，那么就需要扫描索引库中的所有文档，找出所有包含关键词“研究生”的文档，再根据打分模型进行打分，排出名次后呈现给用户。因为互联网上收录在搜索引擎中的文档的数目是个天文数字，这样的索引结构根本无法满足实时返回排名结果的要求。

所以，搜索引擎会将正向索引重新构建为倒排索引，即把文件 ID 对应到关键词的映射转换为关键词到文件 ID 的映射，每个关键词都对应一系列的文件，这些文件中都出现这个关键词，得到倒排索引的结构如下：

```
“关键词 1”的 ID → 文档 1 ID; 文档 2 ID; 文档 3 ID;…
“关键词 2”的 ID → 文档 1 ID; 文档 2 ID; 文档 3 ID;…
```

第 4 步，在搜索时，根据搜索关键词在词条索引中查询，按顺序返回相关的搜索结果，也可以按网页评价排名顺序返回相关的搜索结果。

当用户输入一串搜索字符串时，程序先进行分词，然后依照每个词的索引找到相应网页。假如在搜索框中输入“清华大学”，搜索引擎首先对字符串进行分词处理：“清华/大学”，然后按照一定的规则对词做布尔运算。例如，每个词之间做与运算，在索引中搜索“同时”包含这些词的页面。

21.3.3　设计结构

本例主要由以下 4 个模块组成。

- 信息采集模块：主要是利用网络爬虫实现对网站信息的抓取。
- 索引模块：负责对爬取的新闻网页的标题、内容进行分词并建立倒排词表。
- 网页排名模块：TF/IDF 是一种统计方法，用于评估一个关键词对于一个文件集的重要程度。
- 用户搜索界面模块：负责用户关键字的输入，以及搜索结果信息的返回。

21.3.4　关键技术

中文分词就是将连续的字序列按照一定的规范重新组合成词序列的过程。中文分词是网页分析索引的基础。分词的准确性对搜索引擎十分重要，如果分词速度太慢，即使再准确，对于搜索引擎也是不可用的，因为搜索引擎需要处理很多网页，如果分析消耗的时间过长，会严重影响搜索引擎内容更新的速度。因此，搜索引擎对于分词的准确率和速率都提出了很高的要求。

jieba 是一个支持中文分词、高准确率、高效率的 Python 中文分词模块，它支持繁体分词和自定义词典，并支持 3 种分词模式。

- 精确模式：试图将句子最精确地切开，适合文本分析。
- 全模式：把句子中所有可以成词的词语都扫描出来，速度非常快，但是不能解决歧义的问题。
- 搜索引擎模式：在精确模式的基础上，对长词再次切分，提高召回率，适合用于搜索引擎分词。

使用该技术之前，需要安装 jieba 模块：

```
pip install jieba
```

jieba 模块提供了 jieba.cut()方法用于分词，cut()方法接收两个输入参数：第 1 个参数为需要分词的字符串，第 2 个参数用来控制分词模式。

jieba.cut()返回的结构是一个可迭代的生成器（generator），可以使用 for 循环获得分词后得到的每一个词语，也可以用 list(jieba.cut(…))转化为 list 列表。

jieba.cut_for_search()方法仅有一个参数，为分词的字符串，该方法适用于搜索引擎构造倒排索引的分词，粒度比较细。

deque（double-ended queue）双向队列类，类似于 list 列表，位于 Python 标准库 collections 中。它提供了两端都可以操作的序列，这意味着在序列的前后都可以执行添加或删除操作。

deque 支持从任意一端添加元素。append()用于从右端添加一个元素，appendleft()用于从左端添加一个元素。deque 也支持从任意一端抛出元素。pop()用于从右端抛出一个元素，popleft()用于从左端抛出一个元素。

21.3.5　数据结构

在数据库中建立两个表，其中一个是 doc 表，存储每个网页 ID 和 URL 链接，如图 21.7 所示。另一个是 word 表，即倒排表，存储词语和其对应的网页 ID 的 list，如图 21.8 所示。

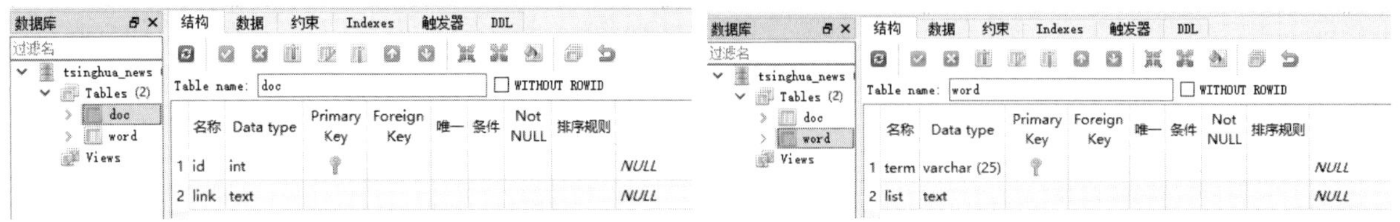

图 21.7　doc 数据表结构　　　　图 21.8　word 数据表结构

21.3.6　数据集合

如果一个词在某个网页中出现多次，那么 list 中这个网页的序号也出现多次。list 最后转换成一个字符串存进数据库。

例如，词“清华”出现在网页 ID 为 12、15、18 号的网页里，12 号页面 1 次，15 号页面 3 次，18 号页面 2 次，它的 list 应为[12,15,15,15,18,18]，转换成字符串“12 15 15 15 18 18”存储在 word 表的一条记录中，如图 21.9、图 21.10 所示。

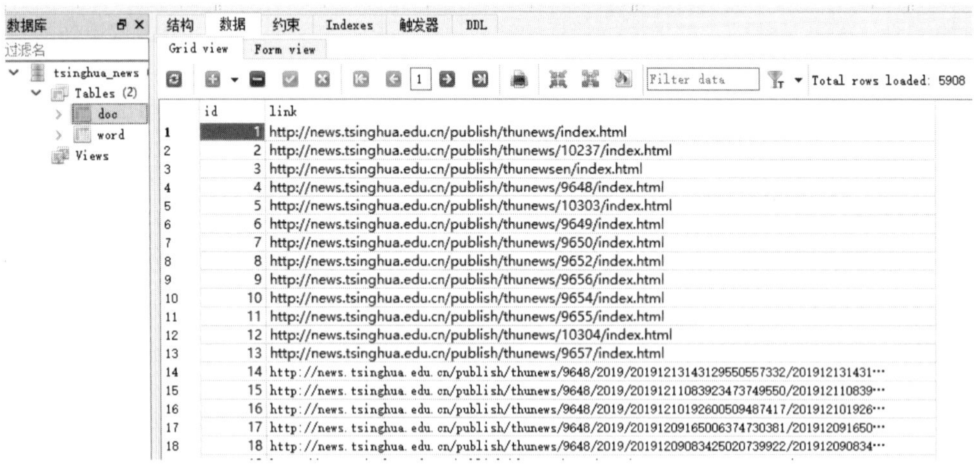

	id	link
1	1	http://news.tsinghua.edu.cn/publish/thunews/index.html
2	2	http://news.tsinghua.edu.cn/publish/thunews/10237/index.html
3	3	http://news.tsinghua.edu.cn/publish/thunewsen/index.html
4	4	http://news.tsinghua.edu.cn/publish/thunews/9648/index.html
5	5	http://news.tsinghua.edu.cn/publish/thunews/10303/index.html
6	6	http://news.tsinghua.edu.cn/publish/thunews/9649/index.html
7	7	http://news.tsinghua.edu.cn/publish/thunews/9650/index.html
8	8	http://news.tsinghua.edu.cn/publish/thunews/9652/index.html
9	9	http://news.tsinghua.edu.cn/publish/thunews/9656/index.html
10	10	http://news.tsinghua.edu.cn/publish/thunews/9654/index.html
11	11	http://news.tsinghua.edu.cn/publish/thunews/9655/index.html
12	12	http://news.tsinghua.edu.cn/publish/thunews/10304/index.html
13	13	http://news.tsinghua.edu.cn/publish/thunews/9657/index.html
14	14	http://news.tsinghua.edu.cn/publish/thunews/9648/2019/20191213143129550557332/201912131431…
15	15	http://news.tsinghua.edu.cn/publish/thunews/9648/2019/20191211083923473749550/201912110839…
16	16	http://news.tsinghua.edu.cn/publish/thunews/9648/2019/20191210192600509487417/201912101926…
17	17	http://news.tsinghua.edu.cn/publish/thunews/9648/2019/20191209165006374730381/201912091650…
18	18	http://news.tsinghua.edu.cn/publish/thunews/9648/2019/20191209083425020739922/201912090834…

图 21.9　doc 数据表中存储的信息

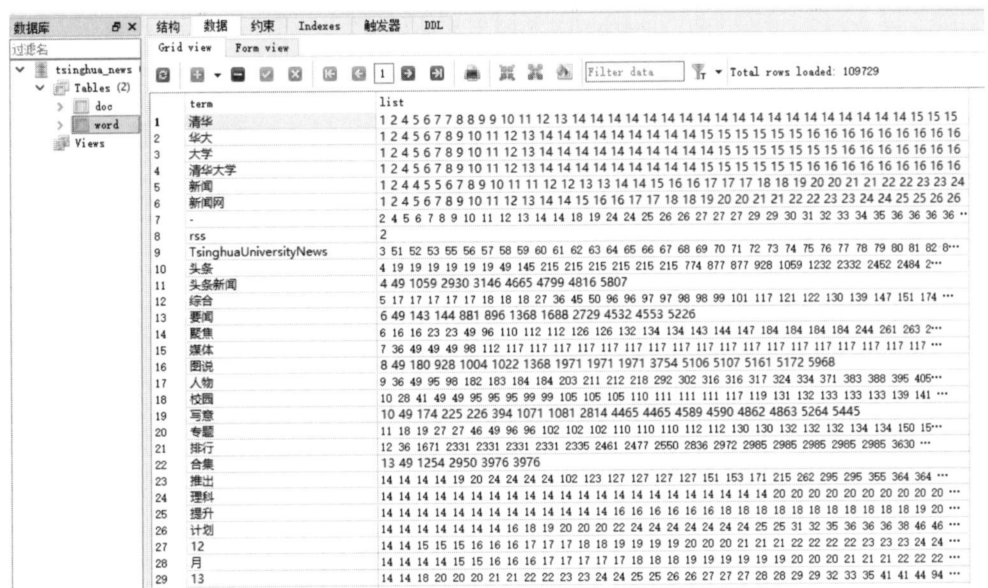

图 21.10　word 数据表中存储的信息

21.3.7　设计过程

第 1 步，信息采集模块。

获取初始的 URL。初始的 URL 地址可以由用户指定的某个或某几个初始爬取网页决定。

根据初始的 URL 爬取页面，获得新的 URL。在获得初始的 URL 地址之后，首先需要爬取对应 URL 地址中的网页，在爬取了对应的 URL 地址中的网页后，将网页存储到原始数据库中，并且在爬取网页的同时发现新的 URL 地址，将已爬取的 URL 地址存放到一个已爬 URL 列表中，用于重复判断爬取的进程。

将新的 URL 放到 URL 队列中。将之前获取的新的 URL 地址放到 URL 队列中。

从 URL 队列中读取新的 URL，并依据新的 URL 爬取网页，同时从新网页中获取新 URL，并重复上述的爬取过程。

当满足爬虫系统设置的停止条件时停止爬取。在编写爬虫的时候一般会设置相应的停止条件。如果没有设置停止条件，爬虫会一直爬取下去，直到无法获取新的 URL 地址为止；若设置了停止条件，爬虫则在停止条件满足时停止爬取。

使用 unvisited 队列存储待爬取 URL 链接的集合，并使用广度优先搜索，使用 visited 集合存储已访问过的 URL 链接。

第 2 步，索引模块。

建立倒排词表。解析新闻网页内容，这个过程需要根据网站的网页结构具体情况处理。

提取的网页内容存在 title、article 中，对它们进行中文分词，并对每个分出的词语建立倒排词表。

第 3 步，网页排名和搜索。

网页排名采用 TF/IDF 统计。TF/IDF 是一种用于信息检索与数据挖掘的常用加权技术。TF/IDF 用于评估一词对于一个文件集或一个语料库中的一份文件的重要程度。TF（term frequency）的意思是词频，IDF（inverse document frequency）的意思是逆文本频率指数。TF 表示词条 t 在文档 d 中出现的频率。IDF 的主要设计思想是：如果包含词条 t 的文档越少，则词条 t 的 IDF 越大，说明词条 t 具有很好的类别区分能力。词条 t 的 IDF 计算公式如下：idf = log（N/df）。其中，N 是文档总数，df 是包含词条 t 的文档数量。

在本例中，tf={文档号:出现次数}存储的是某个词在文档中出现的次数。例如，“清华”的 tf={12:1，15:3，18:2}，即词“清华”出现在网页 ID 为 12、15、18 号的网页里，出现次数为 12 号页面 1 次，15 号页面 3 次，18 号页面 2 次。score= {文档号:文档得分}用于存储搜索到文档的排名得分。

21.3.8 执行程序

1. 信息采集和索引模块（test1.py）

运行 test1.py，进行信息采集和构建索引数据库。

```
# test1.py    信息采集和索引模块
import sys
from collections import deque
import urllib
from urllib import request
import re
from bs4 import BeautifulSoup
import lxml
import sqlite3
import jieba
safelock=input('整个检索可能需要很长时间，确定要重构清华网站的新闻词库？(y/n)')
if safelock!='y':
    sys.exit('退出')
url='http://news.tsinghua.edu.cn/publish/thunews/index.html'
                                                        # 'http://news.tsinghua.edu.cn/'表示入口
unvisited=deque()                                       # 待爬取链接的列表，使用广度优先搜索
visited=set()                                           # 已访问的链接集合
unvisited.append(url)
conn=sqlite3.connect('tsinghua_news.db')                # 创建或打开数据库
c=conn.cursor()                                         # 获取游标指针
# 创建数据表
c.execute('create table    IF NOT EXISTS    doc (id int primary key,link text)')
c.execute('create table    IF NOT EXISTS    word (term varchar(25) primary key,list text)')
conn.commit()                                           # 提交操作
conn.close()                                            # 关闭连接
print('***************开始，请耐心等待***************')
cnt=0
while unvisited:
    url=unvisited.popleft()                             # 从左侧读取第一个 URL 列表项
    visited.add(url)                                    # 同时存入已读取列表中
    cnt+=1
    print('开始抓取第',cnt,'个链接：',url)
    try:                                                # 爬取网页内容，时长 30 s，避免假死问题
        response=request.urlopen(url,timeout=3)         # 设置请求失效为 3 s，可根据情况调整
        content=response.read().decode('utf-8')         # 读取网页内容
    except:                                             # 如果读取失败，则继续下一条
        continue
    # 检索下一个可爬取的链接，因为搜索范围是网站内，
    # 所以对链接有格式要求，这个格式要求根据具体情况而定
    # 解析网页内容，可能有多种情况，根据网站网页的具体情况而定
    soup=BeautifulSoup(content,'lxml')
    all_a=soup.select("a[href]")                        # 本页面所有包含 href 属性的链接
    for a in all_a:
```

```
        x=a.attrs['href']                                    # 获取网址
        if re.match(r'http.+',x):                            # 排除是 http 开头，
                                                             # 而不是 http://news.tsinghua.edu.cn 的网址，
                                                             # 限定检索链接的范围，仅检索清华新闻网页
            if not re.match(r'http\:\/\/news\.tsinghua\.edu\.cn\/.+',x):
                continue
        if re.match(r'\/publish\/.+',x):                     # "/publish/thunews/9654/20191234.html"
            x='http://news.tsinghua.edu.cn'+x
        elif re.match(r'publish/.+',x) :                     # "publish/thunews/9654/20191234.html"
            x='http://news.tsinghua.edu.cn/'+x
        elif re.match(r'\.\.\/publish/.+',x):                # "../publish/thunews/9654/20191234.html"
            x='http://news.tsinghua.edu.cn'+x[2:]
        elif re.match(r'\.\.\/\.\.\/publish/.+',x):          # "../../publish/thunews/9654/2019123420314.html"
            x='http://news.tsinghua.edu.cn'+x[5:]
        if not re.match(r'.+\.html?$',x):                    # 过滤非.html、.htm 网页文件，
                                                             # 要根据具体网站而定，对于动态生成页面，
                                                             # 可能为其他扩展名，
                                                             # 主要目的是过滤.pdf、.jpg、.png 等非网页文件
            continue
        if (x not in visited) and (x not in unvisited):      # 存入未访问列表
            unvisited.append(x)
# 分词
title=soup.title                                             # 网页标题
article=soup.find('article',class_='article')                # 新闻文章内容
if title==None and article==None:
    print('无内容的页面。')
    continue
elif article==None:
    print('只有标题。')
    title=title.text
    title=''.join(title.split())
    article=''
else:
    title=title.text
    title=''.join(title.split())
    article=article.get_text("",strip=True)
    article=''.join(article.split())
print('网页标题：',title)
# 提取出的网页内容储存在 title 和 article 两个变量里，对它们进行中文分词
seggen=jieba.cut_for_search(title)
seglist=list(seggen)
seggen=jieba.cut_for_search(article)
seglist+=list(seggen)
# 数据存储
conn=sqlite3.connect("tsinghua_news.db")
c=conn.cursor()
print(cnt)
print(url)
c.execute('insert into doc values(?,?)',(cnt,url))
conn.commit()
# 对每个分出的词语建立词表
for word in seglist:
    # 检验这个词语是否已存在于数据库中
    c.execute('select list from word where term=?',(word,))
```

```
            result=c.fetchall()
            if len(result)==0:                                          # 如果不存在
                docliststr=str(cnt)
                c.execute('insert into word values(?,?)',(word,docliststr))
            else:                                                       # 如果已存在
                docliststr=result[0][0]                                 # 得到字符串
                docliststr+=' '+str(cnt)
                c.execute('update word set list=? where term=?',(docliststr,word))
        conn.commit()
        conn.close()
print('***************词库重构完毕***************')
```

2. 搜索模块（test2.py）

运行 test2.py，搜索关键词在网站中出现的页面。

```
# test2.py   打分和搜索模块
import re
import urllib
from urllib import request
from collections import deque
from bs4 import BeautifulSoup
import lxml
import sqlite3
import jieba
import math
conn=sqlite3.connect("tsinghua_news.db")
c=conn.cursor()
c.execute('select count(*) from doc')
N=1+c.fetchall()[0][0]                                      # 文档总数
target=input('请输入搜索词：')
seggen=jieba.cut_for_search(target)
score={}                                                    # 文档号：文档得分
for word in seggen:
    print('得到查询词：',word)
    # 计算 score
    tf={}                                                   # 文档号：文档数
    c.execute('select list from word where term=?',(word,))
    result=c.fetchall()
    if len(result)>0:
        doclist=result[0][0]                                # 字符串“12 35 35 35 88 88”
        doclist=doclist.split(' ')                          # ['12','35','35','35','88','88']
        doclist=[int(x) for x in doclist]                   # 把字符串转换为 int 类型的 list [12,35,35,35,88,88]
        df=len(set(doclist))                                # 当前 word 对应的 df 数（即几篇文档中出现）
        idf=math.log(N/df)
        print('idf：',idf)
        for num in doclist:
            if num in tf:
                tf[num]=tf[num]+1
            else:
                tf[num]=1
        for num in tf:                                      # tf 统计结束，现在开始计算 score
            if num in score:                                # 如果该 num 文档已经有分数，则累加计算
                score[num]=score[num]+tf[num]*idf
            else:
```

```
                score[num]=tf[num]*idf
sortedlist=sorted(score.items(),key=lambda d:d[1],reverse=True)
cnt=0
for num,docscore in sortedlist:
    cnt=cnt+1
    c.execute('select link from doc where id=?',(num,))
    url=c.fetchall()[0][0]
    print(url,'得分：',docscore)
    try:
        response=request.urlopen(url)
        content=response.read().decode('utf-8')
    except:
        print('oops...读取网页出错')
        continue
    soup=BeautifulSoup(content,'lxml')
    title=soup.title
    if title==None:
        print('No title.')
    else:
        title=title.text
        print(title)
    if cnt>20:
        break
if cnt==0:
    print('无搜索结果')
```

21.4　使用 Scrapy 爬取当当网图书信息

本例使用 Scrapy 爬虫框架，以及内部每个组件的使用，如 Selector 选择器、Spider 爬虫类、Downloader 和 Spider 中间件、ItemPipeline 管道类等。

本例目标是爬取当当图书网站中所有关于“python”关键字的图书信息，网址 http://search.dangdang.com/?key=python&act=input，要求将图书的图片下载并存储到指定目录，而图书信息写入数据库中。

通过本例练习掌握 Scrapy 框架结构、运行原理以及框架内部各个组件的使用。通过 Scrapy 框架的深入学习，学会自定义 Spider 类爬取处理信息。

运行爬虫之前，先导入 pythonbook.sql 到 MySQL，创建本地 MySQL 数据库结构。

【操作步骤】

第 1 步，创建工程。

新建文件夹，用于存放项目。然后在命令行窗口中使用 cd 命令切换到当前目录，再输入下面命令创建 Scrapy 项目。

```
scrapy startproject dangdang
```

第 2 步，创建爬虫程序。

使用 cd 命令切换到 dangdang 目录，再输入下面命令创建 Scrapy 程序。

```
cd dangdang
scrapy genspider pythonbook search.dangdang.com
```

第 3 步，自动创建目录及文件。

完成前面 2 步操作，Scrapy 自动在指定文件夹中创建一个项目，并初始化爬虫程序文件的模板。注意，一般创建爬虫文件时，以网站域名命名。

第 4 步，设置数据存储模板。

打开 items.py 文件，然后输入下面代码，设置数据存储的模板。

```
import scrapy
class DangdangItem(scrapy.Item):
    name = scrapy.Field()                               # 书名
    price = scrapy.Field()                              # 价格
    pic = scrapy.Field()                                # 图片链接
    author = scrapy.Field()                             # 作者
    publisher = scrapy.Field()                          # 出版商
    comments = scrapy.Field()                           # 评论数量
    pubdate = scrapy.Field()                            # 发行日期
    description = scrapy.Field()                        # 描述
```

第 5 步，编写爬虫程序。

在 spiders 子目录中打开 pythonbook.py 文件，然后输入下面代码，设置下载器开始下载的页面 URL，以及爬虫要爬取的 HTML 结构片段。最后，使用 for 循环和迭代器，把每一个项目结构片段传递给 items.py 定义的字段模板。

完成本步操作之前，应该先熟悉目标页面的结构，以及要抓取的 HTML 片段，同时熟悉 XPath 基本语法，可以先使用浏览器访问该页面，使用 F12 键查看 HTML 结构。

```
import scrapy, re
from dangdang.items import DangdangItem
class PythonbookPySpider(scrapy.Spider):
    name = 'pythonbook'
    allowed_domains = ['search.dangdang.com']
    start_urls = ['http://search.dangdang.com/?key=python&act=input']
    p = 1                                               # 爬取页数变量
    def parse(self, response):                          # 递归解析响应数据
        print('*'*64)
        dlist = response.selector.xpath(".//ul[@class='bigimg']/li")
        for dd in dlist:
            item = DangdangItem()
            item['name'] = dd.xpath("./a/@title").extract_first() #good
            price = dd.xpath(".//span[@class='search_now_price']").extract_first()
            price = re.findall(".*?([0-9]*\.[0-9]*)",price)
            if(price[0]):
                item['price'] = price[0]
            else:
                item['price'] = None
            item['pic'] = dd.xpath(".//img/@data-original|.//img/@src").extract_first()
            item['author'] = dd.xpath(".//a[@name='itemlist-author']/@title").extract_first()
            item['publisher'] = dd.xpath(".//a[@name='P_cbs']/text()").extract_first() #good
            item['comments'] = dd.xpath(".//a[@class='search_comment_num']/text()").extract_first() #wrong
            item['pubdate'] = dd.re_first("(([0-9]{4})-([0-9]{2})-([0-9]{2}))") #good
            item['description'] = dd.xpath(".//p[@class='detail']/text()").extract_first() # good
            yield item
        self.p += 1
        if(self.p<=10):                                 # 想爬取的页数
```

```
            next_url = "http://search.dangdang.com/?key=python&act=input&page_index=" + str(self.p)
            url = response.urljoin(next_url)
            yield scrapy.Request(url=url, callback=self.parse)
```

第 6 步，设置配置文件。

打开 settings.py 文件，然后添加下面代码。

```
BOT_NAME = 'dangdang'
SPIDER_MODULES = ['dangdang.spiders']
NEWSPIDER_MODULE = 'dangdang.spiders'
USER_AGENT = 'Mozilla/5.0 (X11; Linux x86_64) AppleWebKit/537.36 (KHTML, like Gecko) Chrome/ 66.0.3359.139 Safari/537.36'
ITEM_PIPELINES = {
    'dangdang.pipelines.DangdangPipeline': 300,                # 处理 item 的类
    'dangdang.pipelines.MysqlPipeline'   : 301,                # 把 item 写入数据库的类
    'dangdang.pipelines.ImagePipeline'   : 302,                # 下载图片的类
}
MYSQL_HOST = 'localhost'
MYSQL_DATABASE = 'dangdang'
MYSQL_USER = 'root'
MYSQL_PASS = '11111111'
MYSQL_PORT = 3306
IMAGES_STORE = "./dangdang_images"                             # 存储图片的文件夹
```

第 7 步，编写数据处理脚本。

打开 pipelines.py 文件，输入代码。设计图片下载和数据库存储。

```
import pymysql
from scrapy.exceptions import DropItem
from scrapy import Request
from scrapy.pipelines.images import ImagesPipeline
class DangdangPipeline(object):                                # 处理 item 的类
    def process_item(self, item, spider):
        '''
        处理爬取数据，如果没有爬取的书名，就把这条记录剔除
        :param item: 爬虫 item 类
        :param spider: 爬虫超类
        :return: 剔除条目或者 item
        '''
        if item['name'] == None:
            raise DropItem("Drop item found: %s" % item)
        else:
            return item
class MysqlPipeline(object):                                   # 处理 item 写入数据库的类
    def __init__(self, host, database, user, password, port):
        '''
        构造类，创建全局变量
        :param host: 数据库主机路径
        :param database: 数据库名称
        :param user: 数据库用户名
        :param password: 数据库密码
        :param port: 数据库端口
        '''
        self.host = host
        self.database = database
        self.user = user
        self.password = password
```

```
        self.port = port
        self.db = None
        self.cursor = None
    @classmethod
    def from_crawler(cls, crawler):
        '''
        类方法，用此方法获取数据库相应信息连接数据库
        :param crawler: crawler 类
        :return: 带有数据库信息的类。在这里调用类构造方法
        '''
        return cls(
            host=crawler.settings.get("MYSQL_HOST"),
            database=crawler.settings.get("MYSQL_DATABASE"),
            user=crawler.settings.get("MYSQL_USER"),
            password=crawler.settings.get("MYSQL_PASS"),
            port=crawler.settings.get("MYSQL_PORT")
        )
    def open_spider(self, spider):
        '''
        通过设置文件里的信息链接到数据库，并准备好游标以便后面使用
        :param spider:
        :return:
        '''
        self.db = pymysql.connect(self.host, self.user, self.password, self.database, charset='utf8', port= self.port)
        self.cursor = self.db.cursor()
    def process_item(self, item, spider):
        '''
        执行插入操作，将 item 相应信息插入数据库并保存
        :param item: 爬虫 item 类
        :param spider: spider 超类
        :return: 爬虫 item 类
        '''
        sql = "insert into pythonbook(name,price,pic,author,publisher,comments, pubdate, description) values('%s','%s','%s','%s','%s','%s', '%s', 
'%s')"%(item['name'],item['price'],item['pic'],item['author'],item['publisher'], item['comments'], item['pubdate'],item['description'])
        self.cursor.execute(sql)
        self.db.commit()
        return item
    def close_spider(self, spider):                                    # 关闭数据库连接
        self.db.close()
class ImagePipeline(ImagesPipeline):                                   # 处理图像的类
    def get_media_requests(self, item, info):
        '''
        从 item 内拿到图片 URL 信息，创建 Request 等待调度执行
        :param item: 爬虫 item 类
        :param info: 消息
        :return: None，yield 一个带图片 URL 的 Request
        '''
        yield Request(item['pic'])
    def item_completed(self, results, item, info):
        '''
        下载完成后，如果 URL 不是有效的，就筛除这个数据
        :param results:
        :param item:
        :param info:
```

```
        :return: 爬虫 item 类
        '''
        image_paths = [x['path'] for ok, x in results if ok]
        if not image_paths:
            raise DropItem("Item contains no images")
        return item
```

第 8 步，执行爬虫。

到第 7 步已经完成了爬虫程序的全部设计，下面测试爬虫的工作状态。在命令行窗口，使用 cd 命令进入 dangdang 目录，然后使用 scrapy crawl 命令进行测试。

```
scrapy crawl pythonbook
```

执行结果如图 21.11、图 21.12 所示。

图 21.11　下载的图片

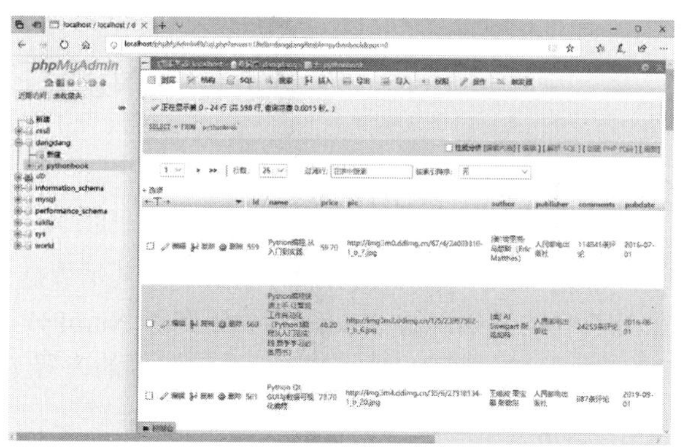

图 21.12　保存到本地 MySQL 数据库中的数据

21.5　在线支持

扫码免费学习
更多实用技能

一、综合案例（一）

- ☑ 爬取主题图片
- ☑ 抓取房源信息
- ☑ 网站分词索引与站内搜索
- ☑ 有道翻译信息爬取
- ☑ 分页爬取 58 同城的租房信息
- ☑ 获取猫眼电影 TOP100 榜单信息

二、综合案例（二）

- ☑ 豆瓣图书 Top250 信息爬取
- ☑ 采用浏览器伪装技术获取京东购物车信息
- ☑ 百度图片的关键字“街拍”搜索图片信息爬取
- ☑ 使用 Scrapy 爬虫框架
- ☑ 使用 Scrapy 爬取新浪网的分类导航信息
- ☑ 使用 Scrapy 爬取当当网的图片信息
- ☑ 腾讯招聘抓取

新知识、新案例不断更新中……

第 22 章

数 据 处 理

Python 正迅速成为数据科学的核心语言，因为它拥有作为一种编程语言广阔的生态环境以及众多优秀的科学计算库，如 NumPy、Pandas、Matplotlib 等。本章将结合这些工具介绍数据处理和分析的基本方法。数据分析的流程概括起来主要是：读写、处理计算、分析建模和可视化 4 个部分。在不同的步骤中会用到不同的 Python 工具，每一步的主题也包含众多内容。

22.1 NumPy 与矩阵运算

22.1.1 认识 NumPy

NumPy 是用 Python 进行科学计算，尤其是数据分析时，所用到的一个基础库。它是大量 Python 数学和科学计算包的基础，如 Pandas 库就用到了 NumPy。Pandas 库专门用于数据分析，充分借鉴了 Python 标准库 NumPy 的相关概念。而 Python 标准库提供的内置工具对数据分析方面的大多数计算都过于简单或不够用。为了更好地理解和使用 Python 所有的科学计算包，尤其是 Pandas，需要先行掌握 NumPy 库的用法，这样才能把 Pandas 的用处发挥到极致。

NumPy（Numerical Python）是 Python 的一个扩展程序库，支持大量的维度数组与矩阵运算，此外，针对数组运算也可以提供大量的数学函数库。

NumPy 是一个运行速度非常快的数学库，主要用于数组计算。具体包含如下方面。

- 一个强大的 N 维数组对象 ndarray。
- 广播功能函数。
- 整合 C/C++/Fortran 代码的工具。
- 线性代数、傅里叶变换、随机数生成等功能。

NumPy 通常与 SciPy（Scientific Python）和 Matplotlib（绘图库）一起使用，这种组合广泛用于替代 MatLab，是一个强大的科学计算环境，有助于通过 Python 学习数据科学或者机器学习。

22.1.2 安装和导入 Numpy

首先，安装 NumPy 库。

```
pip install numpy
```

然后，导入 Numpy 库。

```
import numpy as np
```

检测是否导入成功，显示版本信息。

```
print(np.__version__)                              # 如果显示版本信息，说明安装、导入成功
```

测试 NumPy，使用 eye(n)生成对角矩阵。

```
import numpy as np
print(np.eye(3))                                    # eye(n)生成对角矩阵
```

输出为：

```
[[1. 0. 0.]
 [0. 1. 0.]
 [0. 0. 1.]]
```

22.1.3 ndarray 对象

ndarray 是 NumPy 库的基础，是一种由同质元素构成的多维数组。元素数量是事先指定好的，同质指的是所有元素的类型和大小都相同。数据类型由 dtype（data-type，数据类型）的 NumPy 对象指定。每个 ndarray 只有一种 dtype 类型。

数组的维数和元素的数量由数组的形状（shape）确定，数组的形状由 N 个正整数组成的元组指定，元组的每个元素对应每一维的大小。数组的维统称为轴（axes），轴的数量被称作秩（rank）。

NumPy 数组的另一个特点是大小固定，在创建数组时指定大小，然后就不再发生改变。这与 Python 的列表有所不同，列表的大小是可以改变的。

1. 创建 ndarray 对象

1）使用 array()

定义 ndarray 对象的基本方法是使用 array()函数，语法格式如下：

```
numpy.array(object, dtype = None, copy = True, order = None, subok = False, ndmin = 0)
```

参数说明如下：

- object：数组或嵌套的数列。
- dtype：数组元素的数据类型，可选。
- copy：对象是否需要复制，可选。
- order：创建数组的样式，C 为行方向，F 为列方向，A 为任意方向（默认）。
- subok：默认返回一个与基类类型一致的数组。
- ndmin：指定生成数组的最小维度。

【示例 1】以 Python 列表或元组作为参数，列表或元组的元素就是 ndarray 的元素。

```
import numpy as np
a = np.array([1,2,3])                               # 定义 ndarray 对象
print(a)                                            # 输出为：[1 2 3]
```

上面代码定义的是一个一维数组。

【示例 2】通过嵌套列表或元组可以定义多维数组，下面演示定义一个 2×2 二维数组。

```
import numpy as np
a = np.array([[1,2],[3,4]])                         # 定义 ndarray 对象
print(a)                                            # 输出为：[[1 2]
                                                    # 输出为：[3 4]]
```

另外，使用 ndarray 对象 itemsize 属性可以获取每个元素的大小（以字节为单位），使用 data 属性表示包含数组实际元素的缓冲区。

```
print( a.itemsize )                                 # 输出为：4
```

```
print( a.data )                                    # 输出为：<memory at 0x000001FBB9523828>
```

2）使用 empty ()

使用 empty()函数可以创建一个指定形状（shape）、数据类型（dtype）且未初始化的数组。语法格式如下：

```
numpy.empty(shape, dtype = float, order = 'C')
```

参数说明如下。

- shape：数组形状。
- dtype：数据类型，可选。
- order：有“C”和“F”两个选项，分别代表行优先和列优先，在计算机内存中存储元素的顺序。

【示例 3】下面创建空数组。

```
import numpy as np
x = np.empty([2,2], dtype = int)
print (x)                                          # 输出为：[[-976624082 -583522680]
                                                   # 输出为：[ 701479540      -5850323]]
```

注意，数组元素为随机值，因为它们未初始化。

3）使用 zeros()

使用 zeros()可以创建指定大小的数组，数组元素初始为 0，语法格式与 empty()相同。例如：

```
import numpy as np
x = np.zeros([2,2], dtype = int)
print (x)                                          # 输出为：[[0 0]
                                                   # 输出为：[0 0]]
```

4）使用 ones()

使用 ones()可以创建指定大小的数组，数组元素初始为 1，语法格式与 empty()相同。例如：

```
import numpy as np
x = np.ones([2,2], dtype = int)
print (x)                                          # 输出为：[[1 1]
                                                   # 输出为：[1 1]]
```

2. 数据类型

NumPy 支持的数据类型比 Python 内置的类型要多，基本上与 C 语言的数据类型对应，具体说明如表 22.1 所示。

表 22.1　NumPy 支持的数据类型列表

名　　称	说　　明
bool_	布尔型数据类型（True 或者 False）
int_	默认的整数类型（类似于 C 语言中的 long、int32 或 int64）
intc	与 C 的 int 类型一样，一般是 int32 或 int64
intp	用于索引的整数类型（类似于 C 的 ssize_t，一般情况下仍然是 int32 或 int64）
int8	字节（-128～127）
int16	整数（-32768～32767）
int32	整数（-2147483648～2147483647）
int64	整数（-9223372036854775808～9223372036854775807）
uint8	无符号整数（0～255）

续表

名　称	说　明
uint16	无符号整数（0～65535）
uint32	无符号整数（0～4294967295）
uint64	无符号整数（0～18446744073709551615）
float_	float64 类型的简写
float16	半精度浮点数，包括：1 个符号位，5 个指数位，10 个尾数位
float32	单精度浮点数，包括：1 个符号位，8 个指数位，23 个尾数位
float64	双精度浮点数，包括：1 个符号位，11 个指数位，52 个尾数位
complex_	complex128 类型的简写，即 128 位复数
complex64	复数，表示双 32 位浮点数（实数部分和虚数部分）
complex128	复数，表示双 64 位浮点数（实数部分和虚数部分）

3. 数组属性

在 NumPy 中，每一个线性的数组称为一个轴（axis），也就是维度（dimension）。二维数组相当于两个一维数组，其中第一个一维数组中每个元素又是一个一维数组。所以一维数组就是 NumPy 中的轴（axis），第一个轴相当于底层数组，第二个轴是底层数组里的数组。而轴的数量（秩）就是数组的维数。ndarray 对象包含的主要属性如下。

- ndarray.ndim：秩，即轴的数量或维度的数量。
- ndarray.shape：数组的形状，对于矩阵，表示 n 行 m 列。
- ndarray.size：数组元素的总个数，相当于.shape 中 n*m 的值。
- ndarray.dtype：ndarray 对象的元素类型。
- ndarray.itemsize：ndarray 对象中每个元素的大小，以字节为单位。
- ndarray.flags：ndarray 对象的内存信息。
- ndarray.real：ndarray 元素的实部。
- ndarray.imag：ndarray 元素的虚部。
- ndarray.data：包含实际数组元素的缓冲区。一般通过数组的索引获取元素，所以通常不需要使用这个属性。
- ndarray.ndim：用于返回数组的维数，等于秩。

【示例 4】下面定义一个 2×2 二维数组，然后访问数组的属性。

```
import numpy as np
a = np.array([[1,2],[3,4]])                    # 定义 ndarray 对象
print(a)                                        # 输出为：[[1 2]
                                                #          [3 4]]
print( type(a))                                 # 对象类型：<class 'numpy.ndarray'>
print( a.dtype )                                # 元素的类型：int32
print( a.ndim )                                 # 轴数量：2
print( a.size )                                 # 数组长度：4
print( a.shape)                                 # 数组形状：(2,2)
```

22.1.4 基本运算

1. 算术运算

ndarray 数组支持标量运算。例如：

```
import numpy as np
a = np.array([1,2,3,4])
print(a + 2)                          # 输出为：[3 4 5 6]
print(a - 2)                          # 输出为：[-1  0  1  2]
print(a * 2)                          # 输出为：[2 4 6 8]
print(a / 2)                          # 输出为：[0.5 1.  1.5 2. ]
```

这些运算符还可以用于两个数组之间的运算。在 NumPy 中，这些运算符为元素级。也就是说，它们只用于位置相同的元素之间，所得到的运算结果组成一个新的数组。运算结果在新数组中的位置跟操作数位置相同。例如：

```
import numpy as np
a = np.array([1,2,3,4])
b = np.array([2,3,4,5])
print(b - a)                          # 输出为：[1 1 1 1]
```

2. 矩阵积

dot()函数能够返回两个数组的点积。如果参数是一维数组，则得到的是两数组的内积，例如：

```
import numpy as np
a = np.array([1,2,3,4])
b = np.array([4,5,6,7])
print(np.dot(a, b))                   # 输出为：60
```

位置相同的元素相乘，然后再求和，返回 60。

如果是二维数组（矩阵）之间的运算，则得到的是矩阵积。例如：

```
import numpy as np
a = np.array([[1,2],[3,4]])
b = np.array([[5,6],[7,8]])
print(np.dot(a, b))                   # 输出为：[[19 22]
                                      #          [43 50]]
print(np.dot(b, a))                   # 输出为：[[23 34]
                                      #          [31 46]]
```

所得到的数组中的每个元素为：第一个矩阵中与该元素行号相同的元素与第二个矩阵中与该元素列号相同的元素，两两相乘后再求和，演示如图 22.1 所示。数组中(0,1)位置的元素是由第一个矩阵第 1 行元素与第二个矩阵第 1 列元素，两两相乘之后求和得到的。

图 22.1　矩阵积运算演示

> 提示：dot()函数可以通过 NumPy 库调用，也可以由数组实例对象调用。如 a.dot(b) 与 np.dot(a,b)效果相同。矩阵积计算不遵循交换律，也就是 np.dot(a,b)和 np.dot(b,a) 得到的结果是不一样的。

3. 自增和自减

使用+=和-=运算符可以实现数组自增和自减。例如：

```
import numpy as np
```

```
a = np.array([[1,2],[3,4]])
a+=1
print(a)                                        # 输出为：[[2 3]
                                                #          [4 5]]
```

4. 通用函数

使用通过用函数可以对数组中的各个元素逐一进行操作，生成的结果组成一个新的输出数组。输出数组的大小跟输入数组相同。三角函数等很多数学运算符合通用函数的定义，例如，计算平方根的 sqrt()函数、用来取对数的 log()函数和求正弦值的 sin()函数。

```
import numpy as np
a = np.array([[1,2],[3,4]])
print(np.sin(a))                                # 输出为：[[ 0.84147098   0.90929743]
                                                # 输出为：[ 0.14112001   -0.7568025 ]]
```

5. 聚合函数

聚合函数是指对一组值，如一个数组，进行操作，返回一个单一值作为结果的函数。因而，求数组所有元素之和的函数就是聚合函数。ndarray 类实现了多个这样的函数。例如，元素求和。

```
import numpy as np
a = np.array([[1,2],[3,4]])
print(a.sum())                                  # 输出为：10（求和）
print(a.min())                                  # 输出为：1（最小值）
print(a.max())                                  # 输出为：4（最大值）
print(a.std())                                  # 输出为：1.118033988749895（标准差）
```

22.1.5　索引、切片和迭代

1. 索引

使用中括号加上序号可以访问数组中单个元素，对于一维数组，用法与 list 相同。例如：

```
import numpy as np
a = np.array([1,2,3,4])
print(a[1])                                     # 输出为：2
print(a[-1])                                    # 输出为：4
```

对于二维数组，由行和列组成的矩形数组，行和列用两条轴定义，其中轴 0 用行表示，轴 1 用列表示。因此，二维数组的索引用一对值表示：第一个值为行索引，第二个值为列索引。例如，访问第 2 行第 2 列交叉点元素的值。

```
import numpy as np
a = np.array([[1,2],[3,4]])
print(a[1,1])                                   # 输出为：4
print(a[-1,-1])                                 # 输出为：4
```

2. 切片

切片可以抽取数组的一部分元素并生成新数组。对于一维数组，用法与 list 相同；对于二维数组，需要分别设置行和列的索引范围。例如，截取第一行的所有数据。

```
import numpy as np
a = np.array([[1,2],[3,4]])
print(a[0,:])                                   # 输出为：[1 2]
```

在上面代码中，第二个索引仅使用冒号，没有指定任何数字，表示选择所有的列。

如果截取二维数组中局部矩阵，需要明确指定所有的抽取范围。例如：

```
import numpy as np
a = np.array([range(0,10),range(10,20),range(20,30),range(40,50)])
print(a[1:5,1:7])
```

输出为：

```
[[11 12 13 14 15 16]
 [21 22 23 24 25 26]
 [41 42 43 44 45 46]]
```

如果抽取的行、列索引不连续，可以把多个不连续的索引放入序列中表示。例如：

```
import numpy as np
a = np.array([range(0,10),range(10,20),range(20,30),range(40,50)])
print(a[[1,3],1:7])
```

输出为：

```
[[11 12 13 14 15 16]
 [41 42 43 44 45 46]]
```

3. 迭代

对于一维数组，可以使用 for 进行迭代；对于二维数组，可以使用嵌套的 for 进行迭代，外层 for 扫描行，内层 for 扫描列。例如：

```
import numpy as np
a = np.array([[1,2],[3,4]])
for row in a:
    for col in row:
        print( col , end=" ")                    # 1 2 3 4
```

也可以使用如下方式，其中 flat 表示数组元素迭代器。

```
for item in a.flat:
    print( item , end=" ")                       # 1 2 3 4
```

22.1.6 条件和布尔数组

上一节介绍了使用索引和切片方法从数组中选择或抽取一部分元素，也可以使用条件表达式和布尔运算符有选择地抽取元素。例如，从由 0～1 的随机数组成的 4×4 矩阵中选取所有小于 0.5 的元素。

```
import numpy as np
a = np.random.random((4,4))
print(a)
print(a<0.5)
```

输出为：

```
[[0.3802804  0.67321    0.98776197 0.072078  ]
 [0.67032136 0.0863708  0.39376745 0.25946877]
 [0.15543318 0.34792217 0.33197667 0.13761105]
 [0.30828772 0.69162714 0.78379864 0.57570007]]
[[ True False False  True]
 [False  True  True  True]
 [ True  True  True  True]
 [ True False False False]]
```

直接把条件表达式置于方括号中，也能抽取所有小于 0.5 的元素，组成一个新数组。例如：

```
print(a[a<0.5])
```

输出为：

```
[0.3802804  0.072078   0.0863708  0.39376745 0.25946877 0.15543318
 0.34792217 0.33197667 0.13761105 0.30828772]
```

22.1.7 变换形状

使用 reshape()函数可以改变数组的形状，该函数返回一个新数组。例如，下面把一维随机数组变换为二维数组。

```
import numpy as np
a = np.random.random(12)
print(a)
print(a.reshape(3,4))
```

输出为：

```
[0.71500973 0.49296899 0.60687412 0.11817959 0.50667243 0.91492085
 0.82719435 0.99610965 0.33348238 0.45180094 0.13325757 0.25497033]
[[0.71500973 0.49296899 0.60687412 0.11817959]
 [0.50667243 0.91492085 0.82719435 0.99610965]
 [0.33348238 0.45180094 0.13325757 0.25497033]]
```

如果直接改变数组对象的形状，可以把表示新形状的元组赋给数组的 shape 属性。例如：

```
import numpy as np
a = np.random.random(12)
a.shape = (3,4)                                  # 直接改变数组的形状
print(a)
```

改变数组形状的操作是可逆的，使用 ravel()函数可以把二维数组再变回一维数组。甚至直接改变数组 shape 属性的值。

另外，使用 transpose()函数可以实现行、列位置的矩阵转置。例如：

```
import numpy as np
a = np.array([[1,2],[3,4]])
b = a.transpose()                                # 行列位置置换
print(b)                                         # 输出为：[[1 3]
                                                 #          [2 4]]
```

22.1.8 操作数组

1. 合并数组

合并数组可以试用下面 3 个方法。

- np.concatenate：合并维数相同的两个数组。
- np.vstack：垂直方向合并一维数组和二维数组。
- np.hstack：水平方向合并一维数组和二维数组。

例如，下面示例定义两个初始值为 1 和 0 的二维数组，然后使用 vstack 和 hstack 方法分别在垂直方向和水平方向进行合并。

```
import numpy as np
```

```
a = np.ones((2,2))
b = np.zeros((2,2))
print(np.vstack((a,b)))
print(np.hstack((a,b)))
```

输出为：

```
[[1. 1.]
 [1. 1.]
 [0. 0.]
 [0. 0.]]
[[1. 1. 0. 0.]
 [1. 1. 0. 0.]]
```

另外，column_stack()和 row_stack()两个函数不同于上面两个函数。一般这两个函数把一维数组作为列或行压入栈结构，以形成一个新的二维数组。例如：

```
import numpy as np
a = np.array([1,2,3])
b = np.array([4,5,6])
d = np.column_stack((a,b))
print(d)
d = np.row_stack((a,b))
print(d)
```

输出为：

```
[[1 4]
 [2 5]
 [3 6]]
[[1 2 3]
 [4 5 6]]
```

2. 切分数组

切分数组可以使用下面 3 个方法。

- np.split：分割。
- np.vsplit：垂直分割。
- np.hsplit：水平分割。

下面代码简单演示上述 3 种方法的使用。

```
import numpy as np
a = np.arange(16).reshape(4, 4)
print('第一个数组：')
print(a)
print('默认分割（0 轴）：')
b = np.split(a,2)
print(b)
print('沿垂直方向分割：')
c = np.vsplit(a,2)
print(c)
print('沿水平方向分割：')
d= np.hsplit(a,2)
print(d)
```

输出为：

```
第一个数组：
```

```
[[ 0  1  2  3]
 [ 4  5  6  7]
 [ 8  9 10 11]
 [12 13 14 15]]
默认分割（0 轴）：
[array([[0, 1, 2, 3],
       [4, 5, 6, 7]]), array([[ 8,  9, 10, 11],
       [12, 13, 14, 15]])]
沿垂直方向分割：
[array([[0, 1, 2, 3],
       [4, 5, 6, 7]]), array([[ 8,  9, 10, 11],
       [12, 13, 14, 15]])]
沿水平方向分割：
[array([[ 0,  1],
       [ 4,  5],
       [ 8,  9],
       [12, 13]]), array([[ 2,  3],
       [ 6,  7],
       [10, 11],
       [14, 15]])]
```

22.2　Pandas 数据处理

22.2.1　认识 Pandas

Pandas 是 Python 的核心数据分析支持库，提供了快速、灵活、明确的数据结构，旨在简单、直观地处理关系型、标记型数据。目前，所有使用 Python 语言研究和分析数据集的专业人士，在做相关统计分析和决策时，Pandas 都是基础工具。

Pandas 的出现主要是为了解决其他编程语言、科研环境的痛点。它是处理数据的理想工具，处理数据的速度极快，使数据预处理、清洗、分析工作变得更快、更简单，被广泛应用于金融领域。处理数据一般分为 3 个阶段：数据整理与清洗、数据分析与建模、数据可视化与制表。

Pandas 是基于 NumPy 数组构建的，可以与其他第三方科学计算支持库完美集成，专门为处理表格和混杂数据而设计，而 NumPy 更适合处理统一的数值和数组数据。

Pandas 适用于处理以下类型的数据。

- 与 SQL 或 Excel 表类似的表格数据。
- 有序和无序（非固定频率）的时间序列数据。
- 带行列标签的矩阵数据，包括同构或异构型数据。
- 任意其他形式的观测、统计数据集，数据转入 Pandas 数据结构时不必事先标记。

22.2.2　安装和导入 Pandas

推荐通过 Anaconda 安装，最简单的方法不是直接安装 Pandas，而是安装 Python 和构成 SciPy 数据科学技术栈的最流行的工具包（IPython、NumPy、Matplotlib 等）的集合 Anaconda。

conda 是 Anaconda 的软件包管理器，利用 conda 软件包工具安装。命令如下：

```
conda install Pandas
```

也可以直接通过 pip 软件包管理工具安装。命令如下：

```
pip insatall Pandas
```

导入库，查看版本号：

```
import pandas as pd
print(pd.__version__)
```

22.2.3 Pandas 数据结构

Pandas 定义了两种主要数据结构：Series 和 DataFrame。

1. Series

Series 是一种类似于一维数组的对象，它由一组数据（各种 NumPy 数据类型）以及一组与之相映射的数据标签（索引）组成，即 index 和 values 两部分，可以通过索引的方式选取 Series 中单个或一组值。创建 Series 数据的语法格式如下：

```
pd.Series(list,index=[ ])
```

第一个参数可以是 list、ndarray，也可以是 DataFrame 中的某一行或某一列等。第二个参数是 Series 中数据的索引，可以省略，如果第一个参数是字典，则字典的键将作为 Series 的索引。

```
import numpy as np, pandas as pd
arr1 = np.arange(3)
s1 = pd.Series(arr1)
print(s1)
```

输出为：

```
0     0
1     1
2     2
dtype: int32
```

由于没有为数据指定索引，于是自动创建一个从 0～N-1（N 为数据长度）的整型索引。

Series 类型索引、切片、运算的操作类似于 ndarray，也类似于 Python 字典类型的操作，包括保留字 in 操作、使用 get()方法。Series 和 ndarray 之间主要区别在于：Series 之间的操作根据索引自动对齐数据。

2. DataFrame

DataFrame 是一个表格型的数据类型，每列值类型可以不同，是最常用的 Pandas 对象。DataFrame 既有行索引，也有列索引，可以被看作由 Series 组成的字典（共用同一个索引）。DataFrame 中的数据是以一个或多个二维块存放的（而不是列表、字典或别的一维数据结构）。

创建 DataFrame 的语法格式如下：

```
pd.DataFrame(data, columns = [ ], index = [ ])
```

参数 columns 和 index 为指定的列、行索引，并按照顺序排列。

创建 DataFrame 最常用的方法是直接传入一个由等长列表或 NumPy 数组组成的字典，自动加上行索引，字典的键被当作列索引。例如：

```
import pandas as pd
data = {'state': ['Ohio', 'Ohio', 'Ohio', 'Nevada', 'Nevada', 'Nevada'],
        'year': [2000, 2001, 2002, 2001, 2002, 2003],
        'pop': [1.5, 1.7, 3.6, 2.4, 2.9, 3.2]}
df= pd.DataFrame(data)
```

```
print(df)
```

输出为：

```
     state   year   pop
0     Ohio   2000   1.5
1     Ohio   2001   1.7
2     Ohio   2002   3.6
3   Nevada   2001   2.4
4   Nevada   2002   2.9
5   Nevada   2003   3.2
```

如果创建时指定了 columns 和 index 索引，则按照索引顺序排列，并且如果传入的列在数据中找不到，就在结果中产生缺失值。例如，在上面代码基础上，重新构建 DataFrame。

```
df= pd.DataFrame(data, columns=['year', 'state', 'pop', 'debt'],
                    index=['one', 'two', 'three', 'four', 'five', 'six'])
print(df)
```

输出为：

```
          year     state    pop    debt
one       2000     Ohio     1.5   NaN
two       2001     Ohio     1.7   NaN
three     2002     Ohio     3.6   NaN
four      2001     Nevada   2.4   NaN
five      2002     Nevada   2.9         NaN
six       2003     Nevada   3.2   NaN
```

另一种常见的创建 DataFrame 方法是使用嵌套字典，如果嵌套字典传给 DataFrame，Pandas 就被解释为：外层字典的键作为列，内层字典键则作为行索引。例如：

```
import pandas as pd
data = {'Nevada': {2001: 2.4, 2002: 2.9}, 'Ohio': {2000: 1.5, 2001: 1.7, 2002: 3.6}}
df= pd.DataFrame(data)
print(df)
```

输出为：

```
          Nevada     Ohio
2001      2.4     1.7
2002      2.9     3.6
2000      NaN          1.5
```

使用 df.values，可以将 DataFrame 转换为 ndarray 二维数组。通过类似字典标记的方式或属性的方式，可以将 DataFrame 的列获取为一个 Series。

列可以通过赋值的方式进行修改。将列表或数组赋值给某个列时，其长度必须跟 DataFrame 的长度相匹配。如果赋值的是一个 Series，就精确匹配 DataFrame 的索引，所有的空位都将被填上缺失值。为不存在的列赋值创建一个新列。关键字 del 用于删除列。

22.2.4 Pandas 基本功能

1. 数据索引

Series 和 DataFrame 的索引是 index 类型，index 对象不可修改，可通过索引值或索引标签获取目标数据，也可通过索引使序列或数据框的计算、操作实现自动化对齐。索引类型 index 的常用方法如下。

- append(idx)：连接另一个 index 对象，产生新的 index 对象。
- diff(idx)：计算差集，产生新的 index 对象。
- intersection(idx)：计算交集。
- union(idx)：计算并集。
- delete(loc)：删除 loc 位置处的元素。
- insert(loc,e)：在 loc 位置增加一个元素。

例如：

```
import pandas as pd
data = {'Nevada': {2001: 2.4, 2002: 2.9}, 'Ohio': {2000: 1.5, 2001: 1.7, 2002: 3.6}}
df= pd.DataFrame(data)
print(df.index)
```

输出为：

```
Int64Index([2001, 2002, 2000], dtype='int64')
```

继续输入：

```
print(df.columns)
```

输出为：

```
Index(['Nevada', 'Ohio'], dtype='object')
```

使用 drop()函数能删除 Series 和 DataFrame 指定行或列索引。删除一行或者一列时，用单引号指定索引，删除多行时用列表指定索引。如果删除的是列索引，需要增加 axis=1 或 axis='columns'作为参数。增加 inplace=True 作为参数，可以直接修改对象，不返回新的对象。

2. 索引、选取和过滤

使用下面语法格式可以通过标签查询指定的数据。

```
df.loc[行标签, 列标签]
```

第一个值为行标签，第二值为列标签。当第二个参数为空时，查询的是单个或多个行的所有列。如果查询多个行、列，则两个参数用列表表示。

df.iloc[行位置, 列位置]则通过默认生成的数字索引查询指定的数据。例如：

```
import numpy as np
import pandas as pd
df= pd.DataFrame(np.arange(16).reshape((4, 4)),
            index=['Ohio', 'Colorado', 'Utah', 'New York'],
            columns=['one', 'two', 'three', 'four'])
print(df.loc['Colorado', ['two', 'three']])                    # 选取第二行、第二三列
```

输出为：

```
two        5
three      6
Name: Colorado, dtype: int32
```

3. 运算

（1）算术运算。算术运算根据行列索引，对齐后运算，运算默认产生浮点数，对齐时缺项填充 NaN（空值）。除了可以使用+、-、*、/外，还可以使用 Series 和 DataFrame 的算术方法，如 add、sub、mul、div。

（2）比较运算。比较运算只能比较相同索引的元素，不进行补齐。使用>、<、>=、<=、==、!=等符号进行的比较运算，产生布尔值。

4. 排序

在排序时，任何缺失值默认都被放到末尾，主要方法说明如下：

```
.sort_index(axis=0, ascending=True)
```

根据指定轴索引的值进行排序。默认轴 axis=0, ascending=True，即默认根据 0 轴的索引值做升序排序。轴 axis=1 为根据 1 轴的索引值排序，ascending=False 为降序。

在指定轴上根据数值进行排序，默认升序。

- Series.sort_values(axis=0, ascending=True)：只能根据 0 轴的值排序。
- DataFrame.sort_values(by, axis=0, ascending=True)：参数 by 为 axis 轴上的某个索引或索引列表。

22.2.5 Pandas 数据分析

1. 统计分析、相关分析

适用于 Series 和 DataFrame 的基本统计分析函数如下，如果传入 axis='columns'或 axis=1 将按行进行运算。

- .describe()：针对各列的多个统计汇总，用统计学指标快速描述数据的概要。
- .sum()：计算各列数据的和。
- .count()：计算非 NaN 值的数量。
- .mean( )/.median()：计算数据的算术平均值、算术中位数。
- .var()/.std()：计算数据的方差、标准差。
- .corr()/.cov()：计算相关系数矩阵、协方差矩阵，通过参数对计算。Series 的 corr()方法用于计算两个 Series 中重叠的、非 NA（NA 指 Python 内置的 None 值）的、按索引对齐的值的相关系数。DataFrame 的 corr()和 cov()方法将以 DataFrame 的形式分别返回完整的相关系数或协方差矩阵。
- .corrwith()：利用 DataFrame 的 corrwith()方法，可以计算其列或行跟另一个 Series 或 DataFrame 之间的相关系数。传入一个 Series 将返回一个相关系数值 Series（针对各列进行计算），传入一个 DataFrame 则计算按列名配对的相关系数。
- .min()/.max()：计算数据的最小值、最大值。
- .diff()：计算一阶差分，对时间序列很有效。
- .mode()：计算众数，返回频数最高的那（几）个。
- .mean()：计算均值。
- .quantile()：计算分位数（0～1）。
- .isin()：用于判断矢量化集合的成员资格，可用于过滤 Series 中或 DataFrame 列中数据的子集。

适用于 Series 的基本统计分析函数。提示，DataFrame[列名]将返回的是一个 Series 类型。

- .unique()：返回一个 Series 中的唯一值组成的数组。
- .value_counts()：计算一个 Series 中各值出现的频率。
- .argmin()/.argmax()：计算数据最大值、最小值所在位置的索引位置（自动索引）。
- .idxmin()/.idxmax()：计算数据最大值、最小值所在位置的索引（自定义索引）。

2. 分组

- DataFrame.groupby()：分组函数。
- pandas.cut()：根据数据分析对象的特征，按照一定的数值指标，把数据分析对象划分为不同的区间部分进行研究，以揭示其内在的联系和规律性。类似给成绩设定优、良、中、差，如 0～59 分为差，60～70 分为中，71～84 分为良，85～100 分为优等。

3. Pandas 读写文本格式的数据

Pandas 是数据分析专用库，主要关注的是数据计算和处理，从外部文件读写数据也被视为数据处理的一部分。数据读写对数据分析很重要，因此 Pandas 库提供专门的 I/O API 函数，这些函数分为两类：读取函数（read_xxx）和写入函数（to_xxx）。其中，读取函数简单说明如表 22.2 所示。

表 22.2 Pandas 常用读取函数列表

函　　数	说　　明
read_csv	从文件、URL、文件型对象中加载带分隔符的数据。默认分隔符号为逗号
read_table	从文件、URL、文件型对象中加载带分隔符的数据。默认分隔符为制表符（'\t'）
read_fwf	读取定宽列格式数据（没有分隔符）
read_clipboard	读取剪贴板中的数据，可以看作 read_table 的剪贴板。在将网页转换为表格时使用
read_excel	从 Excel XLS 或 XLSX file 读取表格数据
read_hdf	读取 Pandas 编写的 HDF5 文件
read_html	读取 HTML 文档中的所有表格
read_json	读取 JSON 字符串中的数据
read_msgpack	二进制格式编码的 Pandas 数据
read_pickle	读取 Python pickle 格式中储存的任意对象
read_sas	读取存储于 SAS 系统自定义存储格式的 SAS 数据集
read_sql	读取 SQL 查询结果为 Pandas 的 DataFrame
read_stata	读取 Stata 文件格式的数据集
read_feather	读取 Feather 二进制文件格式

这些函数的选项可以划分为以下几大类。

- 索引：将一个或多个列当作返回的 DataFrame 处理，以及是否从文件、用户获取列名。
- 类型推断和数据转换：包括用户定义值的转换、自定义的缺失值标记列表等。
- 日期解析：包括组合功能，如将分散在多个列中的日期时间信息组合成结果中的单个列。
- 迭代：支持对大文件进行逐块迭代。
- 不规整数据问题：跳过一些行、页脚、注释或其他一些不重要的东西。

因为实际碰到的数据可能十分混乱，一些数据加载函数的选项逐渐变得复杂，如 read_csv 有超过 50 个参数，需要结合官网参考示例了解。其中一些函数，如 pandas.read_csv，有类型推断功能，因为列数据的类型不属于数据类型。也就是说，不需要指定列的类型到底是数值、整数、布尔值还是字符串。

4. 数据清洗和准备

在数据分析和建模过程中，大部分时间都用在数据准备上，如加载、清理、转换以及重塑。

5. 处理缺失数据

在数据分析中缺失数据经常发生。对于数值数据，Pandas 使用浮点值 NaN（np.nan）表示缺失数据，也可将缺失值表示为 NA。常用函数如下。

（1）.info()：查看数据的信息，包括每个字段的名称、非空数量、字段的数据类型。

（2）.isnull()：返回一个同样长度的值为布尔型的对象（Series 或 DataFrame），表示哪些值是缺失的。.notnull()为其否定形式。

例如：

```
import pandas as pd
import numpy as np
string_data = pd.Series(['aardvark', 'artichoke', np.nan, None])
print( string_data.isnull() )
```

输出为：

```
0        False
1        False
2        True
3        True
dtype: bool
```

（3）.dropna()：删除缺失数据。对于 Series 对象，dropna 返回一个仅含非空数据和索引值的 Series。对于 DataFrame 对象，dropna 默认删除含有缺失值的行；如果想删除含有缺失值的列，需传入 axis = 1 作为参数；如果想删除全部为缺失值的行或者列，需传入 how='all'作为参数；如果想留下一部分缺失数据，需传入 thresh = n 作为参数，表示每行至少 n 个非 NA 值。

例如：

```
import pandas as pd
import numpy as np
NA = np.nan
data = pd.DataFrame([[1., 6.5, 3.], [1., NA, NA], [NA, NA, NA], [NA, 6.5, 3.]])
print(data.dropna())
```

输出为：

```
     0    1    2
0  1.0  6.5  3.0
```

如果传入 how='all'，将只丢弃全为 NA 的那些行：

```
print(data.dropna(how='all'))
```

输出为：

```
     0    1    2
0  1.0  6.5  3.0
1  1.0  NaN  NaN
3  NaN  6.5  3.0
```

输入：

```
data[4] = NA
print(data)
```

输出：

```
     0    1    2    4
0  1.0  6.5  3.0  NaN
1  1.0  NaN  NaN  NaN
2  NaN  NaN  NaN  NaN
3  NaN  6.5  3.0  NaN
```

如果用这种方式丢弃列，只需传入 axis=1 即可：

```
data.dropna(axis=1, how='all')
print(data)
```

输出：

```
     0     1     2
0  1.0   6.5   3.0
1  1.0   NaN   NaN
2  NaN   NaN   NaN
3  NaN   6.5   3.0
```

如果只留下一部分观测数据，可以用 thresh 参数实现此目的：

```
import pandas as pd
import numpy as np
NA = np.nan
df = pd.DataFrame(np.random.randn(7, 3))
df.iloc[:4, 1] = NA
df.iloc[:2, 2] = NA
print(df)
```

输出：

```
          0          1          2
0  1.295695        NaN        NaN
1  0.869000        NaN        NaN
2 -1.123413        NaN   1.943172
3 -1.200006        NaN   0.123383
4 -0.950828  -0.216460   1.875821
5  0.368265   1.239619  -0.423696
6  1.168772   0.392262   0.478235
```

输入：

```
print( df.dropna(thresh=2) )
```

输出：

```
          0          1          2
2 -0.952288        NaN  -0.682737
3  0.818392        NaN  -0.000987
4  0.403516  -0.511449  -2.235858
5  1.473422   0.708110   1.114807
6 -1.030678  -0.182682   1.703845
```

（4）.fillna(value,method,limit,inplace)：填充缺失值。value 为用于填充的值（如 0、'a'等）或字典（如{'列':1,'列':8,…}为指定列的缺失数据填充值）；method 默认值为 ffill，向前填充，bfill 为向后填充；limit 为向前或者向后填充的最大填充量；inplace 默认返回新对象，修改为 inplace=True 可以对现有对象直接修改。

6. 数据转换

（1）替换值。.replace(old, new)函数可以使用新的数据替换老的数据，如果希望一次性替换多个值，old 和 new 可以是列表。默认返回一个新的对象，传入 inplace=True 可以对现有对象进行就地修改。

（2）删除重复数据。.duplicated()可以判断各行是否是重复行（前面出现过的行），返回一个布尔型 Series。.drop_duplicates()可以删除重复行，返回删除后的 DataFrame 对象。默认保留的是第一个出现的行，传入 keep='last'作为参数后，则保留最后一个出现的行。两者都默认对全部列做判断，在传入列索引组成的列表['列 1' , '列 2' , …]作为参数后，可以只对这些列进行重复项判断。

（3）利用函数或字典进行数据转换。Series.map()可以接受一个函数或字典作为参数。使用 map 方法是一种实现元素级转换以及其他数据清理工作的便捷方式。例如：

```
import pandas as pd
```

```
data = pd.DataFrame({'food': ['bacon', 'pulled pork', 'bacon','pastrami', 'corned beef', 'bacon','pastrami', 'honey ham', 'nova lox'],'ounces': [4, 3, 12, 6, 7.5, 8, 3, 5, 6]})
meat_to_animal = {
    'bacon': 'pig',  'pulled pork': 'pig',  'pastrami': 'cow',  'corned beef': 'cow',
    'honey ham': 'pig',  'nova lox': 'salmon'
}
data['animal'] = data['food'].map(meat_to_animal)    #增加一列 animal
print( data )
```

输出为：

```
          food  ounces  animal
0        bacon     4.0     pig
1  pulled pork     3.0     pig
2        bacon    12.0     pig
3     pastrami     6.0     cow
4  corned beef     7.5     cow
5        bacon     8.0     pig
6     pastrami     3.0     cow
7    honey ham     5.0     pig
8     nova lox     6.0  salmon
```

DataFrame 常用函数列表如下。

- df.head()：查询数据的前 5 行。
- df.tail()：查询数据的末尾 5 行。
- pandas.cut()、pandas.qcut()：基于分位数的离散化函数。基于秩或基于样本分位数将变量离散化为等大小桶。
- pandas.date_range()：返回一个时间索引。
- df.apply()：沿相应轴应用函数。
- Series.value_counts()：返回不同数据的计数值。
- df.aggregate()、df.reset_index()：重新设置 index，参数 drop = True 时丢弃原来的索引，设置新的从 0 开始的索引。常与 groupby()一起用。

22.3　Matplotlib 数据可视化

22.3.1　认识 Matplotlib

数据可视化（绘图）是数据分析中最重要的工作之一。Matplotlib（网址为 https://matplotlib.org/）是建立在 NumPy 数组基础上的多平台数据可视化程序库，专门用于开发 2D 图表（包括 3D 图表），

John Hunter 在 2002 年提出了 Matplotlib 的构思：希望通过一个 IPython 的补丁，让 IPython 命令行可以使用 gnuplot 画出类似 Matlab 风格的交互式图形。提示，Matlab 是数据绘图领域广泛使用的语言和工具。

John Hunter 的目的是为 Python 构建一个 Matlab 式的绘图接口。Matplotlib 和 IPython 社区进行合作，简化了从 IPython shell（包括 Jupyter Notebook）进行交互式绘图。Matplotlib 支持各种操作系统，而且还能将图片导出为各种常见的类型，如 PDF、SVG、JPG、PNG、BMP、GIF 等。随着时间的发展，Matplotlib 又衍生出了多个数据可视化的工具集，它们都使用 Matplotlib 作为底层技术，如 Seaborn 等。

matplotlib 主要有如下优点。

- 使用简单。

- 以渐进、交互式方式实现数据可视化。
- 表达式和文本使用 LaTeX 排版。
- 对图像元素控制力更强。
- 可输出 PNG、PDF、SVG 和 EPS 等多种格式。

matplotlib 继承了 Matlab 的交互性，用户可以逐条输入命令，为数据生成渐趋完整的图形表示。这种模式很适合于用 IPython QTConsole 和 IPython Notebook 等互动性更强的 Python 工具进行开发，这些工具提供的数据分析环境堪可与 Matlab 相媲美。

Matplotlib 还整合了 LaTeX，用以表示科学表达式和符号的文本格式模型。LaTeX 擅长展现科学表达式，所以它已成为任何要用到积分、求和及微分等公式的科学出版物或文档不可或缺的排版工具。为了提升图表的表现力，Matplotlib 整合了这个出色的工具。

由于 Matplotlib 是一个 Python 库，所以用 Python 实现功能时，可以充分利用其他各种库。在做数据分析时，Matplotlib 通常与 NumPy 和 Pandas 等库配合使用、无缝整合。

22.3.2　安装和导入 Matplotlib

Matplotlib 库的安装方法有多种。如果使用 Anaconda，则安装 Matplotlib 非常简单。例如，如果使用 conda 包管理器安装，只需输入以下命令：

```
conda install matplotlib
```

如果直接安装这个库，安装命令因操作系统而异。在 Windows 或 Mac OS X 系统上，可以使用 pip 命令安装：

```
pip install matplotlib
```

Linux 系统也可以使用 Linux 包管理器安装，具体说明如下。

（1）Debian / Ubuntu：

```
sudo apt-get install python-matplotlib
```

（2）Fedora / Redhat：

```
sudo yum install python-matplotlib
```

安装后，可以使用 python -m pip list 命令查看是否安装了 matplotlib 模块。

```
$ pip3 list | grep matplotlib
matplotlib            3.3.0
```

导入 Matplotlib 的常用简写形式：

```
import matplotlib as mpl
import matplotlib.pyplot as plt
```

plt 是最常用的接口，在本章后面的内容中经常用到。

22.3.3　Matplotlib 开发环境

Matplotlib 有 3 种开发环境，分别是脚本、IPython shell 和 IPython Notebook。

1. 在脚本中画图

如果在一个脚本文件中使用 Matplotlib，那么显示图形的时候必须使用 plt.show()。plt.show()启动一个事件循环（event loop），并找到所有当前可用的图形对象，然后打开一个或多个交互式窗口显示图形。例如：

```
import matplotlib.pyplot as plt
import numpy as np
x = np.linspace(0, 10, 100)
plt.plot(x, np.sin(x))
plt.plot(x, np.cos(x))
plt.show()
```

在命令行工具中执行上述脚本，弹出一个新窗口显示绘制的正弦曲线和余弦曲线图形。

注意：在一个 Python 会话（session）中只能使用一次 plt.show()，因此通常把它放在脚本的最后。多个 plt.show()命令导致难以预料的显示异常，应该尽量避免。

2. 在 IPython shell 中画图

首先，在 IPython 中使用%matplotlib 魔法命令，启动 Matplotlib 模式。在 IPython shell 中启动 Matplotlib 模式之后，就不需要使用 plt.show()了。

```
In [1]: %matplotlib
Using matplotlib backend: Qt5Agg
```

然后，使用 Matplotlib 进行交互式画图。使用 plt 命令自动打开一个图形窗口，增加新的命令，图形也自动更新。

```
In [2]: import matplotlib.pyplot as plt
In [3]: import numpy as np
In [4]: x = np.linspace(0, 10, 100)
In [5]: plt.plot(x, np.sin(x))
Out[5]: [<matplotlib.lines.Line2D at 0x14060f93f48>]
In [6]: plt.plot(x, np.cos(x))
Out[6]: [<matplotlib.lines.Line2D at 0x1405cf75708>]
```

如果改变已经画好的线条属性，则不会自动更新，但可以使用 plt.draw()强制更新。

3. 在 IPython Notebook 中画图

IPython Notebook 是一款基于浏览器的交互式数据分析工具，可以将描述性文字、代码、图形、HTML 元素以及更多的媒体形式组合起来，集成到单个可执行的 Notebook 文档中。

确保已安装 Anaconda，打开 Anaconda Prompt（CMD、PowerShell 等均可），执行如下命令：

```
jupyter notebook
```

可以先进入指定工作目录，然后再启动 jupyter notebook。

启动 jupyter notebook 之后，自动打开浏览器，进入 http://localhost:8888/tree，新建 Python 3 文档，保存为 test.ipynb。

使用 IPython Notebook 进行交互式画图与使用 IPython shell 类似，也需要先使用%matplotlib 命令。可以将图形直接嵌在 IPython Notebook 页面中，有两种展现形式。

- %matplotlib notebook：在 Notebook 中启动交互式图形。
- %matplotlib inline：在 Notebook 中启动静态图形。

本章统一使用%matplotbib inline，例如：

```
%matplotlib inline
```

运行命令之后，创建的图形就直接以 PNG 格式嵌入在单元中。例如，输入下面代码，演示效果如图 22.2 所示。

```
import matplotlib.pyplot as plt
```

```
import numpy as np
x = np.linspace(0, 10, 100)
fig = plt.figure()
plt.plot(x, np.sin(x), '-')
plt.plot(x, np.cos(x), '--')
```

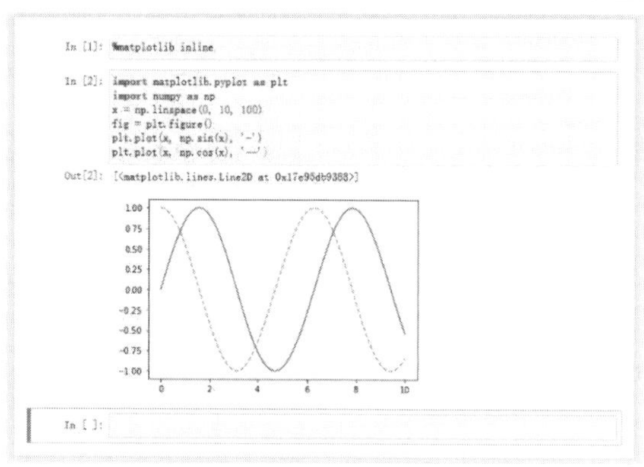

图 22.2　在 IPython Notebook 中画图

22.3.4　画图接口

Matplotlib 提供了两种画图接口：一个是便捷的 Matlab 风格接口，另一个是功能更强大的面向对象接口。

1．Matlab 风格接口

Matplotlib 最初作为 Matlab 用户的 Python 替代品，许多语法都和 Matlab 类似。Matlab 风格的工具位于 pyplot（plt）接口中。例如：

```
plt.figure()                                    # 创建图形
# 创建两个子图中的第一个，设置坐标轴
plt.subplot(2, 1, 1)                            # (行、列、子图编号)
plt.plot(x, np.sin(x))
# 创建两个子图中的第二个，设置坐标轴
plt.subplot(2, 1, 2)
plt.plot(x, np.cos(x));
```

这种接口最重要的特性是有状态的（stateful），它持续跟踪当前的图形和坐标轴，所有 plt 命令都可以应用。可以使用 plt.gcf()获取当前图形的具体信息，使用 plt.gca()获取当前坐标轴的具体信息。

2．面向对象接口

面向对象接口可以适应更复杂的场景，可以更好地控制图形。在面向对象接口中，画图函数不再受到当前活动的图形或坐标轴的限制，而变成了显式的 Figure 和 Axes 的方法。例如：

```
# 创建图形网格
fig, ax = plt.subplots(2)                       # ax 是一个包含两个 Axes 对象的数组
# 在每个对象上调用 plot()方法
ax[0].plot(x, np.sin(x))
ax[1].plot(x, np.cos(x));
```

在画简单图形时，两种绘图风格都比较方便，但是在画比较复杂的图形时，面向对象方法更方便。在绝大多数场景中，plt.plot()与 ax.plot()的差异非常小。

22.3.5　线形图

最简单的图形就是线性方程 y = f (x)。首先，在 Notebook 中输入以下命令：

```
In[1]: %matplotlib inline
import matplotlib.pyplot as plt
plt.style.use('seaborn-whitegrid')
import numpy as np
```

使用 plt.style 选择图形的绘图风格。Matplotlib 在 1.5 版之后开始支持不同的风格列表（stylesheets）。如果使用 Matplotlib 版本较旧，就只能使用默认的绘图风格。

然后，创建一个图形 fig 和一个坐标轴 ax。

```
In[2]: fig = plt.figure()
ax = plt.axes()
```

在 Matplotlib 里，figure（plt.Figure 类的实例）可以被看成是一个能够容纳各种坐标轴、图形、文字和标签的容器。axes（plt.Axes 类的实例）是一个带有刻度和标签的矩形，最终包含所有可视化的图形元素。通常用变量 fig 表示一个图形实例，用变量 ax 表示一个坐标轴实例或一组坐标轴实例。

创建好坐标轴之后，就可以用 ax.plot 画图。例如，画一组简单的正弦曲线。

```
In[3]: fig = plt.figure()
ax = plt.axes()
x = np.linspace(0, 10, 1000)
ax.plot(x, np.sin(x));
```

也可以使用 pylab 接口画图，这时图形与坐标轴都在底层执行，例如：

```
In[4]: plt.plot(x, np.sin(x));
```

如果想在一张图中创建多条线，可以重复调用 plot 命令：

```
In[5]: plt.plot(x, np.sin(x))
plt.plot(x, np.cos(x));
```

下面介绍控制坐标轴和线条外观的具体配置方法。

（1）调整线条的颜色与风格。

plt.plot()函数可以通过相应的参数设置颜色与风格。要修改颜色，可以使用 color 参数，它支持各种颜色值的字符串。例如：

```
In[6]:
plt.plot(x, np.sin(x - 0), color='blue')            # 标准颜色名称
plt.plot(x, np.sin(x - 1), color='g')               # 缩写颜色代码（rgbcmyk）
plt.plot(x, np.sin(x - 2), color='0.75')            # 范围在 0~1 的灰度值
plt.plot(x, np.sin(x - 3), color='#FFDD44')         # 十六进制（RRGGBB，00~FF）
plt.plot(x, np.sin(x - 4), color=(1.0,0.2,0.3))     # RGB 元组，范围在 0~1
plt.plot(x, np.sin(x - 5), color='chartreuse');     # HTML 颜色名称
```

如果不指定颜色，Matplotlib 为多条线自动循环使用一组默认的颜色。

使用 linestyle 可以调整线条的风格。例如：

```
In[7]: plt.plot(x, x + 0, linestyle='solid')
plt.plot(x, x + 1, linestyle='dashed')
plt.plot(x, x + 2, linestyle='dashdot')
plt.plot(x, x + 3, linestyle='dotted');
# 可以用下面的简写形式
plt.plot(x, x + 4, linestyle='-')                   # 实线
```

```
plt.plot(x, x + 5, linestyle='--')                    # 虚线
plt.plot(x, x + 6, linestyle='-.')                    # 点画线
plt.plot(x, x + 7, linestyle=':');                    # 实点线
```

如果想用一种更简洁的方式，则可以将 linestyle 和 color 组合起来，作为 plt.plot()函数的一个非关键字参数使用，例如：

```
In[8]: plt.plot(x, x + 0, '-g')                       # 绿色实线
plt.plot(x, x + 1, '--c')                             # 青色虚线
plt.plot(x, x + 2, '-.k')                             # 黑色点画线
plt.plot(x, x + 3, ':r');                             # 红色实点线
```

这些单字符颜色代码是 RGB 与 CMYK 颜色系统中的标准缩写形式，通常用于数字化彩色图形。还有很多其他用来调整图像的关键字参数。想了解更多的细节，建议使用 IPython 的帮助工具查看 plt.plot()函数的帮助文档。

（2）调整坐标轴上下限。

Matplotlib 自动为图形选择最合适的坐标轴上下限，但是有时自定义坐标轴上下限可能会更好。调整坐标轴上下限最基础的方法是 plt.xlim()和 plt.ylim()。例如：

```
In[9]: plt.plot(x, np.sin(x))
plt.xlim(-1, 11)
plt.ylim(-1.5, 1.5);
```

如果要让坐标轴逆序显示，也可以逆序设置坐标轴刻度值。例如：

```
In[10]: plt.plot(x, np.sin(x))
plt.xlim(10, 0)
plt.ylim(1.2, -1.2);
```

还有一个方法是 plt.axis()，通过传入[xmin, xmax, ymin, ymax]对应的值，plt.axis()方法可以用一行代码设置 x 和 y 的限值。例如：

```
In[11]: plt.plot(x, np.sin(x))
plt.axis([-1, 11, -1.5, 1.5]);
```

plt.axis()还可以按照图形的内容自动收紧坐标轴，不留空白区域，例如：

```
In[12]: plt.plot(x, np.sin(x))
plt.axis('tight');
```

设置图形分辨率为 1∶1，x 轴单位长度与 y 轴单位长度相等：

```
In[13]: plt.plot(x, np.sin(x))
plt.axis('equal');
```

（3）设置图形标签。

设置图形标签的方法包括：图形标题、坐标轴标题、简易图例。

图形标题与坐标轴标题是最简单的标签，快速设置方法如下：

```
In[14]: plt.plot(x, np.sin(x))
plt.title("y = sin(x)")
plt.xlabel("x")
plt.ylabel("sin(x)");
```

可以通过优化参数调整这些标签的位置、大小和风格。在单个坐标轴上显示多条线时，创建图例显示每条线是很有效的方法。Matplotlib 内置了 plt.legend()方法，可以用来创建图例。在 plt.plot 函数中用 label 参数为每条线设置一个标签。例如：

```
In[15]: plt.plot(x, np.sin(x), '-g', label='sin(x)')
plt.plot(x, np.cos(x), ':b', label='cos(x)')
plt.axis('equal')
plt.legend();
```

plt.legend()函数将每条线的标签与其风格、颜色自动匹配。

22.3.6　散点图

散点图是由独立的点、圆圈或其他形状构成的。首先，在 Notebook 中输入以下命令：

```
In[1]: %matplotlib inline
import matplotlib.pyplot as plt
plt.style.use('seaborn-whitegrid')
import numpy as np
```

（1）用 plt.plot 画散点图。

使用 plt.plot/ax.plot 函数画散点图：

```
In[2]: x = np.linspace(0, 10, 30)
y = np.sin(x)
plt.plot(x, y, 'o', color='black');
```

plt.plot 函数的第三个参数是一个字符，表示图形符号的类型。与之前用'-'和'--'设置线条属性类似，对应的图形标记也有缩写形式。所有的缩写形式都可以在 plt.plot 文档中查到，也可以参考 Matplotlib 的在线文档，绝大部分图形标记都非常直观。

```
In[3]: rng = np.random.RandomState(0)
for marker in ['o', '.', ',', 'x', '+', 'v', '^', '<', '>', 's', 'd']:
plt.plot(rng.rand(5), rng.rand(5), marker,
label="marker='{0}'".format(marker))
plt.legend(numpoints=1)
plt.xlim(0, 1.8);
```

这些代码还可以与线条、颜色代码组合起来，画出一条连接散点的线：

```
In[4]: plt.plot(x, y, '-ok');                    # 直线（-）、圆圈（o）、黑色（k）
```

另外，plt.plot 支持许多设置线条和散点属性的参数：

```
In[5]: plt.plot(x, y, '-p', color='gray',
markersize=15, linewidth=4,
markerfacecolor='white',
markeredgecolor='gray',
markeredgewidth=2)
plt.ylim(-1.2, 1.2);
```

plt.plot 函数非常灵活，可以满足各种不同的可视化配置需求。

（2）用 plt.scatter 画散点图。

使用 plt.scatter 函数也可以创建散点，它的功能非常强大，其用法与 plt.plot 函数类似。例如：

```
In[6]: plt.scatter(x, y, marker='o');
```

plt.scatter 与 plt.plot 的主要区别：前者在创建散点图时具有更高的灵活性，可以单独控制每个散点与数据匹配，也可以让每个散点具有不同的属性（大小、表面颜色、边框颜色等）。

下面创建一个随机散点图，里面有各种颜色和大小的散点。为了能更好地显示重叠部分，用 alpha 参数调整透明度。

```
In[7]: rng = np.random.RandomState(0)
x = rng.randn(100)
y = rng.randn(100)
colors = rng.rand(100)
sizes = 1000 * rng.rand(100)
plt.scatter(x, y, c=colors, s=sizes, alpha=0.3,
cmap='viridis')
plt.colorbar();                                          # 显示颜色条
```

注意：颜色自动映射成颜色条（通过 colorbar()显示），散点的大小以像素为单位。这样，散点的颜色与大小就可以在可视化图中显示多维数据的信息。

可以用 Scikit-Learn 程序库里的鸢尾花（iris）数据演示。它有 3 种鸢尾花，每个样本都是一种花，其花瓣（petal）与花萼（sepal）的长度与宽度都经过了仔细测量。

```
In[8]: from sklearn.datasets import load_iris
iris = load_iris()
features = iris.data.T
plt.scatter(features[0], features[1], alpha=0.2,
s=100*features[3], c=iris.target, cmap='viridis')
plt.xlabel(iris.feature_names[0])
plt.ylabel(iris.feature_names[1]);
```

散点图可以同时看到不同维度的数据：每个点的坐标值(x, y)分别表示花萼的长度和宽度，而点的大小表示花瓣的宽度，3 种颜色对应 3 种不同类型的鸢尾花。这类多颜色与多特征的散点图在探索与演示数据时非常有用。

提示：在数据量较小的时候，plt.plot 与 plt.scatter 在效率上的差异不大。但是当数据大到几千个散点时，plt.plot 的效率将大大高于 plt.scatter。这是由于 plt.scatter 对每个散点进行单独的大小与颜色的渲染，因此渲染器消耗更多的资源。而在 plt.plot 中，散点基本都是彼此复制，因此整个数据集中所有点的颜色、尺寸只需要配置一次。由于这两种方法在处理大型数据集时有很大的性能差异，因此面对大型数据集时，plt.plot 方法比 plt.scatter 方法好。

22.3.7 等高线图

使用 plt.contour 可以画等高线图，使用 plt.contourf 可以画带有填充色的等高线图的色彩，使用 plt.imshow 可以显示图形。

首先，打开一个 Notebook，然后导入画图需要用到的函数：

```
In[1]: %matplotlib inline
import matplotlib.pyplot as plt
plt.style.use('seaborn-white')
import numpy as np
```

使用函数 z = f (x, y)演示一个等高线图，定义生成函数 f：

```
In[2]: def f(x, y):
    return np.sin(x) ** 10 + np.cos(10 + y * x) * np.cos(x)
```

等高线图可以使用 plt.contour 函数来创建，它需要 3 个参数：x 轴、y 轴、z 轴 3 个坐标轴的网格数据。x 轴与 y 轴表示图形中的位置，而 z 轴将通过等高线的等级表示。

使用 np.meshgrid 函数准备这些数据，它可以从一维数组构建二维网格数据：

```
In[3]: x = np.linspace(0, 5, 50)
y = np.linspace(0, 5, 40)
X, Y = np.meshgrid(x, y)
Z = f(X, Y)
```

画标准的线形等高线图：

```
In[4]: plt.contour(X, Y, Z, colors='black');
```

注意：当图形中只使用一种颜色时，默认使用虚线表示负数，使用实线表示正数。另外，可以用 cmap 参数设置一个线条配色方案自定义颜色。还可以让更多的线条显示不同的颜色。可以将数据范围等分为 20 份，然后用不同的颜色表示：

```
In[5]: plt.contour(X, Y, Z, 20, cmap='RdGy');
```

使用 RdGy（红-灰，red-gray）配色方案，这对于数据集中度的显示效果比较好。Matplotlib 有非常丰富的配色方案，可以在 IPython 里用 Tab 键浏览 plt.cm 模块对应的信息：

```
plt.cm.<TAB>
```

可以使用 plt.contourf()函数填充等高线图，语法与 plt.contour()是一样的。另外，还可以通过 plt.colorbar()命令自动创建一个表示图形各种颜色对应标签信息的颜色条：

```
In[6]: plt.contourf(X, Y, Z, 20, cmap='RdGy')
plt.colorbar();
```

通过颜色条可以清晰地看出，黑色区域是波峰，红色区域是波谷。如果要获取更好的渲染效果，可以通过 plt.imshow()函数处理，它可以将二维数组渲染成渐变图。

```
In[7]: plt.imshow(Z, extent=[0, 5, 0, 5], origin='lower',
cmap='RdGy')
plt.colorbar()
plt.axis(aspect='image');
```

- plt.imshow()不支持用 x 轴和 y 轴数据设置网格，而是必须通过 extent 参数设置图形的坐标范围[xmin, xmax, ymin, ymax]。
- plt.imshow()默认使用标准的图形数组定义，就是原点位于左上角（浏览器都是如此），而不是绝大多数等高线图中使用的左下角。这一点在显示网格数据图形的时候必须调整。
- plt.imshow()自动调整坐标轴的精度以适应数据显示。可以通过 plt.axis(aspect='image') 来设置 x 轴与 y 轴的单位。

使用一幅背景色半透明的彩色图（可以通过 alpha 参数设置透明度），与另一幅坐标轴相同、带数据标签的等高线图叠放在一起（用 plt.clabel()函数实现）：

```
In[8]: contours = plt.contour(X, Y, Z, 3, colors='black')
plt.clabel(contours, inline=True, fontsize=8)
plt.imshow(Z, extent=[0, 5, 0, 5], origin='lower',
cmap='RdGy', alpha=0.5)
plt.colorbar();
```

22.3.8 直方图

1. 一维直方图

导入画图函数，只用一行代码就可以创建一个简易的频次直方图：

```
In[1]: %matplotlib inline
import numpy as np
import matplotlib.pyplot as plt
plt.style.use('seaborn-white')
data = np.random.randn(1000)
In[2]: plt.hist(data);
```

hist()有许多用来调整计算过程和显示效果的选项。

```
In[3]: plt.hist(data, bins=30, normed=True, alpha=0.5,
histtype='stepfilled', color='steelblue',
edgecolor='none');
```

将 histtype='stepfilled'与透明性设置参数 alpha 搭配使用的效果较好：

```
In[4]: x1 = np.random.normal(0, 0.8, 1000)
x2 = np.random.normal(-2, 1, 1000)
x3 = np.random.normal(3, 2, 1000)
kwargs = dict(histtype='stepfilled', alpha=0.3, normed=True, bins=40)
plt.hist(x1, **kwargs)
plt.hist(x2, **kwargs)
plt.hist(x3, **kwargs);
```

如果只需要简单地计算频次直方图，就是计算每段区间的样本数，而并不想画图显示它们，可以直接用 np.histogram()：

```
In[5]: counts, bin_edges = np.histogram(data, bins=5)
print(counts)                                  # 输出为：[ 12 190 468 301 29]
```

2. 二维直方图

也可以将二维数组按照二维区间进行切分创建二维频次直方图。下面简单介绍几种创建二维直方图的方法。

首先，用一个多元高斯分布生成 x 轴、y 轴的样本数据：

```
In[6]: mean = [0, 0]
cov = [[1, 1], [1, 2]]
x, y = np.random.multivariate_normal(mean, cov, 10000).T
```

1）plt.hist2d

画二维直方图最简单的方法就是使用 Matplotlib 的 plt.hist2d 函数：

```
In[12]: plt.hist2d(x, y, bins=30, cmap='Blues')
cb = plt.colorbar()
cb.set_label('counts in bin')
```

另外，就像 plt.hist 有一个只计算结果不画图的 np.histogram 函数一样，plt.hist2d 类似的函数是 np.histogram2d，其用法如下：

```
In[8]: counts, xedges, yedges = np.histogram2d(x, y, bins=30)
```

2）plt.hexbin

还有一种常用的方式是用正六边形分割。Matplotlib 提供的 plt.hexbin 可以满足此类需求，将二维数据集分割成蜂窝状：

```
In[9]: plt.hexbin(x, y, gridsize=30, cmap='Blues')
cb = plt.colorbar(label='count in bin')
```

plt.hexbin 同样也有一大堆有趣的配置选项，包括为每个数据点设置不同的权重，以及用任意 NumPy 累计函数改变每个六边形区间划分的结果（权重均值、标准差等指标）。

3）核密度估计

还有一种评估多维数据分布密度的常用方法是核密度估计（KDE），下面简单演示如何用 KDE 方法抹除空间中离散的数据点，从而拟合一个平滑的函数。在 scipy.stats 程序包里有一个简单快速的 KDE 实现方法，下面就是用这个方法演示的简单示例：

```
In[10]: from scipy.stats import gaussian_kde
# 拟合数组维度[Ndim, Nsamples]
data = np.vstack([x, y])
kde = gaussian_kde(data)
# 用一对规则的网格数据进行拟合
xgrid = np.linspace(-3.5, 3.5, 40)
ygrid = np.linspace(-6, 6, 40)
Xgrid, Ygrid = np.meshgrid(xgrid, ygrid)
Z = kde.evaluate(np.vstack([Xgrid.ravel(), Ygrid.ravel()]))
# 画出结果图
plt.imshow(Z.reshape(Xgrid.shape),
origin='lower', aspect='auto',
extent=[-3.5, 3.5, -6, 6],
cmap='Blues')
cb = plt.colorbar()
cb.set_label("density")
```

KDE 方法通过不同的平滑带宽长度在拟合函数的准确性与平滑性之间做出权衡。gaussian_kde 通过一种经验方法试图找到输入数据平滑长度的近似最优解。

提示： 在 SciPy 的生态系统中还有其他的 KDE 方法实现，每种版本都有各自的优缺点，例如 sklearn.neighbors.KernelDensity 和 statsmodels.nonparametric.kernel_density.KDEMultivariate。用 Matplotlib 做 KDE 的可视化图的过程比较烦琐，Seaborn 程序库提供了一个更加简洁的 API 来创建基于 KDE 的可视化图。

22.3.9　配置图例

使用 plt.legend()命令可以创建最简单的图例，它自动创建一个包含每个图形元素的图例。

```
In[1]: import matplotlib.pyplot as plt
plt.style.use('classic')
In[2]: %matplotlib inline
import numpy as np
In[3]: x = np.linspace(0, 10, 1000)
fig, ax = plt.subplots()
ax.plot(x, np.sin(x), '-b', label='Sine')
ax.plot(x, np.cos(x), '--r', label='Cosine')
ax.axis('equal')
leg = ax.legend();
```

也可以对图例进行各种个性化的配置。例如，设置图例的位置，并取消外边框。

```
In[4]: ax.legend(loc='upper left', frameon=False)
fig
```

还可以用 ncol 参数设置图例的标签列数：

```
In[5]: ax.legend(frameon=False, loc='lower center', ncol=2)
fig
```

还可以为图例定义圆角边框（fancybox）、增加阴影、改变外边框透明度（framealpha 值），或者改变文字间距：

```
In[6]: ax.legend(fancybox=True, framealpha=1, shadow=True, borderpad=1)
fig
```

关于图例的更多配置信息，可以参考 plt.legend 帮助文档。

1. 选择图例显示的元素

图例默认显示所有元素的标签。如果不想显示全部，可以通过一些图形命令指定显示图例中的哪些元素和标签。使用 plt.plot()命令可以一次创建多条线，返回线条实例列表。一种方法是将需要显示的线条传入 plt.legend()，例如：

```
In[7]: y = np.sin(x[:, np.newaxis] + np.pi * np.arange(0, 2, 0.5))
lines = plt.plot(x, y)
# lines 变量是一组 plt.Line2D 实例
plt.legend(lines[:2], ['first', 'second']);
```

另一种方法是可以只为需要在图例中显示的元素设置标签，例如：

```
In[8]: plt.plot(x, y[:, 0], label='first')
plt.plot(x, y[:, 1], label='second')
plt.plot(x, y[:, 2:])
plt.legend(framealpha=1, frameon=True);
```

注意：默认情况下图例忽略那些不带标签的元素。

2. 在图例中显示不同尺寸的点

下面示例将用点的尺寸表明不同城市的人口数量。如果要一个通过不同尺寸的点显示不同人口数量级的图例，可以通过隐藏一些数据标签实现这个效果：

```
In[9]: import pandas as pd
cities = pd.read_csv('data/california_cities.csv')
# 提取感兴趣的数据
lat, lon = cities['latd'], cities['longd']
population, area = cities['population_total'], cities['area_total_km2']
# 用不同尺寸和颜色的散点图表示数据，但是不带标签
plt.scatter(lon, lat, label=None,
c=np.log10(population), cmap='viridis',
s=area, linewidth=0, alpha=0.5)
plt.axis(aspect='equal')
plt.xlabel('longitude')
plt.ylabel('latitude')
plt.colorbar(label='log$_{10}$(population)')
plt.clim(3, 7)
# 下面创建一个图例
# 画一些带标签和尺寸的空列表
for area in [100, 300, 500]:
    plt.scatter([], [], c='k', alpha=0.3, s=area,label=str(area) + ' km$^2$')
plt.legend(scatterpoints=1, frameon=False,
labelspacing=1, title='City Area')
```

```
plt.title('California Cities: Area and Population');
```

由于图例通常是图形中对象的参照，因此如果想显示某种形状，就需要将它画出来。但是在这个示例中，想要的对象（灰色圆圈）并不在图形中，因此把它们用空列表假装画出来。还需要注意的是，图例只显示带标签的元素。

为了画出这些空列表中的图形元素，需要为它们设置标签，以便图例可以显示它们，这样就可以从图例中获得想要的信息。这个策略对于创建复杂的可视化图形很有效。

注意：在处理这类地理数据的时候，如果能把州的地理边界或其他地图元素也显示出来，那么图形就更加逼真。Matplotlib 的 Basemap（底图）插件工具箱是做这种事情的最佳选择。

3. 同时显示多个图例

通过标准的 legend 接口只能为一张图创建一个图例。如果想用 plt.legend()或 ax.legend()方法创建第二个图例，那么第一个图例就会被覆盖。可以通过从头开始创建一个新的图例，然后用底层的 ax.add_artist()方法在图上添加第二个图例：

```
In[10]: fig, ax = plt.subplots()
lines = []
styles = ['-', '--', '-.', ':']
x = np.linspace(0, 10, 1000)
for i in range(4):
lines += ax.plot(x, np.sin(x - i * np.pi / 2),
styles[i], color='black')
ax.axis('equal')
# 设置第一个图例要显示的线条和标签
ax.legend(lines[:2], ['line A', 'line B'],
loc='upper right', frameon=False)
# 创建第二个图例，通过 add_artist 方法添加到图上
from matplotlib.legend import Legend
leg = Legend(ax, lines[2:], ['line C', 'line D'],
loc='lower right', frameon=False)
ax.add_artist(leg);
```

22.3.10 配置颜色条

在 Matplotlib 里面，颜色条是一个独立的坐标轴，可以指明图形中颜色的含义。首先，导入需要使用的画图工具：

```
In[1]: import matplotlib.pyplot as plt
plt.style.use('classic')
In[2]: %matplotlib inline
import numpy as np
```

使用 plt.colorbar 函数创建简单的颜色条：

```
In[3]: x = np.linspace(0, 10, 1000)
I = np.sin(x) * np.cos(x[:, np.newaxis])
plt.imshow(I)
plt.colorbar();
```

1．配置颜色条

可以通过 cmap 参数为图形设置颜色条的配色方案：

```
In[4]: plt.imshow(I, cmap='gray');
```

所有可用的配色方案都在 plt.cm 命名空间里面，在 IPython 里通过 Tab 键就可以查看所有的配置方案：

```
plt.cm.<TAB>
```

2．选择配色方案

一般情况下，只需要重点关注如下 3 种不同的配色方案即可。

- 顺序配色方案：由一组连续的颜色构成的配色方案，如 binary 或 viridis。
- 互逆配色方案：通常由两种互补的颜色构成，表示正反两种含义，如 RdBu 或 PuOr。
- 定性配色方案：随机顺序的一组颜色，如 rainbow 或 jet。

可以通过把 jet 转换为黑白的灰度图来查看具体的颜色：

```
In[5]:
from matplotlib.colors import LinearSegmentedColormap
def grayscale_cmap(cmap):
"""为配色方案显示灰度图"""
cmap = plt.cm.get_cmap(cmap)
colors = cmap(np.arange(cmap.N))
# 将 RGBA 色转换为不同亮度的灰度值
RGB_weight = [0.299, 0.587, 0.114]
luminance = np.sqrt(np.dot(colors[:, :3] ** 2, RGB_weight))
colors[:, :3] = luminance[:, np.newaxis]
return LinearSegmentedColormap.from_list(cmap.name + "_gray", colors, cmap.N)
def view_colormap(cmap):
"""用等价的灰度图表示配色方案"""
cmap = plt.cm.get_cmap(cmap)
colors = cmap(np.arange(cmap.N))
cmap = grayscale_cmap(cmap)
grayscale = cmap(np.arange(cmap.N))
fig, ax = plt.subplots(2, figsize=(6, 2),
subplot_kw=dict(xticks=[], yticks=[]))
ax[0].imshow([colors], extent=[0, 10, 0, 1])
ax[1].imshow([grayscale], extent=[0, 10, 0, 1])
In[6]: view_colormap('jet')
```

注意观察灰度图里比较亮的那部分条纹。这些亮度变化不均匀的条纹在彩色图中对应某一段彩色区间，由于色彩太接近容易凸显数据集中不重要的部分，导致眼睛无法识别重点。更好的配色方案是 viridis（已经成为 Matplotlib 2.0 的默认配色方案）。它采用了精心设计的亮度渐变方式，这样不仅便于视觉观察，而且转换成灰度图后也更清晰：

```
In[7]: view_colormap('viridis')
```

如果喜欢彩虹效果，可以用 cubehelix 配色方案可视化连续的数值：

```
In[8]: view_colormap('cubehelix')
```

至于其他的场景，例如，要用两种颜色表示正反两种含义时，可以使用 RdBu 双色配色方案（红色-蓝色，red-blue）。用红色、蓝色表示的正反两种信息在灰度图上看不出差别。

```
In[9]: view_colormap('RdBu')
```

Matplotlib 里有许多配色方案，在 IPython 里用 Tab 键浏览 plt.cm 模块就可以看到所有内容。

3. 颜色条刻度的限制与扩展功能的设置

Matplotlib 提供了丰富的颜色条配置功能。由于可以将颜色条本身仅看作是一个 plt.Axes 实例，因此，前面所学的所有关于坐标轴和刻度值的格式配置技巧都可以派上用场。颜色条有一些有趣的特性。例如，可以缩短颜色取值的上下限，对于超出上下限的数据，通过 extend 参数用三角箭头表示比上限大的数或者比下限小的数。如展示一张噪点图：

```
In[10]:                                          # 为图形像素设置 1%噪点
speckles = (np.random.random(I.shape) < 0.01)
I[speckles] = np.random.normal(0, 3, np.count_nonzero(speckles))
plt.figure(figsize=(10, 3.5))
plt.subplot(1, 2, 1)
plt.imshow(I, cmap='RdBu')
plt.colorbar()
plt.subplot(1, 2, 2)
plt.imshow(I, cmap='RdBu')
plt.colorbar(extend='both')
plt.clim(-1, 1);
```

左边的图是用默认的颜色条刻度限制实现的效果，噪点的范围完全覆盖了我们感兴趣的数据。而右边的图形设置了颜色条的刻度上下限，并在上下限之外增加了扩展功能，这样的数据可视化图形显然更有效果。

4. 离散型颜色条

虽然颜色条默认都是连续的，但有时也需要表示离散数据。最简单的做法就是使用 plt.cm.get_cmap()函数，将适当的配色方案的名称以及需要的区间数量传进去即可：

```
In[11]: plt.imshow(I, cmap=plt.cm.get_cmap('Blues', 6))
plt.colorbar()
plt.clim(-1, 1);
```

这种离散型颜色条和其他颜色条的用法相同。

22.3.11　子图

有时需要从多个角度对数据进行对比。Matplotlib 为此提出了子图（subplot）的概念。在较大的图形中同时放置一组较小的坐标轴。这些子图可能是画中画、网格图，或者是其他更复杂的布局形式。首先，在 Notebook 中导入画图需要的程序库：

```
In[1]: %matplotlib inline
import matplotlib.pyplot as plt
plt.style.use('seaborn-white')
import numpy as np
```

1. plt.axes

使用 plt.axes 函数可以创建坐标轴，这个函数的默认配置是创建一个标准的坐标轴，填满整张图。它还有一个可选参数，由图形坐标系统的 4 个值[bottom, left, width, height]构成。这 4 个值分别表示图形坐标系统的底坐标、左坐标、宽度、高度，数值的取值范围是左下角（原点）为 0，右上角为 1。

如果要在右上角创建一个画中画，那么可以首先将 x 与 y 设置为 0.65（就是坐标轴原点位于图形高度 65%和宽度 65%的位置），然后将 x 与 y 扩展到 0.2（也就是将坐标轴的宽度与高度设置为图形的 20%）。

```
In[2]: ax1 = plt.axes()                               # 默认坐标轴
ax2 = plt.axes([0.65, 0.65, 0.2, 0.2])
```

面向对象画图接口中类似的命令有 fig.add_axes()，用这个命令创建两个竖直排列的坐标轴：

```
In[3]: fig = plt.figure()
ax1 = fig.add_axes([0.1, 0.5, 0.8, 0.4],
xticklabels=[], ylim=(-1.2, 1.2))
ax2 = fig.add_axes([0.1, 0.1, 0.8, 0.4],
ylim=(-1.2, 1.2))
x = np.linspace(0, 10)
ax1.plot(np.sin(x))
ax2.plot(np.cos(x));
```

现在就可以看到两个紧挨着的坐标轴（上面的坐标轴没有刻度）：上子图（起点 y 坐标为 0.5 位置）与下子图的 x 轴刻度是对应的（起点 y 坐标为 0.1，高度为 0.4）。

2. plt.subplot

使用 plt.subplot()可以在一个网格中创建一个子图。这个命令有 3 个整型参数：将要创建的网格子图行数、列数和索引值，索引值从 1 开始，从左上角到右下角依次增大：

```
In[4]: for i in range(1, 7):
plt.subplot(2, 3, i)
plt.text(0.5, 0.5, str((2, 3, i)),
fontsize=18, ha='center')
```

plt.subplots_adjust 命令可以调整子图之间的间隔。用面向对象接口的命令 fig.add_subplot()可以取得同样的效果：

```
In[5]: fig = plt.figure()
fig.subplots_adjust(hspace=0.4, wspace=0.4)
for i in range(1, 7):
ax = fig.add_subplot(2, 3, i)
ax.text(0.5, 0.5, str((2, 3, i)),
fontsize=18, ha='center')
```

通过 plt.subplots_adjust 的 hspace 与 wspace 参数设置与图形高度与宽度一致的子图间距，数值以子图的尺寸为单位，在本例中，间距是子图宽度与高度的 40%。

3. plt.subplots

使用 plt.subplots()可以用一行代码创建多个子图，并返回一个包含子图的 NumPy 数组。关键参数是行数与列数，以及可选参数 sharex 与 sharey，通过它们可以设置不同子图之间的关联关系。例如，创建一个 2×3 网格子图，每行的 3 个子图使用相同的 y 轴坐标，每列的 2 个子图使用相同的 x 轴坐标：

```
In[6]: fig, ax = plt.subplots(2, 3, sharex='col', sharey='row')
```

设置 sharex 与 sharey 参数之后，就可以自动去掉网格内部子图的标签，让图形看起来更整洁。坐标轴实例网格的返回结果是一个 NumPy 数组，这样就可以通过标准的数组取值方式获取想要的坐标轴：

```
In[7]:                                    # 坐标轴存放在一个 NumPy 数组中，按照[row, col]取值
for i in range(2):
for j in range(3):
ax[i, j].text(0.5, 0.5, str((i, j)),
fontsize=18, ha='center')
fig
```

与 plt.subplot()1 相比，plt.subplots()与 Python 索引从 0 开始的习惯保持一致。

4. plt.GridSpec：实现更复杂的排列方式

使用 plt.GridSpec()可以实现不规则的多行多列子图网格，plt.GridSpec()对象本身不能直接创建一个图形，它只是 plt.subplot()命令可以识别的简易接口。例如，一个带行列间距的 2×3 网格的配置代码如下：

```
In[8]: grid = plt.GridSpec(2, 3, wspace=0.4, hspace=0.3)
```

可以通过类似 Python 切片的语法设置子图的位置和扩展尺寸：

```
In[9]: plt.subplot(grid[0, 0])
plt.subplot(grid[0, 1:])
plt.subplot(grid[1, :2])
plt.subplot(grid[1, 2]);
```

这种灵活的网格排列方式用途十分广泛：

```
In[10]:                                                    # 创建一些正态分布数据
mean = [0, 0]
cov = [[1, 1], [1, 2]]
x, y = np.random.multivariate_normal(mean, cov, 3000).T
# 设置坐标轴和网格配置方式
fig = plt.figure(figsize=(6, 6))
grid = plt.GridSpec(4, 4, hspace=0.2, wspace=0.2)
main_ax = fig.add_subplot(grid[:-1, 1:])
y_hist = fig.add_subplot(grid[:-1, 0], xticklabels=[], sharey=main_ax)
x_hist = fig.add_subplot(grid[-1, 1:], yticklabels=[], sharex=main_ax)
# 主坐标轴画散点图
main_ax.plot(x, y, 'ok', markersize=3, alpha=0.2)
# 次坐标轴画频次直方图
x_hist.hist(x, 40, histtype='stepfilled',
orientation='vertical', color='gray')
x_hist.invert_yaxis()
y_hist.hist(y, 40, histtype='stepfilled',
orientation='horizontal', color='gray')
y_hist.invert_xaxis()
```

22.3.12　自定义坐标轴刻度

每个 figure 都包含一个或多个 axes 对象，每个 axes 对象又包含其他表示图形内容的对象，如每个 axes 都有 xaxis 和 yaxis 属性，每个属性同样包含构成坐标轴的线条、刻度和标签的全部属性。

1. 主要刻度与次要刻度

每一个坐标轴都有主要刻度线与次要刻度线，主要刻度往往更大或更显著，而次要刻度往往更小。例如：

```
In[1]: %matplotlib inline
import matplotlib.pyplot as plt
plt.style.use('seaborn-whitegrid')
import numpy as np
In[2]: ax = plt.axes(xscale='log', yscale='log')
```

可以看到每个主要刻度都显示为一个较大的刻度线和标签，而次要刻度都显示为一个较小的刻度线，且不显示标签。

可以通过设置每个坐标轴的 formatter 与 locator 对象，自定义这些刻度属性(包括刻度线的位置和标签)。检查图形 x 轴的属性如下：

```
In[3]: print(ax.xaxis.get_major_locator())
print(ax.xaxis.get_minor_locator())
<matplotlib.ticker.LogLocator object at 0x107530cc0>
<matplotlib.ticker.LogLocator object at 0x107530198>
In[4]: print(ax.xaxis.get_major_formatter())
print(ax.xaxis.get_minor_formatter())
<matplotlib.ticker.LogFormatterMathtext object at 0x107512780>
<matplotlib.ticker.NullFormatter object at 0x10752dc18>
```

主要刻度标签和次要刻度标签的位置都是通过一个 LogLocator 对象设置的。次要刻度有一个 NullFormatter 对象处理标签，这样标签就不在图上显示。

2. 隐藏刻度与标签

可以通过 plt.NullLocator()与 plt.NullFormatter()实现隐藏刻度与标签：

```
In[5]: ax = plt.axes()
ax.plot(np.random.rand(50))
ax.yaxis.set_major_locator(plt.NullLocator())
ax.xaxis.set_major_formatter(plt.NullFormatter())
```

注意：上面代码移除了 x 轴的标签（但是保留了刻度线/网格线），以及 y 轴的刻度（标签也一并被移除）。在许多场景中都不需要刻度线，当要显示一组图形时：

```
In[6]: fig, ax = plt.subplots(5, 5, figsize=(5, 5))
fig.subplots_adjust(hspace=0, wspace=0)
# 从 scikit-learn 获取一些人脸照片数据
from sklearn.datasets import fetch_olivetti_faces
faces = fetch_olivetti_faces().images
for i in range(5):
for j in range(5):
ax[i, j].xaxis.set_major_locator(plt.NullLocator())
ax[i, j].yaxis.set_major_locator(plt.NullLocator())
ax[i, j].imshow(faces[10 * i + j], cmap="bone")
```

3. 增减刻度数量

默认刻度标签如果显示较小图形时，通常刻度显得十分拥挤。

```
In[7]: fig, ax = plt.subplots(4, 4, sharex=True, sharey=True)
```

尤其是 x 轴，数字几乎都重叠在一起，辨识起来非常困难。使用 plt.MaxNLocator()可以解决这个问题。根据设置的最多刻度数量，Matplotlib 自动为刻度安排恰当的位置：

```
In[8]:        # 为每个坐标轴设置主要刻度定位器
for axi in ax.flat:
axi.xaxis.set_major_locator(plt.MaxNLocator(3))
axi.yaxis.set_major_locator(plt.MaxNLocator(3))
fig
```

这样图形就显得更简洁。如果还要获得更多的配置功能，可以试试 plt.MultipleLocator。

22.4　在 线 支 持

扫码免费学习
更多实用技能

一、综合案例

☑　个人主页
☑　多媒体网站

二、综合项目

☑　博客网站

新知识、新案例不断更新中……

第 23 章

项目实战 3：大数据分析

本章借助 2 个综合项目练习网络数据的爬取技巧。项目运行环境说明如下。

- Python 环境：基于 Windows 10 + Python3.9 开发环境。
- 开发工具：基于 Visual Studio Code 开发工具。
- 数据分析工具：NumPy、Pandas、Matplotlib 和 Seaborn。

23.1 API 调用分析

本例针对某个项目中某个 API 的调用情况进行分析，采集时间为每分钟一次，包括调用次数、响应时间等信息，大约 18 万条数据，下面进行探索性数据分析。

提示：数据保存在 log.txt 文件中，练习时可以从本书提供的源代码中查找。

23.1.1 数据清洗的基本方法

干净整洁的数据是数据分析的基础。数据科学家们花费大量的时间清理数据集，毫不夸张地说，数据清洗占据 80%的工作时间，而真正用来分析数据的时间只占到 20%左右。

通常来获取到的原始数据不能直接用来分析，因为它们会有各种各样的问题，如包含无效信息，列名不规范，格式不一致，存在重复值、缺失值、异常值等。

拿到一个全新的数据集，应该从哪里入手呢？

首先，需要了解数据，大致了解数据结构和概括。常用的方法和属性如下。

- .head()：查看前 n 行数据，默认值是 5。
- .tail()：查看后 n 行数据，默认值是 5。
- .shape：查看数据维数。
- .columns：查看所有列名。
- .info()：查看索引、数据类型和内存信息。
- .describe()：查看每列数据的基本统计值，包括计数值，均值，标准差，最小值、最大值，1/4、1/2、3/4 分位数。
- .value_counts()：查看 Series 对象的唯一值和计数值。

如果上述操作还不够直观的话，可以作图浏览，需要先导入 Python 可视化库 Matplotlib。常用图包括：直方图、箱型图和散点图。

了解数据集之后，就可以对数据集进行清洗了，通常处理的问题包括：无效信息，列名不规范，格式不一致，存在重复值、缺失值、异常值等。具体步骤如下。

第 1 步，去除不需要的行、列。

在分析一个数据集的时候，很多信息其实是用不到的。因此，需要去除不必要的行或列。在导入的时候就可以通过设置 pd.read_xxx()来实现，其中参数可以实现列的选择目的。

如果在数据导入之后，还想删除某些行和列，可以使用.drop()方法。先创建一个列表 list，把不需要的列名放进去，再调用.drop()方法，参数 axis 为 1 时代表列，为 0 时代表行，参数 inplace=True 表示不创建新的对象，直接对原始对象进行修改。

第 2 步，重新命名列。

当原始数据的列名不好理解或者不够简洁时，可以用.rename()方法进行修改。如把英文的列名改成中文，先创建一个字典，把要修改的列名定义好，然后调用 rename()方法。

第 3 步，重新设置索引。

数据默认的索引是从 0 开始的有序整数，但如果想把某一列设置为新的索引，可以使用.set_index()方法实现。

第 4 步，用字符串操作规范列。

字符串 str 操作是非常实用的，因为列中总会包含不必要的字符，常用的方法如下。

- lower()：把大写转换成小写。
- upper()：把小写转换成大写。
- capitalize()：设置首字母大写。
- replace()：替换特定字符。
- strip()：去除字符串中的头尾空格或特殊字符。
- split()：使用字符串中的'x'字符作为分隔符，将字符串分隔成列表。
- get()：选取列表中某个位置的值。
- contains()：判断是否存在某个字符，返回的是布尔值。
- find()：检测字符串中是否包含子字符串 str，如果包含，则返回该子字符串开始位置的索引值。

第 5 步，使用函数规范列。

在某些情况下，数据不规范的情况并不局限于某一列，而是更广泛地分布在整个表格中。因此，自定义函数并应用于整个表格中的每个元素更加高效。使用 applymap()方法可以实现这个功能，它类似于内置的 map()函数，只不过它是将函数应用于整个表格中的所有元素。

第 6 步，删除重复数据。

重复数据会消耗不必要的内存，在处理数据时执行不必要的计算，还会使分析结果出现偏差。因此，有必要学习如何删除重复数据。

第 7 步，填充缺失值。

数据集中经常存在缺失值，学会正确处理它们很重要，因为在计算的时候，有些无法处理缺失值，有些则在默认情况下跳过缺失值。而且，了解缺失的数据，并思考用什么值来填充它们，对做出无偏的数据分析至关重要。

23.1.2　导入数据

掌握数据清洗的基本方法后，就可以上机操作了。首先导入数据，实现代码如下：

```
import numpy as np
import pandas as pd
import matplotlib.pyplot as plt
plt.rc('font', **{'family':'SimHei'})
#从 log.txt 中导入数据
```

```
data = pd.read_table('log.txt', header=None,names=['id', 'api', 'count', 'res_time_sum', 'res_time_min', 'res_time_ max', 'res_time_avg', 'interval', 'created_at'])
# 或者分开
data = pd.read_table('log.txt', header=None)
data.columns = ['id', 'api', 'count', 'res_time_sum', 'res_time_min','res_time_max', 'res_time_avg', 'interval', 'created_at']
```

查看前面几行数据：

```
print( data.head() )
```

随机抽取 5 个查看：

```
print( data.sample(5) )
```

23.1.3 检查异常

针对上面导入的 log.txt 数据，下面编写程序检查导入异常。示例代码如下：

```
import numpy as np
import pandas as pd
import matplotlib.pyplot as plt
plt.rc('font', **{'family':'SimHei'})
#从 log.txt 中导入数据
data = pd.read_table('log.txt', header=None,names=['id', 'api', 'count', 'res_time_sum', 'res_time_min', 'res_time_ max', 'res_time_avg', 'interval', 'created_at'])
```

第 1 步，检查是否有重复值。

```
print( data.duplicated().sum()   )                                    # 输出为：0
```

第 2 步，检查是否有空值。

```
print( data.isnull().sum()   )
```

输出为：

```
id              0
api             0
count           0
res_time_sum    0
res_time_min    0
res_time_max    0
res_time_avg    0
interval        0
created_at      0
dtype: int64
```

第 3 步，分析 api 和 interval 这两列的数据是否对分析有用。

```
print( len(data)   )                                                  # 得到 179496
print( len(data[data['interval'] == 60])   )                          # 得到 179496
print( len(data[data['api'] == '/front-api/bill/create'])   )         # 得到 179496
```

第 4 步，查看 api 字段信息，可以发现 unique=1，也就是说只有一个值，所以是没有意义的。

```
print( data['api'].describe() )
```

输出为：

```
count         179496
unique        1
top           /front-api/bill/create
freq          179496
```

```
Name: api, dtype: object
```

第 5 步，删除 api 一列。

```
data = data.drop('api', axis=1)
```

第 6 步，还发现 interval 的值全是 60。

```
print( data.interval.unique() )                          # 输出为：[60]
```

第 7 步，把 id 字段全部删掉。

```
data = data.drop(['id'], axis=1)
```

第 8 步，发现数据中每一行的 interval 字段的值都一样，所以丢弃这列。

```
data2 = data.drop(columns=['interval'])
print( data2.head() )
```

第 9 步，查看维度信息。

```
print( data2.shape )                                     # 输出为：(179496, 6)
```

第 10 步，查看字段类型。

```
print( data2.dtypes )
```

输出为：

```
Count              int64
res_time_sum       float64
res_time_min       float64
res_time_max       float64
res_time_avg       float64
created_at         object
dtype: object
print( data2.info() )
```

输出为：

```
<class 'pandas.core.frame.DataFrame'>
RangeIndex: 179496 entries, 0 to 179495
Data columns (total 6 columns):
count              179496 non-null int64
res_time_sum       179496 non-null float64
res_time_min       179496 non-null float64
res_time_max       179496 non-null float64
res_time_avg       179496 non-null float64
created_at         179496 non-null object
dtypes: float64(4), int64(1), object(1)
memory usage: 7.5+ MB
None
```

第 11 步，查看字段描述信息。

```
print( data2.describe() )
```

输出为：

```
               count   res_time_sum   res_time_min   res_time_max   res_time_avg
count  179496.000000  179496.000000  179496.000000  179496.000000  179496.000000
mean        7.175909    1393.177370     108.419620     359.880351     187.812208
std         4.325160    1499.485881      79.640559     638.919769     224.464813
min         1.000000      36.550000       3.210000      36.550000      36.000000
25%         4.000000     607.707500      83.410000     198.280000     144.000000
```

```
50%          7.000000    1154.905000     97.120000    256.090000     167.000000
75%         10.000000    1834.117500    116.990000    374.410000     202.000000
max         31.000000  142650.550000  18896.640000 142468.270000   71325.000000
```

通过上面操作，可以发现这份数据其实已经很规整了。

23.1.4 时间索引

为方便分析，使用 created_at 这一列的数据作为时间索引。在上一节示例代码基础上，继续编写代码如下：

第 1 步，查看字段类型。

```
print( data2.dtypes )
print( data2.info() )
print( data2.describe() )
print( "----------------------------------------" )
```

第 2 步，查看时间字段，发现 count=unique=179496，说明没有重复值。

```
data2['created_at'].describe()
```

第 3 步，选取 2018-05-01 的数据，但是没有显示。

```
print( data2[data2.created_at == '2018-05-01'] )
```

输出为：

```
Empty DataFrame
Columns: [count, res_time_sum, res_time_min, res_time_max, res_time_avg, created_at]
Index: []
```

第 4 步，按如下方式选取数据就可以，但是这样选取较麻烦。

```
print( data2[(data2.created_at >= '2018-05-01') & (data2.created_at < '2018-05-01')] )
print( "----------------------------------------" )
```

第 5 步，将时间序列作为索引。

```
data2.index = data2['created_at']
```

第 6 步，为了能按这种格式 data['2018-05-01']选取数据，还要将时间序列由字符串转为时间索引。

```
data2.index = pd.to_datetime(data2['created_at'])
```

第 7 步，有了时间索引，后面的操作就方便多了。

```
print( data2['2018-05-01'] )
```

输出为：

```
                     count  res_time_sum  res_time_min  res_time_max  res_time_avg           created_at
2018-05-01 00:00:48      6       2105.08        125.74        992.46         350.0  2018-05-01 00:00:48
2018-05-01 00:01:48      7       2579.11         76.55        987.47         368.0  2018-05-01 00:01:48
2018-05-01 00:02:48      7       1277.79        109.65        236.73         182.0  2018-05-01 00:02:48
...                    ...           ...           ...           ...           ...                  ...
2018-05-01 23:57:49      2        295.51        101.71        193.80         147.0  2018-05-01 23:57:49
2018-05-01 23:58:49      2        431.99         84.43        347.56         215.0  2018-05-01 23:58:49
2018-05-01 23:59:49      3        428.84        103.58        206.57         142.0  2018-05-01 23:59:49
[884 rows x 6 columns]
```

23.1.5　分析调用次数

在上一节代码基础上，进一步分析 API 调用次数的情况，代码如下。分析如图 23.1 所示，单位时间调用 API 的次数，最大值为 31，所以就分 31 组。

```
data['count'].hist(bins=31, rwidth=0.8)
plt.show()
```

23.1.6　分析访问高峰时段

在 23.1.4 节代码基础上，下面分析 API 访问高峰时段的情况，代码如下。分析如图 23.2 所示。例如，在 2018-05-01 这一天中，哪些时间是访问高峰，哪些时间段访问比较少，如图 23.2 所示，从凌晨 2 点到 11 点访问少，业务高峰出现在下午两三点，晚上八九点。

```
data2['2018-5-1']['count'].plot()
plt.show()
```

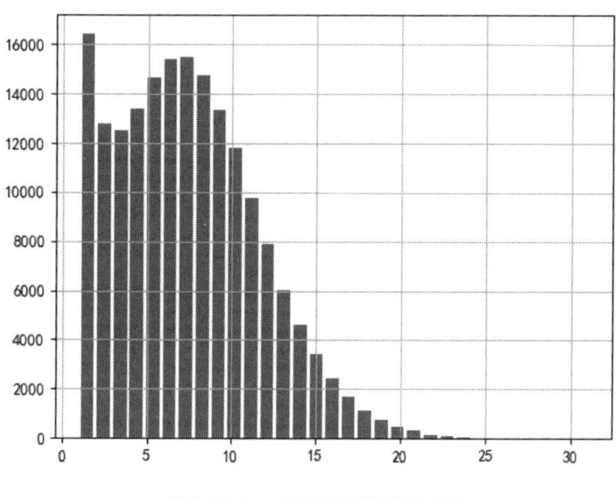

图 23.1　调用次数直方图

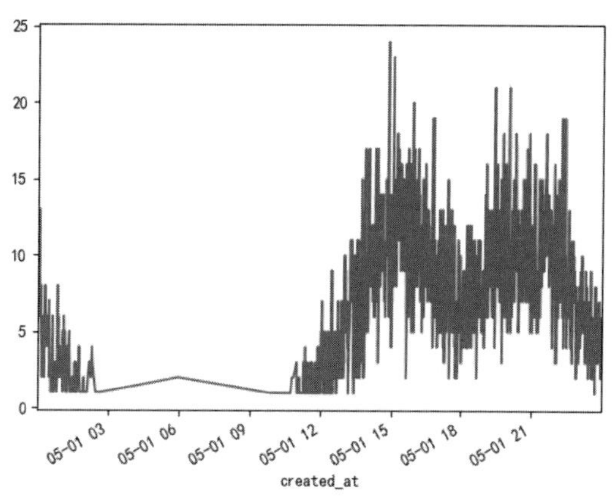

图 23.2　访问高峰时段

23.1.7　分析 API 响应时间

在 23.1.4 节代码基础上，下面分析 API 响应时间，代码如下。分析如图 23.3 和图 23.4 所示。

```
data2['2018-5-1']['res_time_avg'].plot()
plt.show()
```

```
data2['2018-5-1'][['res_time_avg']].boxplot()
plt.show()
```

以 20 min 为单位重新采样，可以看到在业务高峰时间段，最大响应时间和平均响应时间都有所上升，如图 23.5 所示。

```
data2['2018-5-1'].resample('20T').mean()
data2[['res_time_avg','res_time_max','res_time_min']].plot()
plt.show()
```

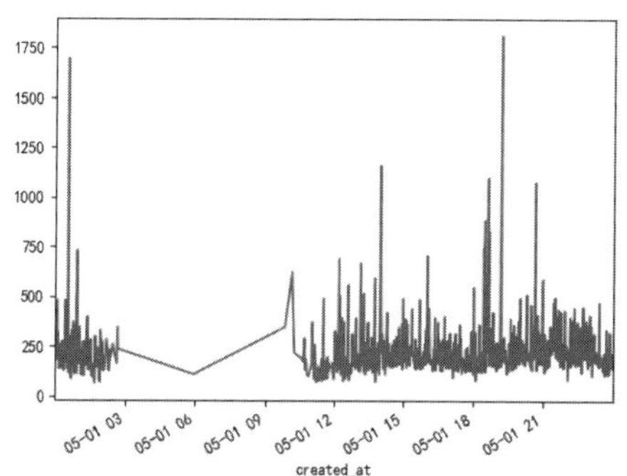

图 23.3　API 响应时间 1

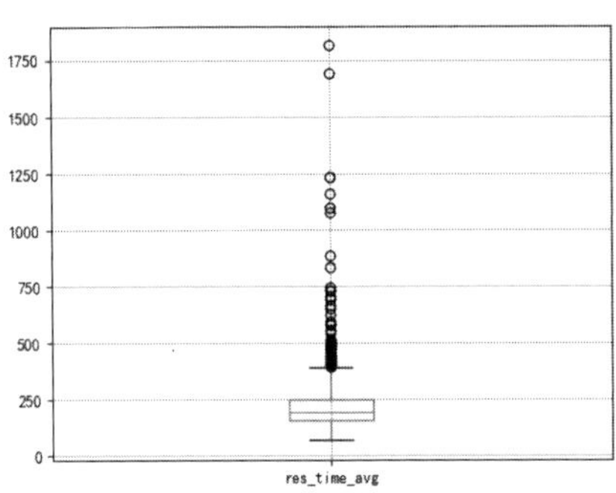

图 23.4　API 响应时间 2

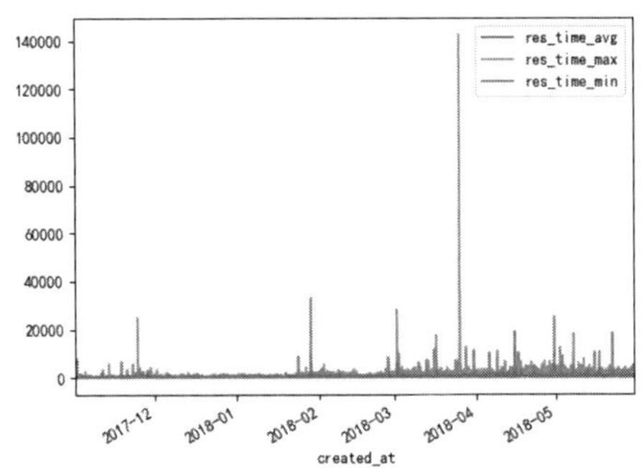

图 23.5　API 响应时间 3

23.1.8　分析连续几天数据

在 23.1.4 节代码基础上，下面分析连续几天的数据，代码如下。分析如图 23.6 所示。分析连续的几天数据，可以发现每天的业务高峰时段都比较相似。

```
data2['2018-5-1':'2018-5-10']['count'].plot()
plt.show()
```

23.1.9　分析周末访问量增加情况

在 23.1.4 节代码基础上，下面分析周末访问量增加情况，代码如下。分析如图 23.7 所示。可以发现，周末的下午和晚上，比非周末的访问量多一些。

```
# 分析周末访问量是否有增加
data2['weekday'] = data2.index.weekday
data2.head()
# weekday 从 0 开始，5 和 6 表示星期六和星期天
data2['weekend'] = data2['weekday'].isin({5,6})
data2.head()
data2.groupby('weekend')['count'].mean()
data2.head()
#data2.groupby(['weekend', data2.index.hour])['count'].mean().plot()
#plt.show()
data2.groupby(['weekend', data2.index.hour])['count'].mean().unstack(level=0).plot()
plt.show()
```

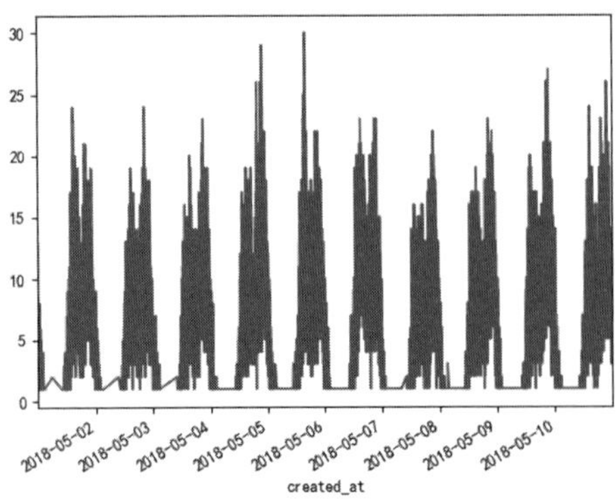

图 23.6　分析连续几天数据

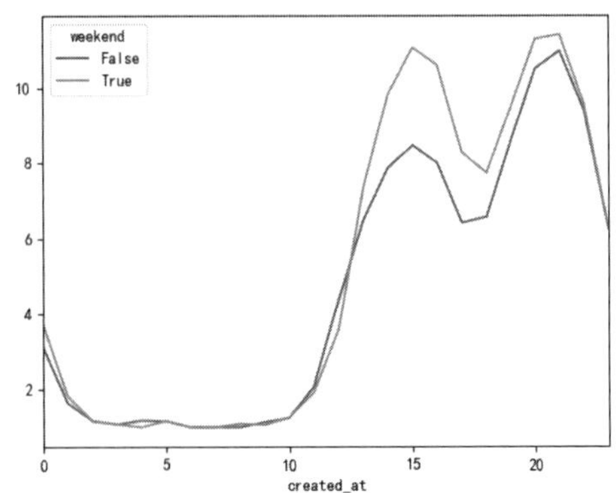

图 23.7　分析周末访问量增加情况

23.2　豆瓣图书分析

23.2.1　爬取豆瓣图书

本例分页爬取豆瓣网图书 Top250 信息（网址为 https://book.douban.com/top250?start=0），然后提供 3 种网页信息解析库，供选择解析页面信息，包括 XPath、BeautifulSoup、PyQuery，最后将信息写入文件进行保存。

执行代码之前，先安装 PyQuery 库。

```
pip install pyquery
```

示例完整代码如下：

```
import requests
from requests.exceptions import RequestException
import os, time, json, re
from lxml import etree
from bs4 import BeautifulSoup
from pyquery import PyQuery
txt_file = "doubanBook250.txt"
def getPage(index):                                              # 爬取指定页面
    url = "https://book.douban.com/top250"
    data = {
        'start':index,
    }
    headers = {
        'User-Agent':'Mozilla/5.0 (X11; Linux x86_64) AppleWebKit/537.36 (KHTML, like Gecko) Chrome/ 66.0.3359.139 
Safari/537.36',
    }
    try:
        res = requests.get(url, headers=headers, params=data)
        if res.status_code == 200:
            html = res.content.decode('utf-8')
            return html
        else:
            return None
    except RequestException:
        return None
def parsePage(which, content):                                   # 解析网页内容
    if which == '1':                                             # 使用 XPath 解析网页内容
        print("parsePage_xpath")
        html = etree.HTML(content)
        items = html.xpath("//table/tr[@class='item']")
        for item in items:
            yield {
                'title' : item.xpath(".//div[@class='pl2']/a/@title")[0],
                'image' : item.xpath(".//img/@src")[0],
                'author': item.xpath(".//p[@class='pl']/text()")[0],
                'score' : item.xpath(".//span[@class='rating_nums']/text()")[0],
            }
    elif which == '2':                                           # 使用 BeautifulSoup 解析网页内容
```

```
        print("parsePage_bs4")
        soup = BeautifulSoup(content, 'lxml')
        items = soup.find_all(name='tr', attrs={'class':'item'})
        for item in items:
            yield {
                'title' : item.select("div.pl2 a")[0]['title'],
                'image' : item.find(name='img').attrs['src'],
                'author': item.select("p.pl")[0].get_text(),
                'score' : item.select("span.rating_nums")[0].string,
            }
    elif which == '3':                                    # 使用 PyQuery 解析网页内容
        print("parsePage_pyquery")
        doc = PyQuery(content)
        items = doc("tr.item")
        for item in items.items():
            yield {
                'title' : item.find("div.pl2 a").attr('title'),
                'image' : item.find("img").attr('src'),
                'author': item.find("p.pl").text(),
                'score' : item.find("span.rating_nums").text(),
            }
def storeData(content):                                   # 存储解析得到的数据
    with open(txt_file, 'a', encoding='utf-8') as f:
        f.write(json.dumps(content, ensure_ascii=False) + '\n')
def main(which):                                          # 主程序，负责调度执行爬虫任务
    for page in range(0, 10):
        index = page*25
        html = getPage(index)
        if not html:
            print("出错")
            break
        subIndex = 0
        for item in parsePage(which, html):
            subIndex = subIndex+1
            item['index'] = str(index+subIndex)
            print("序号：" + item['index'])
            print("书名：" + item['title'])
            print("封面：" + item['image'])
            print("作者：" + item['author'])
            print("评分：" + item['score'])
            print('-'*32)
            storeData(item)
        time.sleep(0.5)

if __name__ == '__main__':
    if os.path.exists(txt_file):
        os.remove(txt_file)
    print("\n 豆瓣图书 Top250 信息爬取 \n")
    print(" 1. XPath\n 2. BeautifulSoup\n 3. PyQuery\n")
    which = input(" 请选择解析方式：")
    if re.match(r'^[123]$', which):
        print(" go...")
        main(which)
        print("\n File saved in ./%s" %(txt_file))
```

```
    else:
        print(" Sorry！输入不合法")
```

23.2.2　清洗爬取的数据

本例根据一个豆瓣图书数据文件展开分析，book.xlsx 文件保存的是爬取豆瓣网站得到的图书数据，共 60 671 条，下面进行探索性数据分析。具体操作步骤如下。

1. 导入数据

```
import numpy as np
import pandas as pd
import matplotlib.pyplot as plt
plt.rc('font', **{'family':'SimHei'})
# 导入数据
df = pd.read_excel('books.xlsx')
```

2. 清洗数据

```
df = df.drop('Unnamed: 9', axis=1)                          # 删除第 9 列
# 对数据做清洗（缺失值与异常值）
df.describe()
df.info()
df.dtypes
```

输出为：

```
<class 'pandas.core.frame.DataFrame'>
RangeIndex: 60671 entries, 0 to 60670
Data columns (total 9 columns):
书名          60671 non-null object
作者          60668 non-null object
出版社        60671 non-null object
出版时间      60671 non-null object
页数          60671 non-null object
价格          60656 non-null object
ISBN          60671 non-null object
评分          60671 non-null float64
评论数量      60671 non-null object
dtypes: float64(1), object(8)
memory usage: 2.3+ MB
```

3. 处理页数数据

目前评分是数值型数据，还要将页数、价格、评论数量转换成数值型数据。

首先，前期数据分析：

```
print( df['页数'].describe() )
```

输出为：

```
count      60671
unique     2109
top        None
freq       4267
Name: 页数, dtype: object
```

继续输入：

```
print(    df['页数'].isnull().sum() )                    # 返回：0，这样看不出来
print( len(df[df['页数']=='None']) )                     # 返回：4267，表示 None 值页数信息的数量
```

然后，转换类型。定义 convert_to_int()方法处理页数数据，如果为 None 则填充 0。

```
import re
def convert2int(x):
    if re.match('^\d+$',str(x)):
        return x
    else:
        return 0
df['页数'] = df['页数'].apply(convert2int)
```

或者使用 lambda 表达式：

```
df['页数'] = df['页数'].apply(lambda x: x if re.match('^\d+$', str(x)) else 0)
df['页数'] = df['页数'].astype(int)
```

继续输入：

```
print( df['页数'].describe() )
```

输出为：

```
count      6.067100e+04
mean       6.883281e+06
std        1.695365e+09
min        0.000000e+00
25%        1.940000e+02
50%        2.640000e+02
75%        3.600000e+02
max        4.175936e+11
Name:  页数, dtype: float64
```

继续输入：

```
print(    df['页数'].isnull().sum() )                    # 返回：0
print( len(df[df['页数']=='None']) )                     # 返回：0
```

4. 处理价格数据

```
df['价格'] = df['价格'].apply(lambda x: x if re.match('^[\d\.]+$', str(x)) else 0)
df['价格'] = df['价格'].astype(float)
# 价格为 0 的图书数量
print( len(df[df['价格'] == 0]) )                        # 返回：3217
```

5. 处理评论数量数据

```
df['评论数量'] = df['评论数量'].apply(lambda x: x if re.match('^\d+$', str(x)) else 0)
df['评论数量'] = df['评论数量'].astype(int)
print( df.dtypes )
```

输出为：

```
书名          object
作者          object
出版社        object
出版时间      object
页数          int64
价格          float64
ISBN          object
评分          float64
```

```
评论数量                    int32
dtype: object
```

23.2.3 分析爬取的数据

1. 处理出版时间

后面需要用到年份信息，这里先对年份信息进行加工：处理出版时间，只要年份。

```
import numpy as np
import pandas as pd
import matplotlib.pyplot as plt
plt.rc('font', **{'family':'SimHei'})
# 导入数据
df = pd.read_excel('books.xlsx')
# 删除第 9 列
df = df.drop('Unnamed: 9', axis=1)
# 对数据做清洗（缺失值与异常值）
df.describe()
df.info()
df.dtypes
# 处理页数数据
# 定义 convert_to_int 方法处理页数数据，如果为 None 则填充 0
import re
def convert2int(x):
    if re.match('^\d+$',str(x)):
        return x
    else:
        return 0
df['页数'] = df['页数'].apply(convert2int)
# 处理价格数据
df['价格'] = df['价格'].apply(lambda x: x if re.match('^[\d\.]+$', str(x)) else 0)
df['价格'] = df['价格'].astype(float)
# 处理评论数量数据
df['评论数量'] = df['评论数量'].apply(lambda x: x if re.match('^\d+$', str(x)) else 0)
df['评论数量'] = df['评论数量'].astype(int)
print("--------------------------------")
# 处理出版时间，只要年份
def year(s):
    y = re.findall('\d{4}',str(s))
    if len(y)>0:
        return y[0]
    return ''
df['出版年份'] = df['出版时间'].apply(year)
# 统计没有年份信息的数量
print( len(df[df['出版年份'] == '']) )                              # 返回：1035
```

2. 分析图书数量与年份的关系

在上面示例代码基础上，继续操作。

按出版年份进行分组：

```
grouped = df.groupby('出版年份')
data = grouped['ISBN'].count()
```

有两条数据比较奇怪，需要处理：

```
df[df['出版年份'] == '1979']
df.loc[df.index[60632], ['书名', '出版时间', '出版年份']]
```

输出为：

```
书名  鲁迅作品中的绍兴方言注释
出版时间  1979/初版印
出版年份  1979
Name: 60632, dtype: object
```

继续输入：

```
df.loc[df.index[60632], ['出版年份']] = '1979'
df[df['出版年份'] == '2002']
df.loc[df.index[4544], ['书名', '出版时间', '出版年份']]
```

输出为：

```
书名  俄罗斯插画作品集
出版时间  2002/2
出版年份  2002
Name: 4544, dtype: object
```

继续输入：

```
df.loc[df.index[4544], ['出版年份']] = '2002'
```

然后按“出版年份”进行分组：

```
grouped = df.groupby('出版年份')
data = grouped['ISBN'].count()
print( data )
```

判断前 7 条数据和后 4 条数据属于异常数据，所以删除这些数据：

```
data2 = data[7:-4]
```

准备画图，设置宽较大：

```
plt.figure(figsize=(15, 5))
```

设置 x 轴标签的倾斜角度，显示如图 23.8 所示。

```
plt.xticks(rotation=60)
plt.xlabel('年份')
plt.ylabel('图书数量')
plt.plot(data2.index, data2.values)
plt.show()
```

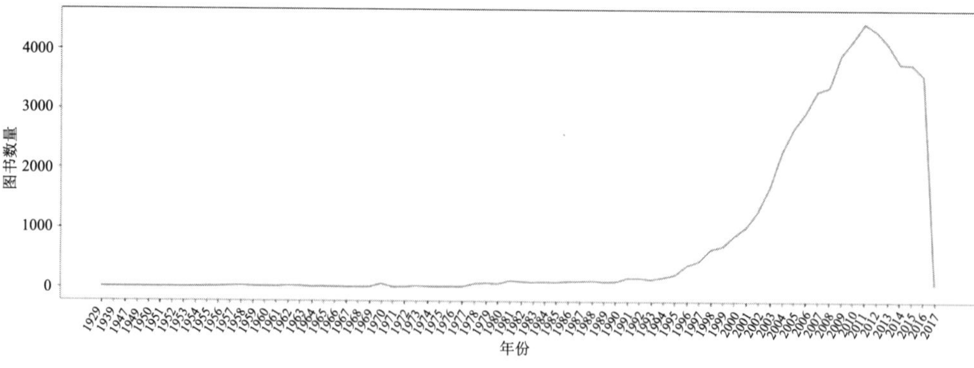

图 23.8　图书数量与年份的关系

3. 分析图书评分与年份的关系

分析图书的评分与年份之间是否有某种关系。继续在上面代码基础上输入练习，显示如图 23.9 所示。

```
data3 = grouped['评分'].mean()
data3 = data3[7:-4]
# 折线图反映年份和评分之间的关系
# 设置宽较大
plt.figure(figsize=(15, 5))
# 设置 x 轴标签的倾斜角度
plt.xticks(rotation=60)
plt.xlabel('出版年份')
plt.ylabel('评分')
plt.plot(data3.index, data3.values)
# 画均值线
m = data3.values.mean()
plt.plot(data3.index, [m]*len(data3.index))
plt.show()
```

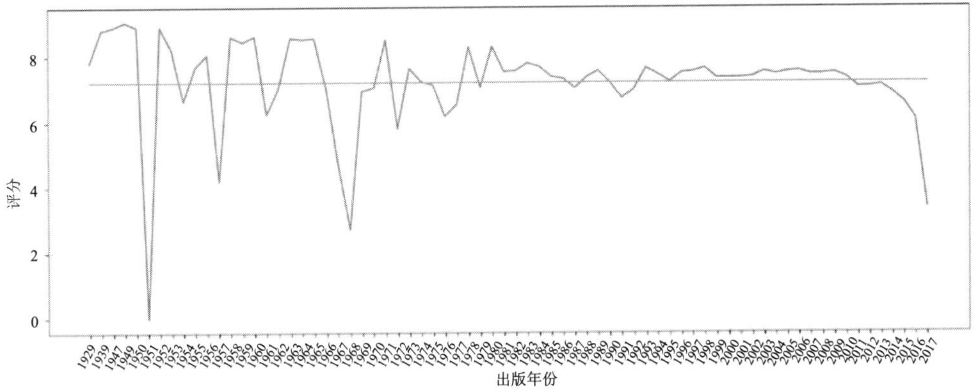

图 23.9 图书评分与年份的关系

4. 分析图书价格分布情况 1

```
df2 = df[df['价格'] > 0]
# 统计价格大于 0 的图书数量
len(df2)
df2['价格'].describe()
# 直方图显示图书价格分布情况
plt.figure(figsize=(15, 5))
plt.hist(df2['价格'], bins=40, range=(0, 200), rwidth=0.8)
plt.show()
```

显示如图 23.10 所示。

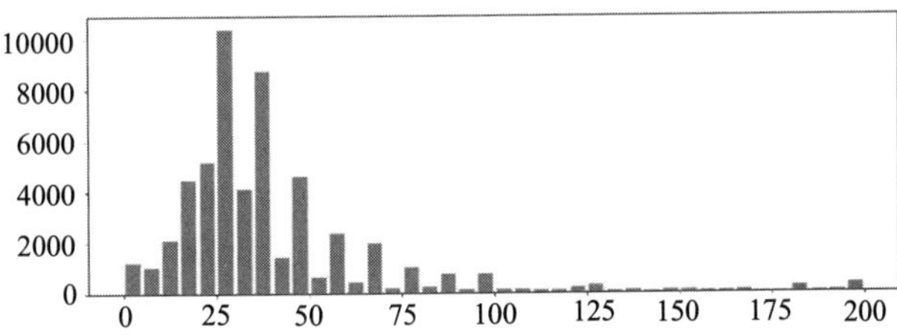

图 23.10 图书价格分布情况 1

5. 分析图书价格分布情况 2

```
df2 = df[df['价格'] > 0]
step = 10                                        # 步长
count = 20                                       # 柱形数量
x = []
y = []
for i in range(count):
    y.append(df2[(df2['价格']>=i*step) & (df2['价格']<i*step+step)].shape[0])
y.append(df2[df2['价格']>=count*step].shape[0])
for i in range(count):
    x.append(str(i*step)+'-'+str(i*step+step))
x.append('>'+str(count*step))
# 直方图显示图书价格分布情况
plt.figure(figsize=(15, 5))
plt.xticks(rotation=30)
plt.title('图书价格分布')
plt.bar(x, y)
plt.show()
```

显示如图 23.11 所示。

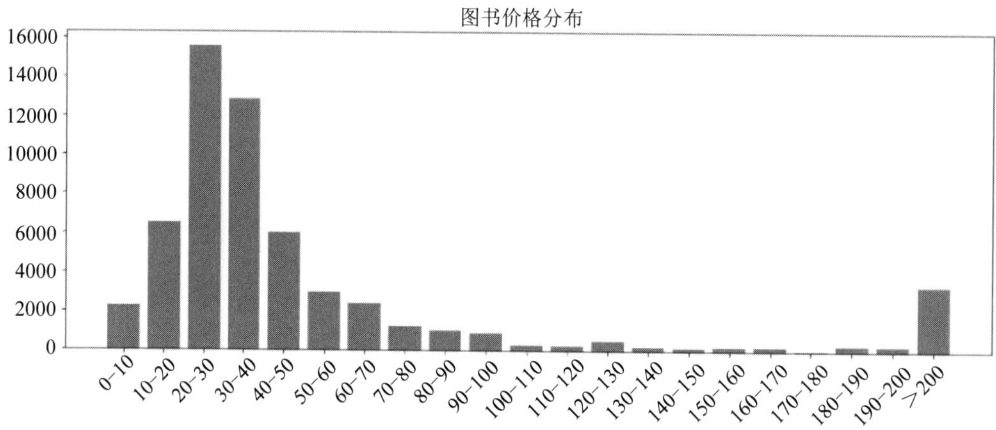

图 23.11　图书价格分布情况 2

6. 出版图书最多的前 20 个出版社

```
data4 = df.groupby('出版社')['ISBN'].count()
plt.figure(figsize=(15, 5))
plt.title('高产出版社 Top20')
# 最多的是 None，要去掉，所以选择-21:-1 范围
data4.sort_values()[-21:-1].plot(kind='bar')
plt.show()
```

7. 图书评分较高的出版社

```
plt.figure(figsize=(15, 5))
plt.title('好评出版社 Top20')
data5 = df.groupby('出版社')['评分'].mean()
data5.sort_values()[-20:].plot(kind='bar')
plt.show()
```

8. 出书较多的作者

```
plt.figure(figsize=(15, 5))
plt.title('作者 Top20')
data6 = df.groupby('作者')['ISBN'].count()
data6.sort_values()[-21:-1].plot(kind='bar')
plt.show()
```

显示如图 23.12 所示。

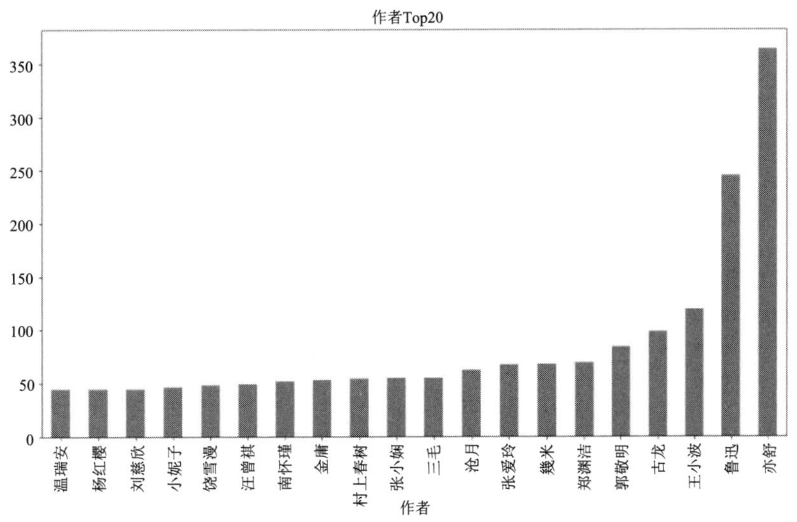

图 23.12　出书较多的作者

9. 分析评分与评论数量的关系 1

分析评分高低与评论数量之间是否存在某种关系。

```
print( df.corr() )
```

输出为：

```
              页数        价格        评分      评论数量
页数      1.000000  -0.000030  0.003157  -0.000658
价格     -0.000030   1.000000  0.001443  -0.001673
评分      0.003157   0.001443  1.000000   0.063536
评论数量 -0.000658  -0.001673  0.063536   1.000000
```

10. 分析评分与评论数量的关系 2

分析评分高低与评论数量之间是否存在某种关系。

系统中安装多个 Python 版本时，可能存在无法导入问题，可以使用下面 2 行代码，指定要加载的 Seaborn 文件所在的路径。如果不存在加载问题，可以删除下面 2 行代码。

```
import sys
sys.path.append('C:\ProgramData\Anaconda3\Lib\site-packages')
```

加载 Seaborn。Seaborn 是在 Matplotlib 的基础上进行了更高级的 API 封装，从而使作图更加容易，在大多数情况下使用 Seaborn 能做出具有吸引力的图，而使用 Matplotlib 能制作具有更多特色的图。应该把 Seaborn 视为 Matplotlib 的补充，而不是替代物。同时它能高度兼容 NumPy 与 Pandas 数据结构以及 SciPy 与 Statsmodels 等统计模式。

```
import seaborn as sns
# 计算相关性矩阵
corr = df.corr()
sns.heatmap(corr, cmap=sns.color_palette('Blues'))
plt.show()
```

显示如图 23.13 所示。所以，评分高低与评论数量之间没有明显关系。

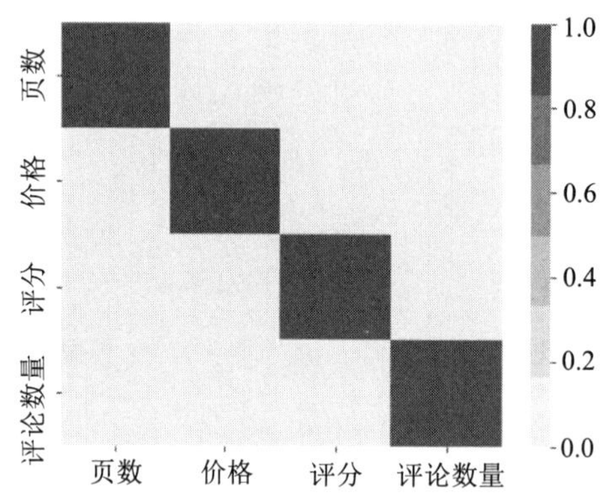

图 23.13　评分与评论数量的关系 2

23.3　在线支持

扫码免费学习
更多实用技能

一、综合案例（一）

☑ Numpy 与矩阵运算
☑ Pandas 数据处理
☑ Matplotlib 数据可视化

二、综合案例（二）

☑ 数据清洗
☑ 数据分析
☑ 清洗爬取的网站数据
☑ 分析爬取的网站数据
☑ Excel 数据分析

新知识、新案例不断更新中……

第 24 章

扩展项目在线开发

本章为项目实战，通过 5 类 29 个完整的项目，引导读者学习如何进行软件应用的实际开发，引领读者亲身体验使用 Python 完成项目开发的全过程。

扫码免费阅览项目及其实现

24.1 界面设计

- ☑ 计算器
- ☑ 记事本
- ☑ 登录和注册

24.2 游戏开发

一、基础知识

- ☑ Color 类
- ☑ display 模块
- ☑ draw 模块
- ☑ event 模块
- ☑ font 模块
- ☑ image 模块
- ☑ key 模块
- ☑ locals 模块
- ☑ mixer 模块
- ☑ mouse 模块
- ☑ Rect 类
- ☑ Surface 类
- ☑ time 模块
- ☑ music 模块
- ☑ pygame 模块
- ☑ cursors 模块
- ☑ joystick 模块
- ☑ mask 模块
- ☑ BufferProxy 类
- ☑ gfxdraw 模块
- ☑ Overlay 类
- ☑ sndarray 模块
- ☑ camera 模块
- ☑ cdrom 模块
- ☑ version 模块

二、综合案例

- ☑ 2048 游戏
- ☑ 贪吃蛇
- ☑ 俄罗斯方块
- ☑ Python 连连看

24.3 API 应用

- ☑ 在线翻译
- ☑ 二维码生成和解析
- ☑ 验证码

24.4 自动化运维

- ☑ 获取系统性能信息模块 psutil
- ☑ IP 地址处理模块 IPy
- ☑ DNS 处理模块 dnspython
- ☑ 文件内容差异对比方法
- ☑ 文件目录差异对比方法
- ☑ 发送电子邮件模块 smtplib 和 email
- ☑ 探测 Web 服务

24.5 人工智能

- ☑ 使用 Keras 深度学习
- ☑ Python 视觉实现——手写体识别
- ☑ 使用 Tesseract-OCR 识别图片文字
- ☑ 使用 jTessBoxEditor 提高文字识别准确率
- ☑ 识别验证码并能够自动登录
- ☑ 基于 KNN 算法的验证码识别
- ☑ 基于百度 AI 识别抓取的表情包
- ☑ 停车智能管理系统
- ☑ 设计网评词云
- ☑ 设计词云
- ☑ 基于 sklearn 利用 SVM 自动识别验证码
- ☑ 基于朴素贝叶斯算法的文本分类

更多实用新项目不断更新中……